国家出版基金项目

国家科学思想库

"十二五"国家重点图书出版规划项目

中国学科发展战略

化学生物学

中国科学院

科学出版社

北京

内 容 简 介

"中国学科发展战略"丛书是中国科学院组织数百位院士专家联合研究的系列成果,涉及自然科学各学科领域,是目前规模最大的学科发展战略研究项目。

《中国学科发展战略·化学生物学》回顾了化学生物学的国内外的发展,重点讨论了用于化学生物学研究的小分子探针和分析方法,重要的生物大分子(蛋白质、核酸、糖等)的结构修饰与功能研究,微量元素的细胞生物学,以及表观遗传学、干细胞等领域的化学生物学研究。全书共十二章,基本涵盖了化学生物学的主要研究方向。本书的出版将会促进化学与生物、医学等多学科的交叉融合,进一步推动我国化学生物学的发展,并为生命科学的研究开创新的天地。

本书适合高层次的战略和管理专家,相关领域的高等院校师生、研究机构的研究人员阅读,是科技工作者洞悉学科发展规律、把握前沿领域和重点方向的重要指南,也是科技管理部门重要的决策参考,同时也是社会公众了解流化学生物学学科发展现状及趋势的权威读本。

图书在版编目(CIP)数据

化学生物学/中国科学院编. —北京:科学出版社,2015.2
 (中国学科发展战略)
 ISBN 978-7-03-043399-2

Ⅰ.①化… Ⅱ.①中… Ⅲ.①生物化学—学科发展—发展战略—中国 Ⅳ.①Q5-12

中国版本图书馆 CIP 数据核字(2015)第 031090 号

丛书策划:侯俊琳 牛 玲
责任编辑:牛 玲 侯彩霞 / 责任校对:张怡君
责任印制:李 彤 / 封面设计:黄华斌 陈 敬

科学出版社 出版
北京东黄城根北街 16 号
邮政编码:100717
http://www.sciencep.com

北京厚诚则铭印刷科技有限公司 印刷
科学出版社发行 各地新华书店经销

*

2015 年 4 月第 一 版 开本:720×1000 1/16
2022 年 1 月第六次印刷 印张:25 3/4 插页:13
字数:488 000
定价:158.00 元
(如有印装质量问题,我社负责调换)

中国学科发展战略

指 导 组

组　长：白春礼

副组长：李静海　秦大河

成　员：詹文龙　朱道本　陈　颙

　　　　陈宜瑜　李　未　顾秉林

工 作 组

组　长：李　婷

副组长：王敬泽　刘春杰

成　员：钱莹洁　马新勇　申倚敏

　　　　薛　淮　张家元　林宏侠

　　　　冯　霞　赵剑峰

中国学科发展战略·化学生物学

研 究 组

组　长：张礼和

成　员：（以汉语拼音为序）

　　陈　鹏　　陈　兴　　方晓红　　郭子建
　　蒋华良　　鞠熀先　　刘　磊　　罗　成
　　谭仁祥　　王江云　　席　真　　杨财广
　　姚祝军　　叶新山　　余四旺　　张　艳
　　赵　劲　　周　翔

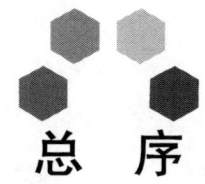

总　序

九层之台，起于累土[①]

白春礼

近代科学诞生以来，科学的光辉引领和促进了人类文明的进步，在人类不断深化对自然和社会认识的过程中，形成了以学科为重要标志的、丰富的科学知识体系。学科不但是科学知识的基本的单元，同时也是科学活动的基本单元：每一学科都有其特定的问题域、研究方法、学术传统乃至学术共同体，都有其独特的历史发展轨迹；学科内和学科间的思想互动，为科学创新提供了原动力。因此，发展科技，必须研究并把握学科内部运作及其与社会相互作用的机制及规律。

中国科学院学部作为我国自然科学的最高学术机构和国家在科学技术方面的最高咨询机构，历来十分重视研究学科发展战略。2009年4月与国家自然科学基金委员会联合启动了"2011～2020年我国学科发展战略研究"19个专题咨询研究，并组建了总体报告研究组。在此工作基础上，为持续深入开展有关研究，学部于2010年年底，在一些特定的领域和方向上重点部署了学科发展战略研究项目，研究成果现以"中国学科发展战略"丛书形式系列出版，供大家交流讨论，希望起到引导之效。

根据学科发展战略研究总体研究工作成果，我们特别注意到学

---

① 题注：李耳《老子》第64章："合抱之木，生于毫末；九层之台，起于累土；千里之行，始于足下。"

科发展的以下几方面的特征和趋势。

一是学科发展已越出单一学科的范围,呈现出集群化发展的态势,呈现出多学科互动共同导致学科分化整合的机制。学科间交叉和融合、重点突破和"整体统一",成为许多相关学科得以实现集群式发展的重要方式,一些学科的边界更加模糊。

二是学科发展体现了一定的周期性,一般要经历源头创新期、创新密集区、完善与扩散期,并在科学革命性突破的基础上螺旋上升式发展,进入新一轮发展周期。根据不同阶段的学科发展特点,实现学科均衡与协调发展成为了学科整体发展的必然要求。

三是学科发展的驱动因素、研究方式和表征方式发生了相应的变化。学科的发展以好奇心牵引下的问题驱动为主,逐渐向社会需求牵引下的问题驱动转变;计算成为了理论、实验之外的第三种研究方式;基于动态模拟和图像显示等信息技术,为各学科纯粹的抽象数学语言提供了更加生动、直观的辅助表征手段。

四是科学方法和工具的突破与学科发展互相促进作用更加显著。技术科学的进步为激发新现象并揭示物质多尺度、极端条件下的本质和规律提供了积极有效手段。同时,学科的进步也为技术科学的发展和催生战略新兴产业奠定了重要基础。

五是文化、制度成为了促进学科发展的重要前提。崇尚科学精神的文化环境、避免过多行政干预和利益博弈的制度建设、追求可持续发展的目标和思想,将不仅极大促进传统学科和当代新兴学科的快速发展,而且也为人才成长并进而促进学科创新提供了必要条件。

我国学科体系由西方移植而来,学科制度的跨文化移植及其在中国文化中的本土化进程,延续已达百年之久,至今仍未结束。

鸦片战争之后,代数学、微积分、三角学、概率论、解析几何、力学、声学、光学、电学、化学、生物学和工程科学等的近代科学知识被介绍到中国,其中有些知识成为一些学堂和书院的教学内容。1904年清政府颁布"癸卯学制",该学制将科学技术分为格致科(自然科学)、农业科、工艺科和医术科,各科又分为诸多学科。1905年清朝废除科举，此后中国传统学科体系逐步被来自西方的新学科体系取代。

民国时期现代教育发展较快，科学社团与科研机构纷纷创建，现代学科体系的框架基础成型，一些重要学科实现了制度化。大学引进欧美的通才教育模式，培育各学科的人才。1912年詹天佑发起成立中华工程师会，该会后来与类似团体合为中国工程师学会。1914年留学美国的学者创办中国科学社。1922年中国地质学会成立，此后，生理、地理、气象、天文、植物、动物、物理、化学、机械、水利、统计、航空、药学、医学、农学、数学等学科的学会相继创建。这些学会及其创办的《科学》、《工程》等期刊加速了现代学科体系在中国的构建和本土化。1928年国民政府创建中央研究院，这标志着现代科学技术研究在中国的制度化。中央研究院主要开展数学、天文学与气象学、物理学、化学、地质与地理学、生物科学、人类学与考古学、社会科学、工程科学、农林学、医学等学科的研究，将现代学科在中国的建设提升到了研究层次。

中华人民共和国建立之后，学科建设进入了一个新阶段，逐步形成了比较完整的体系。1949年11月新中国组建了中国科学院，建设以学科为基础的各类研究所。1952年，教育部对全国高等学校进行院系调整，推行苏联式的专业教育模式，学科体系不断细化。1956年，国家制定出《十二年科学技术发展远景规划纲要》，该规划包括57项任务和12个重点项目。规划制定过程中形成的"以任务带学科"的理念主导了以后全国科技发展的模式。1978年召开全国科学大会之后，科学技术事业从国防动力向经济动力的转变，推进了科学技术转化为生产力的进程。

科技规划和"任务带学科"模式都加速了我国科研的尖端研究，有力带动了核技术、航天技术、电子学、半导体、计算技术、自动化等前沿学科建设与新方向的开辟，填补了学科和领域的空白，不断奠定工业化建设与国防建设的科学技术基础。不过，这种模式在某些时期或多或少地弱化了学科的基础建设、前瞻发展与创新活力。比如，发展尖端技术的任务直接带动了计算机技术的兴起与计算机的研制,但科研力量长期跟着任务走,而对学科建设着力不够,已成为制约我国计算机科学技术发展的"短板"。面对建设创新型国家的历史使命,我国亟待夯实学科基础,为科学技术的持续发展与创新能力的提升而开辟知识源泉。

反思现代科学学科制度在我国移植与本土化的进程,应该看到,20世纪上半叶,由于西方列强和日本入侵,再加上频繁的内战,科学与救亡结下了不解之缘,新中国建立以来,更是长期面临着经济建设和国家安全的紧迫任务。中国科学家、政治家、思想家乃至一般民众均不得不以实用的心态考虑科学及学科发展问题,我国科学体制缺乏应有的学科独立发展空间和学术自主意识。改革开放以来,中国取得了卓越的经济建设成就,今天我们可以也应该静下心来思考"任务"与学科的相互关系,重审学科发展战略。

现代科学不仅表现为其最终成果的科学知识,还包括这些知识背后的科学方法、科学思想和科学精神,以及让科学得以运行的科学体制,科学家的行为规范和科学价值观。相对于我国的传统文化,现代科学是一个"陌生的"、"移植的"东西。尽管西方科学传入我国已有一百多年的历史,但我们更多地还是关注器物层面,强调科学之实用价值,而较少触及科学的文化层面,未能有效而普遍地触及到整个科学文化的移植和本土化问题。中国传统文化以及当今的社会文化仍在深刻地影响着中国科学的灵魂。可以说,迄20世纪结束,我国移植了现代科学及其学科体制,却在很大程度上拒斥与之相关的科学文化及相应制度安排。

科学是一项探索真理的事业,学科发展也有其内在的目标,探求真理的目标。在科技政策制定过程中,以外在的目标替代学科发展的内在目标,或是只看到外在目标而未能看到内在目标,均是不适当的。现代科学制度化进程的含义就在于:探索真理对于人类发展来说是必要的和有至上价值的,因而现代社会和国家须为探索真理的事业和人们提供制度性的支持和保护,须为之提供稳定的经费支持,更须为之提供基本的学术自由。

20世纪以来,科学与国家的目的不可分割地联系在一起,科学事业的发展不可避免地要接受来自政府的直接或间接的支持、监督或干预，但这并不意味着，从此便不再谈科学自主和自由。事实上，在现当代条件下，在制定国家科技政策时充分考虑"任务"和学科的平衡，不但是最大限度实现学术自由、提升科学创造活力的有效路径，同时也是让科学服务于国家和社会需要的最有效的做法。这里存在着这样一种辩证法：科学技术系统只有在具有高度创造活力的情形下，才能在创新型国家建设过程中发挥最大作用。

在全社会范围内创造一种允许失败、自由探讨的科研氛围；尊重学科发展的内在规律，让科研人员充分发挥自己的创造潜能；充分尊重科学家的个人自由，不以"任务"作为学科发展的目标，让科学共同体自主地来决定学科的发展方向。这样做的结果往往比事先规划要更加激动人心。比如，19世纪末德国化学学科的发展史就充分说明了这一点。从内部条件上讲，首先是由于洪堡兄弟所创办的新型大学模式，主张教与学的自由、教学与研究相结合，使得自由创新成为德国的主流学术生态。从外部环境来看，德国是一个后发国家，不像英、法等国拥有大量的海外殖民地，只有依赖技术创新弥补资源的稀缺。在强大爱国热情的感召下，德国化学家的创新激情迸发，与市场开发相结合，在染料工业、化学制药工业方面进步神速，十余年间便领先于世界。

中国科学院作为国家科技事业"火车头"，有责任提升我国原始创新能力，有责任解决关系国家全局和长远发展的基础性、前瞻性、战略性重大科技问题，有责任引领中国科学走自主创新之路。中国科学院学部汇聚了我国优秀科学家的代表，更要责无旁贷地承担起引领中国科技进步和创新的重任，系统、深入地对自然科学各学科进行前瞻性战略研究。这一研究工作，旨在系统梳理世界自然科学各学科的发展历程，总结各学科的发展规律和内在逻辑，前瞻各学科中长期发展趋势，从而提炼出学科前沿的重大科学问题，提出学科发展的新概念和新思路。开展学科发展战略研究，也要面向我国现代化建设的长远战略需求，系统分析科技创新对人类社会发展和我国现代化进程的影响，注重新技术、新方法和新手段研究，提炼出符合中国发展需求的新问题和重大战略方向。开展学科发展战略研究，还要从支撑学科发展的软、硬件环境和建设国家创新体系的整体要求出发，重点关注学科政策、重点领域、人才培养、经费投入、基础平台、管理体制等核心要素，为学科的均衡、持续、健康发展出谋划策。

2010 年，在中国科学院各学部常委会的领导下，各学部依托国内高水平科研教育等单位，积极酝酿和组建了以院士为主体、众多专家参与的学科发展战略研究组。经过各研究组的深入调查和广泛研讨，形成了"中国学科发展战略"丛书，纳入"国家科学思想库—学术引领系列"陆续出版。学部诚挚感谢为学科发展战略研究付出心血的院士、专家们！

按照学部"十二五"工作规划部署，学科发展战略研究将持续开展，希望学科发展战略系列研究报告持续关注前沿，不断推陈出新，引导广大科学家与中国科学院学部一起，把握世界科学发展动态，夯实中国科学发展的基础，共同推动中国科学早日实现创新跨越！

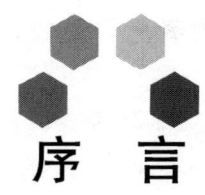

序 言

化学生物学作为一门新兴的交叉学科，产生于 20 世纪末。十多年来，化学生物学快速发展，在化学、生物和医药领域得到广泛应用，已经成为一个受到高度关注的主流研究领域。哈佛大学、康奈尔大学等美国著名大学先后将其化学系改名为化学与化学生物学系，折射出该领域的影响和发展势头。迄今为止，全球名列前茅的化学院系招收的教职人员中涉及化学生物学的达 30% 以上；美国国立健康研究院（NIH）投入巨资作为化学生物学的研究和培训经费，并建立了若干小分子探针筛选中心，致力于发现在生命科学和医药学中能探究生命现象的新工具。

化学生物学是一门高度交叉的研究学科，它发展新的分子（包括新型的小分子和生物大分子）及新的工具，用于研究新的生命现象、发展新的药物。广义上讲，化学生物学是一门通过化学途径研究生命过程的学科。化学生物学研究，既能产生新的化学和生物学知识，发展出阐述和研究生物本质的新理论、新方法和新技术，又能产生新的药物作用靶标。因此，化学生物学的发展势头迅猛，引起了国际科技界和各国政府的高度重视。

我国倡导化学和生命科学结合的研究，始于 20 世纪 90 年代。国家科学技术委员会（现科学技术部前身）推出攀登计划项目"生命过程中的化学问题研究"，促进了这一交叉新领域的发展。近年来，化学生物学呈现出前所未有的蓬勃发展态势，尤其是国家自然科学基金委员会支持的"基于化学小分子探针的信号转导过程研究"重大研究计划的实施，使我国的化学生物学在学科建设、人才培养和科技创新等方面有了长足的进步，在这一领域的部分国际研究热点和前沿方向上取得了突出的成绩，极大地推动了我国化学生物学的发展。

两年前，中国科学院学部领导和组织了中国学科发展战略研究。在中国科学院学部和国家自然科学基金委员会的大力支持下，张礼和院士和我国活跃在化学生物学领域的多位专家共同努力，对我国化学生物学的发展进行了系统的战略研究，研究成果总结为《中国学科发展战略·化学生物学》一书。该书章节按化学生物学主要研究方向编排，每章由相关领域的杰出学者在战略调研的基础上撰写而成。因此，该专著内容紧扣化学生物学发展前沿，不仅总结了近期国际化学生物学研究的新进展，也对我国该领域近年来的进展进行了系统总结。在此基础上，前瞻性地展望了未来化学生物学的发展趋势，并对我国今后化学生物学发展方向提出了重要的建议。

我欣喜地得知这本战略研究专著将由科学出版社出版，这是我国出版的又一本系统、全面的化学生物学专著，是一本总结已有成就、指导未来发展的高水平学术著作。这是我国化学生物学领域的一件大事，也是从事该领域研究和教学工作的科技工作者的一件幸事。我们有充分理由相信，该专著的出版将成为我国化学生物学发展历程中的一个重要标志，对我国该领域的发展产生深远的影响。

陈凯先

2014 年 10 月

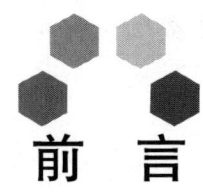

前 言

2011年，中国科学院化学学部常委会决定让我负责化学生物学的学科发展战略研究。由于我正在负责国家自然科学基金委员会资助组织的一个重大研究计划"基于化学小分子探针的信号转导过程研究"，因此就邀请了部分参与该项目的中青年专家和国家自然科学基金委员会管理专家组成员形成了本项研究的基本队伍。两年多来，在调研了国内外化学生物学研究进展的基础上，我们形成了本项战略研究的大纲并得到了中国科学院化学学部常委会的批准。从化学生物学近年来迅速发展的过程来看，我认为以下几方面对今后学科的发展值得借鉴。

一、化学生物学的发展形成了以生命科学研究中的重要科学问题为中心，多学科合作、融合的一种新的研究模式和研究文化

化学生物学（chemical biology）是一门新兴学科，从发展到现在也仅有20多年历史。虽然在生命科学发展过程中，生物学家利用药物、天然活性产物或其他活性小分子作为工具，解析了很多药物作用的分子机制及发现了相关作用靶蛋白，但是化学家和生物学家的研究模式仍然是传统的学科模式。化学家合成天然产物和活性分子的目的主要出自对化学结构和方法学的兴趣或对发展药物的兴趣；分子药理学家的研究也只针对药物的作用机制。学科间因研究者教育背景的不同形成了隔阂；化学家研究分子间的相互作用与生物学家研究细胞的命运间形成了鸿沟。化学生物学的发生、发展改变了这样一种传统研究文化，形成了以科学问题为中心多学科合作、融合的一种新的研究文化。化学生物学家以研究生命的复杂体系为目标，通过发展新的化学反应、标记检测方法、新的活性小分子探针，系统地去探索和阐明从一个信号通路到信号网络最终到整个生命体系的分子过程。

美国哈佛大学的 Stuart Schreiber 在化学生物学发展中做出了突出贡献。1988 年，他合成了免疫抑制剂 FK-506，后来发现了 FK-506 的结合蛋白 FKBP12。1991 年，Schreiber 和他的合作者在《细胞》（Cell）杂志上发表研究成果：FK-506 和 FKBP12 复合物的作用靶蛋白是钙调磷酸酶（calcineurin），同时发现另一小分子免疫抑制剂环孢素（cyclosporin）和亲环蛋白（cyclophilin）的复合物也作用于钙调磷酸酶（Liu et al.，1991）。随后，他和斯坦福大学的 G. Crabtree 合作，发现了免疫应答中转录因子家族中活化 T 淋巴细胞核因子（nuclear factor of activated T-cell，NFAT）的重要作用，提出了钙-钙调磷酸酶-NFAT 的信号通路（calcium-calcineurin-NFAT）(Schreiber and Crabtree，1995)。这一里程碑式的发现及后来的一些研究，阐明了从细胞表面进入细胞核的信号通路，即现在熟知的 Ras-Raf-MAPK 通路（Avruch et al.，2001）。与此同时，天然产物也成为小分子探针的重要来源。随着以活性化学小分子为工具，研究、解析信号传导通路的研究越来越多，人们不再满足于已知的药物或活性天然产物，而是强调发现新的用于化学生物学研究的小分子探针。化学生物学发展过程中，合成结构多样性的小分子库不仅是药物化学家筛选发现药物先导化合物的目的，也是化学生物学家筛选发现分子探针的重要手段，并更加强调结构骨架的多样性合成。为此，定向多样性合成（diversity-oriented synthesis，DOS）和定向目标物合成（target-oriented synthesis，TOS）策略得以创造和发展。化学生物学家对发现的小分子探针，不像药物化学家发现药物先导化合物那样要求它的成药性（druggable），而是对生物活性和特异性提出更高的要求；对发现的靶蛋白，也不仅重视其作为药物靶标的可能性，还重视其在一个信号传导网络中的作用。由此，高灵敏的小分子探针不断被发现，成为解析复杂体系信号通路的重要工具（Schreiber，2003）。在研究复杂的细胞信号传导通路过程中，多学科的协作、融合成为必然趋势。

二、化学生物学研究促使化学家发展更多的适合于生物复杂体系研究的反应、方法、试剂，生物正交化学也随之发展

数学、物理、化学等基础学科的发展对近代科学技术进步和人类文明发展起到重要作用。就生命科学的发展来看，没有这些基础学科的发展，人们不可能直接看到细胞、亚细胞器、病毒，不可能看到核酸、蛋白质等生物大分子的三维结构。化学作为基础和中心学科的地位，在人类生活的各个领域都发挥着越来越大的推动作用。纵观化学生物学的发展，2000年以前，大都是化学家主动地投入到生命科学研究中去的过程，尝试用化学小分子去研究生命体系。2000年以后，化学家发展了越来越多的生物正交化学（biorthogonal chemistry），解析了更多的复杂系统的信号通路，化学更广泛地融入到生命科学的研究中，显示了其在研究生命复杂系统中的重要作用。生物学家的研究手段也越来越多地用到化学的概念、方法和技术。化学生物学也逐渐成为一个多学科交叉、融合的新的领域。

为了在活性状态（*in vivo*）标记、追踪和监测生物大分子，化学家发展了相应的生物正交化学。Carolyn Bertozzi 在发展生物正交反应方面做出了开创性工作。早期，她改进了 Staudinger 反应利用水溶性的三价膦试剂把叠氮基引入含羰基分子的邻位形成酰胺键，实现了细胞表面糖基的标记；后来，她又在 Huisgen 环加成反应的基础上发展了无铜催化的点击反应（click reaction），形成了目前大量应用的标记生物大分子的方法（Jewett and Bertozzi，2010）。Peter Schultz 结合化学和分子生物学的技术，改造调控大肠杆菌（*E. coli*）中蛋白质合成的机制，利用终止密码子和独特的 tRNA/合成酶实现了在蛋白质序列中定点地插入非天然或化学修饰的氨基酸的目的，这一新技术已广泛用于蛋白质的定点修饰（Wang et al.，2001）。RNA 干扰（RNAi）现象的发现立刻导致合成小干扰 RNA（siRNA）及各种化学修饰的 siRNA 的应用（Elbashir et al.，2001)。此外，各种捕捉、垂钓靶蛋白的试剂和方法，单分子、单细胞的监测技术等（Zhang et al.，2011；Cheng et al.，2009)为化学生物学研究提供了强有力的工具，化学家的方法学研究已经紧紧结合到生命科学研究的需要中。目前，越来越多的化学家改变了过去单纯的化学方法学的研究思路，更多地考虑到在生命体中的特殊环境下这些方法学的发展；越来越多的化学实验室建立了针对生物学研究的各种系统和设施，新型的化学生物学实验室正在展现和发展。

三、国内化学生物学的研究也已经渗入到生命科学的几乎所有前沿领域

我国化学生物学的发展在 20 世纪 90 年代已开始，虽然起步较国际同行晚，但已取得长足的进步，目前也已形成了一支有一定规模的由多学科组成的研究队伍，在生命科学研究的诸多前沿研究中发挥了重要作用（Jiang et al.，2008)。

在我国丰富的陆、海天然资源和中草药研究领域，活跃着一大批天然有机、合成化学家和分析化学家。近年来，他们和生物学家组成合作研究的团队，利用结构多样的天然和合成的产物，发展了各种分析方法，解析了很多信号传导的分子通路，取得了重要成果。例如，筛选天然产物库并优化了活性分子的结构，得到了 spautin-1。spautin-1 可以特异性地抑制泛素化酶 USP10 和 USP13，进一步促进了 VPS34/P13 复合物的降解，导致特异性地抑制自吞噬（autophagy)，揭示了细胞自吞噬的一个新通路（Liu et al.，2011)；发现了白桦酯醇对胆固醇的负反馈调控，它能够特异性地阻断胆固醇调节元件结合蛋白（SREBP)的成熟，抑制其活性。在细胞水平上，白桦酯醇能显著抑制胆固醇、脂肪酸和甘油三酯等脂质合成基因的表达，减少脂质合成，降低细胞内脂质含量，从而具有良好的抗动脉粥样硬化作用和治疗 2 型糖尿病的作用（Tang et al.，2011)。

我国的化学生物学研究也已融入生命科学新兴的前沿领域。例如，细胞领域的一个重大进展是通过体细胞重编程形成诱导性多能

干细胞（iPS 细胞）。研究发现维生素 C 能显著提高小鼠与人的体细胞重编程效率。维生素 C 能够改变组蛋白甲基化修饰状态，并且证明这种改变是通过 Jumonji 家族蛋白介导的，该家族蛋白以维生素 C 依赖性地促进重编程。这些研究发现显示：化学小分子通过改变表观遗传学状态从而改变干细胞命运（Esteban et al.，2010）。最近我国科学家又发现，利用 4 个化合物的组合可将小鼠成体细胞诱导成为可以重新分化发育为心脏、肝脏、胰腺、皮肤、神经等多种组织和细胞类型的多潜能性细胞（Hou et al.，2013）。在化学生物学研究的早期，蛋白质翻译后修饰就已引起重视，组蛋白的乙酰化和去乙酰化也已成为研究的热点（Taunton et al.，1996），随着 DNA 甲基化/去甲基化研究的深入，RNA 的表观遗传学研究也越来越引起人们的兴趣，化学生物学的各种新方法和工具将展现其巨大潜力（Song et al.，2013）。利用化学生物学的研究作为一种新的策略来发现新的药物靶分子和药物先导结构，即基于配体的药物发现模式（ligand-directed drug discovery model）也已在很多药物研究部门兴起，我国科学家也在这一领域取得了很多成果。

四、瞄准前沿领域，充分发挥化学生物学的多学科优势，在原创性研究上取得突破

如上所述，化学生物学的研究目前已渗入到生命科学的很多领域，但以下几个方面的研究仍将值得重点关注。

（1）随着神经网络、系统生物学、网络药理学等越来越多复杂体系的研究的深入，化学小分子探针和分析方法在研究这些复杂体系的分子过程中会具有巨大的研究空间（Hopkins 2008；Barabasi and Oltvai，2004）。

（2）生物大分子之间的相互作用［包括蛋白质-蛋白质、蛋白质-核酸（DNA、RNA，特别是非编码 RNA）、蛋白质-多糖］的研究，以及这些相互作用调节、影响细胞功能的机制研究，将会吸引更多的注意。

（3）生物大分子（蛋白质、DNA、RNA 等）的动态化学修饰与表观遗传调控研究将会是一个重要方向。

(4) 合成生物学，如何装配无生命合成的蛋白质、核酸到有生物活性的生物大分子直到有生命的细胞，将是化学生物学长期奋斗的目标（Gibson et al.，2010）。

像所有的研究一样，原创性研究应该特别强调和提倡。

化学生物学学科发展战略研究是在中国科学院化学学部常委会领导下完成的，得到了国家自然科学基金委员会的大力支持。本项研究回顾了化学生物学的国内外的发展，重点讨论了用于化学生物学研究的小分子探针和分析方法，重要的生物大分子（蛋白质、核酸、糖等）的结构修饰与功能研究，微量元素的细胞生物学，以及表观遗传学、干细胞等领域的化学生物学研究。希望化学生物学学科发展战略的研究，会促进化学、生物、医学等多学科的合作和融合，进一步推动我国化学生物学的发展，为生命科学的研究开创一片新天地。参加本书撰写的人员包括：前言：张礼和；第一章：叶新山、陈兴、陈鹏；第二章：鞠熀先、方晓红、丁霖、周欣、刘买利；第三章：李金波、张艳、姚祝军；第四章：赵劲、魏炜、郭子建；第五章：余四旺；第六章：谭仁祥、赵国琰；第七章：刘磊、王江云、王志鹏；第八章：罗成、卢俊彦、陈鹏、蒋华良；第九章：叶新山、陈兴、谢然；第十章：杨财广、黄悦、蓝乐夫、蒋华良；第十一章：周翔、席真、田沺、杜宇昊、张艳、伊成器、贾桂芳；第十二章：魏绿、马德君、谢永辉、席真。

本项研究仍有不少空白和不足，欢迎广大读者批评指正。在出版过程中，叶新山、陈鹏、陈兴还协助做了大量组织和编辑工作，在此一并感谢。

张礼和

北京大学药学院、天然药物及仿生药物国家重点实验室

参考文献

Avruch J, Khokhlatchev A, Kyriakis JM, et al. 2001. Ras activation of the Raf kinase: tyrosine kinase recruitment of the MAP kinase cascade. Recent Progress in Hormone Research, 56 (1): 127-155.

Barabasi AL, Oltvai ZN. 2004. Network biology: Understanding the cell's functional organization. Nat Rev Genet, 5 (2): 101-113.

Cheng W, Ding L, Ding SJ, et al. 2009. A simple electrochemical cytosensor array for dynamic analysis of carcinoma cell surface Glycans. Angew Chem Int Ed, 48 (35), 6465-6468.

Elbashir S, Harborth J, Lendeckel W, et al. 2001. Duplexes of 21-nucleotide RNAs mediate RNA interference in cultured mammalian cells. Nature, 411, 494-498.

Esteban MA, Wang T, Qin BM, et al. 2010. Vitamin C enhances the generation of mouse and human induced pluripotent stem cells. Cell Stem Cell, 6: 71-79.

Gibson DG, Glass JI, Lartigue C, et al. 2010. Creation of a bacterial cell controlled by a chemically synthesized genome. Science, 329 (5987): 52-56.

Hopkins AL. 2008. Network Pharmacology: the next paradigm in drug discovery. Nat Chem Biol, 4 (11): 682-690.

Hou P, Li Y, Zhang X, et al. 2013. Pluripotent stem cells induced from mouse somatic-Cells by small-molecule compounds. Science, 341 (6146): 651-654.

Jewett JC, Bertozzi CR. 2010. Cu free click cycoaddition reaction in chemical biology. Chem Soc Rev, 39, 1272-1279.

Jiang HL, Wu JR, Zhang LH, et al., 2008. Chemical biology in China takes on signal transduction. Nat Chem Biol, 4: 515.

Liu J, Farmer JD, Lane WS, et al. 1991. Calcineurin is a common target of cyclophilin-cyclosporin A and FKBP-FK506 complexes. Cell, 66 (4): 807-815.

Liu JL, Xia HG, Kim MS, et al., 2011. Beclin1 controls the levels of p53 by regulating the deubiquitination activity of USP10 and USP13. Cell, 147: 223-234.

Schreiber SL. 2000. Target-oriented and diversity-oriented organic synthesis in drug discovery. Science, 287 (5460): 1964-1969.

Schreiber SL. 2003. The small-molecule approach to biology: chemical genetics and diversity-oriented organic synthesis make possible the systematic exploration of biology, C&E News, 81: 51-61.

Schreiber SL, Crabtree GR. 1995. Immunophilins, ligands, and the control of signal transduction. Harvey Lectures, 91: 99-114.

Song CX, Szulwach KE, Dai Q, et al. 2013. Genome-wide profiling of 5-formylcytosine reveals its roles in epigenetic priming. Cell, 153 (3): 678-691.

Tang JJ, Li JG, Qi W, et al. 2011. Inhibition of SREBP by a small molecule, betulin, improves hyperlipidemia and insulin resistance and reduces atherosclerotic plaques. Cell Metabolism, 13: 44-56.

Taunton J, Hassig CA, Schreiber SL. 1996. A mammalian histone deacetylase related to the yeast transcriptional regulator Rpd3p. Science, 272 (5260): 408-411.

Wang L, Brock A, Herberich B, et al. 2001. Expanding the Genetic Code of *Escherichia coli*. Science, 292: 498-500.

Zhang M, Lin SX, Song XW, et al. 2011. A genetically incorporated crosslinker reveals chaperone cooperation in acid resistance. Nature Chem Biol, 7: 671-677.

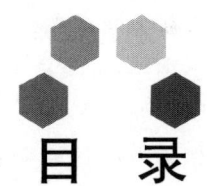

目 录

总序 ·· i
序言 ·· vii
前言 ·· ix

第一章 化学生物学近年发展情况回顾 ·· 1

第一节 化学生物学学科概述 ·· 1
一、化学生物学的起源 ·· 1
二、化学生物学的影响力 ·· 3
三、化学生物学的学科特征与定义 ·· 4

第二节 国际化学生物学近年发展情况回顾 ·· 7
一、国际化学生物学进展一览 ·· 7
二、国际上主要研究资助机构对化学生物学的资助 ···················· 15
三、私立机构或私人基金会对化学生物学研究的资助 ················ 24
四、工业界的化学生物学研究与发展 ·· 26

第三节 我国的化学生物学发展情况回顾 ·· 27
一、我国的化学生物学研究 ·· 27
二、我国的化学生物学研究基地与平台 ·· 30
三、我国政府对化学生物学研究的资助 ·· 30

第四节 化学生物学学科发展趋势 ·· 37
本章附录 ··· 39
参考文献 ··· 43

第二章 化学生物学研究中的分析检测方法 ·· 45

第一节 单分子检测 ·· 45
一、蛋白质亚基组成的计量方法 ·· 46

二、分子间相互作用的动力学参数测定 …………………………… 47
　　三、超分辨成像技术 …………………………………………………… 49
　　四、细胞内单分子的检测方法 ………………………………………… 50
　　五、原子力显微镜单分子成像与单分子力谱法 ……………………… 50
　　六、重要发展方向 ……………………………………………………… 51
第二节　单细胞检测 ……………………………………………………… 52
　　一、高通量单细胞分析 ………………………………………………… 52
　　二、单细胞光学成像 …………………………………………………… 53
　　三、单细胞电化学及其他成像技术 …………………………………… 56
　　四、分离技术 …………………………………………………………… 57
　　五、活体成像技术 ……………………………………………………… 58
　　六、发展趋势 …………………………………………………………… 59
第三节　生物质谱与质谱成像 …………………………………………… 59
　　一、质谱在组学研究中的应用 ………………………………………… 60
　　二、质谱成像技术 ……………………………………………………… 62
　　三、敞开式离子化技术 ………………………………………………… 63
　　四、发展趋势 …………………………………………………………… 64
第四节　核磁与活体成像 ………………………………………………… 64
　　一、核磁共振在蛋白质研究中的应用 ………………………………… 64
　　二、磁共振成像在化学生物学中的应用 ……………………………… 68
　　三、超灵敏磁共振成像 ………………………………………………… 70
参考文献 ……………………………………………………………………… 71

第三章　化学小分子探针与生物正交化学反应 …………………………… 79

第一节　小分子探针及相关化学生物学研究进展 ……………………… 79
　　一、针对蛋白酶的小分子探针 ………………………………………… 81
　　二、源于已知药物的小分子探针 ……………………………………… 83
　　三、经代谢途径进入细胞的小分子探针 ……………………………… 83
　　四、新的活性小分子的发现及探针分子构建 ………………………… 85
第二节　生物正交化学反应研究进展 …………………………………… 87
　　一、Staudinger 反应 …………………………………………………… 88
　　二、Click 反应 ………………………………………………………… 89
　　三、Photo-Click 反应 ………………………………………………… 90

四、四嗪环加成反应 …………………………………… 91
　　五、钯催化的偶联反应 …………………………………… 92
　　六、其他生物正交反应 …………………………………… 92
第三节　无标记活性分子探针技术 …………………………… 94
第四节　总结与展望 …………………………………………… 95
参考文献 ………………………………………………………… 96

第四章　金属离子探针技术与应用 ……………………………… 101

第一节　生物体系中金属离子探针的研究概况 ……………… 102
　　一、化学小分子探针 …………………………………… 102
　　二、核酸探针 …………………………………………… 106
　　三、纳米材料探针 ……………………………………… 110
　　四、多肽及蛋白质探针 ………………………………… 112
　　五、全细胞水平探针 …………………………………… 114
第二节　金属离子探针在化学生物学领域的展望 …………… 116
参考文献 ………………………………………………………… 117

第五章　微量元素的化学生物学 ………………………………… 124

第一节　微量元素化学生物学的发展历程 …………………… 124
第二节　微量元素化学生物学研究概况 ……………………… 127
　　一、微量元素物种的形成、转化与状态 ……………… 127
　　二、微量元素在调控、干扰和干预细胞内稳态中所起的
　　　　作用 …………………………………………………… 127
　　三、微量元素影响细胞网络的机制 …………………… 128
　　四、微量类金属元素——硒的化学生物学 …………… 128
　　五、基于微量元素在病理过程中的作用发现新药理作用和
　　　　新药 …………………………………………………… 129
第三节　微量元素化学生物学研究进展 ……………………… 129
　　一、微量元素化学物种的形成、分布与转化 ………… 129
　　二、微量元素的细胞内稳态调控 ……………………… 132
　　三、微量元素对细胞网络的影响 ……………………… 135
　　四、微量类金属元素——硒的化学生物学 …………… 136

五、基于微量元素在病理过程中的作用发现新药理作用和
　　　　 新药 ·· 138
　 第四节　总结与展望 ·· 139
　 参考文献 ·· 141

第六章　天然产物的化学生物学 ·· 147

　 第一节　天然产物领域的研究简介 ··· 148
　 第二节　化学生物学在天然产物领域中的研究概况 ·························· 149
　　　一、天然产物作为探针的研究 ·· 149
　　　二、天然产物的生物合成研究 ·· 159
　 第三节　化学生物学在天然产物领域中的展望 ································ 165
　　　一、化学生物学促进天然产物的发现 ······································· 165
　　　二、现代天然产物分析方法与策略 ·· 174
　 第四节　总结 ··· 177
　 参考文献 ·· 178

第七章　蛋白质的化学合成及功能修饰 ·· 190

　 第一节　化学生物学在蛋白质化学合成方面的研究 ·························· 190
　　　一、蛋白质的化学全合成 ·· 191
　　　二、蛋白质的化学半合成 ·· 198
　　　三、化学生物学在蛋白质化学合成中的展望 ····························· 203
　 第二节　蛋白质的功能修饰 ··· 205
　　　一、基于密码子扩展的方法插入非天然氨基酸 ························· 206
　　　二、生物正交反应 ··· 206
　　　三、化学酶法合成均一糖蛋白 ·· 214
　　　四、化学生物学在蛋白质修饰中的研究展望 ····························· 215
　 参考文献 ·· 217

第八章　蛋白质相互作用网络 ·· 228

　 第一节　蛋白质相互作用网络发展简介 ··· 228
　 第二节　蛋白质相互作用网络研究方法 ··· 229
　　　一、蛋白质相互作用网络组成与性质 ······································· 229
　　　二、蛋白质相互作用网络的构建 ··· 230

三、蛋白质相互作用网络的分析 ……………………………………… 231
第三节　蛋白质相互作用网络的应用 ………………………………… 234
　　一、蛋白质功能的预测 …………………………………………… 234
　　二、蛋白质相互作用网络与复杂疾病的研究 …………………… 235
　　三、蛋白质相互作用网络与网络药理学 ………………………… 235
第四节　生物体内蛋白质相互作用网络的鉴定与解析 ……………… 237
　　一、传统蛋白质-蛋白质相互作用的研究方法 ………………… 237
　　二、基于质谱的蛋白质-蛋白质相互作用的研究 ……………… 239
　　三、化学生物学在蛋白质相互作用中的研究 …………………… 241
第五节　化学生物学在蛋白质相互作用网络研究中的应用展望 …… 245
参考文献 …………………………………………………………………… 246

第九章　化学糖生物学 …………………………………………… 252

第一节　寡糖的合成 ……………………………………………………… 253
　　一、寡糖的一釜合成 ……………………………………………… 253
　　二、寡糖的固相合成 ……………………………………………… 254
　　三、寡糖的酶法合成 ……………………………………………… 255
第二节　糖缀合物的合成 ………………………………………………… 255
　　一、酶催化切除法制备糖缀合物 ………………………………… 255
　　二、纯化学合成法制备糖缀合物 ………………………………… 256
　　三、拟糖蛋白及其他糖缀合物的合成 …………………………… 257
第三节　糖芯片 …………………………………………………………… 257
　　一、糖芯片技术中的固定方法及技术优势 ……………………… 258
　　二、糖芯片技术的应用 …………………………………………… 259
第四节　糖链的标记 ……………………………………………………… 259
　　一、糖代谢工程的基本原理及进展 ……………………………… 259
　　二、糖代谢工程的应用 …………………………………………… 261
第五节　化学糖生物学在生物医药中的应用 ………………………… 263
　　一、具有调控蛋白与糖相互作用的单价配体分子的发现 ……… 263
　　二、具有调控蛋白与糖相互作用的多价配体分子的发现 ……… 264
　　三、影响糖链组装与分解的小分子抑制剂的发现 ……………… 265
第六节　化学糖生物学发展前景展望 ………………………………… 266
参考文献 …………………………………………………………………… 267

第十章 化学合成生物学 … 272

第一节 化学合成生物学研究的基本内容 … 272
一、核酸替代物 … 273
二、新合成多肽或蛋白质 … 273
三、最小细胞 … 274
四、天然活性产物与代谢工程 … 274

第二节 化学合成生物学的研究现状 … 275
一、肽核酸与非天然碱基对 … 276
二、蛋白质人工合成与被自然选择淘汰蛋白 … 277
三、人造细胞 … 278
四、化学合成生物学与代谢工程 … 280

第三节 我国化学合成生物学研究进展 … 280
一、结晶牛胰岛素与酵母丙氨酸转移核糖核酸（$tRNA_y^{Ala}$）的人工全合成 … 281
二、化学合成生物学与天然产物的生物合成 … 281
三、化学合成生物学与植物代谢工程 … 282
四、化学合成生物学与微生物能源转化 … 282

第四节 化学合成生物学研究前景与展望 … 283
参考文献 … 286

第十一章 化学表观遗传学 … 291

第一节 DNA 甲基化 … 291
一、细胞中 DNA 甲基化和去甲基化的机制研究 … 292
二、基因组中 DNA 甲基化位点测定 … 294
三、DNA 甲基化过程的小分子调控因子 … 295

第二节 组蛋白的共价修饰 … 299
一、组蛋白共价修饰的类型及检测手段 … 299
二、组蛋白去乙酰化抑制剂在药物研发中的应用 … 301

第三节 非编码 RNA 的调控 … 302
一、siRNA 的功能及其化学生物学研究进展 … 303
二、microRNA 的功能及化学生物学研究进展 … 305
三、lncRNA 的功能及化学生物学研究进展 … 311

四、riboswitch 的功能及化学生物学研究进展 ………… 315
　第四节　表观遗传的化学生物学——研究前景和发展趋势 ………… 319
　　　一、研究前景 ………… 319
　　　二、发展趋势 ………… 320
　参考文献 ………… 321

第十二章　化学生物学的机遇与挑战 ………… 331

　第一节　化学生物学在干细胞领域中的研究展望 ………… 332
　　　一、干细胞重编程 ………… 332
　　　二、干细胞定向分化 ………… 335
　　　三、干细胞多能性维持 ………… 337
　　　四、干细胞研究的发展趋势 ………… 337
　第二节　化学生物学在脑神经研究领域中的进展 ………… 338
　　　一、神经系统发育的生物学基础 ………… 338
　　　二、神经系统的信号转导和物质传递机制 ………… 343
　　　三、脑和神经系统疾病 ………… 350
　　　四、化学生物学研究手段在脑神经生物学研究中的应用前景与展望 ………… 351
　第三节　化学生物学在细胞衰老机制中的研究展望 ………… 352
　　　一、长寿蛋白调控 ………… 353
　　　二、染色体行为调控 ………… 353
　　　三、信号通路调控 ………… 354
　　　四、免疫调控 ………… 355
　　　五、细胞衰老的化学生物学发展趋势 ………… 355
　第四节　化学生物学在肠道菌群领域的研究展望 ………… 356
　　　一、肠道菌群的基因组研究 ………… 357
　　　二、肠道菌群的功能研究 ………… 358
　　　三、肠道菌群相关疾病的研究 ………… 363
　　　四、肠道菌群研究的化学生物学发展趋势 ………… 365
　参考文献 ………… 365

关键词索引 ………… 377

彩插

第一章 化学生物学近年发展情况回顾

化学生物学（chemical biology）是近年来国际上出现的一门化学与生物学、医学高度交叉结合的新兴二级学科。化学生物学不仅创造强大的新反应技术和提供新分子工具，更从化学的视角为生命科学的研究提供全新的思路和理念。在充分利用化学的手段和思维来深入揭示生命本质的同时，化学生物学家也通过对生物体系的理解和驾驭来推动化学学科自身的发展与创新。通过充分发挥化学和生物学、医学交叉的优势，化学生物学的研究具有重要的科学意义和应用前景，能够揭示传统生物学所不能发现的新规律，促进新药、新靶标和新的药物作用机制的发现，造福人类的健康事业，推动社会经济发展。

第一节 化学生物学学科概述

一、化学生物学的起源

化学生物学的起源可以追溯到18世纪末英国伟大的化学家、氧气的发现者Joseph Priestly对一氧化氮（NO）的发现与研究（图1-1A）。当时的一个著名实验是Priestly将小鼠逐一地置入他从空气中发现并分离的多种气体（包括氧气、一氧化氮等）环境中，观察小鼠的生理变化。这些实验结果于1774年以"*Experiments and Observations on Different Kinds of Air*"为题在伦敦发表，旋即引起了极大的轰动。Priestly于1794年来到美国，是美国化学领域的先驱和奠基人之一。当今美国化学会（American Chemical Society，ACS）的最高荣誉 Priestly 奖于 1922 年建立，用于纪念氧气的发现者 Joseph Priestly 对美国化学界的贡献。该奖项作为一种终身成就奖每年颁发给对化学领域做出杰出贡献的一位科学家。200 多年后（1998 年），一氧化氮再次成为人们关注的焦点。1998 年诺贝尔生理学或医学奖颁给了三位生物学家，以表彰他们在一氧化氮作为生物信号分子方面的开创性研究工作，一氧化氮也被评为了当年的"明星分子"。关于这一分子与人类疾病尤其是心血管类疾病之间关系的解释，具有划时代的意义。更为重要的是，Priestly 当年所使用的朴素的研究思维，即"用特定的外源化学物质（分子或气体）处理小动物，观察它们有何反应"，奠定了当今化学生物学的基础。

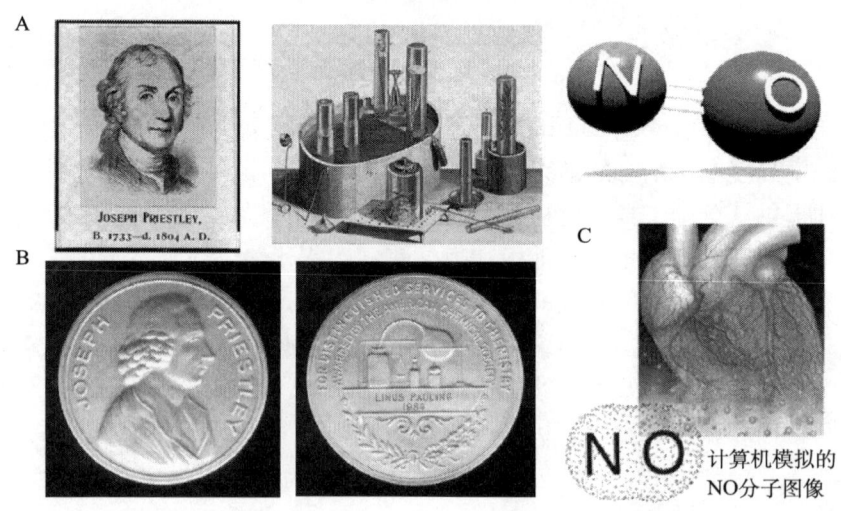

图 1-1　Joseph Priestly 与一氧化氮（NO）的发现

A. Joseph Priestly 于 18 世纪末利用图中所示的研究装置对空气的成分进行了分离，并研究了氧气和一氧化氮等气体对小鼠的影响。B. 当今美国化学会的最高荣誉 Priestly 奖。C. 200 多年后，关于一氧化氮是生物体内关键信号分子的发现与证明获得了 1998 年的诺贝尔生理学或医学奖。Priestly 关于 NO 如何对小鼠产生影响的研究策略被视为现代化学生物学的起源之一

现代化学生物学产生并发展于 20 世纪末，从那时起，化学研究者逐渐认识到利用合成分子及化学工具研究生物学和生命过程具有重要的科学意义与发展潜力，并逐渐加以关注和扶持。在随后的十多年里，化学生物学在化学、生物学和医药领域脱颖而出，成为 21 世纪发展最为迅速的前沿交叉学科之一。从源头上讲，化学与生物学、医学的交叉和融合是科学发展的必然趋势。一个多世纪以来，化学和这些学科的交叉融合已取得了丰硕的成果，极大地促进了它们的发展，并产生了许多新的学科分支。近年来，化学生物学的发

展过程中相继出现了如组合化学、高通量筛选技术、分子进化、基因组（芯片）技术、单分子和单细胞技术等一系列新技术和新方法，为化学与生物学、医学交叉领域的研究注入了新的内涵和驱动力。人类基因组计划和众多其他物种基因组测序的完成，以及后续功能基因组研究计划的成功实施，为化学与生命科学的高度协同研究提供了新的机遇和挑战，预示着化学和生命科学领域更深层次交叉与融合的时代已经到来。为此，一门新的学科——化学生物学应运而生。

总体来讲，化学生物学是一门通过分子途径研究生命过程的学科，也是运用化学与分子相关途径来论述生物学和医药学主要变化的学科。作为化学和生物医学交叉的前沿研究领域，化学生物学运用化学知识和化学手段，并紧紧扎根于分子水平的化学研究，一方面以化学小分子为探针，探索生物体内的分子事件及其相互作用网络，在分子水平上研究复杂生命现象；另一方面通过化学的方法和技术拓展了生物学的研究范围，同时也通过化学在生物医学中的应用进一步促进化学科学的发展。

二、化学生物学的影响力

近年来，化学生物学在国际科学领域的影响力持续增长。作为衡量某一学科发展与成熟的重要标准，专门针对该学科的学术期刊的数量和质量是人们关注的焦点之一。为适应化学生物学的迅猛发展，全球各科学出版机构都相继推出了高水平的化学生物学专业期刊、杂志。例如，《细胞》（Cell）杂志系列于1994年出版了 Chemistry & Biology；2005年，《自然》（Nature）出版了《自然·化学生物学》（Nature Chemical Biology），美国化学会出版了《美国化学会化学生物学》（ACS Chemical Biology），Wiley-VCH 出版了《化学生物化学》（ChemBioChem），Elsevier 公司出版了化学生物学综述性杂志《化学生物学研究进展》（Current Opinion in Chemical Biology），英国皇家学会出版了《分子生物系统》（Molecular BioSystems）。此外，与化学生物学有关的还有《BMC 化学生物学》（BMC Chemical Biology）、《化学生物学和药物设计》（Chemical Biology and Drug Design）等共计十几种杂志（图 1-2）。这些出版物的刊发充分说明了化学生物学发展的速度及其重要性。有关化学生物学的国际会议和论坛也相继涌现，为化学生物学工作者提供了交流的舞台。比较重要的论坛有"自然杂志化学生物学研讨会"（Nature Symposium on Chemical Biology）、"欧洲分子生物学实验室化学生物学会议"（EMBL Chemical Biology Meeting）等，此外许多生物和化学国际会议也设立了化学生物学分会。

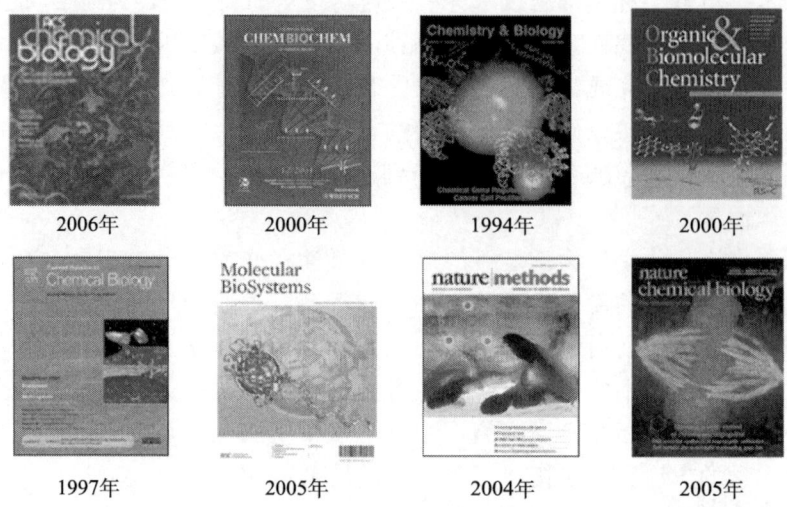

图 1-2　当今有影响力的部分化学生物学专业期刊一览（文后附彩图）

化学生物学的影响力还表现在对其他的化学二级学科，以及生命科学和生物医药领域的推动作用上。化学生物学的兴起和发展，不仅可以帮助人们理解生命过程，更具有创建新的分子干扰、转变甚至创建新的生物学功能的作用。在治疗人类疾病方面，它能提供新的策略和新的药物，同时也能针对能源及环境问题催生新的生物科技。此外，化学生物学在农业、生物能源、生物技术等生物经济方面也都有着重要的意义。

化学生物学的一大特点，就是基础研究工作与实际应用的密切结合，具有巨大的经济价值和社会意义。例如，化学生物学的主要研究目标之一就是要开发有利于人类健康、抗击疾病和促进社会经济发展的化学小分子。如果一个化学小分子能够与生物大分子发生相互作用，它就不仅被用来作为研究生物大分子性质与功能的探针，而且有可能被进一步开发，成为用来控制生物体运动与行为的活性物质。早在 20 世纪初，在研究化学小分子对生物体的作用基础上，德国化学家埃尔利希获得了一种治疗梅毒的化学小分子，并奠定了现代药物学的基础。今天的化学生物学的兴起，一个主要的驱动力来自人们对健康与疾病的关注。以药物开发为例，化学生物学对创新药物研究产生了深刻的影响，将改变现有的药物研究与开发模式，成为新药创制的重要推动力。

三、化学生物学的学科特征与定义

由于化学生物学是一门非常年轻的二级学科，其研究性质具有前沿与交叉的特色，长期以来人们对该新兴学科的定义和学科范围有不同的理解，目前尚无统一认识。受国家自然科学基金委员会化学学部的委托，笔者与我国化学生物学领域的青年学者一道对国际化学生物学领域的专业期刊进行了详细的查阅，并收集了多位化学生物学领域权威专家、研究资助机构关于该学科研究内容和定义的叙述，详细内容请见本章附录。尤其是《自然·化学生物学》（Nature Chemical Biology）杂志在其2005年第一期的创刊号上，以"Editorial"的形式对化学生物学的定义和研究内容做了精辟的总结（图1-3）；Wiley-VCH出版社的ChemBioChem杂志也于2009年邀请多位化学生物学家对该领域的定义和学科方向进行了评论（图1-3）。以下对化学生物学的学科特征加以概括。

图1-3 国际著名化学生物学期刊 Nature Chemical Biology 和 ChemBioChem 对化学生物学的定义和研究内容的评论（详见本章附录，文后附彩图）

1. "外源化学"（exogenous chemistry）的使用是化学生物学的核心思想，也是化学生物学区别于其他传统学科，尤其是生物化学等学科的根本性特征

所谓外源化学，就是自然界的生命体内所不具有的外界化学物质或不存在的外界化学反应，用以区别内源化学，即生命体内天然存在或进行的化学物质与化学反应。从200多年前Priestly使用外源的气体处理和研究生命个体的研究策略开始，利用外源化学来调控和研究生命体系就一直被视为化学

生物学最核心的思想。

2. "化学探针"（chemical probe）的开发与应用是化学生物学的核心工具，也是化学生物学区别于其他传统学科，尤其是药物化学等学科的根本性特征

基于化学小分子或生物大分子的各类化学探针的开发及应用，是化学生物学家研究、调控、探测生命现象的基本工具。化学生物学的研究侧重于利用探针分子来研究生物学机制、揭示生命本质，并为药物开发等领域提供候选的化合物。但以小分子化学探针为例，其与药物（drug）的研发具有本质的区别。Nature Chemical Biology 杂志对二者的区别进行了如下总结（表1-1）。

表1-1 Nature Chemical Biology 关于"化学探针"与"药物"的区别的总结

化学探针	药物
反应机理/表型	药效
靶向结合/靶活性	药代动力学/药代效力学
脱靶活性/选择性	多向药理学/毒性
效价强度	剂量

3. "分子精度"（molecular precision）的不断提高是化学生物学的核心任务

与化学是在分子层次上研究物质的组成、结构、性质及变化规律这一中心任务相同，化学生物学也是在分子水平上从事研究。不论化学生物学家的研究兴趣多么广泛，化学生物学这一领域都深深根植在一个共同任务之上，即如何从分子层面上不断提高阐释和操控生命体系的精准度（分子精度）。

4. "揭示生命本质并服务于化学"是化学生物学的核心目标

在充分利用化学的手段和思维来深入揭示生命本质的同时，化学生物学家也不断通过从生物体系的研究中获得的知识来服务于化学，更好地发展化学，并推动化学学科自身的创新，这是化学生物学的核心目标。

根据上述对化学生物学学科特征的四个"核心"总结，化学生物学"学科定义"如下：化学生物学是一门利用外源的化学物质、化学方法或途径，在分子层面上对生命体系进行精准的修饰、调控和阐释的学科。

作为一门新兴的交叉学科，化学生物学不仅创造强大的新反应技术和新分子工具，更为生命科学的研究提供全新的思路和理念。在充分利用化学的手段和思维来深入揭示生命本质的同时，化学生物学家也通过对生物体系的

理解和驾驭来推动化学学科自身的发展与创新。

第二节 国际化学生物学近年发展情况回顾

一、国际化学生物学进展一览

鉴于国际范围内化学生物学研究的快速发展，2010年12月，《自然》子刊 *Nature Chemical Biology* 发表了题为"化学生物学的过去、现在与未来"的专刊，对过去十年（2000～2010年）来化学生物学领域的发展做了回顾（图1-4）。该文章指出，化学生物学经过过去10多年的发展，已经成为国际上具有举足轻重地位的一门新兴交叉学科，对化学乃至生命、材料等学科的发展都具有引领和示范作用。该文最后评价到"基于多层次知识创新和方法发展的现代化学生物学也使得这一学科的科学家群体对新的想法更加开放，愿意接受高难度的挑战，并且发自内心地去确保他们的科学能够真正地影响世界？"

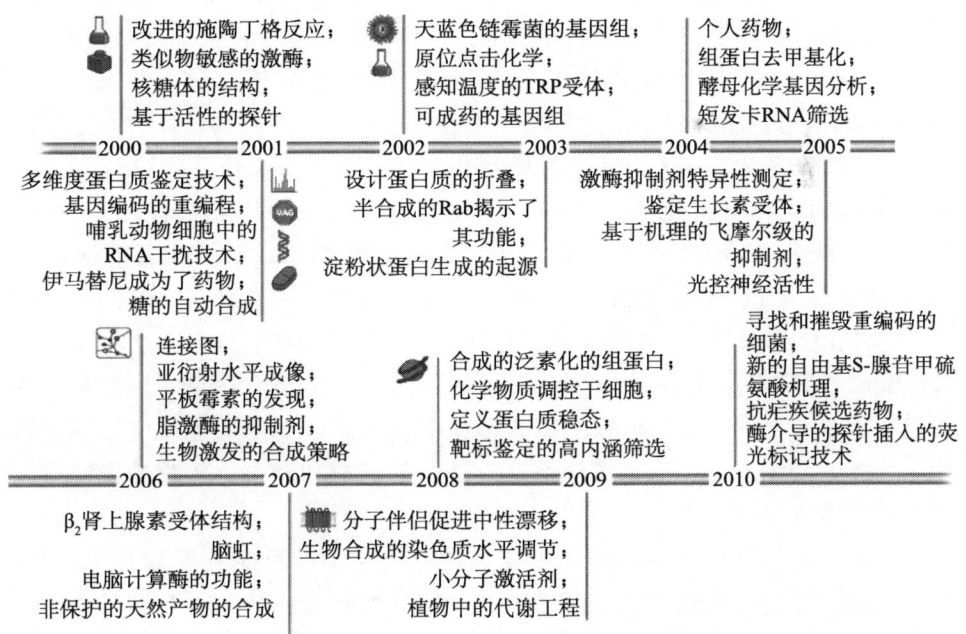

图1-4 近十年（2000～2010年）来国际上化学生物学重大研究发现时间表

现代化学生物学的萌芽与兴起应当追溯到20世纪80年代生物有机化学

的兴盛。这一时期，得益于分子生物学和遗传学的出现，生命科学进入了蓬勃发展阶段。化学与生命科学的交叉融合应势兴起，在90年代形成了相对独立的化学学科分支，迅猛发展。在后基因组时代的过去十几年中，化学生物学在基因组学、蛋白质组学及表观遗传学等领域的研究中扮演着举足轻重的角色。

1. 生物有机化学的兴起及发展

新学科的发展是各个传统学科间相互渗透融合的过程。生物有机化学的兴起即是一个很好的例子。生物有机化学是有机化学和生物化学的交叉领域，是将有机化学研究的理论和方法向生命科学渗透的学科，通过在分子水平上研究生物过程的化学本质，分析生物分子（如蛋白质、核酸）的结构、性质、合成，以及酶和酶促有机反应的具体机制。生物化学家利用传统生物化学技术研究生命体系，他们分离纯化了具有各种生物学功能的酶，并利用同位素示踪法获得了这些酶底物的反应特异性。化学家则利用对有机化学反应机制的了解和认知，在发展合成方法的同时，设计合成具有不同结构特点的酶的底物模拟物，从而进一步揭示了酶在生物体系中的催化机制。有机化学家 Emil Fischer 最早提出酶与底物的关系是"钥匙与锁"的关系（"Lock and Key" principle）。1950 年，H. D. Friedman 提出生物等排体（bioisosteric group）的概念，用合成分子代替天然生物分子，从而在药物设计中产生了巨大影响。1970 年，Tom Kaisen 编辑出版了 *Progress in Bioorganic Chemistry*，并指出生物有机化学是生物化学和物理有机化学相互融合的新学科。1987 年，诺贝尔化学奖授予了 Cram、Lehn 和 Pedersen，以表彰他们在主-客体化学（host-guest chemistry）、超分子化学（supramolecular chemistry）及冠醚（crown ether）等方面的发现，开创了分子识别（molecular recognition）的广阔研究领域。这些工作标志着生物有机化学得到了国际科学界的普遍重视。今天，分子识别的概念早已不仅局限于酶的催化反应，还发展到生物体的受体系统、信号转导通路、基因的调控和转录、药物的设计等一系列重要过程。

化学家对酶反应机制的研究主要利用有机化学的反应理论和合成工具，使得人们能够更深入地了解生命体中这些特异性酶反应的分子基础。为研究核酸酶水解过程中的分子机制，Cornell 大学的 Usher 用有机化学的方法合成了一对核苷，$2',3'$-环硫代磷酸的异构体 A 和 B 用作模型底物，研究核酸酶 A（RNase A）在标记氧-18 的水中对它们的不同水解产物。两个手性磷的模型底物在水解过程中可以通过是否有构型的变化和氧-18 的位置来判断酶的催化过程，从而直观地获得核酸酶催化水解过程中的细微结构变化，这些都是传统生物学方法所不能直接得到的重要信息。

目前，生物有机化学的发展与经典的有机合成方法竞争越来越明显，许多有机化合物的原料可以直接由生物酶法合成。这亦促进了一种被称为"黑盒催化"的新型催化方法的产生，以代替从前将酶从溶液中带进反应的方法。在工业生产中日益重要的今天，可以通过选择有针对性的酶，选择性获取高纯度的手性对映体。

如上所述，化学家用化学的技术和理论对生命体系进行研究，用化学模型揭示了一些复杂生物化学反应的分子本质并取得了重要成果。然而，这些化学模型并不是生物体本身，同时，生物体内的各种变化并不是孤立存在的，而是受生物体内固有调节系统的控制，有着严格的"时空"限制。化学家想要深入了解生命过程，就不能仅仅用化学模型去研究，而是要直接用生物体系去研究，以化学小分子为探针系统地剖析生命过程，这就逐渐促进了化学生物学的形成：利用分子生物学的手法，搭配有机化学的方式，探讨细胞内核酸或是蛋白质等生物体内分子的功能或反应。

2. 多肽合成及组合化学

蛋白质是细胞内最为丰富的生物大分子，它几乎参与所有的生命过程。因此，对蛋白质的结构、功能和相互作用的研究是生命科学领域的一项重要任务。随着对生物活性多肽类物质作用模式的了解日益增多，人们对其在药理和医学上的应用产生了越来越浓厚的兴趣，分离与制备这些极具潜在药用价值的内源性物质并应用于治疗，给人们带来治愈某些疾病的希望，而多肽在其中起着关键性作用。由此，多肽的合成是必须解决的首要问题。多肽化学合成法是蛋白质研究领域至关重要的研究方法之一，在生物药物、蛋白质工程、免疫学等研究中得到了广泛的应用。

1963 年，Merrifield 首次提出固相多肽合成方法（solid phase peptide synthesis，SPPS），为多肽研究开辟了广阔的天地，并极大地推动了分子生物学等领域的发展。这种技术将多肽的合成操作模块化，并且将化学反应从纯液相条件移植到固相体系中。在固相多肽合成中，具有活化末端的固相树脂球是合成操作的核心，携有保护基团的氨基酸作为反应物与树脂球的活化末端发生反应，随后经过简单的过滤和洗涤操作，将多余的反应物和溶剂去除；之后用化学或者物理手段脱去氨基酸末端保护，将树脂球与另一种氨基酸试剂进行反应,重复(缩合—洗涤—脱保护—中和及洗涤—下一轮缩合)操作,最终用化学手段将合成完成的多肽从树脂球上剥落纯化,便可以获得所需序列的多肽。固相多肽合成技术将传统的化学反应模块化,并简化了分离纯化产物的工作,是多肽合成技术的重大突破,Merrifield 也因为这一技术获得 1984 年的诺贝尔化学奖。

固相多肽合成在近几十年的发展中逐渐分化为两种类型,即 Merrifield 开发的 Boc 固相合成法和 Shepard 发展的 Fmoc 固相合成法。由于脱 Fmoc 保护基及将产物从树脂球上切下时反应条件温和,而且与 Boc 固相合成相比,Fmoc 固相合成的副反应少,所以 Fmoc 固相合成法已经被广泛采用。经过逐年优化,其单步反应产率已高达 98% 以上。同时,新的多肽固相载体的开发、连接分子的优化及不断发展的肽键缩合剂的使用,使得多肽固相合成技术日趋成熟,用有限的反应步骤合成了极大量的活性多肽类物质。然而,目前固相合成法只能实现一些相对较短的肽链合成,而对于相对分子质量较大、肽链较长的蛋白质类物质,固相合成技术还有很大的局限性,同时,在合成中要用到大量的有毒试剂,合成费用昂贵,并伴随副反应、消旋化等问题,这些都是不可忽视的问题。因此,寻找更加绿色、环保的多肽合成技术,对科学家来说也是一个重大的挑战。在延长合成多肽的长度,开发更好的多肽偶联反应中,日本的 Sakakibara 小组开发了用液相合成含 100 个以上氨基酸残基多肽的通用方法,并用该方法合成了含有 238 个氨基酸残基的绿色荧光蛋白(green fluorescent protein,GFP)前体分子。此外,天然化学连接(native chemical ligation,NCL)是近年来多肽和蛋白质合成技术中最有效的途径之一,也是目前最简单和实用的多肽片段连接方法。1994 年,Kent 等运用这一原理连接了一个未保护肽片段,氨基组分的 N 端半胱氨酸(Cys)残基在对接位置上形成了一个"天然的"酰胺键。硫酯捕获作为 NCL 方法是基于酰基供体的 C 端硫酯部分与酰基受体 N 端 Cys 之间的可逆性硫醇/硫酯交换,得到硫酯连接的中间产物,它经由分子内亲核进攻发生自动重排而在对接部位形成肽键,多数对接方法是在 pH 为 7~8 的缓冲水溶液中进行的。反应步骤即首先 C 端的硫酯与 N 端 Cys 残基的侧链巯基发生酯交换反应,生成新的硫酯中间体,此中间体自发形成过渡态五元环,继而又迅速进行 S-N 端酰基迁移,最后形成了以 Cys 为连接位点的多肽产物。与常规生成肽键的方法相比,NCL 法具有相当的优越性。NCL 反应所用肽链是脱保护的肽链酯,而生成肽键的常规方法所用的肽链都带有主链及侧链保护基。常规方法不能使用通过基因重组的方法得到的活性多肽及蛋白质,而 NCL 法能够运用该类多肽及蛋白质,不必考虑其大小。该类多肽及蛋白质只要符合 NCL 的发生条件,就能够生成新的肽键,把 2 个肽链连接起来。NCL 法生成肽键时不用缩合试剂,并且反应大多在水溶液中进行。这使得该方法在肽链、糖肽、蛋白质生成,以及改变生命体生存系统(如细胞表面、噬菌体展示库)中都有很好的应用,并且通过新生成的肽链连接的大分子可不经纯化而直接应用于下一步实验中。这些新兴技术手段的不断发展,为蛋白质的合成技术带来了更多的方法。除了上述的多肽化学合成方法以外,还有生物提取、DNA 重组及酶促多肽合成等方法,这些方法具有更好的区域选择性及立体选择性,这些方法的发展,也正是对化学合成的一种有益补充。

组合化学是一种在短时间内,以有限的反应步骤,同步合成大量具有相同母核结构化合物的技术。组合化学兴起于 20 世纪 90 年代,是在固相多肽合成技术的基础上发展而成的,在药物先导化合物的发现和优化、免疫学研究、新材料开发等领域有着广泛的应用。在短短十数年的历史中,组合化学发生了迅速的发展,逐渐脱离了多肽体系和固相合成技术,发展出了空间定位的组合合成、液相组合合成乃至虚拟组合化学等技术。1981 年,Yajima 和 Fujii 使用液相合成法制备了由 124 个氨基酸组成的核酸酶 A(RNase A)的晶体,其显示出很高的活性。微波辐射技术在液相有机合成中的应用,也大大增强了多肽衍生物合成的多样性和有效性。1988 年,Furka 提出了混合裂分法,这种方法将固相多肽合成技术扩展至多肽合成以外的领域,并且通过树脂球在各反应回合后的混合与裂分,用最少的合成步骤,穷尽所有可能的合成产物。混合裂分法迅速为药物化学家所接受,它的出现标志着组合化学的诞生。1994 年,Glaxo 公司的一组研究人员开发了索引组合化学库技术,这种技术将组合合成从固相转移到液相,其合成产物是若干组混合物,组合合成的若干种产物会依照其合成过程分布在不同的混合物组中,通过对混合物进行活性测定,便可以获悉活性化合物的结构。

组合化学的应用也十分广泛。免疫学研究是组合化学最初的应用领域。免疫学家为了详细地知悉具有抗原性的多肽结构,常常将一个具有抗原性的蛋白质序列中所有可能分割出来的多肽序列分别合成,进行免疫活性测试,组合化学为多肽序列合成提供了极大的便利。新药研究是组合化学新的和更有前景的应用领域,包括辉瑞、罗氏等在内的大型药物生产企业,从 20 世纪 90 年代开始都建立了组合化学研究机构,进行化合物库的制备。

3. 化学基因组学和化学蛋白质组学

化学基因组学作为后基因组时代的新技术,是联系基因组和新药研究的桥梁和纽带。它指的是使用对确定的靶标蛋白高度专一的小分子化合物来进行基因功能分析和发现新的药物先导化合物。化学基因组学是在化学配基的合成、筛选和确认的精密技术快速发展的背景下产生的，整合了组合化学、基因组学、蛋白质组学、分子生物学、药物学等领域的相关技术，采用具有生物活性的化学小分子配体作为探针，研究与人类疾病密切相关的基因、蛋白质的生物功能，同时为新药开发提供具有高亲和性的药物先导化合物。

化学基因组学是后基因组学时代药物发现的新模式，将极大加快制药工业的发展。化学基因组学药物发现模式的一般程序包括靶点发现、高通量筛选、组合化学合成、生物学功能测试等。化学蛋白质组学的主要任务在于发展和应用有生物活性的靶向探针，用于复杂的蛋白质组中的特异性酶家族的功能研究。一方面，这些化学探针可与目标酶特异性结合，便于鉴定和纯化；另一方面，又可共价修饰于目标酶家族或亚家族，寻找机能或功能差异的酶。随着化学蛋白质组学的进一步发展，化学探针在蛋白质组学领域的应用正在逐步凸现，在靶点鉴别、验证和新药开发的进程中显示出巨大的潜力。

高通量筛选是20世纪后期发展起来的一项新技术，具有快速、高特异性、高灵敏度的特点。化学基因组学策略允许用大量不同的化合物平行处理多个基因组靶标，大大优化了药物的研究开发。利用基因组信息和改进的高通量体系（即将过程置于整个研究的上游阶段）可以平行鉴定多个靶标的先导化合物。高通量筛选正是顺应靶基因、靶蛋白及生物活性小分子多样性的特点发展起来的，是化学基因组学技术平台的关键技术，为药物发现提供了新的途径，提高了药物筛选速度。例如，利用功能超高通量筛选鉴定出的肾上腺素G蛋白偶联受体（GPCR）靶标的先导化合物的化学空间物理常数，与MDL药物数据库中调节同一靶标的已知化合物的参数进行比较，显示新的先导化合物在化学空间上与以往的调节剂有所不同，同时显示新的靶标作用，从而给出药物发现和靶标确证的唯一可选择的先导化合物结构。

生物信息学是在信息科学、计算机技术和网络技术高速发展的背景下产生的，运用数学、生物学和信息学对生物信息、医学信息进行提取、分析、归纳和存储的科学。在新药的靶点发现、药物的筛选、临床研究等环节都与生物信息学有着密切的联系。基因组学、蛋白质组学、高通量筛选和组合化学等技术在新药研究中应用，积累了大量不同的化学和生物学信息。生物信息学利用科学的原理和方法通过测量得到的化学成分的相关信息，如物质的物理和化学性质，物质中各成分的定性、定量及结构信息，分子间的相互作用信息（包括化学反应信息）等，对生物信息进行表示、管理、分析、模拟和传播，实现生物信息的提取、转化与共享，并实现不同学科的广泛交流，避免重复研究。同时，生物信息学为组合化学的分子设计和组合化学库的建立提供了生物信息，如功能蛋白质的结构信息等，使化合物库的建立更有目的性，提高药物筛选的成功率。在化学基因组学的研究中，各种新技术层出不穷，如毛细管电泳技术、原子力显微镜技术、差式扫描量热技术等。这些新技术为化学基因组学和化学蛋白质组学的发展提供了强有力的技术支持，极大地促进了学科的进展。

传统的生物学研究生命过程的途径往往是用基因突变的方法，利用天然存在的变种或无序引入突变或定点突变干扰正常的生命过程，再用对照比较的方法弄清楚这些过程的内在联系和相互关系。化学与生物学的融合就产生了用化学小分子来干扰生命过程从而来分析这些变化的新研究途径。这些新的研究途径和化学探针"为生命科学的研究"提供了一种方法。采用靶点鉴别的方法，可以初筛出易被小分子药物抑制的蛋白质作为药物靶点。化学探针不仅可用于早期疾病模型的筛选，也可在初期靶点的确认实验中应用；更可用于整体或细胞水平的验证。另外，反应基团和化学探针的特异性成分可作为设计小分子抑制剂的结构基础。化学探针已被用于鉴别诸如凋亡、白内障形成和疟疾传染等生理和病理过程中。化学探针加速了发现新型药物作用靶点的进程。近来的研究表明，483种已知的药物作用靶点中，仅122种找到了便于口服的并具有治疗作用的小分子抑制剂。几乎过半的酶具有与化学探针反应的潜力。同时，研究指出，尚有10倍之多的药物作用靶点未被发现。化学蛋白质组学在这方面具有巨大的潜力，可通过设计、合成和应用相关的探针，迅速、系统和全面地找寻这些靶点。就现有的化学探针而言，多以半胱氨酸蛋白酶家族和丝氨酸水解酶家族为靶点。但半胱氨酸蛋白酶家族在人蛋白质组中仅占小部分，限制了该类探针对新靶点的鉴别。与此相对，近1%的人类基因编码丝氨酸水解酶家族的成员，故以丝氨酸水解酶家族为靶点的探针具有更大的使用范围。

除了化学探针的数目在不断增长，许多机制型抑制剂或亲和标记试剂的出现，也有助于发展出新类型的探针。在主要的几类可用于药物开发的酶中，蛋白激酶和蛋白磷酸化酶是化学蛋白质组学最常用的两种酶。这些酶是细胞信号转导及代谢的关键调节因素，作为潜在的药物靶点应当受到更多的关注。就目前情况而言，化学蛋白质组学可能会在蛋白激酶家族的研究中有所突破。该家族有500多个成员，具有差异的底物和不同的细胞功能。因此，不可能发展出一种化学探针能作用于激酶家族的全体成员。也就是说，需要寻找更多的具有亚类特异性的探针。

化学探针亦可用于药效研究。可通过分析候选药物和化学探针之间简单的竞争结合，鉴别出复杂的蛋白质组中药物靶点。同时，可利用更贴近生理条件的天然酶，验证候选药物的功效。此外，可采用相关的组织样本，分析候选药物抑制特异性靶点的能力；可利用化学探针在纯化的蛋白质、细胞裂解物、活细胞和活动物等不同水平，评价药物作用强度和选择性。化学蛋白质组学是一个多学科交叉的领域，很大程度上提升了人们对生物学和药物发展的理解。共价结合于目标蛋白质、便于纯化和鉴定的化学探针，无疑是该领域最为重要的工具。一方面可鉴别与不同疾病相关的新型药物靶点；另一方面可用于药物先导化合物的快速鉴定，从而加快候选化合物应用于临床的进程。

4. 生物正交反应和化学报告基团策略

化学报告基团是一类具有非天然化学键的功能分子，可以通过代谢或蛋白质工程手段引入生物系统，并用于生物分子的标记及成像。生物正交反应是指发生在活细胞或者活生物体的，不与天然的生物分子发生干扰的一类化学反应，最早由 Bertozzi 于 2003 年提出。利用生物正交反应，化学生物学家已经成功实现了聚糖、蛋白质、脂类等一系列生物大分子的动态研究，并应用于蛋白质的富集、纯化和组学分析。基于生物正交标记需要在目标生物大分子中引入特定的生物正交基团，然后通过生物正交反应与含有互补基团的探针进行反应，从而实现对目标生物大分子的特异标记。生物正交反应包含两个组分，即生物正交反应对（biorthogonal reaction pair）。在生理条件下生物正交反应对既能够相互反应，又能够对周围分子保持惰性。目前仅有少数几个反应可以满足这些条件，如由 Bertozzi 等提出的将施陶丁格反应（Staudinger reaction）应用于生物样品，由 Sharpless 等开发的叠氮-炔基环加成反应等。其中，由一价铜离子催化的叠氮-炔基环加成反应，即"点击化学"（click chemistry），已经成为最为人所熟知的生物正交反应。该反应已经在生物材料、活细胞成像等多个领域取得了广泛的应用。然而，一价铜离子产生的细胞毒性是目前阻碍该反应在生命体系中具有普适性应用的障碍。尽管随后发展起来的无铜催化点击化学反应及 Diels-Alder 反应能够避免一价铜的使用，使得该类反应能够在活细胞表面直接进行，然而最近的部分研究表明，它们可以在细胞中非特异性地与巯基反应，从而一定程度上影响细胞特异性。因此，寻找合适的催化剂或稳定配体降低一价铜毒性的工作也具有重要意义。其中 Finn 和 Wu 等开发并发展了基于 TBTA 类的新型配体，使得细胞表面的快速特异性标记成为可能。与此同时，化学家也开始研究其他过渡金属的催化偶联反应，以期发现新的生物正交反应，如利用钯催化偶联反应等对生物大分子进行特异性修饰等，都是摆在化学生物学家面前的新挑战。

随着研究的不断深入，化学生物学将给结构生物学（structural biology）、蛋白质化学（protein chemistry）和糖化学（carbohydrate chemistry）等诸多领域带来很多新的课题，生物大分子的结构研究将提高到一个新的水平。蛋白质的结构研究中，对难度较大的膜蛋白、糖蛋白的结构研究将成为热点。化学糖生物学是结合了糖化学和糖生物学等学科的交叉学科，是21世纪科学发展中所出现的重要的学科生长点。化学糖生物学主要运用化学小分子探针研究生命体系中糖链的结构、功能及其变化规律，并对其生物功能进行干预和调控。这些化学方法和探针分子突破了传统生物学方法对糖链功能研究的局限，从新的研究思路和角度出发，大大促进了人们对糖基化（过程）及糖链功能的认知，并对疾病的诊断和治疗提供新的策略和手段。

二、国际上主要研究资助机构对化学生物学的资助

目前，化学生物学研究已经引起各国政府和全球重要科研机构的高度重视，成为发达国家竞相资助和优先发展的领域之一。化学生物学研究受到各国政府、科研机构和大制药公司的高度重视。这里分别就具有代表性的美国、英国、德国、日本等国家对化学生物学研究资助的主要政府机构和项目加以介绍。各种私人基金会及大型制药公司对化学生物学的资助也将在最后加以介绍。

（一）美国政府对化学生物学研究的资助

美国政府对化学生物学的资助主要来自于美国国立健康研究院（National Institute of Health，NIH）、美国自然科学基金委员会（National Science Foundation，NSF）和美国能源部（Department of Energy，DOE）等机构。由于NIH负责全美国所有和人类健康有关的研究资助，其经费规模和体量远大于NSF等机构，而DOE的项目主要集中在与能源相关的一些相对较窄的领域，因此这里着重介绍NIH对化学生物学的资助情况。

基于化学生物学本身的研究特色，相当多一部分NIH资助的研究计划或项目都有化学生物学家的参与，因此NIH对于化学生物学的隐性资助可以说比比皆是。明确针对化学生物学资助的有著名的"NIH Directors New Innovator Program"，该计划用于资助极具创新性、前瞻性和挑战性的研究想法和课题，并促进全美在生命科学领域最具潜力的研究小组、学者的快速发展。

化学生物学（Chemical Biology）是该奖项重点支持的 9 个领域之一（表 1-2）。

表 1-2 美国 NIH Directors New Innovator Program 重点资助的研究方向

序号	研究方向
1	Behavioral and Social Science（行为学和社会学）
2	Chemical Biology（化学生物学）
3	Clinical and Translational Research（临床和转化研究）
4	Immunology（免疫学）
5	Instrumentation and Engineering（仪表和工程学）
6	Molecular and Cellular Biology（分子和细胞生物学）
7	Neuroscience（神经学）
8	High Throughput and Integrative Biology（高通量和整合生物学）
9	Quantitative and Computational Biology（定量和计算生物学）

1. NIH 的 Roadmap 计划

Roadmap 计划是 NIH 对化学生物学等新兴研究学科进行资助的重要方式。该计划于 2004 年开始实施，目标是集中全国的资源，对有望影响生物医学发展的基础科研和高风险研究加以资助，而化学生物学是这些资助领域中重要的一部分。"New Pathways to Discovery" 是 NIH Roadmap 中占比最大的一个资助方向（表 1-3），这一方向包括了 "Building Blocks, Biological Pathways and Networks"、"Molecular Library and Imaging"、"Nanomedicine" 等一系列属于化学生物学范畴的具体资助方向。除对单个课题进行资助外，NIH Roadmap 还在全美范围内成立了多个研究机构或中心（Initiatives）。其中由 "New Pathways to Discovery" 这一方向资助的研究机构总结在表 1-4 和图 1-5 中。此外，NIH 全部 27 个研究院也都有各自对化学生物学资助的项目或中心，其中较为著名的有美国立癌症研究院（National Cancer Institute，NCI）的化学生物学联盟（Chemical Biology Consortium，CBC，图 1-6）和化学遗传学研究中心（Initiative for Chemical Genetics，ICG），美国国家糖尿病、消化系统病和肾病研究所（National Institute of Diabetes and Digestive and Kidney Diseases，NIDDK）的化学生物学核心设施（Chemical Biology Core Facility），国家综合医学研究所（National Institute of General Medical Sciences，NIGMS）等。

表 1-3 美国 NIH Roadmap 经费一览   （单位：百万美元）

年份	"发现型研究"的新路径	全部预算
2006	171	332
2007	181	483
2008	208	486

表1-4 美国NIH Roadmap计划中的关于化学生物学的新研究机构及研究方向

序号	新研究机构及研究方向
1	网络和通路国家技术中心
2	代谢组学技术的发展
3	分子库和分子成像
4	美国国立健康研究院小分子库
5	美国国立健康研究院分子库筛选中心网络
6	高通量分子筛选
7	分子成像探针

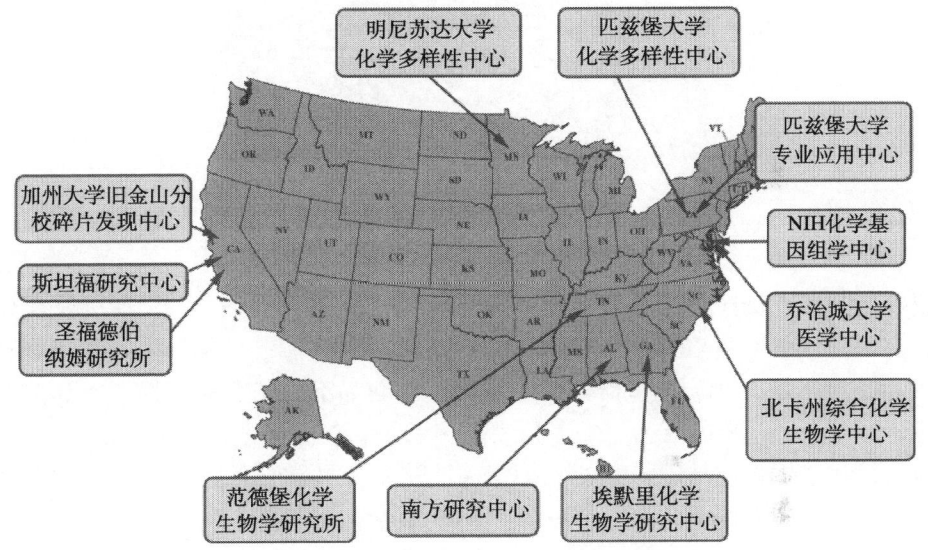

图1-5 美国NIH Roadmap资助的小分子筛选中心网络
（Small Molecule Center Network）在美国的分布示意图

2. 美国高校的化学生物学研究中心、培训计划

化学生物学研究也收到了美国各大高等学府的高度重视。1996年，哈佛大学化学系更名为"化学与化学生物学系"，成立了多个学院、多个学科交叉的"化学与细胞生物学研究所"（Harvard Institute of Chemistry and Cell Biology, http://iccb.med.harvard.edu/），进行化学与生物医药交叉研究。耶鲁大学基因组和蛋白质组研究中心（Yale University Center for Genomics and Proteomics）专门成立了化学生物学研究小组，从事化学生物学新技术的开发，并应用于功能基因组等方面的研究中。到目前为止，绝大多数美国的大学都开设了化学生物学这一门新兴的课程。而且美国排名靠前的化学院系

图 1-6 美国国立癌症研究院的化学生物学联盟
(Chemical Biology Consortium, CBC)

招收的师资人员涉及化学生物学的比例达 30%～50%。表 1-5 中所列是美国具有很高化学生物学研究水准的高校一览,其中具有专门化学生物学培训项目的高校见表 1-5B。这些研究中心或培训计划都不同程度地获得了上述政府科研经费资助机构的支持。尤其值得一提的是,美国国家科学基金会(NSF)除支持化学生物学基础研究外,特别关注这一交叉学科的人才培养,为很多美国研究院所的博士生或博士后提供多种奖学金资助项目。

表 1-5 具有一流化学生物学水准的美国高校
及具有专门化学生物学培训计划的美国高校一览表

具有一流化学生物学水准的美国高校	具有专门化学生物学培养计划的美国高校
博德研究所	密歇根大学
斯克利普斯研究所	威斯康星大学
耶鲁大学	加州大学伯克利分校
加利福尼亚大学旧金山分校	宾夕法尼亚州立大学
匹兹堡大学	斯克利普斯研究所
美国国立健康研究院	麻省理工学院
威斯康星大学	哥伦比亚大学
西南得克萨斯大学	
康奈尔大学	
洛克菲勒大学	
哥伦比亚大学	
萨克研究所	
斯坦福大学	

（二）英国政府对化学生物学研究的资助

英国政府对化学生物学的资助主要集中在资助包括化学领域在内的英国工程和自然科学研究委员会（engineering and physical sciences research council，EPSRC）。现主要从以下三方面来加以总结介绍。

1. EPSRC 整体对化学生物学的支持

据 2008 年的统计，在全部 EPSRC 支持的领域中（表 1-6），化学学科所占比例为 11%，而与生命研究交叉领域（life sciences interface）占比为 5%。另外一组数据计算了 EPSRC 内部整体对化学生物学和生物化学的资助及从事化学生物学生命研究交叉领域研究的学生比例（包括化学内部的资助），分别达到了 6.3% 和 6%（图 1-7）。这些数据都一致表明在以资助"数理化和工程"研究为主的 EPSRC 内部，对化学与生物学交叉研究的资助已经达到了相当的规模。

表 1-6　EPSRC 资助领域及所占比例一览（2007~2008 年）

资助领域	金额/英镑	所占比例/%
工程学	83.5	20
信息与通信技术	76.5	18
材料学	49.6	12
化学	47.4	11
能源	42.2	10
物理学	33.7	8
先进制造业	32.1	8
生命研究交叉领域	21.7	5
基础设施和环境	15.3	4
数学	14.3	3
公众参与	2.8	1
合计	419.1	100

2. EPSRC 内部化学学科对化学生物学的支持

在 EPSRC 内部，化学学科的二级研究方向被分为 6 个，分别是（图 1-7）：分析化学（analytical chemistry）、生物相关化学（biological related chemistry）、表面与催化（catalysis and surfaces）、材料相关化学（materials related chemistry）、物理化学（physical chemistry）、合成化学（synthetic chemistry）。

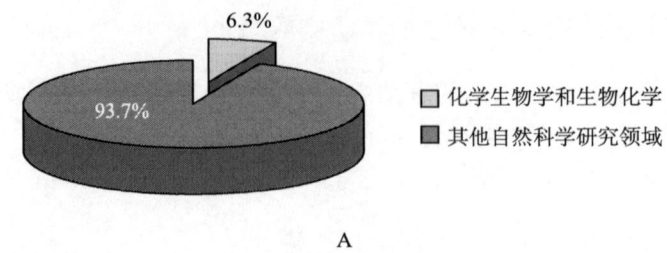

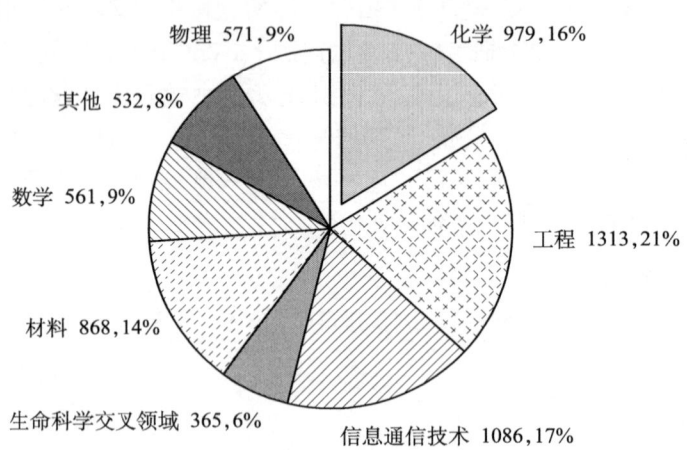

图 1-7 英国工程和自然科学研究委员会(EPSRC)对化学生物学和生物化学的资助比例(A)和 EPSRC 资助不同学科的博士研究生人数和比例(B)
(据 2008 年 3 月 31 日统计数据绘制,文后附彩图)

表 1-7 EPSRC 资助的化学学科的二级研究方向分类与比例(2007~2008 年)

二级研究方向分类	比例/%
分析化学(analytical chemistry)	8
生物相关化学(biological related chemistry)	14
表面与催化(catalysis & surfaces)	12
材料相关化学(materials related chemistry)	7
物理化学(physical chemistry)	36
合成化学(synthetic chemistry)	23

与化学生物学(chemical biology)在美国等国家的称呼不同,在英国,这一方向被称为生物相关化学(biological related chemistry)。如表 1-7 所示,与生物相关化学的研究被单独分类,其在整个化学学科的占比已经达到 14%,高于分析化学、催化等学科。此外,如图 1-8 所示,2003~2008 年,

在整个 EPSRC 资助的化学学科内部，合成化学和化学生物学所占比例都有明显的提高，而其他二级研究方向的规模则相应有所减小。这些数据都有力地表明化学生物学在化学学科内部与生物研究相关的方向都得到了有效的提升，具有相当的规模。

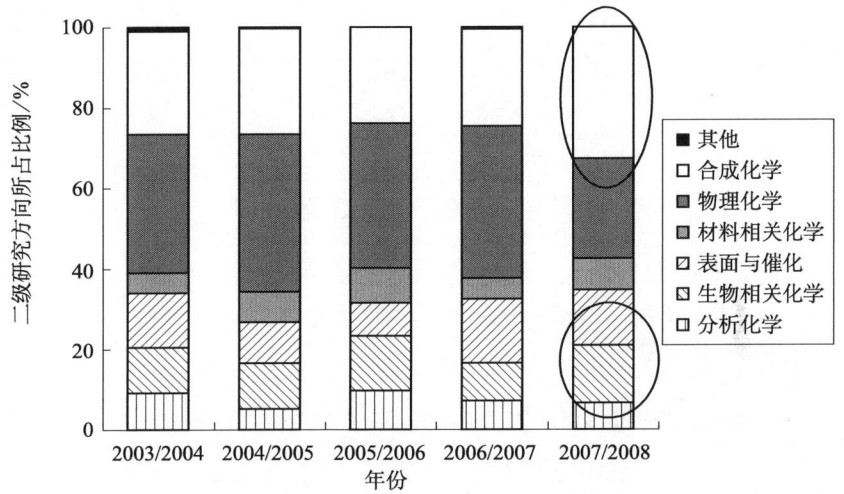

图 1-8　2003～2008 年 EPSRC 资助的化学学科内部各二级研究方向所占比例及变化一览（文后附彩图）

3. 化学生物学在英国各高校的开展情况

在英国各高校化学专业受 EPSRC 资助的前 15 名学校当中（表 1-8），位于前三名的剑桥大学、牛津大学和帝国理工学院均具有世界水平的化学生物学系或专业，尤其是剑桥大学，是世界公认的生物与化学学交叉领域的研究重镇。该校也是至今拥有诺贝尔奖得主最多的世界高等学府，其中包括 17 位诺贝尔化学奖得主。

表 1-8　英国各高校的化学学科在 EPSRC 资助的情况一览

机构	资助金额/英镑	资助数量
剑桥大学	34 388	153
牛津大学	25 737	197
帝国理工学院	20 634	153
曼彻斯特大学	16 876	115
布里斯托大学	16 290	40
伦敦大学学院	15 500	148
华威大学	15 233	99
利兹大学	13 662	133

续表

机构	资助金额/英镑	资助数量
诺丁汉大学	12 628	124
利物浦大学	11 157	94
谢菲尔德大学	9 890	90
杜伦大学	8 538	106
爱丁堡大学	8 054	107
约克大学	7 621	93
南安普顿大学	6 934	84

（三）德国政府对化学生物学研究的资助

德国政府对基础科学包括化学生物学的资助主要来源于德国科学基金会（DFG）。在DFG内部，化学学科的二级研究方向也被分为6个，其2008～2010年资助分布见表1-9。

表1-9 DFG资助的化学学科的二级研究方向分类及资助强度（2008～2010年）

二级研究方向分类	资助金额/百万欧元
分子化学（molecular chemistry）	60
固体化学研究（chemical solid state research）	45
物理和理论化学（physical and theoretical chemistry）	55
分析化学和方法发展（analytical chemistry and method development）	20
生物和食品化学（biological and food chemistry）	35
高分子化学（polymer research）	45

DFG于1985年设立的Gottfried Wilhelm Leibniz Programme是德国最重要的科研奖励，以奖励取得显著成就的科学家。目前已经有数名化学生物学领域的科学家获得该奖项。其中，2013年任命的DFG副主席Michael Famulok教授，是2002年获得该奖项的化学生物学家（也是2008年GSK化学生物学杰出成就奖获得者）。另外一个著名的Heinz Maier-Leibnitz Prize由DFG于1977年设立，用以奖励年轻的杰出研究人员。2013年5月，由DFG和德国联邦教育与研究部（BMBF）任命的委员会公布了2013年Heinz Maier-Leibnitz奖的9位获奖人，其中一位获奖人Nuno Maulide博士即是因其在化学生物学/有机化学领域的交叉研究成果荣膺该奖。

合作研究中心（CRC）是由DFG在德国各高校或研究机构内独立资助的研究中心，用于支持在德国各大学开展创新和前沿交叉的科学研究。DFG计划对立项的CRC中心进行12年连续不间断的资助，并着重强调跨学科，超越传统学术界限的合作与攻关。由于资助力度大，持续时间长，该计划受到了德国各研究机构的高度重视，都将申请在各自的单位成立 CRC 中心作为重要任务，而是否有 CRC 中心也被作为衡量一所高校或研究机构在相关领域研究水平的重要指标。在 CRC 中心的申请过程中，是否为多学科交叉型的研究团队是能否得到 DFG 资助的关键一环。在目前获 DFG 资助的多个 CRC 中心都是在化学与生物学的交叉界面上开展研究工作，化学生物学是其主要的研究领域之一。

（四）日本政府对化学生物学研究的资助

日本政府对化学生物学的发展也高度重视。作为主要的基础研究资助机构之一，日本学术振兴会（JSPS）对面向化学生物学的研究有很好的支持。例如，在对整个化学学科的资助方面，与生物相关研究被单独列出（表 1-10）。

表 1-10 日本学术振兴会对化学研究的资助

系	学科	分支学科	细目名	细目番号
理工系	化学	基础化学	物理化学	4601
			有机化学	4602
			无机化学	4603
		复合化学	分析化学	4701
			合成化学	4702
			高分子化学	4703
			机能物质化学	4704
			环境关联化学	4705
			生物关联化学	4706
		材料化学	机能材料	4801
			有机工业材料	4802
			无机工业材料	4803
			高分子材料	4804

此外，JSPS 还有一个"JSPS 核心项目"的资助计划，该计划主要用于对包括人文社科和自然科学的基础研究、工程应用研究等广阔领域内极具发展潜力的交叉学术前沿加以资助。该计划 2011 年公布了 2011～2016 年连续资助的 6 个"亚洲核心计划"（表 1-11），其中就包括化学生物学的一个项目："亚洲化学生物学"。该项目的日方发起人是日本京都大学的上杉志成（Motonari Uesugi）教授，在中国、韩国、新加坡都各有负责人。这一项目在其资助的 5 年内将对亚洲尤其是东南亚地区的化学生物学发展产生很好的推动和示范作用。

表 1-11 日本 JSPS "核心项目"（2011 年 4 月～2016 年 5 月）

序号	研究题目	核心机构	合作国家	核心机构（合作者）
1	东南亚沿海海洋科学研究中心和教育网络的建立	—	印度尼西亚 马来西亚	—
2	亚洲定向综合水域管理的风险研究和教育中心	—	马来西亚	—
3	亚洲化学生物学	上杉志成（Motonari Uesugi）教授，京都大学，综合细胞-材料科学研究所	韩国 中国 新加坡	首尔大学 清华大学 新加坡国立大学
4	亚洲先进纳米光电研究和教育中心	—	中国	—
5	利用高强度激光的高能量密度科学亚洲核心计划	—	中国 韩国 印度	—
6	亚洲预防幽门螺旋杆菌和胃癌合作研究和教育中心的建立	—	中国 韩国 越南 菲律宾 泰国	—

注：—表示内容省略

三、私立机构或私人基金会对化学生物学研究的资助

发达国家的私立机构或基金会在人类健康领域基础研究方面的资助具有良好的传统，对化学生物学的支持也随处可见。这其中最著名的当属位于美国波士顿的博德研究所（Broad Institute）。该研究所成立于 2003 年，其前身是成立于 1990 年的怀德黑特研究所-麻省理工学院基因组研究中心（Whitehead Institute/MIT Center for Genome Research，WICGR）和成立于 1998 年的美国哈佛大学化学和细胞生物学（Institute of Chemistry and Cell Biology，ICCB）。博德研究所是美国麻省理工学院和哈佛大学两所世界级顶尖高校协同创新的产物，由 Eli Broad 和 Edythe Broad 于 2003 年首批出资 1 亿美元兴建，随后 Broad 夫妇又第二次追加投入了 1 亿美元。该中心成立之初拥有 6 名核心成员（core member）和 108 名辅助成员（associate member）。其 6 名核心成员中有 2 名专门从事化学生物学研究（表 1-12），包括国际著名化学生物学家 Stuart Schreiber 教授。博德研究所的研究工作分别以科学平台

（scientific platforms）和研究项目（program）两类展开。其核心研究平台共有 7 个（表 1-12），包括化学生物学研究平台和生物成像、蛋白质组学、RNAi 等多个与化学生物学联系紧密的平台。

表 1-12　Broad Institute 的 6 名核心成员和 7 个核心研究平台

核心成员	核心研究平台
Eric Lander，主任	生物样品
Stuart Schreiber，主任，研究方向：化学生物学	化学生物学
David Altschuler，主任，研究方向：药物与群体遗传学	基因测序
Todd Golub，主任，研究方向：癌症项目	基因分析
Deborah Hung，助理教授，研究方向：化学生物学	成像
Aviv Regev，助理教授，研究方向：计算生物学	蛋白质组学
	RNA 干扰

博德研究所的化学生物学研究平台（Chemical Biology Platform）由以下三方面组成：①化学（chemistry）：具有合成大规模分子筛选库的能力；②信息学（informatics）：小分子化学库的管理和筛选数据的分析；③筛选（screening）：小分子化合物的高通量筛选。该研究平台具有筛选超过 50 万个小分子化合物的能力。此外，博德研究所目前还有多个研究项目，包括化学生物学的研究项目（Chemical Biology Program）。该项目由 Stuart Schreiber 教授负责，拥有近十位准会员和十多位研究员，工作人员则多达 150 名。尤其值得指出的是，前文中提到的美国癌症研究院化学遗传学研究中心（NCI-ICG）所资助成立的 ChemBank（化学存储库）公共服务平台也坐落在博德研究所，该中心负责这一化学存储库的运行。

由博德研究所的年度财务信息（图 1-9）中可以看到，该中心在 2007～2011 年的财政收入持续增长，目前年收入接近 3 亿美元，2010～2011 年度盈余超过 1000 万美元，尤其是该中心的固定资产已超过 11 亿美元，远远超过了当初 Broad 夫妇的投资（2 亿美元）。此外，还是 2010～2011 年度，博德研究所从美国联邦政府获得的各类资助就接近 2 亿美元，占其总收入的 67%，这其中很多经费来自 NIH，包括负责 NCIChemBank 的经费支持。这些数据无疑都证明了该研究所的运行非常成功，是世界范围内由个人捐助设立、随后高速健康发展并逐步获得政府各类研究资助的典范。

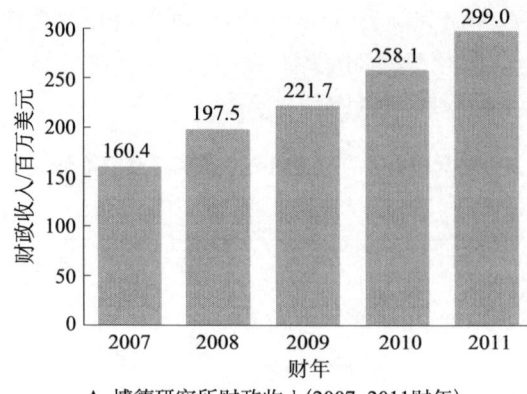

A. 博德研究所财政收入(2007~2011财年)

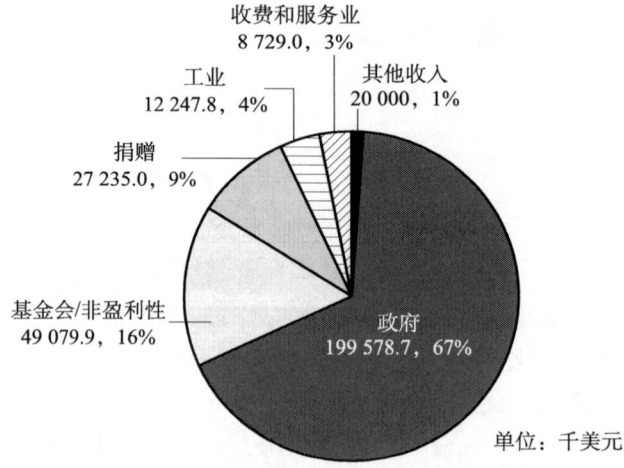

B. 2011年博德研究所基金收入来源(据2011年6月30日统计数据)

图 1-9　博德研究所 2007~2011 财年财务报告

四、工业界的化学生物学研究与发展

化学生物学对创新药物研究产生了深刻的影响，将改变现有的药物研究与开发模式。药物研究的本身具有多学科交叉与融合的特点，是化学与生物学两大基础研究领域高度合作的具体表现。随着现代生命科学和生物技术的发展，化学生物学成为了新药创制的重要推动力，逐渐形成了"从基因组到药物"的新药研究模式：即首先通过功能基因组研究从细胞和分子层次阐明疾病发生的机制与防治的机制，发现并确证药物作用的靶标，然后有的放矢地寻找药物。在这一模式中，化学生物学在靶标的发现与验证、靶标生物功能与过程的调控、先导化合物的发现与优化等关键研究节点上都发挥着关键的作用。与基因组技术相比，化学生物学在药物新靶标的发现与确证方面效率高、周期短、花费少。更重要的是，在研究化学小分子探针对靶蛋白的相互作用时可以获得基因产物的生理学功能，同时也获得了调控其活性的化合物，一举两得。由于这些优势，化学生物学在药物研发上的应用也引起了制药公司的高度重视，国际上主要的跨国药业公司包括阿斯利康公司（AstraZeneca）、辉瑞公司（Pfizer）、默克公司（Merck）、葛兰素史克公司（GlaxoSmithKline）和雅培公司（Abott）等都已经启动了相应的研究计划。如礼来公司（Eli Lilly）基于化学生物学技术，发展了一种创新药物新模式——"小分子引导的药物发现模式（ligand-directed drug discovery model）"，即以小分子化合物为探针，进行功能基因组研究，发现新靶标，在此基础上发现创新药物。礼来公司运用这一平台开展激酶的功能研究，结合已有激酶的晶体结构和抑制剂信息，对激酶与疾病的关系进行了研究，发现激酶可以按照抑制剂的性质分类。以此为基础，礼来公司正在进行激酶组学（kinomics）研究，目的是为人类基因组中的 518 个激酶发现特异性的抑制剂，获得激酶的功能及与疾病关系的信息，发现新激酶、激酶的新功能及其抑制剂，继而开发成新药。此外，中小型的制药公司和生物技术公司也都从化学生物学的研究中获益。例如，Iconix 是专门通过化学生物学技术进行新药研发的公司，近年来在药物新靶标的发现与确证，以及在化学基因组研究的基础上开发新药等方面有较好的技术积累和产品开发，发展了化学生物学新药研究专用技术®DrugMatrix。博德研究所的化学生物学主任 Stuart Schreiber 教授，Scripps 研究所的 Peter Schultz 教授等都成立了多家以化学生物学为支撑的公司，如 ARIAD Pharmaceuticals、Abrex 等。因此，化学生物学在药物作用新靶标的发现与确证和新药先导化合物的发现中有较大的潜力，是实现创新药物研发模式的新途径。

第三节　我国的化学生物学发展情况回顾

一、我国的化学生物学研究

近年来，化学生物学已经成为具有举足轻重作用的一门新兴交叉学科，是推动未来生命科学和生物医药发展的关键研究领域。通过充分发挥化学和生物学、医学交叉的优势，化学生物学的研究具有重要的科学意义和应用前景，能够揭示传统生物学所不能发现的新规律，促进新药、新靶标和新药物作用机制的发现，造福于人类的健康事业，推动社会经济发展。我国基本上与国际同步开展化学生物学方法发展和应用研究，具备良好的发展基础和发展态势。这里重点就近两年来我国科学家在化学生物学领域的部分国际研究热点和前沿方向上所做的贡献加以列举。

（1）以细胞信号转导为主线的化学生物学研究蓬勃发展，在G蛋白偶联受体、TGF-β受体、Wnt、NF-κB等信号转导途径的分子机制及其与细胞增殖、分化、凋亡及迁移等生命活动关系的化学生物学研究方面都取得了突破性进展。取得了若干高水平的研究成果。我国科学家也在急性髓系白血病（AML）细胞凋亡的机制和治疗手段、抑制TGF-β受体活性的小分子及机制研究、酸敏感离子通道的动力学行为和通道门控功能，干细胞多能性的维持机制及相应诱导因子的发现等方面取得突破。

（2）在直接利用天然小分子探针的同时，科学家还发展了高效的天然产物组合库合成方法，复杂天然糖缀合物及寡糖的化学合成方法，环肽及带有不同修饰基团的多肽的合成方法，利用合成生物学合成活性分子等。这些在合成生物活性小分子或生物大分子上所取得的成果极大地推动了我国化学生物学的发展。

（3）现代分析技术和方法在化学生物学研究中的重要性日益彰显。各种原位、实时、高灵敏、高选择、高通量的新方法和新技术在国际上不断涌现，而我国科学家也做出了巨大贡献。例如，在生物分子检测探针和生物传感器方面，发展了多种适合于实时检测活细胞中金属离子、自由基、活性氧等重要生物活性分子的光学探针，发展了细胞表面糖基和聚糖等的原位检测传感器，发展了基于化学抗体-核酸适体的蛋白质、核酸检测新方法，药物小分子或小分子配体与蛋白质复合物结构和分子识别的质谱分析和光学检测等新方法。在单分子水平的分析检测方面，发展了能在活细胞状态监测蛋白质亚基组成和信号转导过程中蛋白质动态行为的单分子荧光成像法、分析蛋白质聚集状态的单分子荧光光谱法，以及能在细胞上实时检测配体-受体的作用力和复合物稳定性的单分子力谱法。

（4）在时间与空间上对细胞内的分子过程与新陈代谢进行成像与控制的技术，可为复杂生物学问题的解析提供重要的工具，是国际上的研究前沿与热点。我国科学家针对细胞代谢研究的技术瓶颈问题，发明了系列特异性检测核心代谢物烟酰胺腺嘌呤二核苷酸（NADH）的基因编码荧光探针，实现了活细胞各亚细胞结构中对细胞代谢的动态检测与成像，不仅可为细胞、发育等基础研究提供创新方法，也为癌症和代谢类疾病的机制研究与创新药物发现提供了有力工具；在此基础上，利用合成生物学与化学生物学方法，开发出由光调控的转录因子和含有目的基因的转录单元构成的基因表达系统，为发育生物学、神经生物学等领域复杂生物学问题解析提供有力研究工具。

（5）计算化学和计算生物学在生命科学和药学研究在国际上受到了极大的关注。我国科学家较快地将计算化学和计算生物学应用于化学生物学研究，开展了不少开创性的研究和有特色的工作，取得了一些具有重要创新性的成果。其中，在以小分子为探针进行药物靶标预测和生物分子功能研究、生物分子模拟应用、生物网络和化学小分子对于生物系统的作用及蛋白质设计等方面都取得了一些创新性成果。

更多内容请参见《化学生物学学科前沿与展望》[①] 一书和中国化学会编著的《化学学科发展报告》（2010～2011；2012～2013）。此外，自 1999 年起，在国家自然科学基金委等单位的积极组织下，一系列旨在的促进化学与生物学的对接的专题研讨会得以举办，极大地发展和壮大了我国的化学生物学研究（表 1-13，表 1-14）。例如，我国自 2001 年起开始举办全国性的化学生物学学术会议，至今已经举办了八届（每两年一次），参会代表人数成倍增长，报告与论文涉及的研究领域分布大为拓宽，具有特色和影响的工作比例迅速增加。通过这些会议的组织与召开，尤其是为启动"基于化学小分子探针的信号转导过程研究"的重大研究计划而举行的香山科学会议和双清论坛，使中外化学、生命科学及其相关领域（数理和计算机信息科学）的专家对我国化学生物学研究进行了充分的研讨，凝练了学科发展方向和中长期研究目标，对我国化学生物学发展产生了深远的影响。

表 1-13　近年来为促进我国化学生物学发展而举办的学术会议、论坛

时间	会议名称
2002 年	全国化学生物学发展战略研讨会
2003 年	化学生物学研究领域讨论会
2004 年	香山会议："化学生物学驱动的功能基因组和创性药物研究"
2005 年	第 40 届 IUPAC 大会的化学生物学分会
2005 年	双清论坛："医学基因组和创新药物研究导向的化学生物学"
2006 年	"化学生物学综合交叉研究领域"小型讨论会
2004 年、2006 年	中德青年科学家化学生物学研讨会
2007 年	中-美化学生物学专题讨论会
自 2001 年起 每两年一次	全国化学生物学学术会议（至今已举办过八届，每一届的参会代表人数均有大幅增长）
自 2005 年起 每年一次	中美华人化学教授会议（设有机化学和化学生物学两个主题，至今已举办过十届）

① 科学出版社 2013 年出版。

表 1-14　全国化学生物学学术研讨会

届数	时间	地点	承办单位
1	2001年11月1～4日	杭州	浙江大学
2	2002年10月27～30日	北京	北京大学
3	2004年4月24～27日	长沙	湖南大学
4	2005年10月20～22日	武汉	武汉大学
5	2007年8月10～12日	昆明	昆明植物所
6	2009年10月22～25日	厦门	厦门大学
7	2011年8月26～29日	南京	南京大学
8	2013年9月15～18日	上海	华东理工大学药学院

二、我国的化学生物学研究基地与平台

自1999年起，根据国际化学生物学研究的发展状况，我国相继成立了开展化学生物学研究的机构。北京大学（含本部及医学部）、清华大学、南开大学、复旦大学、南京大学、厦门大学、武汉大学、湖南大学、四川大学、中山大学、华东理工大学等十多所高校相继成立了化学生物学教育部重点实验室、化学生物学系或研究生专业；中国科学院上海生命科学研究院和中国科学院上海有机化学研究所（生命有机化学国家重点实验室）成立了化学生物学联合研究中心；中国科学院化学研究所、中国科学院大连化学物理研究所、中国科学院福建物质结构研究所、中国科学院兰州化学物理研究所、中国科学院武汉物理数学研究所等也成立了化学生物学研究中心或研究室。2011年，"药物化学生物学"国家重点实验室经批准在南开大学建立，这标志着化学生物学学科有了自己的第一个国家重点实验室。与此同时，因创新药物研究的需要，我国培养了一批化学生物学研究所必需的组合化学、高通量筛选和活性化合物设计研究队伍；因基因组和功能基因组研究的需要，我国也培养了一批生物信息学和基因组研究人才队伍。此外，我国在生物医学领域的人才培养也有了长足的进步，为化学家与生物学家在相互感兴趣的交叉领域展开充分的合作奠定了基础（图1-10）。

三、我国政府对化学生物学研究的资助

（一）我国科学基金对化学生物学研究的资助情况

20世纪80年代末，科学技术部发起了一个命名为"国家攀登计划"的基础研究计划，并于1998年演变为目前的"国家重点基础研究发展计划"即

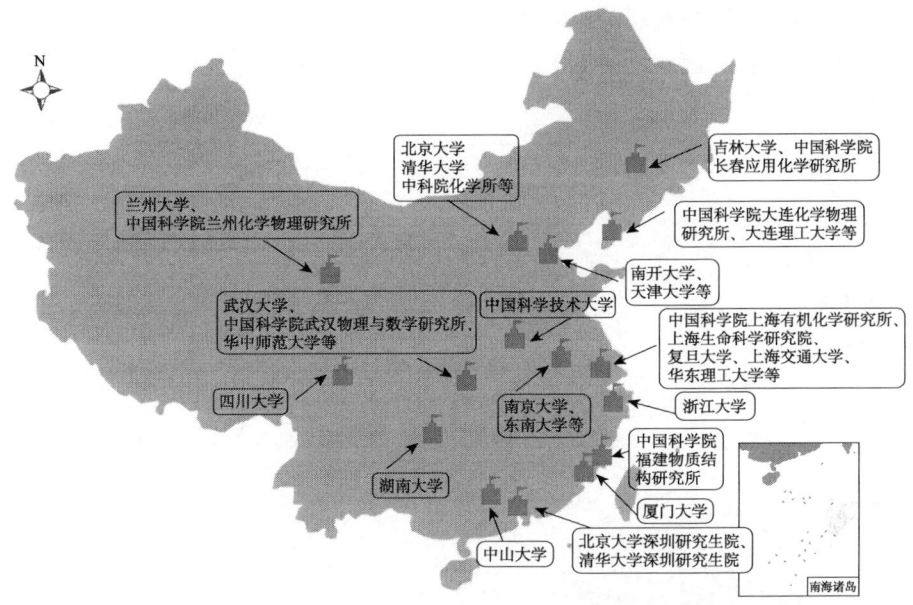

图 1-10　在我国较早开展化学生物学研究的高校和科研院所示意图

"973 计划"。在我国科学家的倡议下,"攀登计划"组织和开展了"生命过程中的化学问题"的研究。虽然这些研究计划都在不同程度上促进了我国化学生物学的发展,但推动中国化学生物学研究快速发展的主要动力来自于国家自然科学基金委员会(NSFC)。作为支持我国基础性研究的主要资助机构,国家自然科学基金委员会在过去的十多年间对数以百计的化学生物学方面的研究项目进行了资助。"九五"、"十五"期间,国家自然科学基金委员会资助化学与生命科学交叉的重大项目 5 项,化学科学部有关化学与生命科学交叉的重点项目 32 项。近年来,有关基金资助也开始向化学生物学倾斜。2004～2006 年,国家自然科学基金委员会设立与健康领域的交叉面上的项目(2000万/年),化学科学部的申请获得近一半项目的资助;2003～2005 年,国家自然科学基金委员会国际合作局资助了 8 项化学与生命科学交叉的重大国际合作项目(每项资助额度为 60 万～95 万元)。2005 年 6 月,在学科代码的重新审定中,化学生物学拥有了专门的学科代码,标志今后该领域的课题申请拥有了自己的代码和申请受理部门,项目资助的数量和覆盖面均得到了快速的增长。例如,国家自然科学基金委员会化学科学部有机化学学科近 5 年资助的自然科学基金项目中 30% 与化学生物学有关(表 1-15,表 1-16)。通过这些项目的研究,我国已基本建立了一支开展化学与生物医学交叉领域的研究队伍,发展和储备了化学生物学研究的方法和技术,取得了一系列阶段性成果。近年来,国家自然科学基金委员会化学科学部支持的项目几乎涵盖了化学生物学的所有方面(图 1-11),所资助的研究课题在近年来取得了令人瞩目的成绩。

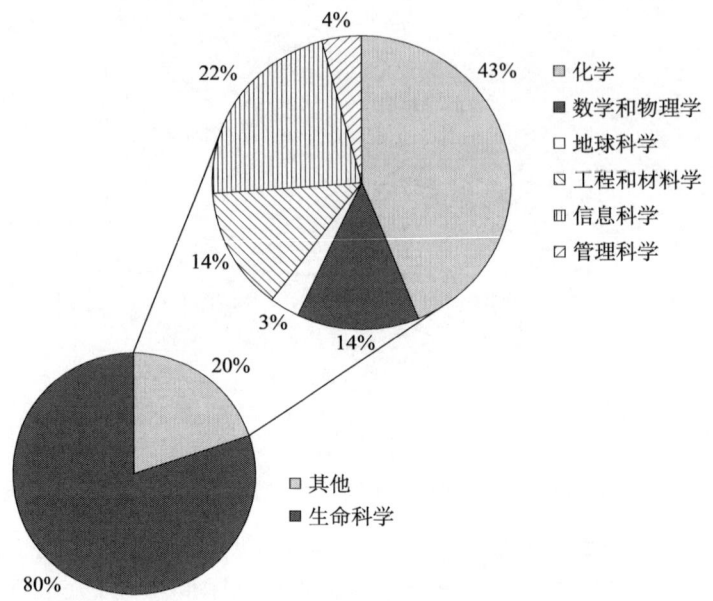

图 1-11 中国自然科学基金委员会在与人类健康相关领域的经费投入情况(2004~2008 年)(文后附彩图)

资料来源:Jiang HL, et al. Nature Chemical Biology, 2006, 4: 515-518

表 1-15 国家自然科学基金对该学科资助的项目数和资助经费的年度变化情况

年份	项目总数[a] (化学二处)	化学生物学项目数 (包括药物化学)	所占比例/%
2000	92	16	17.4
2001	106	15	14.2
2002	135	28	20.7
2003	164	35	21.3
2004	179	39	21.8
2005	219	37	16.9
2006	233	52	22.3
2007[b]	274	52	19.0
2008[b]	338	107	31.7
2009[b]	389	106	27.2

续表

年份	项目总数[a]（化学二处）	化学生物学项目数（包括药物化学）	所占比例/%
2010[b]	416	100	24.0
2011	508	114	22.4
2012[b]	591	130	22.0
2013[b]	614	135	22.0

a. 资助项目包括青年科学基金、地区基金、面上基金、杰出青年科学基金、优秀青年科学基金和重点项目等

b. 2007年开始实施的重大研究计划主要资助基于化学小分子探针的信号转导过程研究

表 1-16 2000 年以来批准的化学生物学重点课题（有机化学重点项目，共计 93 项）

	项目名称	批准号	负责人	单位
1	生物合成和生物转化的研究	20032020	李祖义	中国科学院上海有机化学研究所
2	新型人工核酸酶与核酸的相互作用研究	20132020	赵玉芬	清华大学
3	生命体系中信息传递的小分子调控	20132030	马大为	中国科学院上海有机化学研究所
4	以 RNA 为靶的药物研究	20332010	张礼和	北京大学
5	内源性自由基若干与生命科学相关的物理有机化学问题	20332020	程津培	南开大学
6	生物合理设计绿色农药的分子基础研究	20432010	席 真	南开大学
7	高效快速新颖结构天然产物的发现及生物活性研究	20432030	于德全	中国医科院药物研究所
8	糖肽的合成及其免疫学功能研究	20532020	李艳梅	清华大学
9	环肽类天然产物的合成和作用机制研究	20632050	马大为	中国科学院上海有机化学研究所
10	丙酯草醚的代谢、作用机理、构效关系与环境行为研究	20632070	吕 龙	中国科学院上海有机化学研究所
11	天然产物独特结构单元的生物合成机制研究	20832009	刘 文	中国科学院上海有机化学研究所
12	结构修饰的 siRNA 合成和 RNA 干扰技术在药物靶标寻找中的研究	20932001	张礼和	北京大学
13	具有重要医药用途的神经肽的化学修饰及作用机制研究	20932003	王 锐	兰州大学
14	农药靶标抗性的分子机制研究及农药分子设计合成	20932005	席 真	南开大学
15	基于生命体系研究的有机化学新反应和新方法	20932006	郭庆祥	中国科学技术大学

续表

	项目名称	批准号	负责人	单位
16	天然产物对雌激素合成和代谢调控机制的研究	20932007	张国林	中国科学院成都生物研究所
17	肝素类寡糖的合成及肝素酶识别底物的研究	20932009	余 飚	中国科学院上海有机化学研究所
18	重大病毒病导向的绿色农药化学研究	21132003	宋宝安	贵州大学
19	生物大分子特异识别与调控的有机小分子研究	21232005	余孝其	四川大学
20	具有重要生物活性的寡糖及其缀合物的合成研究	21232002	叶新山	北京大学
21	糖肽疫苗的设计、合成与性质研究	21332006	李艳梅	清华大学

（二）国家自然科学基金对化学生物学人才队伍的资助

在人才培养方面，国家自然科学基金委员会在逐年增加对化学生物学方向研究项目、研究团队的支持，鼓励化学家与生物学家的交叉合作，加大创新力度。国家自然科学基金委员会化学学部针对化学生物学这一新兴学科前沿、交叉的特点，于2003年在化学二处设立了化学生物学学科，为申请、组织化学生物学的项目和课题提供了极大的便利。同时，随着国家加大对杰出人才的引进和培养力度，化学生物学学科迅速聚集了一批具有很高学术水平的青年学术带头人。目前已有国家杰出青年科学基金获得者11人，优秀青年科学基金获得者2人（表1-17）。这是我国化学生物学研究队伍中最富创造力的一个年轻学术群体。随着越来越多受到化学生物学专门训练的研究人员的加入，我国化学生物学学科正以前所未有的速度蓬勃发展。

表1-17 化学生物学领域国家杰出青年科学基金、优秀青年科学基金获得者

国家杰出青年科学基金获得者（11人）	蒋华良（1997年）、俞飚（1999年）、姚祝军（2004年）、周翔（2004年）、叶新山（2005年）、余孝其（2007年）、李艳梅（2008年）、杨光富（2009年）、陈鹏（2012年）、刘磊（2012年）、王江云（2013年）
优秀青年科学基金获得者（2人）	雷晓光（2012年）、唐卓（2013年）

此外，尤其值得指出的是，由国家自然科学基金委员会于2007年启动的"基于化学小分子探针的信号转导过程研究"的重大研究计划，使我国的化学生物学研究队伍的规模有了更为快速的增长。从国家自然科学基金委员会2007~2010年该重大研究计划资助项目的承担情况来看，重大研究

计划共有44个承担单位。按照承担单位的性质划分，共有26所大学（学院），共承担项目70个，占总数的55.6%；研究所、出版社等其他单位18个，共承担项目56个，占总数的44.4%。该重大研究计划的顺利实施使得一批化学和生命科学的研究人员开展了实质性的合作，为我国培养了大批化学生物学的专门人才，并在全国范围内形成了从事化学生物学的稳定科研队伍。

（三）"基于化学小分子探针的信号转导过程研究"的重大研究计划

"基于化学小分子探针的信号转导过程研究"的重大研究计划是国家自然科学基金委员会在"十一五"期间经过组织化学家和生物学家充分论证后启动的一项化学生物学领域的重大研究计划。国家自然科学基金委员会化学学部联合生命科学等学部在经过了前期多年的酝酿和准备后，于2007年正式启动了该重大研究计划。此项计划以化学小分子探针及相应的新方法、新技术为主要研究手段，针对生命体系信号转导中的重要分子事件，开展化学生物学研究，揭示信号转导的调控规律，为重大疾病的诊断和防治提供新的标志物、新的药物作用靶点和新的先导结构，为创新药物的发现奠定基础。同时，促进化学和生物医学研究的衔接和交叉集成。以下对该重大研究计划加以介绍。

该重大研究计划于2007年1月正式发布指南，接受申请。截至2011年9月，共正式发布指南和受理申请4次，收到申请书共计607份（其中培育项目540份，重点项目67份）。经专家通讯评审和会议评审，正式资助项目124项，其中培育项目110项，重点项目14项（图1-12）。已资助总经费为9750万，占总预算65%。申请项目涉及国家自然科学基金委员会数理、化学、生命、工材、信息和医学六个学部，并主要归属化学和生命科学部（包括2009年成立的医学科学部）。第一批资助的43项培育项目已于2010年底顺利结题。在2011年国家自然科学基金委员会组织的重大研究计划中期评估中，该重大研究计划被评为优秀，并在所有参评重大研究计划当中排名第一。该重大研究计划自正式启动以来，始终遵循"有限目标、稳定支持、集成升华、跨越发展"的总体思路，围绕化学与生命科学交叉领域的科学前沿开展创新性研究。通过加强顶层设计，不断凝练科学目标，积极促进学科交叉。目前，已与英国和美国化学会建立了合作关系，并在《自然·化学生物学》（*Nature Chemical Biology*）上发文介绍了我国化学生物学研究情况及该重大研究计划（图1-12）。

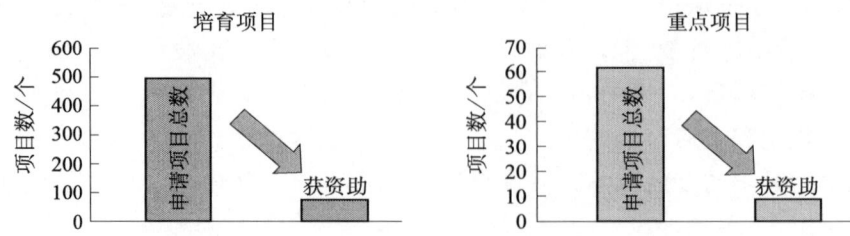

图 1-12 "基于化学小分子探针的信号转导过程研究"
重大研究计划申请和获批项目统计（2007～2011 年）

该重大研究计划以小分子探针为主要工具，充分发挥化学和生命科学等多学科交叉合作的优势，对细胞信号转导中的重要分子事件和机制进行了深入的研究，在一些前沿研究方向上取得了突出的成绩，相关研究结果发表在《细胞》（Cell）、《美国科学院院报》（Proc. Natl. Acad. Sci. USA）、《自然·化学生物学》（Nature Chemical Biology）、《自然·实验手册》（Nature Protocol）、《科学·信号转导》（Science Signaling）、《化学生物化学》（ChemBioChem）、《美国化学会志》（J. Am. Chem. Soc.）、《德国应用化学》（Angew. Chem. Int. Ed.）、《分析化学》（Anal. Chem.）、《血液》（Blood）、《植物细胞》（Plant Cell）、《细胞·干细胞》（Cell Stem Cell）、《细胞·代谢》（Cell Metabolism）、《细胞研究》（Cell Research）、《癌症研究》（Cancer Research）、《国际癌症杂志》（Int. J. Cancer）等重要的化学生物学、化学、生物学和医学杂志上。

该重大研究计划充分体现了多学科的相互交叉。不仅是化学学科（包括有机合成化学、天然产物化学、药物化学、分析化学、无机化学、物理化学）和生物学科（包括生物化学、分子生物学、结构生物学、细胞生物学等）的交叉合作，同时也推动了化学、医学、药学、材料学科和生物学科的交叉合作。在信号转导研究的大方向上，各学科相互渗透，优势互补。既解决了生物学中的重要科学问题，又促进了各学科相关前沿的探索研究，同时引起了专家广泛的参与兴趣。各学科的交叉合作具体体现在以下几方面：①有机合成化学与细胞生物学的交叉融合。②天然产物化学与生物化学的交叉融合。③药物化学与医学的交叉融合。④化学生物学与生命科学的交叉融合。⑤分析化学、物理化学、材料科学与生物学的交叉融合。在分子水平、细胞水平和活体水平上，以化学分析为手段，发展了信号转导过程的信息获取的若干分析新方法和新技术。通过微流控、单分子动态探测、高分辨成像等前沿技术的发展，初步探索了这些技术在信号转导过程中的应用。

除对学科发展的巨大贡献外,重点集中开展信号转导过程的化学生物学研究也符合国家重大发展战略的要求。《国家中长期科学和技术发展规划纲要(2006—2020年)》(以下简称《纲要》)确定了"重大新药创制"、"人类健康与疾病的生物学基础"、"蛋白质科学"和"生命过程的定量研究和系统整合"等研究专项。这些研究专项和计划的研究内容均涉及化学和生物医学的交叉和融合,因此开展化学生物学研究具有十分重要的战略意义:第一,该重大研究计划进一步加强了化学与生物学、医学的交叉融合,产生了新的学科生长点,为化学和生物医学的发展开拓新的研究领域和方向;第二,该重大研究计划与《纲要》中涉及的生物医学研究内容形成有机的互补,为促进我国功能基因组和创新药物的研究提供新理论、新方法和新技术。

2012年,该重大研究计划共进行了首批6个集成方向和团队的资助,2013年又公布了第二批3个集成项目指南,目前在申请和答辩过程中。表1-18为全部集成方向的列表。

表1-18 "基于化学小分子探针的信号转导过程研究"重大研究计划集成项目一览表

批次	集成项目
第一批(2012年)	针对信号转导过程研究的分析新方法与新技术
	化学小分子探针引导的细胞信号转导途径研究
	基于小分子探针的糖脂代谢调控机理研究
	基于小分子探针的细胞命运决定的分子机制研究
	细胞中若干糖链介导的识别过程的调控
	基于配体调控的核酸相关信号通路研究
第二批(2013年)	蛋白质靶向探针的发现及其在信号转导研究中的应用
	用于信号转导研究的小分子探针检测新方法
	基于化学小分子探针的信号转导新分子、新通路研究

第四节 化学生物学学科发展趋势

化学生物学是一门用化学方法研究生物学问题的交叉学科,它关注的是生命科学中重要分子事件的过程和规律,并充分发挥化学科学的特点和创造性。化学生物学的研究需要化学和生命科学研究者的密切合作,从各种不同的角度切入,发挥各自的优势和特长,关注和研究传统方法不易开展的问题,简化和加速目前耗时较长、信息量庞大的研究过程等。化学生物学经过十多年的发展正在成为一门具有自身特点和内涵的学科，将成为研究生命科学问题的重要手段及创新药物研究的重要工具。以下根据化学生物学的学科范围，并结合我国发展的客观情况，就未来我国在化学生物学重点支持的领域加以列举。

1. 生物相容反应的发展及应用

重点支持方向包括：
(1) 发展各种金属或非金属催化、光激发及自催化的生物相容反应。
(2) 以提高反应活性或生物相容性为目的的反应机理和规律研究。
(3) 生物相容反应在生物体系及具体生物学问题当中的应用。

2. 分子探针

重点支持方向包括：
(1) 有机分子探针的设计与合成。
(2) 各种含金属或非金属元素的无机分子探针的设计与开发。
(3) 基于活性的分子探针组学技术的发展。
(4) 分子探针在生命活动研究中的应用。
(5) 分子探针在药物作用机制研究中的应用。
(6) 分子探针应用于生物大分子组学研究（包括各种生物大分子之间及生物大分子与小分子之间的相互作用研究）。

3. 生物分子的化学合成与标记

重点支持方向包括：
(1) 具有重要生物学功能的生物小分子的发现、化学合成、标记及应用。
(2) 核酸及其衍生物的化学合成、修饰、标记及应用。
(3) 蛋白质和多肽的化学合成、修饰、标记及应用。
(4) 糖和糖缀合物的化学合成、修饰、标记及应用。

4. 化学遗传学

重点支持方向包括：
(1) 多样性引导的合成方法学的发展和活性化合物库的建立与优化。
(2) 基于活性分子的"正向"（从细胞和表型寻找靶标）化学遗传学研究。

（3）基于活性分子的"反向"（从小分子化合物与生物大分子的相互作用反推表型）化学遗传学研究。

（4）基于小分子化合物库的生物学基础研究（如细胞信号转导、基因转录研究、细胞重编程、功能基因组学研究等）。

（5）基于小分子化合物库的药物靶标寻找和先导化合物开发。

5. 生物合成化学

重点支持方向包括：
（1）受生物启发的化学反应的开发与机理研究。
（2）生物合成或生物半合成的反应方法的建立。
（3）设计和构筑生物合成或生物半合成的反应体系和模块。
（4）功能性分子的生物合成或生物半合成及应用。
（5）生物合成化学路径的定向进化。

6. 应用化学生物学

重点支持方向包括：
（1）药物发现的化学生物学。
（2）生物标志物与疾病诊断的手段的发展。
（3）生命复杂体系的化学组装与人工模拟。
（4）纳米技术与化学生物学融合。

7. 新方法和新理论及应用

重点支持方向包括：
（1）利用化学的物质、方法和原理，推动不断涌现的生命科学新技术（如新一代基因测序技术、超分辨成像、单分子研究等）的发展。
（2）用于设计、预测和定量描述功能生物分子及生物体系的理论和计算方法，如活性分子的设计理论、生物分子功能的理论预测、生物网络的计算与模拟、生物体系分子动态学研究。

本章附录

部分国际著名化学生物学期刊、化学生物学领域专家及研究经费资助机构对化学生物学的定义摘录。

1. "Chemical Biology in the USA"[①] 报告中关于 "chemical biology" 的定义：

"In principle **Chemical Biology** is defined as and contains both the study of biological processes on the molecular level with a chemical (molecular) approach and the development of molecular tools inspired by biological processes."

2. Nature Chemical Biology 杂志对 "chemical biology" 的定义[②]：

"In our view, **chemical biology** focuses on understanding biological systems at the molecular level and using these mechanistic insights to expand chemistry and biology in new directions."

"Despite the expansive research interests of chemical biologists, the field is connected by a common desire to understand and manipulate living systems at the molecular level with increasing precision."

在随后 2006 年的评论文章 "The origins of chemical biology" 当中，该定义被进一步阐述：

"*Nature Chemical Biology* defines **chemical biology** as both the use of chemistry to advance a molecular understanding of biology and the harnessing of biology to advance chemistry."

3. Chem Bio Chem 杂志在 "The State of the Art of Chemical Biology" 专刊中对 "chemical biology" 的定义[③]：

"the core element of **chemical biology** as a branch of science is the use of chemistry (and chemicals) to interrogate, modify, and manipulate biological systems at the cellular and organismal level in a highly controlled manner."

随后进一步阐述：

"It is the application of exogenous chemistry, the manipulatory aspect of the approach, that makes chemical biology go beyond classical biochemistry and biological chemistry, which have traditionally focused on the understand-

---

[①] 该报告由第三方评估机构对美国联邦政府经费资助项目（如 NIH Roadmap）和美国高校、研究所及工业界化学生物学研究进行了综合的介绍和评估。

[②] 发表在 Nature Chemical Biology 的创刊号上：Nat. Chem. Biol., 2005, 1: 3.

[③] 发表在 Chem Bio Chem, 2009, 10: 16-29.

ing of endogenous chemical processes in living systems (and very successfully so)."

4. WIELY 出版社 2007 年出版的专著 *Chemical Biology-From Small Molecules to System Biology and Drug Design*① 当中对 "Chemical Biology" 的定义：

"Although there is not yet a precise definition of chemical biology, the common understanding among many scientists is that **chemical biology** directly alters, activates, perturbes or inhibits the function of biological macromolecules by chemical means, that is, small-molecule ligands. In future, this leitmotiv should be extended to higher levels of complexity and should also include biological systems and pathways, regulatory networks, cellular processes, and even whole organisms. The scientific questions will range from basic science, purely academic in nature, to questions of life science, drug discovery, and future medicine. It will also include plant biology and even ecosystems and their evolution."②

5. *Journal of Biological Chemistry* 在其 2010 年发表的小综述："Chemical biology meets biological chemistry minireview series"③ 的前言中对 "chemical biology" 的定义：

"**Chemical biology** is a scientific discipline spanning the fields of chemistry and biology that involves the application of chemical techniques and tools, often compounds produced through synthetic chemistry, to the study and manipulation of biological systems."

6. 哈佛大学化学生物学家 Stuart Schreiber 对 "chemical biology" 的定义④：

"**Chemical Biology** provides the missing small-molecule piece of the central dogma. Chemical Biologists make both small and large "small molecules", and they use them to illuminate the principles that underlie life."

(note: the large "small molecules" refer to the three families of macro-

---

① 作者 Stuart Schreiber, Tarum Kapoor and Gunther Wess.
② 该章节由 Gunther Wess 撰写。
③ Journal of Biological Chemistry, 2010, 285: 11031-11032. 该篇小综述的特约编辑为 Benjamin Cravatt.
④ 见：Nat. Chem. Biol., 2005, 1: 64.

molecules)

7. 德国著名化学生物学家 Herbert Waldmann 对"chemical biology"的定义①:

"**Chemical biology**—as the name suggests—employs the methods and techniques of chemistry for the study of biological phenomena."

8. 德国化学生物学家 Johannes Buchner 和 Horst Kessler 对"chemical biology"的定义②:

"**Chemical biology** is a new term used to emphasize the importance of chemistry in exploring the potential of chemical structures to influence biological functions. Although this concept is far from being new… This was necessary, as many chemists had forgotten that chemistry is not only the science for creating new structures, but also for understanding their biological and physical properties."

9. *Asian Chemistry Biology Initiative* 对"chemical biology"的定义③:

"**Chemical biology** is an interdisciplinary field of study that is often defined as "chemistry-initiated biology." As biological processes all stem from chemical events, it should be possible to understand or manipulate biological events by using chemistry. Although chemical biology is a basic research, this emerging field of study is expected to open new avenues for future drug discovery and for novel medical applications of chemistry."

10. Thomas Cech,美国著名生物学家、教育家,1989 年诺贝尔化学奖得主,生命科学领域的国际权威,霍华德·休斯医学研究所主席对"Chemical biology"的定义④:

"Yet, these chemists offered more than powerful tools: they brought a new mindset to studying biology. "Chemists are quantitative and computational, and they know how to analyze problems in terms of structure, energetics, and kinetics," noted Thomas Cech. "Biology needs these approaches.""

---

① 见：Chem Bio Chem, 2009, 10: 16-29.
② 见：Chem Bio Chem, 2009, 10: 16-29.
③ 参见：http://www.asianchembio.jp/.
④ 见：Nat. Chem. Biol. 2010, 6: 847, Nat. Chemical. Biology 5 周年专刊对 Thomas Cech 的采访。

参考文献

蒋华良，陈拥军，陈鹏，等 . 2013. 化学生物学学科前沿与展望 . 北京：科学出版社 .

Altmann K-H，Buchner J，Kessler H，et al. 2009. The state of the art of chemical biology. Chem Bio Chem，10，16-29.

Berg JM. 2006. Opportunities for chemical biologists：a view from the National institute of Health. ACS Chem Biol，1（9）：547-548.

Buchholz TJ，Palfey B，Mapp AK，et al. 2006. Graduate education in chemical biology at the University of Michigan. ACS Chem Biol，1（8）：487-488.

Couzin J. 2003. NIH dives into drug discovery. Science，302：218-221.

Cravatt B. 2010. Chemical biology meets biological chemistry minireview series. J Biol Chem，285：11031-11032.

Editorials，2005. An emerging role for chemical biology. Nat Chem Biol，1（3）：121.

Editorials，2005. Meetings of the minds. Nat Chem Biol，1（5）：235.

Editorials，2005. Nature chemical biology features. Nat Chem Biol，1（2）：63.

Gerlt JA，Marletta MAMechanisms. 1998. Research highlights at the chemistry/biology interface. Curr Opin Chem Biol，2：605-606.

Gray NS. 2006. Drug discovery through industry-academic partnerships. Nat Chem Biol，2（12）：649-653.

Kohler JJ. 2006. A century at the chemistry-biology interface. Nat Chem Biol，2（6）：288-292.

Kotz. 2007. Chemical biology at the broad institute. Nat Chem Biol，3（4）：199.

Macasco CA. 2006. Chemical biology：adventure awaits. ACS Chemical & Engineering News，84（16）：47-49.

Morrison KL，Weiss GA. 2006. The origins of chemical biology. Nat Chem Biol，2：3-6.

Sawyer TK. 2007. Chemical biology & drug design：first anniversary-2007. Chem Biol Drug Des，69：1-2.

Schreiber S，Kapoor T，Wess G. 2007. Chemical biology-from small molecules to system biology and drug design. WIELY.

Schreiber SL. 2005. Small molecules：the missing link in the central dogma. Nat Chem Biol，1（2）：64-66.

SilviusJ. 2006. Strength in diversity：a cross-disciplinary approach to graduate training in chemical biology. Nat Chem Biol，2（9）：445-448.

Tan DS. 2005. Diversity-oriented synthesis: exploring the intersections between chemistry and biology. Nat Chem Biol, 1 (29): 74-84.

Wikström MA. 2008. Chemical Biology in the USA. Swedish Institute for Growth Policy Studies.

第二章 化学生物学研究中的分析检测方法

近一个世纪以来的科学发展已经证明，探究生命的奥秘与一切科学研究的基础在于灵敏、精准的测量。正是由于先进分析方法的提出使生命科学研究取得巨大突破，促使生命科学研究从传统的细胞生物学飞跃到结构生物学，达到在分子层面上描述生命奥秘与规律的崭新阶段，同时也为生物分子的功能研究及疾病标志物等的发现提供了强大的手段。生命体系变化的时空特性迫切需要具有单细胞单分子分辨率、高灵敏度、高选择性的活体实时在线动态跟踪的分析检测方法；生命体系的复杂多样性也急需新的生物分子分离和表征方法，并对生命分析的通量和速度提出了更高的要求。分子相互作用的多样性与时空性决定了生命分析化学必须超越原有的定性与定量目标，以期更全面和准确地阐述生命过程。在化学生物学研究中，分析检测方法学得到快速发展，并已在获取生命信息和解决实际生命体系的测试问题中发挥重要作用。本章就化学生物学研究中单分子检测、单细胞检测、生物质谱与质谱成像、核磁与活体成像等方面的重要科学问题、研究现状与发展方向作一介绍。

第一节 单分子检测

生物分子构象的多样性、生化反应的非同步性和分子所处微环境的非均相性等使得在生理条件下的生物分子具有显著的非均一性，而常规的生命科学研究手段和分析方法往往是对大量分子平均行为的描述，单个分子的特性被平均化和掩盖，阻碍了对其结构和功能的深入认识。由于分析化学检测灵敏度不断提高，单个分子信号的检测已成为可能，单分子检测为在分子水平上研究复杂生命现象、揭示生命过程的分子机制带来新的机遇。

生物单分子检测方法从研究手段上可分为：光学检测方法（包括光学成像和光谱测定）、电学检测方法、力学检测方法及扫描探针显微成像方法；从研究对象上可分为离体（溶液中纯化的样品）和在体（活细胞或活体中）的生物分子。单分子检测的应用体系主要有蛋白质折叠，酶促反应，离子通道，信号转导，DNA、RNA、DNA 结合蛋白的相互作用及基因调控，膜结构，分子马达，细胞内复杂结构等。目前应用较广的方法主要是单分子荧光成像、单个分子内或单对分子间相互作用力谱，以及单分子原子力显微成像等。这些检测方法的应用已推动了研究人员在研究蛋白质折叠途径、DNA 测序、分子马达机制、基因表达及小分子调控细胞信号转导等领域中取得突破（Xia et al.，2013；Shi et al.，2012；陈宜张和林其谁，2005）。随着溶液中单分子检测技术的不断发展与成熟，实现在生理条件下（活细胞或活体中）对单个蛋白质、核酸等生物大分子的动态变化和生化反应的动力学过程进行原位实时测定，是单分子检测方法发展的趋势。近年来单分子检测方法学方面的重要研究方向和进展包括如下几个方面。

一、蛋白质亚基组成的计量方法

在生物体系中，蛋白质往往通过同聚或异聚形成蛋白质复合物，蛋白质复合物组成及结构的变化使其在不同生理条件下具有不同的生物学功能。常用的生化分析大都适用于分离纯化后的蛋白质复合物，可能只得到蛋白质复合物的一部分；且难以在生理条件下对蛋白质复合物组成的变化进行实时分析。通过单分子检测建立的亚基组成计量方法迅速发展，广泛应用于细胞中蛋白质结构的实时研究。对细胞中量化标记荧光基团（通常是 1∶1）的蛋白质进行单分子荧光成像后，可以通过光漂白台阶步数分析、荧光强度分布分析、扩散运动分析等不同途径定量表征蛋白质的组成。

加州大学 Ulbrich 等构建了分别偶联 1～4 个 GFP 荧光分子的四聚体离子通道蛋白（Ulbrich and Isacoff，2007），发现这些通道蛋白的荧光漂白步数可用二项式分布系数进行拟合，从而确立了通过单分子成像进行亚基计量的方法（图 2-1）。中国科学院生物物理研究所徐涛等利用光漂白步数的测定，提出钙离子释放激活钙通道蛋白由 2 个 STIM1 及 4 个 Orai1 的亚基构成（Ji et al., 2008)。中国科学院化学研究所方晓红等发现以单体形式存在的转化生长因子 TGF-β 受体（Zhang，2009），配体刺激后二聚体比例增加，因而提出丝氨酸/苏氨酸激酶类受体激活新模式：即可像酪氨酸激酶一样，通过配体诱导单二聚激活（图 2-2）。根据新的激活模式，他们研究了信号通路小分子抑制剂新的作用机制，并证明单对 TGF-β 受体异聚体可独立地激活信号通路。

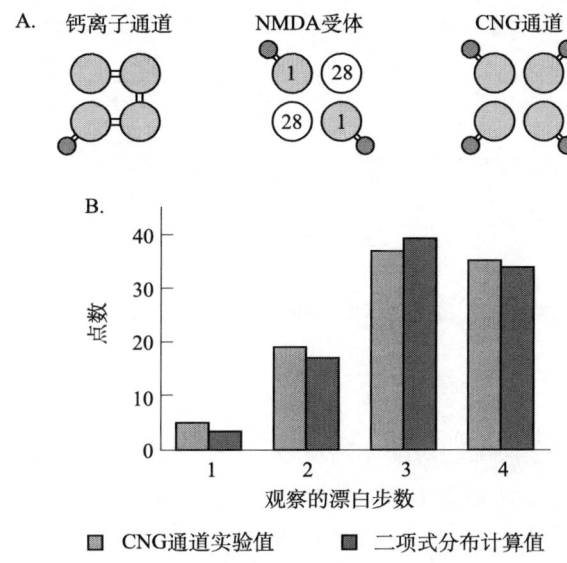

图 2-1　基于单分子成像的亚基计算（文后附彩图）
A. 三种不同 GFP 标记的离子通道蛋白复合物；B. 假定 77.5% 的 GFP 发射荧光，实验得到四聚体的 1，2，3 和 4 步漂白曲线比例（红色）与由二项式分布得到的计算值（蓝色）
资料来源：Ulbrich and Isacoff，2007

二、分子间相互作用的动力学参数测定

在多数情况下，生化反应过程中的生物分子与分子间的相互作用是基于非共价键，作用力相对较弱，作用双方常处在结合与解离的动态平衡中，也正是通过这种动态平衡来调控其生物功能。高时间分辨的单分子荧光技术为表征活细胞上这种生物分子间相互作用的动态变化提供了有效的实验手段。

加州大学 Mellman 等通过对单个表皮生长因子受体（EGFR）扩散速率随时间变化的统计分析（Chung et al.，2010），发现在无配体刺激下，EGFR 也会自发形成寿命有限的二聚体，并且二聚体与单体之间不断相互转化，保持动态平衡。二聚体的形成有利于与配体的结合和激活，此外细胞边界处的二聚体更

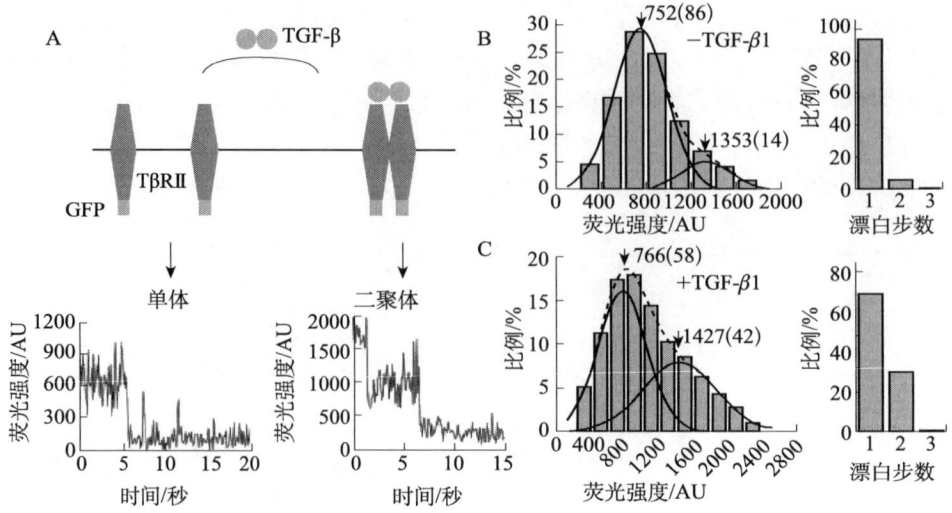

图 2-2 荧光漂白步数和荧光强度分布结果表明配体诱导 TGFβⅡ型受体单体发生二聚激活

资料来源：Zhang et al.，2009

稳定，因此推断这是使细胞对配体响应具有极化性的原因。通过进一步研究野生型 EGFR 和两种突变型受体，发现它们具有不同的单体寿命（t_m）和二聚体寿命（t_d），从功能上揭示了影响受体二聚稳定性的结构域（图 2-3）。

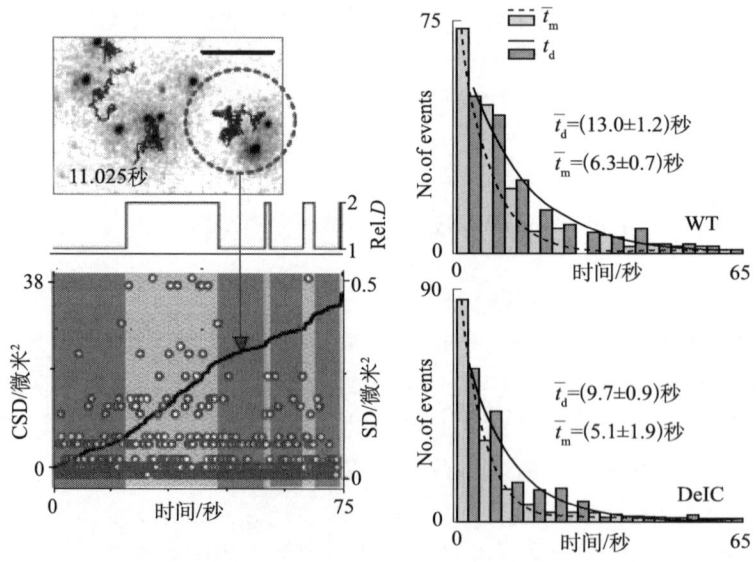

图 2-3 EGFR 野生型和突变型受体单体与二聚体转化过程中单体、二聚体的寿命差别

资料来源：Chung et al.，2010

三、超分辨成像技术

受限于衍射极限的限制,传统光学成像在可见光范围内的空间分辨率为250～500纳米。这一尺度与纳米级的生物分子尺度仍有较大的差距。为了缩短这种差距,近些年来,多种新型的远场超分辨光学成像技术应运而生,包括基于单分子定位和后期重构的随机光学重建显微技术(STORM)、光激活定位显微技术(PALM)、荧光光敏定位显微技术(FPALM)等和基于调控激发光空间格局的受激发射损耗显微技术(STED)、基态损耗显微技术(GSD)、可逆饱和光荧光轻移显微技术(RESOLFT)、饱和结构光照明显微技术(SSIM)等两大类(Toomr and Bewersdorf,2010)。基于单分子成像和定位的方法无需对仪器设备进行特殊改造,只要使用的荧光分子具有可切换性或可调控性,较容易实现。目前超分辨成像已经将横向分辨率提至20～30纳米,纵向分辨率至50纳米左右。超分辨成像将研究对象的空间尺度向分子水平逼近,极大提高了对微观生物结构的表征能力,使纳米尺度上的生物学事件的研究成为可能。例如,哈佛大学庄晓微等利用STORM研究了大肠杆菌中5种主要核质体结合蛋白的空间分布(Wang et al.,2011a),超分辨成像显示其中的4种蛋白质的分布呈弥散状,而第5种蛋白质转录沉默子则形成明显的聚集状,进一步的研究揭示该蛋白质在染色体组织过程中起着重要作用(图2-4)。

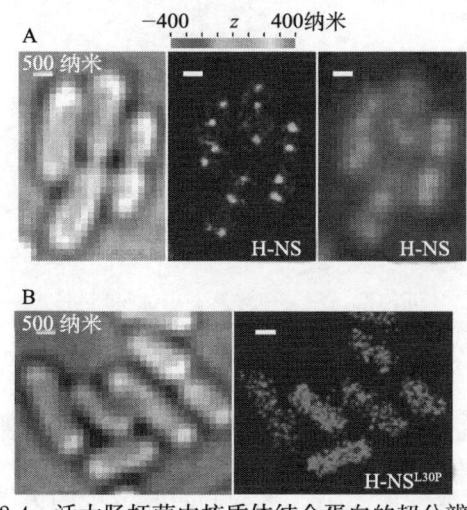

图2-4 活大肠杆菌中核质体结合蛋白的超分辨成像

野生型核质体结合蛋白(H-NS)在大肠杆菌中的空间分布成聚集状(A),突变后的分布呈弥散状(B)(文后附彩图)

资料来源:Wang et al.,2011a

四、细胞内单分子的检测方法

目前多数的单分子成像主要是检测细胞膜区的分子。得益于全内反射荧光成像隐逝场的层切效应（激发深度小于 150 纳米），细胞膜上或附近的单个分子较为容易检测。对于离膜较远区域的单个分子检测，尤其是对厚度较大的动物细胞中的分子成像，则面临着更多挑战，需要更高的信噪比。为此，研究人员发展了多种改进激发方式的方法，如半全内反射或通过大角斜射来降低常用落射式激发垂直方向的激发厚度（Tokunaga et al.，2008），可在不同程度上提高检测信号的信噪比，使细胞内单分子的成像成为可能。

博林格林州立大学 Yang 等将共聚焦与斜射宽场成像方法联合，使用单点边缘激发（single-point edge-excitation subdiffraction，SPEED）方法更将单分子的检测能力延伸至核孔区域（图 2-5A），超高的时空分辨率使核孔区的分子转运可以被实时观测到（Ma and Yang，2010）。近期，哈佛大学谢晓亮研究组提出反射式薄层照明（reflected light-sheet microscopy），通过使用高数值孔径的照明物镜联合基于 AFM 微悬臂梁的反射镜（图 2-5B），将选择层面的激发厚度控制在 1 微米，首次展示了细胞核内的单分子检测能力（Gebhardt et al.，2013）。

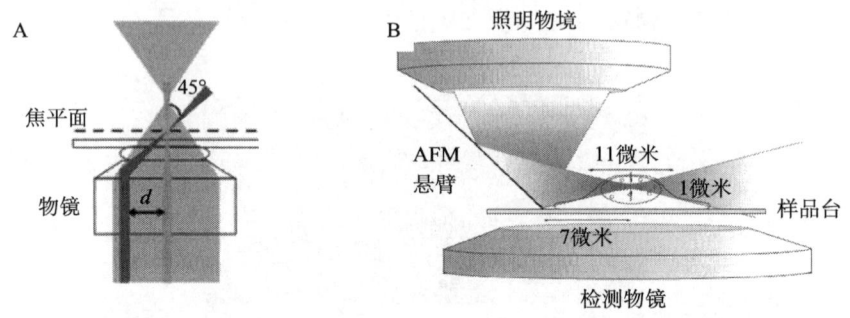

图 2-5　单点边缘激发（SPEED，深蓝色光路）（A）和反射式薄层照明（B）示意图
资料来源：Ma and Yang，2010；Gebhardt et al.，2013

五、原子力显微镜单分子成像与单分子力谱法

尽管一些非荧光成像的光学技术检测生物分子的灵敏度不断提高（Min et al.，2011），但对活细胞体系的单分子检测仍主要通过荧光成像，除此之外，便是可在溶液中工作的原子力显微镜（AFM）。AFM 对体外组装的膜蛋白成像可得到横向 1 纳米分辨率，但对动物细胞的成像分辨率仍仅限于 50 纳

米，而对细菌等微生物样品可达约10纳米的分辨率。因此，AFM的单分子水平的活细胞成像主要是在细菌表面实现（Fantner et al.，2010）。同时，AFM高分辨成像一直受到时间分辨率的限制，这阻碍了它在细胞生化过程研究中的应用。最近，高速扫描AFM的发展使得在细胞体系中单分子动力学过程的观测成为可能。

相比单分子成像，利用AFM皮牛顿级的测力灵敏度，在细胞上直接测定单个分子间的相互作用力的单分子力谱方法得到更广泛的应用，已在细胞黏附、信号转导过程中配受体结合，以及药物作用机制等研究中发挥重要作用（Muller et al.，2009）。如中国科学院化学研究所方晓红等利用AFM和荧光显微镜联用测定细胞上表皮生长因子受体HER2的单分子动力学力谱（图2-6），研究了抗癌药物HER2两种抗体对于HER2异聚的影响，发现无论抗体是否结合在HER2二聚化臂所在的结构域，都可抑制HER2与HER3或与EGFR的异聚激活（Zhang et al.，2013）。

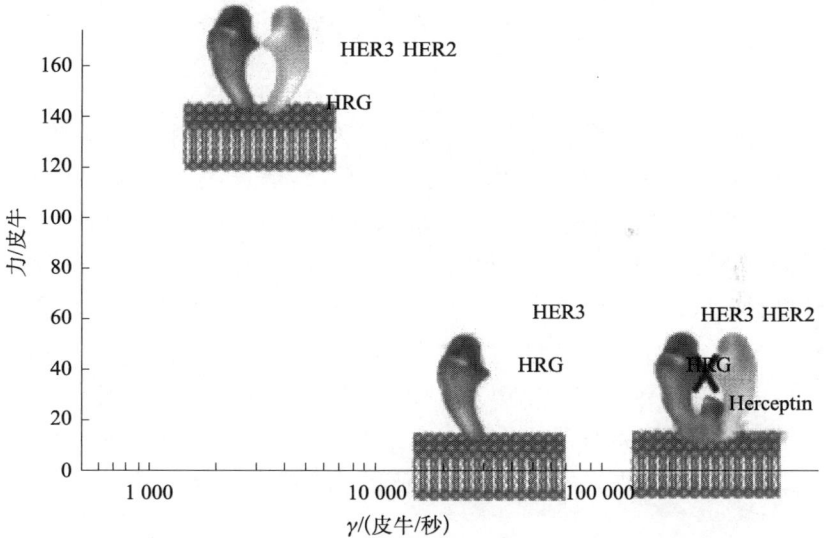

图2-6　抗肿瘤药物Herceptin可通过影响HER2受体异聚抑制肿瘤细胞生长
资料来源：Zhang et al.，2013

六、重要发展方向

针对实现生理条件下单分子实时动态检测的发展趋势，该领域今后的重要发展方向包括：①从活细胞体系中单个生物分子的二维示踪检测到实现单个分子三维空间动态成像和示踪；②在生物单分子检测示踪的基础上发展对生物分子运动、结合、解离等单分子动力学行为进行定量测定的方法；③发展同时具有高时间分辨和高空间分辨的超分辨显微技术，提高单分子成像和定位的空间分辨率，且适合于检测生物分子的动态变化；④研制用于长时间信号检测、尺寸小的荧光探针和适合于超分辨成像的探针，发展不影响生物分子结构和功能的标记方法，尤其是能特异标记细胞内蛋白质的小分子探针和方法；⑤发展增强拉曼光谱等相干非线性光学检测方法，发展可直接反映生物分子结构、化学组成的化学成像新技术；⑥发展复杂生物体系如动物细胞中单分子水平的原子力显微镜等扫描探针成像，以及快速扫描探针成像方法；⑦单分子成像、光谱及单分子操纵技术的联用，获得单个分子靶向、定位、分子结构、组成和相互作用变化的同时检测；⑧建立从高背景信号干扰中更准确地提取单分子信号的图像处理模型和算法，高通量地统计大量单分子的动态变化数据。

第二节　单细胞检测

化学生物学的重要研究任务之一就是研究细胞对周围环境刺激（特别是小分子信号）的响应规律，探索其中涉及的生物信息处理过程。单细胞分析技术对于单个细胞内化学组分进行定位和含量分析，可以反映细胞群体中细胞-细胞间差异，对于获得细胞功能的具体信息，追踪小分子刺激下细胞的信号转导机制，以及研究细胞异质性和生物变异具有重要意义。所以发展单细胞分析方法学，检测和监测细胞对信号响应的变化，是化学生物学研究的基础和工具。细胞信号转导过程所涉及的重要功能分子，如钙离子、锌离子、一氧化氮、硫化氢、活性氧物种、维生素C、氨基酸、谷胱甘肽、神经递质、DNA、RNA、端粒酶等一直是单细胞成像的研究热点。

一、高通量单细胞分析

流式细胞仪是当前具有最高通量的单细胞分析仪器。基于荧光的流式细胞仪可以同时检测单细胞内的12种分子，可以用于单细胞内信号转导网络状态的检测。增加独立的检测通道数一直是流式细胞仪的改进方向。一个最新的发展是基于质谱的流式细胞检测技术，被称为"质量细胞仪"（mass cytometry）（Bendall et al., 2011）。这种技术增加了检测通道数，同时降低了通道之间的重叠及背景自荧光的问题，其基本原理是将流式细胞仪与电感耦合等离子体质谱（ICP-MS）和基于稀土元素的分子探针标记技术相结合，可以同时检测 34 个细胞参数，速度达到 1000 个细胞/秒。通过将几种金属离子标记进行组合，发展了质量标记细胞编码技术，进一步增加了通道数，实现了对人外周血单核细胞信号转导动态变化、细胞-细胞通讯和信号转导变异性进行研究（Bodenmiller et al., 2012）（图 2-7）。

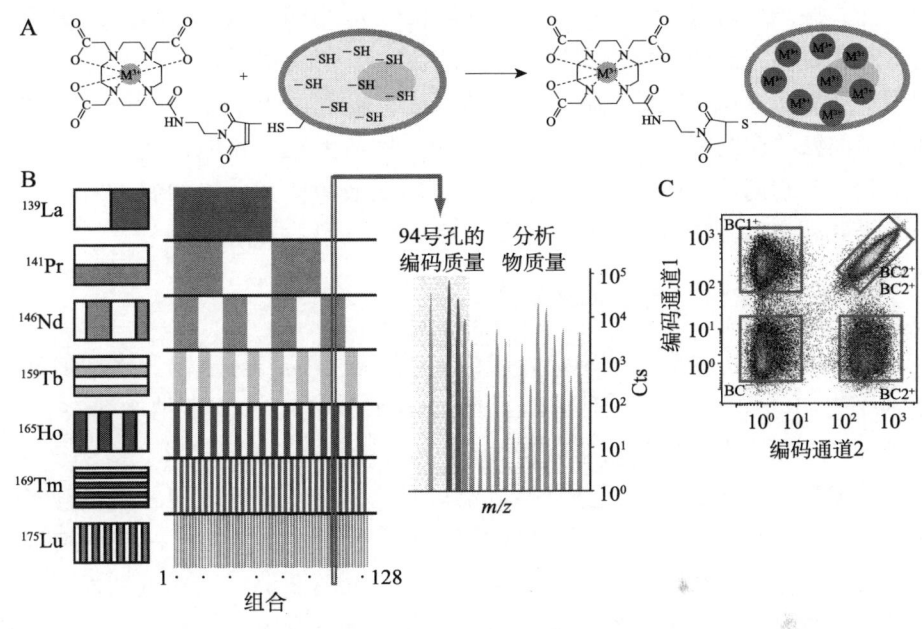

图 2-7 基于质量标记的细胞编码技术

A. 细胞温育探针过程的示意图；B. 利用 7 种镧系元素编码的原理示意图；C. 已编码细胞的编码通道 1（镧 139）相对于编码通道 2（镨 141）的密度点图

资料来源：Bodenmiller et al., 2012

二、单细胞光学成像

单细胞成像是化学生物学研究的最重要工具之一。目前所涉及的仪器主要包括荧光显微镜、表面增强拉曼光谱、相干拉曼散射显微镜、基于瑞利散射的显微镜、基于吸收的显微镜、光声显微镜、基于干涉的显微镜等（Stender et al., 2013；Kasper and Huang, 2011）。荧光显微镜是传统的单细胞观察方法，包括共聚焦、超分辨、全内反射、单层光、近场光学扫描等显微技术（Stender et al., 2013）。荧光显微镜可以实时、非侵入性地监测复杂生物环境（活细胞）中生物分子的产生、穿行和生物功能。结合钙离子敏感的荧光分子，共聚焦荧光显微镜被广泛用于研究钙离子通道（Stender et al.，2013）。通过与不同的标记技术相结合，Alvarez 等利用共聚焦显微镜发现神经内分泌细胞中有两类不同的分泌囊泡，具有不同的动力学特征（Moreno et al.，2010）。Hogan 等通过对纤维病变老鼠和人的肺部进行成像，发现了纤维化病变的间质细胞的异质性（Rock et al.，2011）。利用基因编码的荧光共振能量转移探针，Imamura 等（2009）实现了亚细胞层面的 ATP 定量和实时动态监测，检测范围为 2 微摩尔/升～8 毫摩尔/升。Bastiaens 等利用荧光寿命成像显微镜，通过抑制酪氨酸磷酸酶后对磷酸化水平进行成像，确认了酪氨酸激酶底物。这项研究发现了一些从上皮生长因子受体传递信号的组分，对它们按功能进行了分类，并对酪氨酸激酶和磷酸酶底物对上皮生长因子的动态磷酸化响应进行了定量（Grecco et al.，2010）。

1. 新型纳米探针用于单细胞成像分析

纳米技术的进步为单细胞荧光成像提供了新型信号标志物和多功能探针载体。例如，鞠熀先等分别构建了聚乙烯亚胺包裹石墨烯纳米带（Dong et al.，2011）、叶酸功能化的荧光 SnO_2 纳米粒子（Dong et al.，2012），实现了单细胞内 microRNA 的选择性成像与原位定量。最近该课题组设计了一种具有荧光"关-开"功能的响应型多孔硅纳米（MSN）探针，用于细胞内端粒酶的原位成像和定量（Qian et al.，2013）（图 2-8）。采用近红外至远红外激发的荧光探针分析活细胞或组织是当前的研究热点，长波长激发可以减少对生物样品的光损伤，具有更深的组织穿透能力，并且减少生物分子自荧光背景的干扰，所以有助于活体荧光观察（Yuan et al.，2013）。

2. 超显微分辨技术

为了突破传统光学显微镜的空间分辨极限，近场扫描光学显微镜（NSOM）和超分辨显微技术被发展起来。超分辨显微技术，包括光激活定位显微技术（PALM）、随机光学重构显微技术（STORM）、受激发射损耗显微技术（STED）和饱和结构照明显微技术（SSIM），极大地拓展了光学显微镜的应用领域，使其分辨率可以达到电镜的分辨率水平（Ulbrich and Isacoff，2007）。例如，STED 被广泛地用于研究神经细胞的钙离子通道和触突泡释放，对于钙离子通道附近的 Rab3 相互作用分子（RIM）结合蛋白等多域蛋白进行了准确定位（Liu et al.，2011）。STORM 被用于获得活细胞的肌动蛋白细胞骨架的三维超结构（Xu et al.，2012）、网格蛋白小窝和转铁蛋白成像

(Jones et al., 2011)、微管动态成像（Zhu et al., 2012）（图 2-9），以及分析哺乳动物脑组织中亚突触蛋白分布的分子构造（Dani et al., 2010）等。

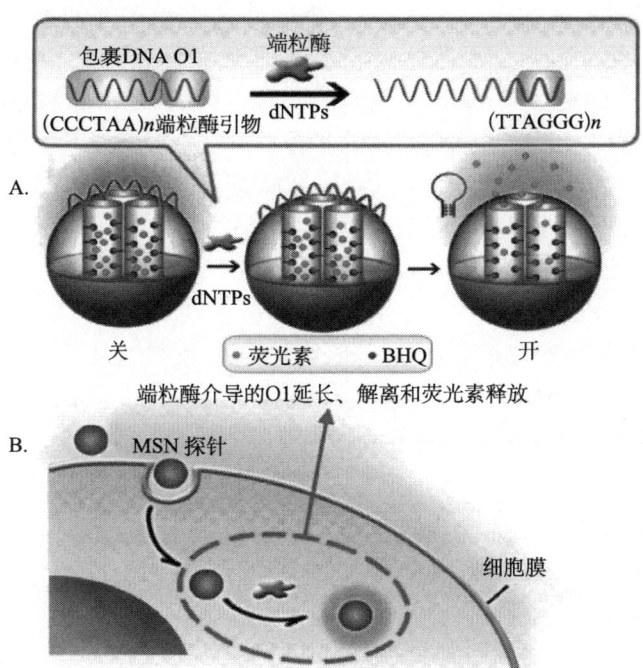

图 2-8 具有荧光"关-开"功能的响应型 MSN 探针用于细胞内端粒酶的原位检测示意图
资料来源：Qian et al., 2013

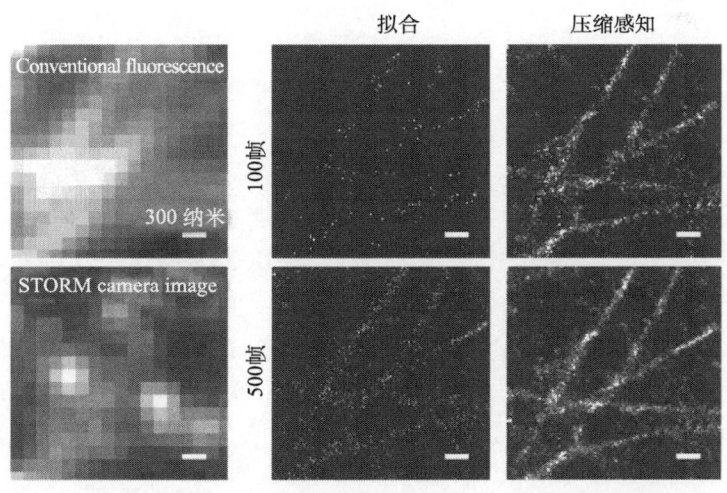

图 2-9 果蝇 S2 细胞微管的 STORM 成像（文后附彩图）
资料来源：Zhu et al., 2012

3. 全内反射荧光显微镜

全内反射荧光显微镜（TIRFM）特别适合于固液界面的分子动力学研究，所以常被用于分析细胞膜或近膜区的细胞结构（Stender et al.，2013）。Tatur 等通过对负载了 ATP 的囊泡及其融合入质膜的过程进行直接成像研究了嘌呤的信号转导通路（Akopova et al.，2012）。Haugh 等利用 TIRFM 对细胞前突和回缩的动力学过程及 PI3K 通路进行成像，提出了纤维原细胞再定向的机制（Welf et al.，2012）。

4. 表面增强拉曼光谱

表面增强拉曼光谱（SERS）是研究细胞内和细胞外化学组成的重要工具，可以对单细胞内的小分子进行检测（Yang et al.，2012；Ock et al.，2012），还可用于监测肿瘤细胞及疗效（Yuan et al.，2013）。在进行单细胞 SERS 检测时，通常使用外源性增强底物，通过细胞内吞、电穿孔等技术导入底物，合适底物的选取是影响实验结果的决定因素之一。Wang 等利用银纳米粒子检测了单个活细胞内 6-巯嘌呤和甲巯咪唑的扩散和代谢率，对于 6-巯嘌呤的检测限为 1 纳摩尔/升（Pallaoro et al.，2011）。

三、单细胞电化学及其他成像技术

1. 单细胞的电化学成像

由于电荷传递是生命过程的基本特征之一，基于微电极的电化学传感器为化学生物学中单细胞研究提供了一个独特的视角。可以在显微操作设备辅助下利用电极高效地检测活细胞释放的电化学活性物种，如神经递质等信号分子，也可以插入细胞内进行测量，这些方法具有时间分辨率高的优点，适合于动力学信息的获得。利用微电极在整个细胞的空间尺度上收集电活性信号，可以得到单细胞的扫描电化学显微镜（SECM）图谱。这种技术不仅可以获得细胞形貌信息，更重要的是可以同时得到特异性化学成分、性质和功能信息，如对细胞表面的离子流或离子通道进行成像，最近已被用于在单细胞层面上分析细胞表面不同聚糖的表达程度（Xue et al.，2010）（图 2-10）。最近 Takahashi 等（2012）发展了一种变压模式的 SECM，可用于同时得到高质量的活细胞形貌和电化学图像。

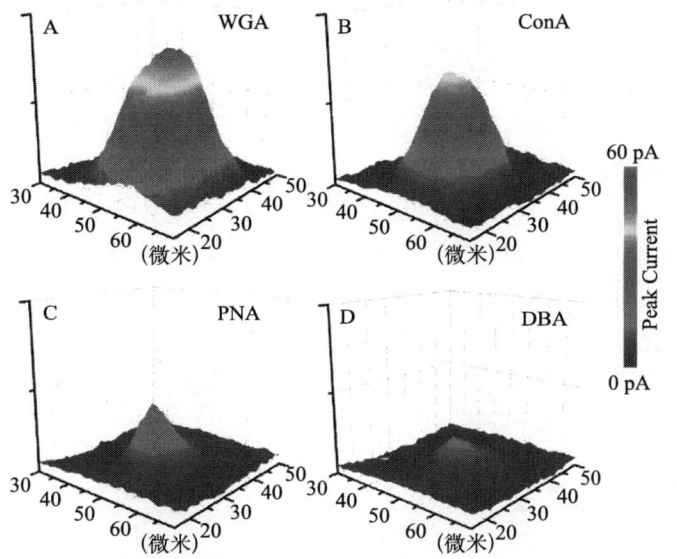

图 2-10　单个 BGC 细胞温育辣根过氧化物酶标记的麦胚凝集素（WGA）（A）、伴刀豆球蛋白 A（Con A）（B）、花生凝集素（PNA）（C）和双花扁豆凝集素（DBA）（D）后在含过氧化氢和二茂铁甲醇溶液中的 SECM 图像（文后附彩图）

资料来源：Xue et al.，2010

2. 单细胞的扫描电镜和原子力显微镜成像

从获得高空间分辨率的角度出发，扫描电镜和 AFM 是常用的单细胞研究工具。与光学显微镜不同，它们无需对细胞进行标记。扫描电镜在获得高横向分辨率上更有优势，但是需要对细胞进行固定、干燥和染色，所以不适用于活细胞及动态研究。原子力显微镜可以在生物相容环境中使用，无需分子标记、高能激光束和样品准备步骤，可以反映目标分子所处微环境的变化（Katan and Dekker，2011）。例如，Belcher 等利用高速 AFM 实时记录了抗菌肽刺激大肠杆菌后，细菌表面随时间的变化，获得了细胞形貌与死亡状态的关系（Fantner et al.，2010）。将 AFM 的针尖进行选择性修饰，并与其他显微技术联用是未来 AFM 的发展趋势，将有助于提高 AFM 成像的特异性并获得更广泛的信息。

四、分离技术

分离技术的不断进步对于单细胞分析具有重要意义。毛细管电泳和微流控芯片是最具代表性的技术。微流控芯片作为近十年来迅速崛起的技术平台，可以在微米尺度对单细胞进行操控和研究（Singh et al.，2013），集单细胞进样、衍生、溶膜、胞内组分分离和实时测定等多种生化样品处理单元于一身（Mazutis et al.，2013）。不同于传统以完整细胞作为对象的单细胞分析方法，微流控芯片技术可以对单细胞的胞内组分进行分离后分析，有利于发现细胞内未知物质，并可与聚合酶链反应（PCR）等扩增技术联用（Tischler and Surani，2013）。例如，微流控定量实时 PCR（qRT-PCR）平台的建立，对于单细胞转录组谱的获得具有重要意义，可以对数百个细胞的大量标记基因进行分析对比（Sanchez-Freire et al.，2012；White et al.，2011）。未来单细胞微流控分析的发展将朝着提高分辨率、灵敏度、自动化和集成化的方向进行。

五、活体成像技术

为了获得细胞在复杂自然状态下的动态信息，分析细胞-细胞的实时相互作用，研究微环境对细胞信号转导的影响，活体成像是一个强有力的技术（Pittet and Weissleder，2011），为细胞活性的生理学、解剖学和病理学机制提供了大量的信息（Ley et al.，2007；Hughes and Gavins，2010）。活体成像技术可用于研究细胞分化、死亡、迁移和通信等多项生理活动，并表征多种病理状态（Pittet and Weisslder，2011；Kedrin et al.，2008；Vakoc et al.，2012；Fukumura et al.，2010）。活体成像包括光学频域成像，光学相干断层成像，旋流片共聚焦成像，多光子、双光子、单光子成像等多种成像技术，并可与 MRI、PET 等并联使用（Gavins，2012）。Yewdell 等利用活体成像技术发现树突细胞和 CD4 辅助 T 淋巴细胞的相互作用可以导致趋化因子信号的释放，从而吸引 CCR5$^+$ CD8 T 淋巴细胞并促进受激树突细胞的搜索能力（Hickman et al.，2011）。通过构建 T 淋巴细胞受体-GFP 融合蛋白，Krummel 等对于受体与树突细胞抗原识别的成簇过程和内在化进行了活体成像（Friedman et al.，2010）。Orth 等（2011）利用高分辨活体成像评估了有丝分裂抑制剂紫杉醇对于肿瘤细胞的影响，对有缺陷的纺锤体组装、有丝分裂阻滞、滑移，多核化及细胞凋亡整个过程进行了观察。

利用生物正交技术得到药物的标记衍生物，并与活体成像结合，可以实现活体单细胞药代动力学研究，揭示药物作用机制，检测瘤内异质性，分析靶向肿瘤微环境的药物，优化药物剂量，校正药物浓度，并可外推至人体剂量。Weissleder 研究组提出了一种活体单细胞药代动力学成像技术对于多种情况下的药物作用进行了研究，可以实时观测细胞内的药物分布。这项研究所使用的窗口室装置可以实现不同肿瘤类型的快速分析，通过标记不同的荧光蛋白可以实现不同细胞的平行研究，有助于活体单细胞层面上全面理解药物作用（Thurber et al.，2013）。

六、发展趋势

为了更好地利用分析技术理解细胞乃至生物体的生命活动，实现服务于化学生物学研究的使命，单细胞分析未来的发展方向应该是进一步提高超分辨显微镜的轴向和横向分辨率，并且为了适应在亚细胞层面上进行信号转导通路成像的要求，构建能耐受长时间、高强度照射的更亮、光稳定性更好的荧光标记分子，提高目标分子的标记率，优化组织样品的保存策略以减少对荧光团的淬灭，与荧光寿命成像等其他荧光技术联合使用等（Maglione and Sigrist，2013）。应当尽可能地将成像观察与生理功能监测结合起来，在这一方面 SECM 及 SECM 与光学成像技术的联用具有很大的发展潜力。但是，受空间扫描速率的限制，SECM 技术用于动态跟踪待测物种仍然面临很大的挑战。未来的发展方向主要包括采用具有更快扫描速率的电化学检测仪器（Keithley et al.，2011）进一步提高时间分辨率，优化电极面积与组成（Lu et al.，2013），并与阵列技术联用提高空间分辨率，与谱学技术联用提高选择性和空间分辨率（Wang et al.，2011b；Meunier et al.，2011）等。在活体单细胞成像方面，可以将现有检测小分子的方法扩展至其他的药物类型，如 siRNA、抗体、纳米载体等。随着光学技术和物镜的发展，通过利用新的固定技术，未来可以不通过窗口室，直接对常位肿瘤进行药物分布研究。这些进步有助于将肿瘤细胞信号转导网络与药物疗效信息直接联系起来。

第三节 生物质谱与质谱成像

质谱是一种可以同时提供定性和定量信息的技术，是化学生物学研究的重要工具。目前常用的质谱技术包括电喷雾离子化质谱（ESI-MS）、基质辅助激光解离/离子化质谱（MALDI-MS）、二次离子质谱（SIMS）、电感耦合等离子体质谱（ICP-MS）等。质谱技术可以同时给出特定目标物或复杂样品的定性和定量信息，分析目标物的原子组成、化学结构和浓度。质谱技术的飞速发展对于生命科学研究具有重大意义，研究对象涵盖了蛋白质、核酸、多肽、转录后修饰、代谢物、激素小分子等，样品种类包括细胞、细胞破碎液、组织切片等。

一、质谱在组学研究中的应用

现代质谱技术的强大能力体现在对蛋白质组学、基因组学、转录组学、代谢组学的研究中。通过与高效液相色谱（LC）联用，LC-ESI MS 具有高的灵敏度和选择性（Lin et al.，2011），特别适用于特异性检测复杂混合物中的组分。串联 LC-MS/MS 最近被用于对单个胰岛和人肿瘤蛋白质组（Geiger et al.，2010）的蛋白质水平进行定量。质谱也为获得基于活性的蛋白质谱提供了有效工具。利用质谱同时对多种酶活性进行高通量检测，可以获得生理或病理蛋白组的功能状态信息（Simon and Gravatt，2008）。

转录后修饰（PTM），如磷酸化、糖基化，是化学生物学信号转导通路研究的重要内容之一。转录后修饰可以非常微妙地改变蛋白质的化学状态，但是难以通过标准的基因组学和蛋白质组学技术检测。PTM 分析中最大的挑战来自于大量亚化学计量水平的修饰。解决这个问题的关键在于通过共价连接将低丰度的修饰蛋白类型从大量的未修饰蛋白中分离并富集。化学生物学家在这个领域，特别是糖基化和磷酸化修饰上做出了开创性的工作。利用基因工程获得可以将"化学亲和标签"转移到磷酸化或糖基化蛋白的激酶和糖基转移酶，用于待测蛋白质的标记和富集，然后结合质谱技术，为实现动态的、系统层面上细胞转录后修饰分析提供了强有力的工具。

利用质谱技术可以为磷酸化、糖基化相关酶找到其对应的底物。最近，叶课题组结合源于细胞的肽文库和基于 LC-MS/MS 的定量蛋白质组学进行激酶特异性检测（Wang et al.，2013a）。这里，肽文库通过对全细胞裂解液的蛋白质进行消化和去磷酸化获得。将肽文库利用 CK2 处理后，通过同位素标记的定量磷酸蛋白质组学技术得到 CK2 的 404 种作用产物。这个方法的优点在于得到的产物可以直接实现与蛋白质的映射从而筛选出激酶底物。MALDI-MS 和 ESI-MS 在糖组学研究中具有突出重要的作用（Hart and Copeland，2010）。通过先进的质谱分析方法与凝集素识别相结合，Wisniewsk 等得到了数千的 N-聚糖连接位点（Zielinska et al.，2010）。对于蛋白质磷酸化这一重要的信号通道，Gygi 等提出了一种先进的磷酸蛋白质组学质谱技术，对 12 039 种蛋白质的近 36 000 种磷酸化位点进行了确认（Huttlin et al.，2010）。Figeys 课题组结合三重同位素二甲基化标记技术、在线多维分离和质谱技术比较了 TgCRND8 老鼠有阿尔茨海默病症状前和出现症状后的磷酸蛋白质组，确认了 1026 个磷酸化多肽，其中 139 个在不同状态的老鼠的海马区存在明显差异（Wang et al.，2013b）。Villen 课题组利用串联质谱确认了酵母细胞中同时被磷酸化和泛素化的 466 种蛋白质，研究了对于通过泛素-蛋白酶体系统进行蛋白质降解具有调控作用的磷酸化位点，以及磷酸化基质如何被泛素化调控等（Swaney et al.，2013）（图 2-11）。然而，对于某些类型的转录后修饰，如乙酰化，虽然可以用质谱检测其修饰产物，但是目前缺乏有效的质谱前捕集和富集策略。所以未来对转录后修饰的质谱研究，应当考虑构建集新型标记、捕捉技术（如利用生物正交化学等），蛋白质工程和高性能质谱于一身的策略（Simon and Cravatt，2008）。

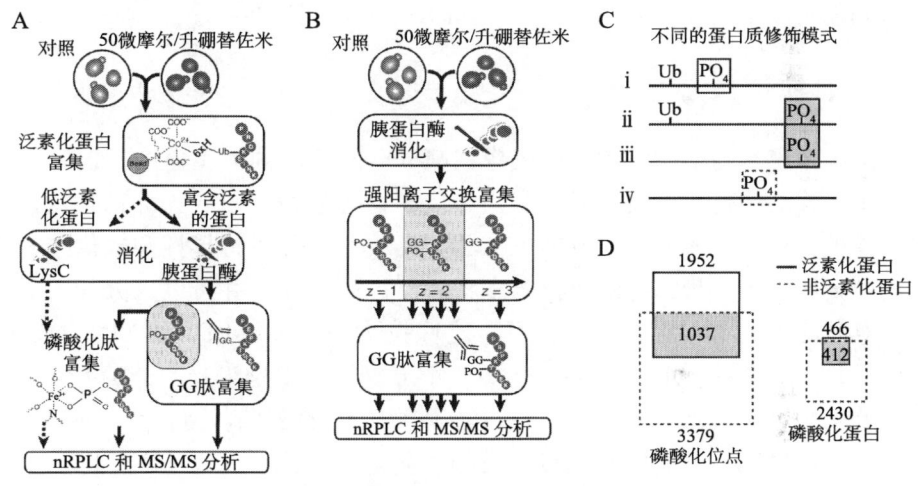

图 2-11　磷酸化和泛素化蛋白质异形体确认的示意图

A 和 B 为该实验中使用的两种不同的质谱富集策略；C 为蛋白质 4 种不同的转录后组合修饰模式；D 为泛素化与非泛素化蛋白对于磷酸化位点和磷酸化蛋白的重叠情况

资料来源：Swaney et al.，2013

在代谢组学研究方面，目前存在的挑战主要包括代谢物的分子类别多样、生物样品中未确认的代谢物的数目十分庞大，而且动态变化范围很广，从单分子到数亿个分子，无法利用类似基因组学的技术进行复制放大，以及数据库不完善。最常用的代谢组学检测技术是质谱和核磁共振谱。利用质谱研究细胞在正常和异常调节状态对于新陈代谢过程的影响，可以为传染病和肿瘤治疗提供新的方案（Kiessling，2010）。通过将毛细管电泳与 ESI-MS 联合使用（CE-ESI-MS），Sweedler 等对于单细胞新陈代谢组进行了研究，在代谢物分子质量范围发现了 300 个不同的信号（Nemes et al.，2011），最近这个系统还被用于比较新分离和培养的神经元的代谢组信息（Nemes et al.，2012）。但是，CE-ESI-MS 是一个通量相对低的技术，对于每个细胞的分析需 15 分钟。利用更快的检测方法，如结合平行分离和 MALDI MS 将有助于改善这一情况（Rubakhin et al.，2013）。目前基于质谱的代谢组学分析大多在分析性能上进行创新，而难于从中获得有用的生物信息。针对这个情况，最近 Zenobi 课题组利用微阵列作为基质辅助激光解吸电离飞行时间（MALDI-TOF）质谱分析平台，发展了一个用于酵母细胞的单细胞分析验证系统。这个系统通过监测 2-去氧-D-葡萄糖抑制糖酵解或基因敲除磷酸果糖激酶所导致的磷酸化程度的变化对生物信息进行确认，揭示了代谢物之间的相关性，并对同基因细胞的共存亚种群进行了检测，可以用于对细胞周期状态、细胞寿命和随机产生的表型差异进行区分（Lbanez et al.，2013）。

二、质谱成像技术

近十年来，基于质谱的质谱成像（MSI）技术取得了飞速的发展，可以实现组织样品中药物、蛋白质、脂类、代谢物等多种分子的无标记定位。质谱成像的优点在于无需标记或染色步骤，集质谱的分子特异性和成像技术的空间分辨能力于一身，可同时检测多种无标记目标物，并可以区分加入的药物及其代谢物。最常用的真空 MRI 成像技术包括 MALDI 和 SIMS 成像。MALDI MSI 适用于分子质量从 1~100 千道尔顿的生物组分，分辨率可以达到细胞水平（10~20 微米），可以分析肿瘤组织的多肽、蛋白质和小分子。将 MALDI MS 用于蛋白质检测，可以无需抗体从脑、口、肺、乳腺、胃、胰腺、肾、卵巢和前列腺肿瘤组织获得分子标志物（Schwamborn and Caprialii，2010），比较正常和肿瘤组织以获得诊断信息，对患者进行预后研究，预测患者对于某一治疗方案的药物响应。

与 MALDI 更适合于对蛋白质等大分子进行成像不同，SIMS 成像具有更高的空间分辨率，可以达到亚细胞水平（约 100 纳米），更适合于对无机化合物和小分子质量生物分子进行成像（Ait-Belkacem et al.，2012；Wu et al.，2013）。SIMS-MRI 是一个研究细胞膜新陈代谢和药物小分子分布微弱变化的有力工具，最近，Ewing 课题组利用 SIMS 对细胞外的膜磷脂在 PC12 细胞膜的积聚过程进行了成像（Lanekoff et al.，2011）（图 2-12）。SIMS 为获取单细胞新陈代谢组学的空间信息提供了一个有前景的解决方案。最近发展起来的簇离子源，如 C_{60}^+、Bi_3^+ 和 Au_{400}^+，降低了 SIMS 对代谢组质量区间完整生物分子的检测限，但是二级离子产率低的问题仍然困扰单细胞和亚细胞层面的无标记质谱检测。但是需要发展新的分离技术实现与 SIMS 的对接。

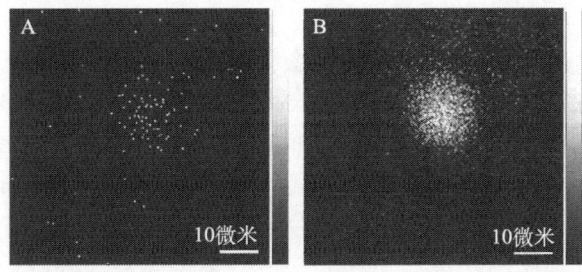

图 2-12　PC12 细胞与 100 微摩尔/升含重氢的磷脂酰乙醇胺（D62PE）温育后的离子图像
A. m/z 为 50.1 的来源于 D62PE 的离子片段；B. m/z 为 184.1 的内源性卵磷脂片段
资料来源：Lanekoff et al., 2011

三、敞开式离子化技术

当前质谱和质谱成像的研究热点是敞开式离子化技术，这是一类在大气压下离子化，原位检测样品的质谱技术，常用于分析分子质量小于 2000 道尔顿的化合物。利用这种技术，可以减少样品的预处理步骤，并且可以在敞开式环境中对样品进行检测。最常用的敞开式质谱技术是解吸电喷雾离子化质谱（DESI-MS）。DESI-MS（Dill et al., 2011）及相关的质谱成像方法（Seeley et al., 2011）可以提供肿瘤诊断相关的脂类信息。利用 DESI-MS 可以在一个实验里同时对脂肪酰、甘油磷脂、甘油糖脂和鞘脂类进行鉴定和成像（Eberlin et al., 2011）。利用 DESI-MS 对组织切片成像可以通过比较脂类的信号谱诊断多种疾病，包括膀胱、肾、前列腺和脑肿瘤（Eberlin et al., 2013）。由于 DESI 可以在数秒内完成诊断，所以这种技术很有潜力用于外科手术。DESI-MRI 还可以与 2D 薄层色谱结合，用于分析复杂的脂类混合物（Paglia et al., 2010），可分析的脂类数目比单独使用 DESI 要大得多。由于 DESI-MSI 具有软电离且无需基质的特点，可以对 SIMS 和 MALDI MRI 难以成像的激素等小分子，如肾上腺素、去甲肾上腺素、抗坏血酸进行灵敏的直接成像（Wu et al., 2010）。DESI-MRI 的另一个重要应用是对小的药物分子及其代谢物进行成像。Cooks 等利用 DESI-MRI 对老鼠脑、肺、肾和睾丸组织的氯氮平及其代谢物的分布进行了成像，得到了与平行进行的 LC-MS 研究一致的结果（Wiseman et al., 2008）。最新的敞开式 MSI 的发展是构建 3D 离子图像。利用不同分子的 3D 分布图可以分析组织结构与离子分布的相关性（Seeley and Caprioli, 2012）。

四、发展趋势

质谱及质谱成像领域未来的发展趋势包括改进富集技术，提高富集选择性，发展新型识别探针，这一点对于深入分析蛋白质多种转录后修饰具有重要意义。在扩大检测规模的同时，应注意提高质谱检测的线性范围和灵敏度，或在灵敏度不变的前提下减少样品量。敞开式质谱技术仍然是未来的研究热点，可以预计将有更多的离子化技术被提出，特别是多模式离子源。将多模式离子源与可便携质谱分析仪相结合，可以真正实现原位的直接分析。使用高传输离子迁移接口可以进一步提高便携敞开式质谱的分析能力。将质谱技术与机器人技术和数字微流控技术进行对接是一个有前景的研究领域，可以通过对检测步骤进行集成以获得更高的准确度和监测通量（Monge et al., 2013）。将质谱技术与其他光学技术联用，如将 MALDI MRI 与具有相近空间分辨率的拉曼光谱、红外组织成像技术结合起来，可以对亚细胞层面的动态变化进行跟踪。质谱技术还可以与傅里叶变换离子回旋共振（FTICR）技术相结合，对药物和代谢物分布进行定位并开展功能研究（Ait-Belkacem et al., 2012）。发展组学研究中质谱信号的自动确认系统和信息处理工具，将质谱获得的大量转录组、蛋白质组、基因组和代谢组信号关联起来，构建信号转导通路是一个当前的重要研究任务。可以预计随着质谱技术的飞速发展，生命科学领域的研究内容将会大大丰富，人类对于生命的发生、发展规律的认识将会达到一个新的高度。

第四节 核磁与活体成像

核磁共振已经成为测定化学和生物分子结构和功能的最有效的工具之一，也是一种在活体无损条件下研究分子动力学、细胞变化、组织代谢、活体器官及化学物质定量分析的非放射技术。目前，核磁共振在化学、生物和医学等复杂体系方面已经得到了广泛而成功的应用。

一、核磁共振在蛋白质研究中的应用

1. 蛋白质结构和功能解析

众所周知，蛋白质是生命活动的主要承担者，如何全面了解蛋白质的精细结构也就成了蛋白质科学的核心任务之一。蛋白质结构的核磁共振（nuclear magnetic resonance，NMR）测定包括三个主要步骤：蛋白质表达、自旋（^{13}C、^{15}N）标记、分离纯化样品。接下来通过 NMR 实验得到一系列多核多维 NMR 谱，判别蛋白质主链与侧链基团的谱峰归属，分析信号与各核之间的对应关系，进而从 NMR 谱中获得蛋白质结构的几何约束参数，最后运用分子动力学计算得到蛋白质三维结构。

碳（C）、氮（N）两种元素是蛋白质重要的组成元素，但是只有 ^{13}C 和 ^{15}N 的同位素是自旋 1/2，有较好的磁共振信号，由于 ^{13}C 和 ^{15}N 的天然丰度分别只有 1.1% 和 0.37%，所以在 NMR 实验之前通常需要对样品进行同位素标记。Yamazaki 等发展了一种局部标记技术，即对蛋白质的某一部分进行标记，因而可以研究蛋白质的某些特定结构域的结构、动力学和相互作用（Yagi et al., 2004）（图 2-13）。此外，由于 ^2H 有较小的磁旋比和弱的弛豫效应，^2H 标记可以有效提高分辨率。日本 Kainosho 等（2006）发展了侧链质子选择性氘代技术（SAIL）用于大分子质量蛋白质的解析。

蛋白质、体液等生物样品中水的浓度高于溶质 4~5 个数量级，高效水峰压制方法是生物 NMR 研究的前提和基础，W5 水峰抑制方法解决了此类技术选择性差和灵敏度受频率偏置影响等问题（Liu et al., 1998）。多维 NMR 是蛋白质结构和功能研究的关键技术，但是存在实验周期长等缺点，非正交稀疏采样是最近发展起来提高 NMR 速度的有效途径。

2. 蛋白质动力学的研究

蛋白质动力学与蛋白质功能之间有着紧密的联系，例如，蛋白质动力学有助于蛋白质维持热力学稳定状态从而保持活性；在各种催化、配体结合等反应过程中，蛋白质的"运动"暴露出关键的反应位点，使得反应能够进行。NMR 技术可以提供从皮秒至毫秒时间跨度内蛋白质分子的运动信息，非常适合研究蛋白质的动力学。

很多生化反应的中间体只能存在几微秒至几毫秒，传统的方法无法对其检测。Kay 等发展出弛豫弥散技术，可研究蛋白质中间态的结构和动力学过程（Korzhnev et al., 2004; Neudecker et al., 2012）。顺磁弛豫增强（PRE）技术可以用来研究时间尺度在纳秒至微秒量级的蛋白质瞬态结构，其主要是通过在蛋白质表面引入顺磁探针，通过比较引入前后附近核弛豫速率的变化获得核与核空间距离的信息。该方法也可以了解蛋白质分子之间的瞬态相互作用（Liu et al., 2012）（图 2-14）。

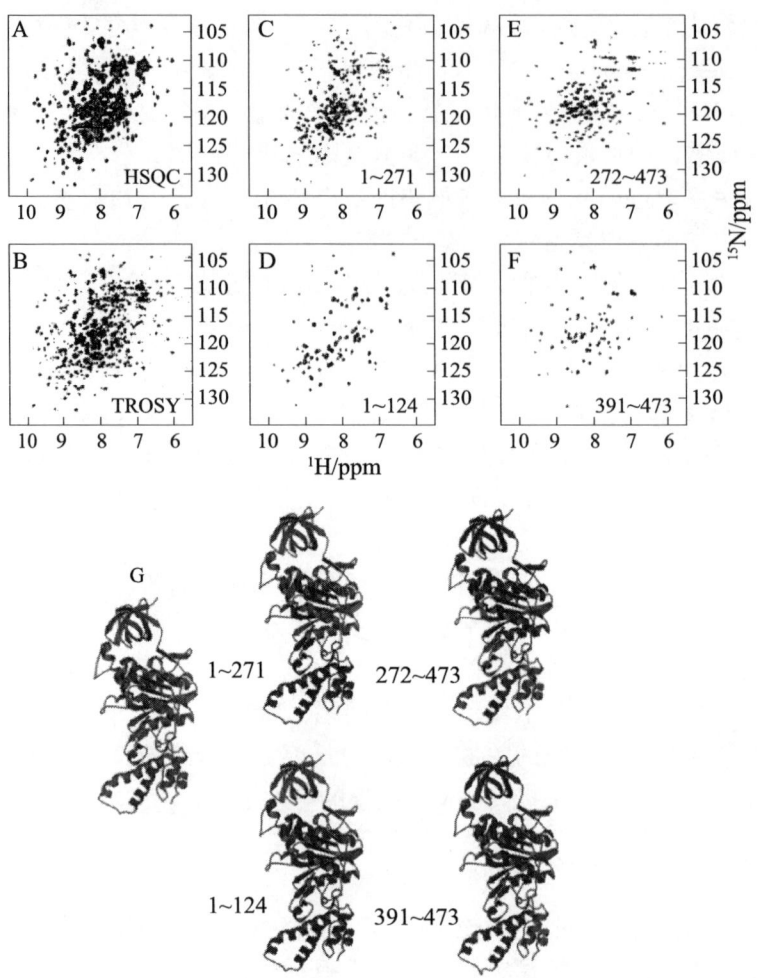

图 2-13 全部及局部¹⁵N 标记的 F1-ATPase β 亚基样品的 NMR 谱图（文后附彩图）

其中 A、B 为¹⁵N 全部标记 HSQC 和 TROSY-HSQC 谱；C~F 分别为对 1~271、1~124、272~473 和 391~473（G 图红色区域）部分¹³C、¹⁵N 标记的 TROSY-HSQC 谱

资料来源：Yagi et al.，2004；Kainosho et al.，2006

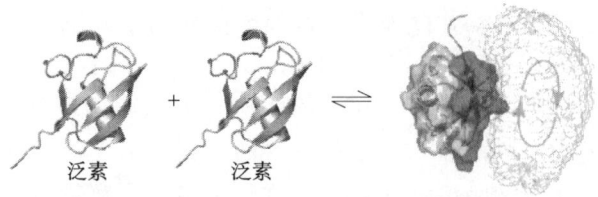

图 2-14 通过顺磁弛豫增强（PRE）技术研究泛素在溶液中低峰度非共价的二聚作用

资料来源：Liu et al.，2012

3. 蛋白质和药物之间的相互作用

通过检测蛋白质与药物发生相互作用时 NMR 参数的变化可以来研究蛋白质与药物的相互作用。根据检测对象的不同可以简单划分为蛋白质检测和药物检测。蛋白质检测是通过分析药物加入前后蛋白质 NMR 参数的变化来获得蛋白质药物相互作用的信息。1996 年，Abbott 实验室的 Shuker 等（1996）提出了 SAR-by-NMR 的概念，即通过比较加入药物前后蛋白质的 NMR 谱图来判断小分子是否与蛋白质有相互作用及作用强度。药物检测是比较蛋白质加入前后药物 NMR 信号的变化情况来判断蛋白质药物相互作用情况。这种方法不需要事先获得蛋白质的结构，也不需要对蛋白质进行同位素标记，只需要少量的蛋白质（微克量级）就可以对分子质量较大的蛋白质进行分析，成本较低，适宜用于药物的高通量筛选。饱和转移差谱（STD）法是最普遍且有效的方法之一，该技术已用于检测药物与人源鼻病毒蛋白 rhinovirus（HRV2）的相互作用，以及 RNA 与药物的相互作用（Mayer and James，2002）。

4. 膜蛋白解析

蛋白质结构的传统解析方法主要是 X 射线及冷冻电镜，但 X 射线要求的蛋白质单晶体难以制备，冷冻电镜获取的三维结构图分辨率较低，因而极大地限制了人们对膜蛋白进行结构解析。到 2008 年，只有不到 200 种膜蛋白（共约 4 万种）的三维结构是已知的。利用液体 NMR 方法可以获取水溶性蛋白的高分辨结构信息，但更多的膜蛋白、蛋白质复合体、蛋白质纤维等溶解度低，从而需要发展固体 NMR 方法。这一方法可大大提高固态膜蛋白图谱分辨率，已经解析了一些膜蛋白的结构（Opella and Marassi，2004）（图 2-15）。但它在消除化学位移各向异性与直接偶极耦合作用的同时，也失去了蛋白质样品的距离与取向信息。通过设计特殊的脉冲序列，并结合同位素标记法，可以选择性地使被 MAS 消除的各向异性相互作用重耦，因此可以得到相应的距离、角度等结构信息。除 MAS 方法外，静态 NMR 也可用于均一取向固体样品的研究，但对于此类样品一般主要将 ^{13}C 或 ^{15}N 等低旋磁比的原子核作为观察核，其信号灵敏度不高。目前，人们正尝试结合高功率去耦方法，将 ^{1}H 作为观察核，也许能解决灵敏度低的限制。利用 NMR 方法解析膜蛋白是新兴的领域，现正在高速发展之中。

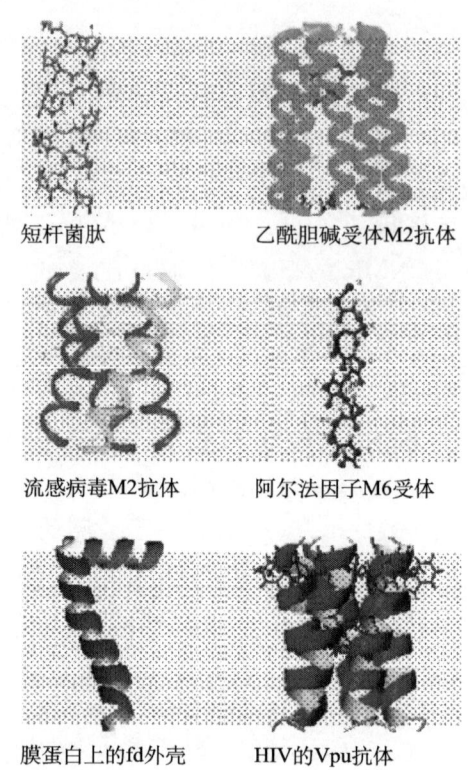

图 2-15　PDB（蛋白质数据库）中某些使用固体 NMR 解析的膜蛋白结构（文后附彩图）
资料来源：Opella and Marassi，2004

二、磁共振成像在化学生物学中的应用

磁共振成像是一种对软组织分辨率很高的成像技术。由于其非侵入、无电离辐射、多成像参数、无骨伪影等特点，在临床上广泛用于活体动物及人的结构和功能研究。在脑组织、神经、关节、血管造影等方面有独特的优势。与 CT、PET 等强电离辐射的成像方式相比，是一种健康的更适合长程观察的成像方式。

1. 活体磁共振成像

近年来，随着分子生物学及生物化学等相关学科的发展，磁共振成像开始结合生物化学等手段，无创性地表征体内生理和病理状态下的代谢过程，使磁共振活体成像真正进入了分子细胞的水平。将造影剂与具有靶向性的分子结合形成磁共振的分子探针。分子探针与体内的配体特异性结合,通过造影剂对质子弛豫等的影响可以反映靶生物分子定性或定量的特征。分子成像可以评价肿瘤在发生发展过程中分子的改变,可以在结构发生改变之前探测到其功能的变化,相对于功能成像和组织结构成像,对于生理变化要敏感得多,因此更加适合用于疾病的早期诊断,同时也能够为治疗的愈后评价提供依据,目前在动物成像方面已经得到验证并显示出了良好的应用前景。图 2-16 为注射不同造影剂所得到的脑部 T_1 加权图像(Hamilton et al.,2011)。随着磁共振技术的发展及其在临床方面的广泛应用,发展更高效率、高靶向性、低毒性、用量少和成本低的造影剂用于提高磁共振成像的灵敏度,从细胞水平、分子机制方面研究人体的代谢,进一步了解生命活动的机制及疾病发生发展的相关机制来解决与人类健康息息相关的问题成为了磁共振活体成像的重要方向。

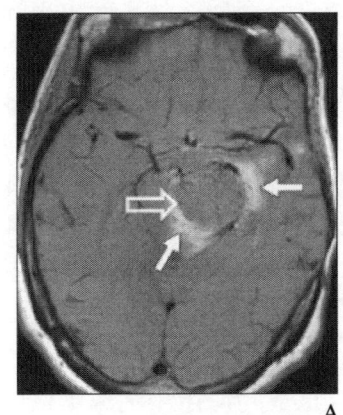 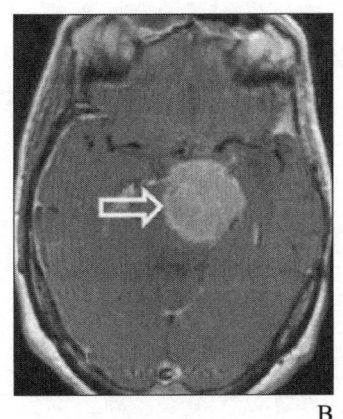

图 2-16 脑部 T_1 加权核磁成像(文后附彩图)

A. 注射氧化铁造影剂 24 小时后,获得的轴向 T_1 加权自旋回波图像,空箭头表示对肿瘤没有信号增强,这可能是由于肿瘤内巨噬细胞和其他吞噬细胞较少,而实箭头表示在局部存在巨噬细胞;B. 注射钆造影剂 24 小时后,获得的轴向 T_1 加权自旋回波图像,空间头表示其对肿瘤有信号增强作用,而对周围的细胞没有增强

资料来源:Hamilton et al.,2011

2. 磁共振纳米分子影像学

纳米科学与分子影像学的结合可形成纳米分子影像学。纳米分子影像学从广义上是指在纳米转运体(纳米粒转运载体)介导下,应用分子影像学技术对活体生物化学过程进行细胞和分子水平上的定性和定量研究的一门科学,

主要包括磁共振纳米分子影像学、光学纳米分子影像学、核医学纳米分子影像学和超声纳米分子影像学。构建理想的探针是分子影像学发展的关键要素之一。以纳米材料为基础的分子影像学对比剂有可能为实现多模式、靶向分子成像提供更为有效的新途径。对纳米粒子进行表面设计与修饰，不仅可以提高其生物相容性和血液中的长循环能力，也能够赋予纳米探针对早期病灶组织的选择性。新近的研究结果显示，纳米造影剂在分子影像方面具有巨大的应用潜力（Kievit and Zhang, 2011; Hao et al., 2010; Veiseh et al., 2010）。

3. 多模态磁共振成像

当今的多种分子影像技术，如 MRI、PET、CT、SPECT、光学成像等在当前药物研发或者疾病治疗中都已有一定的应用，但由于自身灵敏度、选择性、分辨率及安全性等方面各有优点和缺点，单一影像学技术在科学研究或临床应用中都受到了一定的限制。多模态分子影像技术的出现和发展为这个问题的解决提供了可能，它通过有机整合多种不同的影像技术，使得"合多为一"，不但克服了单一影像技术的固有局限性，而且使不同影像技术的优势得到互补，更重要的是还大大拓宽了分子影像技术的研究范围与应用前景（Talanov et al., 2006; Zhang et al., 2011）。随着分子生物学、化学合成等技术的发展，特别是纳米材料与技术的发展，多模态分子影像探针的研究取得了可喜的成果。各种双模态分子影像探针，如 MRI-荧光、PET-MRI、PET-光学、SPECT-光学及 PET-CT 等（Mulder et al., 2007; Kim et al., 2009; Perrin et al., 2009）已成功应用于癌细胞（Chen et al., 2014）（图2-17）和小动物活体成像，甚至部分成果已成功应用于临床工作中。未来多模态分子影像探针的发展，一个重要的方向是"治疗诊断学"的发展，即分子探针在对病灶或目标部位进行显像的同时，还能作为药物对疾病进行治疗。因为一般探针分子在体内的分布位点与治疗药物在体内的分布位点要求是一致的，如果能够成功地将探针分子的显像部位与治疗药物相结合，形成一个全新的治疗诊断探针，将具有巨大的临床应用前景。

三、超灵敏磁共振成像

1999年，Weissleder 最早提出分子影像学的概念，期望从生物分子的水平监测生物活体的生理变化。在诸多分子影像学的检测手段中（CT、PET、US、MRI 等），MRI 的一个重要缺点是灵敏度比较低，这也是制约 MRI 在分子影像学中展示其威力的最重要的一个因素。

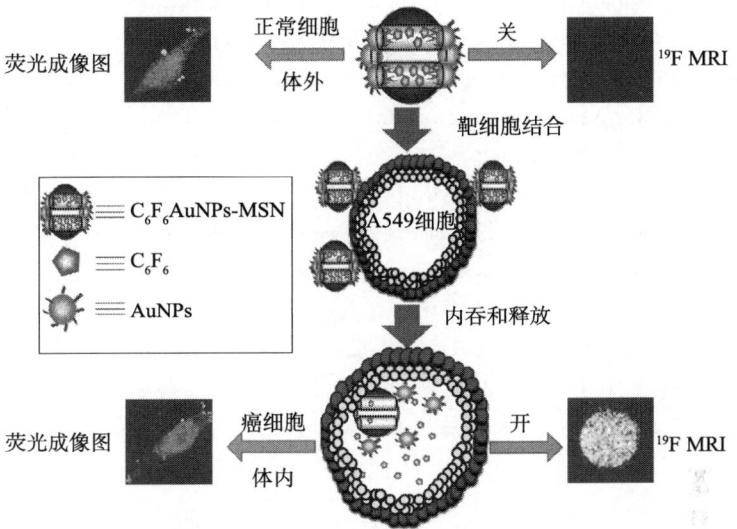

图 2-17　pH 敏感的 ^{19}F 核磁和荧光双模态靶向性的肺癌细胞成像探针
资料来源：Chen et al.，2014

超极化技术，如自旋交换光泵（SEOP）、动态核极化（DNP）和仲氢诱导核极化（PHIP）（Zhou et al.，2009；Ardenkjær-Larsen et al.，2003），能够增强传统磁共振信号达 10～10 000 倍，提供了探测超低浓度化学分子或癌细胞的一种非常有潜力的发展方向。特别是超极化 ^{129}Xe 信号能提高 10 000 倍，是目前溶解态下磁共振最高的灵敏度，达到纳摩尔到飞摩尔量级；将 ^{129}Xe 的高灵敏度进一步和靶向性分子探针结合，能够获得对特定分子和细胞的超灵敏检测和分子成像。另外，因为碳元素参与生命活动中的诸多生化反应，超极化 ^{13}C 的磁共振成像在近年来研究活体代谢中受到很大的关注。但是，上述的超灵敏磁共振成像需要有先进的超极化仪器，其核心技术也只被国际上少数几个研究组掌握，但是其广泛前景促使诸多大的科学仪器公司大力推进。

综上所述，近年来磁共振技术发展迅速，新方法新技术层出不穷，研究领域不断拓展。结合其他提高采样效率和增强灵敏度的方法，磁共振在化学、生物和医学等领域将有着更为广阔的应用。

参考文献

陈宜张，林其谁. 2005. 生命科学中的单分子行为及细胞内实时检测. 北京：科学出版社.

Ait-Belkacem R, Sellami L, Villard C, et al. 2012. Mass spectrometry imaging is moving toward drug protein co-localization. Trends Biotechnol, 30: 466-474.

Akopova I, Tatur S, Grygorczyk M, et al. 2012. Imaging exocytosis of ATP-containing vesicles with TIRF microscopy in lung epithelial A549 cells. Purinergic Signal, 8: 59-70.

Ardenkjær-Larsen JH, Fridlund B, Gram A, et al. 2003. Increase in signal-to-noise ratio of >10,000 times in liquid-state NMR. Proc Natl Acad Sci USA, 100: 10158-10163.

Bendall SC, Simonds EF, Qiu P, et al. 2011. Single-cell mass cytometry of differential immune and drug responses across a human hematopoietic continuum. Science, 332: 687-696.

Bodenmiller B, Zunder ER, Finck R, et al. 2012. Multiplexed mass cytometry profiling of cellular states perturbed by small-molecule regulators. Nat Biotechnol, 30: 858-869.

Chen S, Yang Y, Li H, et al. 2014. PH-triggered Au-fluorescent mesoporous silica nanoparticles for ^{19}F MR/fluorescent multimodal cancer cellular imaging. Chem Commun, 50: 283-285.

Chung I, Akita R, Vandlen R, et al. 2010. Spatial control of EGF receptor activation by reversible dimerization on living cells. Nature, 464: 783-787.

Dani A, Huang B, Bergan J, et al. 2010. Superresolution imaging of chemical synapses in the brain. Neuron, 68: 843-856.

Dill AL, Eberlin LS, Ifa DR, et al. 2011. Perspectives in imaging using mass spectrometry. Chem Commun, 47: 2741-2746.

Dong HF, Ding L, Yan F, et al. 2011. The use of polyethylenimine-grafted graphene nanoribbon for cellular delivery of locked nucleic acid modified molecular beacon for recognition of microRNA. Biomaterials, 32: 3875-3882.

Dong HF, Lei JP, Ju HX, et al. 2012. Target-cell-specific delivery, imaging, and detection of intracellular microRNA with a multifunctional SnO_2 nanoprobe. Angew Chem Int Ed, 51: 4607-4612.

Eberlin LS, Ferreira CR, Dill AL, et al. 2011. Desorption electrospray ionization mass spectrometry for lipid characterization and biological tissue imaging. Biophis Biochem Acta, Mol Cell Biol Lipids, 1811: 946-960.

Eberlin LS, Norton I, Orringer D, et al. 2013. Ambient mass spectrometry for the intraoperative molecular diagnosis of human brain tumors. Proc Natl Acad Sci USA, 110: 1611-1616.

Fantner GE, Barbero RJ, Gray DS, et al. 2010. Kinetics of antimicrobial peptide activity measured on individual bacterial cells using high-speed atomic force microscopy. Nat Nanotechnol, 5: 280-285.

Friedman RS, Beemiller P, Sorensen CM, et al. 2010. Real-time analysis of T cell receptors in naive cells *in vitro* and *in vivo* reveals flexibility in synapse and signaling dynamics. J

Exp Med, 207: 2733-2749.

Fukumura DAI, Duda DG, Munn LL, et al. 2010. Tumor microvasculature and microenvironment: novel insights through intravital imaging in pre-clinical models. Microcirculation, 17: 206-225.

Gavins FNE. 2012. Intravital microscopy: new insights into cellular interactions. Curr Opin Pharmacol, 12: 601-607.

Gebhardt JC, Suter DM, Roy R, et al. 2013. Single-molecule imaging of transcription factor binding to DNA in live mammalian cells. Nat Methods, 10: 421-426.

Geiger T, Cox J, Ostasiewicz P, et al. 2010. Super-SILAC mix for quantitative proteomics of human tumor tissue. Nat Methods, 7: 383-387.

Grecco HE, Roda-Navarro P, Girod A, et al. 2010. In situ analysis of tyrosine phosphorylation networks by FLIM on cell arrays. Nat Methods, 7: 467-472.

Hamilton BE, Nesbit GM, Dosa E, et al. 2011. Comparative analysis of ferumoxytol and gadoteridol enhancement using T1-and T2-weighted MRI in neuroimaging. Am J Roentgenol, 197: 981-988.

Hao R, Xing R, Xu Z, et al. 2010. Synthesis, functionalization, and biomedical applications of multifunctional magnetic nanoparticles. Adv Mater, 22: 2729-2742.

Hart GW, Copeland RJ. 2010. Glycomics hits the big time. Cell, 143: 672-676.

Hickman HD, Li L, Reynoso GV, et al. 2011. Chemokines control naive CD8[+] T cell selection of optimal lymph node antigen presenting cells. J Exp Med, 208: 2511-2524.

Hughes EL, Gavins FNE. 2010. Troubleshooting methods: using intravital microscopy in drug research. J Pharmacol Toxicol Methods, 61: 102-112.

Huttlin EL, Jedrychowski MP, Elias JE, et al. 2010. A tissue-specific atlas of mouse protein phosphorylation and expression. Cell, 143: 1174-1189.

Imamura H, Nhat KPH, Togawa H, et al. 2009. Visualization of ATP levels inside single living cells with fluorescence resonance energy transfer-based genetically encoded indicators. Proc Natl Acad Sci USA, 106: 15651-15656.

Ji W, Xu P, Li Z, et al. 2008. Functional stoichiometry of the unitary calcium-release-activated calcium channel. Proc Natl Acad Sci USA, 105: 13668-13673.

Jones SA, Shim SH, He J, et al. 2011. Fast, three-dimensional super-resolution imaging of live cells. Nat Methods, 8: 499-505.

Kainosho M, Torizawa T, Iwashita Y, et al. 2006. Optimal isotope labelling for NMR protein structure determinations. Nature, 440: 52-57.

Kasper R, Huang B. 2011. SnapShot: light microscopy. Cell, 147: 1198-1198.

Katan AJ, Dekker C. 2011. High-speed AFM reveals the dynamics of single biomolecules at the nanometer scale. Cell, 147: 979-982.

Kedrin D, Gligorijevic B, Wyckoff J, et al. 2008. Intravital imaging of metastatic behavior through a mammary imaging window. Nat Methods, 5: 1019-1021.

Keithley RB, Takmakov P, Bucher ES, et al. 2011. Higher sensitivity dopamine measurements with faster-scan cyclic voltammetry. Anal Chem, 83: 3563-3571.

Kiessling LL. 2010. Decoding signals with chemical biology. ACS Chem Biol, 5: 1-2.

Kievit FM, Zhang M. 2011. Cancer nanotheranostics: improving imaging and therapy by targeted delivery across biological barriers. Adv Mater, 23: H217-H247.

Kim J, Piao YZ, Hyeon T. 2009. Multifunctional nanostructured materials for multimodal imaging, and simultaneous imaging and therapy. Chem Soc Rev, 38: 372-390.

Korzhnev DM, Salvatella X, Vendruscolo M, et al. 2004. Low-populated folding intermediates of Fyn SH3 characterized by relaxation dispersion NMR. Nature, 430: 586-590.

Lanekoff I, Sjövall P, Ewing AG. 2011. Relative quantification of phospholipid cccumulation in the PC12 cell plasma membrane following phospholipid incubation using TOF-SIMS imaging. Anal Chem, 83: 5337-5343.

Lbanez AJ, Fagerer SR, Schmidt AM, et al. 2013. Mass spectrometry-based metabolomics of single yeast cells. Proc Natl Acad Sci USA, 110: 8790-8794.

Ley K, Laudanna C, Cybulsky MI, et al. 2007. Getting to the site of inflammation: the leukocyte adhesion cascade updated. Nat Rev Immunol, 7: 678-689.

Lin YQ, Trouillon R, Safina G, et al. 2011. Chemical analysis of single cells. Anal Chem, 83: 4369-4392.

Liu KSY, Siebert M, Mertel S, et al. 2011. RIM-binding protein, a central part of the active zone, is essential for neurotransmitter release. Science, 334: 1565-1569.

Liu M, Mao X, Ye C, et al. 1998. Improved WATERGATE pulse sequences for solvent suppression in NMR spectroscopy. J Magn Reson, 132: 125-129.

Liu Z, Zhang WP, Xing Q, et al. 2012. Noncovalent dimerization of ubiquitin. Angew Chem Int Ed, 51: 469-472.

Lu X, Cheng H, Huang P, et al. 2013. Hybridization of bioelectrochemically functional infinite coordination polymer nanoparticles with carbon nanotubes for highly sensitive and selective in vivo electrochemical monitoring. Anal Chem, 85: 4007-4013.

Maglione M, Sigrist SJ. 2013. Seeing the forest tree by tree: super-resolution light microscopy meets the neurosciences. Nat Neurosci, 16: 790-797.

Ma J, Yang WD. 2010. Three-dimensional distribution of transient interactions in the nuclear pore complex obtained from single-molecule snapshots. Proc Natl Acad Sci USA, 107: 7305-7310.

Mayer M, James TL. 2002. Detecting ligand binding to a small RNA target via saturation transfer difference NMR experiments in D_2O and H_2O. J Am Chem Soc, 124: 13376-13377.

Mazutis L, Gilbert J, Ung WL, et al. 2013. Single-cell analysis and sorting using droplet-based microfluidics. Nat Protocols, 8: 870-891.

Meunier A, Jouannot O, Fulcrand R, et al. 2011. Coupling amperometry and total internal reflection fluorescence microscopy at ITO surfaces for monitoring exocytosis of single vesicles. Angew Chem Int Ed, 50: 5081-5084.

Min W, Freudiger CW, Lu S, et al. 2011. Coherent nonlinear optical imaging: beyond fluorescence microscopy. Annu Rev Phys Chem, 62: 507-530.

Müller DJ, Helenius J, Alsteens D, et al. 2009. Force probing surfaces of living cells to molecular resolution. Nat Chem Biol, 5: 383-390.

Monge ME, Harris GA, Dwivedi P, et al. 2013. Mass spectrometry: recent advances in direct open air surface sampling/ionization. Chem Rev, 113: 2269-2308.

Moreno A, SantoDomingo J, Fonteriz RI, et al. 2010. A confocal study on the visualization of chromaffin cell secretory vesicles with fluorescent targeted probes and acidic dyes. J Struct Biol, 172: 261-269.

Mulder WJM, Griffioen AW, Strijkers GJ, et al. 2007. Magnetic and fluorescent nanoparticles for multimodality imaging. Nanomed, 2: 307-324.

Nemes P, Knolhoff AM, Rubakhin SS, et al. 2011. Metabolic differentiation of neuronal phenotypes by single-cell capillary electrophoresis-electrospray ionization-mass spectrometry. Anal Chem, 83: 6810-6817.

Nemes P, Knolhoff AM, Rubakhin SS, et al. 2012. Single-cell metabolomics: changes in the metabolome of freshly isolated and cultured neurons. ACS Chem Neurosci, 3: 782-792.

Neudecker P, Robustelli P, Cavalli A, et al. 2012. Structure of an intermediate state in protein folding and aggregation. Science, 336: 362-366.

Ock K, Jeon WI, Ganbold EO, et al. 2012. Real-time monitoring of glutathione-triggered thiopurine anticancer drug release in live cells investigated by surface-enhanced raman scattering. Anal Chem, 84: 2172-2178.

Opella SJ, Marassi FM. 2004. Structure determination of membrane proteins by NMR spectroscopy. Chem Rev, 104: 3587-3606.

Orth JD, Kohler RH, Foijer F, et al. 2011. Analysis of mitosis and antimitotic drug responses in tumors by *in vivo* microscopy and single-cell pharmacodynamics. Cancer Res, 71: 4608-4616.

Paglia G, Ifa DR, Wu C, et al. 2010. Desorption electrospray ionization mass spectrometry analysis of lipids after two-dimensional high-performance thin-layer chromatography partial separation. Anal Chem, 82: 1744-1750.

Pallaoro A, Braun GB, Moskovits M. 2011. Quantitative ratiometric discrimination between noncancerous and cancerous prostate cells based on neuropilin-1 overexpression. Proc Natl Acad Sci USA, 108: 16559-16564.

Perrin RJ, Fagan AM, Holtzman DM. 2009. Multimodal techniques for diagnosis and prognosis of Alzheimer's disease. Nature, 461: 916-922.

Pittet MJ, Weissleder R. 2011. Intravital imaging. Cell, 147: 983-991.

Qian RC, Ding L, Ju HX. 2013. Switchable fluorescent imaging of intracellular telomerase activity using telomerase-responsive mesoporous silica nanoparticle. J Am Chem Soc, 135: 13282-13285.

Rock JR, Barkauskas CE, Cronce MJ, et al. 2011. Multiple stromal populations contribute to pulmonary fibrosis without evidence for epithelial to mesenchymal transition. Proc Natl Acad Sci USA, 108: 1475-1483.

Rubakhin SS, Lanni EJ, Sweedler JV. 2013. Progress toward single cell metabolomics. Curr Opin Biotechnol, 24: 95-104.

Sanchez-Freire V, Ebert AD, Kalisky T, et al. 2012. Microfluidic single-cell real-time PCR for comparative analysis of gene expression patterns. Nat Protocols, 7: 829-838.

Schwamborn K, Caprioli RM. 2010. Molecular imaging by mass dpectrometry-looking beyond classical histology. Nat Rev Cancer, 10: 639-646.

Seeley EH, Caprioli RM. 2012. 3D imaging by mass spectrometry: a new frontier. Anal Chem, 84: 2105-2110.

Seeley EH, Schwamborn K, Caprioli RM. 2011. Imaging of intact tissue sections: moving beyond the microscope. J Biol Chem, 286: 25459-25466.

Shi X, Zhang X, Xia T, et al. 2012. Living cell study at the single molecule and single cell levels by atomic force microscopy. Nanomedicine, 7: 1625-1637.

Shuker SB, Hajduk PJ, Meadows RP, et al. 1996. Discovering high-affinity ligands for proteins: SAR by NMR. Science, 274: 1531-1534.

Simon GM, Cravatt BF. 2008. Challenges for the 'chemical-systems' biologist. Nat Chem Biol, 4: 639-642.

Singh A, Suri S, Lee T, et al. 2013. Adhesion strength-based, label-free isolation of human pluripotent stem cells. Nat Methods, 10: 438-444.

Stender AS, Marchuk K, Liu C, et al. 2013. Single cell optical imaging and spectroscopy. Chem Rev, 113: 2469-2527.

Swaney DL, Beltrao P, Starita L, et al. 2013. Global analysis of phosphorylation and ubiquitylation cross-talk in protein degradation. Nat Methods, 10: 676-682.

Takahashi Y, Shevchuk AI, Novak P, et al. 2012. Topographical and electrochemical nanoscale imaging of living cells using voltage-switching mode scanning electrochemical microscopy. Proc Natl Acad Sci USA, 109: 11540-11545.

Talanov VS, Regino CA, Kobayashi H, et al. 2006. Dendrimer-based nanoprobe for dual modality magnetic resonance and fluorescence imaging. Nano Lett, 6: 1459-1463.

Thurber GM, Yang KS, Reiner T, et al. 2013. Single-cell and subcellular pharmacokinetic imaging allows insight into drug action in vivo. Nat Commun, doi: 10.1038/ncomms 2506.

Tischler J, Surani MA. 2013. Investigating transcriptional states at single-cell-resolution. Curr Opin Chem Biol, 24: 69-78.

Tokunaga M, Imamoto N, Sakata-Sogawa K. 2008. Highly inclined thin illumination enables clear single-molecule imaging in cells. Nat Methods, 5: 159-161.

Toomr D, Bewersdorf J. 2010. A new wave of cellular imaging. Annu Rev Cell Dev Biol, 26: 285-314.

Ulbrich MH, Isacoff EY. 2007. Subunit counting in membrane-bound proteins. Nat Methods, 4: 319-321.

Vakoc BJ, Fukumura D, Jain RK, et al. 2012. Cancer imaging by optical coherence tomography: preclinical progress and clinical potential. Nat Rev Cancer, 12: 363-368.

Veiseh O, Gunn JW, Zhang M. 2010. Design and fabrication of magnetic nanoparticles for targeted drug delivery and imaging. Adv Drug Deliv Rev, 62: 284-304.

Wang CL, Ye ML, Liu FJ, et al, 2013a. Determination of CK2 specificity and substrates by proteome-derived peptide libraries. J Proteome Res, 12: 3813-3821.

Wang FJ, Blanchard AP, Elisma F, et al. 2013b. Phosphoproteome analysis of an early onset mouse model (TgCRND8) of Alzheimer's disease reveals temporal changes in neuronal and glia signaling pathways. Proteomics, 13: 1292-1306.

Wang W, Foley K, Shan X, et al. 2011b. Single cells and intracellular processes studied by a plasmonic-based electrochemical impedance microscopy. Nat Chem, 3: 249-255.

Wang WQ, Li GW, Chen CY, et al. 2011a. Chromosome organization by a nucleoid-associated protein in live bacteria. Science, 333: 1445-1449.

Welf ES, Ahmed S, Johnson HE, et al. 2012. Migrating fibroblasts reorient directionality by a metastable, PI3K-dependent mechanism. J Cell Biol, 197: 105-114.

White AK, VanInsberghe M, Petriv I, et al. 2011. High-throughput microfluidic single-cell RT-qPCR. Proc Natl Acad Sci USA, 108: 13999-14004.

Wiseman JM, Ifa DR, Zhu Y, et al. 2008. Desorption electrospray ionization mass spectrometry: imaging drugs and metabolites in tissues. Proc Natl Acad Sci USA, 105: 18120-18125.

Wu C, Dill AL, Eberlin LS, et al. 2013. Mass spectrometry imaging under ambient conditions. Mass Spectrom Rev, 32: 218-243.

Wu C, Ifa DR, Manicke NE, et al. 2010. Molecular imaging of adrenal gland by desorption electrospray ionization mass spectrometry. Analyst, 135: 28-32.

Xia T, Li N, Fang X. 2013. Single-molecule fluorescence imaging in living cells. Annu Rev Phys Chem, 64: 459-480.

Xue Y, Ding L, Lei J, et al. 2010. *In situ* electrochemical imaging of membrane glycan expression on micropatterned adherent single cells. Anal Chem, 82: 7112-7118.

Xu K, Babcock HP, Zhuang X. 2012. Dual-objective STORM reveals three-fimensional filament organization in the actin cytoskeleton. Nat Methods, 9: 185-188.

Yagi H, Tsujimoto T, Yamazaki T, et al. 2004. Conformational change of H^+-ATPase beta monomer revealed on segmental isotope labeling NMR spectroscopy. J Am Chem Soc, 126: 16632-16638.

Yang J, Cui Y, Zong S, et al. 2012. Tracking multiplex drugs and their dynamics in living cells using the label-free surface-enhanced raman scattering technique. Mol Pharm, 9: 842-849.

Yuan L, Lin W, Zheng K, et al. 2013. Far-red to near infrared analyte-responsive fluorescent probes based on organic fluorophore platforms for fluorescence imaging. Chem Soc Rev, 42: 622-661.

Zhang W, Jiang YX, Wang Q, et al. 2009. Single-molecule imaging reveals transforming growth factor-beta-induced type II receptor dimerization. Proc Natl Acad Sci USA, 106: 15679-15683.

Zhang W, Zhang Y, Shi X, et al. 2011. Rhodamine-B decorated superparamagnetic iron oxide nanoparticles: preparation, characterization and their optical/magnetic properties. J Mater Chem, 21: 16177-16183.

Zhang X, Shi X, Xu L, et al. 2013. Atomic force microscopy study of the effect of HER 2 antibody on EGF mediated ErbB ligand-receptor interaction. Nanomed: Nanotechnol Biol Med, 9: 627-635.

Zhou X, Graziani D, Pines A. 2009. Hyperpolarized xenon NMR and MRI signal amplification by gas extraction. Proc Natl Acad Sci USA, 106: 16903-16906.

Zhu L, Zhang W, Elnatan D, et al. 2012. Faster STORM using compressed sensing. Nat Methods, 9: 721-723.

Zielinska DF, Gnad F, Wiśniewski JR, et al. 2010. Precision mapping of an *in vivo* N-glycoproteome reveals rigid topological and sequence constraints. Cell, 141: 897-907.

第三章
化学小分子探针与生物正交化学反应

分子探针的发现、设计、构建和应用是化学生物学的重要内容。分子探针概念的提出和各种分子探针及技术的发展和介入，极大丰富了现代生命科学研究的手段和工具，拓展了生命现象及其科学规律研究的内容和范围，使较为传统的"逻辑推测＋实验数据＋合理解释"的工作模式上升到一种"可视化证据"支持下的快捷、可逆、重复性好、更直接可靠的新模式；极大丰富了现代化学科学的基本内涵，拓宽了研究范围，在技术方法上促进了化学科学和生命科学之间的交叉融合。生物正交化学可允许在不干扰细胞内生化过程的前提下，在活细胞环境下实现研究目标的分子工具化。借助生物正交反应等方式实现小分子探针在化学生物学研究的应用，为现代创新药物研究提供了捷径。发展和运用化学小分子探针及生物正交反应对细胞内的生物大分子进行捕捉、鉴定、成像及由此发现、验证、示踪细胞中由特定生物大分子介导的信号转导通路是化学生物学研究的重要内容之一。

第一节　小分子探针及相关化学生物学研究进展

化学小分子探针是一类被赋予功能化的分子工具，能与感兴趣的研究对象（分子或细胞）通过共价键或非共价键作用相结合，通过放射性、荧光、抗原、酶反应等原理与性质变化实施信息的追踪和监测，从而获得重要生物大分子在细胞中的定位、定量信息或借此开展功能研究等。探针分子一般是以其母体化合物（最初的活性化合物）为基础，根据初步的构效关系设计并合成。设计的探针分子应具有适当的活性，与靶点的作用机制应与母体化合物保持一致；在不影响其活性的条件下，选择在活性分子的适宜位置引入各个功能部位。各种具有生理活性的天然和非天然化合物的工具化在小分子探针研究中特别突出，而现代生物活性小分子或生物大分子合成方面所取得的成果则极大地推动了小分子探针实（母）体结构的发展。

利用化学小分子探索、研究生命体系中的生物分子或信号通路是当前化学生物学领域中的重要研究内容。该类小分子的发现不仅可将其用作探针对该信号通路中的未知途径或者小分子的生物靶标进行鉴定和验证，也有望将其进一步开发成为小分子药物先导物（Simon et al.，2013）。一般意义上的小分子探针核心结构是可与特定生物靶点发生相互作用的活性分子。其作用方式主要有两种：一种是活性化合物中含有某些反应基团，可以与靶点活性部位发生反应形成非常稳定且不可逆的共价键；另一种是活性化合物与靶点蛋白通过离子键、偶极-偶极相互作用、范德华力、氢键等分子间作用力相互吸引形成相对稳定的可逆型复合物。为了成为较为理想的探针结构，一般需对母体活性小分子进行必要的构效关系研究，寻找其不影响活性的可修饰位点，并在此位点做后续的修饰。另外，小分子探针在应用时一般希望其可与靶分子形成稳定复合物，便于后续的检测、分离等，因此当活性小分子与靶生物分子之间呈微作用力时，则可在活性小分子的可修饰位点上接入光亲和基团，通过光照引发卡宾等高活性中间体的生成并进而与生物靶标发生化学交联形成牢固的化学键，目前常用的光亲和基团如图3-1所示（O'Connor et al.，2011）。

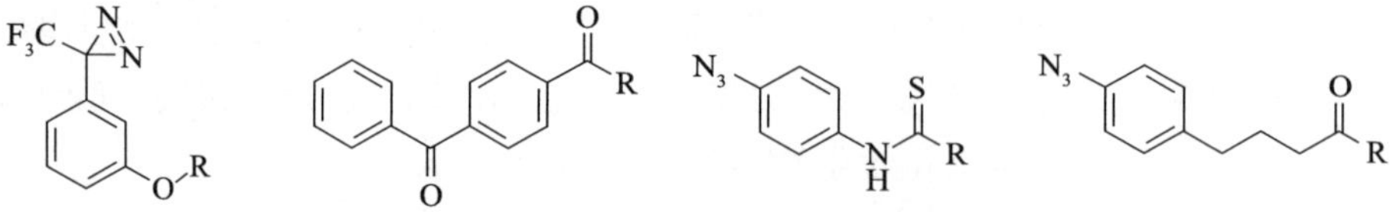

图 3-1　常用的几类光亲和基团

为检测及分离与小分子探针结合的生物靶标，小分子探针中通常还带有标记基团，如荧光基团、放射性同位素基团、生物素等。荧光基团和放射性同位素基团一般是用于对生物靶标的直接可视化研究，而生物素的应用一般是利用其与链霉亲和素之间的强亲和作用以实现对靶标大分子的富集和纯化。但这些标记基团的引入也存在一定的风险，有时可能因为其相对于活性分子本身而言结构较大，而对研究目标本身产生不需要的干扰或导致其失活。为避免标记基团对活性小分子与生物靶标间相互作用的影响，一方面可通过增加连接基团，如聚乙二醇、多肽或长链烷基等，将此置于标记基团与活性小分子之间；另一方面也可将标记基团替换成小体积的生物正交反应官能团，待小分子与生物靶标结合后利用生物正交反应对生物分子进行"两步法修饰"，达到标记、分离的目的。小分子探针与生物正交反应的综合应用将为生物分子在体内的定位、定量及功能提供具体信息，以下将通过一些具体的例子介绍国内外化学生物学研究领域中的与化学小分子探针相关的研究的最新进展。

一、针对蛋白酶的小分子探针

利用荧光基团修饰的活性小分子作为探针，对与肿瘤等疾病发生密切相关的蛋白酶进行标记和成像一直是化学生物学研究中的热点和前沿方向，如围绕某些具有重要生理学意义的大分子进行小分子探针工具的开发和应用。斯坦福大学的Bogyo教授课题组发展了一系列针对组织蛋白酶（cathepsin）及半胱天蛋白酶（caspase）的荧光小分子探针，该类探针可与蛋白酶共价结合，并可同时实现对蛋白酶靶标的确认及其功能机制研究和体内蛋白酶活性监测等功能（Edgington et al., 2011）。针对caspase 6，Bogyo课题组设计了一种可与其共价结合的荧光探针（探针1 LE22，图3-2A），该探针由caspase 6作用底物和荧光基团Cy5组成（Edgington et al., 2012）。以1作为探针，Bogyo等不仅实现了体外caspase 6的荧光标记和体内小鼠肿瘤中caspase 6的荧光显影，也发现了caspase 6活化过程中的全新机制，即与caspase 3不同的是，caspase 6在活化过程中会发生构型变化，且caspase 6的活化无需caspase 3/7的参与。针对另一蛋白酶legumain，Bogyo课题组设计了一种淬灭型荧光探针，其由legumain底物、荧光基团Cy5和淬灭基团QSY21组成（探针2，LE28，图3-2B）（Edgington et al., 2013）。虽然探针2与探针1中蛋白酶的作用底物类似，但探针2对legumain却表现出很强的特异性，对caspase则没有响应。利用探针2也实现了小鼠肿瘤中legumain的荧光显影（图3-3），且同时也发现legumain的活性与巨噬细胞的激活密切相关。另外，Bogyo课题组针对组织蛋白酶（cathepsin）也发展了一种淬灭型的荧光小分子探针，该探针由组织蛋白酶底物、荧光基团Cy5和淬灭基团QSY21组成（探针3，BMV109，图3-2C）（Verdoes et al., 2013）。该小分子探针的应用同样成功实现了对体外和体内组织蛋白酶的特异性标记和显影。

A

探针1，LE22

B

探针2，LE28

C

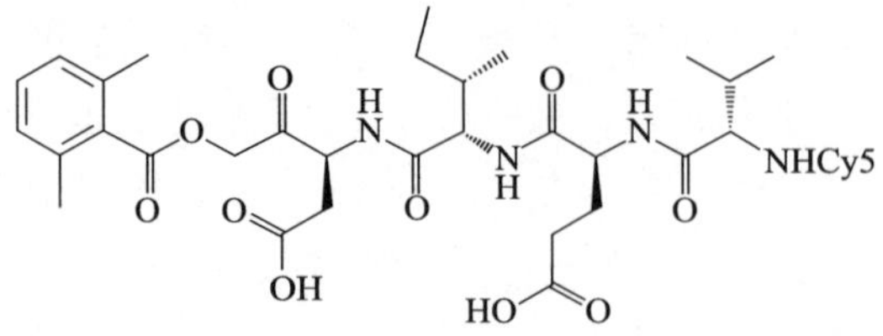

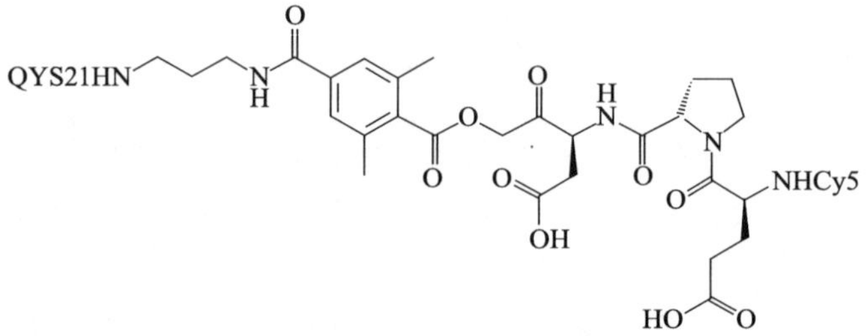

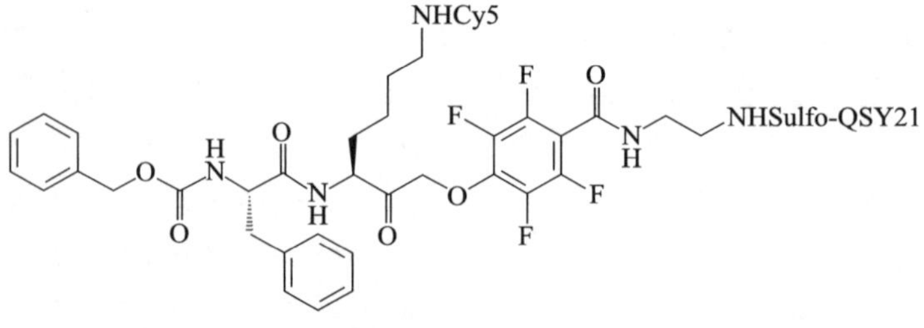

探针3，BMV109

图 3-2　针对 caspase 6（A）、legumain（B）和组织蛋白酶（C）的荧光小分子探针

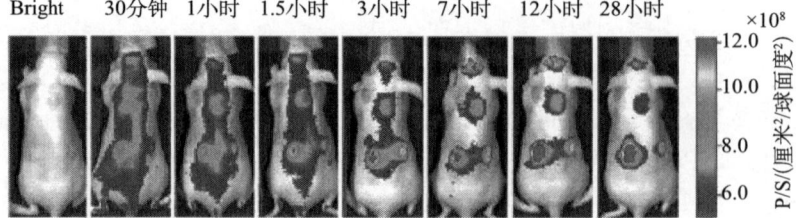

图 3-3　以 2 作为小分子探针对小鼠肿瘤的荧光显影（文后附彩图）

资料来源：Edgington et al.，2013

二、源于已知药物的小分子探针

与上述思路不同,也可以进行反向思维,由具有已知用途的小分子药物出发设计分子探针,探究药物分子在细胞内与生物靶标大分子作用的新机制,是发现老药新用的重要手段和途径,也是小分子探针为基础的化学生物学研究的重要方面。例如,小分子化合物放线酮(cycloheximide)(探针4,CHX,图3-4A)是已知的真核生物中翻译过程的一种抑制剂,但其确切的作用位点并不清楚;而翻译是细胞中相当重要的一项生命活动,它不仅与正常细胞的增殖、生存密切相关,同样也与肿瘤细胞的快速生长紧密联系,翻译过程的小分子抑制剂因此也有可能成为癌症治疗中的先导药物。针对这一问题,约翰·霍普金斯大学的刘钧教授研究组筛选了一系列与探针4有相似结构的小分子化合物,从中发现一个可以更为显著抑制细胞增殖的小分子 lactimidomycin(探针5,LTM,图3-4B)(Schneider-Poetsch et al.,2010)。以这两个小分子为探针研究其抑制机制发现,探针5与探针4虽然都能抑制蛋白质合成,但两个小分子的作用方式却不尽相同。相比于探针4,探针5可以显著增强多核糖体的表达,而足迹实验证实,两个小分子在核糖体中拥有相同的结合位点。此外,从中药雷公藤中提取的活性小分子雷公藤甲素(triptolide)(6,图3-4C)也被证实可以抑制细胞增殖,但其作用靶点仍然不明。该研究组以此小分子为探针,结合已知的信号通路对小分子的作用靶标进行排查,找到了其直接靶标蛋白为XPB,并且两者是通过共价连接的方式相互作用(Titov et al.,2011)。

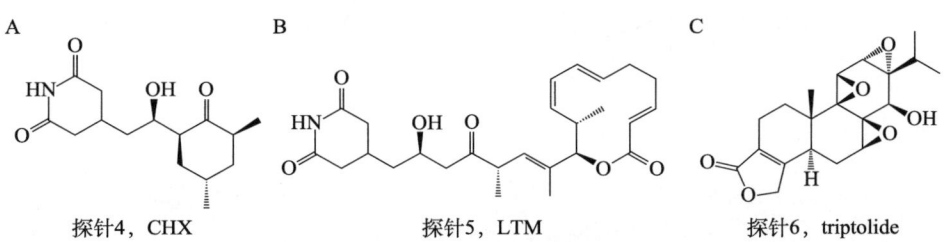

图3-4 针对翻译过程(A,B)及细胞增殖(C)的小分子探针

三、经代谢途径进入细胞的小分子探针

唾液酸、乙酰甘露糖胺和乙酰葡萄糖胺等(探针7~探针10,图3-5)(Prescher and Bertozzi,2005)小分子可以通过糖代谢的途径插入到细胞膜

中，而细胞表面的聚糖与多种生理病理过程密切相关，因此，在上述小分子中不影响其活性的位点上插入功能基团对聚糖进行研究也一直是化学生物学领域中的研究热点。利用在乙酰甘露糖胺上引入叠氮基团，并结合施陶丁格反应、无铜点击化学反应，Bertozzi 课题组实现了对小鼠体内的糖基化细胞和器官的荧光标记分析（Chang et al.，2010；Prescher et al.，2004）。结合该类小分子探针和生物正交反应，也实现了对发育过程中的斑马鱼的糖基化蛋白（Laughlin et al.，2008）和小鼠肿瘤的直接显影（Koo et al.，2012；Neves et al.，2011）。陈兴课题组近来在以往唾液酸中只含有一个功能基团的基础上进行了改进，在唾液酸上引入了两个功能基团，实现了对细胞膜表面糖蛋白的双荧光标记（图 3-6）和蛋白质分离（Feng et al.，2013）。另外，利用叠氮和炔键基团自身的拉曼信号，陈兴教授课题组同样也实现了对细胞膜表面糖蛋白的拉曼显影（Lin et al.，2013）。

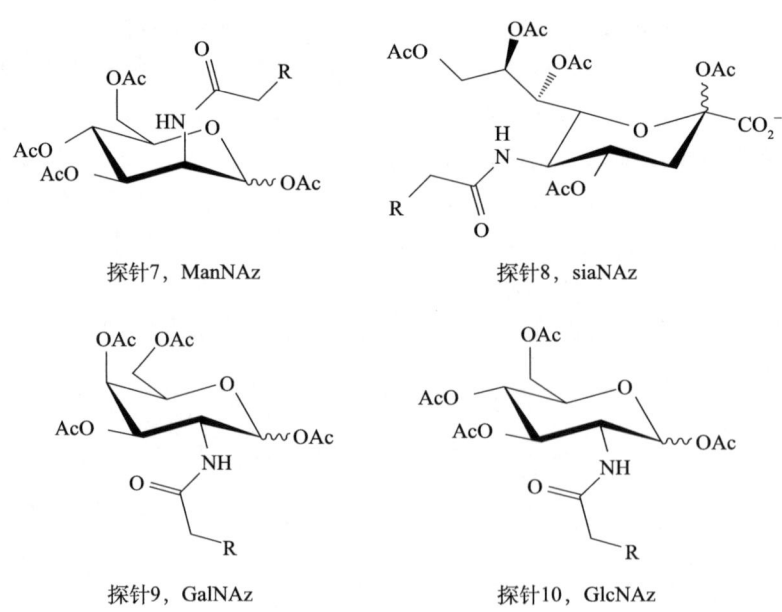

图 3-5 针对唾液酸代谢途径的糖类小分子探针

直接利用天然小分子探针的同时，科学家还发展了高效的天然产物组合库合成方法，复杂天然糖缀合物及寡糖的化学合成方法，环肽及带有不同修饰基团多肽的合成方法，利用合成生物学合成活性分子等。这些具有各种活性的外源性物质的分子工具化，无疑将引起生命体各种过程和规律发生多样的变化，从而为认识生命活动的基本规律提供崭新的机会。

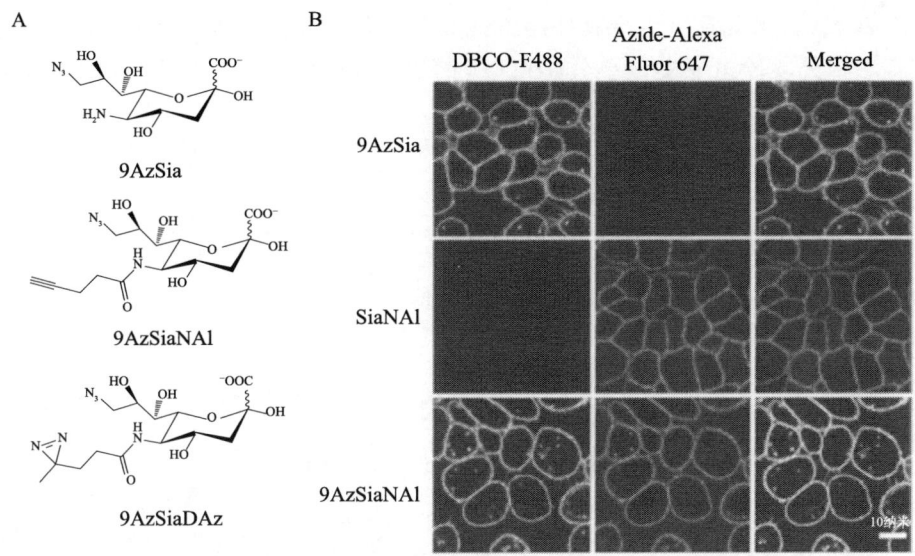

图 3-6 双功能基团唾液酸小分子探针（A）及其对细胞表面糖蛋白的双荧光标记（B）（文后附彩图）

资料来源：Feng et al., 2013

四、新的活性小分子的发现及探针分子构建

除了利用活性小分子探针对其生物靶标直接进行研究外，科学家也在利用小分子作用后的细胞表型的变化作为研究起点，结合已知的细胞内的信号通路对小分子的作用信号通路或直接靶标进行排查，最终确定小分子的作用位点（Titov and Liu，2012）。该方法的优势在于无需对小分子做过多的改造以减少对其活性的影响，从而带来研究上的便利，但作为工具的小分子的筛选至关重要。例如，细胞死亡包括细胞坏死、凋亡和自吞噬途径，然而对于细胞坏死这一生物学过程中的信号通路仍然知之甚少。针对这一科学问题，雷晓光等建立了一种针对细胞坏死的筛选体系，并对约 200 000 种小分子化合物进行了活性评估，从中发现了一例活性小分子 necrosulfonamide（探针11，图 3-7A）（Sun et al., 2012）。该小分子可显著抑制细胞坏死，并且可以增强 RIP3 蛋白的磷酸化，表明活性小分子作用于 RIP3 蛋白活化过程中的未知途径。利用探针 11，研究人员第一次发现 MLKL 蛋白参与细胞坏死途径中，结合在活性小分子中可修饰位点上接入生物素（探针 12，图 3-7B）进行靶点验证分析，MLKL 也被证实是该小分子的直接作用靶标。另外，该课题组通过筛选还发现了一类针对细胞凋亡的活性小分子，如 bioymifi（探针 13，

图3-7C)。以此为探针发现其作用方式为通过作用于死亡受体DR5引起细胞凋亡，体外实验也证实该小分子可以与DR5直接作用，促进DR5的聚集和激活（Wang et al.，2013）。

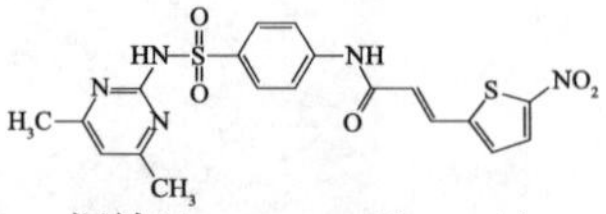

探针11，necrosulfonamide

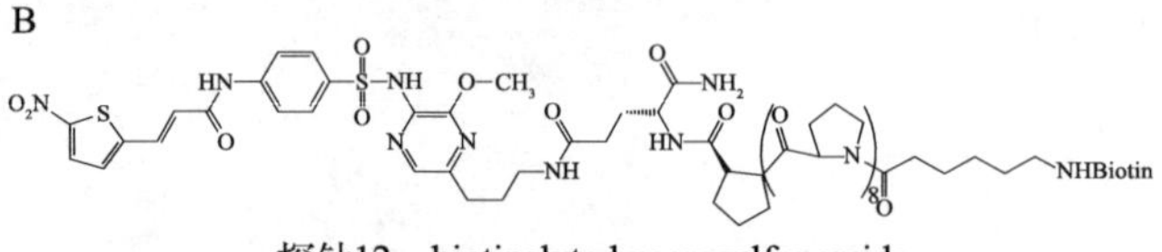

探针12，biotinalyted necrosulfonamide

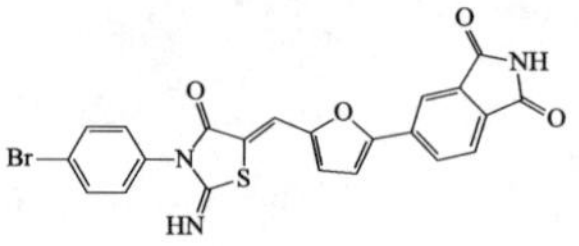

探针13，bioymifi

图3-7 针对细胞坏死（A、B）及细胞凋亡（C）的小分子探针

微小核糖核酸（microRNA）是一类可以在转录后水平对基因表达起负调控作用的非编码RNA分子，研究发现，它不仅与正常的生理活动密切相关，还参与到了病理过程中，对微小核糖核酸的研究也是目前的热点。发现对微小核糖核酸具有调控活性的化学小分子，将不仅可以以其作为探针研究微小核糖核酸信号通路中的未知途径或活性小分子的作用靶标，也有望将其作为先导药物治疗针对与微小核糖核酸有关的疾病。通过构建对microRNA响应的绿色荧光蛋白细胞报告体系，Jin等从美国FDA批准的小分子库和天然产物小分子库等中筛选得到了两类可以广谱增强microRNA调控活性的化学小分子（探针14和探针15，图3-8），探针14为药物分子依诺沙星（Shan et al.，2008），探针15为铁离子螯合剂（Li et al.，2012）。将探针14和探针15用作小分子探针发现，它们均可以通过促进microRNA的表达来增强活性，但两者的作用方式截然不同。小分子探针14的作用方式为促进TRBP蛋白与RNA之间的作用，而小分子探针15的作用方式为与细胞内的铁离子螯合从而影响microRNA的成熟。利用探针15，Jin等也发现了一条microRNA信号通路中的全新途径，即PCBP2蛋白参与的microRNA信号通路，且PCBP2蛋白可被细胞质中的铁调控。通过从小分子库中筛选对以荧光素酶作为报告基因构建的细胞体系，Deiters研究组发现了可以特异性抑制miR-21的小

分子（探针16，图3-8）（Gumireddy et al., 2008）及特异性抑制和激活miR-122的小分子（探针17~19，图3-8）（Young et al., 2010）。以这些小分子为探针深入研究其作用机制发现，探针16~19均为通过调控microRNA基因的转录实现对microRNA的特异性调控。而已知抗生素类药物小分子可与RNA二级结构中的茎环结构结合，Maiti教授针对荧光素酶细胞报告体系筛选了15种抗生素类小分子并从中发现了一个miR-21特异性抑制剂小分子（探针20，图3-8），而以此小分子为探针也发现其是通过与miR-21的前体直接结合实现对miR-21的抑制（Bose et al., 2012）。利用荧光素酶细胞报告体系，张艳等从光反应产物小分子库中筛选得到了两种具有不同活性的小分子，分别为广谱型抑制剂（探针21，图3-8）（Chen et al., 2012）和肌肉microRNA特异性抑制剂（探针22，图3-8）（Tan et al., 2013）。以这两种小分子为探针研究其作用机制发现，探针21为通过促进microRNA的表达实现活性，探针22则是通过下调miR-1在肌肉细胞中的表达从而实现对microRNA的抑制。

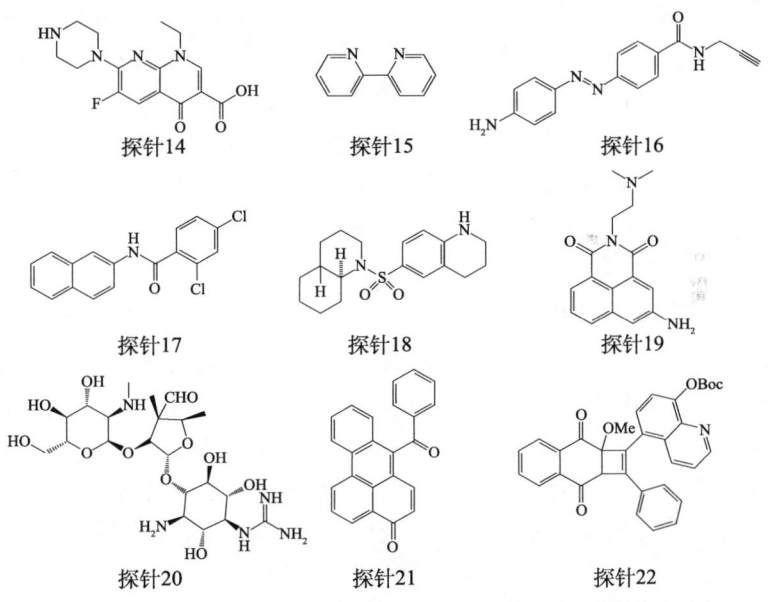

图3-8 针对微小核糖核酸及其信号通路的小分子探针

第二节 生物正交化学反应研究进展

细胞不仅是生命的基本单元，也是化学生物学研究的重要平台。鉴于细胞中化学环境的复杂性，发展适合于生命体系研究的生物正交化学反应也是分子探针能够得到进一步应用的关键。生物正交化学反应可在不干扰细胞内生化过程的前提下，在活细胞环境下实现研究目标的分子工具化。生物正交这一名词最早由 Bertozzi 教授在 2003 年提出（Hang et al., 2003），随后生物正交化学反应这一概念迅速得到广泛认可和普遍流传，成为近年来化学生物学领域中的研究热点，其具体是指能够在活体内高选择性进行且与生物体或生物分子互不干扰的一类化学反应（Sletten and Bertozzi, 2011a）。生物体系的复杂性也决定了传统的有机化学反应难以在生物体内应用，因此发现温和、高效率及高选择性且能够在生理环境下进行的有机反应，并对其进行不断地优化是发展生物正交反应的有效途径。

生物正交反应法一般通过两个步骤完成其用于生物体系研究的目的。第一步是在细胞内底物上嵌入生物正交的官能团，称之为报告基团；第二步引入与之互补的生物正交官能团标记底物。反应的底物可包括糖、蛋白质、核酸、脂质、代谢小分子和人工外源性分子。约十年前，化学小分子探针标记实验大部分还在体外进行，很多情况下并不能准确反映蛋白质的相关信息，只能大致揭示活细胞或动物体内组织中蛋白质的功能状态；而"Click 反应"（亦称点击反应化学）引入到小分子探针的设计（clickable ABPP）中则大大弥补了这种弱点。这种探针分子设计包括结合基团、反应基团、连接部位、潜在的报告基团等（一般为体积很小的叠氮基，在探针分子标记了靶标蛋白后，可与带有炔基的报告基团发生 Click 反应将报告基团引入探针分子；或为炔基，可与带有叠氮基的报告基团发生 Click 反应将报告基团引入探针分子）。这种"二阶段法"研究方式在研究蛋白质组学的过程中更能真实反映活细胞或动物体内组织中蛋白质的功能状态，发现与疾病相关的靶点蛋白。随着带有生物正交官能团的小分子探针在化学生物学研究中展示出越来越多的应用，发展多种可"正交"的生物正交反应的需求也随之增强，因此近年来越来越多的研究开始关注不同的有机反应作为生物正交反应的应用。

一、Staudinger 反应

施陶丁格（Staudinger）反应的原型为 Staudinger 等在 1919 年报道的由三苯基膦催化的叠氮还原反应，后来由 Bertozzi 等在 2000 年拓展。该反应是第一个被应用到生命领域的有机化学反应（Saxon and Bertozzi, 2000）。该方法的发明开启了生物正交反应的时代。Staudinger 反应具体是指发生在水相中的叠氮和膦基酯之间的一类化学反应（图 3-9）（Lin et al., 2005）。该反应具有很好的选择性和生物兼容性,已被应用于对细胞表面甚至是动物体内的糖蛋白进行标记、分离(Prescher et al.,2004;Saxon and Bertozzi,2000),并且也已被开发成探针对活细胞表面的糖蛋白进行显影(Chang et al.,2007;Cohen et al.,2010;Hangauer and Bertozzi,2008)。

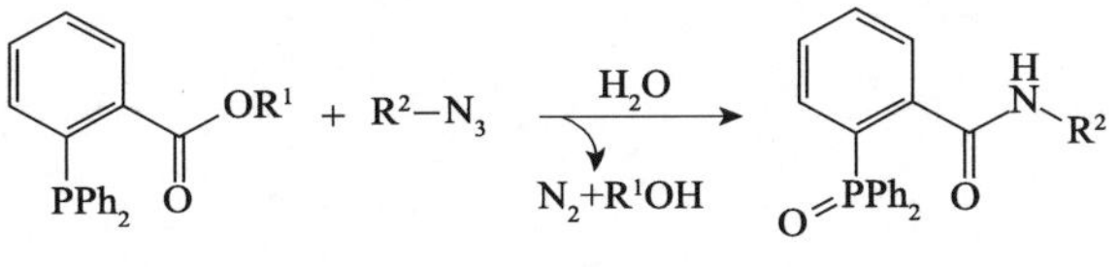

图 3-9　可在水相中进行的 Staudinger 反应

二、Click 反应

Click 反应的原型为 Huisgen 等在 1963 年报道的叠氮化合物与末端炔键之间的 1,3-偶极环加成反应,后经诺贝尔化学奖得主 Sharpless 教授研究组在 2002 年进行改进(Rostovtsev et al.,2002),成为一例可以在温和条件下亚铜盐催化的、适合水相中进行的高区域选择性化学反应(图 3-10A)。该反应的出现极大地推进了化学生物学的发展,是迄今为止效率最高、应用最广泛的一类生物正交反应,是化学生物学领域中的里程碑。

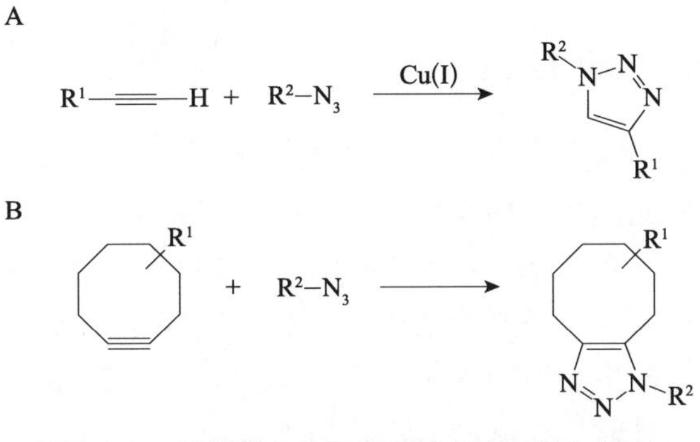

图 3-10　叠氮化合物与炔烃之间的 Click 反应

虽然 Click 反应已经被证实可以在生物体内进行应用,但由于一价铜的毒性,该反应的生物兼容性较差。因此,很多课题组也在致力于发展一价铜的配体以降低它的毒性(图 3-11)。配体研究进一步推动了 Click 反应在化学生物学领域中的应用,使得活细胞内的研究成为可能(Lin et al.,2011;Yang et al.,2012)。与此同时,Bertozzi 等则提出了无铜点击化学,通过八元环的环张力来活化炔基从而实现反应转化(图 3-10B)(Agard et al.,

2004）。然而，由于环状炔键制备困难且在生物体系内稳定性不高，该反应的生物兼容性仍然不够完善。

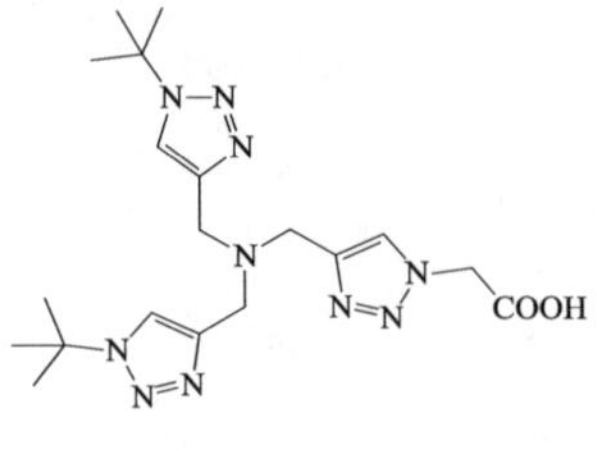

BTTAA

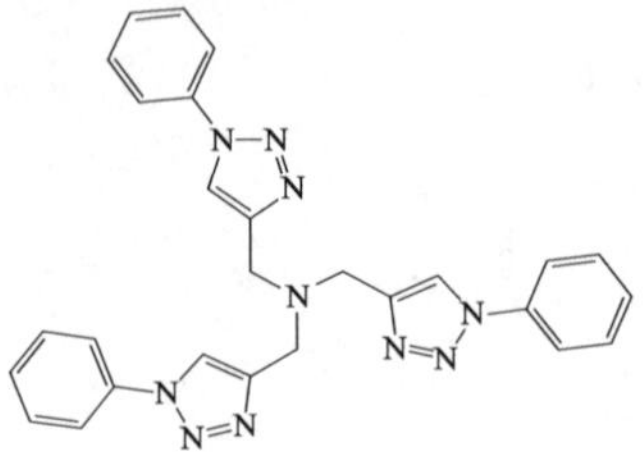

TBTA

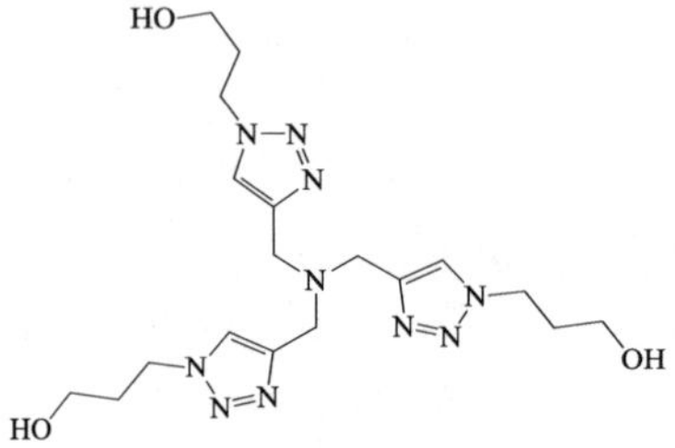

THPTA

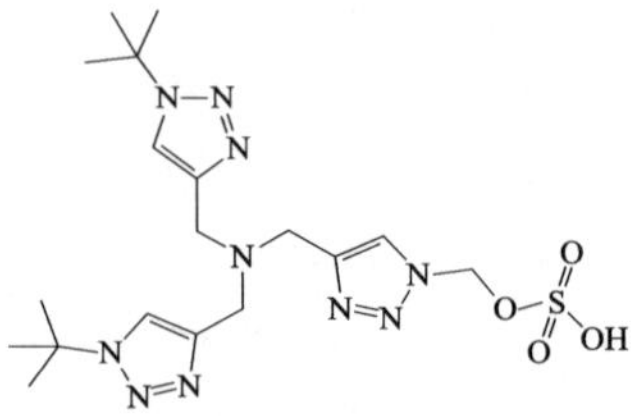

BTTES

图 3-11　Click 反应中一价铜的若干配体

三、Photo-Click 反应

Photo-Click 反应来源于 Huisgen 等在 1967 年报道的 2，5-二苯基四氮唑与丁烯酸甲酯间的光催化环加成反应，后由 Lin 等在 2008 年拓展成为一类新型的生物正交反应（Wang et al.，2008）。该反应发生在四氮唑与双键之间，且该反应的发生仅需以紫外光为催化剂（图 3-12），操作简单、反应迅速、产物单一，具有较好的生物兼容性及反应动力学，为研究生命体系中的化学和生物过程提供了一种时空控制的方法。另外，由于 Photo-Click 反应产生的产物自身带有荧光，其不仅可以作为一种化学连接方法，同时也是一种化学标记方法，体外实验也证实该反应可被应用到对大肠杆菌中的蛋白质进行标记（图 3-13）（Song et al.，2008）。

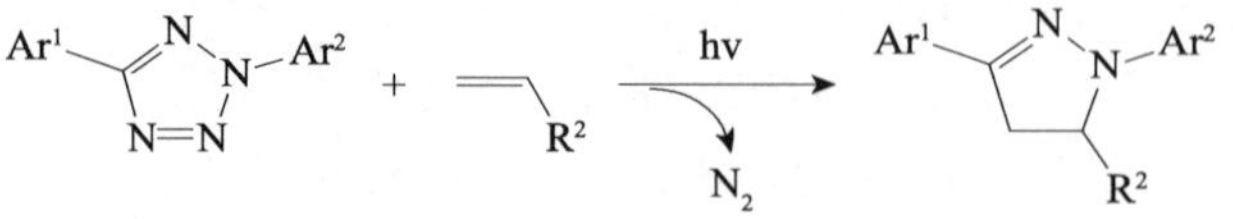

图 3-12　Photo-Click 反应

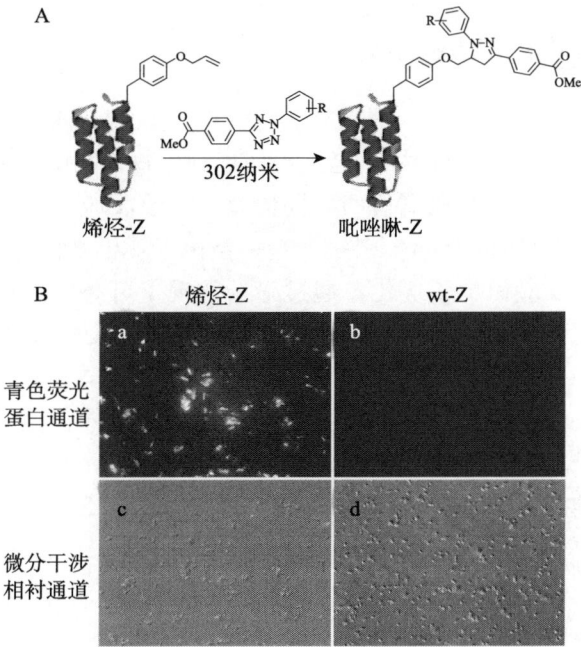

图 3-13 Photo-Click 反应应用于大肠杆菌中蛋白质的荧光标记
资料来源：Song et al.，2008

四、四嗪环加成反应

四嗪环加成反应是基于四嗪与环双键间的狄尔斯-阿尔德反应所发展出的一类生物正交反应（图 3-14），其原型为四嗪与炔键或双键间的 [4+2] 环加成反应，在 2008 年，由 Fox 和 Hilderbrand 教授所拓展（Blackman et al.，2008；Devaraj et al.，2008）。该反应无需催化剂，且具有极好的反应动力学、产物单一，也是一类理想的生物正交反应。其已被应用于对活细胞表面的蛋白质进行荧光标记和分析（Devaraj et al.，2009；Patterson et al.，2012）。另外，四嗪也已被发现可以有效地淬灭共价连接的荧光分子，而在与双键反应后荧光得以恢复，该特性已被成功用于对细胞中的活性小分子紫杉酚进行荧光标记（Devaraj et al.，2010）。

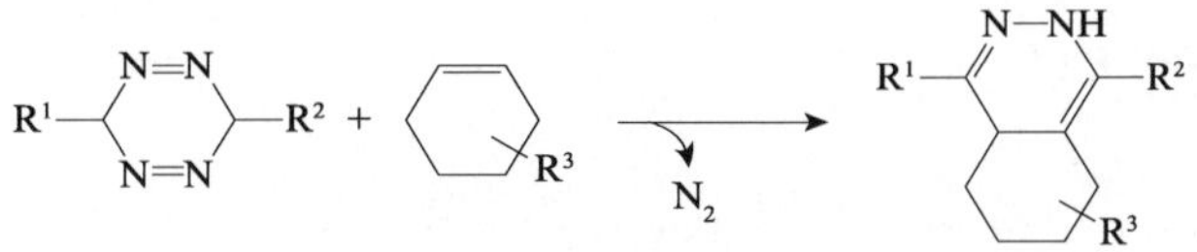

图 3-14 四嗪环加成反应

五、钯催化的偶联反应

Sonogashira 反应是指在钯催化下发生在末端炔键与碘代芳基间的偶联反应（图 3-15），该反应近来同样也已经被拓展到生物体系中，成为一类新型的生物正交反应。最初，在亚铜盐的共同催化下，该反应成功地被运用于对体外蛋白质的标记（Kodama et al.，2007）；但由于亚铜盐的生物兼容性问题，后来 Lin 等对此反应做出了优化，通过筛选发现了可替代亚铜盐的、毒性较低的金属钯盐（图 3-16A），并成功将此反应运用到大肠杆菌细胞的标记上（Li et al.，2011）。最近，北京大学陈鹏等又成功地对这一反应进行拓展，他们发现硝酸钯在不需要配体的条件下同样可以高效地催化该类反应，结合蛋白质定点修饰技术，他们实现了对细菌中的蛋白质进行定点标记（Li et al.，2013a），极大地拓宽了 Sonogashira 反应在化学生物学领域中的应用。

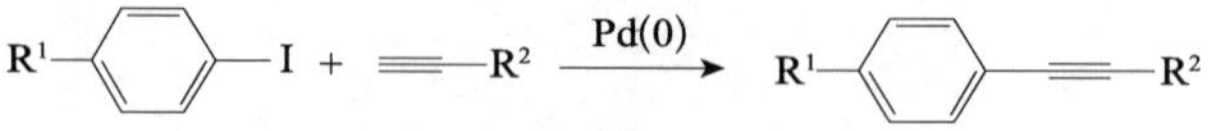

图 3-15　钯催化的 Sonogashira 反应

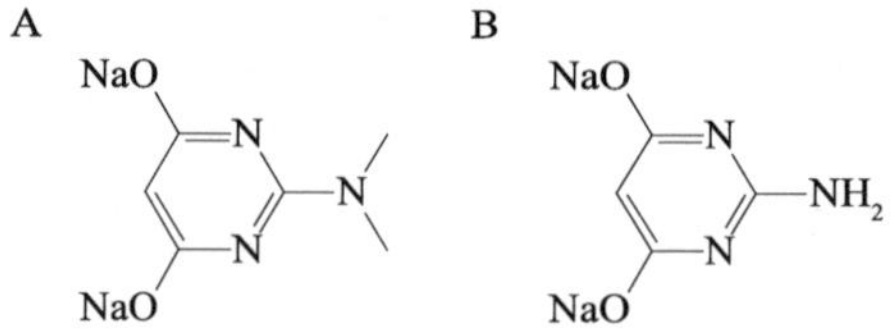

图 3-16　钯催化反应配体

在钯催化下发生在碘代芳基与二羟基硼基间的 Suzuki-Miyaura 反应也同样被成功拓展为一类新型的生物正交反应（图 3-17）。在配体的帮助下（图 3-16B），该反应不仅可以在体外对蛋白质进行修饰（Chalker et al.，2009），也可以对细胞膜表面蛋白进行荧光标记（Spicer et al.，2012）。

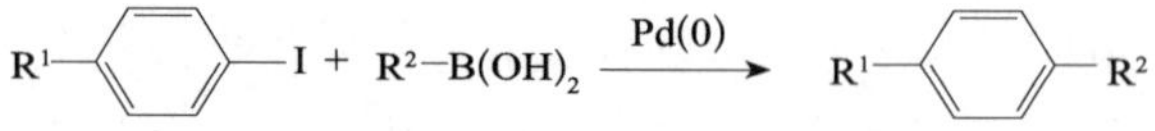

图 3-17　Suzuki-Miyaura 反应

六、其他生物正交反应

与无铜点击化学类似，利用环张力的诱导，基于环状炔键与硝酮间的环加成反应近来也被发展成为潜在的生物正交反应（图 3-18），研究发现其反应速率是无铜点击化学反应的几十倍（McKay et al., 2010），具有很好的反应动力学，体外实验证实该反应可以对蛋白质进行标记（Ning et al., 2010；Temming et al., 2013），随着对反应的进一步优化，其也已被成功应用于对细胞表面受体的荧光标记（McKay et al., 2011）。

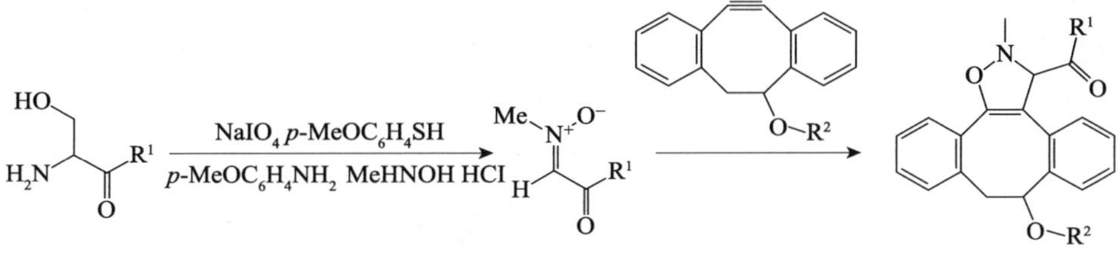

图 3-18　环状炔键与硝酮间的环加成反应

雷晓光等最近发展出一类基于亚甲基醌中间体与乙烯基硫醚之间的环加成反应的新型生物正交反应（图 3-19）。该反应不需要任何催化剂，喹啉分子可自发脱水产生亚甲基醌中间体并与双键加成得到产物。利用该反应可以对蛋白质和活细胞内的活性分子进行荧光标记（Li et al., 2013b）。

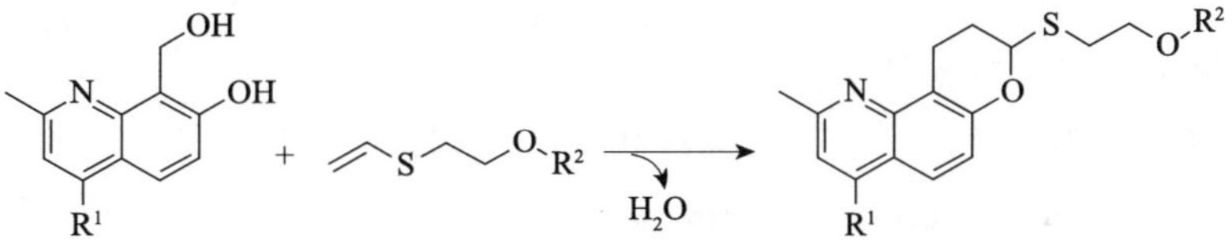

图 3-19　基于亚甲基醌中间体的环加成反应

除此之外，Bertozzi 教授近两年也报道了两类新型生物正交反应，分别为四环庚烷加成反应（Quadricyclane ligation，图 3-20A）（Sletten and Ber-

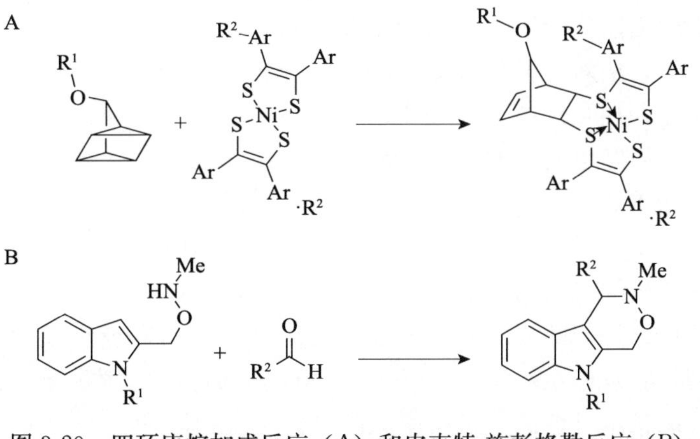

图 3-20　四环庚烷加成反应（A）和皮克特-施彭格勒反应（B）

tozzi，2011b）和皮克特-施彭格勒反应（Pictet-Spengler ligation，图 3-20B）（Agarwal et al.，2013）。四环庚烷加成反应是发生在四环庚烷与镍二硫纶复合物之间的加成反应，该反应同样是自发反应，且反应速度较快并可在水相中进行，体外实验证实该反应在与其他生物正交反应平行应用时可对不同蛋白质分别进行标记。皮克特-施彭格勒反应是在原有的氨基与醛基间的缩合反应基础之上拓展得到的一类生物正交反应，该反应同样无需催化剂，可自发进行，但反应速度较慢，体外实验证实该反应同样可对蛋白质进行标记。

第三节 无标记活性分子探针技术

迄今为止，绝大多数的小分子探针为了保障在具体应用过程中获得与复杂研究环境相区分的准确信息，需要在活性分子母体上进行修饰改造并引入必要的报告基团，并借助于合适的生物正交化学反应的助力。不管采用何种方式，其研究中的风险都是共同的，那就是引入的官能团可能会干扰研究目标物的功能，需要花很多时间去发现一个相对理想的探针。事实上，最好的探针就是未经任何修饰的活性分子本身。

应用无标记的活性分子进行作用靶标的发现研究也逐渐走入人们的视角。例如，2009 年加利福尼亚大学洛杉矶分校的 Huang 等利用药物-靶点亲和力导致的蛋白质稳定性而发展的 DARTS（drug affinity responsive target stability，图 3-21A）靶点确认技术（Lomenick et al.，2009）。当细胞中药物分子与其生物学靶点相互作用时，可在一定程度上稳定靶点的化学性质，从而在蛋白酶作用时会发生明显不同的降解行为。比较分别在使用和不使用药物情况下整细胞蛋白酶降解之后的胶带图，可以找到某些或个别丰度明显不同的蛋白质条带，从而获得其可能为小分子化合物作用靶点的信息。经体外序列分析、表达和相互作用等进一步佐证，可确认相应的靶点，为进一步的作用机制和信号通路研究打开大门。研究人员应用此技术不仅再次确认了文献中已经报道的重要生理活性天然化合物雷帕霉素（rapamycin）（探针 23）和 FK506（探针 24）（图 3-21B）的共同作用靶点 FKBP12，还发现了天然产物白藜芦醇在真核细胞内的一个可能作用靶点 eIF4A，并指出 eIF4A 是一个之前从没有被认证过的抗衰老药物靶点。这项技术为研究成千上万化合物来源不够丰富却具有各种重要生理活性的天然产物的作用机制带来了便利，省却了过去必需的技术难度高、成功率低的母体化合物修饰标记工作。

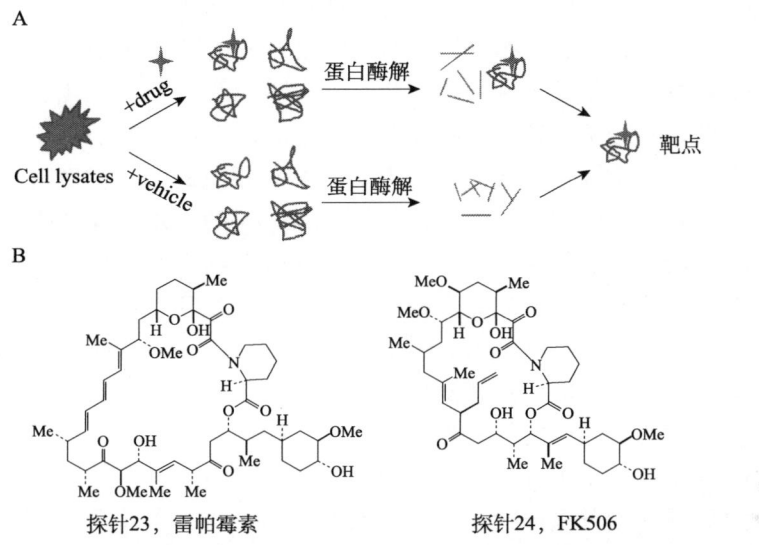

图 3-21 应用 DARTS 技术（A）确定小分子探针 23 和探针 24（B）的共同作用靶点 FKBP12

第四节　总结与展望

　　分子工具的创新与应用对于推进现代自然科学的进步得到实质性体现，并显示出无限宽广的未来研究版图。近年来，国家自然科学基金委通过重大研究计划对基于小分子探针的化学生物学研究进行了有力的支持和引导，我国在上述领域的发展获得实质性的突破，已处蓄势待发之势。我国科学家已经发现了一批可以作为探针用于研究信号转导的重要化合物，并用这些探针分子发现了一些新的细胞信号转导通路，以及一些生理/病理过程中的新机制（蒋华良等，2013）。例如，通过生物学筛选与有机合成结构优化，获得了探针小分子化合物"spautin-1"并成功地揭示了细胞自吞噬（autophagy）的一个新通路；以小分子化合物为探针揭示了细胞生理活动的调控机制，发现白桦酯醇对胆固醇的负反馈调控，以及小分子探针对胰岛 β 细胞内质网应激的调控等；以小分子化合物为探针研究了病理细胞及病原体微生物活动，发现了草苔虫内酯类化合物 Bryostatins 对肿瘤生长、转移及血管新生的抑制作用；利用光交联手段揭示了酸性分子伴侣协助肠道病原菌逃逸人体胃酸防线的机制；发现了维生素 C 在体细胞重编程中的重要作用等。总之，化学小分子探针的发现、发明、创制及应用在功能蛋白质组学、细胞信号转导体系、细胞内分子事件及重要生命现象与过程等研究中扮演着越来越重要的角色。

小分子探针在化学生物学研究的应用也为现代创新药物研究提供了捷径。现代创新药物的发现越来越依赖于靶点的发现及靶点与活性化合物作用模式的确定，化学小分子探针在这两方面的突出优越性使其成为药物研究的热点。运用化学小分子探针标记技术使得大量与疾病相关的靶点被发现，活性小分子与其靶标蛋白之间的作用模式被确定，为药物的发现与发展提供必需的重要信息，是药物发现与发展过程中强大的工具。由于小分子化合物结构类型多样且易于修饰改造，选择适当的活性小分子作为起点设计合成能够高选择性探测蛋白质功能、结构与作用模式的分子探针，具有可操作性强的特点，从而可以为重大疾病的诊断和防治提供新的标记物、新的药物作用靶点和新的先导结构，为创新药物的发现奠定基础。

小分子探针技术不仅局限于新药的发现，还对已知药物的作用机制的重新深刻认识具有十分重要的意义。目前，至少有80%的小分子药物被认为在体内不止一个靶点，而对很多药物的各种毒性作用也缺乏全面的认识。另外，对于体内作用靶点未知的活性小分子，特别是来自天然产物的活性化合物，可以将其设计成探针分子，通过对细胞或动物的标记实验来发现其体内的作用靶点，进而建立新靶点的筛选模型。应用靶点已知的药理活性化合物可更深入地了解药物分子与靶点作用部位的结构信息，为进一步的结构改造提供帮助；开展细胞或体内的标记实验研究靶点蛋白在生理与病理状态下的不同分布情况和相应功能，有助于进一步发现与活性化合物有交叉作用的靶点蛋白，从而为已知药物可能产生的毒性作用等提供预测。

此方向未来重要研究发展趋势和内容包括：发现发展多功能、靶向性、高灵敏度分子探针，以及分子探针在活体检测中的应用；设计、发展和应用小分子化学探针开展药物作用、核酸相关信号通路、细胞信号转导途经及其调控、各类代谢调控、细胞命运决定等方面的机制研究等；发展新的兼容性好、效率高的生物正交反应；发展光激发的、金属或非金属催化的或自发性生物正交反应；结合生物正交化学和其他化学生物学方法研究体内外生化过程及其调控规律等。

参考文献

蒋华良，陈拥军，陈鹏，等. 2013. 化学生物学学科前沿与展望. 北京：科学出版社.
Agard NJ, Prescher JA, Bertozzi CR. 2004. A strain-promoted [3+2] azide-alkyne cycload-

dition for covalent modification of biomolecules in living systems. J Am Chem Soc, 126: 15046-15047.

Agarwal P, van der Weijden J, Sletten EM, et al. 2013. A Pictet-Spengler ligation for protein chemical modification. Proc Natl Acad Sci USA, 110: 46-51.

Blackman ML, Royzen M, and Fox JM. 2008. Tetrazine ligation: fast bioconjugation based on inverse-electron-demand Diels-Alder reactivity. J Am Chem Soc, 130: 13518-13519.

Bose D, Jayaraj G, Suryawanshi H, et al. 2012. The tuberculosis drug streptomycin as a potential cancer therapeutic: inhibition of miR-21 function by directly targeting its precursor. Angew Chem Int Ed, 51: 1019-1023.

Chalker JM, Wood CS, Davis BG. 2009. A convenient catalyst for aqueous and protein Suzuki-Miyaura cross-coupling. J Am Chem Soc, 131: 16346-16347.

Chang PV, Prescher JA, Hangauer MJ, et al. 2007. Imaging cell surface glycans with bioorthogonal chemical reporters. J Am Chem Soc, 129: 8400-8401.

Chang PV, Prescher JA, Sletten EM, et al. 2010. Copper-free click chemistry in living animals. Proc Natl Acad Sci USA, 107: 1821-1826.

Chen X, Huang C, Zhang W, et al. 2012. A universal activator of microRNAs identified from photoreaction products. Chem Commun, 48: 6432-6434.

Cohen AS, Dubikovskaya EA, Rush JS, et al. 2010. Real-time bioluminescence imaging of glycans on live cells. J Am Chem Soc, 132: 8563-8565.

Devaraj NK, Hilderbrand S, Upadhyay R, et al. 2010. Bioorthogonal turn-on probes for imaging small molecules inside living cells. Angew Chem Int Ed, 49: 2869-2872.

Devaraj NK, Upadhyay R, Haun JB, et al. 2009. Fast and sensitive pretargeted labeling of cancer cells through a tetrazine/trans-cyclooctene cycloaddition. Angew Chem Int Ed, 48: 7013-7016.

Devaraj NK, Weissleder R, Hilderbrand SA. 2008. Tetrazine-based cycloadditions: application to pretargeted live cell imaging. Bioconjug Chem, 19: 2297-2299.

Edgington LE, van Raam BJ, Verdoes M, et al. 2012. An optimized activity-based probe for the study of caspase-6 activation. Chem Biol, 19: 340-352.

Edgington LE, Verdoes M, Bogyo M. 2011. Functional imaging of proteases: recent advances in the design and application of substrate-based and activity-based probes. Curr Opin Chem Biol, 15: 798-805.

Edgington LE, Verdoes M, Ortega A, et al. 2013. Functional imaging of legumain in cancer using a new quenched activity-based probe. J Am Chem Soc, 135: 174-182.

Feng L, Hong S, Rong J, et al. 2013. Bifunctional unnatural sialic acids for dual metabolic labeling of cell-surface sialylated glycans. J Am Chem Soc, 135: 9244-9247.

Gumireddy K, Young DD, Xiong X, et al. 2008. Small-molecule inhibitors of microrna miR-21 function. Angew Chem Int Ed, 47: 7482-7484.

Hangauer MJ, Bertozzi CR. 2008. A FRET-based fluorogenic phosphine for live-cell imaging with the Staudinger ligation. Angew Chem Int Ed, 47: 2394-2397.

Hang HC, Yu C, Kato DL, et al. 2003. A metabolic labeling approach toward proteomic analysis of mucin-type O-linked glycosylation. Proc Natl Acad Sci USA, 100: 14846-14851.

Kodama K, Fukuzawa S, Nakayama H, et al. 2007. Site-specific functionalization of proteins by organopalladium reactions. ChemBioChem, 8: 232-238.

Koo H, Lee S, Na JH, et al. 2012. Bioorthogonal copper-free click chemistry in vivo for tumor-targeted delivery of nanoparticles. Angew Chem Int Ed, 51: 11836-11840.

Laughlin ST, Baskin JM, Amacher SL, et al. 2008. *In vivo* imaging of membrane-associated glycans in developing zebrafish. Science, 320: 664-667.

Li J, Lin S, Wang J, et al. 2013a. Ligand-free palladium-mediated site-specific protein labeling inside gram-negative bacterial pathogens. J Am Chem Soc, 135: 7330-7338.

Lin FL, Hoyt HM, van Halbeek H, et al. 2005. Mechanistic investigation of the staudinger ligation. J Am Chem Soc, 127: 2686-2695.

Li N, Lim RK, Edwardraja S, et al. 2011. Copper-free Sonogashira cross-coupling for functionalization of alkyne-encoded proteins in aqueous medium and in bacterial cells. J Am Chem Soc, 133: 15316-15319.

Lin L, Tian X, Hong S, et al. 2013. A bioorthogonal Raman reporter strategy for SERS detection of glycans on live cells. Angew Chem Int Ed, 52: 7266-7271.

Lin S, Zhang Z, Xu H, et al. 2011. Site-specific incorporation of photo-cross-linker and bioorthogonal amino acids into enteric bacterial pathogens. J Am Chem Soc, 133: 20581-20587.

Li Q, Dong T, Liu X, et al. 2013b. A bioorthogonal ligation enabled by click cycloaddition of o-quinolinone quinone methide and vinyl thioether. J Am Chem Soc, 135: 4996-4999.

Li Y, Lin L, Li Z, et al. 2012. Iron homeostasis regulates the activity of the microRNA pathway through poly (C) -binding protein 2. Cell Metab, 15: 895-904.

Lomenick B, Hao R, Jonai N, et al. 2009. Target identification using drug affinity responsive target stability (DARTS). Proc Natl Acad Sci USA, 106: 21984-21989.

McKay CS, Blake JA, Cheng J, et al. 2011. Strain-promoted cycloadditions of cyclic nitrones with cyclooctynes for labeling human cancer cells. Chem Commun, 47: 10040-10042.

McKay CS, Moran J, Pezacki JP. 2010. Nitrones as dipoles for rapid strain-promoted 1, 3-dipolar cycloadditions with cyclooctynes. Chem Commun, 46: 931-933.

Neves AA, Stockmann H, Harmston RR, et al. 2011. Imaging sialylated tumor cell glycans in vivo. FASEB J, 25: 2528-2537.

Ning X, Temming RP, Dommerholt J, et al. 2010. Protein modification by strain-promoted alkyne-nitrone cycloaddition. Angew Chem Int Ed, 49: 3065-3068.

O'Connor CJ, Laraia L, Spring DR. 2011. Chemical genetics. Chem Soc Rev, 40: 4332-4345.

Patterson DM, Nazarova LA, Xie B, et al. 2012. Functionalized cyclopropenes as bioorthogonal chemical reporters. J Am Chem Soc, 134: 18638-18643.

Prescher JA, Bertozzi CR. 2005. Chemistry in living systems. Nat Chem Biol, 1: 13-21.

Prescher JA, Dube DH, Bertozzi CR. 2004. Chemical remodelling of cell surfaces in living animals. Nature, 430: 873-877.

Rostovtsev VV, Green LG, Fokin VV, et al. 2002. A stepwise huisgen cycloaddition process: copper (I) -catalyzed regioselective "ligation" of azides and terminal alkynes. Angew Chem Int Ed, 41: 2596-2599.

Saxon E, Bertozzi CR. 2000. Cell surface engineering by a modified Staudinger reaction. Science, 287: 2007-2010.

Schneider-Poetsch T, Ju J, Eyler DE, et al. 2010. Inhibition of eukaryotic translation elongation by cycloheximide and lactimidomycin. Nat Chem Biol, 6: 209-217.

Shan G, Li Y, Zhang J, et al. 2008. A small molecule enhances RNA interference and promotes microRNA processing. Nat Biotechnol, 26: 933-940.

Simon GM, Niphakis MJ, Cravatt BF. 2013. Determining target engagement in living systems. Nat Chem Biol, 9: 200-205.

Sletten EM, Bertozzi CR. 2011a. From mechanism to mouse: a tale of two bioorthogonal reactions. Acc Chem Res, 44: 666-676.

Sletten EM, Bertozzi CR. 2011b. A bioorthogonal quadricyclane ligation. J Am Chem Soc, 133: 17570-17573.

Song W, Wang Y, Qu J, et al. 2008. Selective functionalization of a genetically encoded alkene-containing protein via "photoclick chemistry" in bacterial cells. J Am Chem Soc, 130: 9654-9655.

Spicer CD, Triemer T, Davis BG. 2012. Palladium-mediated cell-surface labeling. J Am Chem Soc, 134: 800-803.

Sun L, Wang H, Wang Z, et al. 2012. Mixed lineage kinase domain-like protein mediates necrosis signaling downstream of RIP3 kinase. Cell, 148: 213-227.

Tan SB, Huang C, Chen X, et al. 2013. Small molecular inhibitors of miR-1 identified from photocycloadducts of acetylenes with 2-methoxy-1, 4-naphthalenequinone. Bioorg Med Chem, 21: 6124-6131.

Temming RP, Eggermont L, van Eldijk MB, et al. 2013. N-Terminal dual protein functionalization by strain-promoted alkyne-nitrone cycloaddition. Org Biomol Chem, 11: 2772-2779.

Titov DV, Gilman B, He QL, et al. 2011. XPB, a subunit of TFIIH, is a target of the natural product triptolide. Nat Chem Biol, 7: 182-188.

Titov DV, Liu JO. 2012. Identification and validation of protein targets of bioactive small molecules. Bioorg Med Chem, 20: 1902-1909.

Verdoes M, Oresic Bender K, Segal E, et al. 2013. Improved quenched fluorescent probe for imaging of cysteine cathepsin activity. J Am Chem Soc, 135: 14726-14730.

Wang G, Wang X, Yu H, et al. 2013. Small-molecule activation of the TRAIL receptor DR5 in human cancer cells. Nat Chem Biol, 9: 84-89.

Wang Y, Hu WJ, Song W, et al. 2008. Discovery of long-wavelength photoactivatable diaryltetrazoles for bioorthogonal 1, 3-dipolar cycloaddition reactions. Org Lett, 10: 3725-3728.

Yang M, Song Y, Zhang M, et al. 2012. Converting a solvatochromic fluorophore into a protein-based pH indicator for extreme acidity. Angew Chem Int Ed, 51: 7674-7679.

Young DD, Connelly CM, Grohmann C, et al. 2010. Small molecule modifiers of microRNA miR-122 function for the treatment of hepatitis C virus infection and hepatocellular carcinoma. J Am Chem Soc, 132: 7976-7981.

第四章
金属离子探针技术与应用

金属元素除了人们所熟知的矿物形态以外，还以离子、化合物等多种形态广泛存在于自然界中，包括过渡金属、某些类金属、镧系金属及锕系金属等。一部分金属元素（如铁、钴、铜、锰、钼、锌等）在生命过程中扮演着非常重要的角色，是很多蛋白质实现其生物化学功能所必需的辅助因子，广泛地参与到机体生长发育、细胞分裂分化、基因转录调控、神经信号传递等各个方面。这些金属元素是人体保持健康所必需的。此外，金属还可以成为治疗疾病的药物。随着铂族金属药物抗癌活性的发现，人们对此类药物的药理有了进一步的了解，新的高效、低毒的金属药物不断被发现，其临床应用前景非常广阔。这些金属药物在体内通常以配合物方式存在。

然而，相当一部分重金属元素对于有机体是有害的，包括人体所必需的金属元素，如果浓度过高也将损害人体的健康。还有一些重金属元素在很低的浓度下就会对有机体产生极强的毒性，因而成为环境问题中不容忽视的一类重要污染物。近年来，随着科技水平的日新月异，重金属中一些化学性质稳定、物理属性优良的贵金属（如金、银、铂、钯等），被广泛应用在电子、通讯、航空航天、化工、医疗等领域，以及与人们日常生活相关的各类生活日用品中。但是，由于生产技术的限制，在这一系列生产活动所产生的废弃物中仍然含有大量有害的重金属离子，这些重金属离子既对生态环境造成了破坏，又使得生产成本居高不下。此外，重金属污染不同于有机化合物污染，具有富集性强，在自然环境中难以降解的特点，因而具有更大的危害性。

由此可见，金属元素就像是生物体系中的一把双刃剑，开发出能够灵敏地感应生物体系内部金属元素离子浓度实时变化的检测方法，从而了解并把握各种化学状态或化学形态存在的金属元素与生命体之间的相互关系，使之更加可持续地应用到人类的生产生活中，具有极其重大的科学意义（刘磊等，2010）。

目前，对金属离子进行体外的定性检测和定量分析方法较多，但是通常多采用化学试剂法或依赖大型分析仪器。化学试剂法虽然操作简单，费用低廉，但是一般灵敏度较低，尤其是对不同金属离子的选择性差，无法实现对某种特定金属离子的特异识别。而通过大型仪器设备检测，如原子吸收光谱法（AAS）、电感耦合等离子体光谱/质谱法（ICP-AES/MS）等，虽然对样本中金属离子的检测灵敏度高，但是仪器操作手段烦琐，样品耗时较长。更重要的是，对金属离子及其配合物的快速检测和在生物活体体内的实时原位识别已成为目前国际上的研究热点。金属离子探针技术是近年来迅速崛起并广受关注的一类监测分析手段，其检测灵敏度高、特异性强，操作简单方便，尤其适用于生物体系中目的金属离子检测，因此日益受到研究者的重视。

第一节　生物体系中金属离子探针的研究概况

金属离子探针检测技术是通过预先设计的分子模型与目标金属离子之间的特异识别，产生比率计量的化学发光或荧光信号，实现在生物体系中快速、实时、原位检测金属离子的方法。根据与目标金属离子相匹配的分子模型的性质不同，目前被深入研究的金属离子探针主要可以分为以下几种。

（1）化学小分子探针。

（2）核酸探针。

（3）纳米材料探针。

（4）多肽及蛋白质探针。

（5）全细胞水平探针。

随着近年来金属离子探针技术研究的不断发展，研究者所面对的问题越来越复杂，研究的范围也不断扩大，结合已有的研究成果，在此对金属离子探针研究领域中的主要研究概况做简要介绍。

一、化学小分子探针

在各种金属离子探针检测技术中，化学小分子探针技术由于其设计简单，原料来源方便，同时具有良好的仪器操作性，检测限较低，对体内和体外金属离子能够实现原位检测，在生物和环境的检测中有着很大的优势。因此成为研究最深入的检测技术。基于荧光及颜色变化的化学小分子探针在细胞内金属离子的检测中显示出巨大的优势。在过去的几十年中，人们对金属离子的化学小分子探针做了多种研究，主要方式有通过金属离子的识别，金属介导的有机反应等手段来检测金属离子。

例如，美国麻省理工学院的 Lippard 等在氧杂蒽酮环上以荧光素为基础开发出了一系列 Zn^{2+} 和 Hg^{2+} 探针。如图 4-1 所示，尤其是针对 Hg^{2+} 的金属离子探针，当 MS1 结合 Hg^{2+} 后，能够达到 5 个数量级的荧光产量，并且能够很好地区分其他离子（如 Cd 和 Pb）。MS5 则扩展了原先底物所适用的 pH 范围，使这类探针能够在中性 pH 的环境中很好地检测 Hg^{2+} 的含量，并被应用到环境水样中 Hg^{2+} 的检测（Nolan and Lippard，2003，2007；Nolan et al.，2006）。相类似的还有美国加利福尼亚大学伯克利分校的 Chang 等结合荧光物质与硫醚受体开发出一系列能被可见光激发和发射的 Cu^+ 和 Pb^{2+} 荧光探针。其中 LF1 这一探针是一个荧光素类型的探针，他可以选择性检测 Pb^{2+}。在初始期，LF1 表现出荧光类型的性质，490 纳米的吸收以及微弱的发射。在生理条件下，当 Pb^{2+} 结合到荧光分子上后可以产生约 18 倍的荧光强度。这一探针被应用于哺乳动物细胞活体 Pb^{2+} 浓度的检测中（Domaille et al.，2008；He et al.，2006）。南京大学郭子建教授课题组以苯并咪唑为荧光团设计合成了锌离子荧光传感器 PBITA。在加入 Zn^{2+} 后，该传感器分子能与 Zn^{2+} 以 1∶1 配位，导致其荧光波长出现红移并伴随着荧光强度的增加，这可能是配位之后分子平面性增加的结果。HeLa 细胞实验表明，PBITA 具有很好的细胞渗透性，能对细胞中的 Zn^{2+} 进行荧光成像（Liu et al.，2009）。同样是该组开发出另一种基于小芳香基团的能被可见光激发的锌（Ⅱ）荧光探针——NBD-TPEA，NBD-TPEA 也同样具有高选择性检测体内 Zn^{2+} 的结果（Qian, et al.，2009）。

另外，Tsien 等采用了分子内电荷转移（internal charge transfer，ICT）的原理，在荧光基团上直接连接含氮 EDTA 类似物，在钙离子加入之后，荧光基团发生了蓝移的现象（Grynkiewicz et al.，1985；Tsien，1988）。Kim 等则采用了 FRET 和金属结合原理，在荧光供体和受体之间，插入金属识别序列，通过识别金属后拉近两者之间的距离来形成 FRET 信号检测金属的含量。采用罗丹明和丹磺酰氯作为供、受体，在没有 Cu^{2+} 存在下，以 420 纳米激发是在 507 纳米处有强烈发射。当加入 Cu^{2+} 时，发射波长从 507 纳米迁移至 580 纳米（Kim et al.，2008）。

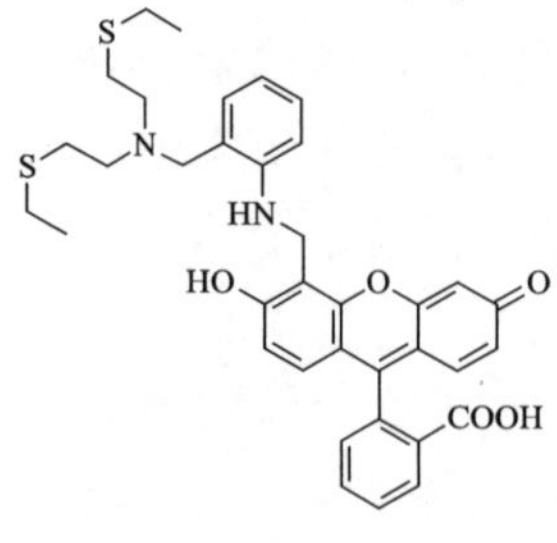

MS1 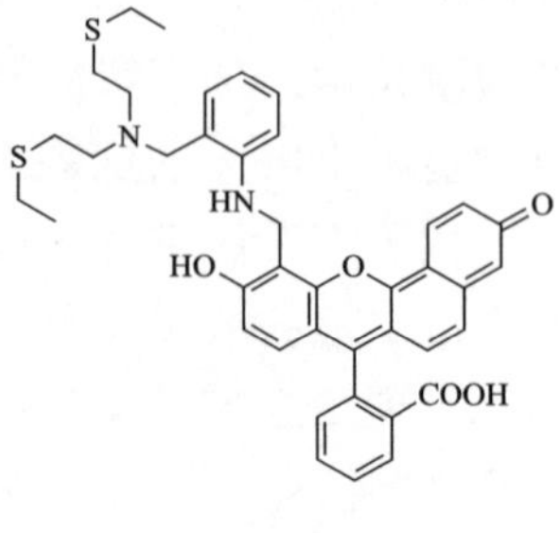   MS5

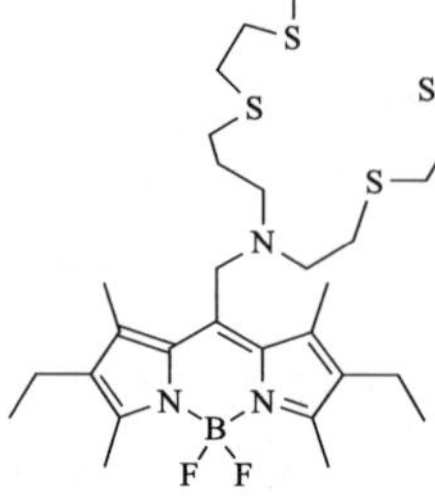

LF1 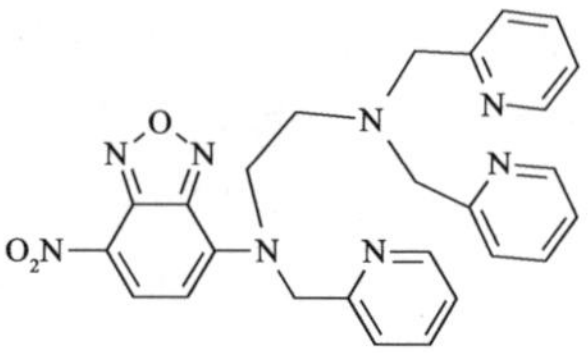   NBD-TPEA

图 4-1 基于荧光基团的化学小分子金属探针

第二类化学小分子金属离子探针是基于有机反应的金属离子检测。金属参与的有机化学反应有很多种，大多数都可以通过设计应用为探针。如金属作为 Lewis 酸参与的水解反应、氧化还原反应、加成消除反应等。

Czarnik 等对以金属水解机制设计探针做了深入研究，他们以汞离子在溶液中对硫强烈的亲和力为基础，设计了硫代酰胺的系列衍生物，这类硫代酰胺基团在水中会被水解为羧酸，相应的底物会发出荧光，同样也做了铜介导的酰肼水解反应（Chae and Czarnik，1992；Dujols et al.，1997）。Garner 和 Koide（2009，2008）则利用了 Tsuji-Trost 和 Claisen 化学，将钯作为催化剂催化烯丙基脱去这一反应，设计了含有烯丙基保护的荧光底物，在脱去保护后，底物会显示荧光。

华东理工大学的钱旭红教授组则基于催化反应产物——N-［3-（benzo［d］thiazol-2-yl）-4-（hydroxyphenyl）benzamide］（HBTBC）在干滤纸上具有强烈的固态荧光，同时也利用了激发态分子内质子转移（ESIPT）为基础的大波长红移比率型探针对钯金属有选择特异性，设计合成了高选择性的检测钯系金属的荧光探针 HOBT。当探针中的烯丙基被 Pd⁰ 催化的 Tsuji-Trost 反应水解，就会释放出荧光基团 HBTBC，该基团具有两个发射带，最大的发射光谱来源于 415 纳米的烯醇和 555 纳米酮基形式，且没有重叠，可以应用于高分辨检测。由于 HOBT 探针被钯催化的固态荧光，钯系金属同样可以用纸带来检测，其检测极限可达到 1 微摩尔/升（Cui et al.，2013）。

模拟金属在生物体内的作用也是设计金属离子探针的一个好思路，Taki 等（2010）制备了一价铜离子的探针 FluTPA2。在氧气和一价铜离子存在的条件下，C—O 键被一价铜催化氧化消除，释放出 Tokyo Green 染料，荧光效率为 100 倍以上。如 Fenton 反应是在 1984 年被发现的，它表明了一些金属（Fe^{2+}、Cu^{2+}）能够催化产生羟自由基（·OH），Xie 等报道了基于铜催化 Fenton 反应的 Cu^{2+} 离子探针。三唑类的无色荧光底物在羟自由基介导的内酯环开环反应下，形成有荧光底物，也可以用来检测 Cu^{2+} 离子的产生（Ruan et al.，2010）。

2011 年，山东师范大学唐波教授课题组以罗丹明 B 作为溶酶体靶向荧光基团，2-乙酰噻吩作为 Cu^{2+} 的结合单位合成了靶向性 Cu^{2+} 荧光探针。当 Cu^{2+} 存在时，探针的螺旋结构打开，粉色荧光增强，检测灵敏度为 8 纳摩尔。其合成的溶酶体靶向性探针已经成功地应用于肝癌细胞系 HL-7702 和 HepG2 的光学成像。同年，研究者又合成了新型的比率型探针 Fe^{2+}（BDP-Cy-Tpy），Tpy 为 Fe^{2+} 选择性响应基团，Cy 和氟硼吡咯 BODIPY 为荧光基团，两种荧光强度的比率与 Fe^{2+} 呈线性关系，检测灵敏度为 12 纳摩尔。通过合成多种高灵敏、高选择性成像检测金属离子的有机小分子荧光探针，为研究生物体内的分子事件提供了有利工具（Li et al.，2012，2011）。

光诱导电子转移（photo-induced electron transfer，PET）是被最广泛应用于金属离子荧光探设计中的一种原理，经典的金属 PET 探针分为三个部分：发色团、连接臂、离子载体。离子载体往往是电子的供体（如含有氨基基团），而发色团往往是电子的受体。作为游离的探针在激发时，占据了最高能量轨道 HOMO 的电子能够被激发到最低未占据轨道（LUMO），如果离子载体的 HOMO 能量大于发色团，离子载体的 HOMO 电子将转移到发色团的 HOMO 轨道，阻止了发色团激发电子从 LUMO 轨道到其 HOMO 轨道的过程。这一荧光淬灭过程就叫做 PET。当离子载体连接上金属离子后，两个部分的 HOMO 轨道之间的能量差异减小，甚至从正的变为负的，整个化合物的荧光被恢复。这种现象为定义被金属螯合荧光增强现象（metal chelation enhanced fluorescence（MCHEF）effect）（Kobayashi, et al., 2010；Tsien, 1998；Terai and Nagano, 2008）。Yang 等（2005）报道了 CTAP-1——第一个可在体内检测 Cu^+ 的化学小分子探针，这种探针由吡唑啉偶联冠醚合成，在 365 纳米的紫外激发下，可以发出大约 4.6 倍的荧光；并且可以在细胞内做到良好的选择性。如固定的 NIH3T3 纤维肿瘤细胞中 Cu^+ 的含量就能够被 CTAP-1 测定。2012 年,山西大学的郭炜教授课题组报道了通过单一的共轭有机染料引入近红外联苯乙烯氟硼吡咯荧光团,引发间接的 S_0-S_1 激发,使近红外联苯乙烯氟硼吡咯派的生物发射增强,从而设计合成了以 PET 为基础的 Hg^{2+} 荧光 Turn-on 探针。该探针的荧光强度可增加 2.5 倍,其对 Hg^{2+} 检测灵敏度可达到 3 微克/升(Zhao et al.,2012)。

生色团之间的电子转移在生色团连接上电子的供体和受体基团后表现出很大的斯托克斯位移(Stokes shift),以及可见光激发的金属螯合诱导的发射位移。这一效应可以通过修饰供体和受体上的胺等基团,以及供体和受体上与金属结合的位点使激发/发射发生红移或蓝移。当金属离子结合到其供体上将降低发色团的 HOMO 能量而产生蓝移现象。基于这一现象,Gunnlaugsson 等(2004)报道了一类 Cd^{2+} 增强型荧光探针,虽然此类探针中的化合物可以同时响应 Zn^{2+} 和 Cd^{2+},但他们的发射位移不同,因此可以很好地被区分开来。2013 年,南京工业大学黄维教授组报道了其合成了基于吡啶-4-吩噻嗪派生物检测 Hg^{2+}、Cu^{2+} 的多功能荧光探针。该探针包含 10-乙基吩噻嗪供电子荧光集团中心和两个特异性螯合臂,对于 Hg^{2+}/Cu^{2+} 的结合机制不同,分别为荧光 Turn-off 型和比率型,探针在 10^{-7} 摩尔/升的检测水平上表现让人满意(Weng et al.,2013)。

荧光共振能量转移(fluorescence resonance energy transfer,FRET)是一种非放射性的能量转移过程,能量从供体的激发态转移到受体上。供体的发射谱和受体的激发谱必须有一定的重合。FRET 的两个发色团之间的距离很重要,受体和发射的发色团之间的距离必须在 10~100 埃(Sapsford et al.,2006)。北京大学黄春辉教授组以 FRET 为原理设计合成了荧光 Cr^{3+} 探针,将 1,8-naphthalimide 和罗丹明衍生物选为 FRET 的供体和受体。在金属离子不存在的情况下,两者之间并没有荧光能量转移。在 Cr^{3+} 存在下,罗丹明环被打开后引起 FRET 现象的产生,能量从 1,8-naphthalimide 转移到罗丹明上产生荧光(Zhou et al.,2008;Huang et al.,2008)。同样,Zhu 等采用了联吡啶和 naphthalimide 作为 FRET 供体和受体,他们假设在没有金属离子的时候,供体的发射峰和受体的激发峰之间有微弱的重叠;当 Zn^{2+} 存在时,联吡啶类化合物的发射峰发生了明显的红移,使得两者之间的重叠区扩大,产生明显的 FRET 现象(Sreenath et al.,2011)。

二、核酸探针

从 Watson 和 Crick(1953)发现 DNA 双螺旋结构以来,核酸作为遗传物质已成为分子生物学、分子遗传学、基因工程学等各个领域研究的重点。由于核酸的组成简单，碱基作用方式清楚，研究比较成熟，便于设计，稳定性好，且随着核酸合成技术的发展易于合成等优点，以核酸为基础的探针被广泛用于生物和化学的各个领域。传统的核酸探针检测技术包括 Northern blotting、Southern blotting 和 TaqMan 探针等（Cuthbertson and Grose，1988；Raju and Subramaniam，1994；Liu et al.，2006）。近几年来，科学家基于 DNAzyme、DNA 错配和 G4-DNA 等技术开发了一系列的可选择性检测目的金属离子的核酸探针，将这一类探针的应用范围又做了更广阔的拓展。接下来将逐一介绍这三类基于核酸的金属离子探针。

首先要介绍的是基于 DNAzyme 的核酸金属离子探针。DNAzyme 是一种具有催化活性的 DNA 分子。同蛋白酶一样，大多数 DNAzyme 需要一定的辅助因子（如金属离子）才能起作用（Lu，2002）。但是，DNAzyme 的合成相对简单，且稳定性好，不易水解，可以反复变复性而不失活。因此，利用 DNAzyme 与金属离子之间相互识别的特性，来开发金属离子探针，引起人们极大的兴趣。

2000 年，美国伊利诺伊大学香槟分校的陆艺教授研究组首次提出通过 DNAzyme 催化的方法，来检测铅离子（Li and Lu，2000）。如图 4-2 所示，他们利用以铅离子为辅助因子的 DNAzyme 17E 和它的底物 DNAzyme 17S 为基础，在 DNAzyme 17E 和 DNAzyme 17S 两端分别表示荧光淬灭基团和荧光基团，当没有铅离子存在时，底物和酶配对，荧光淬灭基团和荧光基团靠近没有荧光。当加入铅离子时，底物被切割，荧光淬灭基团和荧光基团分离，产生荧光。此探针的检测灵敏度可达到 10 纳摩尔。2011 年，Lu 等又利用 DNAzyme 39E 来检测放射性金属铀 UO_2^{2+}（Xiang and Lu，2011）。在没有 UO_2^{2+} 的存在下，DNAzyme 39E 会和底物 DNAzyme 39S 结合，但是不能够切割 DNAzyme 39S，DNAzyme 39E 和它所带的转移酶就被固定在磁珠上；当加入 UO_2^{2+} 时，DNAzyme 39E 则表现出切割 DNAzyme 39S 的活性，使自己连同转移酶从磁珠上脱落下来，脱落下来的转移酶再去进一步催化有信号输出的其他反应，从而可以根据信号输出的强弱来检测 UO_2^{2+} 的浓度。由于 UO_2^{2+} 作为辅助因子起作用，其选择性很高；同时输出的信号通过酶促反应进一步放大，因此这种针对 UO_2^{2+} 的探针灵敏度也很高，其检测下限可以达到 9.1 纳摩尔。

另外，金属离子如 Hg^{2+} 和 Ag^+ 可以选择性地结合 DNA 碱基，形成牢固的金属碱基复合物。这种复合物的形成可以提高含有错配碱基的 DNA 双链

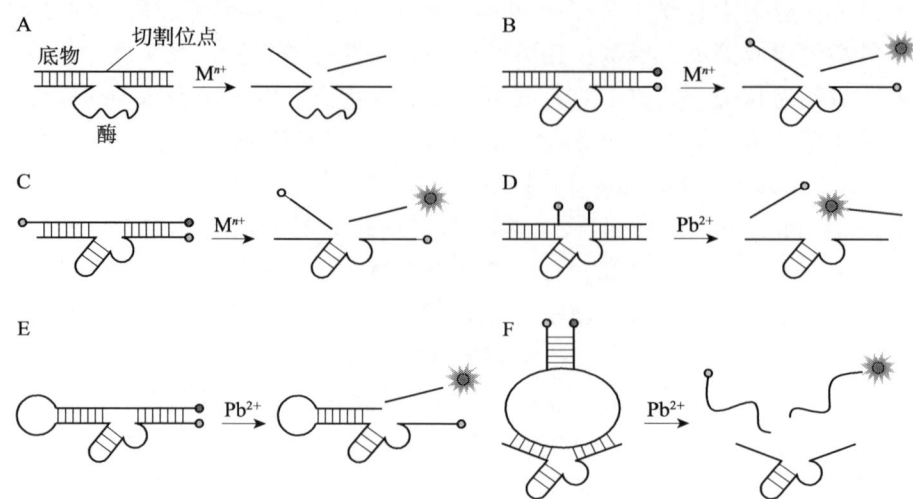

图 4-2 基于 DNAzyme 的核酸金属离子探针

的稳定性。基于这一现象，研究者开发了一系列可以选择性检测 Hg^{2+} 和 Ag^+ 的金属离子探针。Ono 和 Togashi（2004）第一次报道了 $T-Hg^{2+}-T$ 复合物的形成，并首次利用其现象开发了检测 Hg^{2+} 的金属离子探针。如图 4-3 所示，他们在 Hg^{2+} 的结合序列两端分别连上荧光基团和荧光淬灭基团，当没有 Hg^{2+} 的情况下，Hg^{2+} 的结合序列不能够形成双链，荧光淬灭基团远离荧光基团，从而产生荧光；但是当加入 Hg^{2+} 后，Hg^{2+} 会使 Hg^{2+} 的结合序列形成双链，从而使荧光淬灭基团和荧光基团的距离被拉近，则荧光淬灭。由于 Hg^{2+} 的结合序列特异性很高，因此该金属离子探针具有良好的选择性，且检测灵敏度可达 40 纳摩尔。同上述报道的 $T-Hg^{2+}-T$ 复合物结构类似，胞嘧啶之间也可以形成稳定的 $C-Ag^+-C$ 复合物。Lin 和 Tseng（2009）利用 Ag^+ 可使多聚胞嘧啶形成双链这一现象，结合 DNA 双链染料 SYBR Green Ⅰ 染色的方法，成功开发了一种检测 Ag^+ 的新方法。

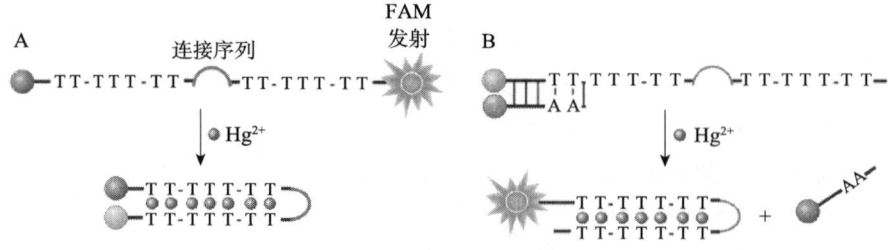

图 4-3 基于错配碱基设计的核酸金属离子探针

第三类核酸类金属离子探针是基于鸟嘌呤（G）四联体 DNA 设计的探针。早在 1910 年人们发现鸟嘌呤及其衍生物在浓度达到毫摩尔每升以上时，可以在水中形成黏性胶状物质。50 多年后，Gellert 等（1962）通过晶体衍射技术发现这种黏性胶状物质是鸟嘌呤四聚体。这种鸟嘌呤四聚体由 4 个鸟嘌呤碱基形成，共平面的四方形结构，鸟嘌呤之间由 N_1H 亚氨基质子和C_6=O 羰基及 N_2H 氨基质子和 N7 之间的两个氢键相连，每个鸟嘌呤都作为碱基对氢键的供体和受体。这种通过鸟嘌呤形成的四链结构，称作 G4-DNA。这种 G4-DNA 的结构可以被 K^+ 所稳定。

2002 年，Takenaka 等通过在 G4-DNA 两端分别连上 FAM（供体）和 TAMRA（受体）开发了一种检测钾离子的探针。当加入钾离子后使形成的 G4 结构的量大大增加，使两个荧光基团拉近，可产生荧光共振能量转移现象（Ueyama et al.，2002）。2011 年，Chen 等利用 NMM 可以和 G4-DNA 特异性结合并产生荧光的特点开发出一种可以检测铅离子的探针。如图 4-4 所示，钾离子可以稳定 G4-DNA 结构，而铅离子可以和钾离子竞争结合 G4-DNA，使其形成一种更稳定的、中间空腔更小的 G4-DNA 变构体，而这种结构由于没有足够的空间，不能结合 NMM，从而导致荧光信号下降（Guo et al.，2012）。2010 年，中国科学院长春应用化学研究所的汪尔康教授组报道了通过 NMM 和二价铜离子之间的反应，从而使 G4-DNA 和 NMM 复合物荧光消失，并根据这一原理设计了一种新型的检测二价铜离子的探针，同时提出了可利用 G4-DNA 与不同小分子化合物的螯合作用来选择性检测不同目的过渡金属离子的模式（Qin et al.，2010）。

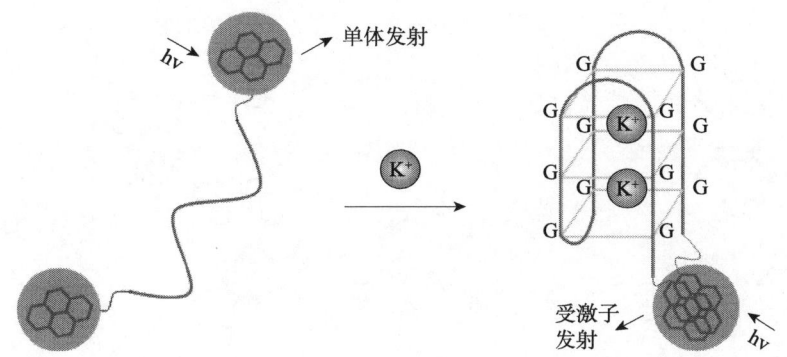

图 4-4　基于鸟嘌呤（G）四联体 DNA 设计的探针

核酸探针在检测金属离子的同时，还可以利用其特殊结构来检测其他化合物。2010 年，湖南大学俞汝勤教授课题组就利用可卡因特异性结合序列，开发了一种检测可卡因的新型探针（He et al.，2010）。同时国内外有很多课题组，还开发了一系列方法，用金属化合物反过来检测核酸。比较有代表性的是 2012 年，中山大学计亮年院士和巢晖教授课题组开发的用多吡啶钌化合物检测复合型 G4-DNA，此方法可以直接用肉眼区分复合型 G4-DNA，简单方便，为通过生物成像技术研究染色体 DNA 之间的细节差异提供了一种新的技术方法（Liao et al.，2012）。

三、纳米材料探针

纳米材料水平的探针技术是将纳米技术、生物技术与探针和传感技术相结合的一项受人瞩目的交叉技术。根据不同的分类方法，纳米材料包括金属、非金属、有机、无机和生物等材料，其中以金、银、铜为代表的重金属纳米材料由于粒径小，表现出表面效应、微尺寸效应、量子效应等独特的物理和化学性质，并常具有常规材料没有的优越特性。这里仅针对其中的金属离子探针做详细的介绍。

首先是基于显色反应的纳米金属离子探针。如图 4-5 所示，由于纳米颗粒表面相互的等离子偶联，当合适大小的金属纳米粒子富集时会发生可视的颜色改变。以金纳米粒子为例，当它富集时会发生从红色到蓝色的颜色变化（Srivastava et al.，2005）。结合纳米材料的这一特点，2001 年，Hupp 等利用 11-巯基-癸酸（MUA）装配的金纳米颗粒构建了可以检测重金属离子的探针，其驱动力是重金属离子和其受体的螯合，当溶液中存在 Pb^{2+}、Cd^{2+} 和 Hg^{2+} 均有响应，但对 Zn^{2+} 没有响应，体现出了较好的选择性（Kim et al.，2001）。

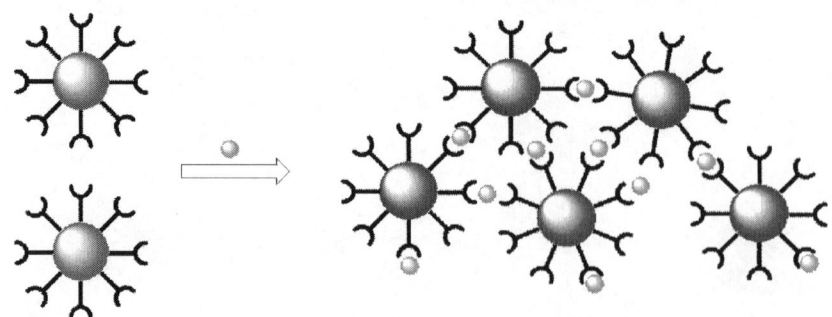

图 4-5 基于显色反应的纳米金属离子探针设计原理（文后附彩图）

2002 年，Chen 等以含有 15-冠-5 基团的金纳米颗粒作为 K^+ 的探针，其复合物形态为 2∶1 的三明治结构。这一纳米探针在 Li^+、Cs^+、NH_4^+、

Mg^{2+}、Ca^{2+}等其他阳离子存在的情况下仍然能够很好地识别 K^+（Lin et al.，2001）。这一探针的设计思路此后也被用于 Pb^{2+} 的检测（Lin et al.，2006）。利用硫辛酸中羧酸基团的负电可以增加 K^+ 的识别，该组又通过硫辛酸和冠硫醇对这一探针进行了优化并使用含有 12-冠-4 的颗粒将探测扩展到 Na^+ 上（Lin et al.，2005）。同一时间，利用这一原理设计开发的 Li^+ 和 Ca^{2+} 探针也相继被报道（Obare et al.，2002；Reynolds et al.，2006）。

除去小分子化合物，核酸也能够被用来完成纳米探针的组装。2007 年，Mirkin 等利用 DNA 修饰的金纳米颗粒对 Hg^{2+} 进行检测，如图 4-6 所示，其原理是利用 T 碱基和 Hg^{2+} 的特异性结合达到使金纳米颗粒富集并使颜色改变，其灵敏度可达纳摩尔级（Lee et al.，2007）。基于 DNAzyme 的纳米探针在前面"核酸探针研究进展"一节已有详细描述，在此不再赘述。

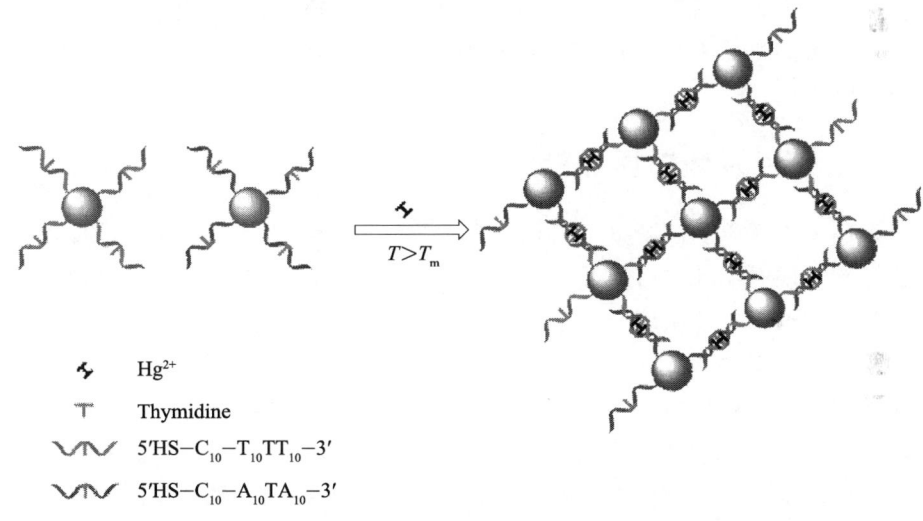

图 4-6 利用 DNA 修饰的金纳米颗粒对 Hg^{2+} 的检测（文后附彩图）

第二类是基于荧光信号的纳米金属离子探针。由于金属纳米颗粒具有很高的分子消光系数和较宽的能量带宽，在基于 FRET 的测定中，它是一类很好的淬灭剂。2002 年，Huang 和 Murray 报道了阴离子硫普罗宁包裹的金纳米颗粒可以淬灭 $[Ru(bpy)_3]^{3+}$ 的荧光。2005 年，Zhu 等使用二吡啶基芘桥连金纳米颗粒，发展了基于 FRET 的 Cu^{2+} 探针。当 Cu^{2+} 取代二吡啶基与金纳米颗粒作用时，被淬灭的芘会重新发出荧光（Chen et al.，2005）。2006 年，Huang 和 Chang 测试了罗丹明 B 吸收的金纳米颗粒系统对于离子的选择性，发现其对于 Hg^{2+} 的选择性约是 Pb^{2+}、Cd^{2+} 和 Co^{2+} 等金属离子的 50 倍。同样是 2006 年，Thomas 等则使用同样原理制作了检测碱土金属和过渡态金属的磷光性探针（Ipe et al., 2006）。

中国科学院长春应用化学研究所的曲晓刚教授组于 2012 年报道了通过将未改性的碳纳米颗粒点作为新的环境友好型探针用于检测 Hg^{2+}，Hg^{2+} 通过有效的电子传递可以淬灭荧光，从而实现检测的目的。2013 年，该研究组又将石墨烯半导体量子点用于检测 Ag^+，石墨烯半导体量子点作为荧光指示器。当无 Ag^+ 存在时，显示强的蓝色发射荧光，当石墨烯半导体量子点通过静电作用吸附 Ag^+ 后，由于 AgNPs/GQDs 杂化，会发生荧光淬灭（Zhou et al., 2012；Ran et al., 2013）。

南京大学的李根喜教授组则采用电化学的方法，并结合其他一些生物学、化学手段，通过对电极表面进行功能修饰，发展新型生物传感器。2009 年，该研究组报道了通过使用 Hg^{2+} 的特异性富含 T 的 5′端硫醇化寡核苷酸探针及金纳米粒子制备两种 Hg^{2+} 的高敏感性电化学传感器。对 Hg^{2+} 的检测灵敏度高，方法简单、方便，可用于饮用水的检测（Miao et al., 2009；Zhu et al., 2009）。

四、多肽及蛋白质探针

多肽类金属离子探针是一系列利用金属离子对多肽的特异识别并转换输出信号来实现对样品中目标金属离子检测的方法。Deo 和 Godwin（1999）报道了一种可以选择性识别 Pb^{2+} 的荧光探针。这种探针通过荧光染料（Dansyl 或 DNS）与一段四肽（ECEE，E 为谷氨酸，C 为半胱氨酸）相连。由于这段四肽的侧链含有可以特异识别 Pb^{2+} 的官能团，因此当遇到溶液中的 Pb^{2+} 时，DNS-ECEE 的最大发射峰会从 557 纳米到 510 纳米有一个显著的位移，从而可以比率计量地选择性检测 Pb^{2+}。另外，多肽的选择性切割在分子生物学和生物化学中也有着很多应用，其中很多肽酶都是金属酶，因此金属和金属配合物可以有效地促进或催化目标短肽的肽键水解（Rana and Meares, 1991；Milović et al., 2003；Kassai et al., 2004）。有文献报道，金属离子通过协助极化肽羰基促使他转移到细胞内的羟基上，进而促进了 Xaa-Ser 之间的肽键水解（Yashiro et al., 2003）。Bal 等设计建立了一系列针对 Ni^{2+} 参与的特异性切割多肽序列的筛选方案，并通过筛选获得了一些水解活性很高的多肽序列（Kopera et al., 2010；Krężel et al., 2010）。根据这些多肽序列，Lv 和 Luo（2012）设计了一种基于肽酶特异性切割多肽酰胺键机制的 Ni^{2+} 荧光探针，该荧光探针在水溶液中也表现出较高的灵敏度和较好的选择性。总体上看，多肽类金属离子探针目前研究的成果并不是很多，具有较大发展潜力。

近年来，随着生物体内的金属特异结合蛋白家族的发现，基于蛋白质来设计探针以达到对某种金属离子的特异性识别的检测方法迅速崛起。该类方法检测灵敏度高、特异性强，可以在生物体系内实时原位地定量检测目标金属离子。众所周知，由于很多重金属离子的电子层、结构、价态等物理和化学性质极为接近，通过传统手段已很难设计出选择性很强，能够仅特异识别某种重金属离子的化学试剂。与此相反，自然界中存在有多种选择性极高、对金属离子特异识别性极强的金属蛋白质。铁、铜、锌等重金属离子是自然界微生物赖以生存的物质基础，而对于铅、镉、汞、金、银等有毒重金属离子富集的环境，微生物必须具备识别和排异这类重金属离子的能力才可以生存下来。因此，经过亿万年的进化选择，很多微生物都具备了相应的金属调控蛋白，用以检测和调节各种金属离子在体内的含量。这些金属蛋白对金属离子的特异结合能力远远超过了化学家所能设计的极限。

例如，美国 Johns Hopkins 大学的 Berg 教授和美国加州理工大学的 Godwin 教授开发出了基于锌指蛋白的锌离子生物传感器（Godwin and Berg，1996）。美国麻省理工大学的 Imperiali 教授也通过类似的方法开发出了基于多肽片段的锌离子生物传感器（Walkup and Imperiali，1996）。利用绿色荧光蛋白而开发的 FRET 型重金属离子传感器也应用于重金属离子如锌离子的检测（van Dongen et al.，2006；Jensen et al.，2001）。

美国芝加哥大学的何川教授利用 MerR 族蛋白，不仅开发出了 MerR-特异识别汞（Ⅱ）、PbrR-特异识别铅（Ⅱ）（图 4-7）、MarR-特异识别镉（Ⅱ）的有毒重金属生物传感器，还开发出了可以区分铜（Ⅰ）、银（Ⅰ）、金（Ⅰ）的重金属生物传感器。这些生物传感器能够对纳摩数量级的相应金属离子进行检测，目标离子与其最接近的背景离子的选择性都在 200 倍以上，有些甚至超过了 1000 倍（Chen et al.，2005；Chen and He，2003，2008；Wegner et al.，2007）。这些蛋白质水平金属离子生物传感器的开发，实现了多种金属离子的灵敏、特异、实时和快速检测，其性能大大超越了现有的检测方式。

MerR 蛋白家族的成员就是一类来源于微生物的金属离子结合蛋白。它们是原核生物的转录调节因子，具有类似的结构和功能：一般可以识别环境中特定的一种或几种金属离子，或者是小分子化合物等其他类型的外界刺激，然后与 DNA 结合，激活相应的操纵子。该家族中最先被发现的 MerR 蛋白通过调控其下游的 *mer* 操纵子实现对环境中汞金属离子的识别和排异。随后又有其他一些 MerR 族蛋白的不同成员在不同种属的细菌中被发现，它们分

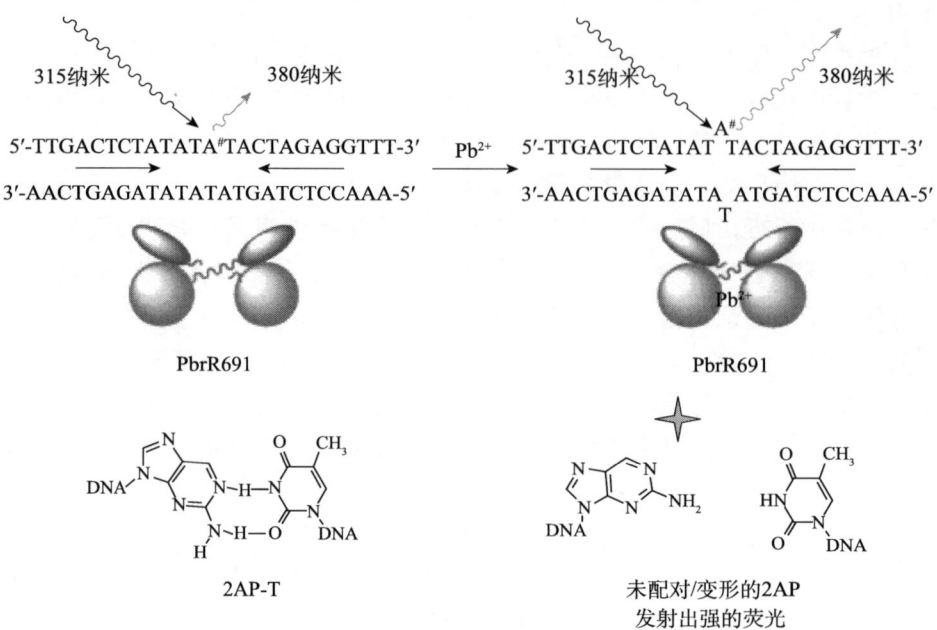

图 4-7 基于 PbrR 蛋白开发的铅离子探针

别能够特异性识别某种金属离子，包括 Hg^{2+}、Cu^{2+}、Pb^{2+}、Au^+、Cd^{2+}、Zn^{2+}、Co^{2+}、Ag^+ 等。研究表明，MerR 蛋白包括有保守的 N 端 DNA 结合区和 C 端调控因子（一般为金属离子）结合区，中间由一根较长的 α 螺旋连接并介导该蛋白质的二体化。MerR 家族成员的转录调控原理是在金属离子等外界影响因素的作用下，蛋白质与 DNA 结合并导致其扭曲的过程（Boal and Rosenzweig，2009；Hobman，2007）。因此这类基于 MerR 族金属蛋白构建的金属离子传感器，不仅在体外可以很好地检测目标金属离子，而且可以通过在细胞中的重组表达，对细胞内的金属离子浓度变化进行实时原位的检测。

五、全细胞水平探针

生物体系中的金属离子探针经过多年来的持续发展，无论是化学合成的小分子探针、纳米探针、多肽探针还是与生物大分子组合构建的核酸探针和蛋白质探针，已经能够很好对生物体内外的金属离子进行高效特异性地检测。然而，由于上述这些探针在自然环境中的稳定性不够，不宜长时间保存，对反应条件有一定的要求，因此很难大量适用于对自然环境中的金属离子尤其是有毒有害的重金属离子进行持续有效的监控。

于是研究者将目光投向了全细胞水平的金属离子探针开发。微生物细胞易培养，对环境耐受力强，具有良好的生物安全性，且对其进行分子操作的技术已经发展得非常成熟（Robbens et al.，2010；van der Meer and Belkin，2010；Wanekaya et al.，2008）。构建这类全细胞金属离子探针的基本策略是将一个感知/报告单元（简单来说，通常是一个转录调控因子和受其控制的启动子）与一个可以提供稳定可计量输出信号的启动子报告基因相连接。其中最常用的报告基因类型为：编码绿色荧光蛋白的基因（gfp）、编码光致发光功能团的 lux，以及来源于萤火虫的编码荧光素酶基因（luc）（van der Meer and Belkin，2010；Harms，2007）。近年来，通过基因工程改造的一系列全细胞工程菌株陆续被开发出来用作对环境样本中重金属离子和类金属离子进行检测，如 Hg、Cr、As、Cd、Pb、Ni、Co、Zn 和 Cu（Harms，2007；Hynninen and Virta，2010；Magrisso et al.，2008）。这些生物金属离子探针中，其金属离子响应单元都是来源于对某一种金属离子有天然耐受性的微生物菌株，大多数都依赖于 MerR 族或 ArsR/SmtB 族调控因子。在基于 MerR 族调控因子设计的全细胞生物金属离子探针中，金属离子通过与目标 DNA 的结合引起蛋白质/DNA 复合体的构象变化从而启动下游报告基因的转录表达（Brown et al.，2003；Ma et al.，2009）。而此类金属离子探针的选择性和灵敏度就有赖于调控单元与金属离子的结合性质及感知蛋白对相似信号的区分能力。例如，Jouanneau 等（2011）报道了其构建的 4 种生物发光工程菌可用来识别检测环境样本中的重金属离子，如 Hg、As、Cd、Pb 等，其检测下限可以达到纳摩尔的水平。

而实际上，在早期研究中，大多数基于 MerR 族调控因子设计的全细胞生物金属离子探针都表现出很高的灵敏度，但是由于感知蛋白可能会与一系列的相关蛋白质产生交叉反应，这些探针的选择性都不是特别理想（Harms，2007；Hynninen and Virta，2010；Magrisso et al.，2008）。例如，有报道的基于 MerR 族一价金属蛋白——CurR 构建的铜离子探针就在能够检测 Cu^+ 的同时，对 Ag^+ 和 Au^+ 也有很好地识别，这就使得这些全细胞生物金属离子探针很难适应实际应用（Charrier et al.，2011；Hakkila et al.，2004；Riether et al.，2001；Stoyanov and Brown，2003）。

直到最近，在 *Salmonella enterica serovar typhimurium*（*S. typhimurium*）中发现了一种与 CueR 蛋白同源的转录调控因子——GolS 蛋白，其能够很好地将 Au 从 Ag 和 Cu 中选择性识别出来（Checa and Soncini，2011；Checa, et al.，2007）。2012 年，南京大学赵劲教授课题组通过将 GolS 蛋白及其上下游启动子与红色荧光蛋白组合，构建了首个全细胞微生物金属离子探针，如图 4-8 所示，其不仅灵敏度高，能够实现对纳摩尔级金属离子浓度的检测，其选择性也很高，通过肉眼观察就能够很好地识别，省去了使用分光光度计、荧光仪等设备的不便。同时，该研究组还将首次将 BioBrick 技术引入全细胞生物金属离子探针的构建中，使得此类探针的构建模式化，较以往的化学合成法更加快捷简便（Wei et al.，2012，2014）。

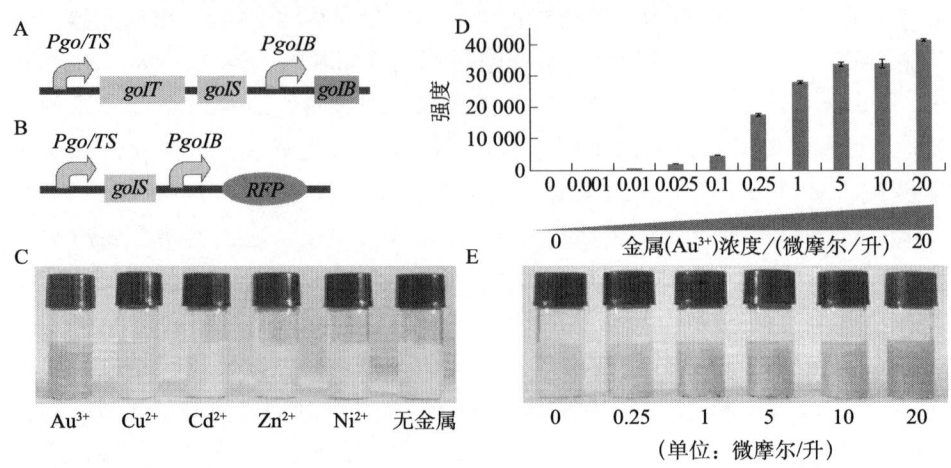

图 4-8　基于 GolS 调控系统开发的全细胞金离子探针（文后附彩图）

第二节　金属离子探针在化学生物学领域的展望

以上简单回顾了金属离子探针的发展过程及在不同研究领域的进展，随着研究的不断深入，对金属离子探针的要求也在不断提高，无论是在化学小分子探针领域，还是在以核酸、蛋白质为基础的生物大分子探针领域，如果仍然坚持已有的经典设计思路，已经很难满足日益变化发展的科研需求。例如，现在对于金属离子荧光探针在体内成像时的对比度，灵敏度等要求越来越高，就需要研究者更多地考虑利用配合物的近红外光谱特性，双光子的可激发性及更加良好的水溶性。同时还必须考虑金属离子探针如何更好地与其他成像技术如磁共振技术（NMR）、单光子发射计算机断层扫描（SPECT）和正电子发射断层扫描（PET）成像等相结合，为金属离子探针在体内成像和临床影像学上的实际应用提供更多的依据（Liu et al.，2013）。因此，集合各类金属离子探针的设计思路，博采众家之所长是未来金属离子探针研发的必经之路。

近年来，随着我国经济建设的迅猛发展，对重金属的开采、冶炼、加工及商业制造活动日益增多，造成不少重金属如铅、镉、汞、铬等进入大气、水、土壤中，引发了一系列严重的污染事件，对生态环境造成了极大的危害。在这样的背景下，2011年初国务院就批复了《重金属污染综合防治"十二五"规划》，使其成为我国第一个"十二五"专项规划。人们不仅要在微观科研领域继续开发实用的金属离子探针，还需要将这些高效的金属离子检测手段应用到宏观的环境监测与保护领域中去。以往一直被忽视而近年来在化学生物学与环境科学的交叉领域逐渐被研究者所重视的全细胞生物金属离子探针，其既继承了传统金属离子探针灵敏度高、选择性好的优点，又兼顾了微生物细胞环境耐受力强、生物安全的特点，将会是未来非常值得关注的研究方向。

参考文献

刘磊，陈鹏，赵劲，等. 2010. 化学生物学基础. 北京：科学出版社：88-90.

Boal AK, Rosenzweig AC. 2009. Structural biology of copper trafficking. Chem Rev, 109 (10): 4760-4779.

Brown NL, Stoyanov JV, Kidd SP, et al. 2003. The MerR family of transcriptional regulators. FEMS Microbiol Rev, 27 (2-3): 145-163.

Chae MY, Czarnik AW. 1992. Fluorometric chemodosimetry mercury (Ⅱ) and silver (Ⅰ) indication in water via enhanced fluorescence signaling. J Am Chem Soc, 114 (24): 9704-9705.

Charrier T, Chapeau C, Bendria L, et al. 2011. A multi-channel bioluminescent bacterial biosensor for the on-line detection of metals and toxicity. Part Ⅱ: technical development and proof of concept of the biosensor. Anal Bioanal Chem, 400 (4): 1061-1070.

Checa SK, Espariz M, Audero ME, et al. 2007. Bacterial sensing of and resistance to gold salts. Mol Microbiol, 63 (5): 1307-1318.

Checa SK, Soncini FC. 2011. Bacterial gold sensing and resistance. Biometals, 24 (3): 419-427.

Chen P, Greenberg B, Taghavi S, et al. 2005. An exceptionally selective lead (Ⅱ) -regulatory protein from Ralstonia metallidurans: development of a fluorescent lead (Ⅱ) probe. Angew Chem Int Ed, 117 (18): 2775-2779.

Chen P, He C. 2003. A general strategy to convert the MerR family proteins into highly sensitive and selective fluorescent biosensors for metal ions. J Am Chem Soc, 126 (3): 728-729.

Chen PR, He C. 2008. Selective recognition of metal ions by metalloregulatory proteins. Curr

Opin Chem Biol, 12 (2): 214-221.

Cui L, Zhu W, Xu Y, et al. 2013. A novel ratiometric sensor for the fast detection of palladium species with large red-shift and high resolution both in aqueous solution and solid state. Anal Chim Acta, 786: 139-145.

Cuthbertson G, Grose C. 1988. Biotinylated and radioactive DNA probes for detection of varicella-zoster virus genome in infected human cells. Mol Cell Probes, 2 (3): 197-207.

Deo S, Godwin H A. 1999. A selective Ratiometric Fluorescent Sensor for Pb^{2+}. J Am Chem Soc, 122 (1): 174-175.

Domaille DW, Que EL, Chang CJ. 2008. Synthetic fluorescent sensors for studying the cell biology of metals. Nat Chem Biol, 4 (3): 168-175.

Dujols V, Ford F, Czarnik AW. 1997. A long-wavelength fluorescent chemodosimeter selective for Cu (II) ion in water. J Am Chem Soc, 119 (31): 7386-7387.

Garner AL, Koide K. 2008. Oxidation state-specific fluorescent method for palladium (II) and platinum (IV) based on the catalyzed aromatic claisen rearrangement. J Am Chem Soc, 130 (49): 16472-16473.

Garner AL, Koide K. 2009. Studies of a fluorogenic probe for palladium and platinum leading to a palladium-specific detection method. Chem Commun (Camb), (1): 86-88.

Gellert M, Lipsett MN, Davies DR. 1962. Helix formation by guanylic acid. Proc Natl Acad Sci USA, 48: 2013-2018.

Godwin HA, Berg JM. 1996. A fluorescent zinc probe based on metal-induced peptide folding. J Am Chem Soc, 118 (27): 6514-6515.

Grynkiewicz G, Poenie M, Tsien RY. 1985. A new generation of Ca^{2+} indicators with greatly improved fluorescence properties. J Biol Chem, 260 (6): 3440-3450.

Gunnlaugsson T, Clive Lee T, Parkesh R. 2004. Highly selective fluorescent chemosensors for cadmium in water. Tetrahedron, 60 (49): 11239-11249.

Guo L, Nie D, Qiu C, et al. 2012. A G-quadruplex based label-free fluorescent biosensor for lead ion. Biosens Bioelectron, 35 (1): 123-127.

Hakkila K, Green T, Leskinen P, et al. 2004. Detection of bioavailable heavy metals in EILATox-Oregon samples using whole-cell luminescent bacterial sensors in suspension or immobilized onto fibre-optic tips. J Appl Toxicol, 24 (5): 333-342.

Harms H. 2007. Biosensing of heavy metals. In: Nies D, Silver S. Molecular Microbiology of Heavy Metals. Berlin Heidelberg: Springer: 143-157.

He JL, Wu ZS, Zhou H, et al. 2010. Fluorescence aptameric sensor for strand displacement amplification detection of cocaine. Anal Chem, 82 (4): 1358-1364.

He Q, Miller EW, Wong AP, et al. 2006. A selective fluorescent sensor for detecting lead in living cells. J Am Chem Soc, 128 (29): 9316-9317.

Hobman JL. 2007. MerR family transcription activators: similar designs, different specificities. Mol Microbiol, 63 (5): 1275-1278.

Huang CC, Chang HT. 2006. Selective gold-nanoparticle-based "Turn-On" fluorescent sensors for detection of mercury (Ⅱ) in aqueous solution. Anal Chem, 78 (24): 8332-8338.

Huang K, Yang H, Zhou Z, et al. 2008. Multisignal chemosensor for Cr (3+) and its application in bioimaging. Org Lett, 10 (12): 2557-2560.

Huang T, Murray RW. 2002. Quenching of [Ru (bpy) 3]$^{2+}$ fluorescence by binding to Au nanoparticles. Langmuir, 18 (18): 7077-7081.

Hynninen A, Virta M. 2010. Whole-cell bioreporters for the detection of bioavailable metals. Adv Biochem Eng Biotechnol, 118: 31-63.

Ipe BI, Yoosaf K, Thomas KG. 2006. Functionalized gold nanoparticles as phosphorescent nanomaterials and sensors. J Am Chem Soc, 128 (6): 1907-1913.

Jensen KK, Martini L, Schwartz TW. 2001. Enhanced fluorescence resonance energy transfer between spectral variants of green fluorescent protein through zinc-site engineering. Biochemistry, 40 (4): 938-945.

Jouanneau S, Durand MJ, Courcoux P, et al. 2011. Improvement of the identification of four heavy metals in environmental samples by using predictive decision tree models coupled with a set of five bioluminescent bacteria. Environ Sci Technol, 45 (7): 2925-2931.

Kassai M, Ravi RG, Shealy SJ, et al. 2004. Unprecedented acceleration of zirconium (Ⅳ) -assisted peptide hydrolysis at neutral pH. Inorg Chem, 43 (20): 6130-6132.

Kim HN, Lee MH, Kim HJ, et al. 2008. A new trend in rhodamine-based chemosensors: application of spirolactam ring-opening to sensing ions. Chem Soc Rev, 37 (8): 1465-1472.

Kim Y, Johnson RC, Hupp JT. 2001. Gold nanoparticle-based sensing of "spectroscopically silent" heavy metal ions. Nano Letters, 1 (4): 165-167.

Kobayashi H, Ogawa M, Alford R, et al. 2010. New strategies for fluorescent probe design in medical diagnostic imaging. Chem Rev, 110 (5): 2620-2640.

Kopera E, Krężel A, Protas AM, et al. 2010. Sequence-specific Ni (Ⅱ) -dependent peptide bond hydrolysis for protein engineering: reaction conditions and molecular mechanism. Inorg Chem, 49 (14): 6636-6645.

Krężel A, Kopera E, Protas AM, et al. 2010. Sequence-specific Ni (Ⅱ) -dependent peptide bond hydrolysis for protein engineering. combinatorial library determination of optimal sequences. J Am Chem Soc, 132 (10): 3355-3366.

Lee JS, Han MS, Mirkin CA. 2007. Colorimetric detection of mercuric ion (Hg^{2+}) in aqueous media using DNA-functionalized gold nanoparticles. Angew Chem Int Ed, 46 (22): 4093-4096.

Liao GL, Chen X, Ji LN, et al. 2012. Visual specific luminescent probing of hybrid G-quadruplex DNA by a ruthenium polypyridyl complex. Chem Commun (Camb), 48 (87): 10781-10783.

Li J, Lu Y. 2000. A highly sensitive and selective catalytic DNA biosensor for lead ions. J Am Chem Soc, 122 (42): 10466-10467.

Lin SY, Chen CH, Lin MC, et al. 2005. A cooperative effect of bifunctionalized nanoparticles on recognition: sensing alkali ions by crown and carboxylate coieties in aqueous media. Anal Chem, 77 (15): 4821-4828.

Lin SY, Liu SW, Lin CM, et al. 2001. Recognition of potassium ion in water by 15-crown-5 functionalized gold nanoparticles. Anal Chem, 74 (2): 330-335.

Lin SY, Wu SH, Chen CH. 2006. A simple strategy for prompt visual sensing by gold nanoparticles: general applications of interparticle hydrogen bonds. Angew Chem Int Ed, 45 (30): 4948-4951.

Lin YH, Tseng WL. 2009. Highly sensitive and selective detection of silver ions and silver nanoparticles in aqueous solution using an oligonucleotide-based fluorogenic probe. Chem Commun (Camb), (43): 6619-6621.

Li P, Fang L, Zhou H, et al. 2011. A new ratiometric fluorescent probe for detection of Fe (2+) with high sensitivity and its intracellular imaging applications. Chemistry, 17 (38): 10520-10523.

Li P, Zhou H, Tang B. 2012. A lysosomal-targeted fluorescent probe for detecting Cu^{2+}. J Photoch Photobio A, 249 (1): 36-40.

Liu H, Wang H, Shi Z, et al. 2006. TaqMan probe array for quantitative detection of DNA targets. Nucleic Acids Research, 34 (1): e4.

Liu Z, He W, Guo Z. 2013. Metal coordination in photoluminescent sensing. Chem Soc Rev, 42 (4): 1568-1600.

Liu Z, Zhang C, Li Y, et al. 2009. A Zn^{2+} fluorescent sensor derived from 2- (pyridin-2-yl) benzoimidazole with ratiometric sensing potential. Org Lett, 11 (4): 795-798.

Lu Y. 2002. New transition-metal-dependent DNAzymes as efficient endonucleases and as selective metal biosensors. Chem-Eur J, 8 (20): 4588-4596.

Lv XL, Luo SZ. 2012. A fluorescence chemosensor based on peptidase for detecting nickel (Ⅱ) with high selectivity and high sensitivity. Anal Bioanal Chem, 402 (9): 2999-3002.

Magrisso S, Erel Y, Belkin S. 2008. Microbial reporters of metal bioavailability. Microb Biotechnol, 1 (4): 320-330.

Ma Z, Jacobsen FE, Giedroc DP. 2009. Coordination chemistry of bacterial metal transport and sensing. Chem Rev, 109 (10): 4644-4681.

Miao P, Liu L, Li Y, et al. 2009. A novel electrochemical method to detect mercury (Ⅱ) ions. Electrochem Commun, 11 (10): 1904-1907.

Milović NM, Badjić JD, Kostić NM. 2003. Conjugate of palladium (Ⅱ) complex and β-cyclodextrin acts as a biomimetic peptidase. J Am Chem Soc, 126 (3): 696-697.

Nolan EM, Lippard SJ. 2003. A "turn-on" fluorescent sensor for the selective detection of mercuric ion in aqueous media. J Am Chem Soc, 125 (47): 14270-14271.

Nolan EM, Lippard SJ. 2007. Turn-on and ratiometric mercury sensing in water with a red-emitting probe. J Am Chem Soc, 129 (18): 5910-5918.

Nolan EM, Racine ME, Lippard SJ. 2006. Selective Hg (Ⅱ) detection in aqueous solution with thiol derivatized fluoresceins. Inorg Chem, 45 (6): 2742-2749.

Obare SO, Hollowell RE, Murphy CJ. 2002. Sensing strategy for lithium ion based on gold nanoparticles. Langmuir, 18 (26): 10407-10410.

Ono A, Togashi H. 2004. Highly selective oligonucleotide-based sensor for mercury (Ⅱ) in aqueous solutions. Angew Chem Int Ed Engl, 43 (33): 4300-4302.

Qian F, Zhang C, Zhang Y, et al. 2009. Visible light excitable Zn^{2+} fluorescent sensor derived from an intramolecular charge transfer fluorophore and its *in vitro* and *in vivo* application. J Am Chem Soc, 131 (4): 1460-1468.

Qin H, Ren J, Wang J, et al. 2010. G-quadruplex facilitated turn-off fluorescent chemosensor for selective detection of cupric ion. Chem Commun (Camb), 46 (39): 7385-7387.

Raju R, Subramaniam SV. 1994. Multivalent RNA probes and their use in the quantitation of multiple and non-homologous RNA species immobilized onto nylon membranes. Nucleic Acids Res, 22 (15): 3249-3250.

Rana TM, Meares CF. 1991. Iron chelate mediated proteolysis: protein structure dependence. J Am Chem Soc, 113 (5): 1859-1861.

Ran X, Sun H, Pu F, et al. 2013. Ag nanoparticle-decorated graphene quantum dots for label-free, rapid and sensitive detection of Ag^+ and biothiols. Chem Commun (Camb), 49 (11): 1079-1081.

Reynolds AJ, Haines AH, Russell DA. 2006. Gold glyconanoparticles for mimics and measurement of metal ion-mediated carbohydrate-carbohydrate interactions. Langmuir, 22 (3): 1156-1163.

Riether KB, Dollard MA, Billard P. 2001. Assessment of heavy metal bioavailability using Escherichia coli zntAp:: lux and copAp:: lux-based biosensors. Appl Microbiol Biotechnol, 57 (5-6): 712-716.

Robbens J, Dardenne F, Devriese L, et al. 2010. *Escherichia coli* as a bioreporter in ecotoxicology. Appl Microbiol Biotechnol, 88 (5): 1007-1025.

Ruan YB, Li C, Tang J, et al. 2010. Highly sensitive naked-eye and fluorescence "turn-on" detection of Cu (2+) using Fenton reaction assisted signal amplification. Chem Commun (Camb), 46 (48): 9220-9222.

Sapsford K E, Berti L, Medintz IL. 2006. Materials for fluorescence resonance energy transfer analysis: beyond traditional donor-acceptor combinations. Angew. Chem Int Ed Engl,

45（28）：4562-4589.

Sreenath K, Allen JR, Davidson MW, et al. 2011. A FRET-based indicator for imaging mitochondrial zinc ions. Chem Commun (Camb), 47 (42)：11730-11732.

Srivastava S, Frankamp BL, Rotello VM. 2005. Controlled plasmon resonance of gold nanoparticles self-assembled with PAMAM dendrimers. Chem Mat, 17 (3)：487-490.

Stoyanov JV, Brown NL. 2003. The *Escherichia coli* copper-responsive copA promoter is activated by gold. J Biol Chem, 278 (3)：1407-1410.

Taki M, Iyoshi S, Ojida A, et al. 2010. Development of highly sensitive fluorescent probes for detection of intracellular copper (Ⅰ) in living systems. J Am Chem Soc, 132 (17)：5938-5939.

Terai T, Nagano T. 2008. Fluorescent probes for bioimaging applications. Curr Opin Chem Biol, 12 (5)：515-521.

Tsien RY. 1988. Fluorescence measurement and photochemical manipulation of cytosolic free calcium. Trends Neurosci, 11 (10)：419-424.

Tsien RY. 1998. The green fluorescent protein. Annu Rev Biochem, 67：509-544.

Ueyama H, Takagi M, Takenaka S. 2002. A novel potassium sensing in aqueous media with a synthetic oligonucleotide derivative fluorescence resonance energy transfer associated with Guanine quartet-potassium ion complex formation. J Am Chem Soc, 124 (48)：14286-14287.

van der Meer JR, Belkin S. 2010. Where microbiology meets microengineering: design and applications of reporter bacteria. Nat Rev Microbiol, 8 (7)：511-522.

van Dongen EMWM, Dekkers LM, Spijker K, et al. 2006. Ratiometric fluorescent sensor proteins with subnanomolar affinity for Zn (Ⅱ) based on copper chaperone domains. J Am Chem Soc, 128 (33)：10754-10762.

Walkup GK, Imperiali B. 1996. Design and evaluation of a peptidyl fluorescent chemosensor for divalent zinc. J Am Chem Soc, 118 (12)：3053-3054.

Wanekaya AK, Chen W, Mulchandani A. 2008. Recent biosensing developments in environmental security. J Environ Monit, 10 (6)：703-712.

Watson JD, Crick FH. 1953. Genetical implications of the structure of deoxyribonucleic acid. Nature, 171 (4361)：964-967.

Wegner SV, Okesli A, Chen P, et al. 2007. Design of an emission ratiometric biosensor from MerR family proteins: a sensitive and selective sensor for Hg^{2+}. J Am Chem Soc, 129 (12)：3474-3475.

Wei W, Liu X, Sun P, et al. 2014. Simple whole-cell biodetection and bioremediation of heavy metals based on an engineered lead-specific operon. Environ Sci Technol, 48 (6)：3363-3371.

Wei W, Zhu T, Wang Y, et al. 2012. Engineering a gold-specific regulon for cell-based visual detection and recovery of gold. Chem Sci, 3 (6): 1780-1784.

Weng J, Mei Q, Zhang B, et al. 2013. Multi-functional fluorescent probe for Hg^{2+}, Cu^{2+} and ClO^- based on a pyrimidin-4-yl phenothiazine derivative. Analyst, 138 (21): 6607-6616.

Xiang Y, Lu Y. 2011. Using personal glucose meters and functional DNA sensors to quantify a variety of analytical targets. Nat Chem, 3 (9): 697-703.

Yang L, McRae R, Henary MM, et al. 2005. Imaging of the intracellular topography of copper with a fluorescent sensor and by synchrotron X-ray fluorescence microscopy. Proc. Natl Acad Sci USA, 102 (32): 11179-11184.

Yashiro M, Sonobe Y, Yamamura A, et al. 2003. Metal-ion-assisted hydrolysis of dipeptides involving a serine residue in a neutral aqueous solution. Org Biomol Chem, 1 (4): 629-632.

Zhao Y, Lv X, Liu Y, et al. 2012. The emission enhancement of the NIR distyryl Bodipy dyes by the indirect $S_0 \rightarrow S_2$ excitation and their application towards a Hg^{2+} probe. J Mater Chem, 22 (23): 11475-11478.

Zhou L, Lin Y, Huang Z, et al. 2012. Carbon nanodots as fluorescence probes for rapid, sensitive, and label-free detection of Hg^{2+} and biothiols in complex matrices. Chem Commun (Camb), 48 (8): 1147-1149.

Zhou Z, Yu M, Yang H, et al. 2008. FRET-based sensor for imaging chromium (Ⅲ) in living cells. Chem Commun (Camb), (29): 3387-3389.

Zhu Z, Su Y, Li J, et al. 2009. Highly sensitive electrochemical sensor for mercury (Ⅱ) ions by using a mercury-specific oligonucleotide probe and gold nanoparticle-based amplification. Anal Chem, 81 (18): 7660-7666.

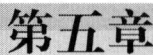

第五章
微量元素的化学生物学

化学与生物学、医学的交叉曾经诞生了众多新的学科分支。随着化学的进一步发展和成熟,以及生物学与医学科学研究的积累和需求,这些学科分支又逐渐走向更深层次、更全面的交叉和融合。微量元素化学生物学即是化学与生物学分支学科的交叉、融合所产生的一个新的研究领域。它主要研究微量元素在细胞层次的物种和存在状态、转化和分布、内稳态调控及其对细胞网络的参与和干预,以探测细胞响应的规律,发现可干预的病理环节,为新药理作用和新药的发现提供基础。

第一节 微量元素化学生物学的发展历程

从早期营养学家研究必需元素的功能和流行病学家研究它们与疾病的关系,发展到目前基于化学生物学研究微量元素对生理、病理、药理过程的参与和干预,大约经历了80年。在此过程中,一些重要结果曾几次在化学与生物学界面上引发突破性进展,推动了化学和生命科学的融合和发展。

第一次突破性进展是认识到维持生命不仅需要各种有机物,还需要特定的金属物种,特别是那些含量很少起着调控作用的必需微量元素(应该也包括含量更少的痕迹量元素,下面概括为微量元素)。如果追溯历史,早在17世纪就发现铁的生物必需性。但是,直到20世纪中期,三位先驱者,Schroeder、Schwarz和Schrauzer做了大量开拓性工作才把必需微量元素生物功能研究拓展到生物学和化学界面上来。在20世纪30年代,Schroeder研究必需微量金属，发现了铬的必需性。到 90 年代，他转而研究环境中非必需微量金属对生命的影响。他的两本重要著作代表了营养学家研究微量元素的必需性和毒性的思路、方法和结果（Schroeder，1973，1994）。20 世纪 70 年代，Schwarz 提出必需性指标，建立了研究微量金属必需性的动物实验方法，发现了硒的生物必需性和缺硒相关疾病。他曾经与于维汉共同研究我国克山病与地方性缺硒的关系（Wallach et al.，1990）。继而 Schrauzer 接续 Schwarz 研究缺硒与肿瘤发病率的关系，提出补硒防癌的策略（Schrauzer，2000）。基于上述观点，中国医学科学院肿瘤研究所与美国国立癌症研究所曾在我国食管癌高发区河南林县进行过 6 年的干预研究，取得了一系列有重要影响的成果。这些以流行病学方法研究环境和饮食中微量元素与疾病发生发展的关系构成了一个研究模式。20 世纪七八十年代，微量元素与疾病的关系成为热点研究领域，一直吸引大量研究者。代表性刊物为《生物微量元素研究》（*Biological Trace Element Research*）和《医学和生物学微量元素杂志》（*Journal of Trace Elements in Medicine and Biology*）。但是，营养学和流行病、地方病研究注重在人群调查和动物实验中寻找相关性，不涉及作用机制。与之互补，为探究某些生命必需元素的作用机制和化学基础，几乎同时，化学家开始利用生物配位化学和结构化学的概念和方法研究金属酶/金属蛋白的结构与功能的关系；揭示活性中心结构中金属原子的基本性质和配位环境与功能的关系。铁在血红蛋白运输氧气中核心功能的阐明即为其典型范例。这些开创性研究构建了当时生物无机化学研究的经典范式。在早年《生物无机化学杂志》（*Journal of Biological Inorganic Chemistry*）和《无机生物化学杂志》（*Journal of Inorganic Biochemistry*）上发表的论文多属于此类研究，迄今对于金属蛋白和金属酶的研究仍然是生物无机化学的研究热点之一。他们主要研究分离出来的单一功能大分子的结构，测定与功能有关的化学性质（如针对金属酶的动力学性质）。另外，合成化学家则根据金属蛋白/酶的结构和功能，设计合成各种模拟蛋白质/酶的配合物。

第二次突破发生在 20 世纪 70 年代，顺铂等几种金属药物的发现及环境毒理学的研究结果促使人们用化学方法研究非必需金属与生物大分子相互作用及后续变化，研究金属物种转变和大分子的高级结构改变。一方面，Rosenberg 研究团队提出顺铂的靶分子是细胞核内的 DNA，而且根据结合方式提出了其构效关系规律（Connors and Roberts，1974）。这些成果吸引了很多无机化学家采用当时药物研究的通用模式，合成了大量金属配合物进行抗癌药物筛选；后来又从顺铂的类似物扩大到其他金属，至今仍然兴趣不减。

这也促使很多人去研究配合物与 DNA 的结合方式和所引起的 DNA 结构改变。另一方面，毒理学研究则召唤无机化学家研究各种元素的毒理作用，由此开辟了金属与功能蛋白的相互作用研究，以及活性氧物种的生物功能和生物效应的新领域。这些课题逐渐扩大成为新的热点研究领域，而且研究内容和模式较之经典生物无机化学有几个重要改变：目标是研究药理和毒理作用的化学基础和发现新药；内容则延伸到金属配合物与生物大分子的相互作用；概念上基于化学物种解释元素的生物效应。上述发展开辟了生物无机化学的新阶段，并在半个多世纪以来获得了大量研究成果。不过，这个阶段的生物无机化学所研究的仍然是脱离生物背景的化学体系。

近年来发生的第三次突破由两个方面原因促成。一方面，在解决医药、农业和环境等实际问题时，研究者认识到仅靠化学体系的研究难以反映在生命体系中微量元素的表现，需要回归到生物体系中；另一方面，世纪之交生命科学领域的一系列重要进展（细胞生物学、网络生物学、系统生物学及各种组学方法等）为回归生物体系做了观念上和理论上的准备。加之得益于化学和生物学在概念和研究方法的融合，共同促进了微量元素的生物效应研究由分子层次提升到细胞层次，由元素层次提升到化学物种层次（包括金属、类金属和非金属形成的阴、阳离子和大小分子及它们的不同状态），由金属-大分子相互作用提升到无机物种与细胞的相互作用层次，最终发展成为化学生物学的一个重要部分。具体的研究领域包括必需微量金属及类金属物种如何参与细胞内稳态的调控、如何参与细胞信号与代谢网络，从而直接或间接地调控细胞与机体的生理功能；也包括非必需微量金属及类金属物种如何干扰或干预生理功能，从而表现药理活性或产生毒性。预期在第三次突破后，微量元素化学生物学研究将有更大的发展。

我国科学家在微量元素研究曾做出了重要贡献。同时在与健康和环境有关的具体问题上也取得了重要进展。除了在研究金属配合物与核酸的作用、金属蛋白和金属酶的结构与功能、金属及其模拟等分子层次的研究工作以外，我国科学家还积极开展了细胞层次的研究。例如，贵金属（铂、钌、金等）配合物与癌细胞的作用及分子和细胞层次的抗癌机制、稀土的生物效应的细胞无机化学基础、钒化合物的吸收转运机制、类胰岛素作用和抗癌防癌作用的机制、硒蛋白和无机硒化合物生物效应的两面性、生物钙化过程及细胞参与的病理钙化和脱钙的机制、无机纳米药物的细胞药理和毒理等，并且在实验研究的基础上提出一些概念、规律和实验方法，在开拓微量元素化学生物学研究领域方面做出了贡献。

第二节 微量元素化学生物学研究概况

近年来微量元素化学生物学发展迅速，而且所研究的问题不断增加，研究领域不断扩大，已经积累了大量研究结果。在此仅能概括其部分内容。

一、微量元素物种的形成、转化与状态

长期以来，人们都是在元素层次去讨论必需微量元素的生物功能，而忽视了它的生物功能都是具体化学物种作用的表现。而且，为了达到最适状态，这些活性物种是在严格控制的水平和浓度梯度下工作的。即使大量存在的所谓大量元素，如钙，它的信号转导功能也是建立在细胞内极低水平的游离钙离子浓度和细胞内外数个数量级差别的浓度梯度基础上的。因此，从作用物种来说，细胞内的游离钙离子也应属于"微量"元素作用的范畴。实际上，任何元素在生物系统中都会形成多样的化学物种，并通过各种高级结构的构建产生不同的存在状态，除离子、分子和团簇外还包括各种凝聚态。近年来，纳米药理学和毒理学更是深入研究了小尺寸微粒这种特殊的凝聚态物种在生物体系中的作用和机制。此外，还普遍存在微量元素物种间和状态间不断相互转化，并随其在细胞内各隔室间的迁移，因环境不同而改变。因此，在研究无机物与生物体系的相互作用及生物体系相应的应答机制时，必须考虑实际作用化学物种的多样性和多态性、分布的变化及各物种之间的相互作用等，这些都是阐明其生物效应的基础。

二、微量元素在调控、干扰和干预细胞内稳态中所起的作用

内稳态（homeostasis）是一个广泛的概念，表现在不同层次（如整体层次、细胞层次、亚细胞层次）和不同方面（如从能量到物质到状态的内稳态，糖、脂、必需元素等物质的内稳态，内质网、线粒体等的细胞器内稳态，以及氧化还原内稳态等化学状态的内稳态等）。仅就细胞内稳态来说，它是细胞过程正常运行的结果和条件，而失稳（dyshomeostasis）则是导致疾病发生发展的重要病理环节。细胞整体内稳态（global homeostasis）必须依赖于某些必需微量元素的离子和小分子（如 Ca^{2+}、NO、Zn^{2+}、PO_4^{3-} 等）维持；而这些离子或分子又必须维持自身的内稳态才能调控细胞整体内稳态。受外界刺激的失稳状态细胞在一定条件、一定限度内可以通过内在机制调控恢复

稳态；否则，未能纠正的失稳状态便成为各种病理环节的一部分。一方面，体内和细胞内每一必需微量元素的活性物种都需要有一定的内稳态调控机制保证它的浓度维持在最适水平，从而保证它们正常参与调控其他内稳态。另一方面，非必需元素则有可能干扰必需元素的内稳态调控，进一步破坏细胞整体内稳态。但是，在病理状况下，微量元素（包括非必需元素）又有可能通过干预调控机制，纠正失稳状态或建立新的稳态。所以研究微量元素如何调控和如何干预细胞内稳态，以及如何通过过干预调控机制来纠正细胞失稳状态，是研究微量元素的病理、药理作用的一个重要部分。

三、微量元素影响细胞网络的机制

细胞正常生命过程依赖信号网络和与之相关的代谢网络维持。必需金属离子（如 Fe^{2+}、Fe^{3+}、Ca^{2+}、Mg^{2+}、Cu^{2+}、Zn^{2+} 等）、酸根离子（如 SeO_3^{2-}、PO_4^{3-}）及无机小分子（如 NO、H_2O_2、H_2S 等）都参与正常的细胞信号网络和代谢网络的调控，维持正常的细胞生命过程（增殖、分化、衰老、凋亡等）。失衡的必需物种（如居高不下的 Ca^{2+}、H_2O_2 等，过低的氧压等）和外源性非必需物种等都有可能干扰上述网络。面对这些干扰，细胞可以通过信号网络调控基因表达（遗传和表观遗传机制）或生化反应（非遗传机制），有限度地做出应答（应激反应）以求建立新的稳态。在外来刺激强度大或者持续时间长，则可以影响细胞结构（如生物膜或细胞骨架）和细胞生命过程（如增殖、凋亡或分化），产生病理和毒理效应。利用微量元素物种保护细胞免受上述干扰或调整改变的细胞生命过程可以成为微量元素药用的基础。而为了寻找有上述功能的微量元素化合物，最重要的是研究作用物种的结构、性质与其参与和干预细胞网络的模式之间的关系。

四、微量类金属元素——硒的化学生物学

作为介于无机化合物与有机化合物之间的化学物种，类金属和非金属元素构成的转化网络是整体细胞网络（global cellular network）中不可忽视的部分。这些物种包括氧、硫、硒、氮、碳和卤素等必需元素的化学物种，如 HS^-、S_x^{2-}、$S_2O_3^{2-}$、SO_3^{2-}、SCN^-、$OSCN^-$、SCN^-、CN^-、SeO_3^{2-} 等离子和 NO、CO、H_2S 等小分子，这些小分子和离子之间的形成与转化就是一个复杂的网络。此外，这些阴离子还可以作为配体与金属离子配位，参与金属离子的内稳态及其功能的调控。它们有些参与有机物代谢网络，有些和氧化还原内稳态调控有关。其中，硒因其与硫的相似性，能够形成硒代氨基

酸（硒代半胱氨酸和硒代蛋氨酸）、硒蛋白、硒酶和许多含 Se-S 键的化合物，从而以多种方式参与机体生理功能和内稳态的调控。目前已发现的人硒蛋白有 20 多种，包括谷胱甘肽过氧化物酶（GPx）、硫氧还蛋白还原酶（TrxR）、脱碘酶（Dio）、硒蛋白 P（SelP）、硒蛋白 R（SelR）等。它们调节各种生理环节，参与多种疾病的病理过程（Hatfield et al., 2012; Liu et al., 2011）。临床干预实验表明，硒可以通过硒蛋白及其抗氧化作用在一些重大疾病的预防中发挥作用，包括癌症、心血管病、神经退行性疾病、病毒传播等（刘琼等，2009）。但是，也需要注意硒的生物效应的两面性，其效应往往取决于剂量和生物体本身的硒水平等（周军等，2013）。

五、基于微量元素在病理过程中的作用发现新药理作用和新药

从 20 世纪化学疗法开辟新药研究的合成—筛选途径以来，衍生出多种新药研究模式。但是基于微量元素的生物学效应研究无机药物则有其特殊的研究模式。

在微量元素与疾病发生发展和防治研究中，一方面可以通过研究微量元素的特定物种与细胞的作用和细胞的响应来认识病理过程，确定可干预的病理环节；另一方面也可以把这一物种当作探针，通过分析细胞应答中的信号途径的变化结点，寻找靶标，探索活性化合物（包括有机化合物）的作用机制。另外，长期研究的金属基药物（metal-based drug）之所以在临床应用上常常失败，瓶颈多在于金属本身的毒性，在许多情况下其可用的治疗窗口很窄，甚至活性与毒性相互关联不可分割。因此，在细胞层次研究阐明金属毒性与药理活性的关系，发现其毒性机制和降低毒性的方法，对金属基药物研究十分重要。

第三节　微量元素化学生物学研究进展

微量元素化学生物学已经取得了大量的研究进展，同时也伴随着更多有待解决的科学问题，在此就上面提到的五个方面概略总结如下。

一、微量元素化学物种的形成、分布与转化

在生物系统中，微量元素的化学物种决定其生物学效应和作用机制，进而决定其生理、药理和毒理作用。由于多数无机元素在细胞内外都会发生化学物种的转化，因此研究生物系统中的物种分布与转化对于预测其生物学效

应和阐明其作用机制非常重要。尽管人们认识其重要性，但是这方面的研究一直面临着难以解决的理论和技术问题。回顾近十几年，这方面已经取得了一些重要进展。

（一）方法学研究

1. 计算机模拟

目前，主要有两类方法研究无机化学物种及其分布：基于分离分析的直接测定方法和基于多金属多配体平衡模型理论计算方法。由于在金属-配体体系中往往有多种物种共存而且结构和性质相近，在早期研究中基本无法直接测定。随着20世纪中期计算机运算的迅猛发展，研究者掀起了一个编写计算物种分布程序的热潮，有大量程序发表和运用。最早的COMICS（Perrin and Sayce, 1967）和HALTAFAL（Ingri et al., 1967）等都只适用于金属-小分子配体的水溶液（de Stefano et al., 1988; de Robertis et al., 1986），其后的进展主要是在如何更接近生物条件方面。Perrin等及后来Williams把他们编写的程序延伸到接近生理条件（如包含个别蛋白质），用以模拟血浆的环境（Perrin and Agarwal, 1973）。May等（2010）为他们编写的JESS程序建立一个把不同来源的数据自动转为匹配的数据库。最近，Crans等（2013）报道了用JESS计算的铁和钒的物种分析及其应用，是JESS的一个应用实例。

理论计算可以弥补直接测定的某些不足，但存在一些内在的弱点：①需要假定知道存在的所有物种，在生物液体内所含的大小分子配体种类很多，含量相差很多，金属结合反应复杂，很难预设存在的物种。②需要有准确的、符合生理条件，而且互相匹配的参数，这也并非易事。③没有考虑动力学问题，而不能快速达到平衡的含大分子配体或含有固相的系统必须要考虑动态计算问题。④不能考虑活细胞等复杂体系存在下的物种转化。因此迄今为止，仅用于化学体系或模拟生物介质的化学系统。

2. 实验测定

在细胞体系中直接观察和测定不同化学物种，一直是一个难以解决的问题。但近年来，几个技术上的突破使得直接测定成为可能。一是分离检测微量成分的技术的进步，特别是各种分离技术（毛细管电泳、各种柱层析）与ICP-MS等元素测定技术的进步；二是金属组学（广义的金属组学包括金属组学、金属蛋白质组学、金属代谢组学等，包括非金属如硒、砷等）在金属物种分析上展示了其潜力（Mounicou et al.，2009）。目前已经能够对无细胞系统（包括模拟细胞内外的溶液系统和体液，组织和细胞提取物）进行特定范围的物种分析。例如，顺铂的物种分析结果说明在细胞外及细胞内相当一部分的顺铂与蛋白质结合，而且在细胞内多数顺铂分子并未水解，这两点与早先的设想不同（Hermann et al.，2013；Michalke，2010）。

金属组学用 ICP-MS、AAS、中子活化、XAS 等方法测定各种金属元素，结合蛋白质分析，可以测定特定元素与蛋白质的结合。金属组学方法主要用于识别金属/非金属元素的结合蛋白和代谢物，观察这些元素之间及其与其他生物分子之间相互作用（葛瑞光等，2009；李玉峰等，2009）。但是，同样也难以完全确定这些元素的具体物种，例如不同氧化态、不同聚集状态的金属离子及其小分子化合物等。

另一种方法是金属离子探针和成像技术的发展与组学方法的结合。由于在细胞内某些游离金属离子浓度极低，而且不停地变动，计算机计算出的游离金属离子浓度大都没有实际意义。用金属离子探针可以跟踪监测细胞内外游离金属离子浓度在细胞隔室间分布的动态变化，特别是作为信号的游离金属离子。而成像技术的发展则可以深入地了解组织或细胞内各部位的不同元素的分布（Bourassa and Miller，2012）。

国内，早年倪嘉缵课题组对稀土在血浆中存在的物种进行过测定。近年来，孙红哲课题组研究幽门螺旋杆菌中的金属离子分布，发现了铋的靶蛋白。柴之芳课题组也尝试用金属组学和成像技术结合研究了阿尔茨海默病（Alzheimer's disease，AD）小鼠模型脑组织和 HepG2 细胞中的不同金属和非金属种类（Sun and Chai，2010）。

研究含有活细胞的系统中的物种分布目前仍然十分困难。因为：①细胞生命过程中改变细胞内外的物种分布和组成；②细胞的隔室化结构；③生物界面的产生；④检测技术上的困难。但是也已经有所发现，有待进一步的研究。

（二）新化学物种

1. 生物介质内自发形成的金属基微粒

由于很多金属离子本身容易与生物体系中常见的磷酸根、碳酸根等阴离子形成难溶性物种，因此在体液、组织、生物界面等生物介质中广泛存在着自发形成的金属基生物微粒（王夔和杨晓改，2013）。这些微粒尺寸小，量相对少，在以往的研究中容易被忽视，但实际上它们可能具有重要的生理、毒理、病理意义。近年来在这方面有几个富有启发性的发现。一是发现血清里所含的蛋白质-矿物复合物（Wu et al.，2013）；二是一些病理组织中发现的微粒，如肾源性系统纤维化病理组织中的含钆纳米微粒。从文献中可以看到，可溶性金属化合物进入体内或在细胞培养液中形成难溶纳米微粒是普遍现象，并非罕见，而且这些微粒都具有生物学效应（王夔和杨晓改，2013）。在许多研究金属离子与细胞相互作用的研究中经常遇到在培养液中形成难溶微粒的问题，也可发现生成的难溶化合物。这些微粒多数为碳酸盐或磷酸盐及其与蛋白质形成的复合物，在以前的研究中多被忽略或回避，然而新的研究发现，它们也是有活性的，因此，对于以往这方面的研究结果需要重新审视。

2. 固态物种转化中的相转变

通过生物钙化形成的难溶盐是生物体中广泛存在的固态物种。最早的生物无机化学研究中以羟基磷灰石晶体成核、成长过程为主要研究对象，物种分析的计算机模型也多设定羟基磷灰石为平衡态磷酸钙。实际上，这种物种的形成与转化是一个细胞参与的慢过程，包括有关细胞（成骨细胞、破骨细胞、血管平滑肌细胞等）在调制钙化中的作用，以及来自细胞的囊泡（intracellular vesicles）和凋亡小体等对成核与生长的影响（Mann et al.，1989）。无定形前驱相在磷酸钙盐形成过程中也具有重要作用（Bian et al.，2012；Dorozhkin，2012）。可能无定形磷酸钙原本就存在于细胞内囊泡中，然后通过胞吐作用随囊泡到达细胞外基质，并在那里转变为晶体（Mahamid et al.，2011）。所以，确定在含相关细胞的体系中固态物种的转变过程对生物矿化十分重要。

二、微量元素的细胞内稳态调控

（一）必需微量元素的细胞内稳态调控

近年来，作为化学生物学的重要组成部分，积累了大量关于必需微量元素（铁、铜、锌、镁、钙、硒等）的细胞内稳态调控机制研究成果，具体内容可参见一些较全面的综述（Martinez-Finley et al.，2012；Zangi and Filella，2012）。在此只对作者认为突出的原则性进展作一概述，具体包括以下几点。

（1）从研究层次来说，由生物整体内稳态研究（吸收、排出、分布与积累）发展到细胞内稳态研究。其中特别引人注意的是，在细胞层次某些离子和分子之所以起信号作用，源于在未受刺激的细胞内浓度维持稳态，而在受到刺激后可以迅速发生明显涨落。

（2）从研究对象来说，过去整体内稳态研究的是以元素为主，而细胞内稳态研究的是以具体化学物种为主，特别是作为细胞信号刺激下游信号形成和传播的离子和小分子。

（3）从研究内容来说，由仅仅测定浓度的稳态进展到研究维持稳态的内在机制。而且在机制研究中由原来仅着眼于有关功能蛋白等的结构与功能提升到研究微量元素在细胞内运输途径（trafficking）的调控机制，从而理清某一元素细胞内运输途径所涉及多种负责运输的功能蛋白的多途径网络（Ba et al.，2009），如铜（Lutsenko，2010；阳新明等，2013）、铁（Datz et al.，2013）和镍（阳新明等，2013）的代谢网络。

（4）在研究细胞内运输途径时，细胞的隔室化成为必须考虑的问题。在运输途径中，该元素以一定的结合形式在细胞器之间及细胞器与细胞质之间运输。运输途径决定了它们在细胞内各个隔室间的分布，关系到该元素的代谢。例如，铁代谢受线粒体与细胞质的双重调节（Richardson et al.，2010）。必需金属在隔室间的分布异常是出现某些病理状态的原因之一，所以近年来针对某些重要疾病，研究了必需元素内稳态变化及其在不同细胞器间的运输和分布。其中研究最多的是铜、铁、锌在阿尔茨海默病中的细胞内分布异常（Ayton et al.，2013）。另外，细胞免疫学认为，病原菌的生长依靠金属相关的贴附过程；细菌被吞噬时，因铜、铁、锌内稳态被打破而导致细菌被杀死（Botella et al.，2012）。进一步的研究从单细胞进入多细胞体系，乃至组织、器官水平的研究以后，隔室间运输与隔室内的内稳态越发重要。

（5）从单一元素研究进入多元素的系统研究，从而揭示出不同元素的内稳态调控之间的相互关系，例如，近年来研究较多的铜、铁、锌内稳态之间的关系（Arredondo et al.，2006）。而这些进步都为揭示和解释微量元素相关的病理过程，以及寻找相应的防治手段打下重要基础。

（6）近年来积累的结果还在一定程度上说明了细胞氧化还原内稳态与这些微量元素内稳态的关系。微量金属铜、铁、锌，非金属硒和硫都参与活性氧、活性氮的产生、转化与稳态调控，而这些元素的内稳态与细胞氧化还原内稳态密切相关（Oteiza，2012）。可以看到在许多疾病中这个复杂的内稳态变化，以及因活性氧/活性氮造成的氧化性损伤、氧化应激等启动信号系统,从而影响生命细胞过程(Myhre et al.,2013)。而且某些微量元素如 Cu、Fe、Zn 的失调之所以成为病理环节,也是因为它们与细胞氧化还原内稳态紧密相连,因此调整这些微量元素的失稳状态成为控制氧化损伤相关疾病的途径之一。例如,其中一个热点问题就是它们在脑神经细胞退行性病变中所起的作用(Oteiza,2012;Weinreb et al.,2013;吕小平和谭相石,2013)。

(7)以往靠流行病调查和元素分析结果总结微量元素与疾病的相关性,不了解因果关系,不清楚内在机制。当前的研究提升到了从内稳态失控认识某些病理和毒理过程,这也是一个重大进步,如铜(Crisponi et al.,2010)和铁(Datz et al.,2013)的研究,且有益于新治疗方法的发现。我们现在可以从必需微量元素内稳态研究出发,逐渐认识到它们的生理功能和毒理作用的两面性(Martinez-Finley et al.,2012)。例如,铁的内稳态失稳可能会引起一系列疾病,包括代谢相关的疾病如肥胖、非酒精性脂肪肝、胰岛素抵抗和糖尿病等(Datz et al.,2013)。

(二)非必需微量元素对必需微量元素内稳态的影响

外源性非必需的,特别是有毒的微量元素对必需微量元素内稳态的影响是近年来毒理学研究的重要内容。有毒微量元素的毒性是多方面作用的结果,其中干扰必需元素内稳态是普遍存在的重要机制。尤其是在低剂量长时间作用时,对必需元素的内稳态干扰可能成为决定其毒理作用的因素,许多药物的不良反应也涉及这方面的问题。从已有的结果可以看出,有些有毒元素可直接影响必需微量元素内稳态,而有的则是间接影响。

(1)非必需元素可能通过影响必需元素的转运机制直接干扰必需微量元素的内稳态。在细胞外的不同非必需微量元素可能采用不同途径进入细胞,其中某些物种是依照相似性规律利用相似的必需物种转运机制进入细胞(Ballatori,2002),如 Cd^{2+} 利用与之相似的 Zn^{2+} 的转运机制(Moulis,2010)、稀土离子利用与之相似的 Fe^{3+} 的转运机制进入细胞(Yuan et al.,2009);这些物种在进入细胞的同时也会对必需离子的转运产生竞争性影响。另外,镧系离子也可能基于其与钙离子的相似性,激活钙离子敏感受体,启动细胞内钙离子释放,而提高胞内钙离子浓度;也可能通过竞争结合钙离子结合位点导致钙离子通道被阻断。所以一个物种可以不同方式影响必需元素的内稳态;而且由于各种元素同时以不同物种存在,不同物种又可以同时以不同方式影响必需元素的内稳态。

（2）需要从完整细胞的层次来考虑非必需微量元素对必需元素内稳态的影响。从整个细胞来看，这种影响是多途径、间接的、全方位的，不能只从对必需元素转运和转化的影响来解释。首先，外来物种可以通过与必需元素的物种结合，从而改变后者的代谢和后续功能。例如，Hg^{2+}或As^{III}影响硒的内稳态，是通过形成Hg-Se或As-Se化合物，扰乱正常的硒代谢，降低可利用的硒库水平，并影响硒蛋白的合成（Gailer，2012）。其次，非必需元素可以以不同方式把必需元素从与蛋白质结合的物种中释放出来，从而提高必需元素的浓度。如铝与神经退行性病变的关系被解释为Al^{3+}释放铁离子，提高游离铁离子浓度，从而提高活性氧物种（ROS）水平（Lemire and Appanna，2011）。另外，非必需元素可能有通过与细胞内几种不同的与必需元素转运和储存有关的分子结合，从而影响必需元素的内稳态。细胞内的金属硫蛋白就常与亲硫的过渡金属离子结合，而受金属硫蛋白调控的必需金属离子的稳态就会受到影响。例如，Cd^{2+}与金属硫蛋白结合是影响锌和铜内稳态的一个环节（Moulis，2010）。除此以外，非必需元素对细胞内氧化还原状态的改变、对蛋白质表达的影响等都会导致对必需元素内稳态的干扰。所以，一种非必需元素对细胞内稳态的影响是个非常复杂的过程。迄今为止，还难以从机制上全方位地认识这种过程。

三、微量元素对细胞网络的影响

在细胞层次看必需和非必需微量元素的生物功能和生物效应，很多可以归结于某些化学物种（在以往常常被简单地认定是金属离子）参与、干预或干扰细胞信号与代谢网络的结果。总结近来的研究结果，主要有以下几方面进展。

（1）发现各种必需微量元素的特定物种都直接或间接地参与细胞的特定信号转导机制，调控细胞的特定功能。其中除早已知道的钙离子作为第二信使以外，也认识到锌离子（Fukada et al.，2011）、铜离子和铁离子作为细胞信号的特征和各自的作用（Gaier et al.，2013）。它们以细胞内游离金属离子浓度波动为信号，基于信号涨落的形成与特征，决定对信号和代谢网络的参与及对基因表达的调控，影响细胞的生命过程。

（2）微量元素可能通过多个不同途径影响细胞网络，而细胞作为多靶分子系统做出响应，最终这个应答过程决定该元素对细胞生命过程的影响（Wang et al.，1996）。例如，顺铂及其类似物诱导癌细胞凋亡的细胞网络包括内质网应激途径、线粒体途径和死亡受体等至少三条途径。

(3) 微量元素的某些物种可以作用于信号网络与代谢途径之间的连接。癌细胞的代谢处于"Warburg效应状态"(Sharma and Konig, 2013),而顺铂抑制癌细胞生长的作用与其将细胞调回正常的氧化磷酸化状态有关(Maccio and Madeddu, 2013)。

(4) 微量元素干扰和干预细胞信号网络的过程中常有活性氧和活性氮参与。在生理条件下,微量元素内稳态、活性氧(氮)与细胞网络构成一个维持细胞正常运转的核心机制。一种微量元素如何影响细胞,通常与起作用的化学物种和细胞类型有关。例如,锌与不同细胞作用时,因转运蛋白不同、上游信号不同和细胞内其他参与因子不同而表现出不同的效应(Fukada et al., 2011)。当然,很多的结果也说明不同微量元素可以启动或干预同一条途径。

四、微量类金属元素——硒的化学生物学

(一) 硒蛋白的表达调控

尽管各种硒蛋白的初级和高级结构各不相同,但它们的共同点是含有作为氧化还原活性中心的硒代半胱氨酸(Sec 或 U),由传统终止码 TGA 编码(Atkins and Gesteland, 2000)。在硒蛋白表达与调控机制上,原核生物与真核生物也不同(刘琼等, 2009)。由于硒蛋白的 Sec 残基由 TGA 编码,通用的基因分析预测软件均将其作为终止码而不能识别为 Sec,导致硒蛋白在常规基因组测序后的基因注释中被遗漏和出错。因此,在基因组测序和注释结果公布后,通常还需采用硒蛋白基因分析程序和系统进行硒蛋白基因的预测,以弥补常规基因分析软件存在的漏洞,纠正其在硒蛋白基因预测中的错误(Jiang et al., 2012; Kryukov et al., 2003)。

硒蛋白编码区中的 TGA 通常作为终止密码子发挥作用,如果希望将其翻译为 Sec,需有特殊的顺式作用因子 SECIS 和一系列反式作用因子对 TGA 的翻译进行调控,这导致 TGA 解码为 Sec 的概率小,硒蛋白的表达困难、产率低,阻碍了对硒蛋白结构和功能的研究,以及作为预防药物的开发应用。

(二) 硒与疾病防治

目前通常用小分子硒化合物补硒来预防或治疗疾病,而用血浆总硒、SelP 和 GPx 评估硒的营养状况和预测硒毒性(Burk et al., 2005)。

1. 癌症预防

人群干预实验显示了补硒对癌症的预防作用（Blot et al., 1993; Taylor and Greenwald, 2005; Xia et al., 2005）。然而，采用大剂量补硒防治癌症时，需综合考虑不同个体的硒水平和硒蛋白基因类型等因素，以保障补硒的有效性和防止硒过量造成的毒性。美国进行的补充硒代蛋氨酸和维生素E预防前列腺癌的大规模临床试验（SELECT）最终失败，即被认为可能和以上原因有关。

2. 心血管病预防

流行病学前瞻性群组研究结果表明，体硒水平与心血管疾病发病率呈负相关性。给低硒人群或高危人群补硒，可显著降低心血管发病率。但给健康人补硒并不能降低心血管疾病的发病率，给不缺硒人群补硒甚至还会增加患糖尿病的风险。大量体外细胞实验和动物实验结果表明：补硒有保护血管、预防动脉粥样硬化的作用（Fairweather-Tait et al., 2011）。血管中存在多种硒蛋白，它们通过抗氧化、调节胞内活性氧物种（ROS）和NO水平，影响血管细胞存活、分化、凋亡及血液中前列环素和血栓素的活性，从而在预防动脉粥样硬化方面发挥重要作用（Liu et al., 2010, 2009）。

3. 神经退行性病变的预防

维持神经系统中的硒不低于临界最低水平十分重要。长期缺硒的一个重要后果就是会引起中枢神经退行性病变。亚硒酸钠能抑制神经细胞脂质过氧化引起的β-/γ-分泌酶活性和ROS的产生（Gwon et al., 2010），补硒可以提高GPx活性并降低β-淀粉样蛋白诱导的神经毒性（Xiong et al., 2007）。给两类转tau基因、能产生神经纤维缠结（neurofibrillary tangle, NFT）病理特征的模型小鼠[pR5小鼠（P301L突变）和K3小鼠（K369I突变）]长期喂食硒酸钠，能降低其海马区tau蛋白的过度磷酸化，并完全消除神经纤维缠结（Corcoran et al., 2010; van Eersel et al., 2010），从而增强动物的空间学习和记忆能力，防止其神经退化。硒由SelP通过载脂蛋白E受体（ApoER2）转运进入脑中（Burk et al., 2007; Hill et al., 2007）。刘琼等发现SelP的组氨酸富集片段（SelP-H）能夺取Aβ斑块中的金属离子，抑制Aβ非纤维状沉淀的形成，抑制胞内ROS增高和细胞毒性，在一定程度上恢复神经纤维细胞活力（Du et al., 2013）。与SelP-H类似，SelM突变体也能抑制神经纤维细胞内 ROS 增高和 Aβ 毒性及细胞凋亡（Reeves et al.，2010）。全长 SelM 能减少 ROS 的产生、降低 Aβ 的聚集，而截短体 SelM 则产生与全长 SelM 相反的作用和结果。硒缺乏会引起氧化应激和 SelR（即蛋氨酸亚砜还原酶 B1）酶活性降低，使蛋白质中的蛋氨酸（Met）氧化后不能被还原，从而促进阿尔茨海默病的发生发展。而 SelR 则有可能通过直接作用于 CLU（簇集蛋白）或以 CLU 为桥梁间接作用于 Aβ，从而影响 AD 的形成与发展。

五、基于微量元素在病理过程中的作用发现新药理作用和新药

无机药物的应用由来已久，实际上，正是顺铂的发现开始了金属药物的复兴时期。最近一二十年中，相关的研究者召开过多次金属药物相关的会议，创建了专门刊物 *Metal-based Drugs*，并在学术期刊上出版过多次专刊。早期研究多跟随顺铂发现的经验和传统药物化学研究方法，进行了大量的设计、合成和筛选抗癌、抗病毒、抗菌金属配合物的研究，形成一个基础研究蓬勃发展，但实际应用成功率很低的研究时期。其后金属药物研究更多地开展机制研究，以促进对药物的活性与毒性作用机制的了解，并发现和弥补原来从化学结构出发的研究模式中不完善之处；此外，作用机制的阐明可能扩大和延伸已有药物的药理作用范围。

近年来，基于微量元素在病理过程中的作用，研究者开辟了发现新药及阐明新的药物作用的新途径，下面仅就几个研究方向进行简要说明。

（1）基于金属配合物的分子多样性与其和靶分子作用的多样性，设计、合成和筛选活性配合物仍然是金属药物的主流研究模式。在这方面研究结果报告很多，例如，在以 DNA 为靶分子研究抗癌配合物中，通过更换金属和配体，以改变与 DNA 的作用方式等都取得了大量的研究结果。

（2）研究微量元素干预和干扰生理过程的作用，以发现新的金属药物。微量元素在整体层次或细胞层次干预和干扰生理过程，调节细胞内稳态，可能是其潜在的药理作用，当然也可能是它的毒理学基础。例如，碳酸镧因其能与肠内磷酸根生成沉淀抑制磷酸盐吸收，用于控制晚期肾衰竭患者过高的血磷水平。另外在细胞层次的研究还证明镧能够通过抑制血管平滑肌细胞分化和钙化而抑制血管钙化（Shi et al.，2009a，2009b；Zhao et al.，2012），而血管钙化也与血磷水平密切相关。因此从两方面看，也可能用镧化合物来控制血管钙化。目前，利用各种核分析技术、金属亲和色谱、探针、组学等方法研究疾病相关的必需元素和氧化还原内稳态失稳及其调控的途径，也有

很大进步。如阿尔茨海默病患者脑组织中铜、铁、锌离子的分布异常与线粒体损伤和氧化应激有关,由此一方面可以利用这些微量元素本身或者能够调控它们内稳态的药物来防治阿尔茨海默病,另一方面也有助于阐明这些微量元素物种产生神经毒性的毒理机制。

(3) 在细胞层次研究金属药物的作用机制,以揭示细胞响应的多靶性,有助于纠正以往认识的片面性,提出新的作用途径,为揭示金属药物的药理和毒理作用打开局面。以金属抗癌药物为例,近年来的研究主要成果包括:①金属抗癌药物的作用机制不限于诱导细胞凋亡;②金属化合物的细胞毒性可能是进攻多个不同靶分子的结果;③从机制上认识对癌细胞的毒性与对正常细胞的毒性相关性;④了解金属药物细胞内积累与耐药性关系等。

(4) 在细胞层次研究金属药物对细胞网络的影响,以揭示新的药理作用及与毒性的关系。例如,治疗躁狂和双向情感性精神障碍的一线药物碳酸锂在临床使用有 60 年之久,而近年来对其如何作用于脑神经系统进行了深入细致的研究,才得以部分地阐明了其复杂的作用机制。研究发现碳酸锂在细胞上的重要作用之一是抑制 GSK3,这个分子水平的药理作用是其神经细胞保护作用的重要机制(Chuang et al., 2011),但同样也可以用来解释它的肾毒性(Grunfeld and Rossier, 2009)。钒化合物的类胰岛素的降糖作用曾引起人们对合成筛选抗糖尿病活性钒化合物的热情,麦芽酚氧钒(BEOV)甚至已经进入了临床试验,但是由于可能的肾毒性而中止。其后人们深入研究了钒化合物抗糖尿病机制和毒性分子机制,其结果不但有助于了解钒化合物的抗糖尿病作用机制,而且提示了这些化合物潜在的抗癌作用(Rehder, 2012)。

第四节 总结与展望

化学生物学发展的动力来自人们对健康与疾病问题的关注和学科自身发展的需要,同时化学与生物学研究方法的发展和融合为学科发展提供了方法学的支撑。显然,和化学生物学所涵盖的其他领域一样,微量元素化学生物学的未来发展必然要紧密联系医药卫生和环境等实际问题。传统上的微量元素主要指包类金属和金属元素在内的生命活动必需微量元素,但一方面很多大量元素实际上以细胞内微量存在的特定化学物质来发挥信号转导等功能,另一方面很多非必需的微量元素也通过与必需微量元素相关或相似的途径产生其药理或毒理作用。因此,当前的微量元素化学生物学研究对象已经不仅限于传统的必需微量元素,而是扩展到了非必需微量元素和大量元素的微量物种等领域。细胞作为生命活动的基本单位,在细胞层次认识微量元素的生理、病理、药理和毒理作用及机制,有助于解决医药卫生和环境毒理中的微量元素化学生物学问题。因此,当前的核心问题是如何在细胞层次上阐明微量元素生物功能和效应的化学基础,并揭示、利用微量元素在疾病发生发展和防治中的作用。在实际研究中,还需要充分考虑以下两个特点:①由于无机化学物种的多样性和多态性,需注意产生生物功能和效应的实际作用物种;②由于细胞体系从结构到状态的多样性和复杂性,需注重细胞整体网络对无机物种的响应。

基于以上研究领域的发展历程和概况,概括总结细胞层次的微量元素化学生物学研究中待解决的问题和发展趋势如下。

(1) 微量元素物种的形成、转化与状态问题。在生物介质中和细胞存在下,考虑生物大分子和生物配体的参与,含金属或类金属化学物种的形成、转化、分布对于它们的生物功能和效应具有决定性作用。例如,生物介质内自发形成的金属微粒就是一类重要然而常常被忽视的物质,而外源性微粒在生物介质中和细胞存在下的修饰与转化同样也会影响其生物学效应。化学物种问题对于生物界面上的化学生物学研究也非常重要,例如,离子簇和纳米微晶的形成、组装和聚集问题,以及影响前驱相形成和转化的物理化学和生物学因素等是生物矿化相关研究的前沿;而在生物介质中和细胞作用下难溶无机盐固相形成和溶解过程则具有重要的生理和病理意义。这方面的研究进展取决于相应的分离和检测技术,而金属组学和金属离子探针是可能取得突破性进展并推动学科发展的热点领域。

(2) 微量元素在调控、干扰和干预细胞内稳态中所起的作用问题。首先,需要阐明细胞调控必需微量元素内稳态的机制和必需微量元素调控细胞整体内稳态的机制;这个问题的阐明有助于解释各种病理状态下,必需微量元素内稳态失稳的原因和对细胞整体内稳态的影响,而金属调控蛋白(metalloregulatory proteins)及相关的信号网络是重要的研究内容。其次,非必需元素对必需微量元素内稳态的影响是其药理和毒理作用的重要机制,有助于纠正必需微量元素内稳态失稳,同时也是金属基药物研究的重要基础。

(3) 微量元素影响细胞信号与代谢网络的机制问题。除了已经被公认为第二信使之一的钙离子,其他金属离子也可能作为细胞信号转导的载体;金属和类金属物种如硒还可能通过调控信号转导过程中的金属或硒蛋白/酶来影响细胞信号网络。同样,微量元素物种也广泛参与细胞的物质与能量代谢过程，而代谢网络与信号网络又紧密关联。这些作用与微量元素物种结构、性质的关系远未阐明，其详细机制和生理意义也有待深入研究。另外，特定的微量元素化合物也可能作为小分子探针来帮助探索病理过程中的细胞信号与代谢网络。

（4）基于微量元素在病理过程中的作用开辟发现新药理作用和新药的途径。在阐明微量元素对特定病理环节如内稳态失稳、信号网络故障、细胞间相互作用的改变等影响方式和结果的基础上，可以针对这些病理环节，设计、合成和发现新的药物或小分子探针并阐明它们的作用机制；同时，研究阐明细胞对非必需或过量的必需微量元素刺激的应激响应分子机制，有助于理解金属基药物包括纳米微粒等的毒性机制和控制方法。除此之外，利用基于微量元素物种的纳米材料、分子复合物等可能构建新的药物转运体系，可能促进金属基药物或其他药物的高效靶向转运以增强药效和降低毒性，这也是值得注意的研究领域。

参考文献

葛瑞光，陈卓，孙红哲. 2009. 金属组学：研究生命体系中金属离子的前沿交叉学科. 中国科学 B 辑：化学，39：590-606.

李玉锋，高愈希，陈春英，等. 2009. 金属组学：高通量分析技术进展与展望. 中国科学 B 辑：化学，39：580-589.

刘琼，姜亮，田静，等. 2009. 硒蛋白的分子生物学及与疾病的关系. 化学进展，21：819-830.

吕小平，谭相石. 2013. 阿尔茨海默病相关的金属内稳态平衡调控研究. 化学进展，25：511-519.

王夔，杨晓改. 2013. 生物介质内形成的金属基生物微粒：冲击和挑战. 化学进展，25：457-468.

阳新明，许德晨，程天凡，等. 2013. 铜/镍金属伴侣蛋白的研究进展. 化学进展，25：495-510.

周军，白兆帅，徐辉碧，等. 2013. 硒蛋白与糖尿病——硒的两面性. 化学进展，25：488-494.

Arredondo M, Martinez R, Nunez MT, et al. 2006. Inhibition of iron and copper uptake by iron, copper and zinc. Biol Res, 39：95-102.

Atkins JF, Gesteland RF. 2000. Translation-the twenty-first amino acid. Nature, 407：463-465.

Ayton S, Lei P, Bush AI. 2013. Metallostasis in Alzheimer's disease. Free Radic Biol Med, 62: 76-89.

Ba LA, Doering M, Burkholz T, et al. 2009. Metal trafficking: from maintaining the metal homeostasis to future drug design. Metallomics, 1: 292-311.

Ballatori N. 2002. Transport of toxic metals by molecular mimicry. Environ Health Perspect 110 Suppl, 5: 689-694.

Bian S, Du LW, Gao YX, et al. 2012. Crystallization in aggregates of calcium phosphate nanocrystals: a logistic model for kinetics of fractal structure development. Crystal Growth & Design, 12: 3481-3488.

Blot WJ, Li JY, Taylor PR, et al. 1993. Nutrition intervention trials in Linxian, China-Supplementation with specific vitamin mineral combinations, cancer incidence, and disease-specific mortality in the general-population. J Natl Cancer I, 85: 1483-1492.

Botella H, Stadthagen G, Lugo-Villarino G, et al. 2012. Metallobiology of host-pathogen interactions: an intoxicating new insight. Trends Microbiol, 20: 106-112.

Bourassa MW, Miller LM. 2012. Metal imaging in neurodegenerative diseases. Metallomics, 4: 721-738.

Burk RF, Hill KE, Olson GE, et al. 2007. Deletion of apolipoprotein E receptor-2 in mice lowers brain selenium and causes severe neurological dysfunction and death when a low-selenium diet is fed. J Neurosci, 27: 6207-6211.

Burk RF, Xia YM, Hill KE, et al. 2005. Effectiveness of selenium supplements in a low-selenium area of China. FASEB J, 19: A1347.

Chuang DM, Wang Z, Chiu CT. 2011. GSK-3 as a target for Lithium-Induced neuroprotection against excitotoxicity in neuronal cultures and animal models of ischemic stroke. Front Mol Neurosci, 4: 15.

Connors TA, Roberts JJ. 1974. Platinum Coordination Complexes in Cancer Chemotherapy. New York: Springer.

Corcoran NM, Martin D, Hutter-Paier B, et al. 2010. Sodium selenate specifically activates PP2A phosphatase, dephosphorylates tau and reverses memory deficits in an Alzheimer's disease model. J Clin Neurosci, 17: 1025-1033.

Crans DC, Woll KA, Prusinskas K, et al. 2013. Metal speciation in health and medicine represented by iron and vanadium. Inorg Chem, 52: 12262-12275.

Crisponi G, Nurchi VM, Fanni D, et al. 2010. Copper-related diseases: from chemistry to molecular pathology. Coordination Chemistry Reviews, 254: 876-889.

Datz C, Felder TK, Niederseer D, et al. 2013. Iron homeostasis in the metabolic syndrome. Eur J Clin Invest, 43: 215-224.

de Robertis A, de Stefano C, Sammartano S, et al. 1986. The calculation of equilibrium concentrations in large multimetal/multiligand systems. Analytica Chimica Acta, 191:

385-398.

de Stefano C, Princi P, Rigano C, et al. 1988. The calculation of equilibrium concentrations. ESTIME: a computer program for comparing execution times on different machines. Computers & chemistry, 12: 305-315.

Dorozhkin SV. 2012. Amorphous calcium orthophosphates: nature, chemistry and biomedical applications. Int J Mater Chem, 2: 19-46.

Du XB, Li HP, Wang Z, et al. 2013. Selenoprotein P and selenoprotein M block Zn^{2+}-mediated A beta (42) aggregation and toxicity. Metallomics, 5: 861-870.

Fairweather-Tait SJ, Bao YP, Broadley MR, et al. 2011. Selenium in Human Health and Disease. Antioxid Redox Sign, 14: 1337-1383.

Fukada T, Yamasaki S, Nishida K, et al. 2011. Zinc homeostasis and signaling in health and diseases: Zinc signaling. J Biol Inorg Chem, 16: 1123-1134.

Gaier ED, Eipper BA, Mains RE. 2013. Copper signaling in the mammalian nervous system: synaptic effects. J Neurosci Res, 91: 2-19.

Gailer J. 2012. Probing the bioinorganic chemistry of toxic metals in the mammalian bloodstream to advance human health. J Inorg Biochem, 108: 128-132.

Grunfeld JP, Rossier BC. 2009. Lithium nephrotoxicity revisited. Nat Rev Nephrol, 5: 270-276.

Gwon AR, Park JS, Park JH, et al. 2010. Selenium attenuates A beta production and A beta-induced neuronal death. Neurosci Lett, 469: 391-395.

Hatfield DL, Berry MJ, Gladyshev VN. 2012. Selenium: Its Molecular Biology and Role in Human Health. New York: Springer.

Hermann G, Heffeter P, Falta T, et al. 2013. *In vitro* studies on cisplatin focusing on kinetic aspects of intracellular chemistry by LC-ICP-MS. Metallomics, 5: 636-647.

Hill KE, Zhou JD, Austin LM, et al. 2007. The selenium-rich C-terminal domain of mouse selenoprotein P is necessary for the supply of selenium to brain and testis but not for the maintenance of whole body selenium. Journal of Biological Chemistry, 282: 10972-10980.

Ingri N, Kakolowicz W, Sillen LG, et al. 1967. High-speed computers as a supplement to graphical methods—V. HALTAFALL, a general program for calculating the composition of equilibrium mixtures. Talanta, 14: 1261-1286.

Jiang L, Ni JZ, Liu Q. 2012. Evolution of selenoproteins in the metazoan. Bmc Genomics, 13: 446.

Kryukov GV, Castellano S, Novoselov SV, et al. 2003. Characterization of mammalian selenoproteomes. Science, 300: 1439-1443.

Lemire J, Appanna VD. 2011. Aluminum toxicity and astrocyte dysfunction: a metabolic link to neurological disorders. J Inorg Biochem, 105: 1513-1517.

Liu HM, Lu QA, Huang KX. 2010. Selenium suppressed hydrogen peroxide-induced vascular smooth muscle cells calcification through inhibiting oxidative stress and ERK activation. J Cell Biochem, 111: 1556-1564.

Liu HM, Wang TB, Huang KX. 2009. Cholestiane-3 beta, 5 alpha, 6 beta-triol-induced reactive oxygen species production promotes mitochondrial dysfunction in isolated mice liver mitochondria. Chem-Biol Interact, 179: 81-87.

Liu J, Luo G, Mu Y. 2011. Selenoproteins and Mimics. Hangzhou: Springer-Zhejing University Press.

Lutsenko S. 2010. Human copper homeostasis: a network of interconnected pathways. Curr Opin Chem Biol, 14: 211-217.

Maccio A, Madeddu C. 2013. Cisplatin: an old drug with a newfound efficacy—from mechanisms of action to cytotoxicity. Expert Opin Pharmacother, 14: 1839-1857.

Mahamid J, Sharir A, Gur D, et al. 2011. Bone mineralization proceeds through intracellular calcium phosphate loaded vesicles: a cryo-electron microscopy study. J Struct Biol, 174: 527-535.

Mann S, John M Webb, Williams RJP. 1989. Biomineralization: Chemical and Biochemical Perspectives. John Wiley & Sons.

Martinez-Finley EJ, Chakraborty S, Fretham SJ, et al. 2012. Cellular transport and homeostasis of essential and nonessential metals. Metallomics, 4: 593-605.

May PM, Rowland D, Konigsberger E, et al. 2010. JESS, a Joint Expert Speciation System—IV: a large database of aqueous solution physicochemical properties with an automatic means of achieving thermodynamic consistency. Talanta, 81: 142-148.

Michalke B. 2010. Platinum speciation used for elucidating activation or inhibition of Pt-containing anti-cancer drugs. J Trace Elem Med Biol, 24: 69-77.

Moulis JM. 2010. Cellular mechanisms of cadmium toxicity related to the homeostasis of essential metals. Biometals, 23: 877-896.

Mounicou S, Szpunar J, Lobinski R. 2009. Metallomics: the concept and methodology. Chem Soc Rev, 38: 1119-1138.

Myhre O, Utkilen H, Duale N, et al. 2013. Metal dyshomeostasis and inflammation in Alzheimer's and Parkinson's diseases: possible impact of environmental exposures. Oxid Med Cell Longev, 2013: 726954.

Oteiza PI. 2012. Zinc and the modulation of redox homeostasis. Free Radic Biol Med, 53: 1748-1759.

Perrin D, Agarwal RP. 1973. Multimetal-multiligand equilibria: a model for biological systems. In: Metal Ions in Biological Systems. New York: Marcel Dekker: 167-206.

Perrin DD, Sayce IG. 1967. Computer calculation of equilibrium concentrations in mixtures of metal ions and complexing species. Talanta, 14: 833-842.

Reeves MA, Bellinger FP, Berry MJ. 2010. The neuroprotective functions of selenoprotein

M and its role in cytosolic calcium regulation. Antioxid Redox Sign, 12: 809-818.

Rehder D. 2012. The potentiality of vanadium in medicinal applications. Future Med Chem, 4: 1823-1837.

Richardson DR, Lane DJ, Becker EM, et al. 2010. Mitochondrial iron trafficking and the integration of iron metabolism between the mitochondrion and cytosol. Proc Natl Acad Sci USA, 107: 10775-10782.

Schrauzer GN. 2000. Anticarcinogenic effects of selenium. Cell Mol Life Sci, 57: 1864-1873.

Schroeder HA. 1973. The trace elements and man: Some positive and negative aspects. Devin-Adair Co.

Schroeder HA. 1994. The Poisons Around Us: The Unseen Dangers in Our Air, Water, Cookware and Food, and Their Leading Roles in Sickness and Death. Keats Pub.

Sharma AK, Konig R. 2013. Metabolic network modeling approaches for investigating the "hungry cancer". Semin Cancer Biol, 23: 227-234.

Shi Y, Gou BD, Shi YL, et al. 2009a. Lanthanum chloride suppresses hydrogen peroxide-enhanced calcification in rat calcifying vascular cells. Biometals, 22: 317-327.

Shi YL, Wang LW, Huang J, et al. 2009b. Lanthanum suppresses osteoblastic differentiation via pertussis toxin-sensitive G protein signaling in rat vascular smooth muscle cells. J Cell Biochem, 108: 1184-1191.

Sun H, Chai ZF. 2010. Metallomics: An integrated science for metals in biology and medicine. Annual Reports Section "A" (Inorganic Chemistry), 106: 20-38.

Taylor PR, Greenwald P. 2005. Nutritional interventions in cancer prevention. J Clin Oncol, 23: 333-345.

van Eersel J, Ke YD, Liu X, et al. 2010. Sodium selenate mitigates tau pathology, neurodegeneration, and functional deficits in Alzheimer's disease models. P Natl Acad Sci USA, 107: 13888-13893.

Wallach JD, Lan M, Yu WH, et al. 1990. Common denominators in the etiology and pathology of visceral lesions of cystic fibrosis and Keshan disease. Biol Trace Elem Res, 24: 189-205.

Wang K, Lu JF, Li RC. 1996. The events that occur when cisplatin encounters cells. Coordination Chemistry Reviews, 151: 53-88.

Weinreb O, Mandel S, Youdim MB, et al. 2013. Targeting dysregulation of brain iron homeostasis in Parkinson's disease by iron chelators. Free Radic Biol Med, 62: 52-64.

Wu CY, Martel J, Cheng WY, et al. 2013. Membrane vesicles nucleate mineralo-organic nanoparticles and induce carbonate apatite precipitation in human body fluids. J Biol Chem, 288: 30571-30584.

Xia YM, Hill KE, Byrne DW, et al. 2005. Effectiveness of selenium supplements in a low-selenium area of China. Am J Clin Nutr, 81: 829-834.

Xiong S, Markesbery WR, Shao C, et al. 2007. Seleno-L-methionine protects against beta-amyloid and iron/hydrogen peroxide-mediated neuron death. Antioxid Redox Signal, 9: 457-467.

Yuan L, Du P, Wang K, et al. 2009. Uptake of diterbium transferrin, a potential multi-photon-excited microscopy probe, into human leukemia K562 cells via a transferrin-receptor-mediated process. J Biol Inorg Chem, 14: 1243-1251.

Zangi R, Filella M. 2012. Transport routes of metalloids into and out of the cell: a review of the current knowledge. Chem Biol Interact, 197: 47-57.

Zhao WH, Gou BD, Zhang TL, et al. 2012. Lanthanum chloride bidirectionally influences calcification in bovine vascular smooth muscle cells. J Cell Biochem, 113: 1776-1786.

第六章
天然产物的化学生物学

天然产物是生物利用其基础代谢中间体合成的有机小分子化合物,其过程精确受控于多个基因及其表达的酶系统,其结构多样性和新颖性常出人意料。生物产生天然产物的"动因"至今仍不很清楚,但肯定与其自身的种种生存竞争需要相关,因而天然产物应该具有多种生物学功能(Hong, 2011; Wang et al., 2013)。天然产物曾被认为是"无用的废物",但未被广泛认同。若在大生物圈中考量,每种生物都面临自然选择压力,长期适应性进化使生物合成功能物质更加"理性"、更具有"原子(料)经济性"(Li et al., 2009a)。据此,笔者认为生物一般不会"奢侈"地构建复杂的基因及其表达的酶系统,把"难得的原料"转化成"无用的废物"。所以,人们有理由认为:绝大多数天然分子应有生物学功能,只是人类受限于特定阶段的科技水平,无法诠释每个天然产物的生物学功能。事实上,仅仅根据人类健康和温饱保障需求建立的有限模型,人们就发现了大量基于天然产物及其结构相关物的新医药和新农药(Cragg et al., 2009; Goss et al., 2012; Newman and Cragg, 2012)。另值一提的是,有些重要功能天然产物还成了人类认识自身、调节自我的"金钥匙"。例如,吗啡的发现使人们认识到人类就有吗啡受体,并在此基础上发明了一系列镇痛药。

然而,人类对天然产物生物合成过程的了解仍显肤浅,对其生物学功能的认识还很局限,而生物合成过程和生物学功能的研究首先取决于新活性天然产物的发现。令人欣慰的是化学生物学的兴起推动了天然产物化学的发展,大大提高了新活性天然产物的发现率。与此同时,新活性天然产物的发现既提示新生物合成路线的存在,又在诠释复杂生物系统内在规律方面发挥着不可或缺的作用(Hong, 2011)。随着分子生物学和分析技术的快速发展,天然产物化学与化学生物学紧密互动、互相促进,对学科发展的作用引人关注。为此,笔者借本书编辑出版之际略陈管见,谨供参考。

第一节 天然产物领域的研究简介

天然产物研究是以天然资源为研究对象,探讨其化学结构、合成和作用的一门基础研究和应用基础研究科学。天然产物源于生命过程,"肩负"服务于产生生物的使命,故对某些"非产生(来源)生物"有生物学效应,因此,一直是生物活性物质和实用药物的重要来源。200多年前从植物中提取的吗啡打开了从自然界获得药源分子的大门,据统计,至1990年,约80%的药物来源于天然产物及其结构类似物,包括抗生素(如青霉素、四环素、红霉素等)、杀虫药(如阿维菌素等)、抗疟药(如奎宁、青蒿素等)、代谢调节剂(如洛伐他丁等)、免疫抑制剂(如环孢霉素、雷帕霉素)及抗癌药物(如紫杉醇、阿霉素等)等。这些天然活性成分的发掘和利用,使世界大部分地区的人口平均寿命由20世纪初的40岁延长至目前的70岁以上(Li and Vederas,2009)。

天然产物的相关研究和高效利用都以结构的发现为前提。由于大量天然产物已被发现,从自然界寻找有重要活性的新化合物越来越具有挑战性,且已知化合物的重复分离率很高,造成人力和经费方面的巨大浪费。以抗生素发现为例,头孢霉素类(cephalosporins)、青霉素类(penicillins)、喹诺酮类(quinolones)和大环内酯类(macrolides)等四大类广谱抗生素结构骨架类型都是一个世纪前发现的。虽然其后发现了糖肽类(glycopeptides)、脂肽类(lipopeptides)、氨基糖苷类(aminoglycosides)和四环素类(tetracyclines)等类型的抗生素,但其抑菌效率不及先前发现的"老"抗生素及其半合成新品种。新抗生素的发现率似乎步入了"触底也不反弹"的低谷(图6-1)。

尽管如此,随着现代分析测试方法、化学合成技术、药理学、分子生物学和生物信息学的迅速发展,天然产物研究的条件和方法日趋进步和成熟。同时,科技的进步扩大了天然材料的获取范围,人们可以从更为特殊的生境如海底极端环境等中采集生物资源,有望获得结构新颖的新生物活性物质。因此,天然产物的研究领域和深度在不断扩展,近年来,在天然产物的结构鉴定、构效关系、结构改造与(半)合成、生物活性及作用机制、生物合成与发酵工艺等方面的研究均取得了显著成果,必将迎来新药发现和开发的新曙光。

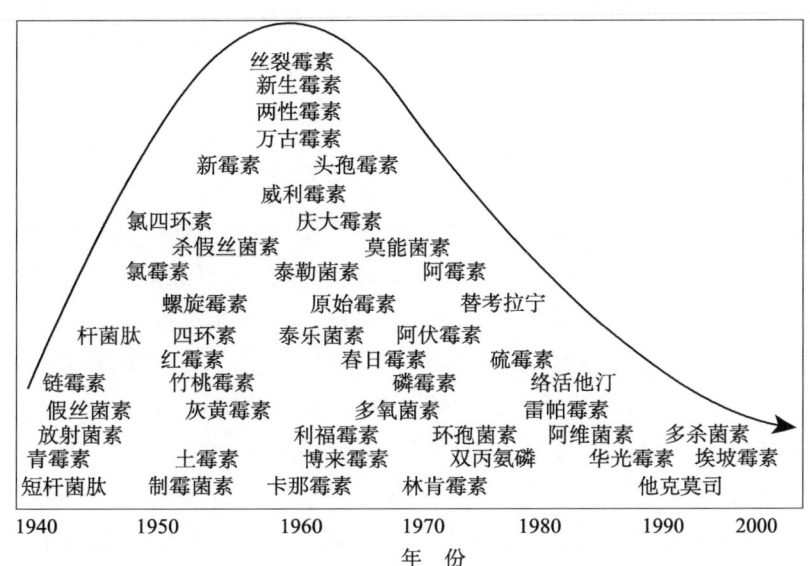

图 6-1 新抗生素发现的过去和现在

资料来源：http//smellslikescience.com/a-nead-for-new-antibiotics/.

第二节　化学生物学在天然产物领域中的研究概况

化学生物学是 20 世纪 90 年代后期发展起来的前沿科学，旨在利用化学的理论、研究手段和方法探索生物学问题。经过近 20 年的发展，化学生物学的研究思路和手段在天然产物领域也得到了广泛应用，一方面化学本身具备研究复杂分子和分子体系的能力，化学生物学的核心便是运用生物活性小分子作为化学探针来理解生物学功能，并达到对生物通路的调控，因此有助于阐明天然产物的作用机制。另一方面，化学生物学的研究还有助于理解天然产物的生物合成途径，从中发现化学生物学规律，并为重要活性分子的开发和创制提供了丰富"源头"。

一、天然产物作为探针的研究

长期以来，寻找天然活性成分是人们获取新药的主要方式之一（Cragg et al.，2009；Goss et al.，2012；Newman and Cragg，2012）。之所以如此是因为源于植物和微生物的某些天然产物可有效地作用于哺乳动物、病原菌中的生理、病理过程。许多活性天然产物正扮演者"探针分子"角色，在生物学（含病理学和药理学）过程诠释与调控方面发挥着不可或缺的作用。兹举例示之。

1. 二萜——腺花素

腺花素（adenanthin）是从腺花香茶菜中提取出的二萜类化合物，具诱导分化和根除急性早幼粒细胞白血病（APL）的功能。陈国强等同时采用对维A酸敏感和耐药的两种转基因白血病小鼠开展体内研究发现该化合物可诱导分化动物体内白血病细胞，并显著延长实验动物的生存期。

为阐明腺花素发挥作用的化学生物学过程，研究人员对腺花素进行了分子改造，并在明确其构效关系后，用生物素标记腺花素分子。以此为探针，在白血病细胞中利用亲和层析"钩钓"其结合蛋白。他们发现，腺花素的靶向蛋白是过氧化还原酶 Prx I 和 Prx II，通过与酶保守的半胱氨酸残基结合，抑制酶活性，导致细胞内过氧化氢（H_2O_2）水平增高。增加的 H_2O_2 活化了胞外信号调节蛋白激酶 ERK1/2，从而上调造血细胞分化相关的转录因子 C/EBP 的表达水平，诱导细胞分化。该工作提供了一条诱导 APL 细胞分化的潜力途径（Liu et al., 2012），可被认为是典型的天然产物相关的化学生物学研究范例。

2. 脑苷脂——fusaruside

JAK-STAT 信号通路在免疫反应中发挥了重要作用，被认为是免疫性疾病治疗的新靶点。尽管通过调控 STAT 家族成员用于相关疾病的治疗得到了公认，但迄今为止药物对 STAT 的调控大多缺乏选择性。药物的低选择性往往会引发严重的不良反应，从而影响自身免疫性疾病的治疗（O'Shea et al., 2004）。例如，常用免疫抑制剂氟达拉滨能抑制 STAT1 及 STAT3（Frank et al., 1999; McCubrey et al., 2000），雷帕霉素能抑制 STAT1、STAT3 及 STAT4（Kristof et al., 2003; Kusaba et al., 2005），环孢素能抑制 STAT1、STAT3、STAT4、STAT5 和 STAT6（Cristillo and Bierer, 2002; Han et al., 2001; Henttinen et al., 1995; Hu et al., 2003; Plaza et al., 2004），糖皮质激素地塞米松既可抑制 IL-2 和 IL-12 介导的 JAK-STAT 信号通路（STAT5 和 STAT4），又可抑制 IFN-γ 介导的 STAT1 的活化，还可抑制瘦蛋白 leptin 诱导的 STAT3 磷酸化（Wu et al., 2012）。而一些 STAT 信号具有保护作用，例如，I 型干扰素介导的 STAT1 和 STAT2 信号通常起到一个抗病毒作用（Park et al., 2000）；STAT3 信号具有抗炎作用等（El

Kasmi et al., 2006; Takeda et al., 1999); STAT5 调节一大批与肝代谢、生长和分化相关基因的表达 (Gao, 2005; Pernis and Rothman, 2002)。催乳素介导的 STAT5 的活化能保护胰岛 α 细胞和 β 细胞免受地塞米松诱导的损伤 (Fujinaka et al., 2007; van Meeteren et al., 2000), 因此糖皮质激素的一个典型的不良反应——致糖尿病，可能和糖皮质激素抑制 STAT5 活化有关。STAT6 信号能改善葡聚糖硫酸钠诱导的小鼠结肠炎 (Elrod et al., 2005; Fujinaka et al., 2007), 而地塞米松能加剧糖酐酯诱导的肠炎 (Cristillo and Bierer, 2002), 这提示其原因可能与地塞米松抑制 STAT6 活化有关。现有免疫抑制药物同时抑制多种 STAT 的特点限制了其临床应用, 因此在某一类型的疾病中, 如果能选择性地调控某一条关键的 STAT 信号通路而不影响其他信号通路, 将会为寻找选择性更高的免疫抑制药物和治疗众多难治性免疫性疾病指明一个新的方向。

fusaruside 是南京大学谭仁祥课题组从内生植物真菌 *fusarium* sp. IFB-121 的发酵产物中分离得到的一种崭新结构的脑苷脂类化合物 (Wu et al., 2012)。前期的研究表明, fusaruside 具有对枯草杆菌、大肠杆菌和假单胞菌明显的抗菌活性，同时它还具有抑制黄嘌呤氧化酶的活性 (Shu et al., 2004)。南京大学徐强课题组在对 fusaruside 免疫抑制活性的机制研究中发现，fusaruside 可选择性抑制 T 细胞中的 IFN-γ/STAT1/T-bet 通路, 而对 STAT 家族中的其他成员几乎没有影响, 并且 fusaruide 能抑制 STAT1 的磷酸化, 不影响 STAT1 蛋白的表达 (Wu et al., 2012)。IFN-γ/STAT1/T-bet 信号是 Th1 免疫反应中的关键信号, 并且被认为是克罗恩病的致病信号之一 (Jose Leon et al., 2006)。随后研究发现 fusaruside 能抑制 STAT1 介导的 Th1 细胞因子的分泌及 Th1 细胞的体外分化, 不抑制 Th2、Th17 和调节性的细胞因子的分泌及 Th2、Th17 和 Treg 的体外分化。体内实验结果表明 fusaruside 能改善 Th1 主导的 TNBS 诱导的及 $CD4^+CD45RB^{hi}$ 细胞转输到 SCID 小鼠诱导的结肠炎 (Wu et al., 2012)。这项研究通过小分子 fusaruside 为人们实现了选择性抑制 STAT1 信号, 展示了独特的针对克罗恩病及其他 Th1 介导的炎症性疾病的治疗策略。这种高选择性很有可能会降低药物的不良反应，进而使得这种治疗策略优于目前治疗策略。

SHP-2 是一个广泛表达的含有两个 SH_2 结构域的蛋白酪氨酸磷酸酶, 在生理和很多疾病中发挥重要作用, 如假特纳综合征 (Loh et al., 2004; Tartaglia et al., 2001)、幼年型粒单核细胞白血病 (Loh et al., 2004)、儿科白血病 (Bentires-Alj et al., 2004; Tartaglia et al., 2004) 及 leopard 综合征

(Legius et al., 2002) 等。针对 SHP-2 在疾病中的重要作用，SHP-2 已被认为是潜在的治疗靶点。作为磷酸酶 SHP-2 参与了多条信号通路，如 Ras-Raf-MAPK、JAK/STAT、PI3K/Akt、NF-κB 和 NFAT 等（Neel et al., 2003; Qu, 2002）。但是，也有些研究发现 SHP-2 的某些功能不依赖于其磷酸酶的活力（Stewart et al., 2010; Yu et al., 2003）。目前这种不依赖于催化活力的功能机制尚不清楚。

徐强课题组在小分子 fusaruside 选择性抑制信号转导和转录活化因子 1（STAT1）信号的机制研究中发现，fusaruside 能促进磷酸酶 SHP-2 的磷酸化，从而激活 SHP-2（Wu et al., 2012）。以往的认识是，SHP-2 能在细胞核中对活化的 STAT1 进行脱磷酸化（Wu et al., 2002）。有趣的是，徐强课题组在用钒酸钠抑制 fusaruside 激活的 SHP-2 磷酸酶活力时，fusaruside 仍能抑制 T 淋巴细胞上 STAT1 的磷酸化。但 fusaruside 不能抑制敲除 SHP-2 的 T 细胞上 STAT1 的磷酸化。并且，钒酸钠不能阻断 fusaruside 对三硝基苯磺酸（TNBS）诱导的小鼠结肠炎的改善，而 fusaruside 不能改善在 T 淋巴细胞上敲除 SHP-2 的小鼠上由 TNBS 诱导的结肠炎。因此，fusarudie 选择性抑制 T 淋巴细胞上 STAT1 的磷酸化及改善结肠炎依赖于 SHP-2 但不依赖于 SHP-2 磷酸酶的活力。随后免疫共沉淀实验结果表明，fusaruside 激活的 SHP-2 能结合非磷酸化形式的 STAT1，但不结合其他非磷酸化形式的 STAT 家族蛋白（图 6-2）。通过缺失突变实验证实了 SHP-2 的 PTP 结构域及 STAT1 的 SH$_2$ 结构域对于 fusaruside 诱导的这种结合至关重要。并且激光共聚焦实验结果表明，fusaruside 激活的 SHP-2 与非磷酸化形式的 STAT1 共定位于细胞质中。进一步，免疫共沉淀实验及激光共聚焦实验发现，fusaruside 能抑制 γ-干扰素（IFN-γ）诱导的 STAT1 与 IFN-γ 受体的结合。这些结果提示 fusaruside 激活的 SHP-2 能选择性地将非磷酸化形式的 STAT1 扣押于细胞质，使之免于被 IFN-γ 受体招募并被磷酸化激活，进而阻断了 STAT1 信号转导（Wu et al., 2012）。上述结果提示，SHP-2 调控 STAT1 信号不仅可以在细胞核内对磷酸化的 STAT1 进行脱磷酸化反应，还可以在细胞质中选择性扣押 STAT1。后者是关于 SHP-2 的一个不依赖于磷酸酶活力的新功能报道。这项研究以小分子 fusaruside 作为探针，丰富了 STAT1 信号调控网络，为 STAT1 的选择性调控及相关免疫性疾病的治疗提供了新的研究思路。

3. 环肽——微囊藻毒素

微囊藻毒素（microsystin，MC）是一类由有毒淡水蓝藻通过次生代谢途

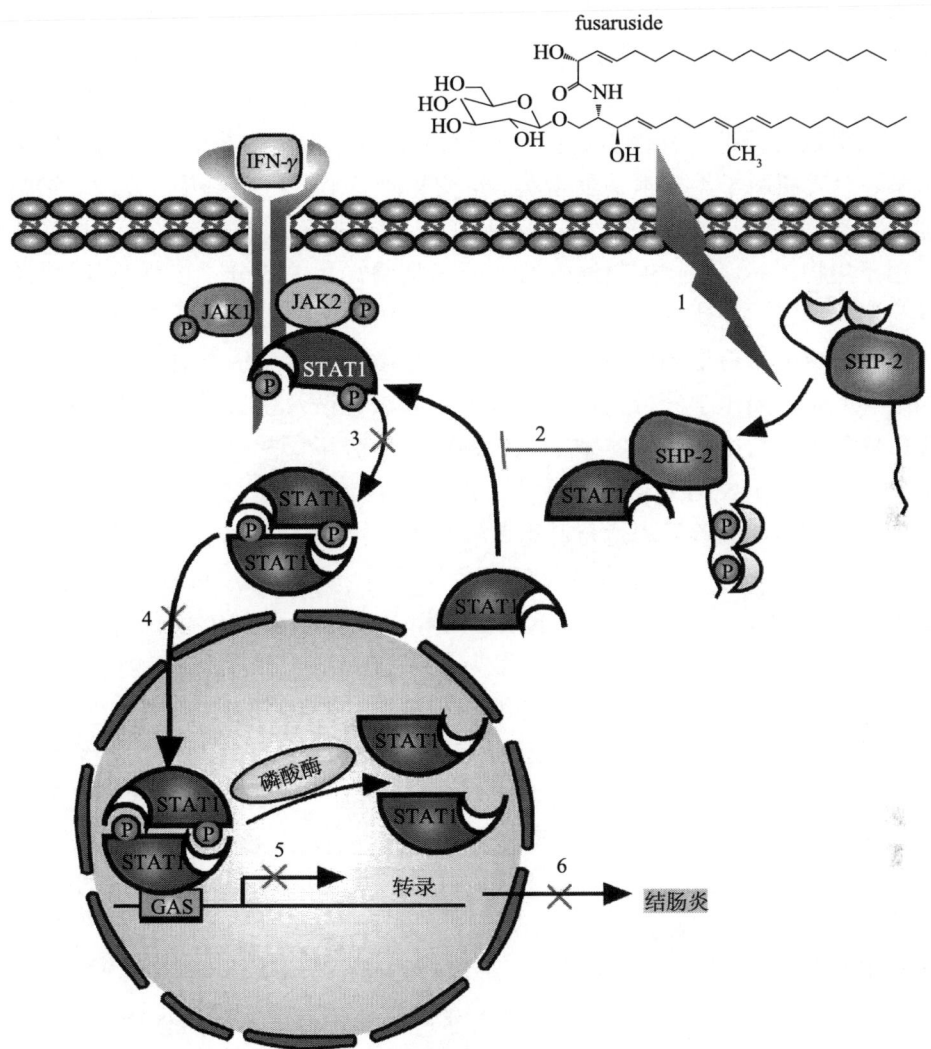

图 6-2　小分子 fusaruside 的作用模式图（文后附彩图）

资料来源：Wu et al.，2012

径产生的环状七肽分子。MC 具有多种生物活性，已有的机制研究表明，MC 通过抑制丝氨酸-苏氨酸磷酸酶家族的蛋白磷酸酶 1（protein phosphatase 1，PP1）和蛋白磷酸酶 2A（protein phosphatase 2A，PP2A）的活性，从而从多位点干扰维持细胞正常生命活动的信号转导过程。目前对 MC 生物活性分子机制的探讨，第一方面在其毒理作用机制与相关新分子靶点发现方面有所进展；第二方面体现在以 MC 作为分子探针，发现其介导的新的信号转导途径；第三方面，基于分子机制研究发现，实现对 MC 结构的化学改构，降低其对肝脏的亲器官性与强肝毒性，以期实现将 MC 从有害毒素到抗肿瘤药物的转化。

在所有对 MC 的毒性机理研究结果中，仅在"蛋白磷酸酶抑制理论"方面研究得较为透彻，其他方面的工作进展缓慢。沈萍萍等运用生物、化学、数学、计算机科学等技术手段建立学科交叉研究平台，在基因、分子、细胞、器官、动物多水平上，探索了 MCLR（微囊藻毒素标准品 microsystin LR）作用于生物体后，生物体内发生的与肝细胞凋亡相关的分子事件及其信号转导与调控途径，并建立了基于信号转导过程中关键节点分子及其分子间相互作用而构成的功能型调控网络；首次完成了微囊藻毒素诱导肝细胞凋亡的基因组学及蛋白质组学分析，建立了基因差异表达谱及蛋白质差异表达谱。在蛋白质组学分析中，成功鉴定了 383 种蛋白质分子，获得了大量重要的数据信息，建立了重要的氧化还原酶类、线粒体代谢酶类、离子代谢调控酶类、细胞骨架蛋白类的差异表达与肝组织病理变化之间的关系，揭示了藻毒素诱导产生的氧化压力对下游基因及分子尤其是对 Bcl-2 家族基因与分子表达的调控作用。提出：一些与氧化还原作用相关的蛋白质如铁蛋白（ferritin）、peroxiredoxin 1、peroxiredoxin 2 作为 MC 致病的新生物标记物的可能性。根据网络调控作用机理，研究了肝细胞线粒体功能状态与细胞凋亡之间的信号转导机制。应用噬菌体表面显示肽库技术，首次将 MCLR 作为探针分子，筛选噬菌体随机线性 12 肽库、构象限制型随机环 7 肽库及随机线性 7 肽库。经过多轮生物筛选，获得能识别并结合毒素的多肽基序，基序经 SWISS-PROT、Protein Family Database、Protein Data Bank、Rasmol 等数据库与软件分析，结合 DNA 序列测定及 ClustalW 法序列比对、Biacore 分析、细胞实验检测所有阳性克隆的亲和力，结果显示：筛选出的特异性噬菌体克隆对 MCLR 的亲和力远高于各自所对应的测定对照及野生型噬菌体与原库噬菌体的阴性对照，发现肝脏乙醛脱氢酶 2（ALDH2）为 MC 在细胞内的新分子靶点。

该研究将 MC 作为分子探针，将基因组学、蛋白质组学分析手段作为研究细胞信号转导调控功能性分子网络的上游技术，并在生物学实验的同时辅以数理分析及计算机模拟，采用网络生物学的研究手段从生物信号转导网络的静态结构和动态模式两方面，寻找网络元素间相互作用的调节规律及信息基础，将细胞信号转导的机理模型化，从数学水平上动态定量研究生命过程，将另一种研究思路——推导演绎法引入以还原论为主的生命科学研究领域，实现了对基于小分子探针的细胞凋亡信号转导过程中的分子调控规律的动态、定量分析（Chen et al., 2005; Ge et al., 2008; Wei et al., 2008; Wu et al., 2012）。

4. 多酚——姜黄素

代谢综合征是现代社会公共健康的重要问题。现代食品工业发展所导致的高果糖摄入被认为是代谢综合征高发重要诱因之一（Dekker et al., 2010; Lim et al., 2010）。高果糖摄入可引起肥胖症、高脂血症、胰岛素抵抗、瘦蛋白抵抗等代谢性紊乱并伴随系统性低度炎症，继而在特定组织如肝脏发生炎症反应和功能损害（Dekker et al., 2010; Lim et al., 2010）。非酒精性脂肪肝是高果糖摄入诱导代谢综合征的一个常见病症（Lim et al., 2010），但高果糖摄入诱导代谢紊乱产生脂肪肝等肝损害复杂的病理机制尚需进一步探索（Ackerman et al., 2005; Ishimoto et al., 2012; Kawasaki et al., 2009; Lim et al., 2010; Spruss and Bergheim, 2009; Tetri et al., 2008）。

姜黄素（curcumin）是从姜科姜黄属植物姜黄等根茎中提取分离获得的一种脂溶性多酚类化合物。它具有植物界少见的 β-二酮的庚二烯与两个邻甲基化的酚相连组成的对称分子结构特征（Gupta et al., 2011）。姜黄素具有抗炎、抗氧化、抗癌、降血脂、抗动脉粥样硬化、降血糖、抗病毒、调节中枢神经系统、抗抑郁、抗衰老等多种生物活性（Gupta et al., 2013b, 2011; Li et al., 2009b），且表现出很好的安全性，引起人们广泛关注。它已作为营养补充剂（Gupta et al., 2013a）在美国、中国、日本、韩国等多个国家和地区使用。临床研究表明，姜黄素可用于肿瘤（如前列腺癌和直肠癌等）、炎症（如关节炎、克罗恩病和胰腺炎等）、心血管疾病（如动脉粥样硬化等）、糖尿病及糖尿病肾病和微血管病变等并发症、肝肾功能损害、胆囊炎和胆囊运动障碍、慢性酒精中毒、消化道溃疡、获得性免疫缺陷综合征（AIDS）、β-地中海贫血等多种疾病的治疗（Gupta et al., 2013b）。值得注意的是，姜黄素对高血脂和脂肪肝模型动物具有肝保护作用（Carmen Ramirez-Tortosa et al., 2009; Jang et al., 2008; Mahfouz et al., 2011），这与其抑制系统性炎症信号（Shao et al., 2012; Stefanska, 2012）、改善胰岛素和瘦素调控信号（Jang et al., 2008; Tang et al., 2009）及调节脂代谢相关酶和关键转录因子（Jang et al., 2008）有关（图 6-3）。临床研究进一步证实，姜黄素可降低患者血脂水平（Soni and Kuttan, 1992）、改善胰岛素抵抗（Appendino et al., 2011）和抑制与肥胖症相关的系统性炎症（Shehzad et al., 2011），显现出其防治非酒精性脂肪肝的潜力（Leclercq et al., 2004; Shapiro and Bruck, 2005）。

孔令东课题组证实了姜黄素能显著改善高果糖摄入引起大鼠高胰岛素血症、高瘦素血症、高脂血症、高血压等代谢综合征病症，观察到其具有减轻果糖代谢综合征动物肝组织细胞脂肪浸润和炎性损伤等作用。进一步研究发现，姜黄素抑制了果糖代谢综合征大鼠肝脏胰岛素和瘦素信号转导负调控因子蛋白酪氨酸磷酸酶 1B（PTP1B）活性及表达，进而增加胰岛素受体（IR）和受体底物 1（IRS1）磷酸化水平，使受体后信号通路关键靶分子蛋白激酶 B（PKB/Akt）和细胞外信号调节激酶 1/2（ERK1/2）磷酸化水平升高、胰岛素信号转导增强；降低瘦素受体 $Ob-R_L$ 1138 酪氨酸磷酸化水平，改善 Janus 酪氨酸蛋白激酶/信号转导及转录激活因子（JAK/STAT）信号通路，上调 JAK2 磷酸化水平，降低 STAT 3 磷酸化水平；并抑制 JAK2/STAT 3 信号通路负反馈调控子细胞因子信号转导抑制因子 3（SOCS3）过度表达，进一步修复肝脏胰岛素和瘦素信号转导缺陷，提高胰岛素和瘦素敏感性及过氧化物酶体增殖物激活受体（PPAR）表达，促进脂肪酸 β 氧化，从而制止肝脏过度产生极低密度脂蛋白（VLDL）和甘油三酯（TG），减轻高甘油三酯血症和脂肪肝的形成（Li et al.，2010）。这项研究基于天然小分子姜黄素，说明了肝脏 PTP1B 高表达引发胰岛素和瘦素信号转导缺陷及脂代谢关键因子变化而产生脂肪肝的病理过程；提示高果糖摄入加重肝病，而限制该风险因子将会有效控制肝病进程，这为开拓潜在防治果糖代谢综合征脂肪肝新途径提供了一重要治疗策略的可能。

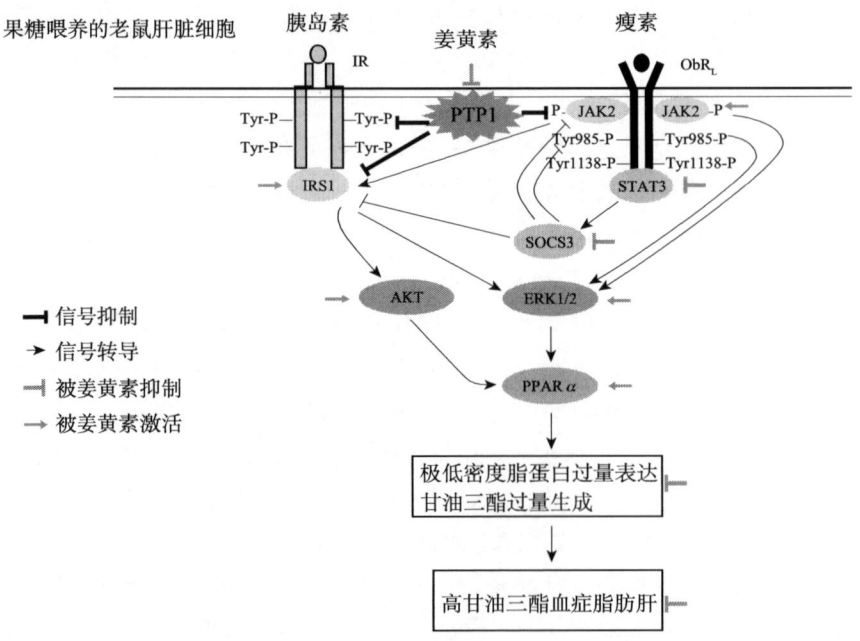

图 6-3　小分子姜黄素的作用模式图（文后附彩图）

资料来源：Li et al.，2010

5. 苯丙素——arctigenin

2型糖尿病是以糖脂代谢紊乱为主要临床特征的一种综合征，主要由外周组织胰岛素抵抗及胰岛β细胞胰岛素分泌障碍所引起。骨骼肌是2型糖尿病胰岛素抵抗产生的主要部位，作为机体内胰岛素作用的最大靶组织，骨骼肌对葡萄糖的利用占到机体餐后胰岛素所诱导的糖利用总量的80%（Defronzo et al.，1981）。葡萄糖向骨骼肌细胞中的转运是细胞葡萄糖利用的第一个限速步骤（Ren et al.，1993），葡萄糖摄取减少是骨骼肌胰岛素抵抗的主要表现之一。

骨骼肌细胞的葡萄糖摄取受多种信号转导通路的调节，其中腺苷酸激活蛋白激酶（AMPK）和经典胰岛素信号通路发挥着重要作用。AMPK是一种在细胞内行使能量代谢调节功能的蛋白激酶，并逐渐被认为是生物整体代谢调节的重要蛋白激酶之一（Kahn et al.，2005），在胰岛β细胞、肝脏、骨骼肌和脂肪等多种组织的糖脂代谢调节中发挥重要作用（Wojtaszewski et al.，2002）。AMPK的激活可在不依赖于胰岛素信号通路的情况下增加骨骼肌中葡萄糖摄取和利用，促进脂肪酸氧化，产生更多能量；同时抑制肝细胞糖异生、脂质合成等通路，减少能量消耗，从而使细胞能量代谢保持平衡（Hardie，2004；McBride et al.，2009；Minokoshi et al.，2002）。

鉴于骨骼肌细胞葡萄糖摄取对机体糖代谢的重要性，中国科学院上海药物研究所冷颖课题组和胡有洪课题组与西北高原生物研究所陶燕铎课题组合作，应用大鼠L6骨骼肌细胞2-脱氧葡萄糖摄取模型对天然化合物进行筛选，并检测化合物对AMPK蛋白磷酸化的影响。结果发现，天然化合物arctigenin对L6骨骼肌细胞葡萄糖摄取有显著的促进作用，并可剂量依赖性增强AMPK通路活性。同时，arctigenin还可显著促进正常小鼠伸趾长肌和比目鱼肌的葡萄糖摄取，并增强其AMPK信号转导通路。机制研究显示，arctigenin对L6骨骼肌细胞葡萄糖摄取的促进作用依赖于AMPK的激活。

冷颖课题组对arctigenin在肝细胞中的作用研究发现，arctigenin剂量依赖性增加肝细胞AMPK及ACC蛋白磷酸化水平，提示arctigenin在肝细胞中具有AMPK激活作用；同时，arctigenin还可剂量依赖性降低胰高血糖素刺激的糖异生、抑制胰岛素诱导的脂肪合成，提示arctigenin对肝细胞糖脂代谢均具有显著的调控作用，对降低胰岛素抵抗状态下肝糖输出及改善脂肪肝有重要意义（图6-4）。使用AMPK抑制剂研究显示，arctigenin对肝细胞糖脂代谢的调控依赖于AMPK的活化。

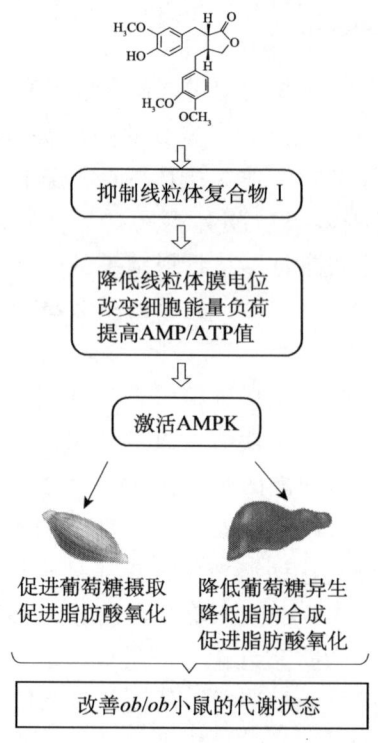

图 6-4 arctigenin 的作用模式图

AMPK 的活性受到许多因素调节，包括 AMPK 激酶（Sanders et al.，2007；Stein et al.，2000）、AMP 依赖通路（Hardie et al.，1998；Kahn et al.，2005）和非 AMP 依赖通路（McBride et al.，2009；Wojtaszewski et al.，2002）。除以上情况外，一些脂肪因子如脂联素和瘦蛋白等可通过下丘脑-交感神经系统（SNS）轴磷酸化激活 AMPK（Minokoshi et al.，2002）；在某些细胞内，磷酸肌酸抑制 AMPK 的活性，当肌酸与磷酸肌酸比值升高时，AMPK 被激活（Ceddia and Sweeney，2004）。

冷颖课题组在 arctigenin 激活 AMPK 信号通路的机制研究中发现，arctigenin 对 AMPK 无直接激活作用，对 AMPK 的作用也不依赖于上游激酶 LKB1、CaMKK 或者 ONOO$^-$ 等途径，而是通过抑制线粒体呼吸复合物 I 的活性使线粒体膜电位降低，导致 ATP 合成下降，AMP/ATP 值上升，从而激活 AMPK，进而发挥调控糖脂代谢的作用，增加骨骼肌中葡萄糖摄取，抑制肝糖异生及脂质合成，改善机体胰岛素抵抗状态，最终在糖尿病小鼠上表现出良好的抗糖尿病活性（Huang et al.，2012）。该研究成果为基于骨骼肌细胞葡萄糖摄取功能筛选的抗糖尿病新药发现策略提供了理论依据，也为研究开发 arctigenin 成为 2 型糖尿病治疗的先导化合物提供了良好的基础。

6. 多酚——白藜芦醇及其寡聚体

白藜芦醇对多种衰老相关的疾病有防治作用（Morris，2013）。最近发现此可抑制磷酸二酯酶（phosphodiesterase，PDE）调节新陈代谢，并提示了 PDE4 抑制剂将会改善年龄相关的代谢病症状（Tennen et al.，2012）。有些白藜芦醇的寡聚体也具有显著的生物学功能，如白藜芦醇二聚体 hopeahainol A 不仅抑制乙酰胆碱酯酶（Ge et al.，2008），而且可减缓 Aβ 淀粉样蛋白的形成（Zhu et al.，2013）；再如白藜芦醇三聚体 pauciflorol B 可通过调节 p53 及相关基因的表达发挥抗癌作用（Qiao et al.，2013）。

二、天然产物的生物合成研究

天然产物的结构具有丰富的多样性，追溯其生物来源却存在一些共性。多数天然产物都属于次级代谢的范畴，经由简单的构造单元，遵循特定化学规律，在各类酶的催化下进行组装和修饰，最终形成结构复杂多样的化合物。

天然产物的基本构造单元来源于光合作用、糖酵解及 Krebs 循环等初级代谢过程，由乙酰辅酶 A、莽草酸、甲羟戊酸及 5-磷酸-1-脱氧木糖等中间体合成。不同类型的构造单元可以相互拼合，决定了天然产物结构的复杂性。根据组装规律和催化酶系的不同，天然产物的生物合成途径可大致分为：①负责芳香聚酮和大环内酯类化合物合成的聚酮合成（polyketide synthesis，PKS）途径；②由脂肪酸合成酶（fatty acid synthase，FAS）参与的脂肪酸合成途径；③负责聚肽类化合物合成的非核糖体多肽合成酶（nonribosomal peptide synthetase，NRPS）合成途径和核糖体合成（ribosomal synthesis）途径；④负责萜类或甾体合成的甲羟戊酸途径（mevalonate pathway）和脱氧木酮糖磷酸酯途径（deoxyxylulose phosphate pathway）；⑤由氨基酸衍生单元或嘌呤衍生物参与的生物碱途径；⑥五碳糖或六碳糖等来源的糖或糖苷衍生物的生物合成途径；⑦杂合途径等。

前期的生物合成探究限于技术和手段的落后，多集中在前体喂养等方法，不够精确。近年来，随着基因组学和蛋白质组学的高速发展，天然产物的生物合成研究更加深入，并逐渐成为一个化学、生物学相互交叉的相对独立学科。现从不同酶系的组装机制、合成后修饰作用等角度举例如下。

（一）模块化或非模块化的骨架合成机制

一般来说，脂肪酸、聚酮、非核糖体肽类的生物合成，是通过模板化的组装机制进行的。以典型的Ⅰ型聚酮生物合成途径（PKS）和线性非核糖体多肽合成酶生物合成途径（NRPS）为代表，负责延伸单元的引入、底物或中间产物的修饰、碳链或肽链的长度控制和释放等功能的酶在基因组上成簇排列，按顺序"流水线"式催化天然产物的生成。萜类、寡糖和部分生物碱如吗啡等的合成则按非模块化机制进行，如萜类化合物的前体来源于焦磷酸异戊烯酯，在不同类型的萜烯环化（或合成）酶的作用下，通过碳正离子环化和重排反应生成，这些酶并不以模块或复合物形式存在，参与酶的多样性是决定产物骨架多样性的重要原因。除了严格的模块化或非模块化的合成机制外，越来越多的研究表明，天然产物的合成过程往往综合两种模式，重复或跳跃地使用有关酶系，形成更为复杂的化学结构。

（1）井冈霉素A。井冈霉素A（validamycin A）属氨基环醇类化合物，包含一个典型的烯胺结构，是我国自主开发的用于防治水稻纹枯病的农用抗生素。前期化学喂养实验发现，7-磷酸景天庚酮糖环化而成的2-表5-表有效醇酮是井冈霉素A生物合成途径中的前体物（Dong et al.，2001），邓子新和白林泉等通过基因组文库构建、基因敲除和异源表达等手段进一步揭示了井冈霉素A的生物合成途径，他们证明8个成簇排列的结构基因是催化井冈霉素A生成的关键，其中环化酶ValA能够环化7-磷酸景天庚酮糖生成2-表5-表有效醇酮，糖基转移酶ValG则转移葡萄糖到井冈胺A从而生成最终产物井冈霉素A。当将这8个基因重新组装后在变铅青链霉菌中进行异源表达时，也产生了井冈胺A和井冈霉素A（Bai et al.，2006）。以上研究为工业化生产井冈霉素奠定了基础。

（2）硫链丝菌素。硫链丝菌素（thiostrepton）属于硫肽类抗生素，是一类典型的富含噻唑环、脱氢氨基酸、六元氮杂环，结构被高度修饰的聚肽类天然产物。先前研究认为，硫肽类抗生素的肽链骨架是由非核糖体肽聚合酶催化，由此符合高度修饰的骨架特征。然而，刘文等通过对链霉菌（*Streptomyces laurentii*）基因组扫描等方法证明肽类抗生素其实起源于一条核糖体编码的前体肽，经过环化脱水/脱氢形成噻唑环、脱水形成脱水氨基酸，并通过[4+2]环合反应等后修饰步骤最终合成硫链丝菌素。同时发现该催化机制在其他菌体的硫肽类抗生素生成过程中普遍存在。当将相关基因在芽孢杆菌中异源表达，菌株能够产生硫肽类化合物。该工作对于发展新型硫肽类抗生素药物具有重要意义（Liao et al.，2009）。

（3）四氢异喹啉。萘啶霉素（naphthyridinomycin，NDM）、奎诺卡星（quinocarcin，QNC）及 ecteinascidin 743（ET-743）同属于四氢异喹啉生物碱家族化合物，富含一个独特的二碳单元结构，其中 ET-743 已发展为第一例海洋天然产物来源的抗肿瘤新药。唐功利等通过前体喂养标记、基因克隆、敲除、回补及体外酶催化反应等手段揭示了其二碳单元的生物合成机制。他们发现，两个转酮醇酶构成的蛋白质复合体 NapB/NapD 和 QncN/QncL 分别位于 NDM 和 QNC 的生物合成途径中，负责催化二碳单元由酮糖转移至酰基承载蛋白（ACP）上，而后经过非核糖体多肽合成酶（NRPS）合成途径进入最终的化合物中。提出初级代谢的酮糖可直接转化为次级代谢所需的二碳单元，成为四氢异喹啉生物碱骨架合成的前体。该研究有助于揭示海洋药物 ET-743 的生源，并为非核糖体聚肽类天然产物的组合生物合成提供新的前体单元（Peng et al.，2012）。

（二）合成后修饰机制

除了骨架生物合成的差异，丰富的后修饰如糖基化、卤化、羟化、甲基化等同样也是造成天然产物结构多样性的重要原因，这些修饰还对天然产物的生物活性具有决定性作用。涉及天然产物结构后修饰的酶种类广泛、性质多样，催化机制也较为复杂。兹举例介绍如下。

1. 糖基化

糖基广泛存在于动植物和微生物的代谢产物中，糖基之间连接则形成寡糖和多糖。糖基连接在非糖分子（俗称"苷元"）的某一位置则形成糖苷（glycosides），如万古霉素（vancomycin，VCM）、新生霉素（novobiocin）、卡奇霉素（calicheamicin，CLM）和红霉素（erythromycin）等，都含有一个或多个糖基。糖苷化改变着有机分子的理化特征和生物活性，如脱氧糖基是大环内酯类抗生素的活性必需基团，帮助特异性识别生物靶点；去此糖基则失去该活性。

生物体内糖单元供体一般为尿苷二磷酸糖（uridinediphosphosugar，UDP）。由于尿苷二磷酸糖的离去基团呈 α 构型，因此天然糖苷多呈 β 构型。人工合成的糖苷种类更加繁多，主要借助化学合成和酶促反应制得。常见的化学合成是在糖供体（如溴苷、氟苷、硫苷、羧酸醋苷、磷酸酯苷等）的异头位接上离去基团，在特定催化剂的作用下，与受体中的醇羟基发生取代反应，从而形成糖苷键。由于糖单元含有的羟基较多，常需对反应外的羟基进行保护。如用苄基和环己酮保护槲皮素的 C7、C-3′和 C-4′上的羟基，然后在氯仿-碳酸钾水溶液两相体系中，以四丁溴化铵为催化剂，合成了 C-3 槲皮素阿拉伯糖。但保护与去保护的过程烦琐，且往往需引入环境不友好试剂，这是化学糖基化的一个弊端。探索合适的催化条件，得到立体化学专一性强、生物利用度高的糖苷化合物，也是目前化学合成的挑战之一。

酶促反应则用糖基转移酶（glycosyltransferase，GT）对结构各异的天然产物（如大环内酯类、非核糖体多肽类、聚酮类及氨基香豆素类和氨基糖苷类等）进行糖基化修饰。长期认为糖基转移酶的催化方向单一，但 Thorson 和张长生等发现卡奇霉素（calicheamicin，CLM）和万古霉素（vancomycin，VCM）在糖基转移酶 CLM CalG1、CalG4 和 VCM GtfD、GtfE 的催化作用下可以互换糖基，发生双向糖基化反应。随后在这 4 种酶的组合催化下，得到超过 70 种不同糖基取代类型的卡奇霉素，并证明单个糖基转移酶可以同时催化不同天然产物之间的糖基转移（Zhang et al.，2006a）。此外，他们利用 2-氯-4-硝基苯基葡萄糖苷（2-chloro-4-nitrophenyl glucoside）作为糖供体，在核糖转移酶 OleD 的作用下，合成出了 22 种不同的糖核（Gantt et al.，2011），为高效利用酶工程获得新型糖或糖苷衍生物提供了理论依据和方法学参考。

2. 卤化

据 2010 年的统计，天然卤化物的种类已超过 4700 种，它们都含有一个或几个卤素原子（Butler and Sandy，2009；Smith et al.，2013）。某些带卤素基团的天然产物显现出了更好的生物活性和生物利用度，如吡咯灰色霉素的生物活性取决于卤原子的数量、类型和取代位置，而其去溴衍生物没有活性。因此，卤化物在医药、农用药剂、有机合成等领域有着广泛应用。

Hager 等首次从霉菌（*Caldariomyces fumago*）中发现了氯过氧化物酶（chloroperoxidase，CPO），并推测其是催化温霉素（caldariomycin）氯化反应的关键酶（Hager et al.，1966）。由此，卤代过氧化物酶（haloperoxidase）长期被认为是催化生物卤代反应的主要酶。在催化反应中，该酶需要有过氧化氢和卤离子参与，在体外能够催化中间体的卤化。但卤代过氧化物酶为胞外酶，天然产物的卤代反应都在胞内发生，同时卤代过氧化物酶不具有区域选择性，同一反应可得到单、双和三卤代物（Wischang and Hartung，2011）。因此，研究者对卤代过氧化物酶是否真正参与卤化物的生物合成产生了争议。进一步研究推测，卤代过氧化物酶其实是通过激活 P450，选择性催化天然卤化物的生成（Bernhardt et al., 2011; Kaysser et al., 2012）。时至今日，卤代过氧化物酶的作用机制尚有疑点，有待进一步诠释。

事实上，天然产物的生物催化卤化过程远比想象的复杂多样。Keller 等（2000）从荧光假单胞菌中分得一个卤化酶 Prna，其氨基酸序列与卤化过氧化物酶或过氧化氢酶没有相似之处。随后，从其他生物中也发现了与 Prna 相似的卤化酶，被归类为以 FADH2 为辅酶的卤化酶。该类酶具有严格的底物特异性和区域选择性。研究表明氯离子能与由 FADH 与 O_2 反应产生的过氧黄素反应产生 HOCl，HOCl 再通过该酶中色氨酸和 FAD 间长度为 10 埃的隧道，并在此完成选择性卤化催化反应（Dong et al., 2005）。与上述卤代酶不同，α-酮戊二酸依赖型卤代酶（α-ketoglutarate-dependent halogenases）是一类不含血红素的卤化酶，与 syringomycin E 和 barbamide 生物合成中的氯化反应相关。α-酮戊二酸与氯离子的结合改变该卤化酶的构象，催化 α-酮戊二酸发生脱羧基反应，并形成活性中间体实现卤原子的结合（Khare et al., 2010）。

在天然产物的所有卤代反应中，以氟代最为少见，可能与氟的电负性高有关。S-腺苷蛋氨酸依赖型卤代酶（S-adenosyl-L-methionine dependent halogenases）则是另一类新型卤化酶。在链霉菌（*Streptomyces cattleya*）中，带正电荷的氟离子通过一种少见的 S_N2 亲核取代方式进攻 C5′腺苷蛋氨酸，产生 5′-氟-5′-脱氧腺苷（5′-fluoro-5′-deoxyadenosine，5′-CIDA）和 L-蛋氨酸，5′-CIDA 进一步反应生成氟乙酸，并发生分支反应：被氧化生成氟乙酸或经过转醛反应生成 fluorothreonine（Deng et al., 2008）。

3. 基团迁移

有些生物在合成次生代谢产物时发生基团迁移反应。例如，乙酰胆碱酯酶抑制物 hopeahainol A 的全新骨架就是苯基迁移产生的（Ge et al., 2008）；类似的迁移在真菌产物中也被检测到。

（三）C—C 键形成中的立体选择性

C—C 键的形成是天然产物生物合成过程的最重要步骤，决定着天然产物碳骨架的形成。在碳键的形成过程中常引入手性中心，研究表明，不同旋光类型的化合物在生物学功能上往往相差甚远。由于氨基酸官能团的差异，不同酶催化的反应具有高度的特异性和立体选择性，这是导致同分异构体间旋光差异的重要原因。

醛缩酶（aldolase）是一类研究较早的 C—C 键催化酶。在体外利用脱氧核糖磷酸醛缩酶（deoxyribose phosphatealdolase，DERA）催化三分子乙醛，发生迈克尔缩合反应生成新的内酯，且反式产物的产量高达 92%。该方法已广泛用于吡喃化合物的工业生产（Muller，2012；Wolberg et al.，2008）。醛缩酶还能催化天然产物的不对称环化，以二羟基丙酮（dihydroxyacetone）和 4-nitrobutanal 分别作为供体和受体，在 6-磷酸醛缩酶（6-phosphate aldolase，FSA）的催化下生成立体化学纯度高（73%）的化合物 nitrocyclitol。

合成酶（synthase）也是催化 C—C 键形成的常见酶。Pictet-Spengler（P-S）反应是合成四氢异喹啉和 β-咔啉衍生物最为有效的方法，是多种生物碱合成过程中最基础的一步反应。长期以来，该反应被认为不具有立体选择性。但 Stockigt 等发现一种 P-S 反应催化酶（Pictet-Spenglerases）胡豆合酶，能催化醛基碳原子形成新的手性中心，产生高立体化学纯度的产物（Stockigt et al.，2011）。

混杂酶（promiscuous enzyme）是多个酶构成的催化复合体，不同酶的最适催化条件和底物识别等性质不同，故能协力催化天然产物的生成。混杂酶可以包含不同种类的酶，也可以是同类型酶的混合物（Muller，2012；Soares et al.，2012）。有研究者在揭示灰盖鬼伞菌香叶烯（germacrene）生物合成途径时发现了两个倍半萜烯合酶（sesquiterpene synthase）——Cop4 和 Cop6，它们的催化性质差异很大，前者的底物宽泛性很广，但对 pH 敏感；后者则耐受 pH 变化，并具有严格的立体化学专一性，可催化法尼基焦磷酸盐（farnesylpyrophosphate，FPP）生成光学纯度为 98% 的（—）-α-cuprenene。在 Cop4 和 Cop6 的共同催化下，从原始菌株中分离得到多个结构和构型不同的天然产物，如（—）- germacrene、β - cubebene、β - copaene、δ - cadinene 等（Lopez - Gallego et al.，2010）。

漆酶（laccase）和过氧化物酶（peroxidase）是催化酚类中间体产生自由基的关键酶，在 NADPH 和 O_2 等辅因子参与下，依赖细胞色素 P450 的氧化还原酶也可催化酚的氧化偶联，但不将氧转移至底物中。漆酶是一类活性中心含铜离子的氧化还原酶，能够催化酚类和芳胺类化合物的羟基和胺基单电子氧化形成自由基，使得未配对的电子共振离域分散，两个共振中间体进一步偶联便引入新的 C—C、C—O 或 C—N 键。在大多数情况下，漆酶催化的自由基反应能迅速引起下游的级别反应，形成其他分子内/外 C—C 键或醌类，因此，漆酶的产物多是混杂的，不具有区域选择性（Leutbecher et al.，

2009；Sagui et al.，2009）。

漆酶广泛分布于生物界。有人从植物中发现一种辅助蛋白（dirigent，DIR）可协助漆酶催化具有方向性。DIR 为一类全 β 蛋白，自身不含有催化结构域；但其参与主导的立体化学特征似乎因植物而异，如连翘的 DIR 可参与漆酶催化松柏醇生成右旋产物（Davin et al.，1997），而拟南芥中序列相似的 DIR 却参与漆酶催化同一底物产生立体化学相反的产物（Pickel et al.，2010）。最近在真菌中也发现了漆酶催化的 C—C 键形成过程，如源自真菌的免疫抑制聚酮 dalesconol A 和 dalesconol B 的骨架就是通过漆酶催化引发的萘酚游离基之间的耦合产生的（Fang et al.，2012）。

第三节　化学生物学在天然产物领域中的展望

随着化学生物学与天然产物化学的交叉发展，涌现了一批新技术和新手段，正逐渐形成新的发展思路和方向。一方面，生物学尤其是分子生物学技术的高速发展，使得可通过生物表达等手段人为制造大量突变，并按照特定的目标和需要，制造和筛选出具有特定作用的（新型）药物先导化合物，实现分子进化，这将成为药物设计和筛选的新手段。另一方面，天然产物的分析手段不断进步，为微量化学物的鉴定及其生物学机制的研究提供了可能。

一、化学生物学促进天然产物的发现

化学生物学的理念和技术大大促进了新活性天然产物的发现，既"从基因到产物"深入挖掘传统天然产物化学研究所难以触及的天然产物，又可对已知途径进行改造，获得新型"非天然"天然产物，为新抗生素药物的发现带来新希望。兹简述如下。

（一）生物相互作用启发下的天然产物发现

动物、植物和微生物之间的跨界相互作用广泛存在，目前研究相对较为深入的当属微生物与宿主之间的协同进化及其化学生物学过程。特别有趣的是，动植物与微生物的共生关系可"跨界链接"代谢路径，产生全新的基于天然产物的"化学防护网"，共同应对来自大自然的种种挑战。这一现象在"海鞘-藻菌"共生体上得到了戏剧性展现：与海鞘共生的藻菌可进行光合作

用，把海洋环境中的某些无机物"加工"成海鞘维持生命需要的营养物（氨基酸、维生素等）、代谢中间体和其他化学防御物质；生长正常的海鞘则可为这些微生物提供了营养物质及栖息与繁衍场所。因此，这个共生体的生命力远远各自强于单独存在海鞘和藻菌（Schmidt，2008）。近年来，基因组学技术的飞速发展快速明晰了多种微生物的遗传信息，目前已有近万种微生物基因组序列得到测定（http：//img.jgi.doe.gov/cgi-bin/w/main.cgi）。在此基础上的生物系信息学分析发现：与宿主紧密互作的共生菌（含潜在致病菌）的基因变化率远高于非共生的同类微生物（McCutcheon and Moran，2012；Raffaele and Kamoun，2012），这与笔者早先提出的宿主植物与其内生菌间的"基因重组"假说不谋而合（Tan and Zou，2001；Zhang et al.，2006b）。由此看来，动植物正通过与共生菌的紧密互作为不断人类驯化选育着"新菌种"，它们正成为全新活性化合物的重要来源（Zhang et al.，2008，2011），共生菌天然产物为新药先导化合物优化正提供着越来越多的重要源头分子（Cragg et al.，2009）。

微生物是世界上最丰富的生物物种，每克土壤样品中含有多达4万种微生物。海洋中存在约3.7×10^{30}种微生物，菌种的多样性必然导致代谢产物的多样性。然而，其中大多数的微生物处于未开发状态，限制了资源的有效利用（Li and Vederas，2009）。另外，采用"格式化"方式寻找新微生物活性物质本身就具有一定的局限性，体现在：①采样环境趋同，即大家都到人迹可至的地点采集菌源样品（即分离微生物用的源头样品，如土样、水样等），虽采集点的地理位置不同，但环境因子相同或相似，分得的微生物大多相同或相似，故所得产物往往是大同小异。②研究思路、策略和方法趋同，即得到微生物纯培养后的研究方案大多相同或相似。

（二）不可培养微生物的天然产物发现

微生物虽然是世界上最丰富的生物物种，但95%以上的微生物不能在现有培养条件下有效培养，某些采自特殊环境的微生物更难培养，可培养率竟不到1%。故绝大多数微生物因不能（或极难）被培养而处于未开发状态，大大限制了微生物资源的有效利用（Li and Vederas，2009）。因此，利用宏基因组学方法直接提取环境样品中混合微生物总基因组DNA，结合可培养的宿主细菌构建宏基因组文库，通过高效筛选寻找活性克隆子，并对其次生代谢产物进行研究。其显著特点是借助其他高效表达载体，绕开培养环节的限制，直接利用难（或不）被培养微生物的基因获得新活性天然产物。

1. 在基因水平上挖掘天然产物

微生物基因组中与次生代谢产物相关的基因往往成簇存在，构成庞大的生物合成基因簇，长度甚至可达一万个碱基对（Trail et al.，1995）。最典型的当属组装大环内酯的聚酮生物合成酶系（polyketide synthase，PKS）和多肽类抗生素生成相关的非核糖体多肽合成酶系（nonribosomal peptide synthetase，NRPS），它们通常含有多个功能蛋白，包括决定产物骨架的合成酶（synthase）、侧链修饰的氧化还原酶（oxidase）、负责转运新生化合物的转运蛋白（transporter）和调节基因表达水平的调控蛋白（regulatory protein）等（Crawford and Townsend，2010；Hertweck，2009a；Strieker et al.，2010）。特殊的天然结构与关键酶的特殊功能密切相关，如麦角生物碱（ergot alkaloid）产生过程中必须有异戊二烯转移酶（prenyltransferase）的参与，此酶催化前体物质 L-色氨酸的异戊烯化（Lorenz et al.，2009；Wallwey et al.，2012）；再如 cinnabaramide 类聚酮的生成特别依赖于一种还原酶（crotonyl-CoA carboxylase reductase），该酶催化羧化还原反应生成烷基丙二酰硫酯（alkylmalonylthioester）单元并将其进一步"整合"到聚酮生物合成途径中（Quade et al.，2012）。总之，次生代谢产物合成基因簇组成十分严密，确保对天然产物合成的适时启动、有序组装和定点修饰（如环化、侧链修饰等）的精确调控。基因簇构成与天然产物结构间的"精密"对应关系预示着直接从基因组中挖掘获取新活性天然产物是可能的，并可摆脱微生物实验室培养技术方面的限制，实现从"基因"到"新活性天然产物"的直接跳跃。因此，立足特殊的基因资源寻找全新的活性分子已悄然成为本领域的前瞻性方向之一。

2. 宏基因组（metagenomics）技术与新活性天然产物发现

通常采用鸟枪法、细菌人工染色体、噬菌体、FOSMID 等方法构建宏基因组文库，内容包括：直接抽提环境样品中的总 DNA，利用适宜的载体克隆到替代宿主细胞中构建宏基因组文库，通过外源基因赋予宿主细胞新性状或基于某些已知 DNA 序列进行筛选（Suenaga，2012）。宏基因组学的独到之处是能从混杂或不可培养的微生物中发现新生物活性物质；此技术还能直接将天然产物的结构与生物合成途径关联，有利于天然产物的新生物合成途径和新功能酶的发现。例如，Brady 等利用土壤 DNA，以大肠杆菌（*Escherichia coli*）作为宿主构建了一个柯斯质粒文库，并对重组子的抗菌作用进行了筛选，从中得到了一个包含13个生物合成基因簇可读框（ORF）的克隆，并发现两个新的天然产物类群，进一步从中筛选得到异氰化物。在发现此类化合物的同时，异氰化物合成酶（isocyanide synthase，IsnA）的重要催化功能也首次被解析（Brady and Clardy，2005）。

运用宏基因组技术还可准确定位某些天然产物的真正产生者。例如，Piel实验室提取海绵组织的宏基因组，发现了与polytheonamide生成相关的基因簇模块化排列符合细菌基因的典型分布方式，而非真核方式。于是推测polytheonamide实际来源于该海绵的共生菌。随后，在大肠杆菌中对分析得到的基因簇进行重组表达，成功获得了目标产物polytheonamide。由于准确定位了此化合物的真正产生者，此类"海绵"活性成分的来源问题便可用成熟的细菌发酵法予以解决（Freeman et al.，2012）。

目前，宏基因组在天然产物中的应用主要采用大肠杆菌和链霉菌两类原核表达宿主。由于菌株的密码子偏好、翻译后修饰等局限，使得部分生物合成基因簇难以在重组菌中得到充分表达，成为限制此技术推广使用的一大瓶颈。另外，宏基因组克隆的筛选也是获得新天然产物的关键，除了表型观察外，发展更为高效的筛选体系也是亟待解决的另一个关键问题。笔者认为，随着新载体和表达菌株的构建、DNA芯片和蛋白质芯片的应用、基因组测序技术的快速发展和缺陷互补等新型筛选方法的运用（Charlop-Powers et al.，2013；Craig et al.，2009），宏基因组技术本身也会不断进步，人们肯定会越来越高效地挖掘其他途径难以认识利用的微生物基因资源。

（三）激活沉默基因、发现天然产物

作为生命过程的产物，天然产物相关基因的活化表达是天然产物合成的前提。随着基因组技术的不断进步和微生物基因组大规模测序的广泛开展。与此同时，正在建立的天然产物生物合成基因库［如SMURF（Khaldi et al.，2010）、antiSMASH（Medema et al.，2011）和FungiFun（Priebe et al.，2011）等］还能使研究者直接从基因组中预测可能存在的次生代谢途径。通过基因组数据分析得知，次生代谢生物合成基因"理论上可合成"的化合物总数远大于目前已知化合物的数量。例如，曲霉的基因组长度为28~40兆碱基对，平均每个基因组包含约50个生物合成基因簇（von Dohren，2009）；即使在基因组相对较小（约22兆碱基对）的皮癣菌中也包含了至少27个生物合成途径（Burmester et al.，2011），这比已从这些菌株中分离化合物的种类高约10倍。由此推测，在现有培养条件下，大多数生物合成基因簇不表达

或表达很低，这些尚未发现编码产物的沉默基因簇又被称为隐形生物合成基因簇（cryptic gene cluster）或孤儿基因簇（orphan gene cluster）（Hertweck，2009b）。从生物进化角度讲，大量存在的沉默基因不应是"赘生物"或"废物"，而是在需要和（或）合适的情况下"按需"活化并表达产生相应的功能产物，是微生物生物合成"原子（料）经济性"在基因层面上的展现。若设法激活沉默基因，则大量结构全新的天然产物即可"浮出水面"，再结合相关的功能和来源保障研究，其中部分可或迟或早地造福于人类。值得关注的基因激活技术选介如下。

1. 环境因素诱变法

微生物次生代谢途径具有复杂而敏锐的调控体系，以真菌为例，培养基中的碳源、氮源、氧气、温度、光照、pH、无机元素含量及氨基酸组成的微小变化，常导致菌体次生代谢产物的种类和数量发生较大变化，微生物之间及其与宿主（共寄生微生物）之间的相互作用也同样能够改变菌体的次生产物。而这种改变多由于外界刺激激活了原处于沉默状态的合成基因（Bruns et al.，2010）。充分利用该特性，研究者通过改变微生物的培养方法，常能收获新型活性天然产物或提高目标产物的产量，如在缺氧环境下，Vodisch 等（2011）从烟曲霉中发现了有氧条件下检测不到的 pseurotin A；通过设计 50 种不同的培养基，McAlpine 等（2005）从该菌株中发现了一个新的具有抗真菌活性的次生代谢产物 ECO-02301。采用原生质体融合或再生技术也可激活抗生素生物合成的沉默基因。通过诱变，如紫外诱变，也可使微生物产生新的次生代谢产物。Awad 等（2005）对褐黄曲霉进行紫外诱变，使其产生了新的抗菌次生代谢产物。

然而，外界环境因子改变往往只可激活少数沉默基因，环境刺激与菌体生物合成基因之间的关系难以明确。故此技术具有很大的局限性和不确定性。从基因出发，寻找操作性和针对性更强的方法才是克服上述弊端的有效途径。

2. 基因转录调控

天然产物的生物合成基因簇中常有一个具有途径特异性的转录调控基因（pathway specific regulatory gene），它可以调控整个基因簇的表达；使其过表达可进一步诱导整个基因簇的表达，从而产生次生代谢产物。早在1989年，Horinouchi 等在天蓝色链霉菌的染色体上克隆得到链霉素合成和细胞分化必需的调节因子——A 因子的基因 *afsB*（为放线紫红素的调控基因），将其克隆到质粒 pIJ41 上并导入变青链霉菌（Streptomyces lividans），随后的产物分析发现，该菌也能大量产生原来并不产生的放线紫红素（actinorhodin）。这可能是由于 afsB 基因激活了变青链霉菌中合成该抗生素的沉默基因（Horinouchi et al.，1989）。在真菌中，约有 90% 的聚酮生物合成途径（PKS）受控于含有双核锌簇模体家族（Zn_2-Cys_6 binuclear cluster domain family）。例如，烟曲霉的木霉素（gliotoxin）合成途径中包含 13 个基因，它们都受锌指转录因子（Zn-finger transcription factor）GliZ 的调控，一旦该调控基因过表达，木霉素的产量就显著提高（Bok et al.，2006）。

并不是所有的天然产物合成途径都有特异的调控蛋白，如青霉素（penicillin）和头孢霉素（cephalosporin）的合成途径就缺少特异蛋白的调控。在这种情况下，它们的 mRNA 表达水平依赖于菌体全局性调控基因（global regulatory gene）的操控。全局性调控基因是指能够同时调控多个初级和次级代谢途径的因子，该类基因表达水平的变化能够导致菌体次生代谢途径的变化，并有望从中发现新活性天然产物。构巢曲霉的核蛋白基因 laeA 编码的蛋白质（LaeA）含有一个保守的结构域，即硫腺苷蛋氨酸（S-adenosylmethionin，SAM）结合位点，是 LaeA 的关键功能域。据报道，LaeA 至少调控 943 个基因的表达，占总基因数（9626 个）的 9.8%，同时正调控 20%~40% 的重要次生代谢相关基因（如 NRPS、PKS 和细胞色素氧化酶）的表达。因此，laeA 是一个全局性调控基因，控制着菌体形态和多种次级代谢产物的表达量。通过构建 laeA 缺失的突变体和过表达突变体，研究者从中筛选得到一个新的次级代谢基因簇及其编码的一个新的具有抗肿瘤活性的天然产物 terrequinone A。除此之外，真菌的 CCAAT-结合复合物（CBC）和 pH 相应调控因子 PacC 也是重要的全局调控因子，其中 PacC 在构巢曲霉中的过表达能够同时激活碱性磷酸酶基因（alkaline phosphatase D，palD）、青霉素合成基因［N-（5-amino-5-carboxypentanoyl）-lcysteinyl-d-valine synthase，acvA］和异青霉素合成基因（isopenicillin N synthase，ipnA）的表达（Bergh and Brakhage，1998；Tilburn et al.，1995）。

3. 染色体重塑

表观遗传学是一门新兴学科，其核心任务是研究在不改变细胞核 DNA 序列前提下基因功能的可逆的、可遗传的改变。研究表明，表观遗传对微生物次生代谢产物的生物合成具有调控作用。DNA 和组蛋白的甲基化、乙酰化和磷酸化修饰是目前所知的主要的微生物表观遗传调控形式。通过超表达或缺失相关表观修饰基因、利用小分子表观遗传化合物改变微生物染色体的修饰形式，不仅可以提高多种次级代谢产物产量，而且可以通过激活沉默生物合成基因途径，从而诱导微生物产生新的次生代谢产物。因此，表现遗传学正逐渐成为微生物菌株改良的新策略及挖掘微生物次生代谢产物合成潜力的有力措施。

在酿酒酵母（*Saccharomyces cerevisiae*）中，组蛋白 H3 上的 4 位赖氨酸甲基化由多个复合蛋白共同控制，BRE2 是其中之一。研究者在构巢曲霉（*A. nidulans*）中发现了 *BRE2* 基因的同源类似物 *cclA*，当敲除 *cclA* 基因后，至少两个沉默的合成途径被激活，其中一个编码蒽醌类（anthraquinone）化合物，另一个则编码具有抗骨质疏松活性的聚酮类化合物 F9775A 和 F9775B（Bok et al.，2009）。以上工作说明组蛋白的甲基化修饰能够影响次生代谢物合成基因的表达水平。

组蛋白去乙酰化酶（histone deacetylase，HDAC）是多亚基辅抑制物复合体的一部分，能够使组蛋白去乙酰化，导致染色质集缩，并抑制基因的转录。例如，敲除构巢曲霉编码 HDAC 的基因 *hdaA*，能够转录激活临近的两个近端粒生物合成基因簇（telomere-proximal gene cluster），显著提高了该菌 sterigmatocystin 和青霉素的产量（Shwab et al.，2007）。

（四）"非天然"天然产物的发现

据统计，已发现的抗生素样活性物质约有 100 000 种，但仅有 100 种左右进入临床研究，其余则因水溶性差、活性低、毒性作用强或产量太低等而不能成为临床药物。随着在基因和蛋白质水平上对复杂天然产物生物合成和调控机制的深入认识和理解，研究者运用合成生物学技术，通过突变、重组等方式特异性地从遗传水平上操纵天然产物的代谢途径，已针对性实现了以活性天然产物为母体的结构修饰，得到数百种骨架多样、构造复杂、立体化学丰富的衍生物，建立起分子多样性和结构复杂性相当可观的"非天然"天然产物（'unnatural' natural product）化合物库。巧妙利用微生物的"独特生产线"定向创造成药性较好的新活性化合物已是目前新药源头分子发现的途径之一。兹简介如下。

1. 组合生物催化

1985 年，Hopwood 等将放线紫红素（actinorhodin）的生物合成基因转入榴菌素（granaticin）和曼得尔霉素（medermycin）产生菌天蓝色链霉菌

（*Streptomyces coelicolor*）获得杂合抗生素（Hopwood et al.，1985），标志着微生物次生代谢产物组合生物合成技术的诞生。随后，Kosan 实验室提出组合生物催化（combining biocatalysis）概念，认为通过理性的定向设计改变次生代谢产物合成基因，并在大肠杆菌等宿主菌中进行表达，有望获得带有人为设计特征的系列结构新颖的"次生代谢产物"。

2001 年，Thorson 教授首先提出了将化学合成和酶催化进行结合的体外糖基随机化（*in vitro* glycorandomization，IVG）技术。首先，通过化学方法高效合成多种自由糖基作为糖基供体；其次，在定向进化产生的具有广泛底物识别性的糖基激酶、核苷转移酶和糖基转移酶的级联催化下，在体外转移到多种糖基受体上，最终获得多种新活性衍生物，并从中筛选得到抗肿瘤等功效的药物，充分显示了该项技术的高效性和巨大潜力。

迄今为止，组合生物合成的理论基础和技术储备已经相当丰富，在新药研发等领域取得的成果也日益显著。达托霉素（daptomycin）是从玫瑰孢链霉菌（*Streptomyces roseosporus*）发酵液中提取得到的新型环脂肽类抗生素，能够抑制多种革兰氏阳性菌的生长，如 MRSA、VRSA、VISA 和耐万古霉素肠球菌（VRE）等，被认为是万古霉素的替代品。生物合成研究揭示达托霉素由 3 个重叠基因模块 *dpdA*、*dpdBC* 和 *dpdD* 构成的非核糖体肽合成酶（NRPS）催化生成。研究者通过同源基因替换、λ-Red 重组、异位回补系统（ectopic trans-complementation system）等技术对上述模块进行置换、插入或删除，对第 8 位和第 11～13 位的氨基酸进行了替换。通过排列组合，共构建得到 30 个不同 NPRS 组成的组合生物合成途径，得到 60 多个新化合物（Baltz，2009）。

组合生物合成法优化先导化合物结构有明显的优势，此法可在不同酶如氧化还原酶、糖基转移酶、甲基转移酶、卤化酶等的（组合）作用下，可以对先导化合物的结构进行修饰得到新的目标产物。但是在实际操作过程中新化合物能否被高效合成的关键在于酶对添加底物的识别和催化效率。目前不容忽视的问题是大多数经过组合生物合成得到的目标产物的产量远比起始的天然产物低。不难理解，通过长期的进化天然酶与天然底物已处于一个相对最适的状态，通过人工方法产生的新杂合酶对底物的亲和力很难与天然酶相比。同时，新杂合酶催化产生的中间产物也比天然代谢中间产物更难以被后续合成酶识别。针对上述存在问题，研究者尝试添加金属离子或添加生物素化的支架如 [Cp*Ir（Biot-p-L）Cl] 等（Kohler et al.，2013），以诱导改变酶构象，提高酶的底物宽泛性。此方法的熟化推广将会大大促进组合生物学的深入研究。

2. 前体定向生物合成

前体定向生物合成（precursor-directed biosynthesis）是指在微生物发酵培养基中添加可变的前体同系物，从而诱导产生新的目标产物的合成技术。相对于组合生物合成等方法，前体定向生物合成具有方便直接，可绕开复杂的基因操作等优点，但同时也具有产量低、分离纯化困难等缺点。随着化学生物学的迅速发展（如改变生物合成模块、高效合成前体物等手段的应用）使前体定向生物合成焕发新的生机，始终是获得"非天然"天然产物的最有效手段之一。

雷帕霉素（rapamycin）及其类似物是用于临床的强效免疫抑制剂，同时具有抗癌、抗帕金森病等多种药效，具有典型的聚酮结构。雷帕霉素的活性依赖于化学修饰。Lowden 等通过添加 21 种不同的羧酸，发现环庚烷羧酸和环己烷羧酸能够转载到雷帕霉素的聚酮生物合成途径中，从而产生新的衍生物。L-赖氨酸环化脱氨酶是雷帕霉素生成过程中的关键催化酶之一，Ritacco 等发现 L-哌可酸的类似物哌啶酸可竞争性抑制 L-赖氨酸环化脱氨酶的活性，从而减少 L-哌可酸的含量，当添加 L-哌可酸的类似物 1,4-硫氮杂苯羧酸和 1,3-硫氮杂苯羧酸后，可获得 20-硫代雷帕霉素和 15-脱氧-19 硫氧雷帕霉素衍生物（Lowden et al., 2004; Ritacco et al., 2005）。再如，笔者团队采用添加人工卤代前体化合物从真菌培养物中获得一系列活性更佳的"非天然"的细胞松弛素化合物（Ge et al., 2011）。

3. 突变生物合成技术

突变生物合成（mutational biosynthesis）是组合生物合成的一种，是指微生物经过诱变因素（物理、化学）或通过基因改造使得化合物生物合成基因簇的相关基因或位点发生变化，使原菌株丧失合成完整分子的能力（故谓"阻断突变株"），再在其培养物中添加突变合成前体（多为被阻断生物合成单元的类似物）便可望获得新的结构类似物。显而易见，阻断突变株还可用来积累一些利用原始菌株无法富集的中间体。自 20 世纪 70 年代兴起以来，突变生物合成技术在新药研制中发挥了巨大作用。例如，sibiromycin 是源于放线菌的抗癌物质，在临床上用作化疗药物，但具有很强的心脏毒性作用。深入研究发现此毒性与分子中的 9-羟基有关。于是先获得该放线菌的阻断突变株，再在培养体系添加不带该羟基的前体，最终得到了 sibiromycin 的新衍生物——9-deoxysibiromycin。该新衍生物保留了 sibiromycin 的高抗癌活性，但其毒性作用比 sibiromycin 低得多，成为一种新型抗癌先导化合物（Yonemoto et al.，2012）。

突变生物合成的成功在很大程度上取决于突变菌株的构建和检出。尽管目前突变生物合成还存在一些弊端，包括：①天然酶的底物特异性限制其对外加结构类似底物的催化效率；②添加物的掺入量有限，导致新衍生物的检测、分离和工业化困难。但随着相关技术的不断进步，尤其在天然产物生物合成途径、现代分离检测方法和酶工程等领域的不断突破，突变生物合成技术将展现更大的潜力。

二、现代天然产物分析方法与策略

天然产物的化学生物学研究离不开谱学技术的发展，利用高效分离体系和高分辨检测系统（如 MS、NMR 等）是获得和分析天然小分子的有效手段。现代药物化学工作对快速分离和鉴定微量活性有机小分子化合物的要求越来越高，而一个化合物的分离和鉴定通常需要几种技术的配合才能完成，发展平行制备和平行分析的高通量技术已成迫切所需。近年来，毛细管电泳-质谱（CE-MS）、高效液相色谱-质谱（HPLC-MS）和高效液相色谱-核磁共振（HPLC-NMR）等色谱-波谱联用技术迅速发展，已广泛应用到化合物的分离和鉴定中，发现了一批自然界中含量少的重要天然产物及其重要功能。兹选介有关新技术。

1. UHPLC-MS

高压液相色谱（HPLC）是有效分离天然产物的主要层析工具，随着技术的进步，新型液相色谱在分离模式和固定相等方面不断改善性能，如超高温（>200 摄氏度）减小流动相的黏度和极性、用稳定性更高的金属材料等替代二氧化硅固定相、采用更小的柱填充颗粒等。超高压液相色谱（ultra-high-performance LC，UHPLC）包含 2 微米颗粒填充的层析柱，与传统 HPLC（颗粒约为 5 微米）相比分离效率提高了约 9 倍（Guillarme et al.，2010）。UHPLC 具有高灵敏、快速、特异和优越的化学计量性，尽管开发仅十余年，但它在天然产物和医药等领域的应用已超过千篇报道。

UHPLC 与质谱（mass spectrometry，MS）技术的联用（UHPLC-MS）是从复杂物中快速鉴定痕量成分的新型手段。但是，由于速度的提升，UHPLC 的分离带宽窄（1~3 秒），如何提高 MS 的分析水平以适应 UHPLC 的以上优势,成为早期 UHPLC-MS 联用的瓶颈。在 UHPLC-MS 中串联四级杆装置(quadrupole-based instruments),利用电压切换技术,可缩短测定通道之间电压设定所需的延迟时间,使数据采集率(acquisition rate)增至 10 000 m/z/s,选择反应监测(SRM)到的保留时间(dwell time)则缩短至 5 秒内。飞行时间装置(time of flight,TOF)的串联可使 UHPLC 的反压高达 3600 帕。这些装置的配备使 UHPLC-MS 真正实现了高通量分析(Xu and Alexander,2005)。例如,利用集成的 UHPLC-TOF-MS 平台,Wolfender 等对胁迫状态下拟南芥(*Arabidopsis thaliana*)的代谢产物进行了分析,他们首先利用 50 毫米×1 毫米 I.D. 柱对食草动物破坏拟南芥叶前后的代谢产物差异进行快速检测(分析时间 7 分钟),在用(150～300)毫米×2.1 毫米柱子(2 微米填充颗粒)对差异物进行精细分析,并将分析时间延至 100～300 分钟。最后,在 LC-MS 指导下,更换 19 毫米柱子(5 微米填充颗粒)对差异小分子化合物进行半定量制备,鉴定出一批尚未被报道过的痕量应激分子如 oxylipins 和茉莉酸酯等(Grata et al.,2008)。

2. 毛细管核磁共振

毛细管核磁共振(capillary NMR,Cap-NMR)探头是毛细管大小的射频线圈呈螺线管状缠绕在熔融石英管(相当于普通探头中的核磁管)上而制成。Cap-NMR 采用的螺线管线圈是一个可针对 ^{1}H、^{13}C 和 ^{2}H 的 3 种共振频率进行调谐的线圈,流动池体积为 5 微升,有效容积仅为 1.5 微升。Cap-NMR 使天然产物结构鉴定所需的样品微量化,降到微克水平(5～200 微克),并大量缩短了每个样品的检测时间,5 微克样品可在 5 分钟内得到 ^{1}H-NMR 数据,在 60 分钟内得到 ^{1}H-^{1}H COSY 数据。由于免除了核磁管的使用、氘代试剂的量也因体积大量减少,Cap-NMR 比其他超导探头更为经济。

Cap-NMR 在微量天然产物的成分鉴定中具有重要作用。Gronquist 等利用 Cap-NMR 对稀有萤火虫 *Lucidotaatra* 的代谢产物进行分析,从 20～100 微克含多种固醇类化合物的部分纯化物中,鉴定出 13 个超微量甾类(cardenolide)和固醇类(steroid)新化合物。Gronquist 仅用了最少 40 纳摩尔的化合物即获得了 ^{1}H 和 ^{13}C NMR 结构解析数据(Gronquist et al.,2005)。Russell 利用 MicroCryoProbe 和 Cap-NMR 从兰科植物(*Oncidium orchidaceae*)鉴定出 15 个芪类(stilbenoid)化合物,其中包含一个新 phenanthraquinone 和两个新 dihydrostilbene,具有较好的抑制癌细胞 NCI-H460 和 M14 增殖的能力(Williams et al.,2012)。此技术与计算机法集成使用可精确测定微量复杂天然全新分子（如微量抗炎分子 vatiparol）的绝对构型（Ge et al.，2012）。

3. LC-NMR、LC-NMR-MS、LC-SPE-NMR-MS

于 20 世纪 80 年代兴起的液相色谱（LC）与核磁共振（NMR）的联用技术 LC-NMR 能够有效解决不稳定天然产物的结构鉴定难题。随着 NMR 技术的发展，适用于梯度洗脱程序的新型探头和溶剂峰压制技术的应用到 LC-NMR，更进一步节省了从提取到谱学数据测定中样品的制备步骤，减少了样品分散和消耗量。改进的性能使 LC-NMR 不断应用在天然产物如脂肪酸、黄酮类、木脂素、萜类、糖苷类、萘醌类和生物碱类化合物的分离鉴定中（Bobzin et al.，2000）。然而，LC-NMR 存在明显的缺陷：灵敏度低，只能分析混杂物中含量较多的化合物；存在的流动相溶剂峰对样品分析造成干扰；对 SO_4、NO_2 等基团没有信号响应。因此，单独使用 LC-NMR 鉴定化合物具有局限性。

质谱（MS）与 NMR 相比，灵敏度更高。将 MS 联入 LC-NMR 中可以同时提供 NMR 和 MS 大量结构信息，有助于确定化合物的完整结构，是联用技术的一个重要进展。MS 与 LC-NMR 一般采用 stop-flow 的并联模式，既适应 MS 快流速以防止多级裂解的要求，又适应耗时较长的 NMR 数据采集要求。利用在线 LC-NMR-MS 技术，Fritsche 等（2002）从亚麻籽（flaxseed）中提取了两个微量木脂素对映异构体化合物（secoisolariciresinol diglucoside diastereomer）；Sandvoss 等（2000）从海星（*Asterias rubens Linnaeus*）中分得多个皂苷类化合物，其中 4 个为新化合物 ruberoside A～D。但 LC-NMR-MS 仍不可避免灵敏度较差的问题，一方面 NMR 对样品的纯度要求高，样品中的杂质会干扰结果的准确性；另一方面是样品的浓缩富集问题，NMR 的有效样品容积为 60～120 微升要求的 LC 分离的色谱宽度窄，约 8 秒（流速为 1.0 毫升/秒），如峰宽为 90 秒时，只有 10% 的成分可以进行 NMR 数据采集（Sharman and Jones，2003）。

固相萃取（solid phase extraction，SPE）技术基于液-固相色谱理论，采用选择性吸附、选择性洗脱的方式对样品进行富集、分离、净化，是一种包括液相和固相的物理萃取过程。将 SPE 联入 LC-NMR-MS，能够对样品进行有效的浓缩富集，从而解决色谱峰宽度问题。同时，在 SPE 中使用氘代试剂代替 LC 中的普通洗脱溶剂，能够避免溶剂峰压制对化学位移、偶合常数等产生的影响。Xu 等对含量为 0.02%～1% 的微量成分进行分析，证明 LC-SPE-NMR 的灵敏度比 LC-NMR 高 30 倍以上（Xu and Alexander，2005）。利用 LC-SPE-NMR-MS 体系，Sorensen 等（2007）从青霉菌（*Penicillium roqueforti* DAOM 232127) 中分离得到 3 个新倍半萜类化合物 eremophilane sesquiterpene，其中两个具有免疫抑制活性。Mmatli 等从 *Blepharis aspera* 中分得两个含量为 0.7% 和 0.2%（w/w）的糖苷类化合物 verbascoside 和 isoverbascoside，证明是该菌中关键的两个金属络合物（metal complexation），在防止金属积累对菌体脂类、蛋白质和 DNA 造成的氧化损伤中起了重要作用（Mmatli et al.，2007）。

4."生物-谱学"组合策略

由于天然丰度、信号干扰等，多种谱学技术在重要生命过程的分析检测方面显得"束手无策"。最近，我国学者采用遗传途径将作为标记的氟原子带入功能蛋白，继而巧用 ^{19}F NMR 技术分析其酪氨酸的磷酸化过程（Li et al.，2013）。

第四节 总 结

经漫长的适应性进化，动植物和微生物获得了特殊酶系统来合成结构各异的天然产物。新复杂天然分子的生物合成过程充满待解之谜，天然产物生物学功能的挖掘发现同时依赖于相关领域的理念进步、技术革新和适时再评价。然而，从总体上讲，天然产物的生物合成研究总体上还处于"零星突破"阶段，其活性和作用机制研究依旧是：在"有限"模型下评价了"有限"的天然化合物，至今仅有少数活性天然产物得到了蛋白质和基因水平的作用特点研究。此外，天然产物的生物合成和作用机制研究都首先取决于新结构的发现，新重要天然产物的发现研究依旧处于重要的基础地位。近年来，化学生物学在天然产物领域的应用，使从基因组水平寻找新药源成为可能，为天然产物的发展带来新的生机。同时，功能天然分子扮演"探针分子"角色，在生物学过程诠释与调控方面发挥重要作用。在追溯复杂结构的天然产物生物合成过程中，又常能发现新的化学生物学规律。因此，化学生物学与天然产物化学是两个独立却相互渗透的学科。笔者坚信，随着技术的进步与巧妙集成，必将催生出更多的"新结构"、"新技术"和"新机制"，越来越多的出乎人类想象的新活性天然结构将会"浮出水面"，并为生物合成和生物学作用机制研究提供重要课题。紧密互动的化学生物学与天然产物化学将在推动"大科学"发展方面发挥重要作用。

致谢

感谢中科院上海药物研究所冷颖研究员及南京大学徐强、沈萍萍、孔令东、李尔广等教授提供部分资料。

参考文献

Ackerman Z, Oron-Herman M, Rosenthal M G T, et al. 2005. Fructose-induced fatty liver disease-hepatic effects of blood pressure and plasma triglyceride reduction. Hypertension, 45: 1012-1018.

Appendino G, Belcaro G, Cornelli U, et al. 2011. Potential role of curcumin phytosome (meriva) in controlling the evolution of diabetic microangiopathy. Panminerva medica, 53: 43-49.

Awad G, Mathieu F, Coppel Y, et al. 2005. Characterization and regulation of new secondary metabolites from aspergillus ochraceus m18 obtained by uv mutagenesis. Can J Microbiol, 51: 59-67.

Bai L, Li L, Xu H, et al. 2006. Functional analysis of the validamycin biosynthetic gene cluster and engineered production of validoxylamine a. Chem Biol, 13: 387-397.

Baltz RH. 2009. Daptomycin: Mechanisms of action and resistance, and biosynthetic engineering. Curr Opin Chem Biol, 13: 144-151.

Bentires-Alj M, Paez JG, David FS, et al. 2004. Activating mutations of the noonan syndrome-associated shp2/ptpn11 gene in human solid tumors and adult acute myelogenous leukemia. Cancer Research, 64: 8816-8820.

Bergh KT, and Brakhage AA. 1998. Regulation of the aspergillus nidulans penicillin biosynthesis gene acva (pcbab) by amino acids: Implication for involvement of transcription factor pacc. Appl Environ Microbiol, 64: 843-849.

Bernhardt P, Okino T, Winter JM, et al. 2011. A stereoselective vanadium-dependent chloroperoxidase in bacterial antibiotic biosynthesis. J Am Chem Soc, 133: 4268-4270.

Bobzin SC, Yang ST, Kasten TP. 2000. Application of liquid chromatography-nuclear magnetic resonance spectroscopy to the identification of natural products. Journal of Chromatography B, 748: 259-267.

Bok JW, Chiang YM, Szewczyk E, et al. 2009. Chromatin-level regulation of biosynthetic gene clusters. Nat Chem Biol, 5: 462-464.

Bok JW, Chung D, Balajee SA, et al. 2006. Gliz, a transcriptional regulator of gliotoxin biosynthesis, contributes to aspergillus fumigatus virulence. Infect Immun, 74: 6761-6768.

Brady SF, Clardy J. 2005. Cloning and heterologous expression of isocyanide biosynthetic genes from environmental DNA. Angew Chem-Int Edit, 44: 7063-7065.

Bruns S, Seidler M, Albrecht D, et al. 2010. Functional genomic profiling of aspergillus fumigatus biofilm reveals enhanced production of the mycotoxin gliotoxin. Proteomics, 10: 3097-3107.

Burmester A, Shelest E, Glockner G, et al. 2011. Comparative and functional genomics provide insights into the pathogenicity of dermatophytic fungi. Genome Biol, 12: R7, doi: 10.1186/gb-2011-12-1-r7.

Butler A, Sandy M. 2009. Mechanistic considerations of halogenating enzymes. Nature, 460: 848-854.

Carmen Ramirez-Tortosa M, Ramirez-Tortosa CL, Dolores Mesa M, et al. 2009. Curcumin ameliorates rabbits's steatohepatitis via respiratory chain, oxidative stress, and tnf-alpha. Free Radic Biol Med, 47: 924-931.

Ceddia RB, Sweeney G. 2004. Creatine supplementation increases glucose oxidation and ampk phosphorylation and reduces lactate production in 16 rat skeletal muscle cells. Journal of Physiology-London, 555: 409-421.

Charlop-Powers Z, Banik JJ, Owen JG, et al. 2013. Selective enrichment of environmental DNA libraries for genes encoding nonribosomal peptides and polyketides by phosphopantetheine transferase-dependent complementation of siderophore biosynthesis. ACS Chem Biol, 8: 138-143.

Chen T, Wang QS, Cui J, et al. 2005. Induction of apoptosis in mouse liver by microcystin-lr-a combined transcriptomic, proteomic, and simulation strategy. Molecular & Cellular Proteomics, 4: 958-974.

Cragg GM, Grothaus PG, Newman DJ. 2009. Impact of natural products on developing new anti-cancer agents. Chem Rev, 109: 3012-3043.

Craig JW, Chang FY, Brady SF. 2009. Natural products from environmental DNA hosted in ralstonia metallidurans. ACS Chem Biol, 4: 23-28.

Crawford JM, Townsend CA. 2010. New insights into the formation of fungal aromatic polyketides. Nat Rev Microbiol, 8: 879-889.

Cristillo AD, Bierer BE. 2002. Identification of novel targets of immunosuppressive agents by cdna-based microarray analysis. J Biol Chem, 277: 4465-4476.

Davin LB, Wang HB, Crowell AL, et al. 1997. Stereoselective bimolecular phenoxy radical coupling by an auxiliary (dirigent) protein without an active center. Science, 275: 362-366.

Defronzo RA, Jacot E, Jequier E, et al. 1981. The effect of insulin on the disposal of intravenous glucose-results from indirect calorimetry and hepatic and femoral venous catheterization. Diabetes, 30: 1000-1007.

Dekker MJ, Su Q, Baker C, et al. 2010. Fructose: A highly lipogenic nutrient implicated in insulin resistance, hepatic steatosis, and the metabolic syndrome. American Journal of Physiology-Endocrinology and Metabolism, 299: E685-E694.

Deng H, Cross SM, McGlinchey RP, et al. 2008. *In vitro* reconstituted biotransformation of 4-fluorothreonine from fluoride ion: Application of the fluorinase. Chem Biol, 15: 1268-1276.

Dong CJ, Flecks S, Unversucht S, et al. 2005. Tryptophan 7-halogenase (prna) structure suggests a mechanism for regioselective chlorination. Science, 309: 2216-2219.

Dong HJ, Mahmud T, Tornus I, et al. 2001. Biosynthesis of the validamycins: Identification of intermediates in the biosynthesis of validamycin a by *Streptomyces hygroscopicus* var. *limoneus*. J Am Chem Soc, 123: 2733-2742.

El Kasmi KC, Holst J, Coffre M, et al. 2006. General nature of the stat3-activated anti-inflammatory response. J Immunol, 177: 7880-7888.

Elrod JW, Laroux FS, Houghton J, et al. 2005. Dss-induced colitis is exacerbated in stat-6 knockout mice. Inflammatory Bowel Diseases, 11: 883-889.

Fang W, Ji S, Jiang N, et al. 2012. Naphthol radical couplings determine structural features and enantiomeric excess of dalesconols in daldinia eschscholzii. Nat Commun, 3, doi: 10.1038/ncomms2031.

Frank DA, Mahajan S, Ritz J. 1999. Fludarabine-induced immunosuppression is associated with inhibition of stat1 signaling. Nature Medicine, 5: 444-447.

Freeman MF, Gurgui C, Helf MJ, et al. 2012. Metagenome mining reveals polytheonamides as posttranslationally modified ribosomal peptides. Science, 338: 387-390.

Fritsche J, Angoelal R, Dachtler M. 2002. On-line liquid-chromatography-nuclear magnetic resonance spectroscopy-mass spectrometry coupling for the separation and characterization of secoisolariciresinol diglucoside isomers in flaxseed. J Chromatogr A, 972: 195-203.

Fujinaka Y, Takane K, Yamashita H, et al. 2007. Lactogens promote beta cell survival through jak2/stat5 activation and bcl-x-l upregulation. J Biol Chem, 282: 30707-30717.

Gantt RW, Peltier-Pain P, Cournoyer WJ, et al. 2011. Using simple donors to drive the equilibria of glycosyltransferase-catalyzed reactions. Nat Chem Biol, 7: 685-691.

Gao B. 2005. Cytokines, stats and liver disease. Cellular & molecular immunology, 2: 92-100.

Ge HM, Sun H, Jiang N, et al. 2012. Relative and absolute configuration of vatiparol (1mg): A novel anti-inflammatory polyphenol. Chem-Eur J, 18: 5213-5221.

Ge HM, Yan W, Guo ZK, et al. 2011. Precursor-directed fungal generation of novel halogenated chaetoglobosins with more preferable immunosuppressive action. Chem Commun, 47: 2321-2323.

Ge HM, Zhu CH, Shi DH, et al. 2008. Hopeahainol a: An acetylcholinesterase inhibitor from hopea hainanensis. Chem-Eur J, 14: 376-381.

Goss RJM, Shankar S, Abou Fayad A. 2012. The generation of "unnatural" products: Synthetic biology meets synthetic chemistry. Natural Product Reports, 29: 870-889.

Grata E, Boccard J, Guillarme D, et al. 2008. Uplc-tof-ms for plant metabolomics: A sequential approach for wound marker analysis in arabidopsis thaliana. J Chromatogr B, 871: 261-270.

Gronquist M, Meinwald J, Eisner T, et al. 2005. Exploring uncharted terrain in nature's structure space using capillary nmr spectroscopy: 13 steroids from 50 fireflies. J Am Chem Soc, 127: 10810-10811.

Guillarme D, Schappler J, Rudaz S, et al. 2010. Coupling ultra-high-pressure liquid chromatography with mass spectrometry. Trac-Trends Anal Chem, 29: 15-27.

Gupta SC, Kismali G, Aggarwal BB. 2013a. Curcumin, a component of turmeric: From farm to pharmacy. Biofactors, 39: 2-13.

Gupta SC, Patchva S, Aggarwal BB. 2013b. Therapeutic roles of curcumin: Lessons learned from clinical trials. Aaps Journal, 15: 195-218.

Gupta SC, Prasad S, Kim JH, et al. 2011. Multitargeting by curcumin as revealed by molecular interaction studies. Natural Product Reports, 28: 1937-1955.

Hager LP, Morris DR, Brown FS, et al. 1966. Chloroperoxidase. II. Ultilization of halogen anions. J Biol Chem, 241: 1769-1777.

Han SB, Park SH, Jeon YJ, et al. 2001. Prodigiosin blocks T cell activation by inhibiting interleukin-2r alpha expression and delays progression of autoimmune diabetes and collagen-induced arthritis. Journal of Pharmacology and Experimental Therapeutics, 299: 415-425.

Hardie DG, Carling D, Carlson M. 1998. The amp-activated/snf1 protein kinase subfamily: Metabolic sensors of the eukaryotic cell? Annual Review of Biochemistry, 67: 821-855.

Hardie DG. 2004. The amp-activated protein kinase pathway-new players upstream and downstream. Journal of Cell Science, 117: 5479-5487.

Henttinen T, Levy DE, Silvennoinen O, et al. 1995. Activation of the signal transducer and transcription (stat) signaling pathway in a primary t-cell response-critical role for il-6. J Immunol, 155: 4582-4587.

Hertweck C. 2009a. The biosynthetic logic of polyketide diversity. Angew Chem-Int Edit, 48: 4688-4716.

Hertweck C. 2009b. Hidden biosynthetic treasures brought to light. Nat Chem Biol, 5: 450-452.

Hong JY. 2011. Role of natural product diversity in chemical biology. Curr Opin Chem Biol, 15: 350-354.

Hopwood DA, Malpartida F, Kieser HM, et al. 1985. Production of hybrid antibiotics by genetic-engineering. Nature, 314: 642-644.

Horinouchi S, Malpartida F, Hopwood DA, et al. 1989. Afsb stimulates transcription of the actinorhodin biosynthetic-pathway in streptomyces-coelicolor a3 (2) and streptomyces-lividans. Mol Gen Genet, 215: 355-357.

Hu XY, Li WP, Meng C, et al. 2003. Inhibition of ifn-gamma signaling by glucocorticoids. J Immunol, 170: 4833-4839.

Huang SL, Yu RT, Gong J, et al. 2012. Arctigenin, a natural compound, activates amp-activated protein kinase via inhibition of mitochondria complex i and ameliorates metabolic disorders in *ob/ob* mice. Diabetologia, 55: 1469-1481.

Ishimoto T, Lanaspa MA, Le MT, et al. 2012. Opposing effects of fructokinase c and a isoforms on fructose-induced metabolic syndrome in mice. Proc Natl Acad Sci U S A, 109: 4320-4325.

Jang EM, Choi MS, Jung UJ, et al. 2008. Beneficial effects of curcumin on hyperlipidemia and insulin resistance in high-fat-fed hamsters. Metabolism-Clinical and Experimental, 57: 1576-1583.

Jose Leon A, Garrote JA, Arranz E. 2006. Cytokines in the pathogenesis of inflammatory bowel diseases. Medicina clinica, 127: 145-152.

Kahn BB, Alquier T, Carling D, et al. 2005. Amp-activated protein kinase: Ancient energy gauge provides clues to modern understanding of metabolism. Cell Metabolism, 1: 15-25.

Kawasaki T, Igarashi K, Koeda T, et al. 2009. Rats fed fructose-enriched diets have characteristics of nonalcoholic hepatic steatosis. Journal of Nutrition, 139: 2067-2071.

Kaysser L, Bernhardt P, Nam SJ, et al. 2012. Merochlorins a-d, cyclic meroterpenoid antibiotics biosynthesized in divergent pathways with vanadium-dependent chloroperoxidases. J Am Chem Soc, 134: 11988-11991.

Keller S, Wage T, Hohaus K, et al. 2000. Purification and partial characterization of tryptophan 7-halogenase (prna) from pseudomonas fluorescens. Angew Chem-Int Edit, 39: 2300-2302.

Khaldi N, Seifuddin FT, Turner G, et al. 2010. Smurf: Genomic mapping of fungal secondary metabolite clusters. Fungal Genet Biol, 47: 736-741.

Khare D, Wang B, Gu LC, et al. 2010. Conformational switch triggered by alpha-ketoglutarate in a halogenase of curacin a biosynthesis. Proc Natl Acad Sci USA, 107: 14099-14104.

Kohler V, Wilson YM, Durrenberger M, et al. 2013. Synthetic cascades are enabled by combining biocatalysts with artificial metalloenzymes. Nat Chem, 5: 93-99.

Kristof A S, Marks-Konczalik J, Billings E, et al. 2003. Stimulation of signal transducer and activator of transcription-1 (stat1)-dependent gene transcription by lipopolysaccharide and interferon-gamma is regulated by mammalian target of rapamycin. J Biol Chem, 278: 33637-33644.

Kusaba H, Ghosh P, Derin R, et al. 2005. Interleukin-12-induced interferon-gamma production by human peripheral blood t cells is regulated by mammalian target of rapamycin (mtor). J Biol Chem, 280: 1037-1043.

Leclercq IA, Farrell GC, Sempoux C, et al. 2004. Curcumin inhibits nf-kappa b activation and reduces the severity of experimental steatohepatitis in mice. Journal of Hepatology, 41: 926-934.

Legius E, Schrander-Stumpel C, Schollen E, et al. 2002. Ptpn11 mutations in leopard syndrome. Journal of Medical Genetics, 39: 571-574.

Leutbecher H, Hajdok S, Braunberger C, et al. 2009. Combined action of enzymes: The first domino reaction catalyzed by agaricus bisporus. Green Chem, 11: 676-679.

Li FH, Shi P, Li JS, et al. 2013. A genetically encoded f-19 nmr probe for tyrosine phosphorylation. Angew Chem-Int Edit, 52: 3958-3962.

Li JM, Li YC, Kong LD, et al. 2010. Curcumin inhibits hepatic protein-tyrosine phosphatase 1b and prevents hypertriglyceridemia and hepatic steatosis in fructose-fed rats. Hepatology, 51: 1555-1566.

Li JWH, Vederas JC. 2009. Drug discovery and natural products: End of an era or an endless frontier? Science, 325: 161-165.

Li N, Lv J, Niu DK. 2009a. Low contents of carbon and nitrogen in highly abundant proteins: Evidence of selection for the economy of atomic composition. J Mol Evol, 68: 248-255.

Li YC, Wang FM, Pan Y, et al. 2009b. Antidepressant-like effects of curcumin on serotonergic receptor-coupled ac-camp pathway in chronic unpredictable mild stress of rats. Progress in Neuro-Psychopharmacology & Biological Psychiatry, 33: 435-449.

Liao R, Duan L, Lei C, et al. 2009. Thiopeptide biosynthesis featuring ribosomally synthesized precursor peptides and conserved posttranslational modifications. Chem Biol, 16: 141-147.

Lim J S, Mietus-Snyder M, Valente A, et al. 2010. The role of fructose in the pathogenesis of nafld and the metabolic syndrome. Nature Reviews Gastroenterology & Hepatology, 7: 251-264.

Liu CX, Yin QQ, Zhou HC, et al. 2012. Adenanthin targets peroxiredoxin i and ii to induce differentiation of leukemic cells. Nat Chem Biol, 8: 486-493.

Loh ML, Vattikuti S, Schubbert S, et al. 2004. Mutations in ptpn11 implicate the shp-2 phosphatase in leukemogenesis. Blood, 103: 2325-2331.

Lopez-Gallego F, Agger S A, Abate-Pella D, et al. 2010. Sesquiterpene synthases Cop4 and Cop6 from coprinus cinereus: Catalytic promiscuity and cyclization of farnesyl pyrophosphate geometric isomers. Chembiochem, 11: 1093-1106.

Lorenz N, Haarmann T, Pazoutova S, et al. 2009. The ergot alkaloid gene cluster: Functional analyses and evolutionary aspects. Phytochemistry, 70: 1822-1832.

Lowden PAS, Bohm GA, Metcalfe S, et al. 2004. New rapamycin derivatives by precursor-directed biosynthesis. Chembiochem, 5: 535-538.

Mahfouz MM, Zhou Q, Kummerow FA. 2011. Effect of curcumin on ldl oxidation *in vitro*, and lipid peroxidation and antioxidant enzymes in cholesterol fed rabbits. International Journal for Vitamin and Nutrition Research, 81: 378-391.

McAlpine JB, Bachmann BO, Piraee M, et al. 2005. Microbial genomics as a guide to drug discovery and structural elucidation: Eco-02301, a novel antifungal agent, as an example. J Nat Prod, 68: 493-496.

McBride A, Ghilagaber S, Nikolaev A, et al. 2009. The glycogen-binding domain on the ampk beta subunit allows the kinase to act as a glycogen sensor. Cell Metabolism, 9: 23-34.

McCubrey JA, May WS, Duronio V, et al. 2000. Serine/threonine phosphorylation in cytokine signal transduction. Leukemia, 14: 9-21.

McCutcheon JP, Moran NA. 2012. Extreme genome reduction in symbiotic bacteria. Nat Rev Microbiol, 10: 13-26.

Medema MH, Blin K, Cimermancic P, et al. 2011. Antismash: Rapid identification, annotation and analysis of secondary metabolite biosynthesis gene clusters in bacterial and fungal genome sequences. Nucleic Acids Res, 39: W339-W346.

Minokoshi Y, Kim YB, Peroni OD, et al. 2002. Leptin stimulates fatty-acid oxidation by activating amp-activated protein kinase. Nature, 415: 339-343.

Mmatli EE, Malerod H, Wilson SR, et al. 2007. Identification of major metal complexing compounds in blepharis aspera. Anal Chim Acta, 597: 24-31.

Morris BJ. 2013. Seven sirtuins for seven deadly diseases of aging. Free Radic Biol Med, 56: 133-171.

Muller M. 2012. Recent developments in enzymatic asymmetric c-c bond formation. Adv Synth Catal, 354: 3161-3174.

Neel BG, Gu HH, Pao L. 2003. The shping news: Sh2 domain-containing tyrosine phosphatases in cell signaling. Trends in Biochemical Sciences, 28: 284-293.

Newman DJ, Cragg GM. 2012. Natural products as sources of new drugs over the 30 years from 1981 to 2010. J Nat Prod, 75: 311-335.

O'Shea JJ, Pesu M, Borie DC, et al. 2004. A new modality for immunosuppression: Targeting the jak/stat pathway. Nature Reviews Drug Discovery, 3: 555-564.

Park C, Li S, Cha E, et al. 2000. Immune response in stat2 knockout mice. Immunity, 13: 795-804.

Peng C, Pu JY, Song LQ, et al. 2012. Hijacking a hydroxyethyl unit from a central metabolic ketose into a nonribosomal peptide assembly line. Proc Natl Acad Sci U S A, 109: 8540-8545.

Pernis AB, Rothman PB. 2002. Jak-stat signaling in asthma. Journal of Clinical Investigation, 109: 1279-1283.

Pickel B, Constantin MA, Pfannstiel J, et al. 2010. An enantiocomplementary dirigent protein for the enantioselective laccase-catalyzed oxidative coupling of phenols. Angew Chem-Int Edit, 49: 202-204.

Plaza R, Vidal S, Rodriguez-Sanchez JL, et al. 2004. Implication of stat1 and stat3 transcription factors in the response to superantigens. Cytokine, 25: 1-10.

Priebe S, Linde J, Albrecht D, et al. 2011. Fungifun: A web-based application for functional categorization of fungal genes and proteins. Fungal Genet Biol, 48: 353-358.

Qiao H, Chen X, Xu L, et al. 2013. Antitumor effects of naturally occurring oligomeric resveratrol derivatives. FASEB journal: official publication of the Federation of American Societies for Experimental Biology, 27: 4561-4571.

Qu CK. 2002. Role of the shp-2 tyrosine phosphatase in cytokine-induced signaling and cellular response. Biochimica Et Biophysica Acta-Molecular Cell Research, 1592: 297-301.

Quade N, Huo LJ, Rachid S, et al. 2012. Unusual carbon fixation gives rise to diverse polyketide extender units. Nat Chem Biol, 8: 117-124.

Raffaele S, Kamoun S. 2012. Genome evolution in filamentous plant pathogens: Why bigger can be better. Nat Rev Microbiol, 10: 417-430.

Ren JM, Marshall BA, Gulve EA, et al. 1993. Evidence from transgenic mice that glucose-transport is rate-limiting for glycogen deposition and glycolysis in skeletal-muscle. J Biol Chem, 268: 16113-16115.

Ritacco FV, Graziani EI, Summers MY, et al. 2005. Production of novel rapamycin analogs by precursor-directed biosynthesis. Appl Environ Microbiol, 71: 1971-1976.

Sagui F, Chirivi C, Fontana G, et al. 2009. Laccase-catalyzed coupling of catharanthine and vindoline: An efficient approach to the bisindole alkaloid anhydrovinblastine. Tetrahedron, 65: 312-317.

Sanders MJ, Grondin PO, Hegarty BD, et al. 2007. Investigating the mechanism for amp activation of the amp-activated protein kinase cascade. Biochemical Journal, 403: 139-148.

Sandvoss M, Pham LH, Levsen K, et al. 2000. Isolation and structural elucidation of steroid oligoglycosides from the starfish asterias rubens by means of direct online lc-nmr-ms hyphenation and one-and two-dimensional nmr investigations. Eur J Org Chem: 1253-1262.

Schmidt EW. 2008. Trading molecules and tracking targets in symbiotic interactions. Nat

Chem Biol, 4: 466-473.

Shao W, Yu Z, Chiang Y, et al. 2012. Curcumin prevents high fat diet induced insulin resistance and obesity via attenuating lipogenesis in liver and inflammatory pathway in adipocytes. PLos One, 7.

Shapiro H, Bruck R. 2005. Therapeutic potential of curcumin in non-alcoholic steatohepatitis. Nutrition Research Reviews, 18: 212-221.

Sharman GJ, Jones IC. 2003. Critical investigation of coupled liquid chromatography-nmr spectroscopy in pharmaceutical impurity identification. Magn Reson Chem, 41: 448-454.

Shehzad A, Ha T, Subhan F, et al. 2011. New mechanisms and the anti-inflammatory role of curcumin in obesity and obesity-related metabolic diseases. European Journal of Nutrition, 50: 151-161.

Shu RG, Wang FW, Yang YM, et al. 2004. Antibacterial and xanthine oxidase inhibitory cerebrosides from fusarium sp ifb-121, an endophytic fungus in quercus variabilis. Lipids, 39: 667-673.

Shwab EK, Bok JW, Tribus M, et al. 2007. Histone deacetylase activity regulates chemical diversity in aspergillus. Eukaryot Cell, 6: 1656-1664.

Smith DRM, Gruschow S, Goss RJM. 2013. Scope and potential of halogenases in biosynthetic applications. Curr Opin Chem Biol, 17: 276-283.

Soares LC, Alberto EE, Schwab RS, et al. 2012. Ephedrine-based diselenide: A promiscuous catalyst suitable to mimic the enzyme glutathione peroxidase (gpx) and to promote enantioselective c-c coupling reactions. Org Biomol Chem, 10: 6595-6599.

Soni KB, Kuttan R. 1992. Effect of oral curcumin administration on serum peroxides and cholesterol levels in human volunteers. Indian journal of physiology and pharmacology, 36: 273-275.

Sorensen D, Raditsis A, Trimble LA, et al. 2007. Isolation and structure elucidation by lc-ms-spe/nmr: Pr toxin-and cuspidatol-related eremophilane sesquiterpenes from penicillium roqueforti. J Nat Prod, 70: 121-123.

Spruss A, Bergheim I. 2009. Dietary fructose and intestinal barrier: Potential risk factor in the pathogenesis of nonalcoholic fatty liver disease. Journal of Nutritional Biochemistry, 20: 657-662.

Stefanska B. 2012. Curcumin ameliorates hepatic fibrosis in type 2 diabetes mellitus-insights into its mechanisms of action. British Journal of Pharmacology, 166: 2209-2211.

Stein SC, Woods A, Jones NA, et al. 2000. The regulation of amp-activated protein kinase by phosphorylation. Biochemical Journal, 345: 437-443.

Stewart RA, Sanda T, Widlund HR, et al. 2010. Phosphatase-dependent and-independent functions of shp2 in neural crest cells underlie leopard syndrome pathogenesis. Developmental Cell, 18: 750-762.

Stockigt J, Antonchick AP, Wu FR, et al. 2011. The pictet-spengler reaction in nature and in organic chemistry. Angew Chem-Int Edit, 50: 8538-8564.

Strieker M, Tanovic A, Marahiel MA. 2010. Nonribosomal peptide synthetases: Structures and dynamics. Curr Opin Struct Biol, 20: 234-240.

Suenaga H. 2012. Targeted metagenomics: a high-resolution metagenomics approach for specific gene clusters in complex microbial communities. Environ Microbiol, 14: 13-22.

Takeda K, Clausen BE, Kaisho T, et al. 1999. Enhanced th1 activity and development of chronic enterocolitis in mice devoid of stat3 in macrophages and neutrophils. Immunity, 10: 39-49.

Tan RX, Zou WX. 2001. Endophytes: a rich source of functional metabolites. Natural Product Reports, 18: 448-459.

Tang Y, Zheng S, Chen A. 2009. Curcumin eliminates leptin's effects on hepatic stellate cell activation via interrupting leptin signaling. Endocrinology, 150: 3011-3020.

Tartaglia M, Martinelli S, Cazzaniga G, et al. 2004. Genetic evidence for lineage-related and differentiation stage-related contribution of somatic ptpn11 mutations to leukemogenesis in childhood acute leukemia. Blood, 104: 307-313.

Tartaglia M, Mehler EL, Goldberg R, et al. 2001. Mutations in ptpn11, encoding the protein tyrosine phosphatase shp-2, cause noonan syndrome. Nature Genetics, 29: 465-468.

Tennen RI, Michishita-Kioi E, Chua KF. 2012. Finding a target for resveratrol. Cell, 148: 387-389.

Tetri LH, Basaranoglu M, Brunt EM, et al. 2008. Severe nafld with hepatic necroinflammatory changes in mice fed trans fats and a high-fructose corn syrup equivalent. American Journal of Physiology-Gastrointestinal and Liver Physiology, 295: G987-G995.

Tilburn J, Sarkar S, Widdick DA, et al. 1995. The aspergillus pacc zinc-finger transcription factor mediates regulation of both acid-expressed and alkaline-expressed genes by ambient ph. Embo J, 14: 779-790.

Trail F, Mahanti N, Rarick M, et al. 1995. Physical and transcriptional map of an aflatoxin gene-cluster in aspergillus-parasiticus and functional disruption of a gene involved early in the aflatoxin pathway. Appl Environ Microbiol, 61: 2665-2673.

van Meeteren ME, Meijssen MAC, Zijlstra FJ. 2000. The effect of dexamethasone treatment on murine colitis. Scandinavian Journal of Gastroenterology, 35: 517-521.

Vodisch M, Scherlach K, Winkler R, et al. 2011. Analysis of the aspergillus fumigatus proteome reveals metabolic changes and the activation of the pseurotin a biosynthesis gene cluster in response to hypoxia. J Proteome Res, 10: 2508-2524.

von Dohren H. 2009. A survey of nonribosomal peptide synthetase (nrps) genes in aspergillus nidulans. Fungal Genet Biol, 46: S45-S52.

Wallwey C, Heddergott C, Xie XL, et al. 2012. Genome mining reveals the presence of a conserved gene cluster for the biosynthesis of ergot alkaloid precursors in the fungal family arthrodermataceae. Microbiology- (UK), 158: 1634-1644.

Wang B, Waters AL, Sims JW, et al. 2013. Complex marine natural products as potential epigenetic and production regulators of antibiotics from a marine pseudomonas aeruginosa. Microb Ecol, 65: 1068-1075.

Wei Y, Weng D, Li F, et al. 2008. Involvement of jnk regulation in oxidative stress-mediated murine liver injury by microcystin-lr. Apoptosis, 13: 1031-1042.

Williams RB, Martin SM, Hu JF, et al. 2012. Isolation of apoptosis-inducing stilbenoids from four members of the orchidaceae family. Planta Med, 78: 160-165.

Wischang D, Hartung J. 2011. Parameters for bromination of pyrroles in bromoperoxidase-catalyzed oxidations. Tetrahedron, 67: 4048-4054.

Wojtaszewski JFP, Jorgensen SB, Hellsten Y, et al. 2002. Glycogen-dependent effects of 5-aminoimidazole-4-carboxamide (aica)-riboside on amp-activated protein kinase and glycogen synthase activities in rat skeletal muscle. Diabetes, 51: 284-292.

Wolberg M, Dassen BHN, Schurmann M, et al. 2008. Large-scale synthesis of new pyranoid building blocks based on aldolase-catalysed carbon-carbon bond formation. Adv Synth Catal, 350: 1751-1759.

Wu TR, Hong YK, Wang XD, et al. 2002. Shp-2 is a dual-specificity phosphatase involved in stat1 dephosphorylation at both tyrosine and serine residues in nuclei. J Biol Chem, 277: 47572-47580.

Wu XX, Guo WJ, Wu LM, et al. 2012. Selective sequestration of stat1 in the cytoplasm via phosphorylated shp-2 ameliorates murine experimental colitis. J Immunol, 189: 3497-3507.

Xu F, Alexander AJ. 2005. The design of an on-line semi-preparative lc-spe-nmr system for trace analysis. Magn Reson Chem, 43: 776-782.

Yonemoto IT, Li W, Khullar A, et al. 2012. Mutasynthesis of a potent anticancer sibiromycin analogue. ACS Chem Biol, 7: 973-977.

Yu WM, Hawley TS, Hawley R G, et al. 2003. Catalytic-dependent and-independent roles of shp-2 tyrosine phosphatase in interleukin-3 signaling. Oncogene, 22: 5995-6004.

Zhang CS, Griffith BR, Fu Q, et al. 2006a. Exploiting the reversibility of natural product glycosyltransferase-catalyzed reactions. Science, 313: 1291-1294.

Zhang HW, Song YC, Tan RX. 2006b. Biology and chemistry of endophytes. Natural Product Reports, 23: 753-771.

Zhang YL, Ge HM, Zhao W, et al. 2008. Unprecedented immunosuppressive polyketides from daldinia eschscholzii, a mantis-associated fungus. Angew Chem-Int Edit, 47: 5823-5826.

Zhang YL, Zhang J, Jiang N, et al. 2011. Immunosuppressive polyketides from mantis-associated daldinia eschscholzii. J Am Chem Soc, 133: 5931-5940.

Zhu XL, Ye L, Ge HM, et al. 2013. Hopeahainol a attenuates memory deficits by targeting ss-amyloid in app/ps1 transgenic mice. Aging Cell, 12: 85-92.

第七章
蛋白质的化学合成及功能修饰

蛋白质是生命活动的物质基础,是药物发挥作用的主要靶点。特定蛋白质在体内的分布、代谢和调控过程与人体健康息息相关。蛋白质的获取和改造一直是生命科学研究领域的核心问题。使用化学方法获取或改造蛋白质对这一方向具有深刻的科学意义。这是因为,一方面很多天然存在的蛋白质具有多种翻译后修饰,这些翻译后修饰所发挥的功能成为生物化学研究中日益显著的重要问题,因而获取这些难以通过纯粹生物技术手段产生的蛋白质成为了当前化学生物学的核心问题之一。另一方面,由于天然蛋白质(如绿色荧光蛋白)的功能往往受到天然结构的限制,难以满足新的科学研究需求(如单分子成像技术),因此需要对蛋白质进行功能上的化学改造。随着人们对化学生物学和分子生物学研究的深入,使用化学生物学方法对蛋白质进行修饰逐渐成为研究的热点。此方法能够用于揭示蛋白质在细胞内调节生命活动的机制,研究蛋白质类药物的构效关系及其药代动力学,发展新的蛋白质类材料、生物传感器等。综合蛋白质的化学合成与功能修饰两方面,本章将针对这一研究领域做出总结和展望。

第一节 化学生物学在蛋白质化学合成方面的研究

要进行蛋白质方面的研究首先需要获取足量的目标蛋白,常规的方法是利用基因工程手段。然而在一些特殊的体系中,天然蛋白质或其衍生物难以使用生物表达来得到,具体原因包括以下几方面:第一,某些天然蛋白质(如膜蛋白)由于其本身的结构问题或毒性而难以表达(Kim et al.,2006);

第二,获得均一、纯净的翻译后修饰蛋白质(Walsh et al.,2005)往往存在困难,例如,含有磷酸化组氨酸的蛋白质由于其本身的不稳定性而难以通过重组表达获得;第三,非天然蛋白质由于非天然基团的引入,必须采取特殊的手段才可能实现表达。Schultz 等曾发展了非天然氨基酸定点引入策略来高特异性地将非天然氨基酸引入蛋白质(Wang et al.,2001)。虽然这一技术有了长足的发展,但仍然不能满足各种非天然蛋白质结构多样性的需求(Mendel et al.,1995)。因此,如何人工制备任意结构的蛋白质仍然是一个重要的科学问题。

化学作为创造新物质的科学,一直将复杂分子的合成作为引导学科发展的核心科学问题。早在 19 世纪初,Fischer 等(Kent,2003)便开始从事蛋白质片断的合成工作。20 世纪 50 年代,Vigneaud 及其合作者(Kent,2009)实现了对具有生理活性的九肽催产素的全合成,并由此获得了诺贝尔奖。我国老一辈科学家于 1965 年人工合成了结晶牛胰岛素,实现了人类历史上第一次功能蛋白质的化学合成(龚岳亭等,1965)。1963 年,Merrifield(1963)首次引入了固相有机合成技术,发展了固相多肽合成(SPPS),并于1969 年合成了核糖核酸酶 A,也因此获得了诺贝尔奖。在此之后,人们开始关注如何将多个肽片段连接成更大分子质量的蛋白质。为了实现这样的目标,一些新的反应化学不断涌现出来,如 Staudinger 连接(Saxon et al.,2000)、金属离子辅助硫酯连接(Zhang and Tam,1997,1999)等。其中,Kent 等于 1994 年报道的自然化学连接法(native chemical ligation)使得蛋白质的化学全合成进入了一个崭新的时代(Dawson et al.,1994)。另外,Muir 及其合作者基于蛋白质自剪切原理发展了蛋白质半合成策略,弥补了全合成方法制备大蛋白的一些缺陷。

本节从蛋白质全合成与半合成化学两个方面阐述了蛋白质化学合成的研究现状。这些研究为解决化学问题(复杂分子的化学合成)和生物问题(蛋白质结构与功能)提供了方法,促进了交叉学科的发展。

一、蛋白质的化学全合成

蛋白质的化学合成包括多肽片段固相合成、多肽片段连接和蛋白质折叠复性三个方面。本节以多肽片段固相合成为核心进行阐述。对多肽液相合成(Bayer and Mutter,1972)和多肽可溶性载体合成(Gravert and Janda,1997)的方法,本文不做详述。

(一)多肽片段固相合成

化学合成蛋白质首先需要多肽片段合成(Coin et al.,2007)。多肽化学合成在历史上经历了三次突破。第一次突破是如何高效制备酰胺键，为此人们发展了多种缩合试剂，包括碳二亚胺类、脲阳离子类等（El-Faham and Albericio，2011）。第二次突破是保护基体系的构建与发展，克服了氨基酸缩合中的消旋问题。第三次突破即固相合成，以高分子为骨架的多种树脂及不同种类的连接臂被发展起来以满足不同需求（Kent，1988）。

目前，常用的多肽片段合成策略有两种，即 Boc/Bzl/HF 体系（Schnolzer et al.，2007）和 Fmoc/tBu/TFA 体系（Coin et al.，2007）。前者采用对酸敏感的 Boc 作为 α-氨基的保护基，因而侧链的临时保护基（苄醇类）需要对三氟乙酸（TFA）稳定，最终由更强的 HF 试剂将肽链从树脂上切下。由于反复使用 TFA 及最后使用强酸 HF 进行切割，Boc 法具有安全性低、固相合成仪使用不便等缺点。因而，人们探索并发展了对碱性敏感的 Fmoc 作为氨基保护基，即 Fmoc/tBu/TFA 方法。在此法中，含有 20% 哌啶的 DMF 溶液被用于脱除保护 α-氨基的 Fmoc 保护基，侧链保护采用叔丁基类保护基，最后的切割步骤仅需 TFA。相对于 Boc/Bzl/HF 法，Fmoc/tBu/TFA 法也存在一些问题，如缩合反应效率较低、反应时间长等，后面对于硫酯的制备困难也主要是对 Fmoc/tBu/TFA 法而言。此外，还有一些称为"困难序列"的多肽或者跨膜多肽使用 Fmoc/tBu/TFA 法合成存在困难。主要原因是在多肽固相合成过程中形成了一定的二级结构，阻碍了缩合反应的进行。为了克服这些困难，人们发展了 N-临时保护基法（Johnson et al.，1995）、脯氨酸连接法（Wohr et al.，1996）等。

上述都是 C 到 N 的顺序法合成多肽。人们还发展了收敛法进行合成，即将侧链全部保护的多肽片段在有机溶剂中加缩合试剂活化后连接。利用这种方法，Sakakibara 等用 26 片段法合成了含有 238 个氨基酸的绿色荧光蛋白（Nishiuchi et al.，1998）。

（二）多肽片段连接：自然化学连接

虽然 100 个氨基酸左右的多肽也可以直接固相合成（El Oualid et al.，2010），但是片段缩合的方法更加符合合成化学的发展思路（Hackenberger and Schwarzer，2008）。蛋白质连接反应是指未保护或最小化保护的多肽片段在水溶液中连接形成天然的酰胺键结构。现代的蛋白质化学全合成应该从自然化学连接的发现算起，涉及两个基本步骤：一个 C 端为羧基硫酯的多肽片段，可以与另一段 N 端为 Cys 的肽进行硫酯交换；得到的中间产物的氨基亲核进攻羰基而发生分子内 S-N 酰基迁移，形成酰胺键（图 7-1）。该方法具有良好的生物正交性，可以在水溶液中进行，且各种侧链官能团不需要保护，一般情况下氨基酸不会发生消旋（Kent，2009）。该反应后来也被用于蛋白质的 C 端选择性标记（Kochendoerfer and Kent，1999），成为蛋白质正交标记的重要方法之一。该反应需要羰基硫酯肽和半胱氨酸肽，如何突破这些限制成为此后的主要发展方向。

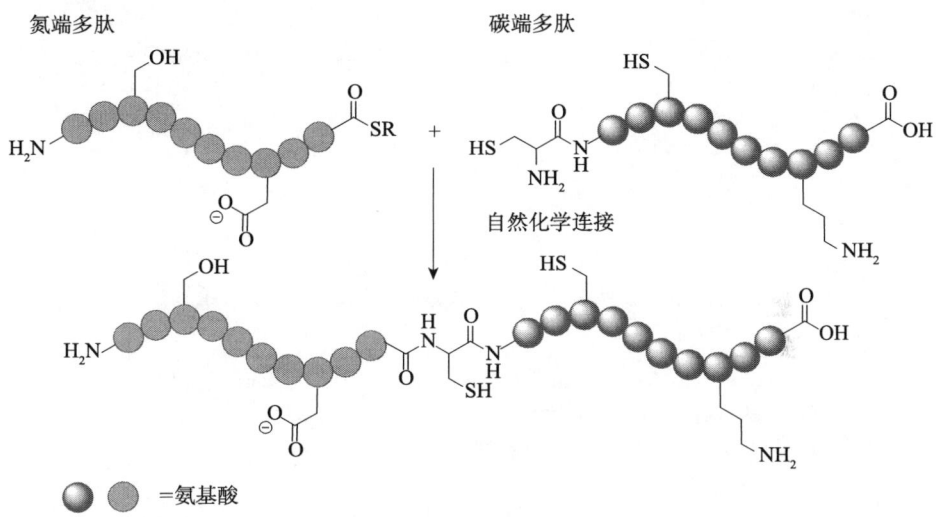

图 7-1　自然化学连接原理示意图

（三）拓展半胱氨酸

由于自然界半胱氨酸的丰度较低，因此在蛋白质中缺乏半胱氨酸或者连接位点不合适的情况下自然化学连接则会遇到困难。例如，泛素蛋白的天然序列就不含半胱氨酸（Hemantha and Brik，2013）。因此，自然化学连接发展的一个重要方面是突破半胱氨酸这一局限。

1. β-巯基化氨基酸脱硫策略

半胱氨酸的 β-巯基使得其可以通过 S-N 酰基迁移而实现连接，最为直接的想法是将其他氨基酸人为地引入 β-巯基（图 7-2A）。这里首先要提到的是几个特例，包括直接脱硫的"丙氨酸脱硫"策略（Kan et al.，2009），或者羟基化转化的"半胱氨酸羟基化为丝氨酸"策略（Okamoto et al.，2009）。其中，Danishefsky 研究组发展的自由基脱硫法已经被广泛应用（Chen et al.，2008）。其次，对于其他氨基酸，众多课题组发展了各种"β-巯基化氨基酸脱硫"策略（He et al.，2013），现在已经实现了 Ala、Phe、Val、Lys、Thr、Leu、Pro、Gln 和 Asp 多种氨基酸的巯基化（Thompson et al.，

2013)。因此,有了更多可以选择的位点进行连接反应。

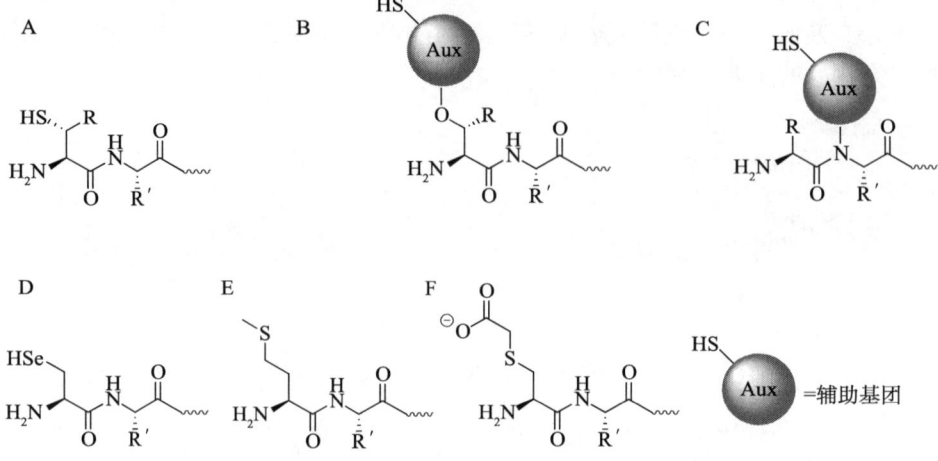

图 7-2 一些拓展半胱氨酸的连接方法示意图

A. β-巯基化氨基酸法;B. 侧链巯基辅助法;C. 主链 N 原子巯基化辅助法;D. 硒代半胱氨酸连接法;E. 蛋氨酸连接法;F. 谷氨酸类似物连接法

2. 辅基辅助策略

另一个替代方法是利用非 β-巯基进行辅助。一种方法是在一些氨基酸如 Asp、Ser、Thr 等的侧链上引入巯基化的基团进行连接反应。其中广泛应用的是不可移除的糖基(Brik et al.,2006)。这一方法可以用于糖蛋白的合成,也有可移除的巯甲基(Hojo et al.,2010)(图 7-2B)。另一种方法是对酰胺键骨架的氮原子进行巯基衍生化并辅助连接(Li et al.,2010)(图 7-2C)。

3. 其他策略

除了前两种策略,还有一种替代方法是利用非末端半胱氨酸进行连接,Seitz 等系统性地研究了半胱氨酸在多肽链中的位置对连接效率的影响(Haase and Seitz,2009)。但此法并不常用。另外,研究人员还发展了基于硒代半胱氨酸(Sec)的连接策略(图 7-2D)(Hofmann and Muir,2002),这不但适用于本身含硒蛋白的合成(Gieselman et al.,2001),而且相对于半胱氨酸连接也有亲核性更强等优势(Hondal et al.,2001)。在其他一些情况下,研究人员还利用高半胱氨酸(Homo-cys)进行连接,并在连接反应后甲基化转换为天然的蛋氨酸(图 7-2E)(Tam and Yu,1998);或者突变产生的半胱氨酸进行连接反应后 S-烷基化转变为谷氨酸类似物(图 7-2F)(Kochendoerfer et al.,2003)等策略。

(四)发展硫酯替代物

硫酯键对碱不稳定,在 Fmoc/tBu/TFA 法中人们无法采用类似 Boc/Bzl/HF 法使用的策略直接在树脂上制备硫酯。因此,很多课题组都致力于发展制备硫酯的方法。目前已有的较为成熟的方法可以分为原位迁移法与活化转化法两大类。

1. 原位迁移策略

首先人们考虑利用更加稳定的氧酯或酰胺原位转化为硫酯。由于巯基具有很强的亲核性,因而该过程在动力学上是有利的,但在热力学上是不利的。对于 O-S 酰基迁移过程,在热力学上差别不那么大,故而 β-巯基烷基醇形成的多肽氧酯能自发迁移而形成多肽硫酯。该方法已被成功用于某些天然蛋白质、环肽等(George et al., 2008)的合成(图 7-3A)。

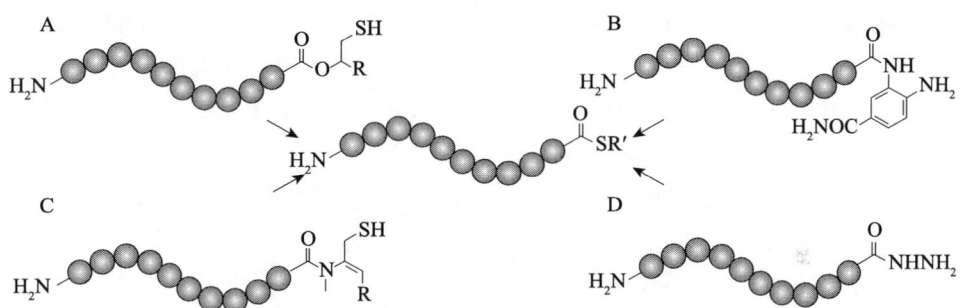

图 7-3 一些 Fmoc-SPPS 制备多肽硫酯的方法示意图
A. O-S 酰基迁移法;B. 多肽酰基邻苯二胺活化转化法;C. N-S 酰基迁移法;D. 多肽酰肼氧化活化法

但是,对于稳定性更高的酰胺键,需要利用一些偶联反应或特殊结构辅助 N-S 酰基迁移。前一种方法的关键是降低反应产物自由氨基的浓度,以推动平衡移动。基于酸性溶液中氨基质子化的过程(Hojo et al., 2007),通过二酮哌嗪(DKP)的形成(Kawakami and Aimoto, 2009),各种不同结构的连接臂被设计合成出来,并用于制备硫酯。也可以使用特殊结构的二级胺类(Sharma and Tam, 2011)削弱酰胺键。Liu 课题组(Zheng et al., 2011)发展了烯酰胺的 N-S 酰基迁移法,N-S 酰基迁移后自由氨基转化为亚胺进而原位水解为羰基,使迁移反应不再可逆(图 7-3B)。后一种方法的核心在于增加巯基的亲核能力,主要通过增加巯基的数目实现(Ollivier et al.,

2010)。这些方法的特点是通过后处理促使迁移反应的平衡移动,可以视为"活化在迁移之后"。

2. 活化转化策略

另一大类制备硫酯的方法是非原位酰胺活化转化法。在这类方法中,原有的酰胺键被某些试剂活化为易离去基团,进而被外加的巯基试剂取代。与前一类反应不同之处在于,氨基的活化发生在巯基进攻之前,实质上是改变了原有的迁移反应,变成了一个可逆性很低的新的取代反应。为了将氨基转化为离去基团,一般可以在氨基上连接强吸电子基团,如磺酸基、羰基、芳基等,以有效分散产物中 N 原子上的负电荷。如"safety-catch" linker 可以制备硫酯(Mende et al.,2010)。基于邻苯二胺可以在氯甲酸活化酯的作用下生成苯并咪唑酮,Dawson 课题组(Blanco-Canosa and Dawson,2008)发展出了肽酰基邻苯二胺活化转化法,实现了硫酯的高效制备(图 7-3C)。Jensen 等(Tofteng et al.,2009)通过优化条件使得 Glu 主链与侧链环化形成酰亚胺离去基团从而制备硫酯。除此之外,还有两类较为特殊的酰胺具有易离去的氨基。Kajihara 小组(Okamoto et al.,2012)利用硫代羰基酯活化酰胺键,并将其转化为易离去的 N-酰基胍基。Liu 等(Fang et al.,2011)利用酰肼氧化为易离去的酰基叠氮,也可以高效制备硫酯(图 7-3D)。同时,该小组发展了相应的酰肼树脂,标准化了合成步骤(Zheng et al.,2013b),拓展了连接反应的适用范围(Fang et al.,2012),并优化了多片段连接策略(Zheng et al.,2013a),并将其运用到膜蛋白等困难蛋白的合成中(Zheng et al.,2014)。

综合以上两种策略,人们利用 Fmoc/tBu/TFA 法合成硫酯的能力得到了显著提高。

(五)多片段连接反应的发展与蛋白质的合成

自然界的蛋白质大多超过 200 个氨基酸,因而需要进行多片段连接反应进行制备。从整体思路上来看,三片段以上的连接策略可以分为顺序式和收敛式两种。

1. 顺序式连接

目前,大多数蛋白质是使用顺序式连接策略进行合成的。在顺序式连接中,多个片段从 C 段或 N 段一一连接,最终得到产物。与氨基酸的临时性正交保护一样，中间片段也需要进行临时性保护，以免自身发生连接副反应。在 C→N 顺序连接过程中，人们主要采取保护 N 段半胱氨酸巯基的策略。其中，最常用的保护基是由 Kent 等（Bang, and Kent，2004）发展的 Thz 保护基，Thz 保护基也用于抗冻蛋白（Pentelute et al.，2008）等众多蛋白质的全合成（Sohma et al.，2008）。Danishefsky 等（Nagorny et al.，2009）使用 Thz 作为半胱氨酸保护基合成了蛋白质激素。还有一些其他保护基被用于保护半胱氨酸，如 MSC（Camarero et al.，1998）、Acm（Bang and kent，2004）等。此外，人们也可以利用半胱氨酸与其他 β-巯基化氨基酸的活性差异（Tan et al.，2010）进行动力学控制。

而在 N→C 顺序连接过程中，人们发展了基于动力学控制的连接策略和保护 C 端硫酯策略。对基于动力学控制的方法（KCL）来说，多肽芳基硫酯的活性较其他一些多肽 C 端衍生物的活性高。例如，Otaka 课题组（Ding et al.，2011）利用不同程度活化的多肽硫酯和半胱氨酸实现了双重动力学控制连接，Liu 课题组（Zheng et al.，2010）还发展了利用氧酯肽的动力学控制的多片段连接反应；而发展硫酯掩蔽物可以看作热力学控制的方法。Liu 等发展的酰肼法是这类方法的成功典范，并已有一些合成应用。

由于每一步骤后都需要用高效液相层析（HPLC）进行分离，这导致产物损失，且操作烦琐。在两片段连接中，利用树脂可以有效简化纯化步骤。基于此，人们发展了一些利用固相负载进行顺序连接的方法，包括水溶液兼容性载体辅助法（Johnson et al.，2006）、组氨酸标签辅助法（Bang and Kent，2005）等。在复杂结构的顺序合成中，人们希望尽量减少步骤，而常常有多片段"一锅法"的梦想，即多步连接反应间不进行分离步骤。除了用 Thz 保护（Boerema et al.，2008）或光保护基（eda et al.，2005）保护 N 端半胱氨酸而进行的 C→N "一锅法"外，N→C "一锅法"有硫酯掩蔽和动力学控制两种方法。目前已报道了 N-S 迁移硫酯掩蔽法（Ollivier et al.，2012）。而其他一些硫酯掩蔽法理论上也存在实现"一锅法"的可能性。

2. 收敛式连接

在收敛式连接中，N 端和 C 端分别连接，最后拼合为终产物。收敛法相对于顺序合成常常具有高产率的优点，但同时可能面临着 N 端和 C 端均需要临时性保护的问题。目前，仅有少数的蛋白质采用此方法合成。Kent 课题组结合 N 端 Thz 保护与 C 端动力学控制，实现了对 crambin（Bang et al.，2006）等一系列蛋白质的合成。Danishefsky 课题组（Shang et al.，

2011）也结合巯基化氨基酸与脱硫技术收敛法合成了人体副甲状腺荷尔蒙（hPTH）。Ashraf 课题组利用八段收敛法实现了四泛素类似物的合成。

3. 蛋白质二硫键的形成与片段内巯基正交保护基

全合成可以得到目标蛋白的一级序列。在通常情况下，蛋白质可以在适宜的溶液条件下自发复性，即"Anfinsen 猜想"（Haber and Anfinsen，1962）。但是对于具有多对二硫键的多肽或蛋白质，如芋螺毒素（conotoxin）、胰岛素等，人们需要利用正交保护基对二硫键的形成过程进行精确控制以确保正确的配对，进而进行氧化折叠（Tam et al., 1991）。因此，除了前面强调的 N 端半胱氨酸的选择性保护问题，片段内半胱氨酸选择性保护也是一个重要的科学问题。同时，在解决可能会出现的内硫酯问题（Torbeev and Kent，2007）时，或者在天然半胱氨酸位点不适合而使用"突变为半胱氨酸连接后脱硫"策略的情况下，都需要将天然的半胱氨酸进行选择性保护；另外，各类半胱氨酸的生物正交反应也需要正交保护基来确保选择性。目前，最为广泛应用的乙酰胺甲基（Acm）保护基（Veber et al., 1972）脱除时需要引入重金属离子或者碘分子，可能导致副反应的发生（Mullen et al., 2010），且难以除去。Liu 等（Shen et al., 2011）发展了一类新型保护基 Hqm 和 Hgm，可以在温和的水合肼条件下实现脱除。

（六）蛋白质全合成总结

基于现有的蛋白质合成方法，人类不断提出更庞大、更复杂的蛋白质合成目标。Danishefsky 课题组（Wang et al., 2012）经过多年努力于 2012 年实现了具有生物活性的野生型糖蛋白促红细胞生成素（EPO）的全合成。但是目前连接反应的一些挑战依然未被克服，合成大蛋白、膜蛋白、表达后修饰蛋白还是存在各种问题。发展高效、应用广泛的连接反应始终是本领域研究的核心之一。

二、蛋白质的化学半合成

蛋白质的化学半合成泛指利用表达的多肽与合成的多肽相连接的策略制备蛋白质的方法。这一方法极大突破了在蛋白质全合成中氨基酸数目的限制，但主要缺点是只能在两片段中的其中一个引入非天然结构，另一个表达片段理论上只能是天然结构。从自然化学连接的需要出发，需要 N 端半胱氨酸肽与 C 端硫酯肽。利用基因工程的成熟手段表达 N 端半胱氨酸肽不是难事。然而，想要直接表达 C 端硫酯肽却非易事。因此，下文主要阐述间接表达多肽硫酯的重要方法：基于内含肽发展而来的表达蛋白连接（EPL）和蛋白质反剪接（PTS）技术。值得一提的是，利用酶法处理也可以实现多肽硫酯的间接表达（Ling et al., 2012）。

（一）蛋白质自剪接

生物体内蛋白质主链剪接有一种重要模式即内含肽（intein）的剪接过程。此过程早在 1993 年就被发现，当时将中间片段称为蛋白剪切单元（protein splicing element）（Xu et al., 1993）。Muir 与其合作者于 1998 年最早报道内含肽的概念（Muir et al., 1998），并首先将这一技术发展用于蛋白质半合成。

在内含肽剪接过程中，前体蛋白经过多步骤的自催化重排过程切除内含肽，并将两端的外显肽（extein）拼接起来得到终产物。此过程具体可以分为 4 步（Vila-Perello and Muir, 2010）：首先，N 端外显肽发生分子内酰基迁移，得到硫酯。其次，内含肽 N 端保守的半胱氨酸与第一步所得的硫酯发生交换，得到支链硫酯结构。再次，内含肽 C 端保守的天冬酰胺发生侧链环化过程将主链酰胺键切断，释放出内含肽。最后，外显肽立即发生 S-N 酰基迁移得到终产物（图 7-4）。人们对现有内含肽进行了系统性的动力学研究，发现内含肽本身构象对反应活性具有重要影响。筛选及寻找新的内含肽是本领域的重要研究方向之一（Shah et al., 2012）。

除了用另一肽链的半胱氨酸来切割外，人们还发现自然界存在的脂质分子的羟基可以进行亲核取代而实现蛋白质的 C 端固醇化（Porter et al., 1996）。因此，蛋白质的自剪切核心是多肽硫酯的产生，这也正是人们利用的基础。此外，通过控制内含肽 N 端保守半胱氨酸可以阻止内含肽自剪切过程，例如，在非还原条件下形成二硫键（Nicastri et al., 2013）。

（二）表达蛋白连接（EPL）

表达蛋白连接可以在温和的水相中实现生物重组蛋白与化学合成多肽的共价连接。为了将蛋白质自剪接用于蛋白质半合成，人们对天然内含肽序列做了一些修改。首先，目标多肽被表达到 N 端外显肽位置以便形成多肽硫酯。其次，人们将内含肽保守的天冬酰胺突变为丙氨酸，这样内含肽便不会发生自剪切而停留在多肽硫酯阶段。最后，在 C 端外显肽位置可以表达一些分离纯化标签，如几丁质结合域（chitin binding domain，CBD）（Muralidha-

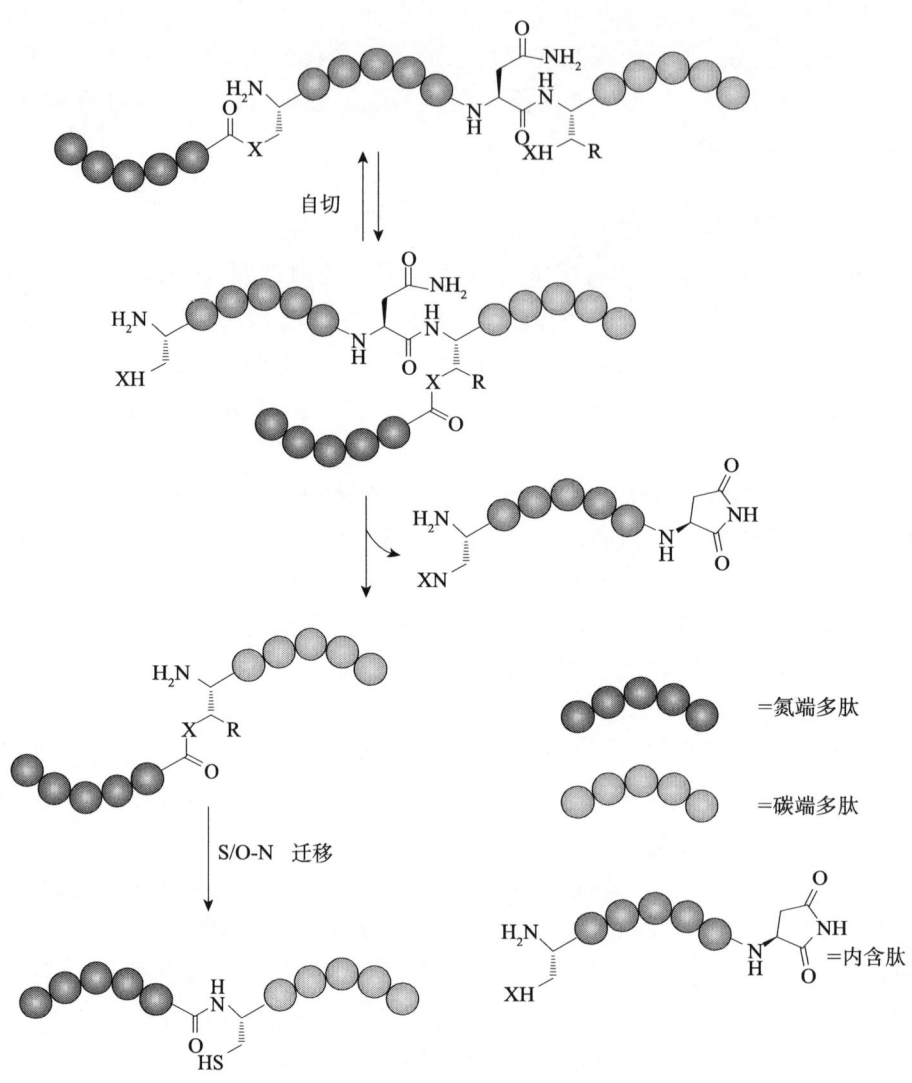

图 7-4 内含肽剪接过程示意图

ran and Muir,2006)。

得到的 N 端多肽内含多肽硫酯可以进一步与外加硫醇发生硫酯交换,得到更加活泼的芳基硫酯。该产物可以与通过固相合成或表达的半胱氨酸肽发生自然化学连接(图 7-5)。需要提出的是,相对于将会在下文中提到的反剪接,这种正常的剪接被称为顺剪接。

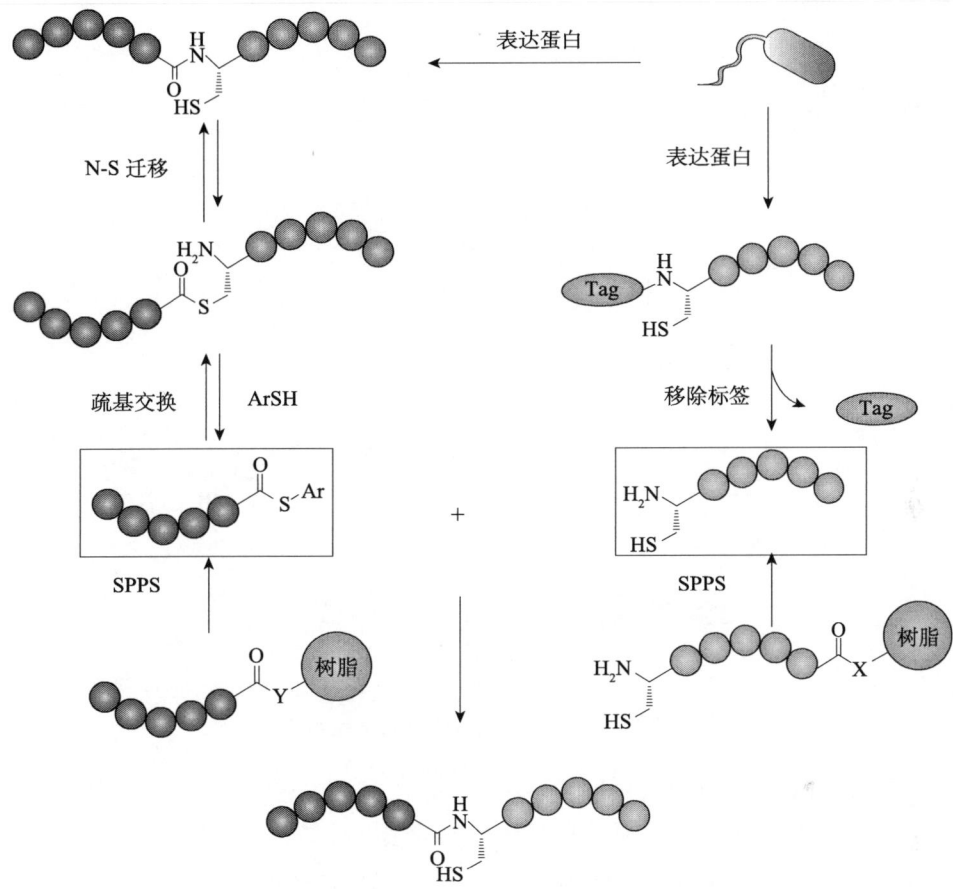

图 7-5 基于内含肽自剪接的表达蛋白连接（EPL）

（三）蛋白质反剪接（PTS）

除此之外，人们还拓展了内含肽剪接反应的应用范围。将一个完整蛋白质的两个结构域分开后，它们通常可以通过蛋白质-蛋白质相互作用而连接起来（Casadaban et al., 1983），如酵母双杂交系统、蓝白斑筛选体系等。因此，Muir 等（Lockless and Muir, 2009）将几种内含肽（如 Ssp DnaE）也分裂为 N 端片段（Int^N）和 C 端片段（Int^C），分别与 N 端和 C 端外显肽序列融合。利用两个分裂片段（split intein）相互作用恢复活性结构与功能，发生内含肽自剪切反应，这一反应也可以发生在重组蛋白与合成多肽之间，从而得到非天然蛋白质（图 7-6）。虽然两段内含肽片段间有很高的亲和性，但作为双分子反应过程，通常需要较高的浓度（高微摩尔级）（Shi and

Muir，2005）。

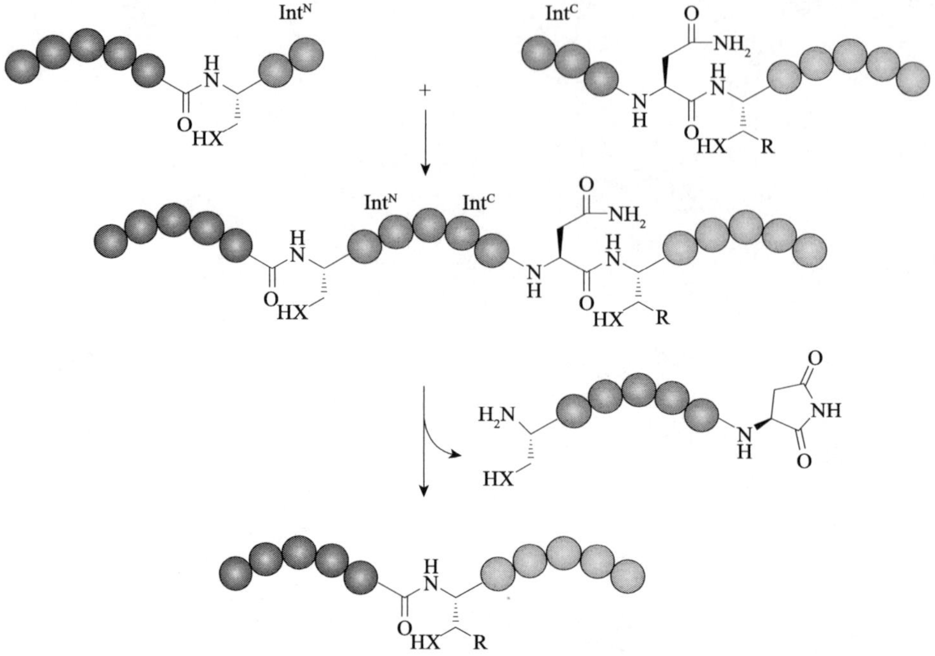

图 7-6　蛋白质反剪接机制示意图

此外，Muir 课题组（Vila-Perello et al.，2013）还将反剪接机制用于合成蛋白的分离，通过 N 端片段和 C 端片段的选择性结合将目标蛋白用固相珠子提纯。2011 年，Muir 等（Shah et al.，2011）首次通过 PTS 实现了"一锅法"的三片段多肽连接，并达成了对中间片段的同位素标记。该技术的基础是野生型与突变型 NpuDnaE 内含肽具有结合的选择性，即剪接反应的动力学可控性。这一技术有效拓展了蛋白质半合成的适用范围。

（四）蛋白质化学半合成总结

到目前为止，基于内含肽的蛋白质半合成技术 EPL 和 PTS 已经广泛用于各种表达后修饰蛋白和局部改造的天然蛋白质的合成，以解决表观遗传学、细胞自噬、胚胎发育等重大生命科学问题（Huang et al.，2013）。对全合成困难的序列，如膜蛋白，人们也做了相关的半合成研究探索（Komarov et al.，2009）。从合成生物学的角度看，蛋白质半合成是基因工程与合成化学有机结合的结晶，具有划时代的意义。此技术与蛋白质全合成相互补充，同时结合基因工程与蛋白质工程的手段（Wang et al.，2014），共同在蛋白质标记与定位、蛋白质生物物理学、蛋白质翻译后修饰、蛋白质-蛋白质相互作用等各个领域发挥重要作用。

三、化学生物学在蛋白质化学合成中的展望

(一) 提高合成能力

目前报道最大的全合成蛋白质是 Brik 课题组对四泛素化的 α-突触共核蛋白（α-synuclein）的全合成。有很多重要的蛋白质超出当前人类合成能力所及，如 7 次跨膜的 G 蛋白偶联受体（GPCR）（Kobilka，2013）等。因此，不断发展新的高效连接策略以全合成更大的蛋白质永远是合成化学面临的重要科学问题。

除了普通的蛋白质，还有糖基化修饰或者带有其他表达后修饰的蛋白质。糖蛋白的合成对于相关细胞识别、免疫应答研究、疫苗的发展和应用有重要作用（Wilson and Danishefsky，2013）。需要注意的是，通过非天然氨基酸定点引入的策略无法得到于糖基化的蛋白质（Service，2009）。应用化学方法合成糖蛋白取得了一些成果，但是合成难度较大（Sears and Wong，2001）。因此，对于糖蛋白的化学合成依然是一个重要的科学问题。

除了线性蛋白外，自然界还产生了几类具有特殊拓扑结构的蛋白质。首先，自然界还有一类主链环化的环蛋白，长期以来无论从化学结构还是生物功能等方面，都是有趣且重要的研究问题（Rao et al.，1995），人们也发展了各式各样的合成方法（White and Yudin，2011）。其次，套索肽（lasso peptide）作为一类具有套索拓扑结构的多肽衍生物，具有广泛的抑菌活性。自从其发现以来，人们对其结构和功能便产生了浓厚的兴趣。就目前所知的为数不多的套索肽而言，人们主要是通过质谱法、核磁共振等技术手段研究其结构特点；通过研究基因簇以了解其生物合成过程（Wilson et al.，2003）。但是，对于套索肽的合成却从未实现过。主要原因是其具有高度张力的环，以及环上下有由两个大体积芳基固定的特殊拓扑结构。人们已经进行了一些尝试（Soudy et al.，2012），但都没能取得成功。另外，还有一些以异肽键相连的蛋白质，如泛素化蛋白（Kumar et al.，2011），人们也发展了如异肽键自然化学连接（ICL）等（Siman et al.，2013）一些特殊的合成方法。对这些蛋白质进行合成本身就是具有理论价值的重要科学问题。

(二) 解决生物问题

从体外结构方面研究来说，化学合成主要为蛋白质的生物物理学研究带

来了便利。例如，合成含有氮氧自由基标记的蛋白质可以用于电子顺磁共振（EPR）研究（Torbeev et al.，2009）；利用化学全合成技术，人们甚至可以得到天然蛋白质的镜像蛋白，即完全由 D-氨基酸构成的蛋白质。这类蛋白质可以用于结构生物学研究（Milton et al.，1992），以及 D-多肽类抑制剂的筛选（Schumacher et al.，1996）等。同时，体外合成的蛋白质可以用于体外模拟实验来探索机制问题。例如，人们发展合成方法合成含有脯氨酸类似物（Hart et al.，1998）的多肽，可用于探索不同顺式-反式肽键比例对蛋白质功能的影响（Lummis et al.，2005）；合成带有不同翻译后修饰的组蛋白，可在体外与 DNA 相互作用，用于相关表观遗传学的研究（Fierz and Muir，2012）；合成膜蛋白与脂质分子的模型模拟细胞膜结构，可用于 K^+ 通道机制的研究（Valiyaveetil et al.，2006）等。

值得一提的是，蛋白质化学合成还促进了药物设计的研究。一方面，蛋白质-蛋白质相互作用是很多重要生命活动调控的关键。而利用多肽来抑制蛋白质-蛋白质相互作用成为当前药物设计的一个重点。很多微生物的代谢产物多肽或小蛋白（Kahne et al.，2005）的生理活性正是来源于此。除了高通量筛选外，体外合成相互作用蛋白质的一个片段，或者其类似物，并进一步筛选优化其结构也是寻找先导化合物的方法之一。其中，由 Verdine 课题组发展的订书肽（stapled peptide）可以稳定 α-螺旋结构，同时增加多肽的入膜性和酶稳定性（Kim et al.，2011），这成为了一个有用的手段，并得到了相关应用（Cui et al.，2013b）；同时，Liu 等（Cui et al.，2013a）系统性地研究了二氨基二酸在订书肽合成中的应用，以及作为一些其他 α-螺旋结构的模拟物（Patgiri et al.，2010）。为了进一步改进环肽药物的稳定性，人们还设计了 N-甲基化的多肽及其合成方法（Chatterjee et al.，2012）。同时，人们还发展了一些非天然的环化结构（Chen et al.，2013）。Liu 等（Gartner et al.，2004）发展的 DNA 模板合成法也可以用于多肽类似物的合成，通过构建小分子库进行筛选（Buller et al.，2011），有望作为一类新的多肽及其类似物的化学合成手段。

相比于体外应用，将合成蛋白用于体内研究具有一定的困难。具体来说，蛋白质的化学合成作为化学生物学工具，可以应对各种蛋白质生命科学问题，例如，可以作为小分子探针模拟多肽底物用以研究蛋白质作用过程与机制（Olsen et al.，2010），通过使用光保护基或者光交联基（Goguen et al.，2011），可以选择性地将目标蛋白活性位点封闭或解封闭，或者寻找相互作用蛋白质。同时，还可以研究蛋白质的定位、成像等。除此之外，研究合成蛋白的跨膜性（Lindgren et al., 2000）也是一个重要的科学问题，这对于合成多肽药物是至关重要的。

第二节 蛋白质的功能修饰

应用化学生物学的策略进行蛋白质修饰主要是对其结构中的特定位点进行官能团化，从而达到对蛋白质进行标记或者改变其结构和功能的目的。对于蛋白质修饰的研究主要集中于两个方面：修饰靶点的引入及对该靶点修饰方法的选择，简称为"tag and modify"（Chalker et al., 2011），如图 7-7 所示。在蛋白质中引入修饰靶点已经发展出许多种方法，如生物代谢工程的方法（Mahal et al., 1997）、蛋白质半合成方法（Schnolzer and Kent, 1992）等，而目前应用最广泛的是基于基因密码子扩展的非天然氨基酸定点插入的方法（Xie and Schultz, 2005）。对于特定靶点进行修饰（modify）则主要是通过生物及化学的手段来进行的，而生物正交反应是这一方向的研究热点。总体来说，在蛋白质修饰过程中，最高效实用的策略是将非天然氨基酸定点引入靶点，再运用生物正交反应对蛋白质进行修饰。

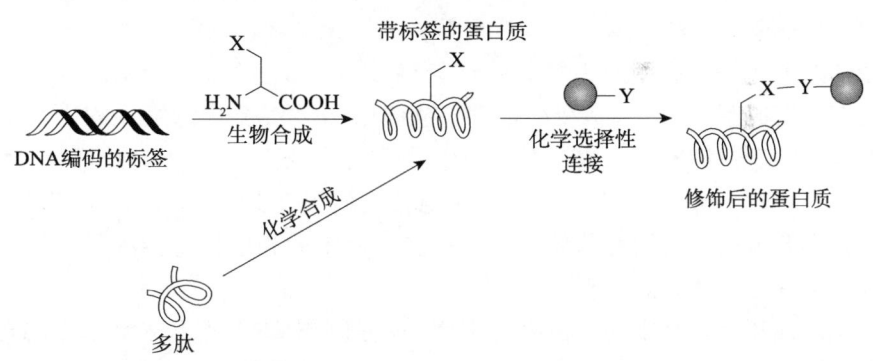

图 7-7 "tag and modify" 策略

用化学生物学方法进行蛋白质修饰在 20 世纪得到了很大发展。蛋白质修饰可以通过酶催化的方式进行，但更多的时候是通过化学反应来实现的。早期蛋白质修饰的靶点主要来源于内源性氨基酸，如赖氨酸、半胱氨酸，它们通过与过量的 N-羟基琥珀酰亚胺、马来酰胺等反应完成蛋白质标记。此后色氨酸、酪氨酸、蛋白质的 N 端和 C 端的残基也相继成为进行蛋白质修饰的靶点（Tiefenbrunn and Dawson, 2010）。这些对内源性氨基酸进行修饰的方法延续至今并且依然被广泛应用,但是此类靶点很难仅在单一位点出现。在后基因组时代,人们强烈希望在细胞甚至器官水平对蛋白质进行研究,这种经典的依靠内源性氨基酸进行修饰的方法已经不能满足人们的需求。随后,科研工作者通过融合蛋白的方式将绿色荧光蛋白标记到蛋白质中,实现了对蛋白质单一位点的修饰,这种方法在生物学研究中被广泛应用且意义深远,因此获得了 2008 年诺贝尔化学奖(Nienhaus, 2008)。近年来,通过生物正交反应对蛋白质进行修饰的方法逐渐发展起来,它是通过化学反应用小分子对蛋白质进行标记,此方法能够应用到细胞及活体器官的水平。

应用化学生物学手段进行蛋白质修饰,目前最有效的方法是基于密码子扩展将非天然氨基酸定点引入可修饰的靶点,然后运用生物正交反应对此靶点进行修饰。这种方法能够将非天然氨基酸在不影响蛋白质活性的条件下引入蛋白质的任何位点,接下来通过生物正交标记方法可以对蛋白质进行原位实时监测和调控。近几年,这两方面的研究均有不同程度的进展。

一、基于密码子扩展的方法插入非天然氨基酸

2001 年,Schultz 课题组开创了基于密码子扩展的方法在蛋白质中插入非天然氨基酸这一新领域(Wang et al., 2001)。他们首次将非天然氨基酸 O-甲基酪氨酸引入蛋白质中。其过程是首先把无义终止密码子"UAG"确定为新的遗传密码,进而对天然的转运核糖核酸(tRNA)进行基因突变,使其含有反密码子"CUA"。在此基础上从氨酰-tRNA 合成酶突变库中筛选出能够专一结合这种 tRNA 和特定非天然氨基酸的氨酰-tRNA 合成酶突变体。然后再将生命体中 mRNA 上任意一个遗传密码突变为 UAG,并在培养基中加入化学合成的非天然氨基酸,从而在蛋白质中的相应位置插入具有特殊物理或化学性质的非天然氨基酸。

此后几年中,基于终止密码子扩展在蛋白质中插入非天然氨基酸的技术得到了长足发展。2010 年,Schultz 在一篇综述中报道已经有 70 多种非天然氨基酸被定点插入蛋白质中(Liu and Schultz, 2010),其中许多氨基酸含有能够对蛋白质进一步修饰的靶点,如叠氮、炔基、烯基、硼酸等。目前,这种非天然氨基酸定点引入的技术不但能够应用到大肠杆菌中,而且在哺乳动物细胞和植物细胞中均能有效应用,为蛋白质修饰奠定了坚实的基础。

二、生物正交反应

含有不同靶点的非天然氨基酸被定点插入蛋白质中以后,选择合适的化

学反应对此靶点进行特异性标记仍然是蛋白质修饰领域的一个难点。这主要是因为能够对蛋白质进行特异性修饰的化学反应需要满足以下几个条件：①反应在水相、中性条件下进行；②在较低的生物大分子浓度下，有较好的转化率和较快的反应速率；③与蛋白质或者细胞中的其他亲电或亲核官能团无交叉反应；④在生理条件下，反应物和产物均能稳定存在，且对生物体无毒害作用。此类反应因此被称为生物正交反应。蛋白质的活体标记与定位是蛋白质化学生物学的重要研究问题之一。近年来，通过科研工作者的不断努力，以羰基、叠氮及烯烃为靶点的生物正交反应被发展起来，并且在蛋白质修饰方面取得了重要进展。

（一）醛基或者酮羰基与胺的反应

醛基和酮羰基是蛋白质修饰中最早使用的靶点之一。在蛋白质中，它们能够通过基因密码子扩展的方式引入，也可以通过酶催化的方式引入。醛基或者酮与胺的缩合反应是应用于蛋白质修饰的重要生物正交反应，它们通过与羟胺或者肼反应得到稳定的肟和腙链接的修饰产物（Geoghegan and Stroh, 1992），如图 7-8 所示。起初，此反应要求在偏酸性条件下进行，而且速率较慢，对底物浓度要求较高。为了克服这种局限性，Dawson 课题组发展了苯胺作为此缩合反应的催化剂（Dirksen et al., 2006a, 2006b），大大提高了此反应的速率和转化率。另外，Francis 组（Wang et al., 2013）基于磷酸化吡哆醛发展的生物模拟转氨反应可以特异性地实现 N 端标记。然而，由于细胞内丙酮酸盐的干扰，以醛基或者酮羰基为靶点的修饰方法一般适用于细胞表面蛋白质的修饰。

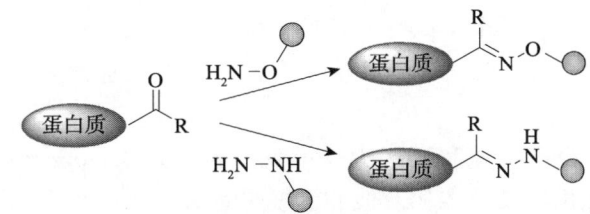

图 7-8 醛基或酮羰基与胺的亲核反应

（二）叠氮的 Click 反应

叠氮基团作为蛋白质修饰的重要靶点，以其较小的空间位阻、与生物环境完全正交的特点长期以来受到人们的广泛关注，而与之相关的一系列生物正交反应随之发展起来。19 世纪末,Michael 首次报道了叠氮和炔生成三氮唑的反应(Michael, 1893),此反应需要高温、高压的条件,还不能够在生物系统中应用。2002 年,Sharpless(Rostovtsev et al., 2002)组和 Meldal(Tornøe et al., 2002)组分别发现,在水相中以 CuI 盐作催化剂能够大大提高叠氮和炔的反应速率(反应速率提高了 7 个数量级),并且第一次将叠氮和炔的环加成反应应用到蛋白质修饰中,如图 7-9 所示。此反应不但具有较快的反应速率、较好的选择性,而且有广泛的 pH 耐受性。陈鹏组利用叠氮和炔 click 反应的这种优势,开发了一种将蛋白质和荧光小分子相结合的检测活体内强酸性环境的 pH 探针,并且实现了其在革兰阴性菌(E.coli)的膜间质、细胞质及哺乳细胞表面的成功应用(Yang et al., 2012)。但是 CuI 具有细胞毒性,使得此反应在生物系统中的应用受到限制。

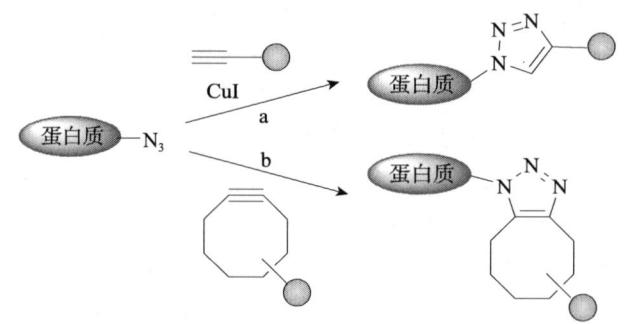

图 7-9 叠氮和炔的环加成反应

为了改善叠氮和炔环加成反应的生物兼容性,避免金属催化剂的细胞毒性,研究人员进一步将具有环张力的炔引入此反应中。Wittig 和 Krebs 首先报道环辛炔(Wittig and Krebs, 1961),作为一种最小的稳定的环炔,能够和叠氮顺利进行反应,如图 7-10B 所示,但此时的反应速率还不能满足蛋白质修饰的要求。

为了进一步提高叠氮和环张力炔的反应速率,Bertozzi 组对环辛炔的结构做了一系列优化,见图 7-10。他们发现二氟取代的环辛炔(DIFO)反应速率大大提高,比 CuI 催化的环加成反应速率提高了一个数量级 [$k = 0.076$ 摩尔/(升·秒)](Baskin et al., 2007),而且具有很好的细胞兼容性。环辛炔与荧光基团的偶联有较低的背景噪声,在蛋白质荧光标记尤其是在复杂的生物系统如线虫、斑马鱼卵细胞等的标记中发挥了重要作用。后来,Boons 组发现在环辛炔两边融合两个芳香基团(DIBO)能够提高环加成反应的速率 [$k = 0.057$ 摩尔/(升·秒)](Ning et al., 2008)。Bertozzi 组在此基础上,

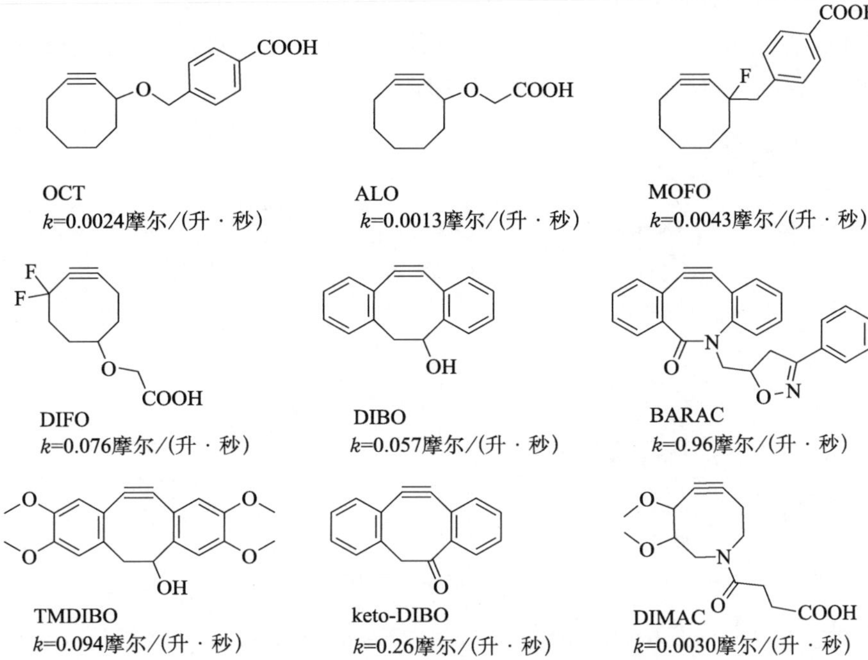

OCT
$k=0.0024$ 摩尔/(升·秒)

ALO
$k=0.0013$ 摩尔/(升·秒)

MOFO
$k=0.0043$ 摩尔/(升·秒)

DIFO
$k=0.076$ 摩尔/(升·秒)

DIBO
$k=0.057$ 摩尔/(升·秒)

BARAC
$k=0.96$ 摩尔/(升·秒)

TMDIBO
$k=0.094$ 摩尔/(升·秒)

keto-DIBO
$k=0.26$ 摩尔/(升·秒)

DIMAC
$k=0.0030$ 摩尔/(升·秒)

图 7-10　环辛炔及其二级速率常数

在环辛炔骨架中加入酰胺键（BARAC），再次将叠氮与环辛炔的反应速率提高了一个数量级 [$k=0.96$ 摩尔（升·秒）]（Jewett et al.，2010）。

在细胞裂解液及细胞表面蛋白质修饰中，环加成反应的速率常数能够准确反映出环辛炔标记叠氮的能力，在动物体内却不尽然。Bertozzi 组尝试将环辛炔探针应用到小鼠体内蛋白质标记中（Chang et al.，2010），其标记效率却低于 Staudinger 反应。研究发现，DIFO 作为一种疏水性化合物，会结合大量小鼠血清蛋白，阻碍了其与叠氮的反应。对环辛炔结构进行优化，需要同时考虑反应速率和亲脂性两方面因素，许多这方面的研究还在进行。

（三）叠氮的 Staudinger 反应修饰

Staudinger 偶联反应是 Bertozzi 组在经典的 Staudinger 还原反应的基础上发展而来的（Staudinger and Meyer，1919），用于对蛋白质中的叠氮基团进行特异性修饰。其反应过程如图 7-11 所示：邻位含有酯基的芳基膦与叠氮反应生成氮杂叶立德中间体，经历亲核取代、水解得到稳定的酰胺键偶联的产物。Staudinger 反应条件温和，适用于蛋白质定点荧光标记、选择性蛋白质固定，以及在细胞裂解液中富集糖蛋白等，而且能够用于动物器官的标记。

然而此反应的速率较慢,且需要较高的芳基膦浓度(250 微摩尔每升),限制了此反应在生理条件下的应用。科研工作者尝试通过对膦试剂的改造来提高Staudinger 反应的速率,但仍未达到理想的效果。

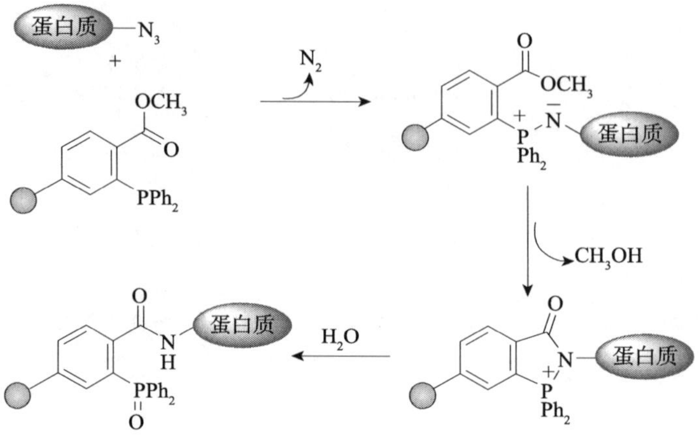

图 7-11 Staudinger 反应

叠氮是生物大分子标记中的重要基团,Bertozzi 组对应用叠氮的 3 个生物正交反应的适用情况进行了总结(Agard et al., 2006):Staudinger 反应适用于活细胞表面及动物器官的标记;CuI 催化的 Click 反应适用于蛋白质组学的样品;环张力的炔与叠氮的反应仅适用于细胞表面标记。

(四)烯烃和四氮唑的光点击反应

烯烃作为蛋白质修饰的重要靶点,能够通过密码子扩展的方式或者代谢的方式在蛋白质中定点引入。许多与烯烃相关的化学反应被应用到蛋白质修饰中,例如,通过烯烃复分解反应合成糖蛋白,通过烯烃与巯基自由基加成反应进行蛋白质固定等。其中最受关注的是烯烃和四氮唑的光点击反应。

烯烃和四氮唑在光诱导的条件下能够生成稳定的吡咯啉类化合物,Lin 组首次将此反应引入蛋白质修饰中。他们将含有四氮唑的绿色荧光蛋白(EGFP-Tet)和烯烃在 302 纳米光照的条件下反应 1 分钟即可得到环加成的产物(Song et al., 2008),如图 7-12 所示。经过研究发现,此反应的二级速率常数为 11.0 摩尔/(升·秒),明显快于 Staudinger 连接及叠氮和环张力炔的反应速率。为了使反应条件更温和,Lin 组对四氮唑的结构做了一系列优化,发现提高四氮唑 HOMO 轨道能量能降低反应所需要的活化能,进而提高反应速率(Wang et al., 2009)。

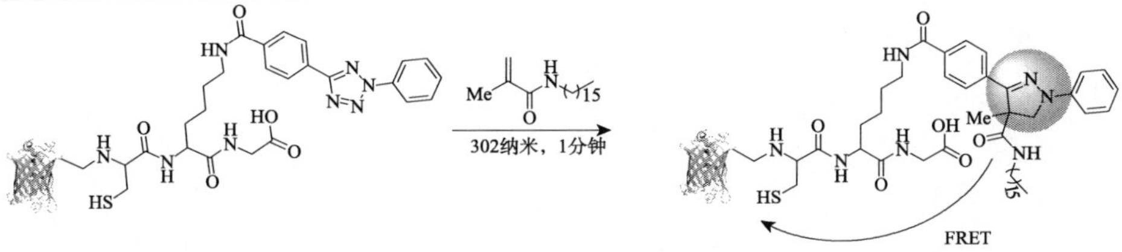

图 7-12　烯烃和四氮唑的光点击反应

为了进一步提高烯烃和四氮唑光点击反应的速率，王江云组设计合成了具有环张力的环丙烯非天然氨基酸（CpK），并且通过基因密码子扩展的方式将此非天然氨基酸引入哺乳动物细胞中，大大提高了反应速率 [$k=$ （58±16）摩尔/（升·秒）]（Yu et al.，2012）。随后，他们组在原核细胞、真核细胞及植物细胞中分别引入了含有丙烯酰胺的非天然氨基酸（AcrK），进一步提高了反应速率，并且使反应条件更温和（Li et al.，2013b），如图 7-13 所示。由于烯烃和四氮唑的光点击反应只有在有光照的条件下才能进行，这一方法为在哺乳动物及植物细胞中时空可控的蛋白质标记提供了新的策略。

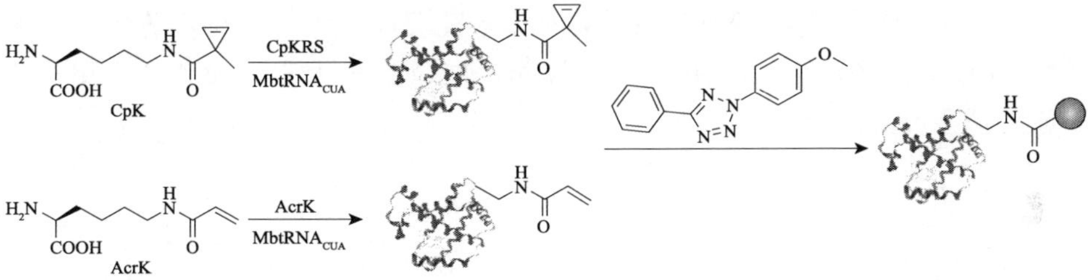

图 7-13　基于密码子扩展的方式在蛋白质中插入含有烯烃的非天然氨基酸

（五）四嗪和烯的反电性 Diels-Alder 反应

近几年，四嗪与环张力烯烃的反电性 Diels-Alder 反应在蛋白质及其他生物大分子的修饰中被广泛应用，此类反应以其很高的反应速率备受瞩目。2008 年，Fox 研究组首先将四嗪与反式环辛烯反电性的 Diels-Alder 反应应用到蛋白质修饰中（Blackman et al.，2008），反应过程如图 7-14 所示。此反应能够在细胞培养液及细胞裂解液中对蛋白质进行标记，其二级速率常数可达 2000 摩尔/（升·秒），比叠氮与炔的 Click 反应高出上千倍。如此高速率的反应引起了化学生物学家极大的兴趣。

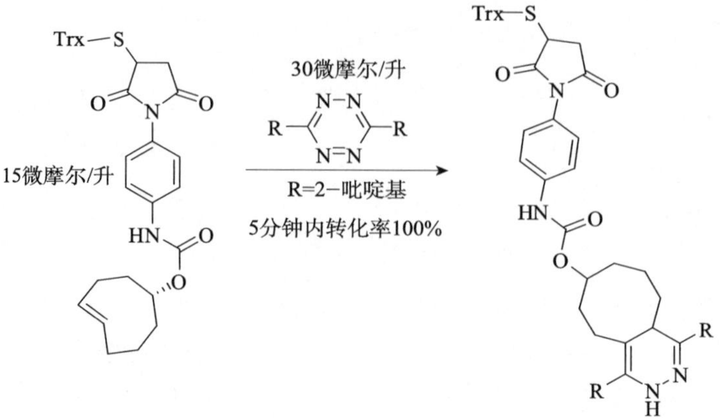

图 7-14 四嗪与反式环辛烯反电性 Diels-Alder 反应

为了将四嗪和反式环辛烯的反应应用到细胞内蛋白质的修饰中去，Fox 研究组和 Mehl 研究组共同把含有四嗪的非天然氨基酸运用基因密码子扩展的方式引入蛋白质中（Seitchik et al.，2012）。使用环辛烯对此蛋白质进行标记时，30 秒内反应即可完成。此反应在体外对蛋白质进行修饰的速率常数为 (880 ± 10) 摩尔/(升·秒)，他们同时测得此反应在大肠杆菌细胞内的速率常数为 (330 ± 20) 摩尔/(升·秒)。推测可能是细胞内环境或者环辛烯吸收障碍降低了反应的速率（图 7-15）。

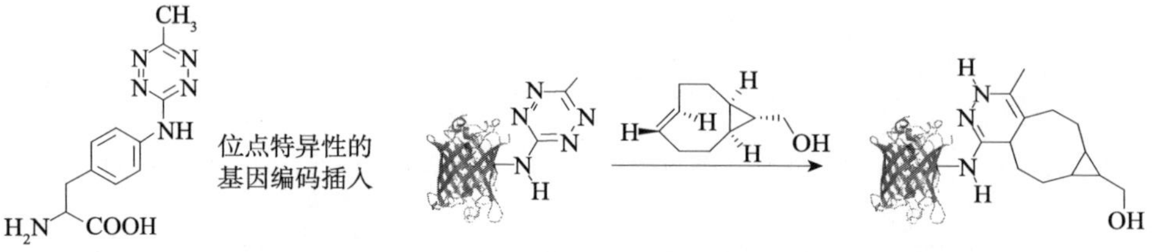

图 7-15 基于密码子扩展的方式在蛋白质中插入含有四嗪的非天然氨基酸

随后，Schulz 研究组和 Lemke 研究组将含有反式环辛烯和环辛炔的非天然氨基酸成功引入蛋白质中，并对其与四嗪的反应进行了动力学研究（Plass et al.，2012）。他们发现含有两种非天然氨基酸的蛋白质均能够与含有四嗪的荧光探针快速反应，在细胞裂解液中的速率常数分别可以达到 $k = (35\,000 \pm 3000)$ 摩尔/(升·秒) 和 $k = (400 \pm 200)$ 摩尔/(升·秒)。而叠氮只能够选择性地和环辛炔发生反应，从而实现了与四嗪-反式环辛烯/炔对的正交标记，如图 7-16 所示。此外，通过四嗪与反式环辛烯的反应还成功实现了对 HeLa 细胞核内蛋白质的标记。但是反式环辛烯在细胞液中会部分异构化为顺式环辛烯，对蛋白质修饰的效率产生了一定的影响。

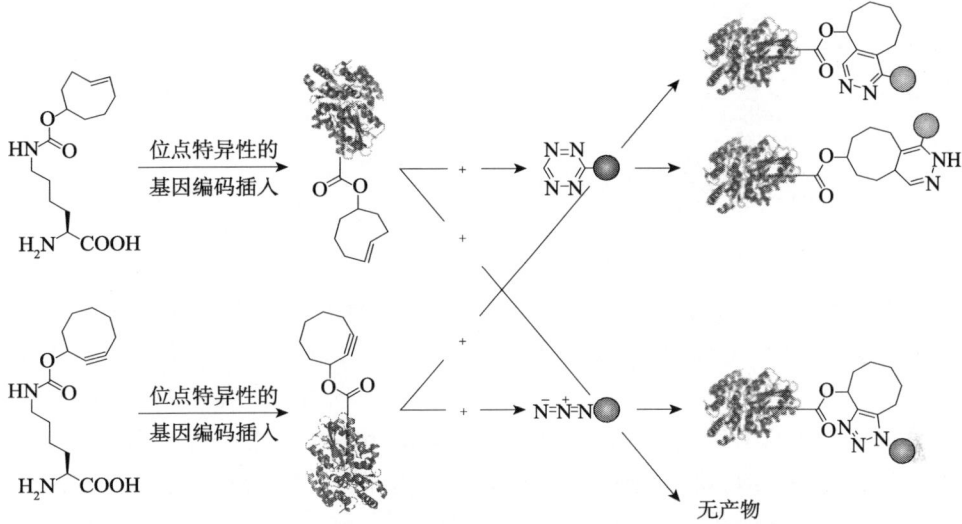

图 7-16　含有环辛炔和环辛烯的蛋白质与四嗪和叠氮之间的正交标记

与此同时，Chin 和 Deiters 组将另外一种环张力的烯烃——降冰片烯运用基因密码子扩展的方法成功引入哺乳动物细胞中（Kaya et al., 2012），见图 7-17。经过反应动力学研究发现，降冰片烯与四嗪反应的速率常数为 1～10 M/s，反应快慢与四嗪取代基的电子效应有关。

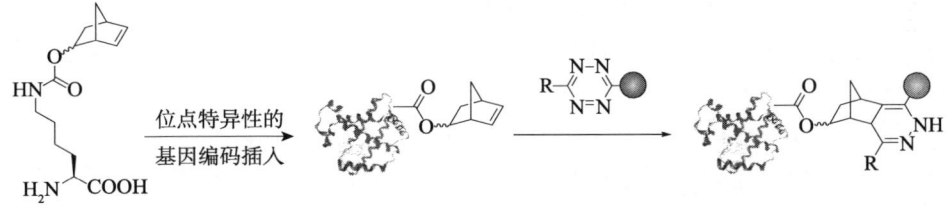

图 7-17　通过基因密码子扩展用降冰片烯的非天然氨基酸对蛋白质进行标记

反式环辛烯和降冰片烯与四嗪的反电性 Diels-Alder 反应相比较于 Click 反应的速率有很大提高，在蛋白质及其他生物大分子的修饰中具有重要应用价值。但是这两种烯烃具有不稳定的缺陷及较大的空间位阻，这促使化学生物学家寻找更为完美的环张力烯烃。2012 年，Devaraj 组在对细胞表面脂类进行修饰时首次尝试使用环丙烯和四嗪的反应（Yang et al., 2012）。随后，Prescher 组合成了一系列不同取代基的环丙烯，并将其与四嗪的反应应用到蛋白质修饰中。他们通过代谢的方法在细胞表面唾液酸 9-位引入环丙烯，并且应用此反应实现了对细胞表面唾液酸的标记（Patterson et al., 2012），如图 7-18 所示。

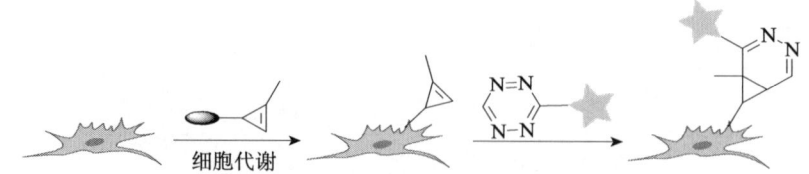

图 7-18　运用环丙烯和四嗪的反应对细胞表面糖蛋白进行标记

除了上述几种化学方法以外，金属 Pd 催化的炔基与碘苯 Sonogashira 偶联反应也是生物正交家族的重要成员之一。Lin 等首先将此偶联反应应用到细菌内蛋白质的修饰中（Li et al., 2011）。Chen 等在此基础上对 Sonogashira 偶联反应进行了优化，他们发展了不需要配体的硝酸钯催化体系，该催化体系具有良好的细胞膜穿透能力和极低的细胞毒性，成功实现了活体细胞内的蛋白质钯催化偶联反应（Li et al., 2013）。

三、化学酶法合成均一糖蛋白

蛋白质糖基化在蛋白质翻译后修饰中普遍存在，在细胞粘连、分化、病原体和宿主相互识别及免疫应答方面都发挥着重要作用。天然的糖蛋白具有相同的肽骨架和不同的糖链，具有不均一性。获得均一糖蛋白对于研究细胞内蛋白质的功能及糖蛋白类药物的构效关系方面具有重要的意义。通过分离方法很难得到均一糖蛋白，目前主要结合使用化学合成与酶催化方法得到天然的均一性糖蛋白。

在合成均一糖蛋白方面，Wang 等做了大量工作。他们使用糖基内切酶 H（Endo-H）切除糖蛋白杂合的多糖链，得到仅含有一个 N 连接 GlcNAc 残基的糖蛋白，然后通过糖基转移酶 Endo-M 或者 Endo-A 催化将化学合成的多糖链连接到此糖蛋白的 GlcNAc 上而得到含有均一糖型的糖蛋白，如图 7-19 所示。由于糖基转移酶 Endo-M 或者 Endo-A 同时对糖链有一定的水解作用，因此合成糖蛋白的产率较低。Wang 等将天然糖链优化为含有噁唑啉供体的糖链，大大提高了合成糖蛋白的效率（Li et al., 2005, 2006）。后来，Davis 组研究发现，糖基转移酶 Endo-A 不仅可以催化合成天然的 N 连接的糖蛋白，对于 S 连接的糖蛋白同样具有很好的催化效率，此方法能够合成更稳定的均一糖蛋白（Fernandez-Gonzalez et al., 2010）。进一步研究证明，糖基转移酶 Endo-A 和 Endo-M 分别能够催化合成高甘露糖型（Endo-A）和复合型（Endo-M）

糖蛋白。2012年，Davis研究组又发现了另外一种糖基转移酶Endo-S，它仅能够催化合成复合型糖蛋白，与Endo-A和Endo-M具有一定的正交性（Goodfellow et al.，2012）。这些发现实现了多种糖型的均一糖蛋白的合成。

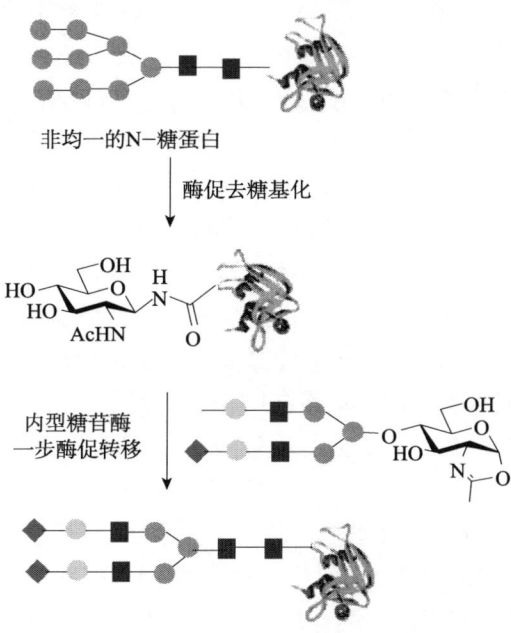

图7-19　运用化学酶法合成均一糖蛋白

除了使用糖基转移酶催化的方法，Wang和Aebi等还发展了一种在原核细胞中合成均一糖蛋白的方法（Schwarz et al.，2010）。他们将空肠弯曲杆菌糖基化系统转移到大肠杆菌中，从而在大肠杆菌中表达GlcNAc-Asn连接的糖蛋白。此类糖蛋白在体外通过糖基内切酶H（Endo-H）切除掉外缘多糖链后，由Endo-A催化得到天然连接的均一糖蛋白。此方法为合成均一的真核细胞的糖蛋白提供了一种理论上的验证。

综上所述，现有的化学生物学修饰手段仍然存在多种多样的问题，如催化剂的毒性、反应速率、选择性及稳定性等。发展快速、高效、广谱的生物正交反应依然是蛋白质修饰领域的挑战。

四、化学生物学在蛋白质修饰中的研究展望

随着化学生物学技术的进一步发展，蛋白质修饰将在以下几个方面发挥重要的应用价值：①作为蛋白质探针应用于复杂的生命体系甚至人体的检测，提高现有的临床诊断及治疗的效率；②改变蛋白质物理化学性质以优化乃至

构建新的蛋白质类药物，提高现有蛋白质药物的生物利用度；③研究生命活动的分子生物学机制，揭示生命科学的奥秘。

近年来，运用化学生物学方法对蛋白质进行修饰已经取得一定的成果。Chen 等选择含有双吖丙啶的柔性结构的非天然氨基酸作为光交联探针（Lin et al.，2011），系统捕获了一种酸性分子伴侣蛋白在酸胁迫下的"客户蛋白"，并依此阐释了大肠杆菌抵御胃酸的机制。他们成功地捕捉了大肠杆菌体内的一个关键酸性分子伴侣 HdeA 的作用底物，通过对其中两个本身也是分子伴侣的关键"客户蛋白"DegP 和 SurA 的进一步研究，发现了一种不依赖于 ATP 的"分子伴侣-保护分子伴侣"的独特机制，并证明了细菌利用这一机制来增加其逃逸胃酸防线的成功率（Zhang et al.，2011）。该工作所描述的一种不依靠 ATP 的分子伴侣间相互作用，以及细菌通过这一相互作用来抵抗胃酸的全新发现都在国际上属首次报道。该报道的光交联探针能够广泛地用于捕捉活细胞体内的蛋白质-蛋白质相互作用。

此外，蛋白质修饰在金属蛋白设计及药物筛选方面有重要的指导价值。Wang 等通过扩展基因密码子，将含有 3-咪唑基酪氨酸（Liu et al.，2012）和 3-甲硫基酪氨酸（Zhou et al.，2013）的非天然氨基酸分别引入蛋白质中，并且通过基因突变详细研究了蛋白质的结构和作用机制，为金属蛋白的设计提供了有力的依据。该组还在酪氨酸激酶活性中心引入含氟的非天然氨基酸，利用 ^{19}F 核磁（NMR）研究酪氨酸激酶的激活机制并为抗肿瘤药物的筛选提供了有力的工具（Li et al.，2013a）。

在未来的蛋白质修饰领域中，如何提高蛋白质修饰的效率依然是科研人员面临的重要问题。在目前发展的蛋白质修饰方法中，环张力的烯烃与四嗪的反应以其较快的反应动力学展现了较好的发展前景。鉴于某些环张力烯烃的不稳定性及低反应活性，应从有机化学的角度去改善此类反应的效率。此外，由于均一糖蛋白在药物及生理活动中扮演重要的角色，与现有的化学合成方法相比，化学酶法将是最有效快捷的一种方法。开发新的酶体系以合成均一糖蛋白在肿瘤、艾滋病等疾病的诊断、治疗及发病机制的研究中都有非常重要的意义。

作为化学生物学的主要分支之一，蛋白质化学合成和修饰很好地体现了化学生物学这一交叉学科的特点：化学提供研究方法与新视角解决生物问题，而生命科学反过来提供新的应用问题以启发、推动化学的发展，在解决问题的过程中使用现有化学知识，发现新的化学现象。这是一个螺旋上升的过程，与解决生物体系中的化学问题的生物化学（biochemistry），以及利用酶或

DNA 这些大分子生物工具解决化学问题的生物化学学科（biological chemistry）是有区别的。

参考文献

龚岳亭，杜雨苍，黄惟德，等. 1965. 结晶牛胰岛素的全合成. 科学通报, 11: 941-945.

Agard NJ, Baskin JM, Prescher JA, et al. 2006. A comparative study of bioorthogonal reactions with azides. Acs Chem Biol, 1 (10): 644-648.

Bang D, Chopra N, Kent SBH. 2004. Total chemical synthesis of crambin. Journal of the American Chemical Society, 126 (5): 1377-1383.

Bang D, Kent SBH. 2005. HiS (6) tag-assisted chemical protein synthesis. Proc Natl Acad Sci USA, 102 (14): 5014-5019.

Bang D, Kent S B. 2004. A one-pot total synthesis of crambin. Angew Chem Int Ed Engl, 43 (19): 2534-2538.

Bang D, Pentelute BL, Kent SBH. 2006. Kinetically controlled ligation for the convergent chemical synthesis of proteins. Angew Chem Int Edit, 45 (24): 3985-3988.

Baskin JM, Prescher JA, Laughlin ST, et al. 2007. Copper-free click chemistry for dynamic in vivo imaging. Proc Natl Acad Sci USA, 104 (43): 16 793-16 797.

Bayer E, Mutter M. 1972. Liquid-phase synthesis of peptides. Nature, 237 (5357): 512-513.

Blackman ML, Royzen M, Fox J M. 2008. Tetrazine ligation: fast bioconjugation based on inverse-electron-demand Diels-Alder reactivity. Journal of the American Chemical Society, 130 (41): 13518-13519.

Blanco-Canosa JB, Dawson PE. 2008. An efficient Fmoc-SPPS approach for the generation of thioester peptide precursors for use in native chemical ligation. Angew Chem Int Edit, 47 (36): 6851-6855.

Boerema DJ, Tereshko VA, Kent SBH. 2008. Total synthesis by modern chemical Ligation methods and high resolution (1.1 angstrom) X-ray structure of ribonuclease A. Biopolymers, 90 (3): 278-286.

Brik A, Yang YY, Ficht S, et al. 2006. Sugar-assisted glycopeptide ligation. Journal of the American Chemical Society, 128 (17): 5626-5627.

Buller F, Steiner M, Frey K, et al. 2011. Selection of carbonic anhydrase IX inhibitors from one million DNA-encoded compounds. Acs Chem Biol, 6 (4): 336-344.

Camarero JA, Cotton GJ, Adeva A, et al. 1998. Chemical ligation of unprotected peptides directly from a solid support. J Pept Res, 51 (4): 303-316.

Casadaban MJ, Martinezarias A, Shapira SK, et al. 1983. Beta-galactosidase gene fusions for analyzing gene-expression in *Escherichia coli* and Yeast. Method Enzymol, 100: 293-308.

Chalker JM, Bernardes GJL, Davis BG. 2011. A "Tag-and-Modify" approach to site-selective protein modification. Accounts of Chemical Research, 44 (9): 730-741.

Chang PV, Prescher JA, Sletten E M, et al. 2010. Copper-free click chemistry in living animals. Proc Natl Acad Sci USA, 107 (5): 1821-1826.

Chatterjee J, Laufer B, Kessler H. 2012. Synthesis of *N*-methylated cyclic peptides. Nature Protocols, 7 (3): 432-444.

Chen J, Wan Q, Yuan Y, et al. 2008. Native chemical ligation at valine: a contribution to peptide and glycopeptide synthesis. Angew Chem Int Edit, 47 (44): 8521-8524.

Chen SY, Rebollo IR, Buth SA, et al. 2013. Bicyclic peptide ligands pulled out of cysteine-rich peptide libraries. Journal of the American Chemical Society, 135 (17): 6562-6569.

Coin I, Beyermann M, Bienert M. 2007. Solid-phase peptide synthesis: from standard procedures to the synthesis of difficult sequences. Nature Protocols, 2 (12): 3247-3256.

Cui HK, Guo Y, He Y, et al. 2013a. Diaminodiacid-based solid-phase synthesis of peptide disulfide bond mimics. Angew Chem Int Edit, 52 (36): 9558-9562.

Cui HK, Qing J, Guo Y, et al. 2013b. Stapled peptide-based membrane fusion inhibitors of hepatitis C virus. Bioorganic & Medicinal Chemistry, 21 (12): 3547-3554.

Dawson PE, Muir TW, Clark-Lewis I, et al. 1994. Synthesis of proteins by native chemical ligation. Science, 266 (5186): 776-779.

Ding H, Shigenaga A, Sato K, et al. 2011. Dual kinetically controlled native chemical ligation using a combination of sulfanylproline and sulfanylethylanilide peptide. Organic Letters, 13 (20): 5588-5591.

Dirksen A, Dirksen S, Hackeng TM, et al. 2006a. Nucleophilic catalysis of hydrazone formation and transimination: implications for dynamic covalent chemistry. Journal of the American Chemical Society, 128 (49): 15602-15603.

Dirksen A, Hackeng TM, Dawson PE. 2006b. Nucleophilic catalysis of oxime ligation. Angewandte Chemie International Edition, 45 (45): 7581-7584.

El Oualid F, Merkx R, Ekkebus R, et al. 2010. Chemical synthesis of ubiquitin, ubiquitin-based probes, and diubiquitin. Angew Chem Int Edit, 49 (52): 10149-10153.

El-Faham A, Albericio F. 2011. Peptide coupling reagents, more than a letter soup. Chem Rev, 111 (11): 6557-6602.

Fang GM, Li YM, Shen F, et al. 2011. Protein chemical synthesis by ligation of peptide hydrazides. Angew Chem Int Edit, 50 (33): 7645-7649.

Fang GM, Wang JX, Liu L. 2012. Convergent chemical synthesis of proteins by ligation of peptide hydrazides. Angewandte Chemie International Edition, 51 (41): 10347-10350.

Fernandez-Gonzalez M, Boutureira O, Bernardes GJL, et al. 2010. Site-selective chemoenzymatic construction of synthetic glycoproteins using endoglycosidases. Chemical Science, 1 (6): 709-715.

Fierz B, Muir TW. 2012. Chromatin as an expansive canvas for chemical biology. Nature Chemical Biology, 8 (5): 417-427.

Gartner ZJ, Tse BN, Grubina R, et al. 2004. DNA-templated organic synthesis and selection of a library of macrocycles. Science, 305 (5690): 1601-1605.

Geoghegan KF, Stroh J G. 1992. Site-directed conjugation of nonpeptide groups to peptides and proteins via periodate oxidation of a 2-amino alcohol. Application to modification at Nterminal serine. Bioconjugate Chem, 3 (2): 138-146.

George EA, Novick RP, Muir TW. 2008. Cyclic peptide inhibitors of staphylococcal virulence prepared by Fmoc-based thiolactone peptide synthesis. Journal of the American Chemical Society, 130 (14): 4914-4924.

Gieselman MD, Xie LL, van der Donk WA. 2001. Synthesis of a selenocysteine-containing peptide by native chemical ligation. Organic Letters, 3 (9):1331-1334.

Goguen BN, Aemissegger A, Imperiali B. 2011. Sequential activation and deactivation of protein function using spectrally differentiated caged phosphoamino acids. Journal of the American Chemical Society, 133 (29): 11 038-11 041.

Goodfellow JJ, Baruah K, Yamamoto K, et al. 2012. An endoglycosidase with alternative glycan specificity allows broadened glycoprotein remodelling. Journal of the American Chemical Society, 134 (19): 8030-8033.

Gravert DJ, Janda KD. 1997. Organic synthesis on soluble polymer supports: Liquid-phase methodologies. Chemical Reviews, 97 (2): 489-509.

Haase C, Seitz O. 2009. Internal cysteine accelerates thioester-based peptide ligation. Eur J Org Chem, 2009 (13): 2096-2101.

Haber E, Anfinsen CB. 1962. Side-chain interactions governing the pairing of half-cystine residues in ribonuclease. Journal of Biological Chemistry, 237 (6): 1839-1844.

Hackenberger CPR, Schwarzer D. 2008. Chemoselective ligation and modification strategies for peptides and proteins. Angew Chem Int Edit, 47 (52): 10 030-10 074.

Hart SA, Sabat M, Etzkorn FA. 1998. Enantio-and regioselective synthesis of a (Z) -alkene cis-proline mimic. J Org Chem, 63 (22): 7580-7581.

He QQ, Fang GM, Liu L. 2013. Design of thiol-containing amino acids for native chemical ligation at non-Cys sites. Chinese Chemical Letters, 24 (4): 265-269.

Hemantha HP, Brik A. 2013. Non-enzymatic synthesis of ubiquitin chains: Where chemistry makes a difference. Bioorganic & Medicinal Chemistry, 21 (12): 3411-3420.

Hofmann RM, Muir TW. 2002. Recent advances in the application of expressed protein ligation to protein engineering. Curr Opin Biotechnol, 13 (4): 297-303.

Hojo H, Onuma Y, Akimoto Y, et al. 2007. N-alkyl cysteine-assisted thioesterification of peptides. Tetrahedron Letters, 48 (1): 25-28.

Hojo H, Ozawa C, Katayama H, et al. 2010. The mercaptomethyl group facilitates an efficient one-pot ligation at Xaa-Ser/Thr for (glyco) peptide synthesis. Angew Chem Int Edit, 49 (31): 5318-5321.

Hondal RJ, Nilsson BL, Raines RT. 2001. Selenocysteine in native chemical ligation and expressed protein ligation. Journal of the American Chemical Society, 123 (21): 5140-5141.

Huang YC, Li YM, Chen Y, et al. 2013. Synthesis of autophagosomal marker protein LC3-II under detergent-free conditions. Angew Chem Int Edit, 52 (18): 4858-4862.

Jewett JC, Sletten EM, Bertozzi CR. 2010. Rapid Cu-free click chemistry with readily synthesized biarylazacyclooctynones. Journal of the American Chemical Society, 132 (11): 3688-3690.

Johnson ECB, Durek T, Kent SBN. 2006. Total chemical synthesis, folding, and assay of a small protein on a water-compatible solid support. Angew Chem Int Edit, 45 (20): 3283-3287.

Johnson T, Quibell M, Sheppard RC. 1995. N,O-bisFmoc derivatives of N-(2-hydroxy-4-methoxybenzyl)-amino acids: Useful intermediates in peptide synthesis. Journal of Peptide Science, 1 (1): 11-25.

Kahne D, Leimkuhler C, Wei L, et al. 2005. Glycopeptide and lipoglycopeptide antibiotics. Chemical Reviews, 105 (2): 425-448.

Kan C, Trzupek JD, Wu B, et al. 2009. Toward homogeneous erythropoietin: chemical synthesis of the Ala (1)-Gly (28) glycopeptide domain by "alanine" ligation. Journal of the American Chemical Society, 131 (15): 5438-5443.

Kawakami T, Aimoto S. 2009. The use of a cysteinyl prolyl ester (CPE) autoactivating unit in peptide ligation reactions. Tetrahedron, 65 (19): 3871-3877.

Kaya E, Vrabel M, Deiml C, et al. 2012. A genetically encoded norbornene amino acid for the mild and selective modification of proteins in a copper-free click reaction. Angewandte Chemie International Edition, 51 (18): 4466-4469.

Kent SBH. 1988. Chemical synthesis of peptides and proteins. Annu Rev Biochem, 57: 957-989.

Kent SBH. 2009. Total chemical synthesis of proteins. Chem Soc Rev, 38 (2): 338-351.

Kent S. 2003. Total chemical synthesis of enzymes. Journal of peptide science: an official publication of the European Peptide Society, 9 (9): 574-593.

Kim J, Lee JE, Lee J, et al. 2006. Magnetic fluorescent delivery vehicle using uniform mesoporous silica spheres embedded with monodisperse magnetic and semiconductor nanocrystals. Journal of the American Chemical Society, 128 (3): 688-689.

Kim YW, Grossmann TN, Verdine GL. 2011. Synthesis of all-hydrocarbon stapled alpha-helical peptides by ring-closing olefin metathesis. Nature Protocols, 6 (6): 761-771.

Kobilka B. 2013. The structural basis of G-protein-coupled receptor signaling (nobel lecture). Angew Chem Int Edit, 52 (25): 6380-6388.

Kochendoerfer GG, Chen SY, Mao F, et al. 2003. Design and chemical synthesis of a homogeneous polymer-modified erythropoiesis protein. Science, 299 (5608): 884-887.

Kochendoerfer GG, Kent S B. 1999. Chemical protein synthesis. Curr Opin Chem Biol, 3 (6): 665-671.

Komarov AG, Linn KM, Devereaux JJ, et al. 2009. Modular strategy for the semisynthesis of a K^+ channel: investigating interactions of the pore helix. Acs Chem Biol, 4 (12): 1029-1038.

Kumar KSA, Spasser L, Ohayon S, et al. 2011. Expeditious chemical synthesis of ubiquitinated peptides employing orthogonal protection and native chemical ligation. Bioconjugate Chem, 22 (2): 137-143.

Li B, Song H, Hauser S, et al. 2006. A highly efficient chemoenzymatic approach toward glycoprotein synthesis. Organic Letters, 8 (14): 3081-3084.

Li F, Shi P, Li J, et al. 2013a. A genetically encoded 19F NMR probe for tyrosine phosphorylation. Angewandte Chemie International Edition, 52 (14): 3958-3962.

Li F, Zhang H, Sun Y, et al. 2013b. Expanding the genetic code for photoclick chemistry in *E. coli*, mammalian cells, and *A. thaliana*. Angewandte Chemie International Edition, 52 (37): 9700-9704.

Li H, Li B, Song H, et al. 2005. Chemoenzymatic synthesis of HIV-1 V3 glycopeptides carrying two N-glycans and effects of glycosylation on the peptide domain. The Journal of Organic Chemistry, 70 (24): 9990-9996.

Li J, Cui HK, Liu L. 2010. Peptide ligation assisted by an auxiliary attached to amidyl nitrogen. Tetrahedron Letters, 51 (13): 1793-1796.

Li J, Lin S, Wang J, et al. 2013. Ligand-free palladium-mediated site-specific protein labeling inside gram-negative bacterial pathogens. Journal of the American Chemical Society, 135 (19): 7330-7338.

Li N, Lim RKV, Edwardraja S, et al. 2011. Copper-free sonogashira cross-coupling for functionalization of alkyne-encoded proteins in aqueous medium and in bacterial cells. Journal of the American Chemical Society, 133 (39): 15316-15319.

Lin S, Zhang Z, Xu H, et al. 2011. Site-specific incorporation of photo-cross-linker and bioorthogonal amino acids into enteric bacterial pathogens. Journal of the American Chemical Society, 133 (50): 20581-20587.

Lindgren M, Hallbrink M, Prochiantz A, et al. 2000. Cell-penetrating peptides. Trends

Pharmacol Sci, 21 (3): 99-103.

Ling JJJ, Policarpo RL, Rabideau A E, et al. 2012. Protein thioester synthesis enabled by sortase. Journal of the American Chemical Society, 134 (26): 10 749-10 752.

Liu CC, Schultz PG. 2010. Adding new chemistries to the genetic code. Annu Rev Biochem, 79 (1): 413-444.

Liu X, Yu Y, Hu C, et al. 2012. Significant increase of oxidase activity through the genetic incorporation of a tyrosine-histidine cross-link in a myoglobin model of heme-copper oxidase. Angewandte Chemie International Edition, 51 (18): 4312-4316.

Lockless SW, Muir TW. 2009. Traceless protein splicing utilizing evolved split inteins. Proc Natl Acad Sci USA, 106 (27): 10999-11004.

Lummis SCR, Beene DL, Lee LW, et al. 2005. Cis-trans isomerization at a proline opens the pore of a neurotransmitter-gated ion channel. Nature, 438 (7065): 248-252.

Mahal LK, Yarema KJ, Bertozzi CR. 1997. Engineering chemical reactivity on cell surfaces through oligosaccharide biosynthesis. Science, 276 (5315): 1125-1128.

Mende F, Beisswenger M, Seitz O. 2010. Automated fmoc-based solid-phase synthesis of peptide thioesters with self-purification effect and application in the construction of immobilized SH3 domains. Journal of the American Chemical Society, 132 (32): 11110-11118.

Mendel D, Cornish VW, Schultz PG. 1995. Site-directed mutagenesis with an expanded genetic-code. Annual Review of Biophysics and Biomolecular Structure, 24: 435-462.

Merrifield RB. 1963. Solid phase peptide synthesis. I. The synthesis of a tetrapeptide. Journal of the American Chemical Society, 85 (14): 2149-2154.

Michael A. 1893. Ueber die einwirkung von diazobenzolimid auf acetylendicarbonsäure-methylester. Journal für Praktische Chemie, 48 (1): 94-95.

Milton RCD, Milton SCF, Kent SBH. 1992. Total chemical synthesis of a D-enzyme-the enantiomers of Hiv-1 protease show demonstration of reciprocal chiral substrate-specificity. Science, 256 (5062): 1445-1448.

Muir TW, Sondhi D, Cole PA. 1998. Expressed protein ligation: A general method for protein engineering. Proc Natl Acad Sci USA, 95 (12): 6705-6710.

Mullen DG, Weigel B, Barany G, et al. 2010. On-resin conversion of Cys (Acm) -containing peptides to their corresponding Cys (Scm) congeners. Journal of Peptide Science, 16 (5): 219-222.

Muralidharan V, Muir TW. 2006. Protein ligation: an enabling technology for the biophysical analysis of proteins. Nature Methods, 3 (6): 429-438.

Nagorny P, Fasching B, Li XC, et al. 2009. Toward fully synthetic homogeneous beta-human follicle-stimulating hormone (beta-hFSH) with a biantennary N-linked dodecasaccharide. Synthesis of beta-hFSH with chitobiose units at the natural linkage sites. Journal of the American Chemical Society, 131 (16): 5792-5799.

Nicastri MC, Xega K, Li LY, et al. 2013. Internal disulfide bond acts as a switch for intein activity. Biochemistry, 52 (34): 5920-5927.

Nienhaus GU. 2008. The green fluorescent protein: A key tool to study chemical processes in living cells. Angewandte Chemie International Edition, 47 (47): 8992-8994.

Ning X, Guo J, Wolfert MA, et al. 2008. Visualizing metabolically labeled glycoconjugates of living cells by copper-free and fast huisgen cycloadditions. Angewandte Chemie International Edition, 47 (12): 2253-2255.

Nishiuchi Y, Inui T, Nishio H, et al. 1998. Chemical synthesis of the precursor molecule of the Aequorea green fluorescent protein, subsequent folding, and development of fluorescence. Proc Natl Acad Sci USA, 95 (23): 13549-13554.

Okamoto R, Morooka K, Kajihara Y. 2012. A synthetic approach to a peptide alpha-thioester from an unprotected peptide through cleavage and activation of a specific peptide bond by N-acetylguanidine. Angew Chem Int Edit, 51 (1): 191-196.

Okamoto R, Souma S, Kajihara Y. 2009. Efficient substitution reaction from cysteine to the serine residue of glycosylated polypeptide: Repetitive peptide segment ligation strategy and the synthesis of glycosylated tetracontapeptide having acid labile sialyl-T-N antigens. J Org Chem, 74 (6): 2494-2501.

Ollivier N, Dheur J, Mhidia R, et al. 2010. Bis (2-sulfanylethyl) amino native peptide ligation. Organic Letters, 12 (22): 5238-5241.

Ollivier N, Vicogne J, Vallin A, et al. 2012. A one-pot three-segment ligation strategy for protein chemical synthesis. Angew Chem Int Edit, 51 (1): 209-213.

Olsen SK, Capili AD, Lu XQ, et al. 2010. Active site remodelling accompanies thioester bond formation in the SUMO E1. Nature, 463 (7283): 906-U977.

Patgiri A, Menzenski MZ, Mahon AB, et al. 2010. Solid-phase synthesis of short alpha-helices stabilized by the hydrogen bond surrogate approach. Nature Protocols, 5 (11): 1857-1865.

Patterson DM, Nazarova LA, Xie B, et al. 2012. Functionalized cyclopropenes as bioorthogonal chemical reporters. Journal of the American Chemical Society, 134 (45): 18638-18643.

Pentelute BL, Gates ZP, Dashnau JL, et al. 2008. Mirror image forms of snow flea antifreeze protein prepared by total chemical synthesis have identical antifreeze activities. Journal of the American Chemical Society, 130 (30): 9702-9707.

Plass T, Milles S, Koehler C, et al. 2012. Amino acids for diels-Alder reactions in living cells. Angewandte Chemie International Edition, 51 (17): 4166-4170.

Porter JA, Young KE, Beachy PA. 1996. Cholesterol modification of hedgehog signaling proteins in animal development. Science, 274 (5285): 255-259.

Rao AVR, Gurjar MK, Reddy KL, et al. 1995. Studies directed toward the synthesis of vancomycin and related cyclic-peptides. Chemical Reviews, 95 (6): 2135-2167.

Rostovtsev VV, Green L G, Fokin VV, et al. 2002. A stepwise huisgen cycloaddition process: Copper (I) -catalyzed regioselective "ligation" of azides and terminal alkynes. Angewandte Chemie International Edition, 41 (14): 2596-2599.

Saxon E, Armstrong JI, Bertozzi CR. 2000. A "traceless" Staudinger ligation for the chemoselective synthesis of amide bonds. Organic Letters, 2 (14): 2141-2143.

Schnolzer M, Alewood P, Jones A, et al. 2007. In situ neutralization in boc-chemistry solid phase peptide synthesis-Rapid, high yield assembly of difficult sequences. Int J Pept Res Ther, 13 (1-2): 31-44.

Schnolzer M, Kent S. 1992. Constructing proteins by dovetailing unprotected synthetic peptides: backbone-engineered HIV protease. Science, 256 (5054): 221-225.

Schumacher TNM, Mayr LM, Minor DL, et al. 1996. Identification of D-peptide ligands through mirror-image phage display. Science, 271 (5257): 1854-1857.

Schwarz F, Huang W, Li C, et al. 2010. A combined method for producing homogeneous glycoproteins with eukaryotic N-glycosylation. Nat Chem Biol, 6 (4): 264-266.

Sears P, Wong CH. 2001. Toward automated synthesis of oligosaccharides and glycoproteins. Science, 291 (5512): 2344-2350.

Seitchik JL, Peeler JC, Taylor MT, et al. 2012. Genetically encoded tetrazine amino acid directs rapid site-specific in vivo bioorthogonal ligation with trans-cyclooctenes. Journal of the American Chemical Society, 134 (6): 2898-2901.

Service R F. 2009. Scientific integrity a dark tale behind two retractions. Science, 326 (5960): 1610-1611.

Shah NH, Dann GP, Vila-Perello M, et al. 2012. Ultrafast protein splicing is common among cyanobacterial split inteins: Implications for protein engineering. Journal of the American Chemical Society, 134 (28): 11 338-11 341.

Shah N H, Vila-Perello M, Muir T W. 2011. Kinetic control of one-pot trans-splicing reactions by using a wild-type and designed split intein. Angew Chem Int Edit, 50 (29): 6511-6515.

Shang SY, Tan ZP, Danishefsky SJ. 2011. Application of the logic of cysteine-free native chemical ligation to the synthesis of Human Parathyroid Hormone (hPTH). Proceedings of the National Academy of Sciences of the United States of America, 108 (15): 5986-5989.

Sharma RK, Tam JP. 2011. Tandem thiol switch synthesis of peptide thioesters via N-S acyl shift on thiazolidine. Organic Letters, 13 (19): 5176-5179.

Shen F, Zhang ZP, Li JB, et al. 2011. Hydrazine-sensitive thiol protecting group for peptide and protein chemistry. Organic Letters, 13 (4): 568-571.

Shi JX, Muir TW. 2005. Development of a tandem protein trans-splicing system based on native and engineered split inteins. Journal of the American Chemical Society, 127 (17): 6198-6206.

Siman P, Karthikeyan SV, Nikolov M, et al. 2013. Convergent chemical synthesis of histone H2B protein for the site-specific ubiquitination at Lys34. Angew Chem Int Edit, 52 (31): 8059-8063.

Sohma Y, Pentelute BL, Whittaker J, et al. 2008. Comparative properties of insulin-like growth factor 1 (IGF-1) and [Gly7D-Ala] IGF-1 prepared by total chemical synthesis. Angew Chem Int Edit, 47 (6): 1102-1106.

Song W, Wang Y, Qu J, et al. 2008. A photoinducible 1,3-dipolar cycloaddition reaction for rapid, selective modification of tetrazole-containing proteins. Angewandte Chemie International Edition, 47 (15): 2832-2835.

Soudy R, Wang LR, Kaur K. 2012. Synthetic peptides derived from the sequence of a lasso peptide microcin J25 show antibacterial activity. Bioorganic & Medicinal Chemistry, 20 (5): 1794-1800.

Staudinger H, Meyer J. 1919. On new organic phosphorus bonding III Phosphine methylene derivatives and phosphinimine. Helvetica Chimica Acta, 2: 635-646.

Tam JP, Wu CR, Liu W, et al. 1991. Disulfide bond formation in peptides by dimethyl-sulfoxide-scope and applications. Journal of the American Chemical Society, 113 (17): 6657-6662.

Tam JP, YuQ. 1998. Methionine ligation strategy in the biomimetic synthesis of parathyroid hormones. Biopolymers, 46 (5): 319-327.

Tan ZP, Shang SY, Danishefsky SJ. 2010. Insights into the finer issues of native chemical ligation: An approach to cascade ligations. Angew Chem Int Edit, 49 (49): 9500-9503.

Thompson RE, Chan B, Radom L, et al. 2013. Chemoselective peptide ligation-desulfurization at aspartate. Angew Chem Int Edit, 52 (37): 9723-9727.

Tiefenbrunn TK, Dawson PE. 2010. Chemoselective ligation techniques: Modern applications of time-honored chemistry. Peptide Science, 94 (1): 95-106.

Tofteng AP, Sorensen KK, Conde-Frieboes KW, et al. 2009. Fmoc solid-phase synthesis of C-terminal peptide thioesters by formation of a backbone pyroglutamyl imide moiety. Angew Chem Int Edit, 48 (40): 7411-7414.

Torbeev VY, Kent S BH. 2007. Convergent chemical synthesis and crystal structure of a 203 amino acid "covalent dimer" HIV-1 protease enzyme molecule. Angew Chem Int Edit, 46 (10): 1667-1670.

Torbeev VY, Raghuraman H, Mandal K, et al. 2009. Dynamics of "flap" structures in three HIV-1 protease/inhibitor complexes probed by total chemical synthesis and pulse-EPR spectroscopy. Journal of the American Chemical Society, 131 (3): 884

Tornøe CW, Christensen C, Meldal M. 2002. Peptidotriazoles on solid phase：[1，2，3] - triazoles by regiospecific copper (I) -catalyzed 1, 3-dipolar cycloadditions of terminal alkynes to azides. The Journal of Organic Chemistry, 67 (9)：3057-3064.

Ueda S, Fujita M, Tamamura H, et al. 2005. Photolabile protection for one-pot sequential native chemical ligation. Chembiochem, 6 (11)：1983-1986.

Valiyaveetil FI, Leonetti M, Muir TW, et al. 2006. Ion selectivity in a semisynthetic K^+ channel locked in the conductive conformation. Science, 314 (5801)：1004-1007.

Veber DF, Varga SL, Hirschma. R, et al. 1972. Acetamidomethyl-novel thiol protecting group for cysteine. Journal of the American Chemical Society, 94 (15)：5456.

Vila-Perello M, Liu ZH, Shah NH, et al. 2013. Streamlined expressed protein ligation using split inteins. Journal of the American Chemical Society, 135 (1)：286-292.

Vila-Perello M, Muir TW. 2010. Biological applications of protein splicing. Cell, 143 (2)：191-200.

Walsh CT, Garneau-Tsodikova S, Gatto G J. 2005. Protein posttranslational modifications：The chemistry of proteome diversifications. Angew Chem Int Edit, 44 (45)：7342-7372.

Wang L, Brock A, Herberich B, et al. 2001. Expanding the genetic code of *Escherichia coli*. Science, 292 (5516)：498-500.

Wang P, Dong SW, Brailsford JA, et al. 2012. At last：Erythropoietin as a single glycoform. Angew Chem Int Edit, 51 (46)：11576-11584.

Wang Y, Song W, Hu WJ, et al. 2009. Fast Alkene Functionalization in vivo by photoclick chemistry：HOMO lifting of nitrile imine dipoles. Angewandte Chemie International Edition, 48 (29)：5330-5333.

Wang Z, Ding X, LiS, et al. 2014. Engineered fluorescence tags for in vivo protein labelling. RSC Advances, 4 (14)：7235-7245.

Wang Z, LiJ, LiY. 2013. Applications of biomimetic transamination reaction to protein modifications. Chinese Journal of Organic Chemistry, 33 (9)：1874-1883.

White CJ, Yudin AK. 2011. Contemporary strategies for peptide macrocyclization. Nature Chemistry, 3 (7)：509-524.

Wilson KA, Kalkum M, Ottesen J, et al. 2003. Structure of microcin J25, a peptide inhibitor of bacterial RNA polymerase, is a lassoed tail. Journal of the American Chemical Society, 125 (41)：12475-12483.

Wilson RM, Danishefsky SJ. 2013. A vision for vaccines built from fully synthetic tumor-associated antigens：From the laboratory to the clinic. Journal of the American Chemical Society, 135 (39)：14462-14472.

Wittig G, Krebs A. 1961. Zur existenz niedergliedriger cycloalkine. 1.. Chem Ber-Recl, 94 (12)：3260-3275.

Wohr T, Wahl F, Nefzi A, et al. 1996. Pseudo-prolines as a solubilizing, structure-disrupting protection technique in peptide synthesis. Journal of the American Chemical Society, 118 (39): 9218-9227.

Xie JM, Schultz PG. 2005. Adding amino acids to the genetic repertoire. Current Opinion in Chemical Biology, 9 (6): 548-554.

Xu MQ, Southworth MW, Mersha FB, et al. 1993. In-vitro protein splicing of purified precursor and the identification of a branched intermediate. Cell, 75 (7): 1371-1377.

Yang J, Šečkute J, Cole CM, et al. 2012. Live-cell imaging of cyclopropene tags with fluorogenic tetrazine cycloadditions. Angewandte Chemie International Edition, 51 (30): 7476-7479.

Yang M, Song Y, Zhang M, et al. 2012. Converting a solvatochromic fluorophore into a protein-based pH indicator for extreme acidity. Angewandte Chemie International Edition, 51 (31): 7674-7679.

Yu Z, Pan Y, Wang Z, et al. 2012. Genetically encoded cyclopropene directs rapid, photo-click-chemistry-mediated protein labeling in mammalian cells. Angewandte Chemie International Edition, 51 (42): 10600-10604.

Zhang LS, Tam JP. 1997. Metal ion-assisted peptide cyclization. Tetrahedron Letters, 38 (25): 4375-4378.

Zhang LS, Tam JP. 1999. Lactone and lactam library synthesis by silver ion-assisted orthogonal cyclization of unprotected peptides. Journal of the American Chemical Society, 121 (14): 3311-3320.

Zhang M, Lin S, Song X, et al. 2011. A genetically incorporated crosslinker reveals chaperone cooperation in acid resistance. Nat Chem Biol, 7 (10): 671-677.

Zheng JS, Chang HN, Wang FL, et al. 2011. Fmoc synthesis of peptide thioesters without post-chain-assembly manipulation. Journal of the American Chemical Society, 133 (29): 11 080-11 083.

Zheng JS, Cui HK, Fang GM, et al. 2010. Chemical protein synthesis by kinetically controlled ligation of peptide O-esters. Chembiochem, 11 (4): 511-515.

Zheng JS, Tang S, Huang YC, et al. 2013a. Development of new thioester equivalents for protein chemical synthesis. Accounts of chemical research, 46 (11): 2475-2484.

Zheng JS, Tang S, Qi YK, et al. 2013b. Chemical synthesis of proteins using peptide hydrazides as thioester surrogates. Nature protocols, 8 (12): 2483-2495.

Zheng JS, Yu M, Qi YK, et al. 2014. Expedient total synthesis of small to medium-sized membrane proteins via fmoc chemistry. Journal of the American Chemical Society, 136: 3695-3704.

Zhou Q, Hu M, Zhang W, et al. 2013. Probing the function of the Tyr-Cys cross-link in metalloenzymes by the genetic incorporation of 3-methylthiotyrosine. Angewandte Chemie, 125 (4): 1241-1245.

第八章 蛋白质相互作用网络

蛋白质相互作用在绝大多数生物学过程中都扮演着重要角色。蛋白质之间并非是一对一、线性的相互作用，而是形成复杂的蛋白质相互作用网络。得益于蛋白质组学提供的海量数据和系统生物学理论的发展，针对蛋白质相互作用网络的研究取得了令人瞩目的成果，在蛋白质功能发现、复杂疾病机制研究，以及药物靶标发现等领域都有成功的应用。化学生物学的发展，也为蛋白质相互作用的捕捉与鉴定提供了有力的工具。同时，蛋白质相互作用网络也与内源性小分子的代谢和信号通路相互调控，并作为一个不可分割的整体共同完成多种重要生物学功能。然而，关联蛋白质相互作用网络与内源性小分子调控网络的研究还基本处于空白状态。化学生物学和蛋白质相互作用网络研究间的交叉与渗透，为深入探索蛋白质之间相互作用及其与内源性小分子间复杂的相互作用、阐明复杂生命现象提供了契机。

第一节 蛋白质相互作用网络发展简介

尽管还原论思想主宰了过去一个世纪的生物学研究并取得了巨大的成功，但生物学家很早就开始认识到，对单个分子进行细致的研究仅仅只是认识生物体复杂结构的可行的、必要的开始。众多证据表明，一个具体的生命现象，如胚胎发育、衰老、疾病产生等过程，很难仅仅归功于单个分子的线性作用，而是源自于生命体的各个成分，如蛋白质、DNA、RNA及小分子之间的复杂相互作用。而此时再单纯地研究单个分子之间的相互作用显然无法从整体上阐明这种复杂的相互作用及调控结果。因此，目前生命科学的研究重点正逐渐从少数分子之间的线性相互作用转向众多分子形成的复杂作用网络，并试图通过对这一网络的组成、结构及动力学性质的深入研究，从系统层面揭示复杂生命现象所涉及的分子调控机制。而在过去数十年间飞速发展的各种高通量组学技术，如基因组学、转录组学、蛋白质组学及代谢组学等，也使得人们能够快速方便地构建生物网络模型成为了可能。

常见的生物网络主要有蛋白质相互作用网络、信号通路网络、转录调控网络、代谢网络等。其中，蛋白质相互作用在几乎所有的生命过程中都扮演着重要角色，因此，对于蛋白质相互作用网络的研究成为了复杂生物网络研究的热点。蛋白质相互作用是指蛋白质在其生命周期中持续或瞬时地相互接触，并形成特异的蛋白质复合物共同参与生物功能。蛋白质相互作用可以是物理相互作用也可以是功能意义相互作用。蛋白质相互作用网络研究是将生物体内众多的蛋白质相互作用构建成网络模型，并对网络进行生物信息学分析，对网络性质（如连接度、网络半径、聚集系数等）进行定量的描述，并发现网络中的关键节点或关键网络模块。由于蛋白质相互作用网络的研究对于理解复杂生命现象及阐明复杂疾病机制、指导疾病治疗具有重要意义，目前蛋白质相互作用网络已引起国内外研究人员的广泛重视。我国科学家也在大规模蛋白质相互作用网络的构建（Wang et al.，2010）、蛋白质相互作用网络的理论分析（Bu et al.，2003；Guo et al.，2007）、蛋白质相互作用网络与致病基因的研究（Xu and Li，2006）、基于蛋白质相互作用网络的药物-靶标研究（Li et al.，2009；Zhu et al.，2009）等一系列理论和应用研究中取得了丰硕成果。

第二节　蛋白质相互作用网络研究方法

一、蛋白质相互作用网络组成与性质

大多数复杂体系的行为特征，都源于不同组分间两两相互作用的协同效应。这些复杂体系中的组分可以抽象为由边相连的节点，而边代表这些组分间的相互作用，边和节点则共同组成了一个网络。同样，对于蛋白质相互作用网络，网络节点表示蛋白质，边代表蛋白质之间的相互作用。相互作用通常有两种形式，在最简单的情况下，当节点所表示的蛋白质形成复合物时，蛋白质之间的相互作用可用一个无方向的边表示，组成的蛋白质相互作用网络为无向网络。此外，蛋白质之间的相互作用也可用有向边表示，以反映相

连蛋白质节点的相互调控作用，此时所组成的网络为有向网络。无向网络是蛋白质相互作用网络最常见的形式，而有向网络的形式常用来构建信号通路相关的蛋白质相互作用网络模型。

目前已发现生物体内的分子相互作用网络从组织结构上来看与其他复杂网络，如互联网、电脑芯片及社交网络具有极大的相似性，如无标度（scale-free）和小世界网络（small world network）（Barabasi and Oltvai，2004）。无标度指网络中仅少数的节点具有大量的连接，这些节点又称为中心节点，而大部分的节点仅具有少数连接。小世界网络是指实际网络（如互联网、社交网络、生物网络）具有比随机网络小得多的平均节点间距离和比随机网络大得多的平均集群系数——即邻点之间也相邻，形成紧密集团（图8-1）。蛋白质相互作用网络也具有类似的性质，如酵母的蛋白质相互作用网络同样是一种无标度网络，移除连接度高的中心节点会对酵母生存造成严重影响（Lin et al.，2009）。中国医学科学院放射医学研究所杨晓明等采用酵母双杂交方法重构了人类肝脏的蛋白质相互作用网络，并通过计算分析发现此网络包含一个由2215个蛋白质组成的、相互连接的巨大子网，以及134个由少于10个蛋白质组成的小型子网，通过对此网络的进一步分析，他们发现了可能在肝脏发育和疾病中扮演重要作用的蛋白质及通路，使人们对肝脏特异性的蛋白质相互作用有了更深入、更系统的认识（Wang et al.，2011）。

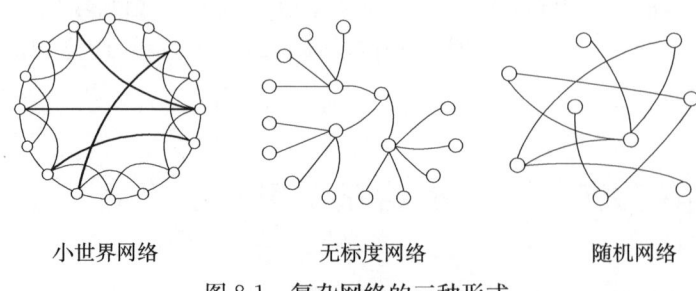

小世界网络　　　　无标度网络　　　　随机网络

图8-1　复杂网络的三种形式

二、蛋白质相互作用网络的构建

构建蛋白质相互作用网络的方法很多，除了采用高通量组学实验（如酵母双杂交、串联亲和质谱等）的方法外，还有多种理论计算方法可以用于蛋白质相互作用网络的构建，如基于文献的文本挖掘、针对蛋白质相互作用数据库的搜索与整合、基于进化的方法及基于蛋白质序列或结构的理论预测等。这其中最常用的方法是对现有蛋白质相互作用数据库中的数据进行提取和整合，构建感兴趣的蛋白质相互作用网络。常见的蛋白质相互作用数据库有：BIND（bind.ca）、MIPS（http：//mips.helmholtz-muenchen.de/proj/ppi/）、BioGRID（http：//thebiogrid.org/）、STRING（http：//string.embl.de/）、MINT（http：//mint.bio.uniroma2.it/mint/Welcome.do）等。近年来，我国科学家也开发出了一系列颇具特色的蛋白质相互作用数据库。中国科学院上海生命科学研究院计算生物学研究所韩敬东等采用概率模型对27个不同的基因组、蛋白质组及功能注释数据库进行整合，构建了蛋白质相互作用数据库 IntNetDB（Xia et al.，2006）。IntNetDB 具有对蛋白质相互作用进行可视化的功能，并提供友好的用户界面方便科研人员使用。通过对多种蛋白质相互作用数据库及文献数据库的整合与提炼，南京大学张辰宇等构建了包含2813个蛋白质及5883条相互作用的线粒体特异的蛋白质相互作用数据库 InterMitoBase（Gu et al.，2011）。InterMitoBase 也提供完善的查询和可视化界面，为系统地研究线粒体的功能提供了便利。

基于蛋白质序列和结构对蛋白质相互作用进行理论预测也是构建蛋白质相互作用网络的重要方法。虽然理论预测方法与实验方法相比存在较高的假阳性，但其成本和消耗时间远少于实验方法，并且可以发现功能未知或难以通过实验发现的蛋白质相互作用。中国科学院上海药物研究所蒋华良等发展了通过蛋白质一级序列预测蛋白质相互作用的方法（Shen et al.，2007）。此方法采用支持向量机，将相连的3个氨基酸考虑为一个元素，根据现有的蛋白质相互作用数据建立预测模型。该模型不仅可以预测单一的蛋白质相互作用，还可以用于构建复杂的蛋白质相互作用网络（图8-2）。苏州大学侯廷军等发展了从蛋白质结构角度出发，预测SH3结构域介导的蛋白质相互作用网络的方法，并和现有的组学实验数据有很好的一致性（Hou et al.，2012）。这些基于序列和基于结构的方法作为对现有实验方法的拓展和补充，也将在深入认识蛋白质相互识别机制、重构蛋白质相互作用网络的过程中扮演越来越重要的角色。

三、蛋白质相互作用网络的分析

复杂生物体系的网络建模越来越被认为是一种有效地对大规模数据进行整合和分析的手段。而将各种不同来源的数据，如实验数据或理论预测数据，组织成蛋白质相互作用网络仅仅是对复杂生物体系研究的开始，后续研究还需要运用一系列的理论方法，如图论的方法，对网络的拓扑特征、组成原则进行刻画和分析（Aittokallio and Schwikowski，2006）。同其他生物网络类

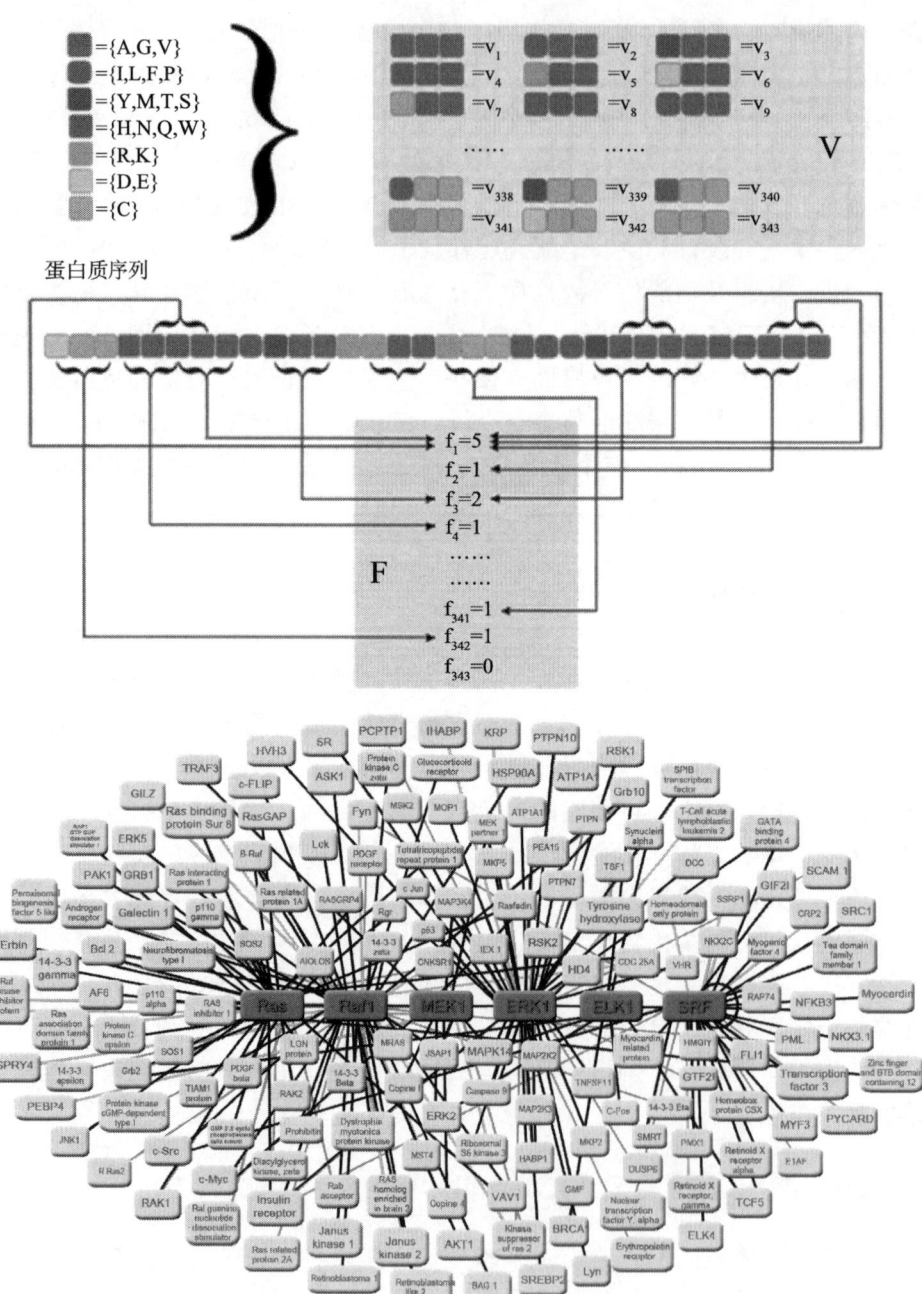

图 8-2 基于蛋白质序列的蛋白质相互作用网络预测（文后附彩图）

资料来源：Shen et al.，2007

似，蛋白质相互作用网络也可以通过全局或者局部的指标来进行定量描述。全局指标是从宏观角度采用一个数值来描述网络的整体特征。这些指标包括节点数（N）、边数（L）、网络平均距离（$_{av}d$）、网络半径（即网络最大距离）、平均连接度及聚集系数（CC）等（图 8-3）。在某些情况下，这些指标间的组合使用也可以用来反映一些有意义的网络的特性，如平均距离和聚集系数的组合可以用来定量考察网络的小世界性质（$SW=CC/_{av}d$）。局部指标则常用来描述具体网络节点的特性。其中最简单的指标是节点的度（degree），即与某一指定节点相连接的节点个数。然后通过计算网络中所有节点的度，并对度的分布进行统计分析，可以方便地获得与整个网络结构相关的重要特性。例如，在很多生物网络中，仅有少数的节点具有很高的连接度（即中心节点），而大部分节点的连接度很低，这就是生物网络的无标度特性，使得生物网络具有一定的容错与抗干扰能力。

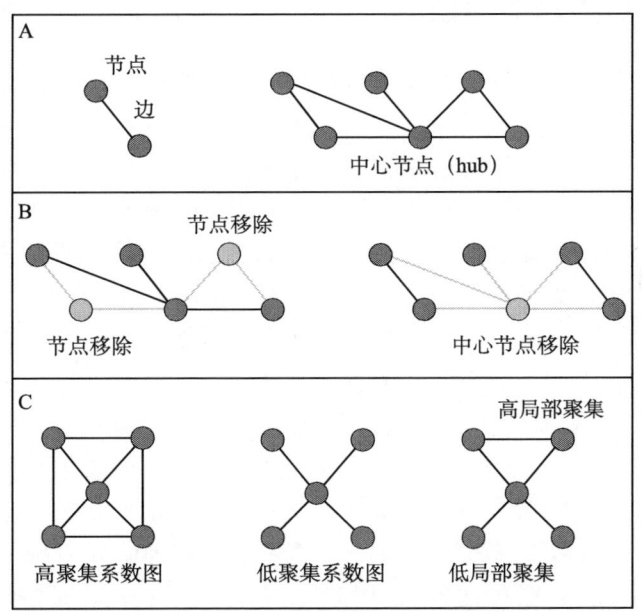

图 8-3　蛋白相互作用网络的图论研究手段

资料来源：Taylor and Wrana, 2012

　　生物网络的拓扑特征与其功能有着密切的关系。Goh 等通过对蛋白质相互作用网络中疾病蛋白质和非疾病蛋白质所处的位置进行比较，发现管家基因编码的蛋白质多处于蛋白质相互作用网络的中心位置，而疾病相关蛋白质多处于网络的外周区域。他们从进化角度对此进行解释，认为自然选择的压力使得致病突变多发生于处在网络边缘的蛋白质,而处在中心节点位置的管家基因编码的蛋白质则很少发生突变(Goh et al.,2007)。中南大学李敏等采用最短路径技术对蛋白质相互作用网络数据库中 7 个物种的 8 个蛋白质相互作用网络的拓扑进行分析,研究了网络直径、特征路径长度、连通效率、顶点介数与顶点度的相关性,以及高介数边和长间隔边在网络连通中的作用。分析发现这些蛋白质相互作用网络对于随机移除一定数量的蛋白质顶点或边具有很好的鲁棒性,而对于高介数顶点或边的确定性移除却十分的敏感(Min et al.,2009)。

第三节 蛋白质相互作用网络的应用

一、蛋白质功能的预测

后基因组时代一项重要的任务就是对那些不能运用同源预测方法进行功能注释的蛋白质进行功能的预测。由于蛋白质的功能与蛋白质之间的相互作用密切相关,因而,利用蛋白质相互作用网络所蕴含的信息可以对未知蛋白质的功能进行预测。Samanta 等采用基于大规模蛋白质相互作用网络的统计分析算法,对没有功能注释的蛋白质进行功能预测。他们假设两个蛋白质共有的相互作用明显大于随机因素,那么这两个蛋白质就可能具有相似的功能。他们采用此方法对酿酒酵母的蛋白质相互作用网络进行分析,成功发现了 81 个未注释生物功能的蛋白质,并发现此方法对于广泛存在与蛋白质相互作用数据中的假阳性数据具有很好的抗干扰能力(Samanta and Liang,2003)。Vazquez 等也采用了类似的方法,根据全基因组的蛋白质相互作用网络的全局连接模式,从已知功能的蛋白质分类中对未知功能的蛋白质进行生物功能鉴定(Vazquez et al.,2003)。中国科学院生物物理研究所陈润生等采用图论中的谱分析方法,对包含 2617 个节点、11 856 条边的出芽酵母的蛋白质相互网络拓扑结构进行分析,以寻找其中隐藏的拓扑结构,并探测未进行功能注释的蛋白质的生物功能。通过分析,他们从巨大的蛋白质相互作用网络中发现了隐藏的 48 个准团结构(quasi-clique)和 6 个准二部图(quasi-bipartite),并对 76 个无功能注释的蛋白质进行了功能注释。此项研究也说明通过谱分析的方法,可以有效地对复杂蛋白质相互作用网络的隐藏拓扑结构进行刻画,并通过拓扑结构分析发现蛋白质的全新生物功能(Bu et al.,2003)。

二、蛋白质相互作用网络与复杂疾病的研究

随着对疾病认识的深入，人们发现大多数疾病的产生都涉及多个基因、多个通路甚至整个调控网络的改变。而对于生物网络的结构和功能的研究为人们更深入地认识各种复杂疾病，如肿瘤、糖尿病、高血压、神经退行性疾病等，提供了新的机遇。蛋白质相互作用网络也越来越多地被用于复杂疾病的研究中。关于疾病表型与相互作用网络关系的核心假设之一就是蛋白质相互作用网络全局或局部的结构改变导致了疾病的产生（Taylor and Wrana，2012）。Wachi 等发现，在鳞状细胞肺癌中高表达的蛋白质与未高表达的蛋白质相比具有更高的连接度（Wachi et al.，2005），这一现象在其他肿瘤中也被发现（Jonsson and Bates，2006）。此外，一些研究还发现那些在蛋白质相互作用网络中常与疾病相关蛋白质相连的蛋白质本身也更容易参与到疾病过程中（Oti et al.，2006；Xu and Li，2006）。因此，研究蛋白质相互作用网络的组成对于深入认识复杂疾病的发生发展具有重要意义。

Lim 等构建了参与 23 种遗传性小脑共济失调症的蛋白质相互作用网络。通过对网络结构进行分析，他们发现不同的致病蛋白质之间紧密相连，并发现了一些引起神经细胞退行性变化的共同分子通路和全新的致病基因，为系统地认识共济失调症提供了宝贵信息（Lim et al.，2006）。哈尔滨医科大学徐建震等发现遗传疾病相关的基因在根据文献构建的蛋白质相互作用网络中具有更高的连接度，并且有更大的概率与其他的疾病基因直接相连或更容易相互通信。根据这些拓扑特征，他们采用机器学习的方法对遗传疾病基因进行预测，发现了 178 个潜在的致病基因（Xu and Li，2006）。南京大学杨洁等根据无标度网络相关理论，采用新的蛋白质相互作用预测算法，构建了阿尔茨海默病相关的蛋白质相互作用网络，并通过对网络进行生物信息学分析从宏观角度研究了阿尔茨海默病可能的发生机制和蛋白质调控路径（Yang and Jiang，2010；蒋雄飞等，2006）。安徽医科大学陈飞虎等构建了胃癌相关的蛋白质相互作用网络，并通过聚类分析发现了一系列可能对胃癌发生发展至关重要的通路，如原发性免疫缺陷通路、黏着斑通路、ECM 受体相互作用通路及细胞色素 P450 介导的外源性物质代谢通路等，并发现了一些可能成为胃癌治疗靶标的基因（Hu and Chen，2012）。

三、蛋白质相互作用网络与网络药理学

在过去的几十年里，单一靶标-单一药物策略在药物研发中占据主导地

位。而随着对疾病网络在系统层面的理解，人们发现靶向单一靶标并非治疗疾病的最佳选择。同时，缺少对于系统层面药物作用的认识，容易导致药物脱靶效应，从而产生不可预知的毒性作用，增加药物磨损率。因而，后基因组时代的药物研发已开始从以单个蛋白质为中心的策略转向更加整体的以通路为中心的研究策略（图 8-4）。而系统生物学方法的发展和高通量数据的积累也使得采用分子网络将药物-靶标相互作用、靶标蛋白相互作用及疾病表型等数据进行整合成为了可能。在此基础上，以从复杂网络的角度理解药物对机体的作用、发现药物靶标为目标的网络药理学也应运而生。由于蛋白质是绝大多数药物的直接作用靶标，因此蛋白质相互作用网络也就成为了网络药理学的重要研究内容之一，在药物作用机制研究（Huang et al., 2013a, 2013b; Li et al., 2013; Padiadpu et al., 2010; Zhu et al., 2009）、全新靶标发现（De Las Rivas and Prieto, 2012; Hormozdiari et al., 2010; Mora and Donaldson, 2012）、药物靶标鉴定（Laenen et al., 2013）、药物毒性作用研究（Brouwers et al., 2011; Huang et al., 2013a, 2013b; Li et al., 2013）中具有广泛的应用。

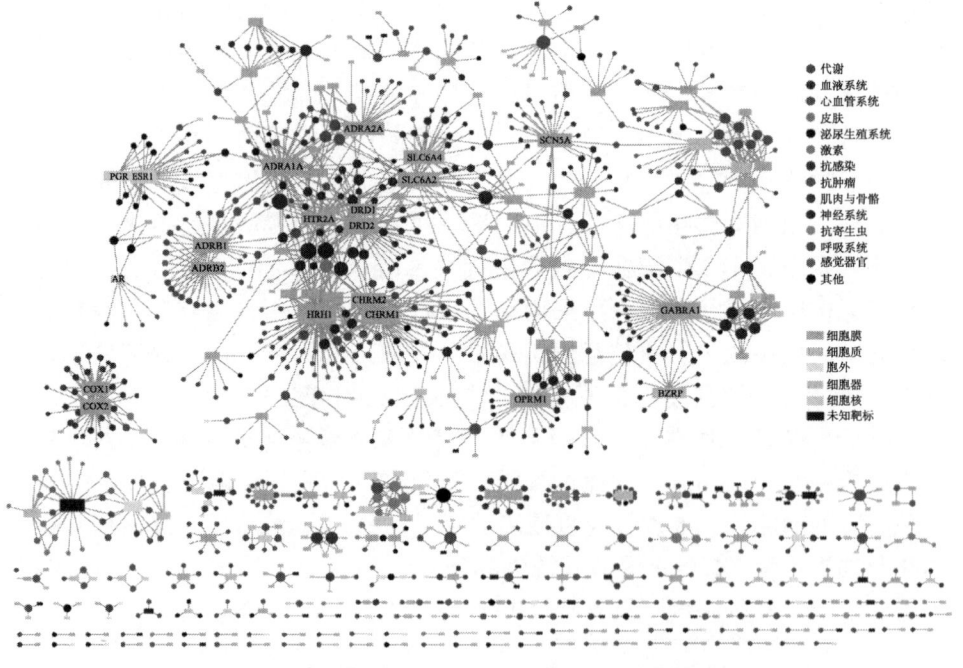

图 8-4　药物-靶标相互作用网络（文后附彩图）

资料来源：Yildirim et al., 2007

Laenen 等通过结合药物作用的基因表达谱数据和蛋白质相互作用网络，发展了鉴定药物分子靶标的计算方法，为新化合物靶标预测、药物脱靶效应预测提供了便利（Laenen et al.，2013）。中国科学院上海生命科学研究院健康科学研究所孔祥银等在现有蛋白质相互作用数据库的基础上，构建了 HIV 病毒-宿主蛋白质相互作用网络，并发现了 26 个通过与 HIV 蛋白质相互作用而对 HIV 病毒生存周期起到重要作用的人类蛋白质（Li et al.，2013）。同时，通过对蛋白质-小分子数据库的进一步搜索，孔祥银等还发现了 280 个可以同时与 HIV 病毒中现有的药靶蛋白和这 26 个人类蛋白质相互作用的小分子。这 26 个蛋白质和 280 个小分子化合物也为艾滋病的治疗提供了新的靶标和潜在先导化合物。中国科学院上海生命科学研究院计算生物学研究所韩敬东等发展了一种通过"S-score"来评价药物靶标在蛋白质相互作用网络中的连接强度，从而预测药效学层面的药物-药物相互作用的方法，并发现了被预测存在相互作用的药物也具有类似的不良反应。通过采用已知的药物相互作用作为评价标准，证明了此方法具有很好的稳健性并且预测效果超过了现有方法。此方法对深入研究药物作用机制，指导临床药物联合运用也具有重要意义（Huang et al.，2013a）。

第四节　生物体内蛋白质相互作用网络的鉴定与解析

蛋白质是生物体内最重要的组成成分之一，蛋白质之间的相互作用对于实现蛋白质的功能有着极重要的作用。对蛋白质相互作用的研究不仅具有重要的理论意义，还可以为探明微生物致病机制和开发新药提供指导，因此蛋白质相互作用的研究是蛋白质作用网络研究中最重要的内容之一。目前鉴定蛋白质相互作用的实验方法主要有生物物理学、分子生物学和遗传学等。但少有能活体捕捉和鉴定蛋白质相互作用的方法，化学生物学恰好拓展了这一领域的研究方法。

一、传统蛋白质-蛋白质相互作用的研究方法

常用的研究蛋白质-蛋白质相互作用（PPIs）的方法主要分为四类：生物化学方法、基因方法、生物物理方法、显微镜方法。表 8-1 列出了各类方法中一些常用技术。

表 8-1　研究蛋白质相互作用的常用方法

分类	常见技术
生物化学	免疫亲和（immunoaffinity）、交联（cross-linking）、电泳（electrophoresis）
基因	酵母双杂（Y2H）
生物物理	荧光共振能量转移（FRET）、分析超速离心（analytical ultracentrifugation）、表面等离子共振（SPR）、核磁共振（NMR）
显微镜	电子（electron）显微镜、荧光（fluorescence）显微镜、共聚焦（confocal）显微镜、原子力（atomic force）显微镜

1. 利用亲和树脂及标签融合蛋白

检测和表征与某一特定蛋白质相互作用的成分，常常利用亲和树脂：若目标蛋白有可用的抗体，常用免疫共沉淀法来检测蛋白质-蛋白质相互作用；若目标蛋白的基因能被克隆，可将该蛋白质与一能够和商用化的亲和树脂特异性结合的标签相融合。这类标签包括：谷胱甘肽转移酶 6 个组氨酸的肽段（Smith and Johnson，1988），以及一些带抗原决定基的标签如 myc（Ferrando et al.，2001）和 FLAG（Hopp et al.，1988）。

值得一提的是，这种利用亲和树脂或者标签融合蛋白的技术，不仅能够验证特定蛋白质间的相互作用，还可应用于蛋白质组学分析。

2. 表面等离子共振

表面等离子共振（SPR）生物检测器是一种光学检测器。在该技术中，待测生物分子被固定在生物传感芯片上，让另一种被测分子的溶液流过表面，如二者发生相互作用，就会引起芯片表面折射率的变化，从而导致共振角的改变，通过检测该共振角的变化，可实时监测分子间的相互作用。

相比于其他传统的技术，SPR 技术有如下优势：①能够实时检测而无需标记；②能够实现在多种物理化学条件下的检测，如 pH、温度、离子强度、化学添加剂等；③能精确测定动力学、热力学常数；④适用的亲和力范围广，解离常数为 $10^{-12} \sim 10^{-4}$。

Karlsson（Karlsson and Löfås，2002）等在葡聚糖羧酸盐表面上修饰疏水的烷基链，从而实现了对 G 蛋白偶联受体（GPCR）视紫红质的快速固定和重构。

3. 荧光共振能量转移

荧光共振能量转移（FRET）能够在活体细胞生理条件下实时地动态地

研究蛋白质-蛋白质相互作用。当一对荧光物质能够构成能量供受体时，能量可以在它们之间发生转移。对于研究蛋白质之间相互作用，常用的策略是融合荧光蛋白或者用荧光小分子对其进行标记。当蛋白质间发生相互作用时，荧光基团在空间上靠近，发生能量转移，可用成像或光谱的手段进行观测。

Shibasaki（Shibasaki et al., 2006）等将 FRET 技术与细胞膜靶向系统结合，实现了在活细胞内观察蛋白质-蛋白质相互作用。

4. 酵母双杂交系统

酵母双杂交系统（Y2H）是一种非常常用的，能够在病毒、细菌和真核生物中广泛使用的大规模筛选蛋白质-蛋白质相互作用的系统。该方法利用了转录激活因子的模块化特性。这些激活因子含有一个结合 DNA 的结合域（DBD）和一个转录激活结构域（TAD）。其中 DBD 可以与 DNA 分子的上游激活序列结合；TAD 用于激活下游基因的转录。当 DBD 与 TAD 结构域在细胞内充分接近时，转录因子被激活，启动下游基因的转录过程，而两个结构域分别单独作用不能够激活完整转录反应。在酵母细胞内将诱饵蛋白（bait）与猎物蛋白（prey）的核酸序列分别同 DBD 和 TAD 的核酸序列融合表达，如果目的蛋白在细胞内存在相互作用，则转录激活因子启动报告基因的转录表达，通过被调控表达的半乳糖苷酶的活性检测目的蛋白相互作用关系。

Stelzl U（Stelzl et al., 2005）等对人的蛋白质-蛋白质相互作用网络进行了分析，他们主要用肽脑文库构建诱饵蛋白和猎物蛋白，最终得到了 1705 个蛋白质的 3186 对相互作用所构成的巨大网络，其中包括 195 个疾病蛋白和 342 个未知蛋白。

酵母双杂交技术虽然在研究蛋白质-蛋白质相互作用上表现出很高的灵敏度，例如，其能够用于研究蛋白质间微弱的、瞬时的相互作用，但也有很大的限制：一是要求发生相互作用的蛋白质在细胞内的定位较严格；二是融合表达蛋白的存在影响目的蛋白折叠和修饰不确定性。基于此，人们将传统 Y2H 技术与 PCA 技术相结合，开发了膜酵母双杂交系统（MYTH）。

二、基于质谱的蛋白质-蛋白质相互作用的研究

自 20 世纪 80 年代末，两种质谱软电离方式即电喷雾电离（electro spray ionization，ESI）和基质辅助激光解析离子化（matrix assisted laser desorption ionization，MALDI）的发明和发展，解决了极性大、热不稳定蛋白质和多肽分析的离子化和分子质量大的测定问题（Gavin et al., 2002），蛋白质

组学研究中常用的质谱分析仪包括离子阱（iontrap，IT）、飞行时间（time of flight，TOF）、串联飞行时间（TOF—TOF）、四级杆/飞行时间（quadrupole/TOF hybrids）、离子阱/轨道阱（IT/orbitrap hybrid）和离子阱/傅里叶变换串联质谱分析仪（IT/Fourier transform ioncyclotron resonance mass spectrometers hybrids，IT/FTMS），这些质谱仪具有不同的灵敏度、分辨率、质量精确度，可产生不同质量的MS/MS谱（Bachi and Bonaldi，2008）。质谱作为蛋白质组学研究的一项强有力的工具日趋成熟，并作为样品制备及数据分析的信息学工具被广泛地应用。

随着质谱技术的发展，科学家可以在组学水平上研究蛋白质相互作用。

1. 串联亲和质谱

串联亲和质谱（TAP）可在一些组织中进行大规模的蛋白质-蛋白质相互作用的分析。该方法在目标蛋白中融合一个TAP标签，即钙调蛋白结合肽（calmpdulin-binding peptide，CBP）和蛋白A的IgG结合域，用烟草蚀纹病毒（tobacco etch virus，TEV）蛋白酶酶切位点将二者连在一起。将目的蛋白与TAP标签CBP端相连，转染入细胞内融合表达。温和裂解细胞后，目标蛋白与其相互作用的蛋白质所形成的复合体可以用IgG为配基的亲和柱分离纯化，初步洗脱杂蛋白后，用含有TEV蛋白酶的洗脱液将蛋白质复合体切割洗脱下来，获得含有CBP的目的蛋白复合体；再与偶联钙调素的亲和柱结合，充分洗脱纯化得到复合体，经过凝胶电泳、质谱分析鉴定相互作用蛋白质（图8-5）。

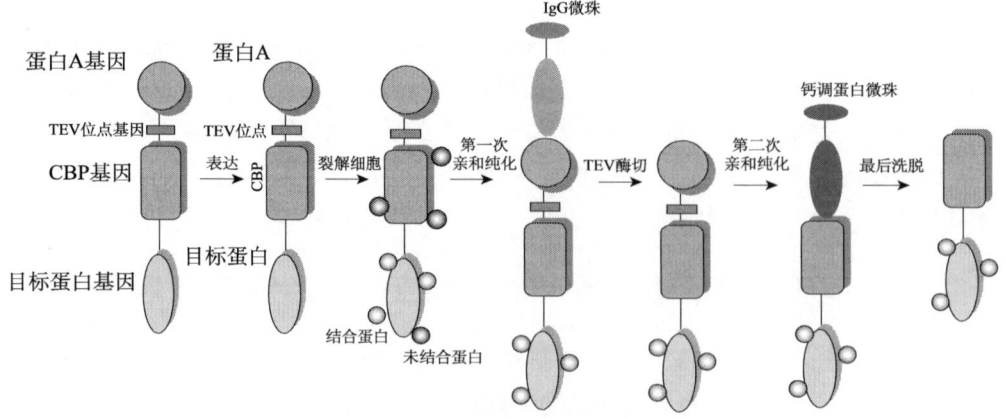

图8-5 串联亲和质谱方法示意图

Gavin（Gavin et al.，2002）等将 TAP 技术和 MALDI-TOF 质谱技术联用，分析了酿酒酵母中 1739 个靶标蛋白的功能蛋白质复合体，通过检验其中 232 个不同的蛋白质复合体，他们发现了 344 个未知功能的蛋白质。

2. 交联质谱法

近年来出现了一种可以获得蛋白质结构信息及蛋白质相互作用信息的新方法——交联（cross-linking）法（Suchanek et al.，2005），即在蛋白质样品中加入适量的交联剂（cross-linker），使蛋白质内部或不同蛋白质之间发生交联反应，实现对蛋白质中各个氨基酸侧链或官能团空间位置的定位，应用现代质谱法鉴定氨基酸侧链或官能团，获得氨基酸或官能团的相对空间距离，构建蛋白质的空间结构及蛋白质复合体亚基的空间排列位置。常用的交联剂包括：胺类交联剂、巯基交联剂和光敏交联剂。

此外，噬菌体展示技术（Jespers et al.，2004）、蛋白质微阵列（Wolf-Yadlin et al.，2009）也是常用的蛋白质间相互作用的组学研究方法。

三、化学生物学在蛋白质相互作用中的研究

短暂且低亲核力的大分子相互作用构成许多生理活动。然而，当这些参与的分子离开它们的细胞环境时，因为它们不能维持这些相互作用力，所以这些大分子之间的相互作用很难被监测。而光交联探针可以在大分子之间引入共价键作用，从而降低研究难度。当光交联探针交联到相互作用的大分子时，它们可以被单独地分离出来，然后运用质谱分析法或者其他的分析技术鉴别出这些相互作用的大分子和作用区域。

1. 在生物系统中应用的光交联探针活性基团

生物环境的光交联探针必须做到生物正交性，同时确保合适波长的光在激发光交联探针之前，要保持基态的稳定性。此外，光交联探针具有体积小、激发波长较长、交联效率较高的特点。光交联中常用的活性基团有 4 种（图 8-6）（Tanaka et al.，2008）。

二苯甲酮（benzophenone）的激发波长较长，为 350～365 纳米（Dorman and Prestwich，1994），减少了核酸的损伤及非特异性交联的发生率。与其他的光交联活性基团不同的是，二甲苯酮激发后形成具有双自由基

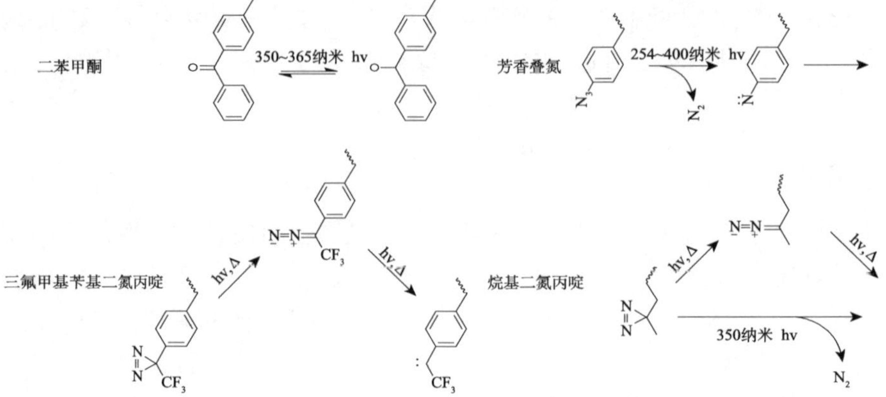

图8-6　4种光交联中常见的活性基团

的活性基团。这种双自由基可以与邻近的 C-H 键反应形成一个共价的加合物。当在缺少邻近 C-H 键的情况下，这种双自由基能保持 120 微秒，然后又转化成二苯甲酮（Dorman and Prestwich，1994）。和其他的光交联活性基团相比较，二苯甲酮有较好的选择性，能选择性地与蛋氨酸反应（Wittelsberger et al.，2006）。

芳香叠氮化合物（aryl azide）的激发波长为 250～400 纳米（Geiger et al.，1984），被激发后产生氮宾化合物，放出一分子的氮气。这种氮宾可以与邻近的 C-H 键或者杂原子-H 键反应形成共价的加合物。当氮宾附近没有适于反应的分子时，氮宾结构可以持续存在 100 微秒，随后转化成为活性较低的烯酮亚胺结构，烯酮亚胺只能与亲核试剂反应（Knowles，1972）。这种由氮宾向烯酮亚胺的转化，一方面降低了光交联的效率，另一方面会对特异性的交联造成干扰。但芳香叠氮化合物在生物体系中也有其他的运用，如施陶丁格连接反应（Staudinger ligation）（Han et al.，2005；Luchansky et al.，2004；Suchanek et al.，2005），或者 [3+2] 的叠氮-炔的环加成反应。

三氟甲基苄基二氮丙啶（trifluoromethyl phenyl diazirine）和烷基二氮丙啶（alkyl diazirine）可被 350 纳米的光激发，释放一分子的氮气生成卡宾（carbene）（Blencowe and Hayes，2005）。卡宾可以与邻近的 C-H 键或者杂原子-H 键反应形成共价的加合物。烷基二氮丙啶产生的卡宾反应速率快，它的半衰期在纳秒的范围内（Bayley，2000）。实际上，烷基二氮丙啶会与水反应从而降低它的交联效率。而氮卡宾在一定条件下可以重排成稳定的亲电试剂——重氮化合物，这会对降低光交联的效率并增加非特异性的交联造成干扰（Brunner et al.，1980）。

2. 基于非天然氨基酸的光交联探针

Schulz 和 Yokoyama 课题组已经发展出利用琥珀终止密码子直接插入光交联的非天然氨基酸的方法。图 8-7 所示是 4 种已经成功表达在蛋白质中的光交联的非天然氨基酸（Chin et al.，2002，2003；Tippmann et al.，2007；Zhang et al.，2011）。

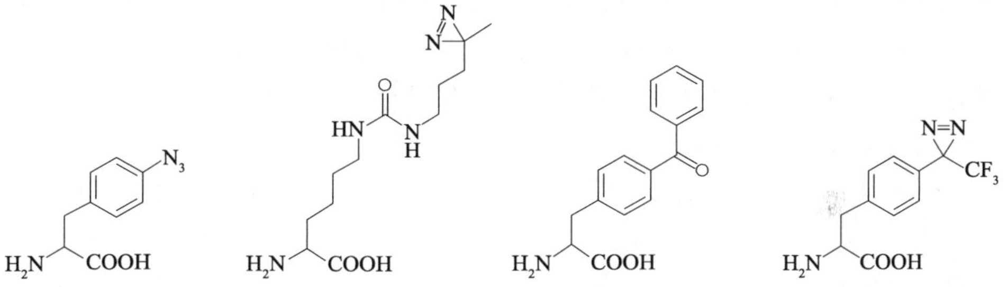

图 8-7 4 种基于非天然氨基酸的光交联探针

苯甲酮的氨基酸（pBpA）能够被用于在体外和活细胞中研究大肠杆菌内的蛋白质的相互作用（Farrell et al.，2005）。Chin 等课题组运用 pBpA 在大肠杆菌里光交联谷胱甘肽 S-转移酶（GST）二聚物（Chin et al.，2002），表明这种方法可以用来研究特定的蛋白质-蛋白质之间的相互作用。在之后的研究中，Chin 课题组在大肠杆菌中将 pBpA 融合于热休克蛋白 ClpB 的主要底物识别位点（251 位酪氨酸）。然后在 UV 照射下，交联捕获到了 ClpB 的泛素化多肽底物（Schlieker et al.，2004）。Mori 和 Ito 运用相同的技术研究了大肠杆菌中秒-介导（Sec-mediated）蛋白的运输（Mori and Ito，2006）。

同样的技术被运用在真核系统中。已报道，在酿酒酵母和哺乳动物细胞（Hino et al.，2005；Liu et al.，2007）中已经实现了定点插入 pBpA 和 pAzpa。Hino 课题组报道，在中国仓鼠细胞（CHO）中，生长因子受体结合蛋白 2（Grb2）可以在许多位点插入含有二苯甲酮的氨基酸。通过光交联发现 Grb2 和表皮生长因子（EGF）的受体有相互作用。而在缺少 EGF 受体的情况下，Grb2 可以交联到一些内生表达蛋白质，其中一个鉴别出为 ErbB2，为 EGF 受体的家族成员（Hino et al.，2007）。

陈鹏课题组开发了一种基于吡咯赖氨酸体系的、活性基团为烷基二氮丙啶的光交联探针 DiZPK，并将其表达在大肠杆菌中。该探针相比于 pBpA 有着更高的光交联效率,能更有效地捕获与 HdeA 蛋白相互作用的底物。其将 DiZPK 位点特异性地融合于膜间质蛋白 HdeA,并表达在大肠杆菌的膜间质中。然后在 pH 2.3 的条件下刺激大肠杆菌,通过 365 纳米的光辐射,交联捕获到 32 种作用底物。其通过进一步的研究表明,在这些底物中,两种位于膜间质的分子伴侣 DegP 和 SurA,在酸性条件下会被 HdeA 保护起来,而在 pH 恢复中性的过程中会帮助 HdeA 重新折叠膜间质蛋白。这使我们对大肠杆菌的抗酸性有了更深的认识(Zhang et al., 2011)。

非天然氨基酸的光交联探针除了通过基因编码定点插入,代谢的(metabolic)和残基特定的(residue-specific)插入也是发现新的蛋白质-蛋白质之间的相互作用的有效方法。2005 年,Thiele 课题组报道合成了含二氮丙啶的非天然氨基酸:光活性蛋氨酸(photo-methionine)和光活性亮氨酸(photo-leucine)(图 8-8)(Suchanek et al., 2005)。由于它们与天然的蛋氨酸和亮氨酸的结构类似,正常的哺乳动物的翻译机制可以通过残基特定的方式识别它们合成新的蛋白质。

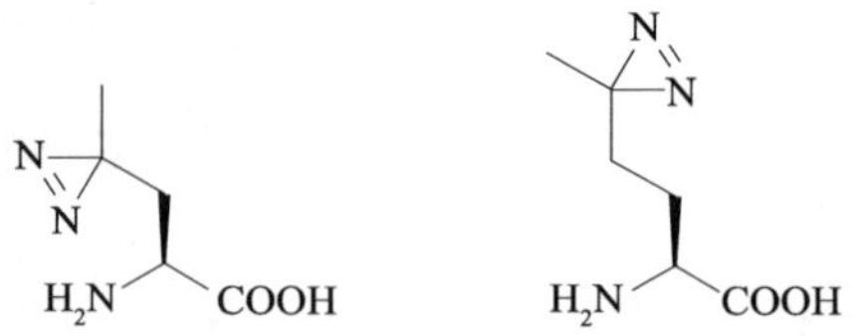

图 8-8 两种光活性的非天然氨基酸

在 Thiele 课题组早期的报道中运用这两个光活性氨基酸研究膜蛋白复合物的相互作用,而用传统的免疫沉淀反应技术的方法很难研究(Markham et al., 2007)。近期,Liu 课题组运用光活性蛋氨酸和光活性亮氨酸检测瞬间形成的蛋白质-蛋白质复合物,它们产生原因是生成的类固醇响应人类绒膜促性腺激素(hCG)(Liu et al., 2006)。他们首先运用荧光显微镜检测的方法找到 4 个有关的蛋白质:TSPO、PAP7、PKARIα 和 StAR,然后运用光交联技术证明这 4 个蛋白质是相互关联的。

3. 光交联探针底物的鉴定

在细胞内,光交联探针如果暴露在一定波长的紫外光下,能共价地插入所研究的相互作用的分子之间,及时地把交联的底物冻结住,细胞可以被溶解进行下一步的分析步骤（图 8-9）（Leitner et al., 2010；Robinette et al., 2006）。如果交联的相互作用组都含有同一个特殊的蛋白质，那么可以用免疫亲和纯化的方法鉴定交联底物。而在交联的蛋白质是已知的情况下，可以通过免疫印迹的方法用抗体去识别可能的交联底物；在交联的蛋白质是未知的情况下，可以对所交联的底物进行质谱分析。

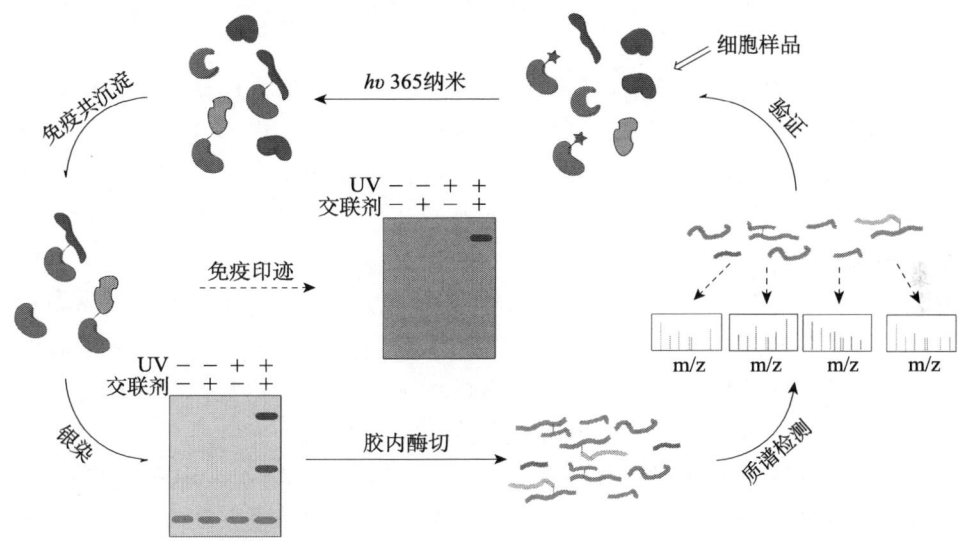

图 8-9　光交联底物的质谱分析鉴定（文后附彩图）

首先，对感兴趣的蛋白质的交联底物进行免疫纯化分离。然后免疫纯化后的样品可以用胰蛋白酶消化，运用液相色谱-串联质谱分析法（LC-MS/MS）鉴别胰蛋白酶处理后的肽段。MS/MS 的数据结果可以从对应数据库找到相应的片段信息，从而鉴定出免疫纯化的样品（Lundgren et al., 2010）。但是，如果交联的底物存在大量的非特异性结合，那么 MS/MS 的鉴别也会变得相对困难。

此外，同位素标记也是一种鉴别光交联底物的方法（在细胞环境中的氨基酸上标记稳定的同位素，SILAC），交联底物在质谱上呈现不同丰度，这样可以把标记了同位素的肽段区别开来（Mann, 2006）。

第五节　化学生物学在蛋白质相互作用网络研究中的应用展望

尽管化学生物学和蛋白质相互作用网络的研究在过去几年已经有了长足

的进步,但均处在其各自的发展初期,学科内仍有许多方面有待完善。化学生物学与蛋白质相互作用网络研究的交叉对彼此的发展均具有促进作用,化学生物学工具的使用为蛋白质相互作用网络的构建与验证提供了极大的便利,而蛋白质相互作用网络则为整合化学生物学数据,从系统层面认识小分子对生命体系的作用,预测和发现重要的靶标,提供了重要技术手段。将来的发展任务主要是如何充分发挥各自优势,相互交叉与渗透,共同解决复杂的生物问题。

化学生物学与蛋白质相互作用网络的交叉,可以为人们认识生命体内大分子之间、大分子与小分子的相互作用提供全新视角。内源性小分子,尤其是脂质信号小分子,被发现在信号通路网络、转录调控网络中都发挥着重要作用。虽然目前关于蛋白质之间的相互作用及小分子与蛋白质的相互作用已有了深入的研究,但如何在活体内捕捉与鉴定蛋白质之间的相互作用,针对内源性小分子对蛋白质相互作用网络的调控,以及蛋白质相互作用网络对内源性小分子代谢的调控研究还基本处于空白状态。充分发挥化学生物学在操纵化学空间上的独特优势,并结合网络模型在处理复杂相互作用上的理论基础,将为这一领域的开拓与深入研究提供良好契机。

此外,如何更加无缝地连接化学生物学与蛋白质相互作用网络的研究,使各自成为对方得心应手的工具,也是未来这两个领域重要的发展任务。这其中包括:①发展新的理论方法,构建网路模型,整合大规模的化学生物学数据;②发展和利用新的化学方法,如组合化学、点击化学(click chemistry),设计活性更高,特异性更强的小分子探针,用于对蛋白质相互作用网络的检测、验证和化学干预;③针对网络模型预测的多靶标组合,设计多靶标抑制剂,指导多靶标药物的研究;④设计友好的用户接口,使化学生物学家能更好地利用蛋白质相互作用网络模型,分析和整理实验获得的信息。

如今,生命科学正发生着一场从分子层次到系统层次的变革。而化学生物学与蛋白质相互作用网络的结合成为了连接微观与宏观、单一与整体的桥梁,将在这场变革中起到越来越不可忽视的作用。

参考文献

蒋雄飞,杨洁,王炜. 2006. Alzheimer's 疾病相关蛋白质相互作用网络构建及其相互作用预测. 南京大学学报(自然科学版),42:479-489.
Aittokallio T, Schwikowski B. 2006. Graph-based methods for analysing networks in cell bi-

ology. Brief Bioinform, 7: 243-255.

Bachi A, Bonaldi T. 2008. Quantitative proteomics as a new piece of the systems biology puzzle. J Proteomics, 71: 357-367.

Barabasi AL, Oltvai ZN. 2004. Network biology: understanding the cell's functional organization. Nat Rev Genet, 5, 101-113.

Bayley H. 2000. Photogenerated reagents in biochemistry and molecular biology (Access Online via Elsevier).

Blencowe A, Hayes W. 2005. Development and application of diazirines in biological and synthetic macromolecular systems. Soft Matter, 1: 178-205.

Brouwers L, Iskar M, Zeller G, et al. 2011. Network neighbors of drug targets contribute to drug side-effect similarity. PloS One, 6, e22187.

Brunner J, Senn H, Richards F. 1980. 3-Trifluoromethyl-3-phenyldiazirine. A new carbene generating group for photolabeling reagents. Journal of Biological Chemistry, 255: 3313-3318.

Bu D, Zhao Y, Cai L, et al. 2003. Topological structure analysis of the protein-protein interaction network in budding yeast. Nucleic acids research, 31: 2443-2450.

Chin JW, Cropp TA, Anderson JC, et al. 2003. An expanded eukaryotic genetic code. Science, 301: 964-967.

Chin JW, Martin AB, King DS, et al. 2002. Addition of a photocrosslinking amino acid to the genetic code of Escherichia coli. Proc Natl Acad Sci USA, 99: 11020-11024.

De Las Rivas J, Prieto C. 2012. Protein interactions: mapping interactome networks to support drug target discovery and selection. Methods Mol Biol, 910: 279-296.

Dorman G, Prestwich G D. 1994. Benzophenone Photophores in Biochemistry. Biochemistry, 33: 5661-5673.

Farrell IS, Toroney R, Hazen JL, et al. 2005. Photo-cross-linking interacting proteins with a genetically encoded benzophenone. Nature methods, 2: 377-384.

Ferrando A, Koncz-Kálmán Z, Farràs R, et al. 2001. Detection of in vivo protein interactions between Snf1-related kinase subunits with intron-tagged epitope-labelling in plants cells. Nucleic Acids Research, 29: 3685-3693.

Gavin AC, Bösche M, Krause R, et al. 2002. Functional organization of the yeast proteome by systematic analysis of protein complexes. Nature, 415: 141-147.

Geiger MW, Elliot MM, Karacostas VD, et al. 1984. Aryl azides as protein photolabels: absorption spectral properties and quantum yields of photodissociation. Photochemistry and Photobiology, 40: 545-548.

Goh KI, Cusick ME, Valle D, et al. 2007. The human disease network. Proceedings of the National Academy of Sciences of the USA, 104: 8685-8690.

Gu Z, Li J, Gao S, et al. 2011. InterMitoBase: an annotated database and analysis platform of protein-protein interactions for human mitochondria. BMC Genomics, 12: 335.

Guo Z, Wang L, Li Y, et al. 2007. Edge-based scoring and searching method for identifying condition-responsive protein-protein interaction sub-network. Bioinformatics, 23: 2121-2128.

Han S, Collins BE, Bengtson P, et al. 2005. Homomultimeric complexes of CD22 in B cells revealed by protein-glycan cross-linking. Nature Chemical Biology, 1: 93-97.

Hino N, Hayashi A, Sakamoto K, et al. 2007. Site-specific incorporation of non-natural amino acids into proteins in mammalian cells with an expanded genetic code. Nature Protocols, 1: 2957-2962.

Hino N, Okazaki Y, Kobayashi T, et al. 2005. Protein photo-cross-linking in mammalian cells by site-specific incorporation of a photoreactive amino acid. Nature Methods, 2: 201-206.

Hopp TP, Prickett KS, Price VL, et al. 1988. A short polypeptide marker sequence useful for recombinant protein identification and purification. Biotechnology, 6: 5.

Hormozdiari F, Salari R, Bafna V, et al. 2010. Protein-protein interaction network evaluation for identifying potential drug targets. Journal of Computational Biology, 17: 669-684.

Hou T, Li N, Li Y, et al. 2012. Characterization of domain-peptide interaction interface: prediction of SH3 domain-mediated protein-protein interaction network in yeast by generic structure-based models. Journal of Proteome Research, 11: 2982-2995.

Hu K, Chen F. 2012. Identification of significant pathways in gastric cancer based on protein-protein interaction networks and cluster analysis. Genetics and Molecular Biology, 35: 701-708.

Huang J, Niu C, Green CD, et al. 2013a. Systematic prediction of pharmacodynamic drug-drug interactions through protein-protein-interaction network. PLoS Computational Biology, 9: e1002998.

Huang LC, Wu X, Chen JY. 2013b. Predicting adverse drug reaction profiles by integrating protein interaction networks with drug structures. Proteomics, 13: 313-324.

Jespers L, Schon O, James LC, et al. 2004. Crystal Structure of HEL4, a Soluble, Refoldable Human V$_H$ Single Domain with a Germ-line Scaffold. Journal of Molecular Biology, 337: 893-903.

Jonsson PF, Bates PA. 2006. Global topological features of cancer proteins in the human interactome. Bioinformatics, 22: 2291-2297.

Karlsson OP, Löfäs S. 2002. Flow-mediated on-surface reconstitution of G-protein coupled receptors for applications in surface plasmon resonance biosensors. Analytical Biochemistry, 300: 132-138.

Knowles JR. 1972. Photogenerated reagents for biological receptor-site labeling. Accounts of

Chemical Research, 5: 155-160.

Laenen G, Thorrez L, Bornigen D, et al. 2013. Finding the targets of a drug by integration of gene expression data with a protein interaction network. Molecular bioSystems, 9: 1676-1685.

Leitner A, Walzthoeni T, Kahraman A, et al. 2010. Probing native protein structures by chemical cross-linking, mass spectrometry, and bioinformatics. Molecular & Cellular Proteomics, 9: 1634-1649.

Li BQ, Niu B, Chen L, et al. 2013. Identifying chemicals with potential therapy of HIV based on protein-protein and protein-chemical interaction network. PLoS One, 8: e65207.

Li J, Zhu X, Chen JY. 2009. Building disease-specific drug-protein connectivity maps from molecular interaction networks and PubMed abstracts. PLoS Computational Biology, 5: e1000450.

Lim J, Hao T, Shaw C, et al. 2006. A protein-protein interaction network for human inherited ataxias and disorders of Purkinje cell degeneration. Cell, 125: 801-814.

Lin WH, Liu WC, Hwang MJ. 2009. Topological and organizational properties of the products of house-keeping and tissue-specific genes in protein-protein interaction networks. BMC Systems Biology, 3: 32.

Liu J, Rone MB, Papadopoulos V. 2006. Protein-protein interactions mediate mitochondrial cholesterol transport and steroid biosynthesis. Journal of Biological Chemistry, 281: 38 879-38 893.

Liu W, Brock A, Chen S, et al. 2007. Genetic incorporation of unnatural amino acids into proteins in mammalian cells. Nature Methods, 4: 239-244.

Luchansky SJ, Goon S, Bertozzi CR. 2004. Expanding the diversity of unnatural cell-surface sialic acids. ChemBioChem, 5: 371-374.

Lundgren DH, Hwang SI, Wu L, et al. 2010. Role of spectral counting in quantitative proteomics. Expert Review of Proteomics, 7: 39-53.

Mann M. 2006. Functional and quantitative proteomics using SILAC. Nature reviews Molecular Cell Biology, 7: 952-958.

Markham K, Bai Y, Schmitt-Ulms G. 2007. Co-immunoprecipitations revisited: an update on experimental concepts and their implementation for sensitive interactome investigations of endogenous proteins. Analytical and Bioanalytical Chemistry, 389: 461-473.

Min L, Jianer C, Jianxin W. 2009. Shortest path-based analysis of protein-protein interaction networks. Chinese High Technology Letters, 19: 89-94.

Mora A, Donaldson IM. 2012. Effects of protein interaction data integration, representation and reliability on the use of network properties for drug target prediction. BMC Bioinformatics, 13: 294.

Mori H, Ito K. 2006. Different modes of SecY-SecA interactions revealed by site-directed in vivo photo-cross-linking. Proceedings of the National Academy of Sciences, 103: 16159-16164.

Oti M, Snel B, Huynen MA, et al. 2006. Predicting disease genes using protein-protein interactions. Journal of Medical Genetics, 43: 691-698.

Padiadpu J, Vashisht R, Chandra N. 2010. Protein-protein interaction networks suggest different targets have different propensities for triggering drug resistance. Systems and Synthetic Biology, 4: 311-322.

Robinette D, Neamati N, Tomer KB, et al. 2006. Photoaffinity labeling combined with mass spectrometric approaches as a tool for structural proteomics. 3 (4): 399-408.

Samanta MP, Liang S. 2003. Predicting protein functions from redundancies in large-scale protein interaction networks. Proceedings of the National Academy of Sciences of the USA, 100: 12579-12583.

Schlieker C, Weibezahn J, Patzelt H, et al. 2004. Substrate recognition by the AAA+ chaperone ClpB. Nature Structural & Molecular Biology, 11: 607-615.

Shen J, Zhang J, Luo X, et al. 2007. Predicting protein-protein interactions based only on sequences information. Proceedings of the National Academy of Sciences of the USA, 104: 4337-4341.

Shibasaki S, Kuroda K, Nguyen HD, et al. 2006. Detection of protein-protein interactions by a combination of a novel cytoplasmic membrane targeting system of recombinant proteins and fluorescence resonance energy transfer. Applied MicroBiology and Biotechnology, 70: 451-457.

Smith DB, Johnson KS. 1988. Single-step purification of polypeptides expressed in *Escherichia coli* as fusions with glutathione S-transferase. Gene, 67: 31-40.

Stelzl U, Worm U, Lalowski M, et al. 2005. A human protein-protein interaction network: a resource for annotating the proteome. Cell, 122: 957-968.

Suchanek M, Radzikowska A, Thiele C. 2005. Photo-leucine and photo-methionine allow identification of protein-protein interactions in living cells. Nature methods, 2: 261-268.

Tanaka Y, Bond MR, Kohler JJ. 2008. Photocrosslinkers illuminate interactions in living cells. Molecular BioSystems, 4: 473-480.

Taylor IW, Wrana JL. 2012. Protein interaction networks in medicine and disease. Proteomics, 12: 1706-1716.

Tippmann EM, Liu W, Summerer D, et al. 2007. A genetically encoded diazirine photocrosslinker in *Escherichia coli*. ChemBioChem, 8: 2210-2214.

Vazquez A, Flammini A, Maritan A, et al. 2003. Global protein function prediction from protein-protein interaction networks. Nature Biotechnology, 21: 697-700.

Wachi S, Yoneda K, Wu R. 2005. Interactome-transcriptome analysis reveals the high centrality of genes differentially expressed in lung cancer tissues. Bioinformatics, 21:

4205-4208.

Wang J, Huo K, Ma L, et al. 2011. Toward an understanding of the protein interaction network of the human liver. Molecular Systems Biology, 7: 536.

Wang Y, Cui T, Zhang C, et al. 2010. Global protein-protein interaction network in the human pathogen Mycobacterium tuberculosis H37Rv. Journal of Proteome Research, 9: 6665-6677.

Wittelsberger A, Thomas BE, Mierke D F, et al. 2006. Methionine acts as a "magnet" in photoaffinity crosslinking experiments. FEBS Letters, 580: 1872-1876.

Wolf-Yadlin A, Sevecka M, MacBeath G. 2009. Dissecting protein function and signaling using protein microarrays. Current Opinion in Chemical Biology, 13: 398-405.

Xia K, Dong D, Han JD. 2006. IntNetDB v1.0: an integrated protein-protein interaction network database generated by a probabilistic model. BMC bioinformatics, 7: 508.

Xu J, Li Y. 2006. Discovering disease-genes by topological features in human protein-protein interaction network. Bioinformatics, 22: 2800-2805.

Yang J, Jiang XF. 2010. A novel approach to predict protein-protein interactions related to Alzheimer's disease based on complex network. Protein and Peptide Letters, 17: 356-366.

Yildirim MA, Goh KI, Cusick ME, et al. 2007. Drug-target network. Nature Biotechnology, 25: 1119-1126.

Zhang M, Lin S, Song X, et al. 2011. A genetically incorporated crosslinker reveals chaperone cooperation in acid resistance. Nature Chemical Biology, 7: 671-677.

Zhu M, Gao L, Li X, et al. 2009. The analysis of the drug-targets based on the topological properties in the human protein-protein interaction network. Journal of Drug Targeting, 17: 524-532.

第九章
化学糖生物学

作为生物大分子之一的聚糖，在生命体中起着非常重要的作用。糖类作为一类重要的生物信息分子，不但参与受精、发育、分化、神经传导、细胞免疫等正常的生命活动，而且在疾病的发生和发展等病理过程中扮演着重要角色。目前的研究发现，正常细胞的表面超过70%的蛋白质都是被糖基化修饰过的。蛋白质糖基化修饰的改变将会对蛋白质的功能乃至整个细胞的生物学行为产生影响，对细胞表面的糖的识别和调控作用的研究是阐明细胞生物学中一些高层次生命现象的关键环节。并且，糖基化修饰也存在于细胞质和细胞核中。因此，以阐明糖链结构、生物合成、代谢及生物学功能为基本研究内容的糖生物学成为了后基因组时代的重要研究领域之一。

然而，相对于核酸和蛋白质等生物大分子的研究，糖的研究要相对滞后。一方面，聚糖的结构非常复杂并且具有微观不均一性。和寡核苷酸与多肽不同的是，聚糖不只是线性的寡聚体，而是通常以分支和多变的寡聚体形式存在。另一方面，目前糖研究的方法和技术手段还存在着限制，如复杂糖链的合成和测序技术。此外，目前广泛适用于核酸及蛋白质研究的遗传学、生物化学与分子生物学等研究方法难以直接移植到糖生物学的研究中。例如，可以利用糖基转移酶的突变来研究糖链的功能，但其突变效应经常被体内冗余的糖基转移酶或胚胎致死所掩盖。因此通过现有的分子生物学手段研究糖链结构与功能的关系具有较大的局限性。

化学糖生物学是结合了糖化学和糖生物学等学科的交叉学科，是21世纪科学发展中所出现的重要的学科生长点。化学糖生物学主要运用化学小分子探针研究生命体系中糖链的结构、功能及其变化规律，并对其生物功能进行干预和调控。这些化学方法和探针分子突破了传统生物学方法对糖链功能研究的局限，从新的研究思路和角度出发，大大促进了人们对糖基化过程及糖链功能的认知，并为疾病的诊断和治疗提供了新的策略和手段。

本章将对化学糖生物学领域近年来的一些主要研究进展及其发展趋势进行概述。

第一节　寡糖的合成

化学糖生物学的兴起和发展离不开糖化学的推动，通过合成途径而得到的各种寡糖为细胞、组织和各种生物体中进行的糖链生物学功能的研究提供了重要的物质基础。但糖链结构的复杂性及其生物合成过程的特殊性，使得糖类化合物的获得相比核酸和蛋白质来说更加困难，结构均一的糖类化合物的合成问题已经成为制约化学糖生物学乃至整个糖科学发展的瓶颈之一。

近年来，寡糖的化学合成研究重点集中在开发新的合成策略和研究方法上，以期减少寡糖合成中繁复的保护-脱保护步骤，简化样品的分离纯化等操作，进而提高寡糖合成的组装效率；同时，计算机及全自动技术的引入，也使得寡糖合成产品的精度得到了全方位的提升。

一、寡糖的一釜合成

在寡糖的液相合成中，代表性的工作有 Wong 小组发展的基于糖基化反应化学选择性的"计算机程序化的一釜连续多步"寡糖组装策略（Zhang et al.，1999）（图 9-1A）。该策略的特点是利用各糖基模块化学反应性的差别，在计算机软件的帮助下选择合适的糖基模块进行"一釜"（one-pot）反应；其优点是不需要对反应中间产物进行分离，省去了中间体分离纯化的操作步骤，从而使合成效率提高。利用该策略，岩藻糖基化的 GM1（Mong et al.，2003）、α-Gal 五糖抗原（Wang et al.，2004）、肿瘤相关抗原 N3 minor 八聚糖（Lee et al.，2006）、肝素样聚糖（Polat and Wong，2007）、Lewis X 二聚物和 KH-1 抗原表位（Tsai et al.，2011）等重要生物活性寡糖链均被成功合成。

上述传统寡糖一釜合成策略依赖于糖基模块的相对反应活性顺序，因而

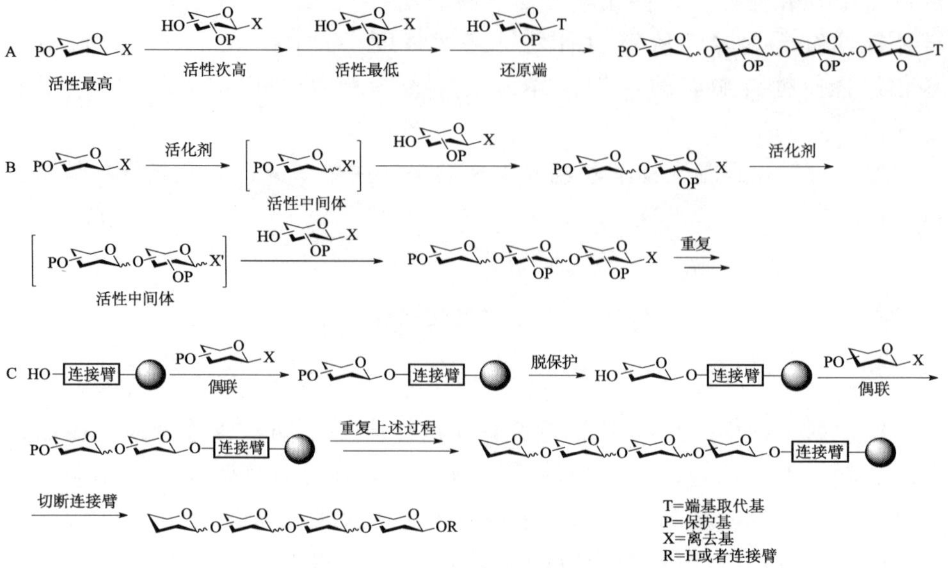

图 9-1　寡糖的化学合成策略

A. 计算机程序化寡糖一釜合成；B. 预活化寡糖一釜合成；C. 寡糖固相合成

糖基模块的选择及合成受到一定程度的限制。针对此问题，黄雪飞和叶新山等发展了一条不依赖于糖基模块反应活性的"预活化的一釜连续多步"寡糖合成策略（Huang et al., 2004）（图 9-1B）。他们明确提出了"糖基供体预活化"的概念，并将"预活化"方式应用于寡糖一釜合成；该策略具有原料易得和更利于连续化合成的优点。该策略的有效性已被许多重要复杂寡糖的成功合成所证实（Wang et al., 2007；Huang and Huang., 2007；Sun et al., 2008；Wang et al., 2010）。

二、寡糖的固相合成

提高寡糖合成效率的另一策略是寡糖的固相合成，它也具有不需要对中间产物进行分离和纯化的优势。2001 年，Seeberger 小组描绘了寡糖合成仪的草图（Plante et al., 2001）。与多肽和 DNA 的固相合成类似，糖的固相合成也是将亲核体（即糖基受体）通过合适的连接臂固载到树脂上，然后经过糖基化偶联和糖上羟基脱保护反应的交替循环，使糖链得以延伸；最后切断糖链与树脂的共价连接，再脱除全部保护基即得到所需的目标寡糖（图 9-1C）。固相合成的优点在于只需要经过简单的过滤和洗涤操作即能进行中间产物的分离，其缺点在于为了让每步的偶联反应进行得很完全，糖基模块的用量往往需要大大过量,这在一定程度上降低了合成的效率。全自动寡糖固相合成技术亦被成功地应用于一些复杂寡糖的合成,如 β-葡聚糖-植物抗毒素诱导子十二糖(Plante et al.,2001),利什曼虫细胞表面脂磷酸聚糖的分支四糖单元(Hewitt and Seeberger,2001),N-连接糖蛋白的核心五糖(Ratner et al.,2003),血型决定簇及肿瘤相关糖抗原 Lewis X、Lewis Y、Le^y-Le^{x}等(Love and Seeberger.,2004)。

三、寡糖的酶法合成

除了化学合成法以外,寡糖也可以用酶催化的方法来制备。基于天然或基因工程改造的糖基转移酶(glycosyltransferase)、糖苷酶(glycosidase)及糖基合成酶(glycosynthetase)均可用于寡糖的合成,酶促合成因其较高的综合产率,良好的立体、区域选择性和环境友好性而成为糖化学合成的重要补充。例如,Chen 小组开发出一釜三酶催化系统(one-pot three-enzyme system),利用 3 类微生物源的酶:唾液酸醛缩酶(aldolase)、胞嘧啶 5′-单磷酸-唾液酸合成酶(cytidine 5′-monophosphate-sialic acid synthetase)和唾液酸转移酶(sialyltransferase)来高效合成含唾液酸结构单元的天然或非天然的寡糖(Yu et al.,2006)。

虽然寡糖的合成取得了很多进展,但仍然不能满足各种复杂寡糖合成的需求,其合成的效率和普适性还有待于进一步改进和提高,如果寡糖要实现像多肽和寡核苷酸那样真正意义上的自动化合成,还需要人们不断地探索。

第二节 糖缀合物的合成

糖缀合物主要以糖脂和糖蛋白的形式存在,蛋白质的定点糖基化修饰是这一领域的重点研究内容。天然和重组糖蛋白具有结构不均一性,即拥有相同的肽骨架但糖链不同,因此合成均一糖型的糖蛋白对于蛋白质结构和功能的研究具有重要意义。目前,糖缀合物的合成主要有酶催化切除法及纯化学合成法。

一、酶催化切除法制备糖缀合物

在糖缀合物的众多合成方法中,其中的一个方法是用酶催化的方法将蛋白质中杂合的聚糖进行切除,只保留最内侧的一个单糖作为标签,然后在此单糖标签上继续糖基化即可生成均一糖型的糖蛋白。糖基内切酶 H(Endo-H)能够切除糖蛋白的聚糖链得到仅含有一个 N-连接的 N-乙酰葡糖胺(Glc-NAc)残基的蛋白质。Wang 等利用该策略,应用内切-β-乙酰氨基葡糖苷酶(ENGase)水解不均一糖蛋白为均一的 N-乙酰葡糖胺化的蛋白质,再以活化的寡糖噁唑啉为供体,在酶的作用下制备出糖型均一的糖蛋白(Schwarz et al.,2010)(图 9-2)。该法的不足之处在于仅能应用于含有单一糖基化位点的蛋白质中。

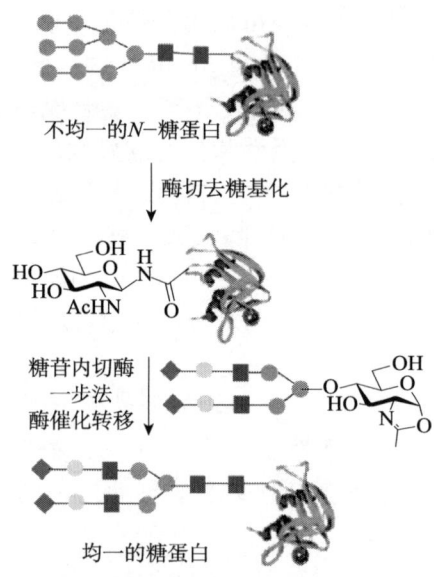

图 9-2 运用化学-酶促反应策略合成均一糖蛋白(文后附彩图)

二、纯化学合成法制备糖缀合物

利用纯化学方法制备糖蛋白的难度比较大,Danishefsky 小组在这方面工作突出。他们将复杂寡糖合成、多肽固相合成与天然化学连接(native chemical ligation,NCL)策略相结合,将化学合成的复杂寡糖通过氨基化与固相合成的多肽偶联形成糖肽,再通过多肽偶联策略将数个糖肽片段汇聚偶联在一起,形成糖蛋白。运用此策略,他们实现了糖蛋白促红细胞生成素(EPO)的人工合成(Wang et al.,2012)。该法有效地解决了多糖基化位点的蛋白质合成,但糖蛋白的制备难度也随之增大。

三、拟糖蛋白及其他糖缀合物的合成

拟糖蛋白（neoglycoprotein）是将糖链通过非天然糖苷键或连接臂与蛋白质相连所得的一类糖缀合物的总称。拟糖蛋白具有化学结构单一、可以通过合成大量获得、具有一定生物活性等特点，是可以弥补天然糖蛋白结构复杂和不易制备等缺陷的糖蛋白模拟物，可以应用于生物学功能的研究和糖蛋白制剂的研发。Davis小组采用化学方法直接对蛋白质进行修饰的策略来制备结构确定且均一的拟糖蛋白。他们先将蛋白质上的选定位点突变为含巯基的半胱氨酸；然后在寡糖片段上引入容易与巯基进行反应的官能团，如制成寡糖的甲基硫代磺酸酯试剂（glyco-MTS）、苯基硫代磺酸酯试剂（glyco-PTS）或糖基苯硒硫试剂（glyco-SeS）等；最后寡糖片段与选定蛋白质可以在温和的条件下通过形成二硫键而高效偶联，得到定点修饰的拟糖蛋白（Chalker et al.，2009）。拟糖蛋白的合成为研究糖蛋白结构和功能及分子识别过程提供了有力的工具，也为实现导向药物的产业化展现了美好的前景。

在糖脂、糖肽等糖缀合物的研究方面，Guo等采用化学或化学-酶促相结合的方法，实现了复杂的糖基化磷脂酰肌醇（GPI）-肽、GPI-糖肽缀合物、GPI-蛋白/糖蛋白缀合物的全合成（Swarts and Guo，2010；Wu et al.，2010；Guo et al.，2009），此工作有效地拓展了有关糖脂、糖肽的化学及生物学研究。

第三节 糖 芯 片

继基因芯片、蛋白质芯片相继问世之后，糖芯片（或称糖微阵列）也引起了人们极大的兴趣。它主要用来研究糖与蛋白质之间的相互作用，糖芯片技术的发展为高通量地研究糖与凝集素、抗体及其他糖结合蛋白的特异性相互作用提供了新的工具。糖芯片技术是将糖分子固定到芯片表面进行展示，然后通过荧光或其他信号来检测糖分子与蛋白质或其他生物样品的相互作用情况。糖芯片的制备一般需要注意三个方面：①为了让蛋白质成功识别糖链，糖链一般需要沿其还原端铺展；②由于糖上羟基的亲和力一般较弱，因此应该采用具有高亲和作用的连接臂以使糖在芯片表面固定，即发展有效的表面固定技术；③具有确定结构的复杂糖链的来源供应，这需要构建糖分子库。

一、糖芯片技术中的固定方法及技术优势

糖链在芯片表面的固定方法可分为三类：①物理吸附固定（多糖、糖蛋白或糖脂自身通过亲水、疏水作用和静电作用对芯片表面的吸附）。例如，多糖和糖蛋白样品可以通过非共价作用被直接固定到硝化纤维素涂层的玻璃表面（Wang et al.，2002）。②通过高亲和力、高特异性的非共价相互作用固定［如生物素-链霉亲和素（McReynolds et al.，1999）、DNA 杂交等］。③通过共价作用固定。目前在糖芯片的制备中最常见的是共价固定方法。共价固定法利用糖链上的基团与载片表面的基团形成共价键而得以固定，这些反应类型包括：基于含马来酰亚胺的糖链与含巯基基团的玻璃表面的加成反应（Houseman et al.，2003）（图 9-3）、基于含叠氮基团的糖链与芯片表面的炔基发生的环加成反应（Fazio et al.，2002）、通过含氨基末端的糖链和羟基琥珀酰亚胺酯活化载片的偶联反应（Blixt et al.，2004）等。固定化技术的发展对于糖芯片的质量控制至关重要。

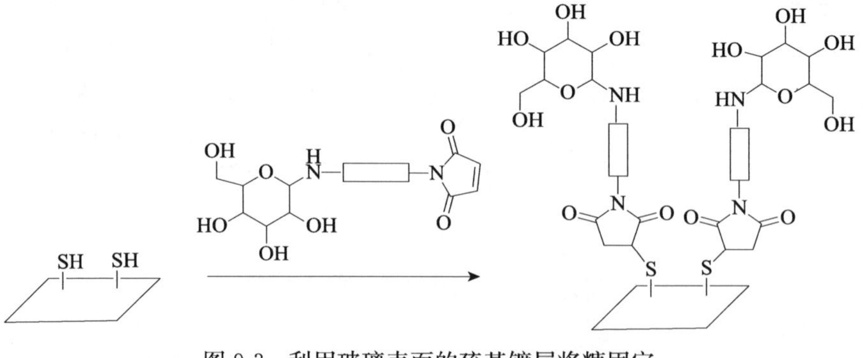

图 9-3 利用玻璃表面的巯基镀层将糖固定

糖芯片技术的一个突出优势是用于芯片制备的糖样品及分析样品的用量均较少，这在一定程度上降低了糖分子库及样品制备的难度。糖库的制备大多数使用前面介绍的各种寡糖合成方法，有时也采用从天然来源糖样品中分离提取的方法。但由于受寡糖合成的限制，糖库的容量一般不大。因此，只要针对某一研究体系来构建大小合适的特定糖类型的糖库，并保证足够的结构多样性，就可以用于糖芯片的分析。例如，Wong 等构建了一个寡糖芯片，该芯片仅含 30 个具有唾液酸结构的寡糖，用于研究流感病毒与 HA 糖蛋白的结合作用，结果发现了不同受体结合亲和力的差异，以及 HA 糖蛋白上 25 位天冬酰胺糖基化对其与受体结合的影响（Liao et al.，2010）。

二、糖芯片技术的应用

近年来糖芯片技术在生物医学研究中的应用日显活跃，呈现出研究体系广泛及高通量等特点。例如，Hsieh-Wilson 等应用糖芯片技术研究了硫酸化修饰模式的不同对生长因子识别硫酸软骨素的影响（Gama et al.，2006）；Gildersleeve 等应用糖芯片技术发现了一组在前列腺肿瘤中表达的 Tn 糖抗原（Manimala et al.，2005）；Cummings 等应用糖芯片技术分析了几种固有免疫的凝集素对大肠杆菌血型抗原的结合特异性及活性（Stowell et al.，2010）；Wang 及其合作者将自组装单层糖芯片技术与在线质谱分析技术联用，将 7 种糖基供体与近 100 种细胞外表达的糖基转移酶分别放到含有 23 种不同糖基受体的芯片上进行反应，超过 3 万个的反应可在几天内完成，从而使得该技术可以用于糖基转移酶的快速鉴定（Ban et al.，2012）。

第四节 糖链的标记

细胞和生命体中糖链的改变常与炎症、自身免疫、肿瘤、神经退行性疾病等多种疾病的发生发展密切相关，因此发展在细胞层次乃至整个生命体水平糖链的动态变化示踪和监测手段将有助于人们增强对糖链功能与疾病关系的理解。由于在细胞中涉及糖链生物合成途径的酶能够容忍天然糖底物分子的一些修饰，因此通过修饰改造后的非天然糖底物的外源性引入，就有可能通过细胞代谢途径利用生物体系中的酶来合成含有非天然糖结构单元的糖缀合物。

一、糖代谢工程的基本原理及进展

基于糖代谢工程（oligosaccharide metabolic engineering）的糖链标记技术是近年来化学糖生物学研究中引人瞩目的一个研究方向（Dube and Bertozzi，2003）。该技术通过向细胞生长环境中引入带有生物正交基团修饰的非天然单糖，在保持细胞正常生理功能的条件下，非天然单糖经过细胞自身的代谢途径即可连接到蛋白质或脂类的糖链结构上；然后探针可以与非天然糖上所带化学基团进行特异性生物正交反应，即实现对活细胞表面糖链的标记（图 9-4）。为实现细胞表面糖链的高效标记，生物正交反应也得到了相应的发展，可大致分为三类：①一价铜离子催化的叠氮-炔基环加成反应。为了降低一价铜离子对细胞及活体动物的毒性，一些小分子催化剂配体的发展使得反应进一步改善，促进了铜催化的环加成反应在活细胞和活体标记中的应用（Soriano Del Amo et al.，2010）。这类生物兼容性优异的点击化学最近得到了广泛的应用，如在活细胞表面聚糖上特异连接荧光蛋白等（Hao et al.，2011）。②环张力诱导的叠氮-炔基环加成反应。为避免铜离子的毒性并提高环加成反应的速度，Bertozzi 小组利用具有环张力的环辛炔衍生物与含有叠氮基的非天然糖进行反应，实现了对活体动物发育过程中糖链的动态标记（Laughlin et al.，2008）。基于八元环炔的基本骨架，Bertozzi 小组、Boons 小组和其他课题组开发了一系列无铜离子催化的环加成反应的探针（Sletten and Bertozzi，2011）。此外，van Delft 小组则应用较易于合成的壬炔结构来进行无铜离子的活细胞糖标记（Dommerholt et al.，2010）。③施陶丁格连接反应（Staudinger ligation reaction）。该反应经 Bertozzi 等改造发展而用于细胞及生物活体的糖链标记（Saxon and Bertozzi，2000），其优点是活体生物兼容性好，缺点是反应速率慢，难以满足对活细胞及动物体内糖链的实时、动态的观测要求。然而，施陶丁格连接反应仍然是目前应用于哺乳动物小鼠的活体非天然糖标记的最常用的一种生物正交反应，因为前两类反应在血清中反应活性的损失较大。

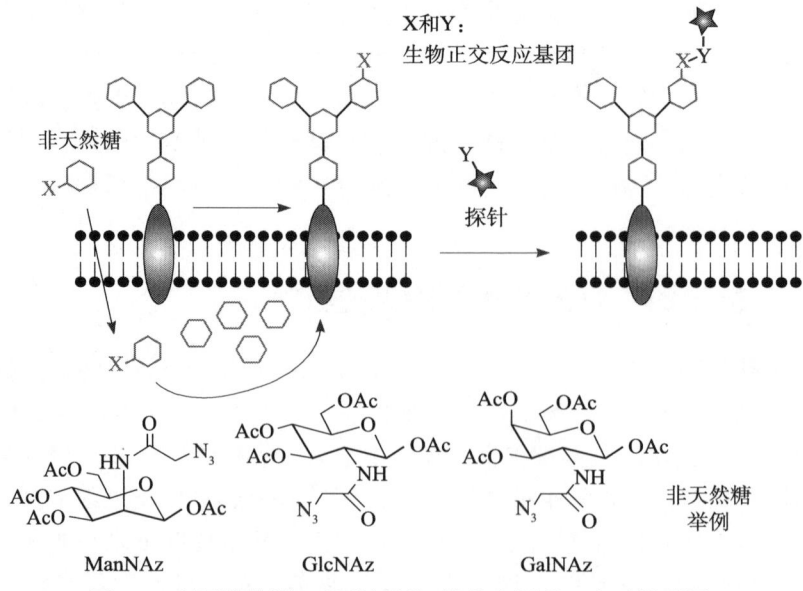

图 9-4 利用糖代谢工程进行标记的基本原理（文后附彩图）

二、糖代谢工程的应用

上述糖链标记的方法已成功应用于动物细胞、病原微生物、酵母、线虫、果蝇、斑马鱼、小鼠的组织等病原或者模式生物的糖的标记（Besanceney et al.，2011；Laughlin and Bertozzi，2009）。进一步将上述方法进行拓展，使其应用于人类疾病模型并进而应用于临床的检测，将是非常有意义的研究工作。然而，非天然糖代谢工程固有的非专一性使得所有含有糖基化过程的生物体细胞均能不同程度地摄入非天然单糖。以小鼠为例，引入非天然单糖后，在其主要组织中均有一定的信号分布。因此，选择性地研究某一类细胞上特定的糖基化形式，是这一领域的研究热点。由于细胞表面的糖链结构与细胞-细胞间相互作用、细菌感染、病毒入侵等过程高度相关，无法对不同种类的细胞进行选择性标记，将大大增加研究这些过程中聚糖功能的难度。针对此问题，陈兴课题组报道了一种具有细胞靶向性的非天然糖代谢标记新方法（Xie et al.，2012）。他们巧妙地将非天然糖包裹在靶向性脂质体内，并通过受体介导的细胞内吞，将非天然糖传输到特定的细胞内。进入细胞的非天然糖通过糖代谢途径修饰于细胞表面聚糖上，最后通过生物正交反应进行成像和检测。这项技术有望被用于在活体中靶向标记癌细胞或特定免疫细胞中的糖基化过程。此外，糖基化过程发生在几乎所有的生物大分子上，这在产生细胞内各种各样聚糖结构（糖脂、糖蛋白）的同时，给特异性研究某一类生物大分子的糖基化过程带来了困难。这一技术瓶颈导致人们无法准确、深入地研究特定蛋白质如何受糖基化的调控。为了实现蛋白质特异性的糖标记，该小组开发了蛋白质骨架和糖链的双标记方法（Lin et al.，2014）。该方法利用基因编码技术，在特定蛋白质骨架上标记上一个荧光分子，通过与所有糖链上标记的荧光分子形成一对荧光共振能量转移供体受体对（FRET pair），利用 FRET 的距离敏感性，实现了蛋白质特异成像。该团队运用这一技术，首次研究了白细胞表面整合素等重要受体的功能如何受糖基化调控。

目前针对聚糖的成像手段通常需要利用生物正交反应对聚糖进行荧光标记。但由于生物正交反应必须满足十分严苛的要求，只有少数几种化学反应符合"生物正交"的条件。陈兴课题组提出了"生物正交拉曼标记"的概念，结合拉曼成像技术，实现对聚糖的直接标记与成像，无需使用生物正交反应。他们设计并合成了含有"生物正交拉曼基团"的非天然糖探针。"生物正交拉曼基团"定义为该基团的拉曼振动信号落在细胞的"拉曼静默区间"（细胞中天然生物分子在 1800～2800/厘米区间没有拉曼信号），分别运用表面增强拉曼技术（Lin et al.，2013）和受激拉曼显微成像技术（Hong et al.，2014），成功实现了细胞表面唾液酸化聚糖的直接拉曼检测和成像。聚糖的拉曼检测方法有望与荧光技术互补，用于研究一系列不同的糖基化过程。

糖链标记方法还应用于糖结合蛋白质的分离鉴定方面。例如，Kohler等在唾液酸的特定位置（C5或C9位）引入光交联基团双吖丙啶，利用糖代谢工程将双吖丙啶修饰的唾液酸代谢进入细胞，然后用紫外光照射双吖丙啶基团形成活性卡宾，卡宾能与周围的分子发生杂原子-氢、碳-氢、碳-碳键的插入反应，从而实现了那些与唾液酸有弱相互作用的蛋白质、脂类的交联、捕获与鉴定（Tanaka and Kohler，2008）。与糖芯片法相比，这种方法由于交联过程发生在完整的细胞上，有效降低了检测结果出现假阳性或假阴性的问题。

糖链标记的原理也被应用于特定糖蛋白的富集、分离与鉴定，并用于糖基化修饰的生物学功能研究。Hsieh-Wilson小组在这一领域的工作较为突出。该小组将β-1,4-半乳糖转移酶进行改造得到突变酶Y289LGalT；该酶与带有修饰基团的糖基供体底物反应，将含修饰基团的糖单元通过糖苷键连接到糖蛋白的特定位点的单糖上，即实现了含有该类糖结构糖蛋白的特异性标记；然后用探针分子与糖链中的修饰基团结合，即可进行糖蛋白的富集、分离与鉴定（图9-5）。运用该策略并结合质谱技术，该小组鉴定了大脑中*O*-连接*N*-乙酰葡糖胺（*O*-GlcNAc）修饰的蛋白质组，这些结果为揭示神经元中蛋白质的*O*-GlcNAc的动态修饰在调控轴突生长和记忆形成中的作用，以及与神经精神性疾病发生发展的关系提供了基础（Khidekel et al.，2007；Rexach et al.，2004）。

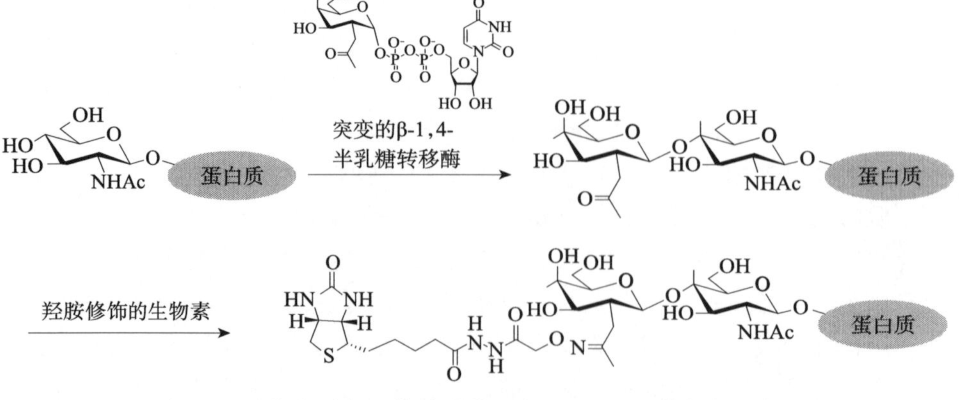

图9-5 用化学-酶标记策略分离鉴定*O*-GlcNAc修饰的蛋白质

另外，作为糖代谢工程技术的重要补充手段，Paulson 小组直接用化学方法对糖链进行原位修饰，用高碘酸钠温和地氧化细胞内源唾液酸，使其在 C7 位置形成醛基，再与酰肼等含氨基团发生偶联反应连接上合适的报告分子（Zeng et al., 2009）。该方法的特点是不需要引入外源非天然糖，直接对活细胞上的唾液酸进行标记与分离。

糖链标记领域的发展，已经从初期注重化学方法本身的开发和概念的展示阶段，发展到方法开发和对真正的生命科学现象、机制的探究应用并重的新阶段。

第五节　化学糖生物学在生物医药中的应用

化学糖生物学研究的进展使得基于糖类的药物研发领域日益活跃，许多糖链结构已经成为新药开发的靶点或疾病诊断标志物。例如，目前临床上许多肿瘤血清诊断生物标志物，如 CA19-9（消化道肿瘤）、AFP（原发性肝癌）、CA125（卵巢癌）等，均为肿瘤发生后机体分泌的糖链或糖蛋白产物；禽流感治疗药物 Tamiflu（达菲）为一种阻止病毒感染的唾液酸（糖）苷酶抑制剂等。作为糖类药物的典型代表，肝素类药物的基础和临床研究也一直是非常活跃的领域，除了抗血栓活性外，它在抗炎和抗肿瘤等多个方面也已经取得了显著进展。糖类药物可广泛用于肿瘤、糖尿病、获得性免疫缺陷综合征（艾滋病）、流感、细菌感染和类风湿性关节炎等临床适应证的治疗。

根据化学分子与靶标的作用方式及其调控过程的不同，可将与糖类药物发现相关的研究分为三类。

一、具有调控蛋白与糖相互作用的单价配体分子的发现

这类分子主要为天然糖配体分子的模拟物和通过高通量筛选途径而获得的蛋白质与糖相互作用的小分子抑制剂。通过天然糖配体模拟策略，开发出了大量针对不同半乳凝集素（galectin）家族成员和不同类型选择素（selectin）的抑制剂。其中最著名的例子是有关唾液酸化的 Lewis X（sLe^x）模拟物的研究。四糖 sLe^x 介导炎症反应的过程，其模拟物的研究可以促进新的抗炎药物的发现。目前，一个 sLe^x 模拟物（GMI-1070）正在美国处于二期临床研究阶段，用于镰状细胞贫血的血管阻塞危急症的治疗。Kiessling 等以与

艾滋病相关的 DC-SIGN 凝集素为靶点，通过小分子库的高通量筛选，筛选出了 IC_{50} 在微摩尔级别的非糖类小分子抑制剂，提供了研究 DC-SIGN 在 HIV 病毒与宿主相互作用中功能和机制的分子工具，也为研发后续相关药物提供了基础（Borrok and Kiessling，2007）。

二、具有调控蛋白与糖相互作用的多价配体分子的发现

此类配体分子更适用于调控细胞表面的糖与凝集素的相互作用。该类配体分子结构形式多样，化学合成的多价配体包括低分子质量的多价配体、树状大分子、聚合物、脂质体、蛋白质及其缀合物等。多价配体可用于抑制自身免疫反应。Kiessling 等设计了唾液酸化的多价抗原，该多价抗原能与免疫细胞表面的 CD22 蛋白相互作用，从而抑制 B 淋巴细胞抗原受体 BCR 信号，进而抑制 B 淋巴细胞活化（Courtney et al.，2009）。糖疫苗的研究近年来非常活跃，为多种疾病的防治展现了诱人的前景。Verez-Bencomo 等用化学方法合成了流感嗜血杆菌荚膜多糖的多糖结构片段，并与载体蛋白缀合制备疫苗，其临床试验效果与从菌体中分离提取多糖所制备的疫苗相比相当，但化学合成法避免了分离提取法所造成的疫苗质量不易控制的问题（Verez-Bencomo et al.，2004）。该疫苗目前已被批准用于儿童 b 型嗜血杆菌感染的预防。在肿瘤疫苗的研究中，Boons 等设计合成了包含 B 淋巴细胞表位、辅助性 T 淋巴细胞表位和 Toll 受体配体的三组分肿瘤糖疫苗，增强了巨噬细胞、树突细胞的细胞因子的分泌，增强了抗体对肿瘤细胞表达的癌相关糖抗原的识别（Ingale et al.，2007）。由于肿瘤细胞表面通常表达多种肿瘤相关糖抗原，随着病情的发展，糖抗原的种类和数量也在发生变化，因此疫苗设计中的一个思路是"万能疫苗"，即多表位疫苗，也就是将多种肿瘤相关糖抗原整合至一个疫苗中，以期对多种肿瘤都具有治疗作用。例如，Danishefsky 等合成了一个含有 Globo H、Le^y、GM2、STn、TF 和 Tn 的六价糖抗原，是迄今为止最复杂的单分子多表位糖抗原（Ragupathi et al.，2006）（图 9-6）。对天然糖抗原进行修饰是打破免疫耐受、提高糖抗原免疫原性的另一条途径。叶新山等对天然糖抗原 STn 进行结构修饰，再将修饰后的糖抗原与载体蛋白相连制备成疫苗，经小鼠试验发现 3 个氟代修饰的 STn 疫苗表现出强的免疫原性，产生的 IgG 抗体滴度远超过天然的 STn 疫苗，而且其抗血清可以和天然的 STn 产生交叉反应（Yang et al.，2011）。

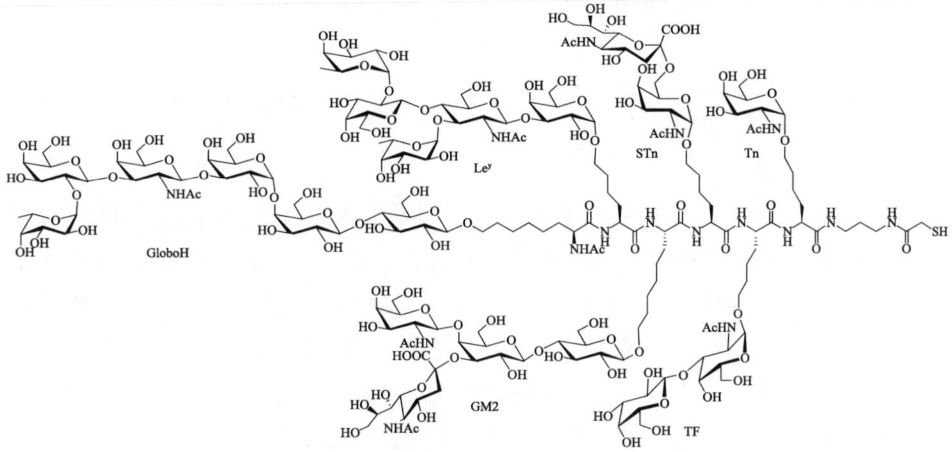

图 9-6　合成的单分子六表位糖抗原的结构

三、影响糖链组装与分解的小分子抑制剂的发现

此类化合物主要是具有抑制糖合成或糖降解相关酶（如糖基转移酶和糖苷酶等）活性的化学小分子。在糖苷酶抑制剂的研究方面，已经取得了许多进展。对葡萄糖苷酶抑制剂的研究，促进了阿卡波糖（acarbose）、米格列醇（miglitol）等治疗糖尿病的药物（控制患者餐后血糖水平）的产生；对唾液酸苷酶抑制剂的研究，最终使扎那米韦（zanamivir）、奥司他韦（oseltamivir，又名达菲）等药物被成功开发用于抗流感病毒的治疗。Walker 等根据蛋白酶对有 O-连接糖修饰和无此修饰的蛋白质底物的敏感性的不同，设计出了基于荧光共振能量转移的蛋白酶-保护分析策略，应用于 O-连接糖基化抑制剂的高通量筛选（Gross et al.，2008）。在糖基转移酶抑制剂的研究方面，Schmidt 小组设计合成了一系列唾液酸转移酶的过渡态模拟物抑制剂，并进行了较为系统的研究，发现了在体外酶水平评价 K_i 值达到纳摩尔级的小分子抑制剂（Schwörer and Schmidt，2002）。为了解决糖基转移酶抑制剂的细胞膜通透性问题，Vocadlo 等发展了一个方法，该方法利用糖代谢工程技术，将糖环硫代修饰的非天然的 N-乙酰葡糖胺引入细胞内；然后借助于生物合成途径，在细胞内合成 N-乙酰葡糖胺转移酶的天然底物类似物（含硫糖底物），该类似物可以竞争性抑制 N-乙酰葡糖胺转移酶；运用该策略，可以产生在细胞内起作用的糖基转移酶抑制剂（Gloster et al.，2011）。除了理性设计的抑制剂外，Paulson 小组最近利用自行发展的基于荧光偏振的高通量筛选方法，对一个含 16 000 个化合物的商业库进行筛选，发现了对唾液酸转移酶和岩藻

糖转移酶有较好选择性的抑制剂（Rillahan et al.，2011）。

第六节　化学糖生物学发展前景展望

　　化学糖生物学的研究正处于方兴未艾的发展阶段，以往用传统的生物学方法难以解决的一些糖的生物学问题开始得到认识和理解。寡糖合成技术的进步影响着整个糖科学的发展，因此以提高寡糖的合成效率为目标导向、具有自动化合成潜力的高效普适的寡糖合成新方法和新策略的研究仍然是重要的研究内容；这些新方法的开发和利用，必将大大降低寡糖合成的难度。同时，由于糖链分子自身的复杂性，尽可能多地利用现有技术构建具有确定结构的复杂糖链分子库，将为研究各种糖链分子的结构-功能相关性提供更为广阔的样本容量。另外，糖基转移酶、糖苷酶及糖基合成酶在合成天然寡糖中的应用正逐渐引起人们的重视。例如，将糖基转移酶应用于寡糖固相合成中，可有效地加速具有生物活性寡糖的制备；如果通过具有正交活性的糖苷酶、糖基合成酶对寡糖合成得到的单一复杂糖链前体进行进一步的裁剪及修饰，则能够"自上而下"快速高效地构建一系列糖分子库。此外，由于酶的专一性并不严格，因此可利用酶法在天然寡糖链的不同位置引入单糖类似物以构成"寡糖类似物"，从而以整个寡糖链作为结构单元，研究、优化寡糖特定位点的糖与凝集素、抗体及其他糖结合蛋白的特异性相互作用，以期开发以复合糖结构为基础的治疗药物。当然，随着更多的糖基转移酶的晶体结构得到确证，将会有更多、更高效专一的酶促反应应用于寡糖的合成中。

　　复杂糖缀合物的合成（特别是糖蛋白的合成）及其生物学功能的研究将日益受到重视。糖蛋白、糖脂、糖胺聚糖等在动物发育、细胞分化及生理学中都有着极其重要的作用，而人们对这一领域还所知甚少。如何在完整的糖缀合物上实现全部的聚糖分析，以及获知更多聚糖在糖缀合物上的功能，是这一领域的未来研究趋势。糖芯片技术和糖链标记技术揭示了糖与蛋白质相互作用的新面貌；将来的发展除了方法和技术本身的继续深入发展以外，将更注重这些方法和技术在解决糖生物学问题中的应用，更关注对糖与蛋白质相互作用的细节和规律的了解。

　　基于糖代谢工程的糖链标记技术给传统糖生物学的研究带来新方法的同时，也给糖化学生物学家带来了新的研究契机和挑战。传统糖生物学局限于聚糖生物合成不直接受基因模板控制所引起的微观非均一性，使得适用于核酸及蛋白质的传统遗传学、生物化学与分子生物学研究方法难以完全移植到糖生物学的研究中。同时，由于聚糖上的糖链结构始终处于合成、降解和补救的动态平衡之中，研究这些动态过程及其产生的影响，是传统糖生物学所无法实现的。基于糖代谢工程的糖链标记技术是研究聚糖动态过程的一个重要的方法补充，这也将是今后的重点研究领域。此外，尽管基于代谢工程的糖链标记技术已经发展了近15年，但仍然有许多方法上的改进空间。首先，对糖代谢工程技术进行拓展，使之适用于木糖、甘露糖、葡萄糖醛酸等的标记，以实现更多糖链结构的特异性标记，将是重要且富有挑战性的工作。其次，伴随着结构生物学的发展，更多糖基化过程中酶的晶体结构得以解析，通过结构生物学手段，扩大糖基转移酶的底物（非天然糖）适用性，寻求并开发具有底物选择性、位点特异性（site-specific）的糖基转移酶，从而直接实现非天然糖代谢工程的细胞选择性及位点选择性，也是实现非天然糖选择性标记的重点方向。再次，尽管众多模型生物的糖基化过程均可以利用非天然糖代谢工程手段加以研究，然而如何实现活体动物生物正交反应的高效专一性，进而通过各种成像手段直观地监测模型生物的糖基化动态过程，仍是摆在化学糖生物学家面前的难题。开发新型高效的生物正交反应，对生命体多种糖链的同时标记、监测，改进活体成像模式等，都是可能的解决方案。

化学糖生物学的发展也大大促进了基于糖类的生物医药研究；化学糖生物学研究为新药开发提供了新的药物靶标，为疾病诊断提供了新的生物标志物，为疾病预防和治疗提供了新的药物先导结构。糖类药物的研究将主要集中在抗肿瘤、抗感染、治疗糖尿病和免疫相关性疾病等与重大疾病有关的糖类药物或疫苗的发现方面。如何最大程度降低药物的毒性作用及对人体的影响，优化药物使用的剂量，增加药物特异性，也是糖类生物医药未来研究的趋势。

参考文献

Ban L, Pettit N, Li L, et al. 2012. Discovery of glycosyltransferases using carbohydrate arrays and mass spectrometry. Nat Chem Biol, 8 (9): 769-773.

Besanceney WC, Jiang H, Wang W, et al. 2011. Metabolic labeling of fucosylated glycoproteins in Bacteroidales species. Bioorg Med Chem Lett, 21 (17): 4989-4992.

Blixt O, Head S, Mondala T, et al. 2004. Printed covalent glycan array for ligand profiling of diverse glycan binding proteins. Proc Natl Acad Sci USA, 101 (49): 17033-17038.

Borrok MJ, Kiessling L L. 2007. Non-carbohydrate inhibitors of the lectin DC-SIGN. J Am Chem Soc, 129 (42): 12780-12785.

Chalker JM, Bernardes GJL, Lin YA, et al. 2009. Chemical modification of proteins at cysteine: opportunities in chemistry and biology. Chem Asian J, 4 (5): 630-640.

Courtney A H, Puffer E B, Pontrello J K, et al. 2009. Sialylated multivalent antigens engage CD22 in trans and inhibit B cell activation. Proc Natl Acad Sci USA, 106 (8): 2500-2505.

Dommerholt J, Schmidt S, Temming R, et al. 2010. Readily accessible bicyclononynes for bioorthogonal labeling and three-dimensional imaging of living cells. Angew Chem Int Ed, 49 (49): 9422-9425.

Dube D, Bertozzi CR. 2003. Metabolic oligosaccharide engineering as a tool for glycobiology. Curr Opin Chem Biol, 7 (5): 616-625.

Fazio F, Bryan MC, Blixt O, et al. 2002. Synthesis of sugar arrays in microtiter plate. J Am Chem Soc, 124 (48): 14 397-14 402.

Gama CI, Tully SE, Sotogaku N, et al. 2006. Sulfation patterns of glycosaminoglycans encode molecular recognition and activity. Nat Chem Biol, 2 (9): 467-473.

Gloster TM, Zandberg WF, Heinonen JE, et al. 2011. Hijacking a biosynthetic pathway yields a glycosyltransferase inhibitor within cells. Nat Chem Biol, 7 (3): 174-181.

Gross BJ, Swoboda JG, Walker S. 2008. A strategy to discover inhibitors of O-linked glycosylation. J Am Chem Soc, 130 (2): 440-441.

Guo X, Wang Q, Swarts BM, et al. 2009. Sortase-catalyzed peptide-glycosylphosphatidylinositol (GPI) analog ligation. J Am Chem Soc, 131 (29): 9878-9879.

Hao Z, Hong S, Chen X, et al. 2011. Introducing bioorthogonal functionalities into proteins in living cells. Acc Chem Res, 44 (9): 742-751.

Hewitt MC, Seeberger PH. 2001. Automated solid-phase synthesis of a branched Leishmania cap tetrasaccharide. Org Lett, 3 (23): 3699-3702.

Hong S, Chen T, Zhu Y, et al. 2014. Live-Cell Stimulated Raman Scattering Imaging of Alkyne-Tagged Biomolecules. Angew Chem Int Ed Engl DOI: 10.1002/anie.201400328.

Houseman BT, Gawalt ES, Mrksich M. 2003. Maleimide-functionalized self-assembled monolayers for the preparation of peptide and carbohydrate biochips. Langmuir, 19 (5): 1522-1531.

Huang L, Huang X. 2007. Highly efficient syntheses of hyaluronic acid oligosaccharides. Chem Eur J, 13 (2): 529-540.

Huang X, Huang L, Wang H, et al. 2004. Iterative one-pot synthesis of oligosaccharides. Angew Chem Int Ed, 43 (39): 5221-5224.

Ingale S, Wolfert MA, Gaekwad J, et al. 2007. Robust immune responses elicited by a fully synthetic three-component vaccine. Nat Chem Biol, 3 (10): 663-667.

Khidekel N, Ficarro SB, Clark PM, et al. 2007. Probing the dynamics of O-GlcNAc glycosylation in the brain using quantitative proteomics. Nat Chem Biol, 3 (6): 339-348.

Laughlin ST, Baskin JM, Amacher SL, et al. 2008. In vivo imaging of membrane-associated glycans in developing zebrafish. Science, 320 (5876): 664-667.

Laughlin ST, Bertozzi CR. 2009. In vivo imaging of Caenorhabditis elegans glycans. ACS Chem Biol, 4 (12): 1068-1072.

Lee JC, Wu CY, Apon JV, et al. 2006. Reactivity-based one-pot synthesis of the tumor-associated antigen N3 minor octasaccharide for the development of a photo-cleavable DIOS-MS sugar array. Angew Chem Int Ed, 45 (17): 2753-2757.

Liao HY, Hsu CH, Wang SC, et al. 2010. Differential receptor binding affinities of influenza hemagglutinins on glycan arrays. J Am Chem Soc, 132 (42): 14 849-14 856.

Lin L, Tian X, Hong S, et al. 2013. A bioorthogonal Raman reporter strategy for SERS detection of glycans on live cells. Angew Chem Int Ed Engl, 52: 7266-7271.

Lin W, Du Y, Zhu Y, et al. 2014. A cis-membrane FRET-based method for protein-specific imaging of cell-surface glycans. J Am Chem Soc, 136: 679-687.

Love KR, Seeberger PH. 2004. Automated solid-phase synthesis of protected tumor-associated antigen and blood group determinant oligosaccharides. Angew Chem Int Ed, 43 (5): 602-605.

Manimala JC, Li Z, Jain A, et al. 2005. Carbohydrate array analysis of anti-Tn antibodies and lectins reveals unexpected specificities: implications for diagnostic and vaccine development. ChemBioChem, 6 (12): 2229-2241.

McReynolds KD, Hadd MJ, Gervay-Hague J. 1999. Synthesis of biotinylated glycoconjugates and their use in a novel ELISA for direct comparison of HIV-1 gp120 recognition of GalCer and related carbohydrate analogues. Bioconjugate Chem. , 10 (6): 1021-1031.

Mong TK, Lee HK, Duron S G, et al. 2003. Reactivity-based one-pot total synthesis of fucose GM1 oligosaccharide: a sialylated antigenic epitope of small-cell lung cancer. Proc Natl Acad Sci USA, 100 (3): 797-802.

Plante OJ, Palmacci ER, Seeberger PH. 2001. Automated solid-phase synthesis of oligosaccharides. Science, 291 (5508): 1523-1527.

Polat T, Wong CH. 2007. Anomeric reactivity-based one-pot synthesis of heparin-like oligosaccharides. J Am Chem Soc, 129 (42): 12 795-12 800.

Ragupathi G, Koide F, Livingston PO, et al. 2006. Preparation and evaluation of unimolecular pentavalent and hexavalent antigenic constructs targeting prostate and breast cancer: a synthetic route to anticancer vaccine candidates. J Am Chem Soc, 128 (8): 2715-2725.

Ratner DM, Swanson ER, Seeberger PH. 2003. Automated synthesis of a protected N-linked glycoprotein core pentasaccharide. Org Lett, 5 (24): 4717-4720.

Rexach JE, Clark PM, Hsieh-Wilson L C. 2004. Chemical approaches to understanding O-

GlcNAc glycosylation in the brain. Nat Chem Biol, 4 (2): 97-106.

Rillahan CD, Brown SJ, Register AC, et al. 2011. High-throughput screening for inhibitors of sialyl-and fucosyltransferases. Angew Chem Int Ed, 50 (52): 12 534-12 537.

Saxon E, Bertozzi C R. 2000. Cell surface engineering by a modified Staudinger reaction. Science, 287 (5460): 2007-2010.

Schwarz F, Huang W, Li C, et al. 2010. A combined method for producing homogeneous glycoproteins with eukaryotic N-glycosylation. Nat Chem Biol, 6 (4): 264-266.

Schwörer R, Schmidt RR. 2002. Efficient sialyltransferase inhibitors based on glycosides of N-acetylglucosamine. J Am Chem Soc, 124 (8): 1632-1637.

Sletten EM, Bertozzi CR. 2011. From mechanism to mouse: a tale of two bioorthogonal reactions. Acc Chem Res, 44 (9): 666-676.

Soriano Del Amo D, Wang W, Jiang H, et al. 2010. Biocompatible copper (I) catalysts for in vivo imaging of glycans. J Am Chem Soc, 132 (47): 16 893-16 899.

Stowell SR, Arthur CM, Dias-baruffi M, et al. 2010. Innate immune lectins kill bacteria expressing blood group antigen. Nat Med, 16 (3): 295-301.

Sun B, Srinivasan B, Huang X. 2008. Pre-activation-based one-pot synthesis of an α- (2, 3) -sialylated core-fucosylated complex type bi-antennary N-glycan dodecasaccharide. Chem Eur J, 14 (23): 7072-7081.

Swarts BM, Guo Z. 2010. Synthesis of glycosylphosphatidylinositol (GPI) anchors bearing unsaturated lipid chains. J Am Chem Soc, 132 (19): 6648-6650.

Tanaka Y, Kohler J J. 2008. Photoactivatable crosslinking sugars for capturing glycoprotein interactions. J Am Chem Soc, 130 (11): 3278-3279.

Tsai BL, Han JL, Ren CT, et al. 2011. Programmable one-pot synthesis of tumor-associated carbohydrate antigens Lewis X dimer and KH-1 epitopes. Tetrahedron Lett, 52 (17): 2132-2135.

Verez-Bencomo V, Fernandez-Santana V, Hardy E, et al. 2004. A synthetic conjugate polysaccharide vaccine against Haemophilus influenzae type b. Science, 305 (5683): 522-525.

Wang DN, Liu SY, Trummer BJ, et al. 2002. Carbohydrate microarrays for the recognition of cross-reactive molecular markers of microbes and host cells. Nat Biotechnol, 20 (3): 275-281.

Wang P, Dong SW, Brailsford JA, et al. 2012. At last: erythropoietin as a single glycoform. Angew Chem Int Ed, 51 (46): 11 576-11 584.

Wang Y, Huang X, Zhang LH, et al. 2004. A four-component one-pot synthesis of α-Gal pentasaccharide. Org Lett, 6 (24): 4415-4417.

Wang Z, Xu Y, Yang B, et al. 2010. Preactivation-based, one-pot combinatorial synthesis of heparin-like hexasaccharides for the analysis of heparin-protein interactions. Chem Eur

J,16 (28): 8365-8375.

Wang Z, Zhou L, El-Boubbou K, et al. 2007. Multi-component one-pot synthesis of the tumor-associated carbohydrate antigen globo-H based on preactivation of thioglycosyl donors. J Org Chem, 72 (17): 6409-6420.

Wu Z, Guo X, Wang Q, et al. 2010. Sortase A-catalyzed transpeptidation of glycosylphosphatidylinositol derivatives for chemoenzymatic synthesis of GPI-anchored peptides/proteins. J Am Chem Soc, 132 (5): 1567-1571.

Xie R, Hong S, Feng L, et al. 2012. Cell-selective metabolic glycan labeling based on ligand-targeted liposomes. J Am Chem Soc, 134, 9914-9917.

Yang F, Zheng XJ, Huo CX, et al. 2011. Enhancement of the immunogenicity of synthetic carbohydrate vaccines by chemical modifications of STn antigen. ACS Chem Biol, 6 (3): 252-259.

Yu H, Chokhawala HA, Huang S, et al. 2006. One-pot three-enzyme chemoenzymatic approach to the synthesis of sialosides containing natural and non-natural functionalities. Nat Protoc, 1 (5): 2485-2492.

Zeng Y, Ramya TNC, Dirksen A, et al. 2009. High-efficiency labeling of sialylated glycoproteins on living cells. Nat. Methods, 6 (3): 207-209.

Zhang Z, Ollmann IR, Ye XS, et al. 1999. Programmable one-pot oligosaccharide synthesis. J Am Chem Soc, 121 (4): 734-753.

第十章 化学合成生物学

1990年启动的"人类基因组计划"旨在破译人类自身遗传秘密,其积累的 DNA 合成与分析技术推动了一系列新兴学科的产生与发展,如合成生物学。合成生物学最早由法国物理化学家 Leduc Stephane 在其 1911 年所著的《生命的机理》一书中提出,就目前发展状况而言主要包括两个方向的研究内容:基于基因操作的生物工程学和基于化学修饰与调控的化学合成生物学。基于基因操作的生物工程学利用重组 DNA 技术,有目的地操纵细胞的酶、转运和调控功能,从而改善细胞的活性,获得有益的次生代谢产物积累(Bailey,1991)。而化学合成生物学则致力于合成生物体中如碱基、核酸、蛋白质等分子结构的替代物,并组装这些非自然组件来模拟、重构天然系统(Chiarabelli et al.,2012),以此来帮助理解自然系统的组成及调控机制。化学合成生物学与生物工程学虽然在研究方法上有所区别、各有侧重,但生物工程学重构系统的组装与调控离不开化学合成生物学的思路和方法,因此二者研究界限并不十分明显。化学合成生物学的出现将填补一直以来存在的关于生命构建基本原则理论的空缺,并在开发生物医药、能源等方面表现出强劲优势,已成为各国科学家争相研究的前沿学科。

第一节 化学合成生物学研究的基本内容

作为合成生物学的一个重要分支,化学合成生物学主要研究自然界的遗传物质、蛋白质等的结构类似物,并利用这些非天然的分子部件去模拟自然生物过程。目前,主流观点认为化学合成生物学研究集中在合成核酸替代物、新合成蛋白质或多肽、最小细胞（the minimal cell project）（Chiarabelli et al.，2013）等方面。但作者认为修饰与改造分子或系统，最终都是为了获得非自然的"人造系统"并作为工具将其运用于基础和应用基础研究，因此基于基因操作的代谢工程获得天然活性小分子及其衍生物在某种意义上也涉及化学合成生物学的范畴。

一、核酸替代物

1953年，James Watson和Francis Crick向人们揭示了DNA的双螺旋结构。在该结构基础上，化学合成生物学家尝试用结构类似的糖单元或磷酸骨架来替换合成非天然DNA分子系统，获得与天然的DNA/RNA一样的分子识别功能，甚至能通过该人造遗传系统来繁殖后代，这将帮助理解自然遗传系统的结构与功能。早期代表性的研究是Martin Bolli等将RNA的呋喃糖替换成吡喃糖，实现了吡喃糖低聚物的聚合反应（Bolli et al.，1997）。肽核酸（peptide nucleic acid，PNA）是一类以多肽取代磷酸骨架的核酸类似物，能模拟Watson-Crick碱基配对并特异性识别DNA/RNA（Nielsen et al.，1991），参与和调节生理过程，可作为潜在的RNA干扰药物予以开发（Samuels et al.，2013）。另外，由于PNA特有的生化稳定性及识别互补核酸序列的能力，PNA越来越多地被用于靶核酸标记（Winssinger et al.，2014），在原位杂交、细胞成像和单核苷酸多态性（Stender et al.，2014）研究及基于片段的高通量药物筛选中扮演着重要的角色。Romesberg和Benner等分别发展了非天然碱基对研究（Malyshev et al.，2014；Leal et al.，2014），非天然碱基对被《科学》（Science）评为2014年十大科技进展，认为其扩展了遗传密码，开启了创造新微生物的大门。

二、新合成多肽或蛋白质

化学合成生物学提供了最为直接的研究蛋白质结构与功能的理论和方法。以氨基酸为原料从头合成多肽或蛋白质，不但可以确证天然多肽和蛋白质的结构，而且能深入了解结构与功能的关系，为寻找蛋白质折叠、结构和功能的普适规律提供实验证据。1965年，我国科学家合成了结晶牛胰岛素，开创了人工合成蛋白质的先河（龚岳亭等，1965）。1971年，诺贝尔生理学或医学奖获得者Merrifiel Bruce通过多肽固相合成的方法全合成了核糖核酸酶A，并通过实验证明了化学合成的核糖核酸酶A具有全酶的活性（Gutte and

Merrifie，1971）。目前，许多合成学家将目标转向了那些被自然选择淘汰的蛋白质——NBP（the never born protein），研究其结构与功能，并且在该领域内取得了一系列进展（Luisi，2007）。

三、最小细胞

化学合成生物学一个经典的研究课题是最小细胞，发现维持生存的最小基因组。最小细胞定义为具有最小和足够数量的成分/功能的半合成活细胞（Luisi，2002）。最小基因组既能为细胞的生长和繁殖提供必要的机制和能量，又减少了不必要的代谢途径、调控通路和非必需功能基因，提高了代谢效率，是实现利用最小工程细胞生产生物医药和能源的重要基础。目前的实验思路是构建一个人工半透膜（磷脂双分子层）限制的狭小系统，向其中加入无生命成分的DNA、RNA、酶和辅因子等，看能否重构活细胞自我代谢、复制和分化等生命特征（图10-1）。早在1999年，研究者就已经实现了脂质体内核糖体多肽合成（Oberholzer et al.，1999）。随后，功能性蛋白（如绿色荧光蛋白）等在小囊泡内的合成研究如火如荼开展（Stano，2010；Pereira de Souza et al.，2009），为理解复杂生命蛋白质合成系统提供了一个可验证的方法。未来半合成生命体系的主要命题将集中在解决重构系统的遗传物质复制、组装调控和能量供给等难题上（Chiarabelli et al.，2009）。另外一种方法是对选定的底盘生物（即遗传背景清楚、基因操作成熟的单细胞生物，如大肠杆菌 *Escherichia coli*）进行基因组删减或从头合成确定序列基因，以减小细胞内冗余的代谢网络，确定最小基因组。有报道称最小的基因组包括208个基因，大多为蛋白质合成与加工、DNA合成及能量代谢的相关基因（Gil et al.，2004）。

四、天然活性产物与代谢工程

具有生物活性的天然产物一直是治疗人类疾病的主要药物，如抗生素。以天然化合物为基础研发新药也是生物、化学和医药界长期关注的重点领域。由于天然产物往往结构复杂、产量低，全合成或分离难度和成本都非常高，因此科学家迫切期望通过对天然产物代谢途径的遗传控制来合成新型复杂化合物，并用微生物发酵的方式达到大量生产的目的。以著名的抗疟疾药青蒿素为例，全合成青蒿素需要经过十多步化学反应（Schmid and Hofheinz，1983），收率低、成本高，而通过代谢工程获得的青蒿素却能在很大程度上避免上述难题。2006年，Jay D Keasling实验室将多种青蒿素生物合成基因导

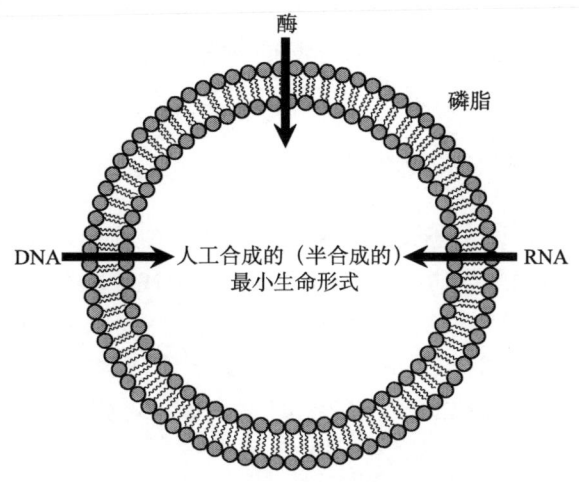

图 10-1　半合成最小细胞示意图

入酵母中,并对酵母内源乙酰辅酶 A 到法尼焦磷酸 FPP 的代谢途径上的关键基因进行组装调控(Ro et al., 2006),使得青蒿素前体青蒿酸的积累大大提高。该前体分子经简单的化学半合成即可获得青蒿素,具备工业化的潜力,从而有望大幅降低抗疟疾药生产成本。这一研究成果是化学合成生物学在应用领域的标志性突破,在科学界引起了巨大的反响,Jay D Keasling 本人被美国《发现》杂志评选为 2006 年度最有影响的科学家之一。虽然也有人质疑他的科研成果,但更多的科学家积极投入到探索中去,极大地开创了天然产物的代谢工程研究新局面。

第二节　化学合成生物学的研究现状

合成生物学囊括两方面的研究内容,它们既有区分又有关联,协同促进着合成生物学的稳步发展。总的来说,传统的基于基因操作的生物工程侧重于生物系统的修饰改造获得特定功能的工程细胞,以生产目标产物。一个经典的案例是利用转基因技术构建乳腺生物反应器,不但可对药用蛋白如抗凝血酶Ⅲ等(Niemann and Kues, 2007)进行正确地翻译后修饰,使之具备较高的药理活性,而且在大规模生产上有着不可比拟的优势。而化学合成生物学领域的研究则主要集中在对构成生命基本分子元件如核酸、蛋白质等的改造上,距离化学改造或合成现有生命形式这一终极目标还有漫长而艰难的路要走。过去的几十年化学合成生物学的发展方兴未艾,科学家合成了一系列引人瞩目的分子组件、调控系统，这为后续"人造"体系的组装及精确调控的研究提供了最基本的模式及综合连贯的改造路标。目前，比较热门的研究包括肽核酸开发及其应用、人工合成蛋白质及"人造细胞"等。

一、肽核酸与非天然碱基对

前面已经提到，化学合成生物学家尝试用类似的糖及磷酸骨架去合成核酸替代物，目前研究最成功的当属用多肽骨架取代磷酸骨架获得的系列替代物，它的优势在于多肽骨架不具电荷，因而与 DNA/RNA 的结合更为紧密，更利于精确靶向特定的核酸序列。据文献报道，肽核酸（peptide nucleic acid，PNA）标记的端粒酶较之传统的荧光标记，强度更高，精确性更好（Genet et al.，2013），很好地佐证了上述观点。从最早合成的 N-（2-氨乙基）-甘氨酸（agePNA）（Nielsen et al.，1991）到硫酯肽核酸（tPNA）（Ura et al.，2009），越来越多的 PNA 被合成并开发应用（图 10-2）。2009年，M Reza Ghadiri 等报道了一类不需要酶催化，仅依靠与碱基共价可逆结合锚定到寡聚肽骨架实现自组装的 PNA，即 tPNA。tPNA 既能与碱基对相互作用，又能作用于多肽和蛋白质的氨基酸侧链，这种结构的动态性与适应性为设计催化中心、生物材料提供了有益的参考。PNA 同样应用在多药耐药性研究中，利用 PNA 介导的反义核酸技术能有效抑制空肠弯曲杆菌 *Campylobacter jejuni* 多耐药泵 CmeABC 的翻译起始（Oh et al.，2013），从而大大降低了 CmeABC 蛋白表达量，延长了耐药性产生时间，为细菌的耐药性研究提供了新的思路。另外，PNA 还能与多种有机配基形成轭合物，特异性参与

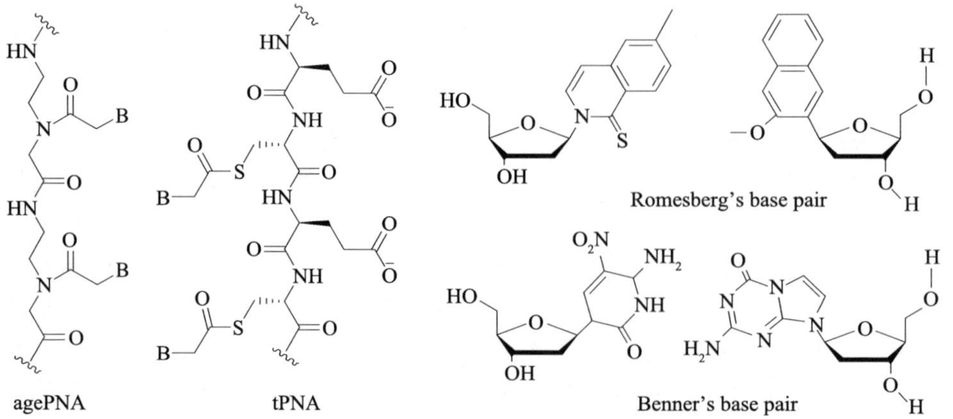

图 10-2　agePNA、tPNA 及非天然碱基对的结构

多种生物学过程,是结合有机化学和小分子来探索生物学问题的一个范例(Aoki and Tao,2007)。将 PNA 与固定介质耦合应用于表面等离子共振技术(Armitage,2014),建立了高通量的筛选体系,进一步拓展了 PNA 在生物物理学研究上的应用。当然,PNA 的应用必须要解决到胞内靶点的跨膜运输问题,常用的方法有脂质体介导的或光化学催化的内吞等(Shiraishi and Nielsen,2014)。除替换核糖类别和磷酸骨架外,研究者陆续合成了其他类型的核酸类似物。有报道将 DNA 脱氧核糖 2-OH 修饰成 2-F,获得具抗 HIV 病毒活性的新型核酸类似物(Kim and Hong,2013),可更好地应用于核酸代谢通路研究、疾病诊断与治疗中。

非天然碱基对研究在 2014 年取得瞩目成果。Benner 等发展的 P/Z 碱基对虽然在体外能被转录,但遗憾的是在体内并未能作为功能性遗传密码掺入到转录过程中(Leal et al.,2014)。Romesberg 随后在《自然》上发表的碱基对则解决了其对体内代谢的问题,创造了第一例含有人造遗传密码的细菌(Malyshev et al.,2014),为扩充遗传密码,创造"新"物种作了极好的尝试。

二、蛋白质人工合成与被自然选择淘汰蛋白

天然的蛋白质一般由 20 种常见氨基酸组成。一段编码 100 个氨基酸的随机序列,理论上应该翻译得到 20^{100} 种蛋白质,但实际上经过自然界长期的选择,仅有为数不多的具备特定结构和功能的蛋白质保留下来。"为什么是这个而不是那个",组成我们生命的"少数蛋白质"为什么及如何被选择出来,从该层面上讲化学合成生物学更倾向于回答基础的科学问题。那么这些被自然选择淘汰的蛋白(NBP)具备怎样的结构和功能,引起了很多科研工作者的兴趣。

直接的验证方法是从随机多肽或蛋白质库中无偏差生成多肽和蛋白质序列,通过噬菌体展示或化学全合成的方法得到目的 NBP。噬菌体展示技术被广泛应用于从多肽或蛋白质库中筛选功能性蛋白。通过基因工程技术将随机库中的序列与噬菌体衣壳蛋白融合后将多肽或蛋白质展示在噬菌体表面,该技术可以建立靶蛋白配基、蛋白抑制剂等体外筛选体系发现新功能蛋白质(Scott and Smith,1990)。Kefffe 和 Szostak 等(Keefe and Szostak,2001)从 6×10^{12} 个蛋白质随机库中分离得到 4 个新的 ATP 结合蛋白,并且解析了其中一个蛋白质的晶体结构(Lo Surdo et al.,2004)。Satish K Singh 等以随机氨基酸序列(或 NBP)、单体蛋白质为研究对象,发现了蛋白质易聚合区的结构特征与功能,在改进蛋白质溶解性相关技术研究方面做出了重要贡

献（Buck et al., 2013）。总体而言，NBP 为研究蛋白质或 RNA 折叠和结构稳定性的普适规律、复杂系统设计提供了新的模式工具。

1994 年，研究团队便提出了多肽的自然化学连接理论（Dawson et al., 1994a，1994b），该理论认为非保护肽的半胱氨酸巯基形成的硫酯键能介导肽间的连接，成功解决了中等长度如 200 个氨基酸左右的天然骨架蛋白或修饰蛋白连接的难题，可以说奠定了化学全合成蛋白的理论和技术基石。随后该团队进一步发展了聚敛化学合成（convergent chemical synthesis）的理论（Bang et al., 2006），克服了多肽大片段的自然化学连接的动力学障碍，实现了靶蛋白的高效合成。在上述理论方法的指导下，Kent 等全合成了如促红细胞生成素（EPO）（Kent, 2013）、酯胰岛素（Avital-Shmilovici et al., 2013）等蛋白质，凸显了化学合成的优势与不可替代性，也为研究蛋白质结构与功能的化学起源与催化机制提供了坚实的技术保障。此外，全合成的发展使得人们有能力合成自然界中不存在的 D-型氨基酸或蛋白质，甚至能通过蛋白质晶体衍射得到晶体结构（Mandal et al., 2012），基于 D-蛋白独有的镜像结构建立的配体-受体筛选体系有可能发现自然靶点发现不了的先导化合物。

清华大学化学系刘磊小组在芝加哥大学 Kent 工作基础上，提出了肽酰肼连接的方法（Fang et al., 2011），核心是通过肽酰肼及 Cys-肽间生成天然的肽键来实现肽段 N 到 C 方向的连接。由于肽酰肼能通过基因工程重组表达，因而合成的效率大大提高。香港大学李学臣研究组报道了一种丝氨酸和苏氨酸残基间形成的水杨醛酯介导的多肽连接反应（Li et al., 2010），并以此指导人工全合成了抗菌药达托霉素（daptomycin）及其类似物（Lam et al., 2013）。NBP 及多肽的研究在逐步兴起，我们坚信这片科学沃土能帮助理解和解决许多科学问题，未来研究 NBP 的功能和应用将是关键。

三、人造细胞

对大多数合成生物学家来说，终极目标是在实验室通过化学全合成方法合成生命。当然，这个工作相当具有挑战性，首要解决的难题就是：人工合成的遗传物质大小及体外合成的核酸在细胞内稳定复制、遗传并精确指导生命活动。如果无法逾越这些技术瓶颈，仅依靠从头合成是不可能产生有生命的个体的。人们率先从非细胞生命体——病毒的化学合成尝试开始。2002 年，Wimmer 等不依赖天然模板，完全用化学方法先合成与病毒基因组 RNA 互补的 cDNA，再在体外转录出病毒的 RNA，在无细胞培养液中翻译并复制，最终重新装配成具有侵染能力的病毒（Cello et al., 2002）。将化学合成的病毒注入小鼠，能使其感病。Wimmer 的工作开辟了利用已知基因组序列、无需天然模板、由化学单体合成感染性病毒的道路，为后续的研究积累了丰富的经验。在合成"人造细胞"方面最先取得重大进展的是 2010 年美国科学家 J Craig Venter，他的团队将人工化学合成的生殖支原体 Mycoplasma mycoides 基因组转入亲缘关系较近的山羊支原体 Mycoplasma capricolum 细胞中，并获得了有活性的菌株（Gibson et al., 2010）（图 10-3）。该实验流程主要分为 4 个阶段：①合成供体基因组 DNA；②合成片段拼接；③人工基因组修饰；④人工基因组植入受体细胞。整项研究历时 15 年，耗资 4000 万美元，每阶段工作都经过了漫长而艰辛的摸索，足见人造细胞的困难。同时为了突出这是人工化学合成的基因组，他们在基因组的多处插入了"水印"序列。严格来说，Venter 的人造细胞非天然部分只有化学合成的基因组小片段，如果离开酵母细胞的拼接，仅靠化学合成是无法实现全基因组大片段合成的。即便如此，这也是生命科学领域首次实现人工合成有活性的全基因组，对化学合成生物学整个学科的发展具有里程碑式的推动作用。虽然只进展了一小步，但合成生命的出现具有深远的意义，它改变了生命的普遍属性、突破了以往自然生命的局限，并促进了地球上亘古存在、占统治地位的传统生命形式的发展。

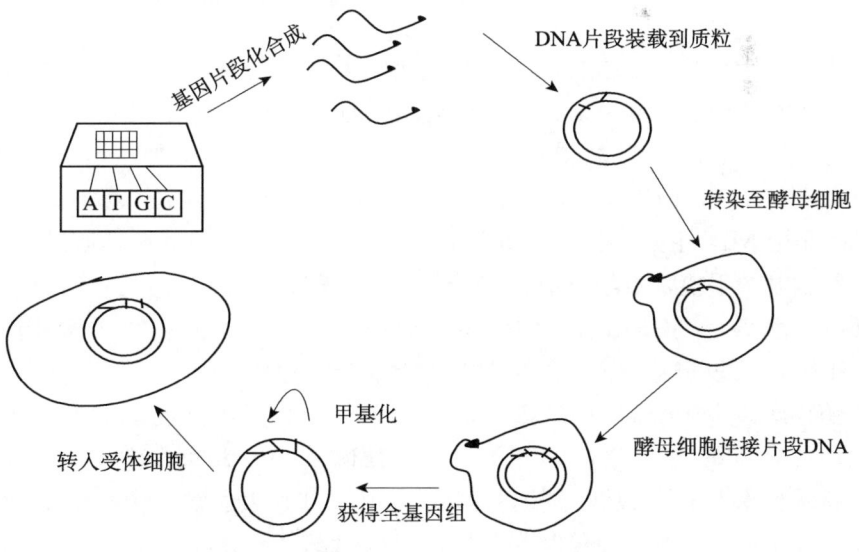

图 10-3　J Craig Venter 人工合成基因组

四、化学合成生物学与代谢工程

青蒿素的生物合成推动了基因代谢工程的发展。2010 年，麻省理工学院 Gregory Stephanopoulos 研究小组整合了大肠杆菌自身的异戊烯焦磷酸的上游模块及异源的下游萜类化合物形成新的功能模块。通过多变量模块化的代谢途径工程方法，调整模块中各基因元件的表达水平，减少中间抑制物的累积，成功使紫杉二烯（紫杉醇的前体物）的产量比改造前菌株提高了 15 000 倍（Ajikumar et al.，2010），为紫杉醇及萜类天然产物的大规模生产提供了可能。美国 Scripps 研究所华人科学家沈奔教授长期从事天然产物生物合成研究，他的团队通过克隆并组合不同菌种内博来霉素（bleomycin）生物合成基因簇（Galm et al.，2011），获得了系列抗癌衍生物，该研究设计方法可借鉴到其他抗癌、抗肿瘤的药物合成中。在合成生物能源方面，Jay D Keasling 团队整合了细菌、植物、动物等基因模块，改造了细菌脂肪酸代谢的生化途径，实现了由单糖向脂肪酯、脂肪醇和蜡等复杂燃料的转化，化学合成生物学再次展现了其无可比拟的优越性。

第三节　我国化学合成生物学研究进展

虽然几十年前我国已在化学合成生物学上取得重要成就，但总体上国内的发展才刚刚起步。部分高校及科研院所启动了合成生物学教育，成立了相关研究平台，起源于麻省理工学院的国际基因工程机器大赛（international genetically engineered machine competition，iGEM）在国内也悄然兴起。iGEM 是由 MIT 主办的合成生物学领域的顶级大学生科技赛事，通过定量与理论生物学的手段，重组现有的基于 DNA 序列的功能组件，创造有意义的新菌种。事实上，iGEM 提出的生物组件标准已成为合成生物学的工业标准，在 iGEM 项目思想基础上实现了包括青蒿酸合成途径（Ro et al.，2006）、生物丁醇代谢通路（Atsumi et al.，2008）优化等大量国际前沿的研究工作。我国高校自 2007 年以来陆续开始参加 iGEM 赛事，北京大学、清华大学、中国科学技术大学等 17 所高校先后组队参加。北京大学欧阳颀教授带领团队成功设计了一个新颖的遗传时序逻辑门元件，部分研究成果发表在《分子系统生物学》（*Molecular System Biology*）杂志上（Lou et al.，2010）。随着国家科研经费投入的增加及巨大的应用前景，有理由相信，化学合成生物学必将呈现蓬勃的发展势头，为中国的生命科学研究注入新的活力。

一、结晶牛胰岛素与酵母丙氨酸转移核糖核酸（tRNA$_y^{Ala}$）的人工全合成

我国在化学合成生物学方面最具标志性的工作是 1965 年成功合成结晶牛胰岛素，并通过实验证明了其生物活性（龚岳亭等，1965）。这是人类首次实现人工合成蛋白质，也是当时人工合成的具有生物活力的最大有机物，胰岛素的全合成开辟了人工合成蛋白质的新时代。1982 年，由中国科学院上海生命科学研究院生物化学与细胞研究所、中国科学院上海有机化学研究所等单位组成的科研团队将有机合成与酶促合成相结合，合成了世界上首个人工合成的核酸分子——酵母丙氨酸转移核糖核酸（王德宝等，1983），其序列组成、生物功能与天然的酵母丙氨酸 tRNA 完全相同。这是继结晶牛胰岛素后我国科学家在化学合成生物学领域取得的又一大突破。

二、化学合成生物学与天然产物的生物合成

近年来，我国科学家也相继在微生物合成天然产物方面取得重要进展。中国科学院上海有机化学研究所的研究人员通过克隆生物合成的基因簇、合理构建或修饰生物合成途径获得了多类天然活性分子，如聚酮类抗生素氯丝菌素（chlorothrin）（Shao et al.，2006）、聚肽类抗生素阿进霉素（azinomycin B）（Zhao et al.，2008）等。其中，唐功利团队通过改造阿维链霉菌 *Streptomyces avermitilis* 引入了磷氮霉素合成酶，使新型抗寄生虫药多拉菌素的合成量显著提高（Wang et al.，2011），最近又成功克隆了完整的生物合成基因簇，实现了抗肿瘤天然产物越野他汀（kosinostatin，KST）的生物合成（Ma et al.，2013）。硫肽类抗生素是一类结构中心类似且高度修饰的临床用多肽类抗生素，刘文课题组在研究该家族内硫链丝菌素（thiostrepton）生物合成时发现了个体成熟修饰特有的催化反应机制（Liao and Liu，2011），近期该课题组又报道了一个 S-腺苷蛋氨酸（SAM）依赖的新型酶蛋白 NosL，能重组 L-色氨酸的侧链合成 3-甲基-2-吲哚酸（Zhang et al.，2011），在 SAM-依赖的自由基蛋白催化机制理解方面迈出了重要一步，为合成同类抗生素、筛选化合物及理解构效关系奠定了扎实的理论基础。邓子新团队先后克隆了如南昌抗生素（nanchangmycin）（Liu et al.，2006）、卡西霉素（calcimycin）（Wu et al.，2011）等多种抗生素生物合成基因簇，并就生物合成关键酶和催化反应进行阐明，在合理设计非天然氨基酸合成途径（Zou et al.，2013a，2013b)、组装调控合成系统方面做出了重要贡献。南京大学研究小组则从植物内共生菌入手，通过优化和改造枝孢菌属（*Cladosporium* sp. IFB3lp-2）工程菌，发酵获得了一类临床上重要的抗生素——大环内酯类化合物（Wuringege et al.，2013）。

与化学合成相比，生物合成在复杂分子制备方面的优势早已为人所知；然而，采用生物合成的方法构建天然产物类似物库却并不普遍。其主要原因在于，当前对于具有高度兼容性的生物合成体系的理解、发展和运用等方面还存在诸多限制。最近，刘文课题组发展了一种复用组合生物合成技术（multiplex combinatorial biosynthesis，MCB），以抗霉素（antimycin，ANT）产生体系为模型，运用以多样性为导向的生物合成（diversity-oriented bio-synthesis，DOBS）策略构建了既有数量又有质量的天然产物类似物库，包含数百个成员的双内酯天然产物类似物（Yan et al.，2013），从而极大地扩展了分子的多样性和用途。复用组合生物合成技术和以多样性为导向的生物合成策略的成功运用，核心在于将组合化学的理念运用于生物合成的各个阶段，与高通量筛选技术保持同步，满足结构多样性和发展小分子工具探针两方面的需求。

三、化学合成生物学与植物代谢工程

化学合成生物学在植物的代谢工程中亦有着广泛的应用，如用转基因的烟草生产促红细胞生成素等（Kittur et al.，2013）。虾青素（astaxanthin）是人类从河蟹虾外壳、牡蛎等来源中发现的一种特殊的红色类胡萝卜素，是天然的抗氧化剂，大量实验证据表明，虾青素具有保护眼睛、抵抗糖尿病、阿尔茨海默病和癌症等多种功效（Otsuka et al.，2013；Zhao et al.，2011；Yuan et al.，2011），但天然虾青素价格高昂，大部分人难以承受。中国科学院昆明植物研究所的黄俊潮课题组长期从事虾青素和脂肪酸生物合成研究工作，他们与北京大学、香港大学合作从单细胞藻类小球藻 *Chlorella zofingiensis* 中克隆虾青素合成功能基因（Liu et al.，2012），并解决了虾青素在植物中积累的关键问题，首次获得了高产虾青素的工程番茄新品种（Huang et al.，2012）。通过经济作物生产虾青素大大降低了成本，具有极大的产业化和商业化应用前景。

四、化学合成生物学与微生物能源转化

能源短缺已经成为制约我国经济社会发展的突出问题，利用可再生能源

及开发新型生物能源成了我国应用科学家关心的首要问题。中国科学院大连化学物理研究所的赵宗保研究员主要从事能源生物技术、分子微生物学研究，其代表性工作包括解析并重构产油酵母 *Rhodosporidium toruloides* 三酰甘油代谢通路，并成功获得能源分子脂肪酸乙酯（Jin et al., 2013），水相发酵的应用大大减少了产物分离的难度，同时其在辅酶改造、辅酶工程及萜类化合物等方面的研究亦颇有建树。此外，中国科学院微生物研究所研究团队对蓝细菌内源的光合固碳模块进行优化，并引入与丙酮生物合成相关的转乙酰模块和脱羧模块，最终创建了从 CO_2 生物合成丙酮的新途径（Zhou et al., 2012），实现了光能将 CO_2 高效生物转化成石油基化学品。这是中国学者在化学合成生物学领域取得的重大飞跃，对合成其他大宗石油产品甚至于解决能源问题提供了极为有益的参考。

第四节 化学合成生物学研究前景与展望

虽然目前化学合成生物学发展势头强劲，但不可避免地面临一些问题。2012 年，化学合成生物学领军人物 Jay D Keasling 与有机合成化学超级新星 Phil S Baran 在《自然》杂志公开进行了激烈的辩论（Keasling et al., 2012），双方就合成生物学和合成化学的优势和劣势各抒己见。从合成化学走向合成生物学是化学和生物学发展的新趋势，而化学生物学则是促进合成生物学发展实现转化的关键环节（图 10-4）。辩论也暴露出许多亟待解决的问题，主要包括缺乏对天然合成部件、系统的复杂性和多样性的理解及有效的化学合成理论方法，酶的高效催化及人工重构系统的精确调控等。

毋庸置疑，化学合成生物学的发展回避不了这些关键问题，未来的发展重点将集中解决上述关键问题。首先是理解与合成天然或非天然功能性分子及系统。"我能合成的，必是我所了解的"，适用于化学合成生物学发展的各个层次，只有充分理解合成目标相关的生物学途径与分子调控的机制才有可能模拟单元元件和整体系统。目前，许多科研工作者都将重点放在了设计不同功能性分子的合成途径与方法，筛选高性能生物催化剂、整合基因工程技术等方面，以实现高效生物合成。其次是合成系统的组装与精确调控。生命复杂体系的组装与模拟在超分子水平上研究生物活性分子间相互作用的本质和协同规律，在此基础上实现对组装过程的调控，创造具有特定功能的自组装体系。具体科学问题包括：①新型组件的设计、

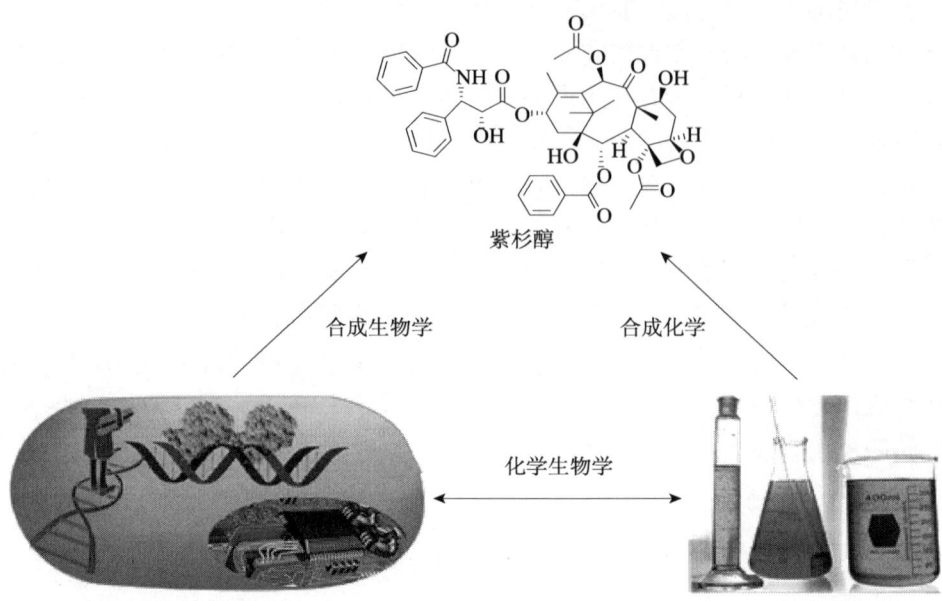

图 10-4　化学生物学实现了合成化学与向合成生物学的转化（文后附彩图）

合成与组装，以此构建物理、化学信号梯度等响应性体系（Ismagilov and Maharbiz，2007）；②通过自组装体系的研究来理解自组装的本质和规律；③多组分、多层次的合成或生物自组装体系的构造，实现对自组装过程的物质输运、能量传递、化学转换的调控；④ 进行可控复杂体系的组装，设计并构建人工生命体系等。

化学合成生物学囊括了多学科的研究内容，又以功能性小分子及系统的组装调控最为关键。而化学生物学重点发现和研究小分子及其调控机制、干扰或模拟生物过程，必将对化学合成生物学的发展有着极为有益的推动作用。在基础研究方面，化学生物学为扩展遗传密码、重构人工系统提供了理论基础。当重组表达非天然蛋白质时，蛋白质中掺入非天然氨基酸，原有的 tRNA 不能识别，这时必须扩展遗传密码借助相匹配的 tRNA 合成酶帮助实现翻译。有研究者在 *Mycoplasma capricolum* 基因组中引入吡咯赖氨酸 tRNA 合成酶，能"错误"识别精氨酸密码子，最终经翻译获得精氨酸（Krishnakumar et al.，2013）。从设计到组装、调控，化学生物学的思路和方法贯穿着整个非天然氨基酸的翻译系统。另外，化学生物学旨在寻找特异性分子探针，系统地探索靶分子生物学功能，为理解复杂的天然系统积累经验。近几十年来，通过正向或反向遗传学筛选确定活性的小分子 $10^3 \sim 10^6$ 个

(Mayr and Bojanic，2009)，如发现并验证抗肿瘤天然产物 pladienolide 的一个靶蛋白是剪接因子 SF3b 复合体（Kotake et al.，2007)，进而将 mRNA 剪接与肿瘤发生发展相关联。在应用领域，化学生物学为合理设计代谢通路，获得新型功能分子带来可能。从严格意义上说，代谢工程所得的活性分子都是天然产物，并非自然界所没有。那进一步设想，如果在青蒿素生物合成通路中，对关键酶进行点突变或整合非天然遗传系统，能否获得更高活性的青蒿素非天然衍生物，这些都值得关注和探索。可以说，化学生物学为化学合成生物学单元功能组件的设计、构建及优化提供了重要的模式基础，对合成生物学乃至整个生命科学都产生了重要的指导意义。

化学合成生物学是一门年轻的学科，自诞生之日起便存在着诸多争议，有人认为它不是一个新的学科，因为合成非天然生物活性分子在某种意义上可以视为它的雏形，人工构建新功能的分子及其组装系统只是在原有基础上的丰富与补充。然而其活力正是源自于学科的交叉前沿性、研究内容的动态性、发展的挑战性。合成化学的进程似乎可以为化学合成生物学的发展提供借鉴。1828 年，德国化学家 Wöhler 意外发现氰酸盐能分解产生尿素，第一次实现了无机物向有机物的转换。随后的 20 年合成化学发展迟缓，直至 1853 年法国化学家 Marcellin Berthelot 用甘油和硬脂酸合成了硬脂酸甘油酯，并开创性地用非天然脂肪酸合成了系列的衍生物，由此真正开启了人类对合成有机分子探索的大门。百年诺贝尔奖历史上，从合成化学大师和生物化学之父 Emil Fischer、化学染料合成大师 Adolf Von Baeyer、萜类激素合成大师 Leopold Ruzicka、生物碱合成化学家 Sir Robert Robinson、有机合成王者 Robert Burns Woodward，到近代合成化学奠基人 Elias James Corey，合成化学在各领域逐步积累并蓬勃发展。化学合成生物学也必然要经过类似的奠基发展过程，且合成化学是必不可少的助力。合成化学赋予了人们认识和改造分子的能力，是研究有机分子结构与功能强有力的工具。合成化学与合成生物学并非水火不相容，而是各取所长、优势互补，伴随着化学生物学的发展，二者将相互促进与推动，一起为人类的发展做出贡献。最后需要指出的是，技术快速发展的同时也带来了人们对生物安全和伦理道德方面的关注与担心，例如，人工制造的未经自然选择的物种是否会破坏生态平衡等。所以在发展关键技术的同时，要尽快制定相关法规和制度，促进并保障合成生物学技术健康、快速地发展。

参考文献

龚岳亭, 杜雨苍, 黄惟德, 等. 1965. 结晶牛胰岛素的全合成. 科学通报, 11: 941-945.

王德宝, 郑可沁, 裘慕绥, 等. 1983. 酵母丙氨酸转移核糖核酸的人工全合成. 中国科学, 5: 385-398.

Ajikumar PK, Xiao WH, Tyo KEJ, et al. 2010. Isoprenoid pathway optimization for taxol precursor overproduction in *Escherichia coli*. Science, 330 (6000): 70-74.

Aoki H, Tao H. 2007. Label-and marker-free gene detection based on hybridization-induced conformational flexibility changes in a ferrocene-PNA conjugate probe. Analyst, 132 (8): 784-791.

Armitage BA. 2014. Analysis of PNA hybridization by surface plasmon resonance. Methods Mol Biol, 1050: 159-165.

Atsumi S, Hanai T, Liao JC. 2008. Non-fermentative pathways for synthesis of branched-chain higher alcohols as biofuels. Nature, 451 (7174): 86-U13.

Avital-Shmilovici M, Mandal K, Gates ZP, et al. 2013. Fully convergent chemical synthesis of ester insulin: Determination of the high resolution X-ray structure by racemic protein crystallography. Journal of the American Chemical Society, 135 (8): 3173-3185.

Bailey J E. 1991. Toward a science of metabolic engineering. Science, 252 (5013): 1668-1675.

Bang D, Pentelute BL, Kent SB. 2006. Kinetically controlled ligation for the convergent chemical synthesis of proteins. Angew Chem Int Ed Engl, 45 (24): 3985-3988.

Bolli M, Micura R, Pitsch S, et al. 1997. Pyranosyl-RNA: Further observations on replication. Helvetica Chimica Acta, 80 (6): 1901-1951.

Buck PM, Kumar S, Singh SK. 2013. On the role of aggregation prone regions in protein evolution, stability, and enzymatic catalysis: insights from diverse analyses. PLoS Comput Biol, 9 (10): e1003291.

Cello J, Paul AV, Wimmer E. 2002. Chemical synthesis of poliovirus cDNA: generation of infectious virus in the absence of natural template. Science, 297 (5583): 1016-1018.

Chiarabelli C, Stano P, Anella F, et al. 2012. Approaches to chemical synthetic biology. Febs Letters, 586 (15): 2138-2145.

Chiarabelli C, Stano P, Luisi PL. 2009. Chemical approaches to synthetic biology. Curr Opin Biotechnol, 20 (4): 492-497.

Chiarabelli C, Stano P, Luisi PL. 2013. Chemical synthetic biology: a mini-review. Front Microbiol, 4: 285.

Dawson PE, Muir TW, Clark-Lewis I, et al. 1994a. Synthesis of proteins by native chemical ligation. Science, 266 (5186): 776-779.

Fang GM, Li YM, Shen F, et al. 2011. Protein chemical synthesis by ligation of peptide hydrazides. Angew Chem Int Ed Engl, 50 (33): 7645-7649.

Galm U, Wendt-Pienkowski E, Wang L, et al. 2011. Comparative analysis of the biosynthetic gene clusters and pathways for three structurally related antitumor antibiotics: bleomycin, tallysomycin, and zorbamycin. J Nat Prod, 74 (3): 526-536.

Genet MD, Cartwright IM, Kato TA. 2013. Direct DNA and PNA probe binding to telomeric regions without classical in situ hybridization. Mol Cytogenet, 6 (1): 42.

Gibson D G, Glass J I, Lartigue C, et al. 2010. Creation of a bacterial cell controlled by a chemically synthesized genome. Science, 329 (5987): 52-56.

Gil R, Silva FJ, Pereto J, et al. 2004. Determination of the core of a minimal bacterial gene set. Microbiology and Molecular Biology Reviews, 68 (3): 518-537.

Gutte B, Merrifie R. 1971. Synthesis of ribonuclease-A. Journal of Biological Chemistry, 246 (6): 1922-1941.

Huang J, Zhong Y, Sandmann G, et al. 2012. Cloning and selection of carotenoid ketolase genes for the engineering of high-yield astaxanthin in plants. Planta, 236 (2): 691-699.

Ismagilov R F, Maharbiz M M. 2007. Can we build synthetic, multicellular systems by controlling developmental signaling in space and time? Curr Opin Chem Biol, 11 (6): 604-611.

Jin G, Zhang Y, Shen H, et al. 2013. Fatty acid ethyl esters production in aqueous phase by the oleaginous yeast *Rhodosporidium toruloides*. Bioresour Technol, 150: 266-270.

Keasling JD, Mendoza A, Baran PS. 2012. Synthesis: a constructive debate. Nature, 492 (7428): 188-189.

Keefe AD, Szostak JW. 2001. Functional proteins from a random-sequence library. Nature, 410 (6829): 715-718.

Kent SBH. 2013. Bringing the science of proteins into the realm of organic chemistry: Total chemical synthesis of SEP (synthetic erythropoiesis protein). Angewandte Chemie-International Edition, 52 (46): 11 988-11 996.

Kim KM, Hong JH. 2013. Efficient electrophilic fluorination for the synthesis of novel 2'-fluoro-3'-methyl-5'-deoxyphosphonic Acid apiosyl nucleoside analogues. Nucleosides Nucleotides Nucleic Acids, 32 (10): 555-570.

Kittur FS, Bah M, Archer-Hartmann S, et al. 2013. Cytoprotective effect of recombinant human erythropoietin produced in transgenic tobacco plants. PLoS One, 8 (10): e76468.

Kotake Y, Sagane K, Owa T, et al. 2007. Splicing factor SF3b as a target of the antitumor natural product pladienolide. Nature Chemical Biology, 3 (9): 570-575.

Krishnakumar R, Prat L, Aerni HR, et al. 2013. Transfer RNA misidentification scrambles sense codon recoding. Chembiochem, 14 (15): 1967-1972.

Lam HY, Zhang Y, Liu H, et al. 2013. Total synthesis of daptomycin by cyclization via a chemoselective serine ligation. Journal of the American Chemical Society, 135 (16): 6272-6279.

Leal NA. Kim HJ, Hoshika S, et al. 2014. Transcription, Reverse Transcription, and Analysis of RNA Containing Artificial Genetic Components. ACS Synth Biol.

Li XC, Lam HY, Zhang YF, et al. 2010. Salicylaldehyde ester-induced chemoselective peptide ligations: Enabling generation of natural peptidic linkages at the serine/threonine sites. Organic Letters, 12 (8): 1724-1727.

Liao R, Liu W. 2011. Thiostrepton maturation involving a deesterification-amidation way to process the C-terminally methylated peptide backbone. Journal of the American Chemical Society, 133 (9): 2852-2855.

Liu J, Huang J, Jiang Y, et al. 2012. Molasses-based growth and production of oil and astaxanthin by Chlorella zofingiensis. Bioresour Technol, 107: 393-398.

Liu TG, You DL, Valenzano C, et al. 2006. Identification of NanE as the thioesterase for polyether chain release in nanchangmycin biosynthesis. Chemistry & Biology, 13 (9): 945-955.

Lo Surdo P, Walsh MA, Sollazzo M. 2004. A novel ADP-and zinc-binding fold from function-directed in vitro evolution. Nat Struct Mol Biol, 11 (4): 382-383.

Lou C B, Liu XL, Ni M, et al. 2010. Synthesizing a novel genetic sequential logic circuit: a push-on push-off switch. Molecular Systems Biology, 6: 350.

Luisi PL. 2002. Toward the engineering of minimal living cells. Anatomical Record, 268 (3): 208-214.

Luisi P L. 2007. Chemical aspects of synthetic biology. Chemistry & Biodiversity, 4 (4): 603-621.

Ma HM, Zhou Q, Tang YM, et al. 2013. Unconventional origin and hybrid system for construction of pyrrolopyrrole moiety in kosinostatin biosynthesis. Chemistry & Biology, 20 (6): 796-805.

Malyshev DA, Dhami K, Lavergne T, et al. 2014. A semi-synthetic organism with an expanded genetic alphabet. Nature 509: 385-388.

Mandal K, Uppalapati M, Ault-Riche D, et al. 2012. Chemical synthesis and X-ray structure of a heterochiral {D-protein antagonist plus vascular endothelial growth factor} protein complex by racemic crystallography. Proc Natl Acad Sci USA, 109 (37): 14779-14784.

Mayr LM, Bojanic D. 2009. Novel trends in high-throughput screening. Curr Opin Pharmacol, 9 (5): 580-588.

Nielsen PE, Egholm M, Berg RH, et al. 1991. Sequence-selective recognition of DNA by strand displacement with a thymine-substituted polyamide. Science, 254 (5037): 1497-1500.

Niemann H, Kues WA. 2007. Transgenic farm animals: an update. Reproduction Fertility and Development, 19 (6): 762-770.

Oberholzer T, Nierhaus KH, Luisi PL. 1999. Protein expression in liposomes. Biochem Biophys Res Commun, 261 (2): 238-241.

Oh E, Zhang Q, Jeon B. 2013. Target optimization for peptide nucleic acid (PNA) -mediated antisense inhibition of the CmeABC multidrug efflux pump in Campylobacter jejuni. J Antimicrob Chemother, 69 (2): 375-380.

Otsuka T, Shimazawa M, Nakanishi T, et al. 2013. The protective effects of a dietary carotenoid, astaxanthin, against light-induced retinal damage. J Pharmacol Sci, 123 (3): 209-218.

Pereira De Souza T, Stano P, Luisi PL. 2009. The minimal size of liposome-based model cells brings about a remarkably enhanced entrapment and protein synthesis. Chembiochem, 10 (6): 1056-1063.

Ro DK, Paradise EM, Ouellet M, et al. 2006. Production of the antimalarial drug precursor artemisinic acid in engineered yeast. Nature, 440 (7086): 940-943.

Samuels ER, Mcnary J, Aguilar M, et al. 2013. Effective synthesis of 3'-deoxy-3'-azido nucleosides for antiviral and antisense ribonucleic guanidine (RNG) applications. Nucleosides Nucleotides Nucleic Acids, 32 (3): 109-123.

Schmid G, Hofheinz W. 1983. Total synthesis of qinghaosu. Journal of the American Chemical Society, 105 (3): 624-625.

Scott JK, Smith GP. 1990. Searching for peptide ligands with an epitope library. Science, 249 (4967): 386-390.

Shao L, Qu XD, Jia XY, et al. 2006. Cloning and characterization of a bacterial iterative type I polyketide synthase gene encoding the 6-methylsalicyclic acid synthase. Biochem Biophys Res Commun, 345 (1): 133-139.

Shiraishi T, Nielsen PE. 2014. Cellular delivery of peptide nucleic acids (PNAs). Methods Mol Biol, 1050: 193-205.

Stano P. 2010. Synthetic biology of minimal living cells: primitive cell models and semi-synthetic cells. Syst Synth Biol, 4 (3): 149-156.

Stender H, Williams B, Coull J. 2014. PNA fluorescent in situ hybridization (FISH) for rapid microbiology and cytogenetic analysis. Methods Mol Biol, 1050: 167-178.

Ura Y, Beierle JM, Leman LJ, et al. 2009. Self-assembling sequence-adaptive peptide nucleic acids. Science, 325 (5936): 73-77.

Wang JB, Pan HX, Tang GL. 2011. Production of dorametin by rational engineering of the avermectin biosynthetic pathway. Bioorganic & Medicinal Chemistry Letters, 21 (11): 3320-3323.

Winssinger N, Gorska K, Ciobanu M, et al. 2014. Assembly of PNA-tagged small molecules, peptides, and carbohydrates onto DNA templates: programming the combinatorial pairing and inter-ligand distance. Methods Mol Biol, 1050: 95-110.

Wu Q, Liang J, Lin S, et al. 2011. Characterization of the biosynthesis gene cluster for the pyrrole polyether antibiotic calcimycin (A23187) in *Streptomyces chartreusis* NRRL 3882. Antimicrob Agents Chemother, 55 (3): 974-982.

Wuringege, Guo ZK, Wei W, et al. 2013. Polyketides from the plant endophytic fungus *Cladosporium* sp. IFB3lp-2. J Asian Nat Prod Res, 15 (9): 928-933.

Yan Y, Chen J, Zhang L, et al. 2013. Multiplexing of combinatorial chemistry in antimycin biosynthesis: expansion of molecular diversity and utility. Angew Chem Int Ed Engl, 52 (47): 12 308-12 312.

Yuan JP, Peng JA, Yin K, et al. 2011. Potential health-promoting effects of astaxanthin: A high-value carotenoid mostly from microalgae. Molecular Nutrition & Food Research, 55 (1): 150-165.

Zhang Q, Li Y, Chen D, et al. 2011. Radical-mediated enzymatic carbon chain fragmentation-recombination. Nat Chem Biol, 7 (3): 154-160.

Zhao Q, He Q, Ding W, et al. 2008. Characterization of the azinomycin B biosynthetic gene cluster revealing a different iterative type I polyketide synthase for naphthoate biosynthesis. Chem Biol, 15 (7): 693-705.

Zhao ZW, Cai W, Lin YL, et al. 2011. Ameliorative effect of astaxanthin on endothelial dysfunction in streptozotocin-induced diabetes in male rats. Arzneimittelforschung, 61 (4): 239-246.

Zhou J, Zhang HF, Zhang YP, et al. 2012. Designing and creating a modularized synthetic pathway in cyanobacterium Synechocystis enables production of acetone from carbon dioxide. Metabolic Engineering, 14 (4): 394-400.

第十一章 化学表观遗传学

自20世纪50年代以来,随着DNA双螺旋结构的发现,以及分子克隆、基因工程等技术手段的发展成熟,核酸决定遗传信息的传递和表达这一概念已被广泛认可。但随着研究的深入,人们发现经典的遗传学理论不能完全解释所有的遗传现象。例如,具有完全相同基因组的双胞胎可能具有不同的性格、健康状况等。这些现象提示着不涉及基因序列改变的基因表达和调控机制的存在。由此,表观遗传学随之兴起,成为近年来的研究热点。它的发展为人们研究各种生命现象及相关疾病诊断、靶向治疗等提供了新的思路。

以DNA为载体的中心法则仍是传递遗传信息的主要方式,而表观遗传学内容可作为其重要的有益补充。表观遗传现象很广,已知的有DNA甲基化(DNA methylation)、组蛋白修饰(histone modification)、基因组印记(genomic imprinting)、母体效应(maternal effect)、基因沉默(gene silencing)、核仁显性、休眠转座子激活和RNA编辑(RNA editing)等(Bird, 2007)。目前,表观遗传学的研究热点主要集中在核酸和蛋白质的共价修饰及非编码RNA的调控等方面。而且,越来越多的表观遗传学研究都伴随着化学生物学的研究手段和技术(Leconte and Romesberg, 2006),将化学生物学的发展用于表观遗传学的研究取得了重要进展(Letso and Stockwell, 2006)。以下将分别对化学生物学用于表观遗传几个基本方面的研究所取得的最新进展进行综述。

第一节 DNA甲基化

DNA甲基化是一种常见的表观遗传后修饰,它包括胞嘧啶C5-位的甲基化和腺嘌呤 N6-位的甲基化，但在真核细胞中，以胞嘧啶 C5-甲基化为主（Lister et al.，2009）。另外，基因组中的 C5-位甲基化胞嘧啶也不是随机分布的，通常发生在 CpG 二核苷的胞嘧啶上；在全基因中，CpG 二核苷在 CpG 密集区和非 CpG 密集区的分布是不均匀的，CpG 密集区也就是所谓 CpG 岛（Gardiner-Garden and Frommer，1987）。CpG 岛通常处于靠近 5′-启动子的区域，为 0.5～2.0 个碱基对。不同的物种及同一物种的不同组织中 DNA 甲基化的水平和分布都是不同的，这对它们各自相关的生理和生物学功能的正常维持有重要意义，任何的偏离都会造成功能的失衡。目前已知在正常组织中非 CpG 密集区上的 CpG 呈高度甲基化，而在 CpG 岛的 CpG 呈低度甲基化。DNA 甲基化的状态在生物体中不是固定不变的，在细胞分化、生物发育的不同阶段，甲基化与去甲基化的过程是可逆变化的。随着研究的深入，越来越多的文献报道表明核酸甲基化与多种疾病密切相关，因此，关于 DNA 甲基化的研究成为了近年来科研领域的一个焦点。

胞嘧啶甲基化是一种重要的核酸表观遗传修饰，它的发现丰富了人们对核酸类型的认识，并且随之而来的是胞嘧啶羟甲基化（5hmC）、醛基化（5fC）及羧基化（5caC）的发现，它们被称为新四大碱基（Song et al.，2012）。这些新的碱基通过对 DNA 构象，染色质结构、致密度及稳定性等的影响，进而影响到 DNA 与转录因子的结合，以及与一些结合蛋白的相互作用，从而参与基因组功能的调控。随着 Tet 酶家族的发现及其功能研究，甲基化-去甲基化机制得到了进一步完善和阐明（Tahiliani et al.，2009）。但对于这些表观遗传修饰的生物学功能还有待进一步研究。

一、细胞中 DNA 甲基化和去甲基化的机制研究

DNA 甲基化现象最早于 20 世纪 90 年代由爱丁堡大学的 Adrian P Bird 教授和约翰·霍普金斯医学研究所的 James G Herman 教授提出：DNA 启动子区域的 CpG 岛甲基化可导致肿瘤细胞抑癌基因失活，表观基因改变在肿瘤发生和演进中的作用开始受到了人们的高度重视（Herman et al.，1994；Tate and Bird，1993）。随后，在 DNA 甲基化过程中发挥重要功能的 DNA 甲基转移酶家族蛋白开始进入人们的关注视线。DNA 甲基转移酶（DNA methyltransferase）能够催化一分子甲基转移到核苷酸相应位置，目前已知的大多数 DNA 甲基化转移酶都以 S-腺苷-L-蛋氨酸（SAM）作为甲基供体。

在哺乳动物细胞内，已经鉴定的 DNA 甲基转移酶有 3 种，分别为 DNMT1、DNMT3A 和 DNMT3B。以 DNMT1 为例，它是哺乳动物细胞内含量

最高、作用最广的 DNA 甲基转移酶。DNMT1 主要以基因组 DNA 中 CpG 岛二核苷酸半甲基化的碱基为甲基化对象，生成 5-胞嘧啶甲基化产物。DNMT1 的催化机制如下所示：当 DNA 甲基化酶结合 DNA 后，目的碱基 C 从 DNA 双螺旋中翻转，进而突出于双螺旋结构之外并嵌入酶的袋形催化结构域里。与此同时，碱基对氢键断裂，邻近碱基间堆积作用缺失。DNA 甲基转移酶的活性位点保守序列 PCQ 中的半胱氨酸残基的硫醇基对底物 C6 位碳进行亲核作用，并形成共价键激活。由于 S-腺苷蛋氨酸的甲基基团结合于 S 原子上，分子极不稳定，在酶的作用下甲基从 SAM 转移至被激活的 C5，随着 C5 位上质子的释放与共价中间物的转变，最终完成 DNA 甲基化修饰过程（Bestor，2000；Das and Singal，2004）（图 11-1）。DNMT1 蛋白在哺乳动物细胞中行使着重要的生物学功能，DNMT1 缺失的突变型胚胎干细胞显示出基因组 DNA 甲基化水平大幅度下降，而 DNMT1 基因敲除的纯合子小鼠在妊娠期的 9~11 天死亡。

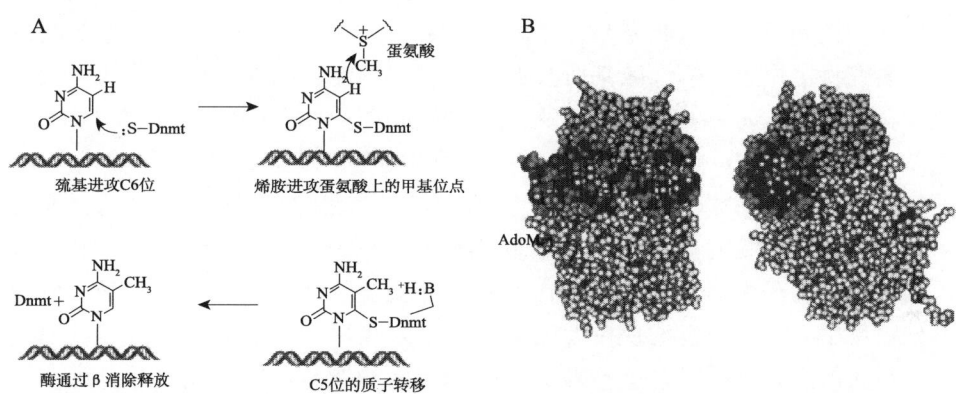

图 11-1　DNA 甲基转移酶（5-胞嘧啶）DNMT 的结构及催化机制（文后附彩图）
资料来源：Bestor，2000

在 DNA 甲基化转移酶发现后，人们试图寻找细胞内 DNA 去甲基化酶。2008 年，哈佛大学化学与化学生物学系 David R Liu 教授及哈佛大学医学院的 Anjana Rao 教授联合提出，哺乳动物细胞中 Tet1 蛋白行使着催化 DNA 由 5mC 向 5hmC 的转化过程。通过荧光染色共定位野生型/突变型 Tet 蛋白和 5mC，作者发现在 HEK293 细胞中，Tet1 蛋白的过表达会降低细胞中 5mC 的水平，揭示了哺乳动物细胞中不同类型的胞嘧啶甲基化之间的转换机制（Tahiliani et al.，2009）。

Tet1 蛋白不但参与细胞中基因组 DNA 由 5mC 向 5hmC 的转化过程，而且参与调控胚胎干细胞自我更新和多能分化的特异性（Das and Singal，2004）。在小鼠胚胎干细胞中，Tet1 蛋白与 DNMT1 蛋白协同调控 Nanog 蛋白的表达，从而影响胚胎干细胞向成熟体细胞的特异性分化过程。哺乳动物细胞中 DNA 的甲基化和去甲基化调控着许多重要的生命过程。DNA 甲基转移酶和去甲基化酶在其中扮演着关键角色，它们的功能变化在机体发育和疾病发生发展中起着重要作用。然而，目前有关 DNA 甲基化和去甲基化的作用机制与功能还有待深入研究，特别是探讨环境与 DNA 甲基化之间的关系，将进一步提高化学物质暴露引起的基因表达和蛋白质水平变异的辨析率，并加速认识表观遗传学改变在人类生长与发育、疾病发展过程中的作用机制。

二、基因组中 DNA 甲基化位点测定

虽然特殊修饰碱基：胞嘧啶甲基化（5mC）、胞嘧啶羟甲基化（5hmC）、醛基化（5fC）及羧基化（5caC）等在基因组中丰度均较低，但却具有重要的生物学功能和意义。因此需要开创新的方法和手段测定它们在基因组中的位置并研究特定位置的修饰碱基所具有的生物学功能。在这方面，芝加哥大学从事化学生物学研究的何川教授及其合作者完成了大量工作，他们在 2011 年的 Nature Biotechology 发表，通过酶学反应将羟甲基胞嘧啶的羟甲基用一个叠氮基修饰的葡萄糖保护（图 11-2），再用炔基取代的生物素标记，这样实现了对羟甲基胞嘧啶的富集和单碱基分辨率的测序分析（Song et al.，2010），证实了胞嘧啶羟甲基化修饰除存在于神经细胞及脑细胞外，也存在于人体的其他细胞中。并且他们发现在大鼠小脑细胞内羟甲基胞嘧啶的含量与基因表达有很大的联系，同时，这种羟甲基胞嘧啶的修饰与年龄相关，并且可能导致神经衰退紊乱（Yu et al.，2012）。

随后，何川教授、徐国良教授等在《细胞》杂志上报道了小鼠胚胎干细胞中醛基胞嘧啶图谱（图 11-3），他们利用化学还原法（chemical reduction）将醛基还原为羟甲基，并结合生物素标记，达到了对醛基胞嘧啶的富集和基因组测序，并揭示出 5fC 倾向于出现在基因调控元件中非活性状态的增强子上（Song et al.，2013）。利用 Tdg 缺陷的 mESC，研究者进一步证实了 5fC 与 p300 存在协调作用，重塑了增强子的表观遗传状态。这一过程并不受 5hmC 的影响，而是与 5hmC 的进一步氧化相关，通过 5fC 使得增强子区域 DNA 发生了去甲基化。最后，研究人员通过亚硫酸氢盐处理及随后的重亚硫酸盐测序，得到了单碱基分辨率的醛基胞嘧啶在基因组中的位点分布。

何川课题组利用化学修饰法结合传统的重亚硫酸盐测序法也实现了对

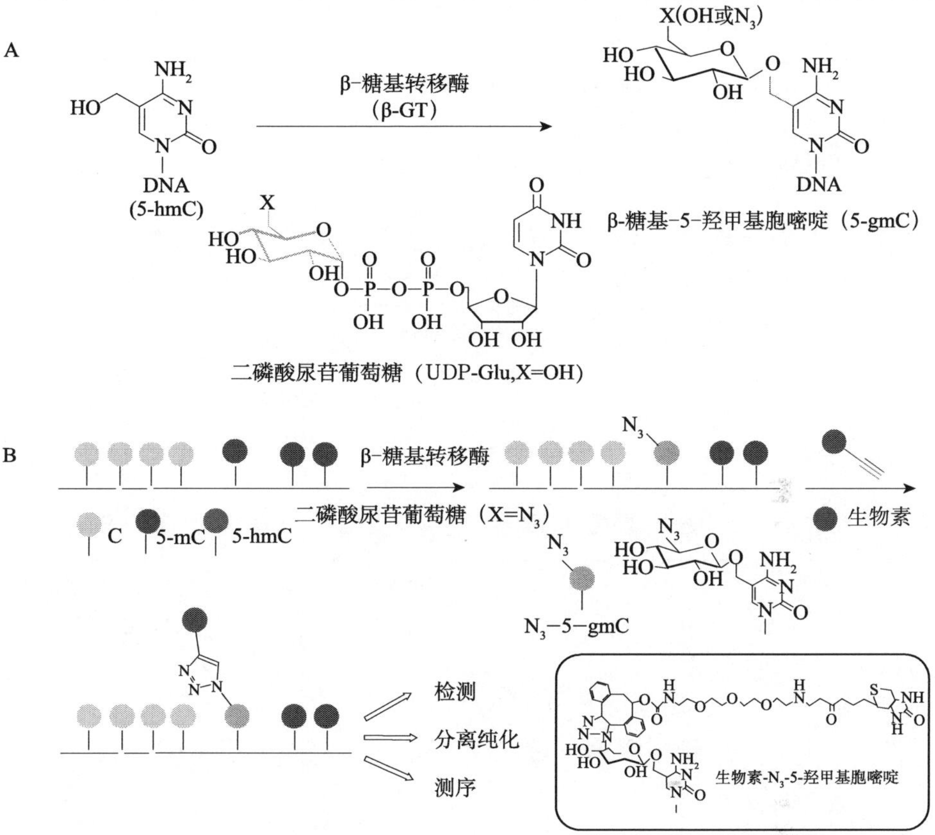

图 11-2 羟甲基胞嘧啶的化学生物学检测（文后附彩图）

资料来源：Song et al.，2010

羧基胞嘧啶的富集和单碱基分辨率的检测（Lu et al.，2013）。他们借助1-(3-二甲氨基丙基)-3-乙基碳二亚胺（EDC）催化胺与羧基反应生成酰胺的反应，筛选出与羧基胞嘧啶上羧基具有较高反应活性的伯胺化合物，并且发现形成酰胺化物后的胞嘧啶，在重亚硫酸盐处理中不会被脱氨基化，这样，通过 EDC 催化偶联反应前后的测序比对就能得到羧基胞嘧啶的位点（图 11-4）。

三、DNA 甲基化过程的小分子调控因子

由于正常细胞和病变细胞的基因组 DNA 甲基化水平具有较大的差异，基因组 DNA 甲基化水平已作为疾病检测、预防及治疗的重要生物学指标。而调控 DNA 甲基化水平的小分子化合物的发现，更为人们据此设计合成具

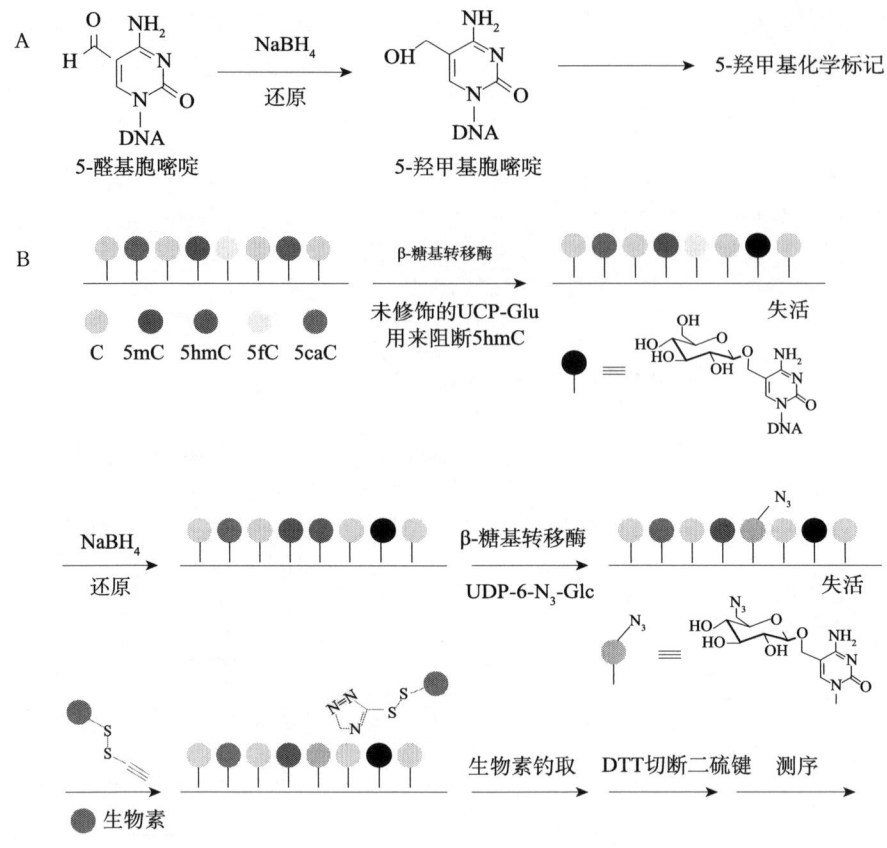

图 11-3　醛基胞嘧啶的化学生物学检测（文后附彩图）

资料来源：Song et al.，2010

有靶向功能的药物前体提供了理论依据。

DNA 甲基转移酶抑制剂是目前研究得最为深入的一类小分子抑制剂。在 DNA 甲基化异常激活的癌细胞中，使用 DNA 甲基转移酶抑制剂能够靶向 DNMT 家族蛋白，从而实现抑制癌细胞异常甲基化的现象，达到治疗癌症的目的。目前正在研究开发的 DNA 甲基转移酶抑制剂，按照化学结构主要分为核苷和非核苷两大类（图 11-5）。核苷类抑制剂能够掺入 DNA 代替正常的胞嘧啶并与 DNMT 蛋白共价结合；而非核苷类抑制剂则与 DNMT 蛋白的催化活性中心发生非共价的结合，抑制其与底物 DNA 的结合，以实现抑制甲基转移酶的活性。

以核苷类抑制剂阿扎胞苷（5-azacytidine）为例，该化合物于 20 世纪 60 年代由捷克化学家开发，直到 1980 年才通过研究发现，它是通过抑制 DNA

基于EDC偶联反应的羧基胞嘧啶的检测

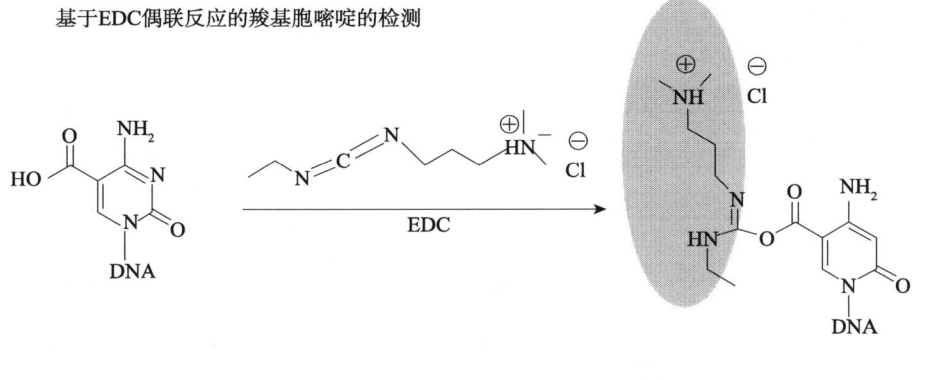

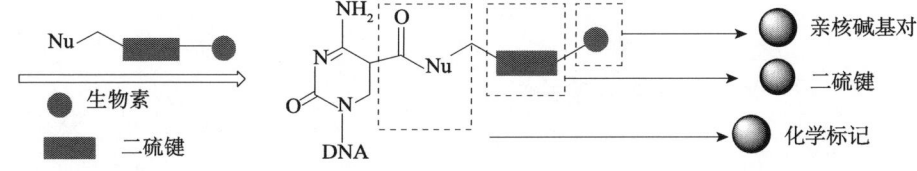

图 11-4 羧基胞嘧啶的检测（文后附彩图）

资料来源：Lu et al., 2013

甲基化来发挥抗肿瘤活性的（Christman，2002）。阿扎胞苷也是第一个作为 DNA 甲基转移酶抑制剂投入到白血病治疗的临床试验中的。但由于其极强的细胞毒性和胃部不适的不良反应，最终没能成为上市药物。但基于阿扎胞苷的结构及其与 DNMT 的相互作用机制的研究，其衍生化合物作为更强的 DNMT 抑制剂的研究仍在进行。同类型的地西他滨（decitabine，5-氮杂-2-脱氧胞苷）也表现出了良好的肿瘤生长抑制活性和更低的细胞毒性（图 11-6）。目前已经在急性髓细胞白血病（AML）、骨髓增生异常综合征（MDS）和慢性粒细胞白血病（CML）治疗的研究中取得一定效果，并于 2006 年被美国食品药品监督管理局（FDA）批准用于 MDS 和 CML 等恶性血液系统疾病的治疗（Goffin and Eisenhauer，2002；Palii et al.，2008）。

对于 DNA 甲基转移酶抑制剂的筛选和设计有助于深刻认识哺乳动物细胞内 DNA 甲基化的分子机制并使其可控从而实现对于疾病的治疗。目前的研究方向除了开发已知类型的核苷类和非核苷类抑制剂外，通过化合物库进行高通量筛选得到新型小分子抑制剂的方法也被广泛采用（Ceccaldi et al.，2013），从而更加丰富了将 DNMT 抑制剂作为靶向癌症治疗药物的可能性。

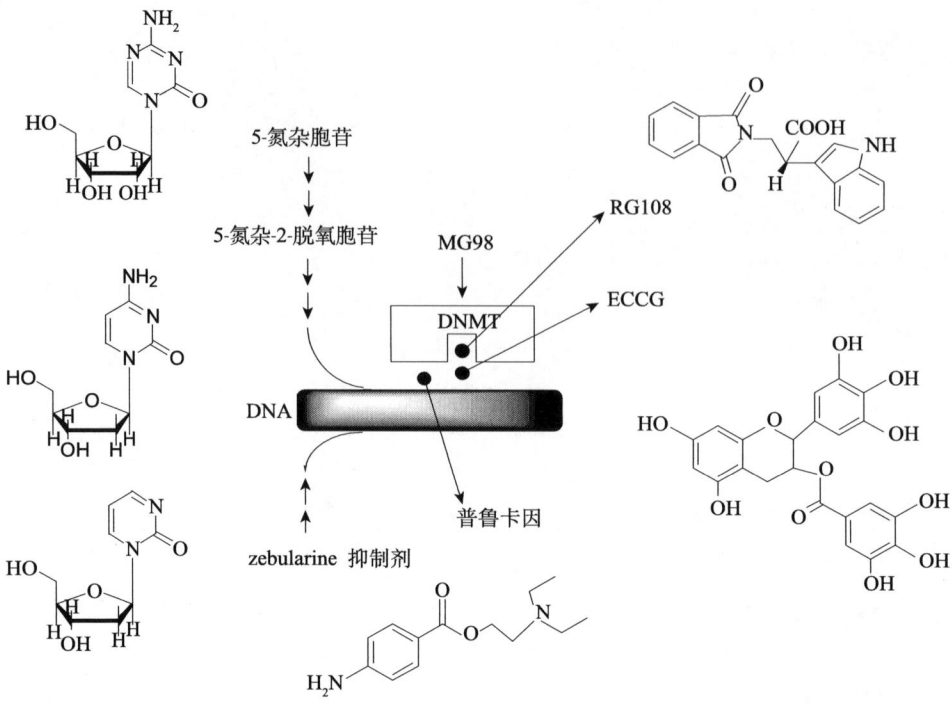

图 11-5　不同类型的 DNMT 抑制剂

资料来源：Christman，2002；Lu et al.，2013

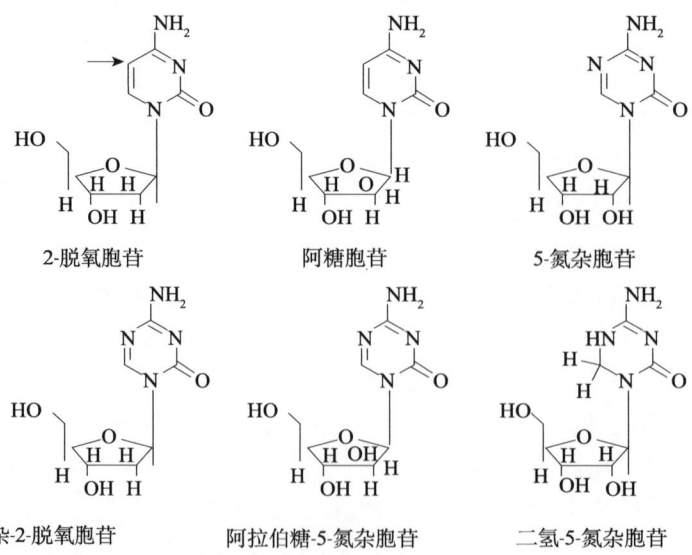

图 11-6　几种典型性核苷类 DNMT 抑制剂

资料来源：Christman，2002

第二节 组蛋白的共价修饰

一、组蛋白共价修饰的类型及检测手段

组蛋白与基因组 DNA 紧密相连，发生在组蛋白特定氨基酸上的共价修饰使得其结构发生改变，从而影响组蛋白与 DNA 的结合，进而影响染色质的致密程度及一些转录因子与启动子的结合，最终影响基因的转录和表达（Karliĉ et al.，2010）。组蛋白修饰主要包括甲基化、乙酰化、磷酸化、泛素化等，其中研究得较多的是甲基化-去甲基化（Barski et al.，2007）和乙酰化-去乙酰化过程（Masumoto et al.，2005）。组蛋白的共价修饰通常发生在游离的氮端的一些氨基酸残基上，例如，甲基化通常在赖氨酸、精氨酸的侧链 N 上，乙酰化位点通常在赖氨酸上。与核酸的共价修饰相似，组蛋白的共价修饰在体内也不是固定不变的，在组蛋白修饰的同时也存在去修饰的过程，相应的生物功能也不同。组蛋白甲基化通常会引起基因沉默，去甲基化则相反，乙酰化常引起转录激活，而去乙酰化则相反。组蛋白的化学修饰和 DNA 的甲基化修饰密切相关，关于它们之间先有谁，以及谁决定谁的争议一直存在，目前已有的文献表明，它们是相互促进，相互影响的（Cedar and Bergman，2009）。

2011 年，*Cell* 的一篇文章中，美国芝加哥大学 Ben May 癌症研究所的研究者利用赖氨酸丙酰化的方法结合高分辨率的轨道阱质谱仪对组蛋白的表观遗传修饰进行了分析（图 11-7），在原有报道基础上发现了 67 种新的修饰，大大扩展了人们对组蛋白的翻译后修饰的认识（Tan et al.，2011）。组蛋白具有高含量的赖氨酸及精氨酸残基，因此普通的水解过程通常得到较短的亲水性肽段，这为质谱分析带来了问题，因为普通的 C18 反向柱对亲水性物质的保留时间较短。因此，研究者借助了化学修饰来解决这个问题，将组蛋白的氨基酸残基做一些衍生化处理，如赖氨酸的丙酰化，处理后的氨基酸残基的电荷效应及位阻等因素发生改变，使得它们在水解时的反应活性改变，进而得到不同的水解肽段。通过对化学处理前后水解产物的质谱比对分析，就可以分析出不同的组蛋白翻译后修饰。

除了将化学修饰法引入组蛋白表观遗传的研究外，一些小分子化合物也被开发用作研究组蛋白表观遗传的探针。哈佛大学 Schreiber 等从 20 世纪 90 年代起就在这方面从事着大量研究并取得了重大成果。Schreiber 等主要利用多向合成将小分子在生物学研究中的应用系统化。早在 1996 年，他们就利用

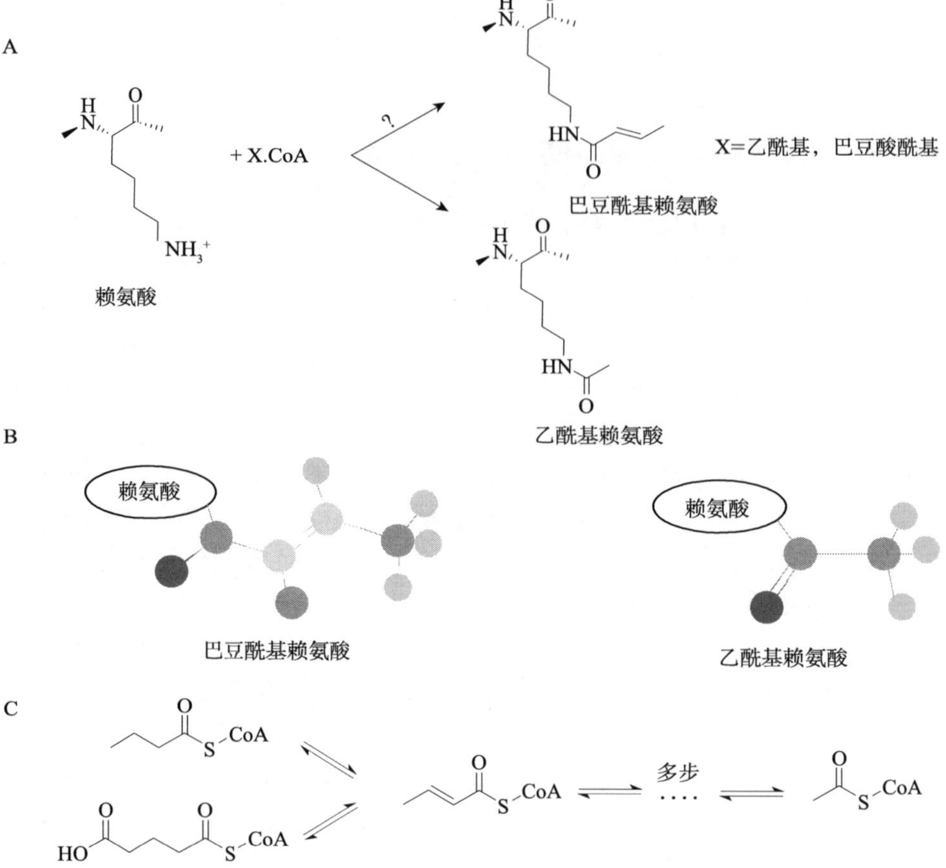

图 11-7 组蛋白修饰的质谱法检测

资料来源：Tan et al.，2011

小分子化合物 trapoxin 和 depudecin 作为探针来研究组蛋白脱乙酰基酶 (Taunton et al.，1996)。在 2003 年前后他们还建立了一个小分子化合物的库，分别针对微管蛋白和组蛋白的去乙酰化酶，筛选合成出了不同的化合物作为研究的探针。不仅是组蛋白乙酰化研究，在组蛋白甲基化的生物功能方面，也有一些有机小分子化合物作为甲基转移酶抑制剂被开发出来。2012年，Schreiber 等筛选出一个甲基化供体 SAM 的类似物，可以作为针对甲基转移酶，包括 G9a 的选择性竞争型抑制剂（图 11-8）。该小分子化合物能够起到降低 G9a 表达活性的作用，可以作为探针来研究 G9a 蛋白的生物学活性 (Yuan et al.，2012)。

此外，一些基于荧光响应的小分子探针也被用于组蛋白翻译后修饰的研

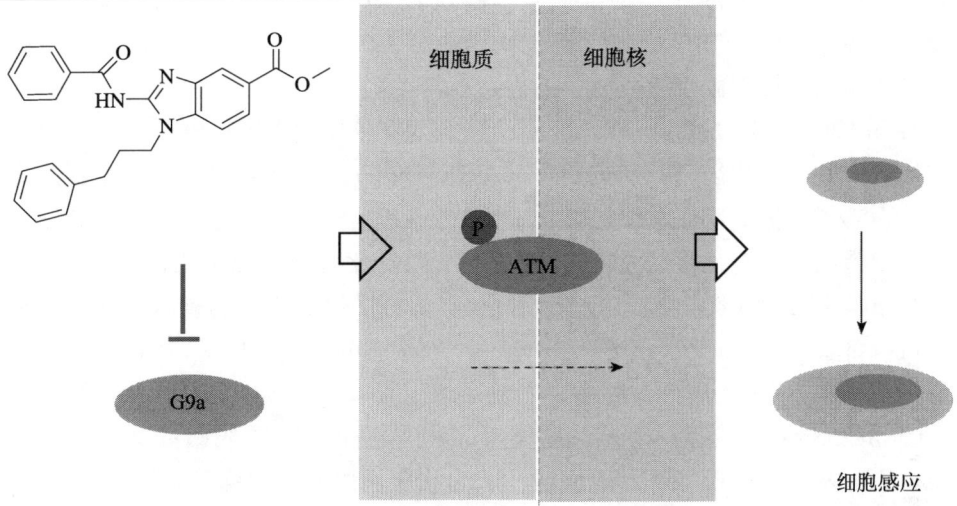

图 11-8　组蛋白修饰的生物功能研究

资料来源：Yuan et al.，2012

究。Ito 等报道了通过荧光小分子标记，对组蛋白乙酰化在不同细胞周期的改变进行实时动力学监测（Sasaki et al.，2012）。Takanaka 也用类似的手段，实现了对组蛋白 H3 赖氨酸的修饰在细胞内的分布检测，并发现它不受细胞生长发育的影响（Hayashi-Takanaka et al.，2009）。另外，Kundu 等利用小分子化合物白花丹醌作为赖氨酸乙酰转移酶 KAT3B/p300 的抑制剂，来研究乙酰化抑制对不同种类组蛋白翻译后修饰之间相互关联的影响（Ravindra et al.，2009）。结果表明，白花丹醌对组蛋白 H3 乙酰化的抑制也会导致对 H3 赖氨酸 4 三甲基化（H3-4kMe$_3$）的抑制，以及对丝氨酸 10 磷酸化的抑制，但是对其他一些位点的氨基酸修饰不产生影响，如赖氨酸 9 的二甲基化、三甲基化。这些结果揭示出了组蛋白的不同化学修饰之间新的相互关联及相关信号通路。

二、组蛋白去乙酰化抑制剂在药物研发中的应用

组蛋白去乙酰化抑制剂（histone deacetylase inhibitor，HDACI）是一类具有抑制组蛋白乙酰化过程的小分子化合物。组蛋白去乙酰化酶通过对组蛋白去除乙酰基，使 DNA 更紧密地缠绕在组蛋白上，从而导致这些 DNA 不易被基因转录因子所接触。结果导致与细胞分化、细胞周期阻滞、肿瘤免疫、受损细胞凋亡等有关的蛋白质的表达受到抑制。这些因素都会促使癌症的发

展。而组蛋白去乙酰化酶抑制剂通过控制 DNA 缠绕于组蛋白的松紧程度来发挥作用，其能有选择性地恢复这些癌症抑制因子和其他抗癌基因的表达，还能够间接地抑制血管生成因子的表达，帮助阻断对于肿瘤的血液供应（Liu et al.，2006）。HDACI 早期作为情绪稳定剂和抗癫痫药被广泛应用于神经类疾病的研究和治疗当中；而近期，HDI 所具有的抗癌及治疗炎症相关疾病的特性引起了人们的广泛关注。

组蛋白去乙酰化酶抑制剂包括结构不同的化合物，目前发现的 HDACI 按其结构可分为 4 类，按照抑制强度由强至弱排列如下：①氧肟酸盐类，如曲古柳菌素 A（trichostatin A，TSA），TSA 是第一个被发现具有抑制组蛋白乙酰化酶活性的天然氧肟酸；②环肽类，如天然产物缩酚酸肽 FK-228、apicidin 和环氧肟酸等；③苯酰胺类及亲电性的酮类；④脂肪酸类，如丁酸盐、丁酸苯脂、丙戊酸等。丙戊酸已成为临床使用的抗癫痫药。TSA 及其衍生类抑制剂属于非选择性抑制剂，可以同时抑制 I 类和 II 类组蛋白去乙酰化酶。而对于一些苯酰胺类抑制剂则具有选择性抑制作用（Dokmanovic et al.，2007）。

2006 年 10 月，美国 FDA 正式批准第一个组蛋白去乙酰化酶抑制剂 suberanilohydroxamic acid（缩写为 SAHA；商品名为 vorinostat 伏立诺他）成为上市药物，该分子属于氧肟酸盐类抑制剂，主要治疗皮肤类 T 细胞淋巴瘤及其相关疾病（Mann et al.，2007）。2009 年 11 月，罗米地辛（romidepsin）作为另一个环肽类抑制剂，也得到了美国 FDA 批准，成为了治疗皮肤类 T 细胞淋巴瘤的推荐临床用药（Bertino and Otterson，2011）。目前，处于临床试验的组蛋白去乙酰化酶抑制剂类药物分子多达 20 多个，多用于多发型骨髓瘤、白血病，以及多种实体瘤的临床治疗。

第三节 非编码 RNA 的调控

DNA 是遗传信息的载体，它所携带的遗传信息经由 RNA 表达为各种蛋白质，RNA 承担着遗传信息中间传递者的角色。然而，基因组计划的完成揭示出大约只有 2% 的基因序列是用来编码蛋白质的，大量的基因序列能转录为 RNA 但并不编码蛋白质，非编码 RNA 就是不能编码为蛋白质的 RNA 分子的总称（Ren，2010）。广义上的非编码 RNA 包括 tRNA、rRNA 及各种具有调控功能的非编码 RNA，而具有调控功能的非编码 RNA 主要包括近年来的研究热点：siRNA、microRNA、piRNA 及长链非编码 RNA（lncRNA）。非编码 RNA 与核酸及组蛋白表观遗传修饰间的相互关系目前研究得并不太充分，但仍然有部分研究表明它们之间存在着重要的关联（Keller et al., 2013）。有文献报道在植物中存在 RNA 依赖的 DNA 甲基化过程，与目的基因启动子同源的 dsRNA 可以导致基因甲基化水平的升高（Sijen et al., 2001）。另外，Dicer 酶、RdRP 酶、Agronaute 蛋白等的缺失都可能造成 DNA 甲基化水平的改变（Zilberman et al., 2003）。也有文献提出了植物中 microRNA 与 DNA 甲基化的关联性（Bao et al., 2004）。最近的研究也表明，siRNA 可以靶向不同的基因，尤其是启动子部分，通过使 DNA 甲基化来介导基因转录沉默（Morris et al., 2004）。这些研究结果都显示出非编码 RNA 在表观遗传中的调控功能与 DNA 及组蛋白的表观遗传是相互影响的。非编码 RNA 的化学生物学研究能够推动在分子水平上对非编码 RNA 的结构和功能的认识，从而实现精确修饰和有效调控。这也正成为化学与生物、医学交叉融合的多学科研究中的重要研究方向。非编码 RNA 作为新型的疾病标志物或疾病治疗靶标，正越来越显现出重大应用前景。本部分将着重介绍国内外与非编码 RNA 相关的化学生物学研究进展，主要以 siRNA、microRNA、lncRNA 这几类非编码 RNA 及与其相关的核开关（riboswitch）进行介绍。

一、siRNA 的功能及其化学生物学研究进展

RNA 干扰（RNAi）是 20 世纪 90 年代发现的一种重要的转录后基因沉默现象。将与靶基因转录产物 mRNA 同源的双链 RNA 转入细胞中，诱导靶 mRNA 降解，进而导致该基因沉默（Hamilton and Baulcombe, 1999）。在 RNA 干扰的过程中，siRNA 是重要的中间产物，也是重要的效应分子。siRNA 是来源于长双链 RNA 经过 Dicer 酶加工而形成的 21～25 个核苷酸长度的双链 RNA 分子，siRNA 两条单链都是 $5'$-磷酸化。siRNA 的形成是 RNA 干扰的第一步，随后 siRNA 中的反义链与解旋酶、核酸酶等多种蛋白质及其他一些因子形成 RNA 诱导沉默复合体（RISC），并且进一步通过碱基互补配对来识别同源 mRNA，导致该 mRNA 的降解（Elbashir et al., 2001）。siRNA 靶向基因启动子介导转录后基因沉默的过程与异染色质的形成相关，在 RNA 干扰途径中，AGO-1 蛋白、AGO-2 蛋白、RNA 聚合酶Ⅱ、TAR RNA 结合蛋白 2 等蛋白因子的协同作用十分重要。外源导入细胞的小干扰 RNA 通常是化学合成的，siRNA 除了用作 RNA 干扰的工具，其调控途径的分子机制研究也在不断深入（Wassenegger, 2005; Zamore et al., 2000）。

2004年9月，*Nature*上的一篇文章报道了哺乳动物细胞内siRNA介导的DNA甲基化和组蛋白H3甲基化，这是继前期植物细胞中发现siRNA介导DNA甲基化，导致基因沉默的又一重大发现（Kawasaki and Taira，2004）。文章中研究发现，在MCF-7及正常的乳腺上皮细胞中，合成的siRNA，通过靶向*E-cadherin*基因启动子区的CpG岛导致明显的DNA甲基化及组蛋白H3赖氨酸9的甲基化增加，同时抑制*E-cadherin*的基因转录水平。同时，DNA甲基转移酶DNMT1或DNMT3B中任何一个的表达被干扰，都会使DNA甲基化被阻碍。这表明，siRNA可以靶向基因启动子区的CpG岛，并通过甲基转移酶依赖的DNA甲基化导致转录后的基因沉默。

随后，2005年*Nature Genetics*也报道了短双链RNA靶向*CDH1*基因启动子，导致该基因沉默，相应蛋白质表达被抑制（Ting et al.，2005）。然而，在研究该基因启动子区被dsRNA靶向的CpG岛位点时，发现多数CpG岛位点的甲基化水平没有明显变化。由于染色质的修饰也可能与RNA依赖的DNA甲基化有关，研究者也考察了染色质修饰的情况。结果显示，RNA依赖的转录后基因沉默，同样涉及组蛋白修饰，以及随之产生的组蛋白活性状态的变化。类似的，针对其他一些基因的转录后基因沉默的研究也在同时期文献中有所报道，例如，针对*EF1A*基因启动子的siRNA处理，可以导致组蛋白H3K9及H3K27的甲基化增加，同时也发现siRNA中单独的反义链也可以引起转录后基因沉默（Weinberg et al.，2006）。这些研究都揭示出siRNA的RNA干扰机制与DNA及组蛋白的表观遗传修饰有密切联系，它们之间是相互影响、相互产生的。

随着RNAi作为一种主流的分子工具被越来越多地用于研究动物细胞中相关基因的功能，如何提高双链siRNA的稳定性以增强其在RNAi中的使用效率是亟待解决的关键问题。普遍的观点认为：RNA酶不具有序列特异性。最近发现双链RNA序列中存在着类似"热点"位点，易于被RNA酶识别并切割（Hong et al.，2010）。因此，设计和合成具有更加稳定性能的siRNA的化学修饰方法也被越来越多的化学生物学家所关注。通过化学修饰，例如，将siRNA两条链的磷酸骨架硫代修饰并在$2'$-位上甲氧基修饰后，可大大提高siRNA抗核酸酶剪切的稳定性（Soutschek et al.，2004）；另外，siRNA链不同位点的$2'$-位甲氧基修饰会影响siRNA的活性，以及与RISC的结合能力。siRNA的14位通过单$2'$-位甲氧基修饰后，不仅丧失了RNA干扰的活性，也降低了其上载到RISC的能力。该研究揭示了siRNA链与RNAi效应蛋白AGO2相互作用的关键位点（Zheng et al.，2013）。在siRNA正义链的

3′-端偶联一个胆固醇分子后，得到的 siRNA 活性得以保持，并且具有更好的生理活性（Wolfrum et al., 2007）。有研究表明，化学合成的双链 RNA 同样可被 Dicer 酶作用，而且长度为 25～30 个核苷酸的合成双链 RNA 比 21 个核苷酸的 siRNA 的活性高出上百倍（Abe et al., 2011）；化学合成的带有茎环结构的哑铃型环状 RNA 也可被细胞内的 Dicer 酶识别并切割，从而在胞内被转化成双链 RNA 并行使 RNAi 功能，且此类 RNA 在血清中有很好的稳定性（Abe et al., 2011）。同时，非天然碱基的引入也能够改善 siRNA 稳定性差和脱靶效应等缺陷，将 5-硝基吲哚逐点引入 siRNA 正义链各个位置，能够在保证反义链活性不受影响的同时，大大降低正义链活性引起的脱靶效应（Zhang et al., 2012）。

结合高效的化学连接方法对 siRNA 进行结构修饰并实现特定的功能也是 siRNA 研究领域的热点和前沿，偶联量子点的方法也被用于 siRNA 的筛选，适配子偶联 siRNA 则是另一种提高 siRNA 靶向选择性的方法（Gill et al., 2005）。将端炔基团修饰在 siRNA 的 3′-端上，再通过 Click 反应即可方便、高效地在 3′-端引入胆固醇类、叶酸类或花生四烯乙醇胺类分子等（Winkler, 2013）。同时，具有良好生物相容性的巯基-迈克尔加成反应也可以用来对 siRNA 双链末端进行修饰。linker 分子与单链末端的巯基反应，能够形成 3 种不同类型的交联 siRNA，左端发夹结构 RNA（LhpRNA）、右端发夹结构 RNA（RhpRNA）及双端交联的哑铃型 RNA（dbRNA），这 3 种交联型的 siRNA 均显示出较高的稳定性，且可被 Dicer 酶切割产生 siRNA 的活性，其中 RhpRNA 显示出极强的 RNAi 效率，IC_{50} 值可达皮摩尔/升数量级（图 11-9）（Wei et al., 2013）。

值得注意的是，除了对 siRNA 进行化学修饰外，通过其他途径也可能对用于 RNAi 的双链 RNA 起稳定化的作用，如增强可对双链 RNA 起保护作用的蛋白质的活性或抑制可降解双链 RNA 的酶如 RNA 解旋酶等。氟化喹诺酮类抗生素分子，被发现能够对 siRNA 所产生的 RNAi 起到显著的增强效果，以依诺沙星分子为例，其可将达到同样的 RNAi 效果所需的 siRNA 的用量降低为原用量的 1/5～1/2（Zhang et al., 2008）。这些研究也在很大程度上拓展了与 siRNA 相关的化学生物学研究范畴，同时小分子探针的发展与应用也必将促进人们对 siRNA 作用的相关机制在分子水平上的深入理解。

二、microRNA 的功能及化学生物学研究进展

microRNA 是近年来研究的另一个热门课题，它与 siRNA 既有相似之

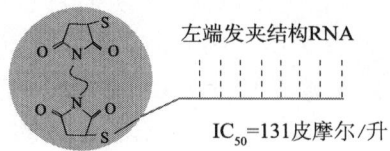 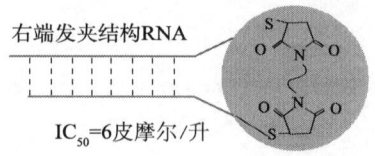

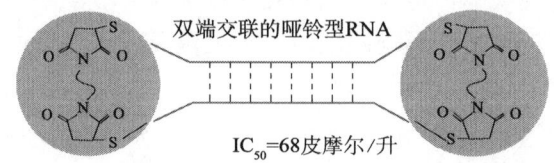

图 11-9 通过巯基-迈克尔加成反应实现的 siRNA 结构修饰

资料来源：Wei et al.，2013

处，又有区别，它同样也在基因调控中发挥着重要功能（Chen and Rajewsky，2007）。microRNA 具有与 siRNA 类似的长度，也由 Dicer 酶剪切加工而成，具有与 siRNA 类似的基因沉默功能（Bartel，2009）。但其与 siRNA 不同的是，成熟的 microRNA 需要经过 Drosha 和 Dicer 两种酶的加工，经由 pri-microRNA 到 pre-microRNA 再到成熟的 microRNA（Guo et al.，2012）。在生物学功能方面，microRNA 通过碱基互补配对识别靶 mRNA，根据互补的程度不同，如果完全互补，会导致 mRNA 被降解；如果部分互补，则可以抑制 mRNA 的表达。microRNA 同时参与着生物体内其他的基因调控途径，影响着细胞的增殖分化等一系列过程。microRNA 的调控机制十分复杂，一种 microRNA 可能调控多个不同基因的表达，也可能一个基因需要多种 microRNA 共同调控。正因为 microRNA 的作用机制复杂，目前只有一小部分功能被阐明，但由于它与多种疾病关系密切（De Guire et al.，2013），因此基于其功能、机制的研究，以及检测方法的开发都是目前的研究重点和热点。

在关于 microRNA 介导的转录后基因沉默的机制研究中，除已知的 AGO 家族蛋白在其中起重要作用外，近些年的系列研究报道了 GW182 家族蛋白在 microRNA 介导转录后基因沉默的过程中也起着重要作用（Eulalio et al.，2008）。研究发现仅仅是 AGO 家族蛋白，对于 microRNA 与靶 mRNA 部分互补的情况并不能介导转录后基因沉默，而是需要与 GW182 家族蛋白形成复合物共同作用，GW182 家族蛋白的缺失会抑制 microRNA 靶向的转录后基因沉默。另外，GW182 家族蛋白无论是在 microRNA 的生物合成中，还是对

AGO 家族蛋白表达水平的维持及 microRNA 被组装进 AGO 蛋白这些过程中都不是必要的。但这种蛋白质又确定与 AGO 蛋白共同存在于 RNA 诱导沉默复合体中，而且它在抑制和降解 mRNA 时的活性不依赖于 AGO 蛋白，因此认为 GW182 家族蛋白起作用是在诱导基因沉默的效应步骤中，并且是处在 microRNA 组装和加工的下游。GW182 家族蛋白起作用有两个重要的结构域，一个是 AGO-结合结构域，另一个是起降解或抑制 mRNA 作用致使基因沉默的结构域。

microRNA 介导的基因调控涉及转录抑制、脱腺苷、mRNA 降解等几个密切相关的过程，关于这几者之间的相互关系和发生的顺序，2012 年《科学》杂志报道了通过研究果蝇 S2 细胞表达系统的动力学，揭示出 mRNA，包括自然的和 3′-非编码区改造过的带有 microRNA 识别位点的，都是先经过翻译抑制，然后才是脱腺苷、mRNA 降解等过程（Djuranovic et al.，2012）。然后通过进行自然翻译延伸暂停，也发现 microRNA 介导的基因沉默在早期是抑制翻译，而且可能抑制翻译的起始过程。

2012 年 *PLoS One* 报道了非常规 RNA 剪接模式导致的环状 RNA 是人体细胞中基因表达的普遍特征，这基于前期测序技术的发展（Salzman et al.，2012）。在此之前，普遍认为线型 RNA 分子是普遍形式，但是测序技术的不断改进使得越来越多的 RNA 序列数据显示有大量无尾巴 RNA。随后，2013 年发表在《自然》杂志上的文献报道了一种长度约 1500 个核苷酸的环状 RNA 分子在人和鼠的脑细胞中表达，并且这种环状 RNA 分子起着与 microRNA 结合并能抑制 microRNA 功能的作用，这种作用被称为 microR-NA 海绵（Hansen et al.，2013）。该环状 RNA 存在至少 70 个以上与 miR-7 结合的保守位点，并且在 miR-7 介导的系列过程中与 AGO 家族蛋白密切相关。这种环状 RNA 能强烈抑制 miR-7 的活性，并致使 miR-7 靶标基因的表达水平增加。此外，研究者在小鼠脑细胞内，尤其是新皮层和海马神经元内发现同时存在该环状 RNA 和 miR-7 的表达，因此推测环状 RNA 对 miR-7 活性的抑制可能是一种高度的内源性竞争作用模式。并且除了这种针对 miR-7 的环状 RNA 外，发现针对其他一些 microRNA，这种形成环状 RNA 产生的 microRNA 海绵效应是一种普遍现象。关于环状 RNA 分子的存在及作用功能的发现是 RNA 研究领域的重大突破。

在化学生物学日益兴起的今天，以 microRNA 作为新的生物靶标发展灵敏的探针、检测方法及化学调控方法都已成为化学与生物医学交叉的前沿研究领域所关注的重要方向（图 11-10）（Li et al.，2009）。自 microRNA 被发现在血清等体液中可稳定存在后（Chen et al., 2008），将 microRNA 在血清中的表达谱作为肿瘤等疾病标志物的研究突飞猛进，这也大大推动了 microRNA 检测和示踪相关的化学生物学研究的发展（Dong et al., 2013）。我国的科学家在该前沿领域的研究中非常活跃，樊春海教授课题组发展了一种由哑铃型 DNA 探针和不同核酸酶相结合的循环放大策略，实现了对 microRNA 的高灵敏检测（Zhou et al., 2010）；叶邦策教授课题组巧妙地结合了双链特异性核酸酶的剪切作用和 FRET 型探针，实现了对低浓度 microRNA 的检测（Yin et al., 2012）；鞠熀先教授课题组则利用修饰有 microRNA 结合探针的荧光 SnO_2 纳米颗粒实现了对细胞内 microRNA 的检测和示踪（Dong et al., 2012）。

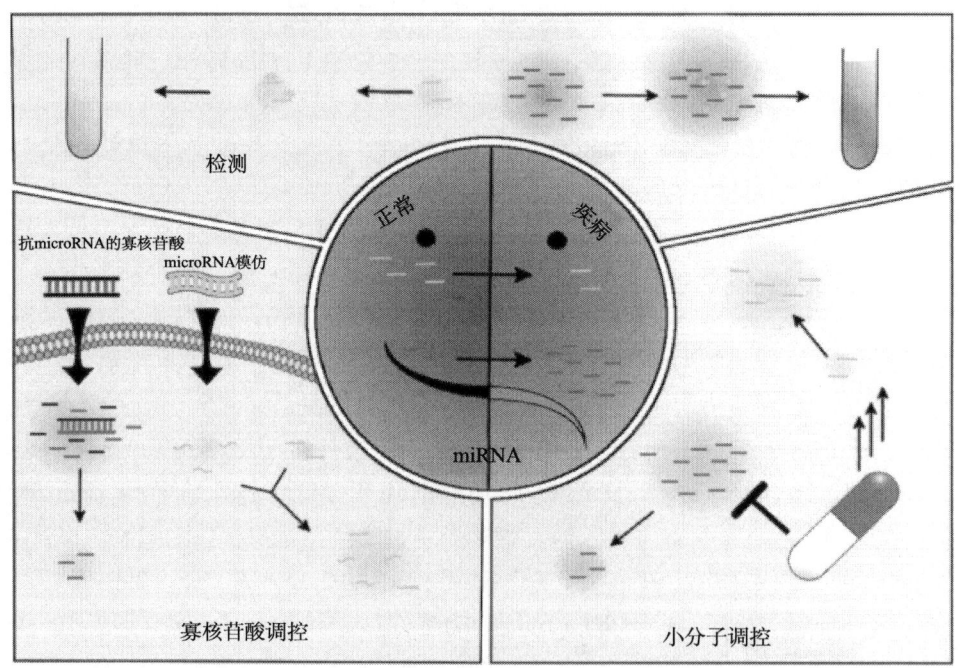

图 11-10　以 microRNA 为生物靶标的相关化学生物学研究概览（文后附彩图）
资料来源：Li et al., 2009

小分子化合物作为探针，由于具有可操控性，良好的生物相容性，高效性及较好的药代动力学特性等优势，为各种重要生物分子的研究和调控提供了新的思路。有机合成技术的进步也为针对重要生物靶标的小分子化合物的筛选合成提供了足够广泛的空间。microRNA 作为重要的调控因子，关于它的研究，除了不断有新机制被提出，新的相关蛋白质被发现及新功能被阐明外，利用小分子作为探针，对 microRNA/RNAi 的作用路径进行机制研究，以及将小分子作为调控工具对其进行功能调控目前已经得到了广泛重视（Watashi et al.，2010）。多种化学手段相结合的方法也已被用于 microRNA 的信号通路的研究和监测，例如，用荧光标记的方法设计一系列探针可用于 pre-microRNA 向成熟 microRNA 转化的剪切加工过程的监测，也有基于荧光的报告检测体系被设计来检测 microRNA/RNAi 的活性，如荧光素酶、增强绿色荧光蛋白及红色荧光蛋白报告基因体系，另外高通量筛选针对 microRNA/RNAi 的小分子的方法也已经发展出来（Ovcharenko et al.，2005）。利用这些方法对小分子进行筛选已经发掘出一些小分子调控剂，目前主要的已报道的 microRNA 小分子调控剂如图 11-11 所示。

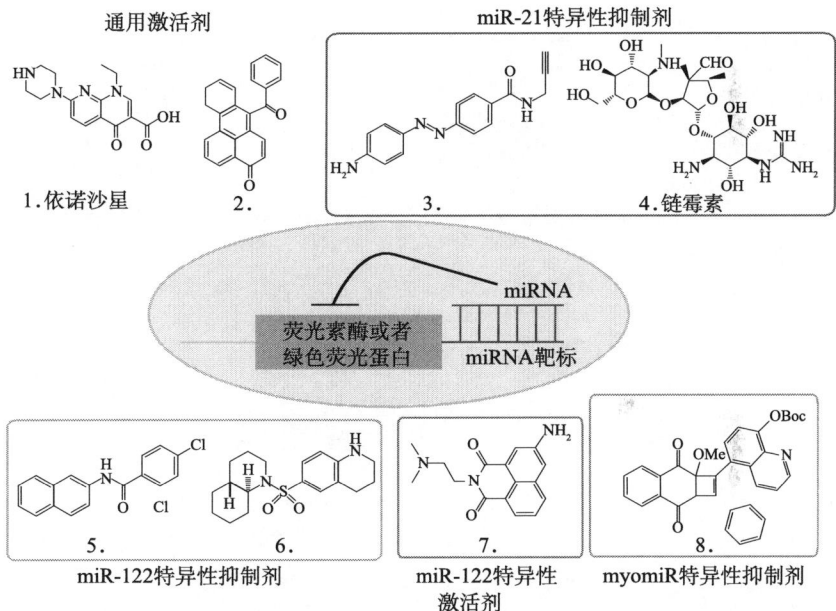

图 11-11　基于报告基因的活细胞筛选体系及由此获得的 microRNA 小分子调控剂

资料来源：Chen et al.，2008；Dong et al.，2013；Dong et al.，2012；Ovcharenko et al.，2005；Watashi et al.，2010；Yin et al.，2012；Zhou et al.，2010

以依诺沙星（1）为例，其不但可以增强 siRNA 介导的 mRNA 降解（图 11-12），而且能够促进 microRNA 的生物合成过程（Shan et al.，2008）。此外，全基因芯片研究显示，经依诺沙星处理后，被研究的几种细胞的 mRNA 整体表达水平不受影响，表明依诺沙星仅仅对 RNA 干扰路径上的一些靶标具有特异性作用。对于依诺沙星促进 microRNA 生物合成的机制研究显示，该化合物在体外对 RISC-切割效果没有明显影响，说明化合物不影响 microR-

NA 对 mRNA 的识别和降解作用，但是可能影响 microRNA 被加工和装载进 RISC 的过程。另外发现，该化合物可以促进 RNA 与 TAR RNA 结合蛋白的作用，这可能是它增强 siRNA 介导 mRNA 降解的途径。同时，铁螯合剂可以促进 microRNA/RNAi，并首次证明胞质铁可以通过影响 poly（C）-结合蛋白 2（PCBP2）来促进 microRNA 前体的加工（图 11-13）（Aune et al.，2013）。另外，张艳通过筛选光反应产物库也发现了一种可以广谱促进 microRNA 活性的小分子（2），而深入研究也表明小分子化合物（2）可以增强 microRNA 成熟体的表达，但 microRNA 前体的表达却降低，这表明化合物（2）可能通过促进 microRNA 的成熟而发挥功能（Chen et al.，2012）。

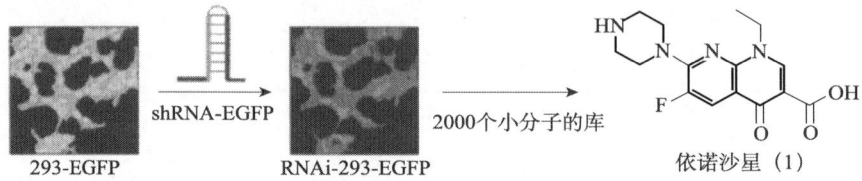

图 11-12　依诺沙星可以增强 siRNA 介导的 mRNA 降解（文后附彩图）
资料来源：Shan et al.，2008

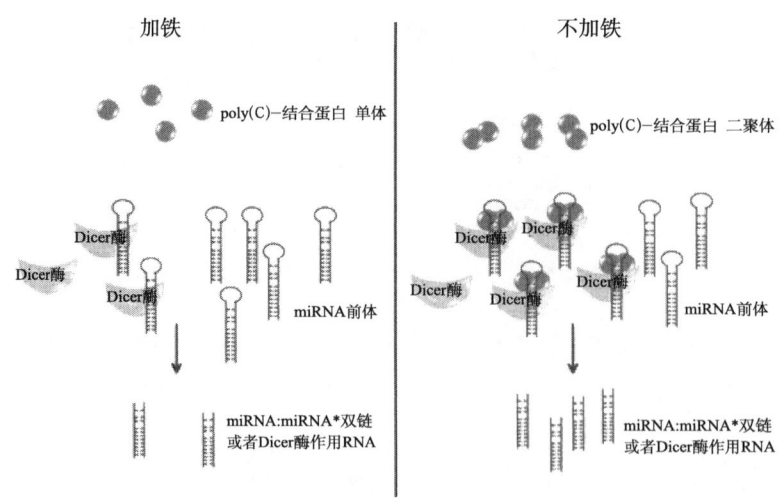

图 11-13　胞质铁可以促进 microRNA 前体的加工（文后附彩图）
资料来源：Aune et al.，2013

除了促进 RNAi 的小分子外，另外一些抑制 siRNA 的化合物也被筛选出来，例如，化合物吖啶黄素（trypaflavine）可以通过抑制 siRNA 活性来抑制转录后基因沉默，同时它也能抑制 microRNA 介导的转录后基因沉默（Connelly and Deiters，2013）。关于它的机制研究表明，它是通过影响 siRNA 或 microRNA 与 AGO2 的相互作用来影响 RNA 诱导沉默复合体产生及 siRNA/microRNA 被组装进沉默复合体的。除了 microRNA/RNAi 的广谱型调控剂外，一些针对特定 microRNA 的调控剂也已被发现。例如，miR-16 是靶向癌基因 *BCL2* 的一个 microRNA，它靶向 5-羟色胺转运 mRNA，化合物氟西汀（fluoxetine）被证明可以促进 miR-16 的成熟（Baudry et al.，2010）。miR-21 和 miR-122 分别是与多种癌细胞密切相关及具有肝组织特异性的 microRNA，通过对大量小分子化合物的筛选，Deiters 等发现了可以特异性抑制 miR-21 的小分子（3）（Gumireddy et al.，2008）及特异性抑制和激活 miR-122 的小分子（5、6 和 7）（Young et al.，2010），这些化合物均通过调控 microRNA 基因的转录实现对 microRNA 的调控。而 Maiti 等从抗生素类小分子中也发现了一个 miR-21 的特异性小分子抑制剂（4）（Bose et al.，2012），该小分子则是与 miR-21 的前体直接结合发挥作用。针对肌肉特异性 miR-1，张艳等从经由有机光化学反应获取的多种杂环化合物分子中也筛选得到了一个可以选择性抑制 miR-1 等肌肉特异性表达的小分子（8）（Tan et al.，2013）。这些小分子调控剂的获取不仅为构建探针分子来研究 microRNA 介导的细胞内信号调控网络奠定了基础，同时也可推动针对 microRNA 这类新型的疾病治疗靶标的药物活性分子的发展（Wang et al.，2013）。

三、lncRNA 的功能及化学生物学研究进展

根据碱基数目，非编码 RNA 可以分为短非编码 RNA（少于 200 个碱基对）和长非编码 RNA（long noncoding RNA，lncRNA，大于 200 个碱基对）。根据 lncRNA 转录自基因组所在的位置，lncRNA 又可分为独立的 lncRNA、天然反义链转录本、假基因、长内含子 ncRNA 及偏离转录本、启动子相关的转录本和增强子 RNA 等 5 类（Kung et al.，2013）。虽然绝大多数 lncRNA 的功能还未知，但是从目前的研究发现，lncRNA 与基因表达调控、疾病、癌症等相关。已发现的 lncRNA 功能举例如下。

(1) 表观遗传学调控等位基因的表达。X 染色体失活（XCI）是 lncRNA 功能方面最为著名的例子之一（Brown et al.，1992）。lncRNA 在 X 染色体失活中心（X-inactivation center，*Xic*）的含量最广。为了在男性和女性间平衡 X 染色体基因的表达，人体 X 染色体上 *Xic* 会通过一系列的 RNA 开关控制 XCI 的起始步骤（Lee，2011）。X 染色体失活特异性转录本 *Xist* 是在哺乳动物中发现的第一个 lncRNA。仅在失活的 X 染色体（inactive X chromo-

some，Xi）上，*Xist* 所在位置会产生 17～20 kb 长的 RNA，并以顺式包裹在 X 染色体上（Wutz，2011），并且是沉默过程的必要条件（Clemson et al.，1996）。*Xist* 的非编码状态意味着 RNA 可能是染色质和转录改变的感受器，随后几年通过分离出首个 *Xist* 的结合因子 PRC2（polycomb repressive complex 2）（Zhao et al.，2008）和 YY1（Jeon and Lee，2011）证实了这个想法。*Xist* 自身也可以被其他两个 lncRNA 调控，*Tsix* 为负调控，*Jpx* 为正调控（Lee and Lu，1999）。研究发现，*Tsix* 可以通过多种方式调控 *Xist*，*Tsix* 可以协同 X 染色体对在 *Xist* 基因所在位置产生表观遗传不对称（Donohoe et al.，2009）；可以结合 DNA 甲基转移酶（Dmnt3a）沉默 *Xist*（Sado et al.，2005）；可以抑制 *Xist* 上 RepA 对 PRC2 的结合。*Xist* 也可以被其上游 lncRNA——*Jpx* 顺式正调控，虽然目前机制还未知（Tian et al.，2010）。lncRNA 在基因组印记中也同样重要，在该过程中基因根据亲本的来源被单一地表达（Edwards and Ferguson-Smith，2007）。在 XCI 中，印记通常被特异的基因组上印记控制区域调控，此区域类似于 *Xic*，通常是 lncRNA 的产生区域。许多印记群包含蛋白编码基因和 lncRNA，彼此成对表达，其中一些 lncRNA 可能通过结合表观遗传因子如 PRC2 和 G9a 去控制相邻编码基因的印记表达（Nagano et al.，2008）。

（2）在发育中的功能。lncRNA 除了对等位基因有调控功能以外，在发育方面也有很重要的作用，可从控制多能性（pluripotency）到谱系特征（lineage speification）。XCI 的过程除与早期的胚胎发育紧密联系之外，还与干细胞的多能性和诱导的多能性干细胞紧密相关（Deuve and Avner，2011）。多能性转录因子的核心成员如 Oct4、Sox2 和 Nanog 已经被发现与 *Xist* 的第一个内含子共定位（Nesterova et al.，2011），且 Oct4 通过调控 *Tsix* 和 *Xite* 的表达从而控制 X 染色体配对和激活 XCI。近来，Oct4 被发现可以调控一系列的与多能性相关的 lncRNA 的表达（Mohamed et al.，2010），其中的一些 lncRNA 可能会与 Sox2 和 PRC2 的组分 Suz12 相结合去调控下游基因（Ng et al.，2012）。而 Oct4 自身的表达则可能受其假基因反义转录后的 lncRNA 调控（Hawkins and Morris，2010）。此外，lncRNA 也被发现在动物发育中具有重要的调控功能（Pearson et al.，2005）。

（3）在癌症等疾病中的功能。lncRNA 已经发现与很多疾病相关联，尤其是癌症（Gutschner and Diederichs，2012）。2011 年，在前列腺癌组织和细胞系中进行的 RNA 测序（RNA-Seq）发现，lncRNA——*PCAT-1* 可以促使细胞增殖且是 PRC2 调控的一个目标基因，且有可能与 PRC2 有相互作用

(Prensner et al., 2011)。另一个 lncRNA—ANRIL 也在前列腺癌中上调,是抑制癌症抑制因子 INK4a/p16 和 INK4b/p15 表达的必要因素(Kotake et al., 2011; Yap et al., 2010)。MALAT1 (metastasis-associated lung adenocarcinoma transcript 1)也与很多癌症和癌症转移相关(Lin et al., 2011),发现其可以干扰细胞骨架和细胞外基质基因的转录和转录后调控(Tano et al., 2010)。已有的研究表明,lncRNA 有可能作为一类诊断标记物或治疗靶标在癌症治疗中发挥作用,但是目前 lncRNA 的研究离临床应用还有一定的距离。

从 lncRNA 的初步研究中发现,其在表观遗传学、发育和癌症等方面都发挥着重要的功能,从分子层面理解 lncRNA 是如何发挥功能的是化学生物学关注的方向,根据目前的研究,lncRNA 的作用机制可以归纳为如图 11-6 所示的 8 种方式。

(1) 转录干扰。如 lncRNA 转录通过蛋白编码基因下游的启动子时,会直接干扰转录因子(RNAPol Ⅱ)的结合,进而阻碍编码该蛋白质基因的表达(图 11-14)(Martens et al., 2004)。

(2) 诱导染色体重塑和组蛋白修饰。转录位于 Schizosaccharomyces pombe $fbp1^+$ 位置上游的 lncRNA 可以诱导染色体重塑,激活下游蛋白编码基因的转录(图 11-14)(Hirota et al., 2008)。同样的 lncRNA 诱导染色体重塑也发生在 S. pombe 中 ade6-M26 位置。lncRNA 的转录也可以诱导组蛋白修饰从而抑制重叠的蛋白编码基因的转录启动,如酵母中的 PHO84 (Camblong et al., 2007); 目前研究发现,lncRNA 诱导染色体重塑应该不是 lncRNA 单独发生的作用,极可能是结合了染色体重塑因子或组蛋白修饰酶而起作用。

(3) 调控选择性剪接。一些天然的反义转录本(NAT)可以调控与它们重合基因的选择性剪接(图 11-14)。例如,Zeb2/Sip1 是 E-钙黏着蛋白的转录抑制因子,E-cadherin 的表达会在上皮细胞间质转型(epithelial-mesenchymal transition, EMT)过程中被调控(Beltran et al., 2008)。

(4) 产生内源 siRNA。研究发现,一些来自于假基因的 lncRNA 可以使 mRNA 断裂形成内源 siRNA(图 11-14),假基因可以与它们相应的 mRNA 杂交,形成 dsRNA,经 Dicer 蛋白切割形成内源 siRNA(Czech et al., 2008)。NAT 也同样可以与它们重合的基因杂交,产生内源 siRNA(Yan et al., 2005)。

(5) 调控蛋白质的活性。lncRNA 可以激活蛋白与其共同参与到转录调控中。如 $Evf-2$ 是一个约 3.8 千碱基对（kb）的 lncRNA，可以与 Dlx2 蛋白结合。通过报告基因实验发现，只有当 $Evf-2$ 存在时 Dlx2 才可以发挥转录增强子的功能（Feng et al.，2006）。lncRNA-$HSR1$（heat-shock RNA-1）与蛋白热休克转录因子 1（heat-shock transcription factor1，HSF1）也被发现可形成复合物激活 HSF1，在细胞热休克刺激下，诱导热休克蛋白表达（Shamovsky et al.，2006）。

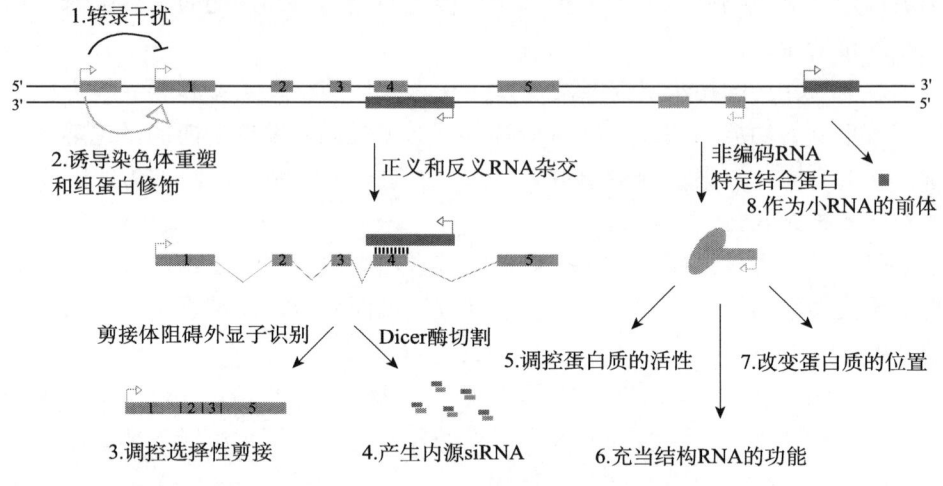

图 11-14　lncRNA 的作用机制总览（文后附彩图）

资料来源：Beltran et al.，2008；Camblong et al.，2007；Czech et al.，2008；Feng et al.，2006；Hirota et al.，2008；Hirota and Ohta，2009；Martens et al.，2004；Prasanth et al.，2005；Shamovsky et al.，2006；Yan et al.，2005

（6）lncRNA 具有充当结构 RNA 的功能。近来的研究发现 lncRNA 可以充当重要的结构成分。在细胞核中，许多 RNA 结合蛋白如 PSPC1（paraspeckle protein omponent 1）、NONO（p54/nrb）、切割因子 I_m 的 64 000 道尔顿组分和细胞核保留 mRNA（$CTN-RNA$）一起位于旁斑（paraspeckele）中，当用 RNase A 处理时，旁斑的结构被破坏，表明 RNA 在细胞核结构中起到了重要作用（Prasanth et al.，2005）。

（7）改变蛋白质的位置。lncRNA 可以结合蛋白质并将其导向到特定的基因组位点干扰转录模式（图 11-14）。例如，PcG 蛋白可以结合并沉默上千种哺乳动物细胞基因，研究发现极有可能是 lncRNA 将 PcG 蛋白招募到特定的基因组位点使其发挥作用的（Kohlmaier et al.，2004）。

（8）lncRNA 可以作为 microRNA 的前体。例如，研究发现 61 个碱基对的非编码 MALAT1 相关胞浆小 RNA（$mascRNA$）产生自新转录的 MAL-

AT1，RNase P 识别出新生的 *MALAT1*，将其切成成熟的 *MALAT1*（位于核小点）和 *mascRNA*。

四、riboswitch 的功能及化学生物学研究进展

核开关（riboswitch）是 mRNA 上一个可以直接与小分子结合的区域，通过对核开关的调控可以实现对该 mRNA 所编码蛋白质水平的调控。这种小分子通常是代谢产物，而该 mRNA 通常表达与这种小分子代谢相关的酶。核开关可以位于 mRNA 的 5′端非翻译区，也可位于前体 mRNA 的 3′端非翻译区和内含子区。核开关的结构通常包括适配体（aptamer）和表达模块两个关键功能域：aptamer 直接参与小分子的结合，并将构想变化传递至表达模块，从而调控该 mRNA 对应基因的表达。因此，含有核开关的 mRNA 可以通过对结合小分子浓度的响应，直接调控 mRNA 自身的胞内活动，而不需要任何蛋白质的参与。与常见的蛋白质参与的调控方式相比，核开关的响应更迅速、更灵敏。

第一个核开关是在 2002 年由 Breaker 研究组报道的（Winkler et al.，2002）。他们发现，大肠杆菌中一些与维生素 B_1 生物合成相关的 mRNA（如 thiM 和 thiC）的 5′端非翻译区可以直接与维生素 B_1 或其焦磷酸盐衍生物（thiamine pyrophosphate，TPP）发生结合，而不需要任何蛋白质组分的参与。该 5′端非翻译区在结合小分子后发生构象变化，从而阻止核糖体结合到该 mRNA 的 Shine-Dalgarno（SD）序列，实现翻译过程的抑制。因此，RNA 除了能够编码蛋白质、催化反应及与其他 RNA 或蛋白质等生物大分子结合外，也可以直接结合小分子并发挥调控作用。同样的，在枯草芽孢杆菌中，维生素 B_1 与维生素 B_2 分别能与 rfn-box 和 thi-box 序列发生结合（Mironov et al.，2002；Winkler et al.，2004）。与大肠杆菌中 TPP 核开关在翻译水平上发挥功能不同的是，枯草芽孢杆菌中维生素 B_1、维生素 B_2 的 riboswitch 在转录水平上发挥作用。

除了上述两种机制外，近来又发现了本身具有核酶（ribozyme）功能的自剪切机制（Wachter et al.，2007）。GlmS 核开关本身是一个核酶，这样的非编码 RNA 在革兰阳性菌中较普遍。GlmS 核开关能与葡萄糖胺-6-磷酸盐（glucosamine-6-phosphate，GlcN6P）结合，而该复合物能够对 GlmS 的 mRNA 进行剪切。剪切后的下游 mRNA 具有 5′-OH，会进一步被 RNase J 降解，从而抑制 mRNA 的翻译。由于 GlmS 核酶位于 GlcN6P 合酶可读框的上游，因此当 GlcN6P 浓度高时，GlmS 核酶通过催化 mRNA 剪切，实现降低

GlcN6P 的合成。

真核生物中的 TPP 核开关通过可变剪接来调控基因的表达（Bocobza et al.，2007）。例如，在高等植物中，位于 3′端非翻译区或者内含子区 riboswitch 的一部分序列可以在 TPP 不存在或低浓度的情况下与剪接位点区域的 RNA 序列形成碱基对，从而产生"正常"的可变剪接 mRNA 产物。当胞内 TPP 含量达到一定阈值后，核开关的适配子部分结合 TPP，并将一个原来隐含在 RNA 序列中的可变剪接位点暴露出来，从而被可变剪接复合物加工，产生具有非常长的 3′端非翻译区的转录产物。这样的 mRNA 不稳定，可降低蛋白质的翻译。

在各类新的核开关不断被发现的同时，不少核开关的晶体结构也已经被解析。Patel 实验室于 2006 年在《自然》（*Nature*）上发表了大肠杆菌 thiM mRNA 的核开关三维结构。除了 TPP 核开关（Serganov et al.，2006）的晶体结构，SAM-II、SAM-III/S-MK 核开关和赖氨酸（lysine）核开关等的三维结构也已经发表（Edwards and Ferré-D'Amaré，2006；Gilbert et al.，2008；Lu et al.，2008；Serganov et al.，2008）。

核开关自发现以来，一直以其独特而新颖的调控方式吸引着众多科学家。而核开关中具有结合小分子能力的核酸适配体（aptamer）部分则尤为受到关注。其实早在 1990 年，Szostak 实验室和 Gold 实验室就分别开始了在体外进行适配子筛选的工作：Szostak 实验室筛选能够特异性结合各种有机染料的 RNA 分子，并根据拉丁语"apto"命名了 aptamer（Ellington and Szostak，1990；Tuerk and Gold，1990）；Gold 实验室筛选了能够结合 T4 DNA 聚合酶的 RNA 配体，并将他们的技术命名为 SELEX（systematic evolution of ligands by exponential enrichment）。两年以后，Szostak 实验室和 Gilead Sciences 分别使用体外筛选的办法获得了能够识别有机染料、人凝血素及凝血酶的单链 DNA 适配子（Ellington and Szostak，1992）。而在 2001 年，体外筛选适配体的过程被自动化，将原来几周才能完成的筛选实验缩短至 3 天（Cox and Ellington，2001）。最近在适配体药物方面的进展更是令人振奋：美国 OSI Pharmaceuticals 公司开发用于治疗老年黄斑变性（age-related macular degeneration）的适配体药物"Macugen"已于 2004 年通过 FDA 的认证；同样的，NeoVentures Biotechnology 则商业化了第一个基于适配体的检测平台，用于对谷物中的毒枝菌素进行分析检测。

改造天然存在的适配体，使其对新的小分子具有特异性结合能力的人造核开关，已经有所报道。例如，Micklefield 实验室于 2010 年在《美国科学院院刊》(PNAS) 上发表论文,他们对创伤弧菌 (Vibrio vulnificus) 中一个对腺嘌呤响应的核开关 (add A-riboswitch) 进行了改造 (Dixon et al., 2010)。通过化学遗传学和经典遗传学手段,他们将 add A-riboswitch 中适配体部分改造成了能特异性结合非天然小分子 ammeline 和 5-azacytosine 的人造核开关。同时,改造后的核开关对腺嘌呤完全不响应,因此,这样的核开关可以说与原来的 add A-riboswitch 完全正交。作者最后指出,许多其他的天然核开关也许也可以通过这样的手段进行改造,从而获得更多能够响应非天然小分子的核开关。

开发适配体并利用适配体对细胞进行"重编程"的成功案例也有报道。Emory 大学的 Gallivan 等结合体内和体外筛选 (in vitro and in vivo selection) 的技术,合成了一个能够响应除草剂 atrazine 的人造核开关 (Sinha et al., 2010)。他们将这样的核开关插入控制大肠杆菌运动能力的 cheZ 基因的 5′非翻译区,使得在有 atrazine 存在的情况下,起始蛋白翻译,并使大肠杆菌能够迁移。由于 atrazine 也是一种环境污染物,论文的作者又将能够降解 atrazine 的一个基因引入大肠杆菌,成功将大肠杆菌"重编程"为能够寻找并降解 atrazine 的细菌。

另外一种获得人造核开关的思路是"嵌合"天然核开关,而非从头开始对适配体进行筛选。Hartig 等将大肠杆菌中 TPP 核开关的适配体部分和曼氏血吸虫 Schistosoma mansoni 中的锤头状核酶 (hammerhead ribozyme) 进行融合:当 TPP 不存在时,无法形成具有活性的锤头状核酶结构;而当该核开关结合 TPP 时,锤头状核酶的剪切功能启动,而被剪切后的 RNA 上暴露出 SD 序列,从而起始蛋白质的翻译。正常情况下,曼氏血吸虫中含有 TPP 但不含有 TPP 核开关,当经过这样的改造后,原本内源的代谢小分子也能成为一种外源的调控手段。

我国在核开关及核酸适配体方面也有很多重要进展。例如,安托芬 (antofine) 及其类似物是一类天然活性化合物,它们具有显著的细胞毒性及抗肿瘤活性,并且能够抑制一些与 DNA 合成相关的蛋白酶。安托芬可以与 DNA 突出结构 (bulge structure) 发生选择性结合 (图 11-15 A);而这样的结合也能够进一步稳定 DNA 的发卡突出结构 (Xi et al., 2005)。除此以外,安托芬在很低浓度的情况下即对烟草花叶病毒 (TMV) 具有抑制效果 (1.0×10^{-6} 克/毫升的安托芬就能 60% 地抑制烟草花叶病毒),其抑制作用机制为安托芬能够与烟草花叶病毒 RNA 结合 (图 11-15 B),扰乱了烟草花叶病毒 RNA 和烟草花叶病毒包被蛋白的相互作用,实现了对烟草花叶病毒正常组装及繁殖的抑制（Xi et al.，2006）。近期的研究结果显示，安托芬与烟草花叶病毒 RNA 的强结合区域在这段 RNA 的内部，即 TMV RNA 组装的起始部分 OriRNA（Gao et al.，2012）。相比 OriRNA 和 TMV RNA，安托芬在低浓度条件下结合 OriRNA 更强。此外，以上的研究也为今后如何设计具有 RNA 序列特异性识别能力的抗病毒小分子药物提供了很好的范例。

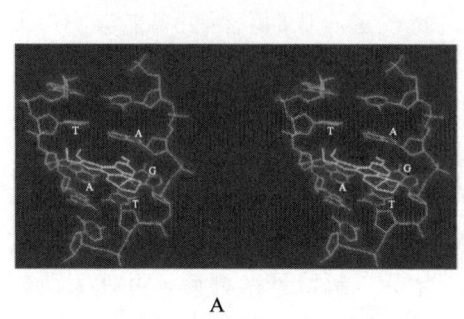
A

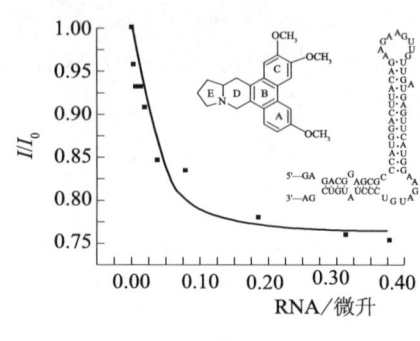
B

图 11-15　A. 安托芬与 bulged DNA 结合示意图；B. 安托芬与烟草花叶病毒 RNA 发生结合（文后附彩图）

资料来源：Xi et al.，2005，2006

适配体被应用于检测及医学诊断领域，各种基于适配体的分析方法和传感器被研发出来。周翔等利用适配体建立了凝血酶检测系统，在没有血凝素的情况下，TASPI（E，E，E，E-2，3，5，6-tetrakis［4-（trimethyl-amino）styryl］pyrazinyliodide）的荧光被凝血酶结合适配体（thrombin binding aptamer，TBA）抑制；在凝血酶存在的情况下，TBA 特异地结合凝血酶蛋白而释放 TASPI，实现了荧光的激活（Yan et al.，2011）。该课题组还利用核酸染料 DAPI 和 Hoechst33258 开发了一种基于适配体的非标记方法用来检测 L-精氨酸酰胺（Zhu et al.，2011），该方法具有高灵敏度、检测方法简单及成本低等优点。除此之外，他们还研发了一种高效检测 G-四链体的比色分析及检测方法（Deng et al.，2008）。由于很多富含 G 的核酸序列位于一些原癌基因中（如 BCL-2）中，因此该检测方法在设计筛选出对致病基因序列具有特异的高亲和性化合物方面具有重要的应用价值。

适配体也可以作为一种核酸药物来治疗疾病，因为特异性的适配体可以结合到靶蛋白上而抑制其功能。谭蔚泓教授课题组构建了一种能向肿瘤细胞靶向输送大量抗癌药物的 DNA "纳米火车"（DNA nanotrain），"火车头"就是由核酸适配体构成（aptamer-tethered DNA nanotrain），可与某种特定癌细胞的膜蛋白结合，不但可提高抗癌药物的靶向性，而且可以减少药物的毒性作用（Zhu et al.，2013）。

第四节　表观遗传的化学生物学——研究前景和发展趋势

表观遗传学是经典遗传学的扩展和丰富，它揭示了 DNA 序列以外的遗传信息传递模式。表观遗传机制的正常运转是维持生物体正常生长发育、机体正常生物功能的必要条件。表观遗传学研究从有着深刻内涵的生物学过程：生殖、发育、老年化和重大疾病着手，解读这一位于基因型和表型之间乃至基因型和环境关联之间信息界面的组构和运营规律，是当代生命科学研究的核心内容。人们在开展基因组计划时所发展的高通量技术平台，包括测序技术、数据收集、生物信息学分析等技术手段为表观遗传学研究提供了有利的工具。在对表观遗传进行研究的过程中，化学生物学的核心理念——小分子探针用于干扰细胞内过程、模拟和调控大分子间相互作用，又一次显示出其独有的优势。利用化学生物学的思想和手法，DNA 各种不同表观遗传修饰的基因组图谱已经被绘制出来；大量新的组蛋白翻译后修饰被鉴定；不同表观遗传修饰间的信号通路不断被揭示等大量成果涌现出来。可以预期，系统并且全面的表观遗传学研究会对个性化医学，干细胞技术为基础的再生医学，环境医学和优良性状、高产经济物种的培育等关键生物学问题提供解决方案。

一、研究前景

表观遗传的机制，从分子层面上看，其化学本质就是前面所讨论的 DNA 甲基化，组蛋白翻译后修饰，以及非编码 RNA 的基因调控等，这些化学修饰通过对核酸或蛋白质结构的改变而影响其功能，并且它们相互之间紧密相关。表观遗传学的信息形式可因外界因素的影响而改变，远比基因序列所决定的遗传信息形式要复杂；同时，它所涉及的信息形式的改变与许多重大疾病密切相关。因此，表观遗传的研究对疾病的早期诊断、发病机制，以及相关预防与愈后监测都非常关键。随着 21 世纪初人类基因组计划的完成，组学分析技术的发展为人们在更高层次上研究表观遗传提供了技术基础，美国已启动的投资 1.9 亿美元，为期 5 年的表观遗传组学 NIH roadmap 计划和全球筹备中的正常与疾病表观遗传组学计划必将推动对表观遗传信号、机制和生物学效应进程的诠释，继而对生物医学和现代化农业的发展给予有力的推动。

1. 基因表达的重编程与疾病治疗

对表观遗传中各种因子的突变导致的疾病的研究将有助于了解表观遗传机制，进而指导疾病的治疗和新药的研制。认识到表观基因组在发育、生长和衰老过程中存在着一个动态变化的过程，以及体细胞的表观基因组有重新编程的可能性，不仅有助于以新的观点来探索疾病的病理机制，发展和建立新的诊断方法和药物干预的新途径，以及更加确切地评估发病危险性，还为通过环境和生活方式的改变来延缓疾病的发生和减轻提供了理论依据。

以肿瘤为例。抑癌基因在肿瘤发生中起了重要作用，当抑癌基因的两个等位基因都失活后，它才失去原有的抑癌作用。其中一个等位基因的失活常常由于基因缺失，而另一个等位基因的失活可能有多种原因，如点突变、同源性丢失及异常甲基化等。而 DNA 异常甲基化就是非基因水平的改变（表观遗传改变）。

2. 表观遗传与作物的遗传改良

远缘杂交/异缘染色质渐渗/多倍体化表观遗传变异在作物遗传改良中蕴藏着尚未被发掘的巨大潜力。由于环境因子或基因组胁迫诱导的表观遗传变异在植物基因组进化中的作用和在作物遗传改良中的潜力，目前已成为国际上的研究前沿和热点领域。

二、发展趋势

表观遗传学飞速发展的这 20 年，正是化学生物学研究理念和手段不断完善的 20 年。表观遗传学领域目前的主要突破是鉴定了一系列的修饰酶，而今后的研究重点会集中在这些酶在活细胞中的表达和催化活性调控机制及相互作用的协同机制，以及其生物学功能间的关系研究。这些酶的催化活性调控机制的研究将会促进药物研发。同时，与干细胞和癌症相关的表观遗传学研究，更加值得关注。

表观遗传的化学生物学研究在今后将着重于以下几个方面：① DNA 的表观遗传修饰与组蛋白表观遗传修饰的相互关系及机制研究；② RNA 的表观遗传研究，用化学生物学的手段研究 RNA 的表观遗传修饰、相关机制及相关检测；③ DNA 表观遗传修饰与肿瘤的关系，探索肿瘤基因中 DNA 表观遗传修饰的分布规律，找到可做诊断标志物的 DNA 表观遗传修饰；④ 非编码 RNA，如 microRNA 与肿瘤的关系；⑤ DNA 及 RNA 表观遗传修饰的化学法检测，特别是利用化学小分子作为探针实现对 DNA 甲基化、羟甲基化、醛基化、羧基化修饰的原位、高灵敏度检测等。总而言之，化学生物学的理论及手段用于表观遗传学的研究将为表观遗传学开辟新的思路和研究途径。

参考文献

Abe N, Abe H, Nagai C, et al. 2011. Synthesis, structure, and biological activity of dumbbell-shaped nanocircular RNAs for RNA interference. Bioconjugate Chemistry, 22: 2082-2092.

Aune TM, Collins PL, Collier SP, et al. 2013. Epigenetic activation and silencing of the gene that encodes IFN-γ. Frontiers in immunology, 4 (112).

Bao N, Lye K W, Barton M K. 2004. MicroRNA binding sites in *arabidopsis* class III HD-ZIP mRNAs are required for methylation of the template chromosome. Developmental cell, 7: 653-662.

Barski A, Cuddapah S, Cui K, et al. 2007. High-resolution profiling of histone methylations in the human genome. Cell, 129: 823-837.

Bartel DP. 2009. MicroRNAs: target recognition and regulatory functions. Cell, 136: 215-233.

Baudry A, Mouillet-Richard S, Schneider B, et al. 2010. miR-16 targets the serotonin transporter: a new facet for adaptive responses to antidepressants. Science, 329: 1537-1541.

Beltran M, Puig I, Peña C, et al. 2008. A natural antisense transcript regulates Zeb2/Sip1 gene expression during Snail1-induced epithelial-mesenchymal transition. Genes & Development, 22: 756-769.

Bertino EM, Otterson GA. 2011. Romidepsin: a novel histone deacetylase inhibitor for cancer. Expert Opinion on Investigational Drugs, 20: 1151-1158.

Bestor T H. 2000. The DNA methyltransferases of mammals. Human Molecular Genetics, 9: 2395-2402.

Bird A. 2007. Perceptions of epigenetics. Nature, 447: 396-398.

Bocobza S, Adato A, Mandel T, et al. 2007. Riboswitch-dependent gene regulation and its evolution in the plant kingdom. Genes & Development, 21: 2874-2879.

Bose D, Jayaraj G, Suryawanshi H, et al. 2012. The tuberculosis drug streptomycin as a potential cancer therapeutic: Inhibition of miR-21 function by directly targeting its precursor. Angewandte Chemie, 124: 1043-1047.

Brown CJ, Hendrich BD, Rupert JL, et al. 1992. The human *XIST* gene: Analysis of a 17 kb inactive X-specific RNA that contains conserved repeats and is highly localized within the nucleus. Cell, 71: 527-542.

Camblong J, Iglesias N, Fickentscher C, et al. 2007. Antisense RNA stabilization induces transcriptional gene silencing via histone deacetylation in *S. cerevisiae*. Cell, 131: 706-717.

Ceccaldi A, Rajavelu A, Ragozin S, et al. 2013. Identification of novel inhibitors of DNA methylation by screening of a chemical library. ACS chemical biology, 8: 543-548.

Cedar H, Bergman Y. 2009. Linking DNA methylation and histone modification: patterns and paradigms. Nature Reviews Genetics, 10: 295-304.

Chen K, Rajewsky N. 2007. The evolution of gene regulation by transcription factors and microRNAs. Nature Reviews Genetics, 8: 93-103.

Chen X, Ba Y, Ma L, et al. 2008. Characterization of microRNAs in serum: a novel class of biomarkers for diagnosis of cancer and other diseases. Cell Research, 18: 997-1006.

Chen X, Huang C, Zhang W, et al. 2012. A universal activator of microRNAs identified from photoreaction products. Chemical Communications, 48: 6432-6434.

Christman J K. 2002 5-Azacytidine and 5-aza-2'-deoxycytidine as inhibitors of DNA methylation: mechanistic studies and their implications for cancer therapy. Oncogene, 21: 5483-5495.

Clemson CM, McNeil JA, Willard HF, et al. 1996. XIST RNA paints the inactive X chromosome at interphase: evidence for a novel RNA involved in nuclear/chromosome structure. The Journal of Cell Biology, 132: 259-275.

Connelly CM, Deiters A. 2013. Small-molecule regulation of microRNA function. *In*: MicroRNA in Cancer. Berlin: Springer: 119-145.

Cox JC, Ellington AD. 2001. Automated selection of anti-protein aptamers. Bioorganic & Medicinal Chemistry, 9: 2525-2531.

Czech B, Malone CD, Zhou R, et al. 2008. An endogenous small interfering RNA pathway in Drosophila. Nature, 453: 798-802.

Das PM, Singal R. 2004. DNA methylation and cancer. Journal of Clinical Oncology, 22: 4632-4642.

De Guire V, Robitaille R, Tétreault N, et al. 2013. Circulating microRNAs as sensitive and specific biomarkers for the diagnosis and monitoring of human diseases: promises and challenges. Clinical Biochemistry, 46: 846-860.

Deng M, Zhang D, Zhou Y, et al. 2008. Highly effective colorimetric and visual detection of nucleic acids using an asymmetrically split peroxidase DNAzyme. Journal of the American Chemical Society, 130: 13 095-13 102.

Deuve JL, Avner P. 2011. The coupling of X-chromosome inactivation to pluripotency. Annual Review of Cell and Developmental Biology, 27: 611-629.

Dixon N, Duncan JN, Geerlings T, et al. 2010. Reengineering orthogonally selective riboswitches. Proc Natl Acad Sci USA, 107: 2830-2835.

Djuranovic S, Nahvi A, Green R. 2012. microRNA-mediated gene silencing by translational repression followed by mRNA deadenylation and decay. Science, 336: 237-240.

Dokmanovic M, Clarke C, Marks PA. 2007. Histone deacetylase inhibitors: overview and perspectives. Molecular Cancer Research, 5: 981-989.

Dong H, Lei J, Ding L, et al. 2013. MicroRNA: function, detection, and bioanalysis. Chemical Reviews, 113: 6207-6233.

Dong H, Lei J, Ju H, et al. 2012. Target-cell-specific delivery, imaging, and detection of intracellular microRNA with a multifunctional SnO2 nanoprobe. Angewandte Chemie International Edition, 51: 4607-4612.

Donohoe ME, Silva SS, Pinter SF, et al. 2009. The pluripotency factor Oct4 interacts with Ctcf and also controls X-chromosome pairing and counting. Nature, 460: 128-132.

Edwards CA, Ferguson-Smith AC. 2007. Mechanisms regulating imprinted genes in clusters. Current Opinion in Cell Biology, 19: 281-289.

Edwards TE, Ferré-D'Amaré AR. 2006. Crystal structures of the Thi-Box riboswitch bound to thiamine pyrophosphate analogs reveal adaptive RNA-small molecule recognition. Structure, 14: 1459-1468.

Elbashir SM, Harborth J, Lendeckel W, et al. 2001. Duplexes of 21-nucleotide RNAs mediate RNA interference in cultured mammalian cells. Nature, 411: 494-498.

Ellington AD, Szostak JW. 1990. In vitro selection of RNA molecules that bind specific ligands. Nature, 346: 818-822.

Ellington AD, Szostak JW. 1992. Selection in vitro of single-stranded DNA molecules that fold into specific ligand-binding structures. 355 (6363): 850-852.

Eulalio A, Huntzinger E, Izaurralde E. 2008. GW182 interaction with Argonaute is essential for microRNA-mediated translational repression and mRNA decay. Nature Structural & Molecular Biology, 15: 346-353.

Feng J, Bi C, Clark BS, et al. 2006. The Evf-2 noncoding RNA is transcribed from the Dlx-5/6 ultraconserved region and functions as a Dlx-2 transcriptional coactivator. Genes & Development, 20: 1470-1484.

Gao S, Zhang R, Yu Z, et al. 2012. Antofine analogues can inhibit tobacco mosaic virus assembly through small-molecule-RNA interactions. ChemBioChem, 13: 1622-1627.

Gardiner-Garden M, Frommer M. 1987. CpG islands in vertebrate genomes. Journal of Molecular Biology, 196: 261-282.

Gilbert SD, Rambo, RP, van Tyne D, et al. 2008. Structure of the SAM-II riboswitch bound to S-adenosylmethionine. Nature Structural & Molecular Biology, 15: 177-182.

Gill R, Willner I, Shweky I, et al. 2005. Fluorescence resonance energy transfer in CdSe/ZnS-DNA conjugates: probing hybridization and DNA cleavage. The Journal of Physical Chemistry B, 109: 23715-23719.

Goffin J, Eisenhauer E. 2002. DNA methyltransferase inhibitors—state of the art. Annals of Oncology, 13: 1699-1716.

Gumireddy K, Young DD, Xiong X, et al. 2008. Small-molecule inhibitors of microRNA miR-21 function. Angewandte Chemie International Edition, 47: 7482-7484.

Guo X, Liao Q, Chen P, et al. 2012. The microRNA-processing enzymes: Drosha and Dicer can predict prognosis of nasopharyngeal carcinoma. Journal of Cancer research and Clinical Oncology, 138: 49-56.

Gutschner T, Diederichs S. 2012. The hallmarks of cancer. RNA biology, 9: 703-719.

Hamilton AJ, Baulcombe DC. 1999. A species of small antisense RNA in posttranscriptional gene silencing in plants. Science, 286: 950-952.

Hansen TB, Kjems J, Damgaard CK. 2013. Circular RNA and miR-7 in cancer. Cancer Research, 73: 5609-5612.

Hawkins PG, Morris KV. 2010. Transcriptional regulation of Oct4 by a long non-coding RNA antisense to Oct4-pseudogene 5. Transcription, 1: 165-175.

Hayashi-Takanaka Y, Yamagata K, Nozaki N, et al. 2009. Visualizing histone modifications in living cells: spatiotemporal dynamics of H3 phosphorylation during interphase. The Journal of Cell Biology, 187: 781-790.

Herman JG, Latif F, Weng Y, et al. 1994. Silencing of the VHL tumor-suppressor gene by DNA methylation in renal carcinoma. Proc Natl Acad Sci USA, 91: 9700-9704.

Hirota K, Miyoshi T, Kugou K, et al. 2008. Stepwise chromatin remodelling by a cascade of transcription initiation of non-coding RNAs. Nature, 456: 130-134.

Hirota K, Ohta K. 2009. Cascade transcription of mRNA-type long non-coding RNAs (mlonRNAs) and local chromatin remodeling. Epigenetics, 4: 5-7.

Hong J, Huang Y, Li J, et al. 2010. Comprehensive analysis of sequence-specific stability of siRNA. The FASEB Journal, 24: 4844-4855.

Jeon Y, Lee JT. 2011. YY1 tethers Xist RNA to the inactive X nucleation center. Cell, 146: 119-133.

Karlić R, Chung HR, Lasserre J, et al. 2010. Histone modification levels are predictive for gene expression. Proc Natl Acad Sci USA, 107: 2926-2931.

Kawasaki H, Taira K. 2004. Induction of DNA methylation and gene silencing by short interfering RNAs in human cells. Nature, 431: 211-217.

Keller C, Kulasegaran-Shylini R, Shimada Y, et al. 2013. Noncoding RNAs prevent spreading of a repressive histone mark. Nature Structural & Molecular Biology, 20: 994-1000.

Kohlmaier A, Savarese F, Lachner M, et al. 2004. A chromosomal memory triggered by

Xist regulates histone methylation in X inactivation. PLoS Biology, 2: e171.

Kotake Y, Nakagawa T, Kitagawa K, et al. 2011. Long non-coding RNA ANRIL is required for the PRC2 recruitment to and silencing of p15INK4B tumor suppressor gene. Oncogene, 30: 1956-1962.

Kung JT, Colognori D, Lee J T. 2013. Long noncoding RNAs: past, present, and future. Genetics, 193: 651-669.

Leconte AM, Romesberg FE. 2006. Chemical biology: A broader take on DNA. Nature, 444: 553-555.

Lee JT. 2011. Gracefully ageing at 50, X-chromosome inactivation becomes a paradigm for RNA and chromatin control. Nature Reviews Molecular Cell Biology, 12: 815-826.

Lee JT, Lu N. 1999. Targeted mutagenesis of *Tsix* leads to nonrandom X lnactivation. Cell, 99: 47-57.

Letso RR, Stockwell B R. 2006. Chemical biology: renewing embryonic stem cells. Nature, 444: 692-693.

Li J, Schachermeyer S, Wang Y, et al. 2009. Detection of microRNA by fluorescence amplification based on cation-exchange in nanocrystals. Analytical Chemistry, 81: 9723-9729.

Lin R, Roychowdhury-Saha M, Black C, et al. 2011. Control of RNA processing by a large non-coding RNA over-expressed in carcinomas. FEBS Letters, 585: 671-676.

Lister R, Pelizzola M, Dowen RH, et al. 2009. Human DNA methylomes at base resolution show widespread epigenomic differences. Nature, 462: 315-322.

Liu T, Kuljaca S, Tee A, et al. 2006. Histone deacetylase inhibitors: multifunctional anticancer agents. Cancer Treatment Reviews, 32: 157-165.

Lu C, Smith AM, Fuchs RT, et al. 2008. Crystal structures of the SAM-III/SMK riboswitch reveal the SAM-dependent translation inhibition mechanism. Nature Structural & Molecular Biology, 15: 1076-1083.

Lu X, Song CX, Szulwach K, et al. 2013. Chemical modification-assisted bisulfite sequencing (CAB-Seq) for 5-carboxylcytosine detection in DNA. Journal of the American Chemical Society, 135: 9315-9317.

Mann BS, Johnson JR, Cohen MH, et al. 2007. FDA approval summary: vorinostat for treatment of advanced primary cutaneous T-cell lymphoma. The Oncologist, 12: 1247-1252.

Martens JA, Laprade L, Winston F. 2004. Intergenic transcription is required to repress the Saccharomyces cerevisiae SER3 gene. Nature, 429: 571-574.

Masumoto H, Hawke D, Kobayashi R, et al. 2005. A role for cell-cycle-regulated histone H3 lysine 56 acetylation in the DNA damage response. Nature, 436: 294-298.

Mironov AS, Gusarov I, Rafikov R, et al. 2002. Sensing small molecules by nascent RNA:

a mechanism to control transcription in bacteria. Cell, 111: 747-756.

Mohamed JS, Gaughwin PM, Lim B, et al. 2010. Conserved long noncoding RNAs transcriptionally regulated by Oct4 and Nanog modulate pluripotency in mouse embryonic stem cells. RNA, 16: 324-337.

Morris KV, Chan SWL, Jacobsen SE, et al. 2004. Small interfering RNA-induced transcriptional gene silencing in human cells. Science, 305: 1289-1292.

Nagano T, Mitchell JA, Sanz LA, et al. 2008. The Air noncoding RNA epigenetically silences transcription by targeting G9a to chromatin. Science, 322: 1717-1720.

Nesterova TB, Senner CE, Schneider J, et al. 2011. Pluripotency factor binding and Tsix expression act synergistically to repress Xist in undifferentiated embryonic stem cells. Epigenetics Chromatin, 4: 17.

Ng SY, Johnson R, Stanton LW. 2012. Human long non-coding RNAs promote pluripotency and neuronal differentiation by association with chromatin modifiers and transcription factors. The EMBO Journal, 31: 522-533.

Ovcharenako D, Jarvis R, Hunicke-Smith S, et al. 2005. High-throughput RNAi screening in vitro: from cell lines to primary cells. RNA, 11: 985-993.

Palii SS, Van Emburgh BO, Sankpal UT, et al. 2008. DNA methylation inhibitor 5-Aza-2′-deoxycytidine induces reversible genome-wide DNA damage that is distinctly influenced by DNA methyltransferases 1 and 3B. Molecular and cellular biology, 28: 752-771.

Pearson J C, Lemons D, McGinnis W. 2005. Modulating Hox gene functions during animal body patterning. Nature Reviews Genetics, 6: 893-904.

Prasanth KV, Prasanth SG, Xuan Z, et al. 2005. Regulating gene expression through RNA nuclear retention. Cell, 123: 249-263.

Prensner JR, Iyer MK, Balbin OA, et al. 2011. Transcriptome sequencing across a prostate cancer cohort identifies PCAT-1, an unannotated lincRNA implicated in disease progression. Nature Biotechnology, 29: 742-749.

Ravindra KC, Selvi BR, Arif M, et al. 2009. Inhibition of lysine acetyltransferase KAT3B/p300 activity by a naturally occurring hydroxynaphthoquinone, plumbagin. Journal of Biological Chemistry, 284: 24 453-24 464.

Ren B. 2010. Transcription: enhancers make non-coding RNA. Nature, 465: 173-174.

Robertson KD. 2005. DNA methylation and human disease. Nature Reviews Genetics, 6: 597-610.

Sado T, Hoki Y, Sasaki H. 2005. *Tsix* Silences *Xist* through Modification of Chromatin Structure. Developmental Cell, 9: 159-165.

Salzman J, Gawad C, Wang PL, et al. 2012. Circular RNAs are the predominant transcript isoform from hundreds of human genes in diverse cell types. PLoS One, 7: e30733.

Sasaki K, Ito A, Yoshida M. 2012. Development of live-cell imaging probes for monitoring histone modifications. Bioorganic & Medicinal Chemistry, 20: 1887-1892.

Serganov A, Huang L, Patel DJ. 2008. Structural insights into amino acid binding and gene control by a lysine riboswitch. Nature, 455: 1263-1267.

Serganov A, Polonskaia A, Phan AT, et al. 2006. Structural basis for gene regulation by a thiamine pyrophosphate-sensing riboswitch. Nature, 441: 1167-1171.

Shamovsky I, Ivannikov M, Kandel ES, et al. 2006. RNA-mediated response to heat shock in mammalian cells. Nature, 440: 556-560.

Shan G, Li Y, Zhang J, et al. 2008. A small molecule enhances RNA interference and promotes microRNA processing. Nature Biotechnology, 26: 933-940.

Sijen T, Vijn I, Rebocho A, et al. 2001. Transcriptional and posttranscriptional gene silencing are mechanistically related. Current Biology, 11: 436-440.

Sinha J, Reyes SJ, Gallivan JP. 2010. Reprogramming bacteria to seek and destroy an herbicide. Nature Chemical Biology, 6: 464-470.

Song CX, Szulwach KE, Dai Q, et al. 2013. Genome-wide profiling of 5-formylcytosine reveals its roles in epigenetic priming. Cell, 153: 678-691.

Song CX, Szulwach KE, Fu Y, et al. 2010. Selective chemical labeling reveals the genome-wide distribution of 5-hydroxymethylcytosine. Nature Biotechnology, 29: 68-72.

Song CX, Yi C, He C. 2012. Mapping recently identified nucleotide variants in the genome and transcriptome. Nature Biotechnology, 30: 1107-1116.

Soutschek J, Akinc A, Bramlage B, et al. 2004. Therapeutic silencing of an endogenous gene by systemic administration of modified siRNAs. Nature, 432: 173-178.

Tahiliani M, Koh KP, Shen Y, et al. 2009. Conversion of 5-methylcytosine to 5-hydroxymethylcytosine in mammalian DNA by MLL partner TET1. Science, 324: 930-935.

Tan M, Luo H, Lee S, et al. 2011. Identification of 67 histone marks and histone lysine crotonylation as a new type of histone modification. Cell, 146: 1016-1028.

Tan S B, Huang C, Chen X, et al. 2013. Small molecular inhibitors of miR-1 identified from photocycloadducts of acetylenes with 2-methoxy-1, 4-naphthalenequinone. Bioorganic & Medicinal Chemistry, 21: 6124-6131.

Tano K, Mizuno R, Okada T, et al. 2010. MALAT-1 enhances cell motility of lung adenocarcinoma cells by influencing the expression of motility-related genes. FEBS Letters, 584: 4575-4580.

Tate PH, Bird AP. 1993. Effects of DNA methylation on DNA-binding proteins and gene expression. Current Opinion in Genetics & Development, 3: 226-231.

Taunton J, Hassig CA, Schreiber S L. 1996. A mammalian histone deacetylase related to the yeast transcriptional regulator Rpd3p. Science, 272: 408-411.

Tian D, Sun S, Lee JT. 2010. The long noncoding RNA, Jpx, is a molecular switch for X chromosome inactivation. Cell, 143: 390-403.

Ting AH, Schuebel KE, Herman JG, et al. 2005. Short double-stranded RNA induces transcriptional gene silencing in human cancer cells in the absence of DNA methylation. Nature Genetics, 37: 906-910.

Tuerk C, Gold L. 1990. Systematic evolution of ligands by exponential enrichment: RNA ligands to bacteriophage T4 DNA polymerase. Science, 249: 505-510.

Wachter A, Tunc-Ozdemir M, Grove BC, et al. 2007. Riboswitch control of gene expression in plants by splicing and alternative 3′ end processing of mRNAs. The Plant Cell Online, 19: 3437-3450.

Wang L, Mao Y, Kong F, et al. 2013. Complete sequence and analysis of plastid genomes of two economically important red algae: Pyropia haitanensis and Pyropia yezoensis. PloS One, 8: e65902.

Wassenegger M. 2005. The role of the RNAi machinery in heterochromatin formation. Cell, 122: 13-16.

Watashi K, Yeung ML, Starost MF, et al. 2010. Identification of small molecules that suppress microRNA function and reverse tumorigenesis. Journal of Biological Chemistry, 285: 24707-24716.

Wei L, Cao L, Xi Z. 2013. Highly Potent and Stable Capped siRNAs with Picomolar Activity for RNA Interference. Angewandte Chemie, 125: 6629-6631.

Weinberg MS, Villeneuve LM, Ehsani A, et al. 2006. The antisense strand of small interfering RNAs directs histone methylation and transcriptional gene silencing in human cells. RNA, 12: 256-262.

Winkler J. 2013. Oligonucleotide conjugates for therapeutic applications. Therapeutic Delivery, 4: 791-809.

Winkler W, Nahvi A, Breaker RR. 2002. Thiamine derivatives bind messenger RNAs directly to regulate bacterial gene expression. Nature, 419: 952-956.

Winkler W C, Nahvi A, Roth A, et al. 2004. Control of gene expression by a natural metabolite-responsive ribozyme. Nature, 428: 281-286.

Wolfrum C, Shi S, Jayaprakash KN, et al. 2007. Mechanisms and optimization of in vivo delivery of lipophilic siRNAs. Nature Biotechnology, 25: 1149-1157.

Wutz A. 2011. Gene silencing in X-chromosome inactivation: advances in understanding facultative heterochromatin formation. Nature Reviews Genetics, 12: 542-553.

Xi Z, Zhang R, Yu Z, et al. 2006. The interaction between tylophorine B and TMV RNA. Bioorganic & Medicinal Chemistry Letters, 16: 4300-4304.

Xi Z, Zhang R, Yu Z, et al. 2005. Selective interaction between tylophorine B and bulged DNA. Bioorganic & Medicinal Chemistry Letters, 15: 2673-2677.

Yan MD, Hong CC, Lai GM, et al. 2005. Identification and characterization of a novel gene Saf transcribed from the opposite strand of Fas. Human molecular genetics, 14:

1465-1474.

Yan S, Huang R, Zhou Y, et al. 2011. Aptamer-based turn-on fluorescent four-branched quaternary ammonium pyrazine probe for selective thrombin detection. Chem Commun, 47: 1273-1275.

Yap KL, Li S, Munoz-Cabello A M, et al. 2010. Molecular Interplay of the Noncoding RNA *ANRIL* and Methylated Histone H3 Lysine 27 by Polycomb CBX7 in Transcriptional Silencing of *INK4a*. Molecular Cell, 38: 662-674.

Yin BC, Liu YQ, Ye, BC. 2012. One-step, multiplexed fluorescence detection of microRNAs based on duplex-specific nuclease signal amplification. Journal of the American Chemical Society, 134: 5064-5067.

Young DD, Connelly CM, Grohmann C, et al. 2010. Small molecule modifiers of microRNA miR-122 function for the treatment of hepatitis C virus infection and hepatocellular carcinoma. Journal of the American Chemical Society, 132: 7976-7981.

Yu M, Hon GC, Szulwach KE, et al. 2012. Base-resolution analysis of 5-hydroxymethylcytosine in the mammalian genome. Cell, 149: 1368-1380.

Yuan Y, Wang Q, Paulk J, et al. 2012. A small-molecule probe of the histone methyltransferase G9a induces cellular senescence in pancreatic adenocarcinoma. ACS Chemical Biology, 7: 1152-1157.

Zamore PD, Tuschl T, Sharp PA, et al. 2000. RNAi: double-stranded RNA directs the ATP-dependent cleavage of mRNA at 21 to 23 nucleotide intervals. Cell, 101: 25-33.

Zhang J, Zheng J, Lu C, et al. 2012. Modification of the siRNA passenger strand by 5-nitroindole dramatically reduces its off-target effects. ChemBioChem, 13: 1940-1945.

Zhang Q, Zhang C, Xi Z. 2008. Enhancement of RNAi by a small molecule antibiotic enoxacin. Cell Research, 18: 1077-1079.

Zhao J, Sun BK, Erwin JA, et al. 2008. Polycomb proteins targeted by a short repeat RNA to the mouse X chromosome. Science, 322: 750-756.

Zheng J, Zhang L, Zhang J, et al. 2013. Single modification at position 14 of siRNA strand abolishes its gene-silencing activity by decreasing both RISC loading and target degradation. The FASEB Journal, 27: 4017-4026.

Zhou Y, Huang Q, Gao J, et al. 2010. A dumbbell probe-mediated rolling circle amplification strategy for highly sensitive microRNA detection. Nucleic Acids Research, 38: e156-e156.

Zhu G, Zheng J, Song E, et al. 2013. Self-assembled, aptamer-tethered DNA nanotrains for targeted transport of molecular drugs in cancer theranostics. Proc Natl Acad Sci USA, 110: 7998-8003.

Zhu Z, Xu L, Zhou X, et al. 2011. Designing label-free DNA sequences to achieve controllable turn-off/on fluorescence response for Hg^{2+} detection. Chemical Communications, 47: 8010-8012.

Zilberman D, Cao X, Jacobsen S E. 2003. ARGONAUTE4 control of locus-specific siRNA accumulation and DNA and histone methylation. Science, 299: 716-719.

第十二章
化学生物学的机遇与挑战

近 50 年来,自然科学领域中的生命科学空前发展,分子生物学的兴起,更是将对于生命的认识基础从细胞水平推进到分子水平。化学生物学源于化学的长期发展和成熟,以及生物学和医学科学研究的积累和需求,作为一门高度交叉的学科,其利用化学的方法和技术不断拓展生物学的研究范围和尺度。同时生命科学的前沿研究领域对于新兴研究方法和技术的迫切需求不仅对化学生物学研究提出了挑战,同时也为化学生物学的发展提供了很好的机遇。在本章中,将结合干细胞研究、神经科学等目前处于国际研究前沿和热点的领域展示化学生物学发展的机遇和挑战。

2006 年,通过借助卵母细胞进行细胞核移植或使用导入外源基因的方法,哺乳动物体细胞被证明可以进行"重编程"获得"多潜能性",这两项技术也让英日两国科学家获得了 2012 年的诺贝尔奖。这两种技术为细胞治疗及很多遗传疾病的研究带来了新的希望,干细胞研究进入了一个新的阶段,然而采用化学生物学的策略,将小分子化合物用于干细胞的自我更新、定向分化及体细胞重编程等方面的研究却才刚刚起步。

在神经科学领域,结合化学生物学理念,通过合理设计功能型探针分子,发展无损伤脑成像技术,模拟信号转导通路中关键蛋白质复合物的结构和功能,来系统地阐述神经信号传递途径及信号分子的作用机制;神经系统发挥功能的分子机制,发展神经系统疾病的诊断和治疗策略,丰富了神经科学的研究手段和方法。化学生物学手段的引入为神经科学的发展提供了一个更为丰富而直接的手段。

染色体局部构象的变化与核小体的调整是如何协调发生的,一直都是讨论的热点,这关乎基因组印记、细胞重编程、细胞分化及细胞衰老调控等重要生命过程。表观遗传学的发展为人们充分认识基因组甲基化和组蛋白乙酰化等特征性的化学修饰对基因功能表征与性状遗传上的影响提供了较全面系统的理论基础，但关于核小体整体上的调控研究还处于较为初级的阶段。化学生物学在上述的这些领域均可找到重要的发展机遇。

微生物与宿主间的互作关系一直是生命科学研究的热点，特别是微生物与宿主细胞表面间的信息交流方式和信息共享模式的发现，如次级代谢产物调控网络、受体介导的物质能量运输、信号转导共享路径等互作网络及最古老的 RNA 干扰机制的系统性研究都将为化学生物学在肠道菌群领域中的渗透性发展提供新方向。

第一节 化学生物学在干细胞领域中的研究展望

1868 年，德国科学家 Haeckel 首次提出一种负责产生很多种类型的新细胞来修复身体的未特化或者说未分化的"干细胞"这一概念。然而直到 1963 年，加拿大研究员 McCulloch 和 Till 才首次通过实验证实造血干细胞的存在 (Becker et al., 1963; Siminovitch et al., 1963)。迄今为止，人类陆续在其他器官中发现成体干细胞，如小肠、皮肤等。干细胞 (stem cell) 是一类可以自我更新和快速增殖的细胞，同时，在特定的生理条件或实验条件下又可以分化成不同类型的功能细胞，如肌细胞、红细胞，与之相关的一个衡量标准是可以形成有功能的器官或整个个体。

除了成体干细胞外，人类还从发育早期的胚胎中建立了多能干细胞系 (pluripotent stem cell)。最早从畸胎瘤中建立胚胎瘤细胞系 (embryonal carcinoma cell)，在此基础上 1981 年 Evans 和 Martin 分别建立了小鼠胚胎干细胞系 (embryonic stem cell)，该项成果也让 Evans 和另外两位科学家获得了 2007 年的诺贝尔奖。由于人胚胎干细胞系可以分化成人体任何一种细胞（包括神经、心肌、造血、肝脏、胰腺等细胞）并可应用于移植，这为困扰人类的多种疾病提供了全新疗法。

一、干细胞重编程

目前诱导性多能干细胞技术仍面临着诱导效率低、分子机制不清及存在潜在安全性等问题，极大制约了 iPS 细胞的研究与应用，其实长期以来人类操控生物过程最常见的方式是使用化学小分子的方法，而不是基因操作，例如，人们使用的各种药物，化学分子是最多的类型，那么理论上，使用化学分子同样有可能实现基因操作类似的效果，而且许多转录因子都存在小分子阻断剂或激动剂。研究发现，化学物质可以提高重编程效率，甚至可功能性取代某些转录因子的作用，其主要通过影响细胞表观遗传修饰和信号转导通路发挥作用。

1. 表观遗传途径

表观遗传修饰在体细胞重编程过程中有着重要作用，研究发现，化学小分子如 DNA 甲基转移酶抑制剂 RG-108（Shi et al.，2008a）（图 12-1）、5-氮杂胞苷（5-aza-cytidine）（Huangfu et al.，2008）、组蛋白去乙酰化酶抑制剂 VPA（丙戊酸）、G9a 组蛋白甲基化抑制剂 BIX-01294（Shi et al.，2008b）、butyrate（Mali et al.，2010）可以通过改变体细胞的 DNA 甲基化水平或者改变组蛋白修饰（乙酰化、甲基化和磷酸化等）等表观遗传特性来提高重编程效率，其中 VPA 可提高重编程效率 100 多倍。异核体细胞（融合小鼠 ES 细胞核的人成纤维细胞）重编程仅需 1 天，iPS 细胞生成率高达 70%（Bhutani et al.，2010）。同时 RNA 干扰实验发现，重编程可能与激活 Oct4 并抑制 HDAC2 的活性有关（Anokye-Danso et al.，2011）。

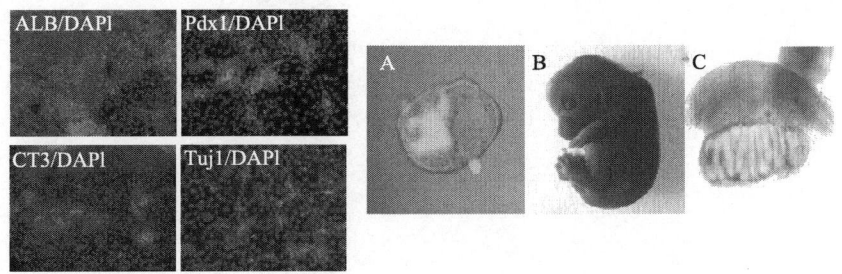

图 12-1 小分子诱导干细胞的体内和体外生长（文后附彩图）
资料来源：Shi et al.，2008a

2. 信号通路途径

研究表明，化学小分子可通过调节细胞信号通路如激活 Wnt 等信号通路和抑制 MEK-ERK1/2、GSK 和 TGF-β 等信号通路来提高重编程效率。如图 12-2 所示，细胞内信号分子 Wnt3a 可代替原癌基因 *c-Myc*，并促进 Oct4 和 Sox2 表达，提高细胞重编程效率（Marson et al.，2008）。采用 PD0325901 和 CHIR99021 的组合，抑制某些信号通路如 MEK-ERK1/2 和 GSK，促进

iPS 细胞生长并抑制非 iPS 细胞生长（Silva et al.，2008）。TGF-β 信号通路抑制剂 SB431542 联合 PD0325901 可提高重编程效率达 200 倍以上（Lin et al.，2009）。

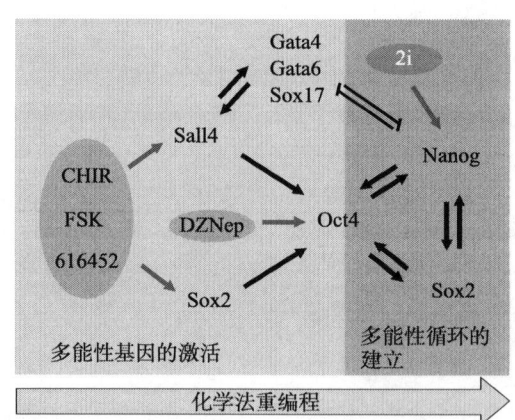

图 12-2　干细胞重编程所必需的化合物结构式和化学诱导多潜能性示意图
资料来源：Hou et al.，2013

3. 其他重编程途径

加入 VPA 和维生素 C 可提高 iPS 编程效率达 6.2%，维生素 C 可能通过降低细胞 p53 水平、激活 HIF（hypoxia inducible factor）信号通路、促进组蛋白去甲基化等作用机制提高重编程效率（Esteban et al.，2010），同时，维生素 C 作为人体必需的水溶性维生素，使得重编程过程更为安全。最近，利用 4 个化合物的组合，将小鼠成体细胞诱导成为可以重新分化发育为心脏、肝脏、胰腺、皮肤、神经等多种组织和细胞类型的多潜能性细胞（Hou et al., 2013)，该 4 种化合物已经用于临床（图 12-2）。因此，这些成果使安全型 iPS 细胞制备技术的建立又向前迈进一步。总之，基于化学小分子重编程的研究不仅有助于阐明重编程机制，也为仅利用化学物质诱导 iPS 细胞奠定了基础。

二、干细胞定向分化

干细胞的分化发育受多种内在机制和微环境因素的影响，然而自行分化难以形成单一独特的细胞类型，无法应用于实际治疗，因此如何诱导干细胞定向分化是当前研究的热点，化学生物学的发展为干细胞研究提供了多种多样的生物活性小分子，利用小分子能够高效、高选择性地诱导干细胞定向分化，这一技术会在相当大的程度上引发医学领域的重大变革。

1. 胚胎干细胞（ESC）的定向分化

ESC 以其具有发育为不同类型细胞的潜力，在干细胞研究及再生医学领域的理论研究和临床应用中具有重要作用。PI3-K 抑制剂 LY294002 能促使体外培养的 ESC 分化为分泌胰岛素的 β 细胞，分化得到的 β 细胞可以提高体内胰岛素水平并控制血糖浓度（Hori et al., 2002）。用化学组合的方法，可合成筛选到能有效诱导鼠 ESC 分化成心肌细胞的大量小分子化学文库（Wu et al., 2004），得到一系列具有这种定向诱导作用的双氨嘧啶化合物（图 12-3）。

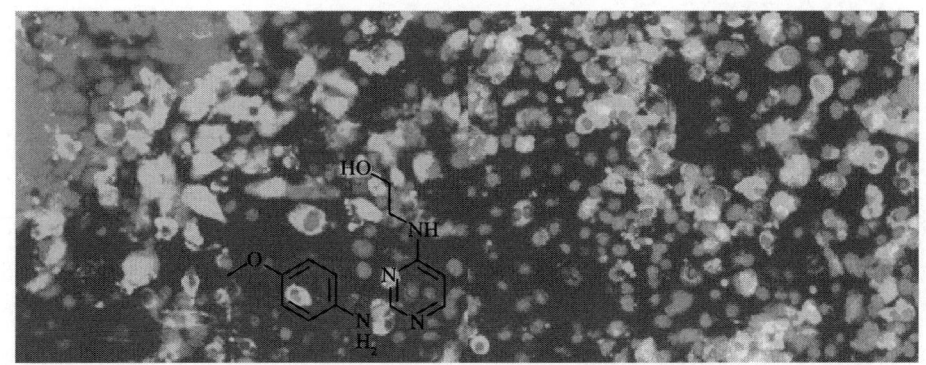

图 12-3 双氨嘧啶化合物定向诱导鼠 ES 细胞分化成心肌细胞（文后附彩图）
资料来源：Wu et al., 2004

2. 骨髓间充质干细胞（MSC）的定向分化

在一定的诱导条件下，MSC 具有向成骨细胞、软骨细胞、神经细胞、脂肪细胞、肝脏细胞、心肌细胞等多向分化的能力（Arpornmaeklong et al.，2009）。联合应用异丁甲基黄嘌呤（IBMX）和二丁基环磷酸腺苷（dbcAMP）能提高胞内 cAMP 的含量，将 MSC 分化为神经元样细胞（Deng et al.，2001）。猪 MSC 用 5-氮杂胞苷诱导后可分化为心肌样细胞，部分细胞可表达 α 肌动蛋白和肌钙蛋白 T（Moscoso et al.，2005）；bFGF 能增强人 MSC 向成骨细胞及软骨细胞的分化（Zheng et al.，2011）。采用高内涵筛选的方法，基于 MSC 向成骨细胞分化过程中碱性磷酸酶活性、细胞活力的变化，从 1040 个候选化合物中筛选出 36 个促进剂及 20 个抑制剂（Brey et al.，2011）。从 NINDS 化合物文库中可筛选到 MSC 向成骨细胞生成时 5 个潜在的诱导因子及 24 个潜在的抑制因子（Huang et al.，2008）。

3. 神经干细胞（NSC）的定向分化

NSC 的发育和分化取决于特定的基因在特定的部位和时间表达，同时受到神经营养因子和内环境的共同调控。研究发现，甲状腺素（T3）可以促进神经干细胞向少突胶质细胞分化（Huang et al.，2002）。一些能诱导神经元分化的分子被筛选出来，如吡咯嘧啶类似物 TWS119 与糖原合成激酶-3β（GSK-3β）结合，诱导 NSC 定向分化为神经元（Ding et al.，2003）。红藻氨酸刺激 α-氨基羟甲基恶唑丙酸受体促进 NSC 来源的少突胶质前体细胞增殖，而且红藻氨酸亦触发 NSC 向神经元分化（Redondo et al.，2007）。

4. 增强干细胞分化

抑制细胞的分化和死亡能够促进胚胎干细胞的自我更新，同样，抑制细胞的自我更新能力可提高胚胎干细胞的分化能力。从 20 000 多个小分子化合物中筛选得到的小分子 stauprimide 能诱导胚胎干细胞表达内源性 Sox17，同时，在利用 stauprimide 进行治疗时，c-Myc 的下调可打乱胚胎干细胞的自我更新状态，从而使胚胎干细胞更容易分化（Zhu et al.，2009）。

基于小分子的干细胞的定向诱导分化是目前干细胞研究的新兴领域，随着其分化机制研究的不断深入，将在化学小分子治疗药物研发中发挥更大的作用，并展示出巨大的优越性和社会经济价值。

三、干细胞多能性维持

干细胞多能性维持机制一直是国际干细胞研究的热点和难点,是众多干细胞研究机构的重要战略方向,目前有少量小分子化合物被报道与维持干细胞自我更新相关(Schugar et al.,2007),例如,研究人员发现,通过利用一种具有 GSK3β 抑制剂活性的小分子化合物 BIO(6-Bromoindirubin-3oxime),在人、鼠胚胎干细胞中激活 Wnt 信号通路,两者的未分化状态均能够得到维持(Sato et al.,2003)(图 12-4)。另一种 GSK3β 抑制剂活性的小分子化合物 SB216763 也被报道能够促进自我更新和防止分化(Reinhold et al.,2006)。

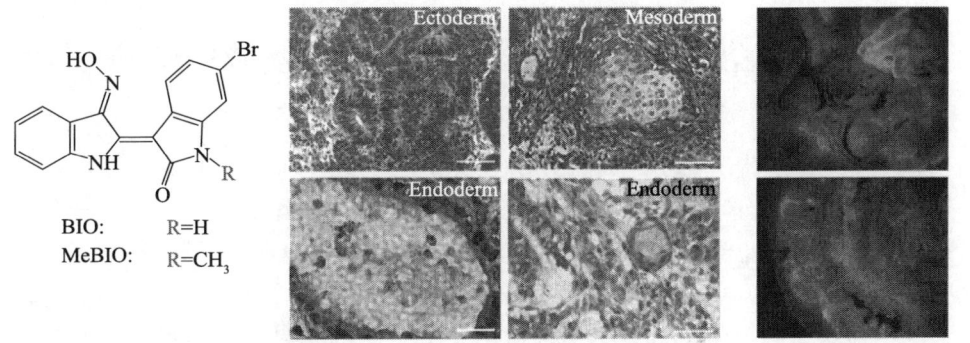

图 12-4　化合物 BIO 和 MeBIO 的结构及 Wnt 信号激活导致的未分化状态的维持
(文后附彩图)

资料来源:Sato et al.,2003

胚胎干细胞拥有一个庞大而精确的分子调控网络来维持其不分化状态,目前的研究成果还不能充分解释这个庞大的网络,然而通过研究和发现小分子化合物来了解干细胞多能性的这种化学生物学方法将极大地促进该领域的研究。

四、干细胞研究的发展趋势

化学小分子具分子质量小、结构多样、质量易控、易被吸收、生理活性稳定等优点,其参与干细胞调控不但可以提高调控效率,而且用外源性分子取代插入基因组后可能引起突变的内源性基因减少基因操作风险,因此,采用化学药物进行干细胞调控的研究和应用在国际上虽然处于起始阶段,但已经成为干细胞研究领域的热点问题,对其进行研究和应用势在必行。然而,以下几个方面的问题仍亟待解决：①灵敏、稳定的小分子筛选体系和筛选模型的建立和发展；②干细胞调控相关的小分子化合物库的建立，并利用筛选模型，对小分子化合物库高通量和高内涵筛选，获得具有调控干细胞活性的小分子；③用于诱导干细胞定向分化、重编程的小分子化合物的发现和对发现化合物比较系统的结构多样化改造、修饰优化；④基于小分子活性探针的干细胞调控机制研究，以及用于调控的化学小分子间有无协同或拮抗作用，指导活性模型的建立；⑤干细胞调控药物的前期基础研究，如化学物质的毒性要严格检测并克服其毒性作用，建立安全型化学药物调控技术。

总之，将会有更多的可以调控干细胞活性的小分子化合物等待被发现，干细胞凭借其特性和优势，定会拥有更广阔的研究和应用前景。

第二节 化学生物学在脑神经研究领域中的进展

20世纪的最后30年，随着分子生物学的兴起，对生命的认识基础从细胞水平推进到了分子水平，同时也促使以往的脑研究各个分支互相渗透且向综合发展的道路上迈进，形成了神经科学这一崭新的学科。"神经科学"作为一门统一的学科，近50年来可谓是突飞猛进，取得了令人瞩目的进展，已成为了生命科学乃至整个自然科学领域中十分活跃的学科。神经科学以脑和神经系统为研究对象，大量的研究成果加深了人们对神经系统的奥妙的了解，改善了对神经系统疾病的预防、诊断和治疗，并促进了相关学科的发展(Clark，2013)。

神经科学飞速发展的这50年，也正是化学生物学研究手段日渐成熟的50年。化学生物学源于化学的长期发展和成熟，以及生物学和医学科学研究的积累和需求，作为一门高度交叉的学科，其利用化学的方法和技术不断拓展生物学的研究范围和尺度。在这里，简要为大家介绍一下化学生物学在脑神经科学领域的研究进展。

一、神经系统发育的生物学基础

近年来，随着分子生物学的深入研究，使神经系统发育中基因调控的研究有了较为迅速的发展。神经诱导是神经发育过程中的一个重要的过程，它包括形成神经板的原发诱导和形成早期脑与脊髓的次发诱导，这也是当今发育神经生物学领域中一个有重要意义的研究课题(Dragunow，2008)。在胚胎发育早期，神经系统起源于神经外胚层，室管膜上皮细胞具有分化成多种神经细胞的能力。最新实验表明，出生后的室管膜下层细胞还存在分化功能，哪些神经诱导因子在决定着原肠期背侧外胚层的命运？什么机制在其中发挥着作用？一个世纪以来，发育神经学家试图回答这个问题。

（一）转录因子诱导的神经系统发育

1924 年，德国实验胚胎学家 Spemann 和 Mangold 通过两栖类异体移植实验提出大部分脊椎动物早期胚胎中都存在类似的具有神经诱导功能的组织，统称为"组织者"（organizer）。在不同种属的胚胎之间，组织者也具有完全的神经诱导能力，表明神经诱导的机制在脊椎动物中是保守的。Spemann 提出的神经诱导发育理论在当时是神经系统发育的经典理论，也提示了高等动物脑形成的第一步依赖于神经诱导过程。近 10 年来，神经诱导信号分子蛋白相继被发现，它们作为一系列神经诱导因子参与诱导神经板及其后的神经沟、神经管的发育（Weinstein and Hemmati-Brivanlou，1999）。

1. 原神经转录因子（proneural transcription factor）

原神经转录因子是一类在神经细胞生成过程中具有关键作用的原神经基因（proneural gene）编码产物。原神经基因编码着含有基本螺旋-环-螺旋（basic helix-loop-helix，bHLH）结构的转录因子蛋白，这样的 bHLH 结构也是在大多数转录因子蛋白中普遍存在的二级结构特点。无论是在果蝇还是在脊椎动物模型中，bHLH 因子调控并且促进神经系统的发育及初代神经元细胞的生殖和分化。更重要的是，近期研究表明，原神经基因参与整合神经形成过程中的位置信息，为特定表型的神经元细胞识别做出了贡献（De Robertis，2006）。图 12-5 显示了目前已知的非脊椎动物和脊椎动物神经元 bHLH 蛋白及它们保守的 bHLH 结构域，该保守结构域被认为与 DNA 结合有关。

bHLH 家族非常庞大，其中包括已知功能的 E 家族（E12 及性别决定基因 *Daughterless*），典型的 *Atonal*（ato）家族基因及相关的 *Amos* 和 *Cato* 基因，以及与致癌基因 *myc*、肌肉决定基因 *MyoD* 具有较高序列相似性的 *Achaete-Scute* 家族。原神经基因编码的转录因子蛋白参与神经发生过程及神经胶质细胞的再生过程。细胞神经化和胶质化的过程中有大量原神经蛋白参与并行使功能（图 12-6）。具有多向分化潜能的神经干细胞在转化为神经元细胞或者神经胶质的过程中受到原神经蛋白的调控。与此同时，原神经蛋白

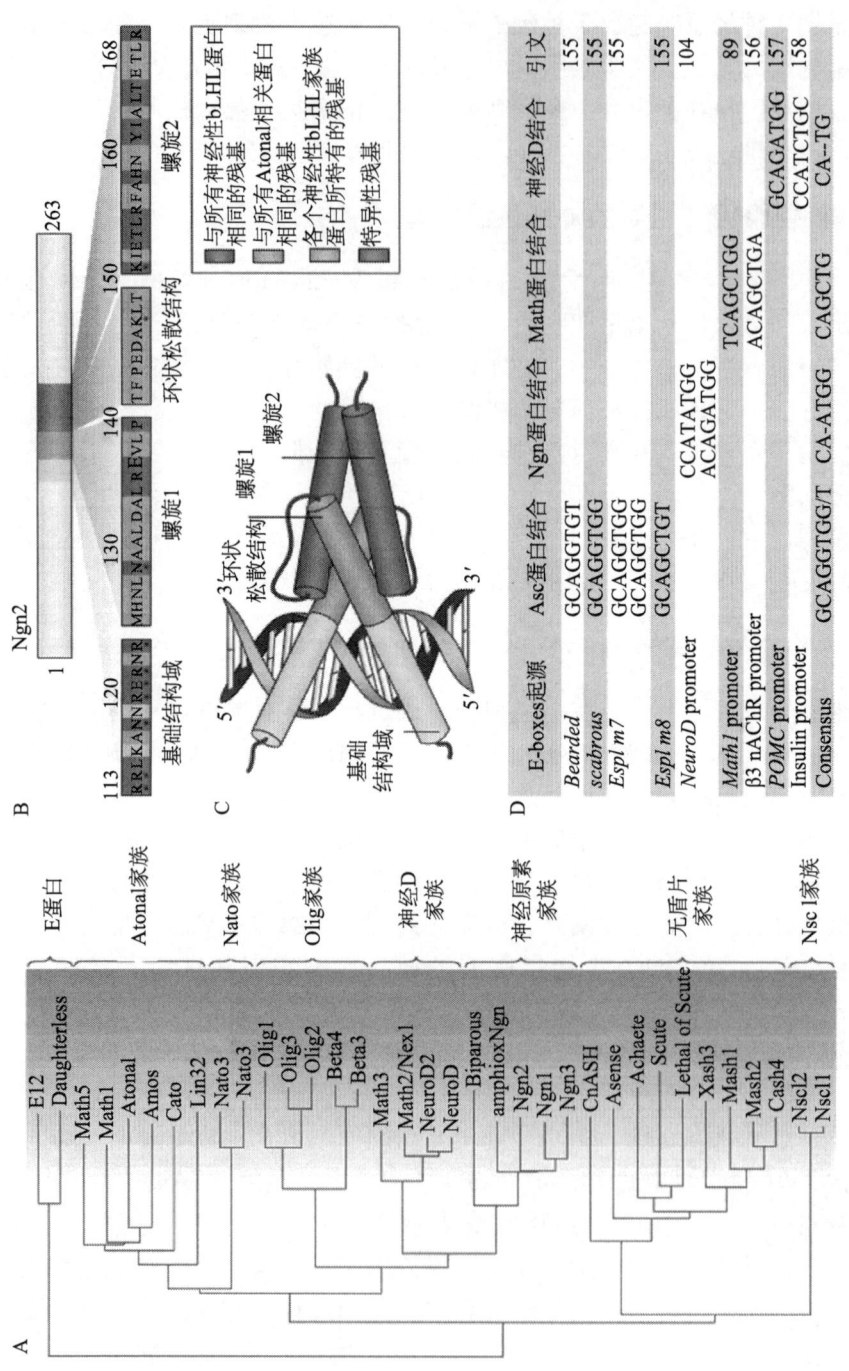

图12-5 神经元bLHL家族蛋白的结构和性质（文后附彩图）

资料来源：De Robertis，2006

结合外部转化信号，共同调控着神经干细胞的分化命运（Bertrand et al.，2002）。另外，同属于神经元 bHLH 家族蛋白的 Neurog2 和 Ascl1 也被证实参与了上皮神经元迁移过程（Pacary et al.，2011）。

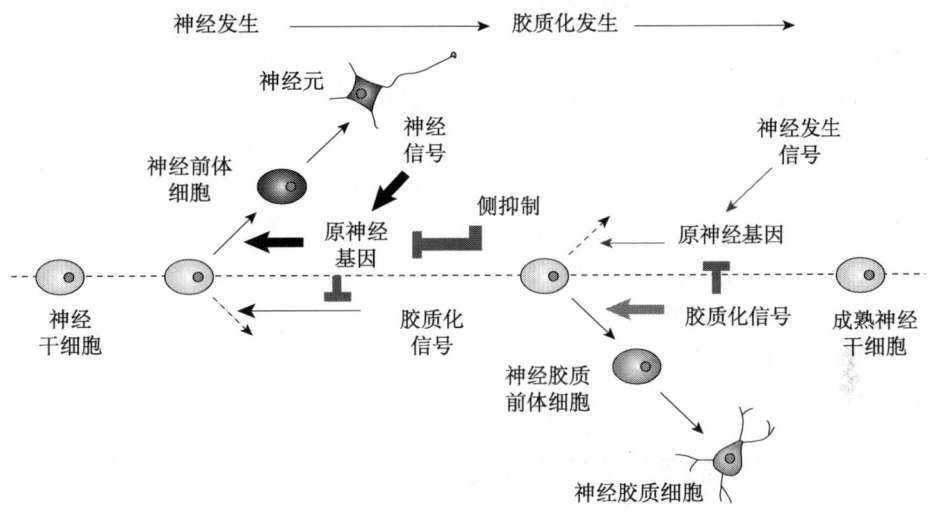

图 12-6　原神经转录因子在神经细胞分化途径中的功能（文后附彩图）
资料来源：Sharma et al.，2013

2. 骨髓形态发生蛋白

骨髓形态发生蛋白（bone morphogenetic protein，BMP）是一类由外胚层自分泌的生长因子，为转化生长因子-β（TGF-β）生长因子超家族的成员。在人类，目前已分离得到 7 种 BMP 蛋白，TGF-β 超家族结构上的共同点主要是每个家族成员间 C 端有 25% 的氨基酸残基是相同的，其中 7 个 Cys 的位置绝对保守。BMP 在神经系统发育中起着非常重要的作用：BMP 在不同的时间和不同的地点所起的作用不同；在神经板的诱导过程中 BMP4 所起的作用是抑制分离的外胚层细胞向神经元分化，促进这些细胞向上皮细胞分化（Grande et al.，2013）。

BMP 信号的抑制对神经诱导是充分必要的。同时抑制 BMP 的拮抗剂，神经诱导则被极度抑制，整个神经板几乎全部消失；与此相反，将 BMP 家族中的 4 个重要成员 BMP2、BMP4、BMP7 和 ADMP 同时抑制后，中枢神经系统发育异常，几乎整个胚胎都有神经组织的性质。这些结果表明，BMP 信号通路在早期胚胎发育的神经与非神经区域模式化过程中占据了中心的位置。它的主要功能是：抑制非神经区域的原始外胚层细胞分化为神经干细胞，保持其多能性，使得其他胚层的分化及整个胚胎的正常发育成为可能。

3. Noggin、Chordin 和 Follistatin 蛋白

这一类信号分子是 BMP 蛋白的拮抗剂，可与 BMP4 结合，使 BMP4 不能激活其外胚层细胞上的受体，从而干扰 BMP 的信号转导，胚胎的背部外胚层细胞则不再被诱导为表皮，却呈现出神经型细胞的特征。*Noggin* 和 *Chordin* 双基因敲除小鼠的表型分析显示，实验小鼠的前脑发育异常（Kovach et al.，2012）。现在普遍认为，Noggin 蛋白可能模拟着一种在低浓度下起作用的诱导剂；卵泡抑素（Follistatin）则是一类分泌性因子，表达于原肠胚期的组织原区及动物极性外植体中，Follistatin 是正常发育中具有神经诱导活性的特异性活化素的抑制剂。Noggin 与 Follistatin 是首次发现在体外可诱导神经分化的分子，它们也符合内源性诱导剂的标准，与神经诱导的双信号模型相关。

（二）小分子诱导的神经系统发育

BMP 家族蛋白的功能是抑制分离的外胚层细胞向神经元分化，促进这些细胞向上皮细胞分化。所以 BMP 蛋白的特异性抑制剂能够促使上皮细胞向神经元细胞分化（Ben-Zvi et al.，2008；Chambers et al.，2009）。noggin、chorclin 和 follistatin 蛋白作为 BMP 的拮抗剂，能够通过转基因的方式在细胞中过表达实现神经形成的过程。近年来，除了典型性原神经转录因子和相关神经诱导蛋白因子外，越来越多的研究集中在使用小分子化合物诱导和调控神经细胞的生成，以及由体细胞向神经细胞的定向转化过程。

Dorsomorphin（DM）被发现是用于 BMP 通路的抑制剂，能够具有选择性地促使胚胎干细胞向心肌细胞分化。类似的调控着神经及发育通路的关键小分子化合物具有潜在的药物研发价值（Hao et al.，2008）。同样的，在模式生物斑马鱼体内，DM 分子抑制 BMP 通路的过程对于早期胚胎的形成及体内铁离子的代谢过程都是非常重要的（图 12-7）（Yu et al.，2008）。

利用 DM 分子，验证了其可以通过抑制 BMP 蛋白的活性，而具有使人源的诱导多功能干细胞（hiPSC）转化为神经前体细胞（neural precursor）的能力。而且这种小分子诱导神经细胞的效率与已知 BMP 抑制因子 noggin 蛋白诱导神经细胞的效率是相当的。该研究也打开了小分子 BMP 抑制剂调控神经细胞发育途径的分子机制研究的先河（Neely et al.，2012）。另外，基于 DM 分子的结构改造及 DM 抑制 BMP 途径的分子机制研究成为了小分

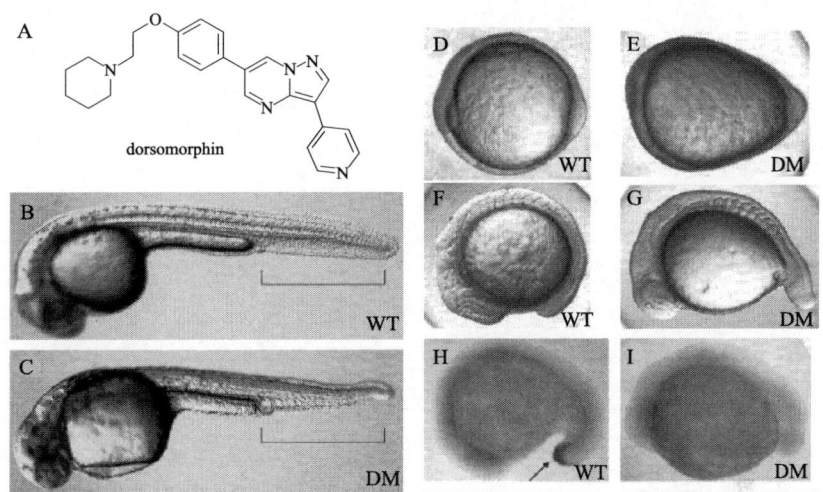

图 12-7　DM 分子诱导斑马鱼胚胎背部的生成和分化（文后附彩图）

资料来源：Yu et al, 2008

子调控神经发育的研究热点。通过构效关系研究结合高通量筛选的方法，得到了一系列 dorsomorphin 的类似物，其中 DMH1 分子经鉴定不仅具有特异性抑制 BMP 家族蛋白的活性；该系列类似物也通过类似"脱靶效应"的方式，对 VEGFR 家族蛋白产生较强的抑制活性（Hao et al., 2009）。而且 DMH1 分子因其具有高效性和高选择性的 BMP 抑制活性，目前已经作为体外神经细胞诱导剂而被广泛地使用。

通过使用转基因手段让体细胞呈现原神经转录因子混合表达的状态，纤维原细胞这种成熟的人体皮肤细胞可以被直接转化为神经细胞。这种手段已经作为再生医学中一种神经学疾病建模的重要手段，其对于研究神经发育具有很好的潜在作用。但其缺点是低效，由此获得转化的细胞比例较小（Shors et al., 2001）。而使用小分子诱导剂的优势之一就是能够特异性地得到高转化率的神经细胞。从新生儿与幼童身上提取人体纤维原细胞，在培养过程中，过表达两种转录因子的组合物，并加入多西环素（doxycycline，又称强力霉素），成纤维细胞向神经细胞转化的效率提高了 15 倍以上。而且，通过此方法获得的神经细胞在细胞类型方面的基因表达和功能均正常。该研究使得年龄相关性疾病的细胞建模成为可能（Ladewig et al., 2012）。

二、神经系统的信号转导和物质传递机制

细胞内和细胞间的信号转导和物质传递决定了细胞的功能和命运。对神

经细胞而言，其作为一种高度特化的细胞，是神经系统的基本结构和功能单位之一，它具有感受刺激和传导兴奋的功能。所以，探讨神经细胞内和细胞间的信号转导及物质传递机制对于深入理解神经细胞的结构和功能，了解神经系统的进化和发育具有关键的意义。

（一）神经细胞的信号转导

为了分析外部世界或机体内部发生的事件，同时也为了在细胞间传递信息，神经细胞采用电信号和化学信号作为信息的载体。神经细胞产生的电信号分成两大类：第一类是局部分级电位，多起源于外来的刺激（包括光、声波、接触性刺激等），虽然起源部位不同，但在突触部位产生信号，其电特性十分相似。所有的这些信号都是分级型的，局限在起源部位，其扩散与分布依赖于神经细胞的被动特性。第二类是动作电位，它由局部的分级电位产生，不依赖于生物过程而存在。动作电位能够迅速地做长距离的传播。

同样的，化学信号主要在化学突触之间进行传递，其中包括神经递质及激素等。在化学突触处，神经元释放神经肽和低分子质量递质，如乙酰胆碱。低分子质量的递质在轴突终末合成，多种机制确保递质的供应，以满足释放的需要。

1. 电信号的传导及监测

电信号的一个重要特征是，它们在体内所有的神经细胞中实际上是相同的。不论它们是传递运动指令，传递颜色指令、形状或者是疼痛刺激的信息，还是在大脑的不同区域间进行相互联系。可以认为，动作电位是一种定型的单元，它们在所有已经研究过的神经系统中是信息交换的共通钱币。对于神经细胞中电信号的监测手段，目前主要分为两大类：一类是用电极记录神经元信号，代表性的手段有膜片钳技术；另一类主要是基于记录神经元活动的无创伤技术，代表的有荧光染料法、正电子发射断层扫描（PET）及磁共振成像（MRI）。

1976年，德国马普生物物理研究所 Neher 和 Sakmann 创建了膜片钳（patch clamp recording technique）技术，二人也因这一伟大贡献获得1991年的诺贝尔生理学或医学奖。膜片钳技术与离体脑片技术结合，可以定位研究神经元离子通道，还可以进行神经元突触联系的研究，与使用培养的或急性分散的神经元相比具有不可替代的优势。目前，越来越多的改良型膜片钳技术，拓宽了神经细胞电信号检测的手段。将微流体系统用于平面膜片钳电信号队列检测的手段中,可得到具有高灵敏度和极高通量的检测平台(Li et al.,2006);膜片钳技术和拉曼光谱或毛细管电泳技术可以结合起来,进行单细胞的实时跟踪检测,此方法可用于分析及筛选细胞中铁离子通道的拮抗剂(Neugebauer et al.,2010)。膜片钳不仅是神经元膜电信号测试的重要实验手段,同时也为神经计算科学和脑的高级功能的研究提供了重要的依据。当今诸如神经元节律及其网络非线性研究、同步振荡、神经元编码与通信等现代神经科学研究领域都要以相关实验数据作为基础,在分子生物学的角度上研究脑疾病的产生机制和治疗也离不开膜片钳及脑片膜片钳技术。随着神经科学的深入研究,膜片钳将不断与新技术融合,从而促进现代生命科学的发展。

使用电极记录神经元信号难免会造成细胞局部的损伤,有时对于记录数据的真实性甚至疾病的诊断还带来负面的影响。所以开发记录神经元活动的无损伤技术势在必行。应用光学和电子成像技术,可以无需电极,在合适的标本中追踪信号的发生和变化。另外,与细胞膜结合的荧光染料的出现,极大地推动了这一领域的快速发展。以 MRI 为例,目前的研究重点集中在功能性 MRI 作为疾病诊断和治疗策略的优化,包括新型造影剂的设计合成以实现更加精确和深入的成像效果。一种基于生物素的衍生型 MRI 造影剂能够极大地提高成像深度,在脑部连通性研究中取得了很好的效果(Farre et al.,2001);已经发展了特异性捕捉钙信号和 β-sheet 淀粉样变性蛋白信号的 MRI 造影剂(Mishra et al.,2011;Mamedov et al.,2010)。各种功能性 MRI 手段和策略,已经开始在医学上作为疾病预测和诊断技术而广泛使用(Amiri et al.,2013)。

2. 化学信号——神经递质的传导

在化学突触处,神经元释放神经肽和低分子质量递质,如乙酰胆碱等,称为神经递质。神经递质在化学突触传递中担当信使的特定化学物质,低分子质量递质在轴突终末合成。多种机制确保递质的供应,以满足释放的需要。对于突触传递的生物化学基础的阐明在早期研究进展缓慢。早在 1904 年,Elliot 首次提出了化学突触传递思想(Valenstein,2002),之后的 60 年里,仅 3 种化合物,乙酰胆碱、去甲肾上腺素和 γ-氨基丁酸被确证为神经递质。它们的受体主要包括:乙酰胆碱型受体,肾上腺素-去肾上腺素受体和 γ 氨基丁酸 A、B 型受体。而近几十年来,由于生物化学和遗传学理论和技术的快速发展,已有超过 50 种化合物被确定为神经递质。大多数神经递质受体蛋白的结构和作用的分子机制也已被确定。

经典的神经递质是指贮存在神经终末囊泡中的低分子质量物质，包括乙酰胆碱、去甲肾上腺素、肾上腺素、多巴胺、5-羟色氨、三磷腺苷、γ-氨基丁酸、谷氨酸和甘氨酸等。快速化学动力学检测手段（其中包括细胞停流装置、脉冲激光光解等手段），帮助确定了神经递质在受体介导下的传递机制（Hess，1993）。该文章被认为是对于神经递质在神经与突触末端传递的化学机制的首次阐明。近年来，已有多篇综述性文章介绍了对于特定机制介导下的神经递质传递途径与机制。图 12-8 所示的是钠离子介导的神经递质在突触末端的传递途径（Kanner and Zomot，2008）。

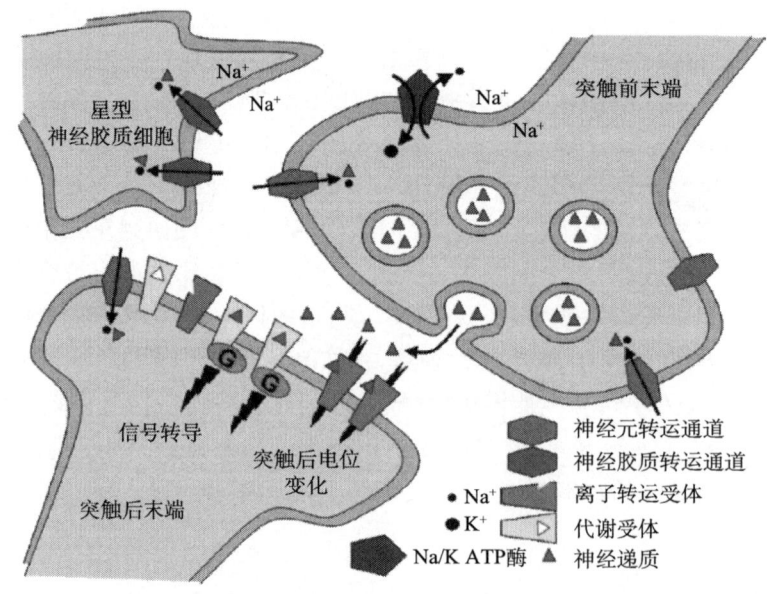

图 12-8　钠离子介导的神经递质传递途径（文后附彩图）
资料来源：Kanner and Zomot，2008

关于神经递质的传递过程，目前的研究重点主要集中在：关键受体蛋白及途径中的关键组分蛋白的结构和功能研究；另外，可视化神经递质传导过程，也是研究者普遍关注的另一个热点问题。通过使用一种称为"假性荧光神经递质"的小分子化合物 FFN102，可以实现对于单个突触中神经递质释放过程的可视化检测（Sames et al.，2013）。同年 8 月，另外一种双功能型荧光探针 ExoSensor 517 被设计合成，可用于在活细胞中同时检测神经递质传导及钙信号（Klockow et al.，2013）。

3. 第二信使分子

20世纪上半叶就已确认，细胞外小分子信息物质，如激素、神经递质、细胞因子及生长因子等，由细胞合成和释放，由血液和淋巴液等各种体液运送，靠体液调节和传递生命信息，是人体信息传递的"第一信使"。与之相对应，第二信使分子是一系列能够促进并且激活第一信使功能的信号分子，例如，人体内各种含氮激素（蛋白质、多肽和氨基酸衍生物）都是通过细胞内的环磷酸腺苷（cAMP）而发挥作用的（Rasmussen，1970）。

广义的第二信使分子主要包括：环磷酸腺苷（cAMP）、环磷酸鸟苷（cGMP）、肌醇磷脂、钙离子、二十碳烯酸类、一氧化氮等。已知的第二信使种类很少，但却能传递多种细胞外的不同信息，调节大量不同的生理生化过程，这说明细胞内的信号通路有明显的通用性。第二信使的作用方式一般有两种：① 直接作用，如 Ca^{2+} 能直接与骨骼肌的肌钙蛋白结合引起肌肉收缩；② 间接作用，这是主要的方式，第二信使通过活化蛋白激酶，诱导一系列蛋白质磷酸化，最后引起不同的细胞效应。

以最常见的细胞内第二信使——环磷酸腺苷（cAMP）为例，在真核细胞中，cAMP 能够激活蛋白激酶 A（cAMP-dependent protein kinase，PKA），PKA 催化底物蛋白质特定位点的丝氨酸和苏氨酸的磷酸化过程，实现对于底物的失活或激活的过程。磷酸化的底物还能够直接作用于细胞膜离子通道，调控着整个细胞的信号转导和物质交换。PKA 的底物也包括一系列 DNA 启动子区域的结合蛋白，其磷酸化和去磷酸化过程直接影响着特定基因的表达和沉默（Knighton et al.，1991）。

早在20世纪60年代，典型性细胞内第二信使分子均已被发现。但近期研究显示，环二苷酸（Cyclic dinucleotide，CDN）是一种新型的细菌中广泛使用的第二信使分子。以环二鸟苷为例：C-di-GMP 由2分子 GTP 经二鸟苷酸环化酶（DGC）催化缩合，形成环状二核苷酸。C-di-GMP 可以被磷酸二酯酶（PDE）选择性降解为 GMP 单核苷酸。C-di-GMP 的用途包括：参与细菌生物被膜的形成过程及致病因子的产生（Danilchanka and Mekalanos，2013）。2013年5月，《细胞》（Cell）杂志上发表了环二苷酸 cyclic GMP-AMP（cGAMP）是由双链 DNA 激活的 GMP-AMP 环化酶催化底物所得到的。如图12-9所示，作者得到了双链 DNA 激活的 GMP-AMP 环化酶的晶体结构，并且描述了这一过程的分子机制（Gao et al.，2013）。进一步揭示了 cGAMP 作为多细胞生物的重要的第二信使分子，其生成过程与生物学活性之间的关系。对环二苷酸信使分子的深入研究为理解自体免疫机制，设计与合成抗菌药物提供了新的思路和解决途径（Bowie，2012）。

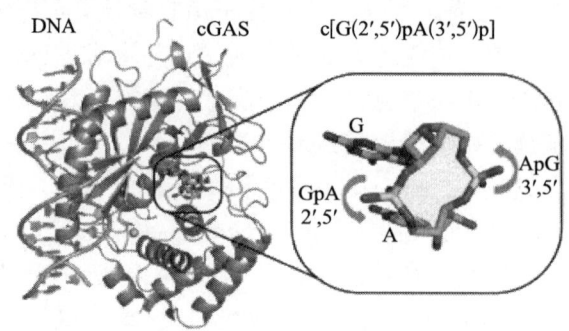

图 12-9 cGAS 的晶体结构及产物（cGAMP）的结合位点（文后附彩图）
资料来源：Gao et al.，2013

（二）神经系统的物质传递

中枢神经内的神经元周围微环境的化学和物理因素的变化直接影响着神经元功能的实现。毛细血管的血液与脑组织之间及脑脊液之间物质交换的调节，维持着脑的内环境的恒定。一些物质在身体其他部位很容易从血液渗入组织液，但在脑组织内却受到限制、甚至不能渗入。这些起到屏障作用的结构，总称为血脑屏障（brain barrier）。血脑屏障的概念最早在 1913 年由 Goldman 建立，随后的实验神经生物学家通过兔子的静脉注射和蛛网膜注射实验，确立了血脑屏障的存在（Caro et al.，1996）。血脑屏障实质上是存在于中枢神经系统和毛细血管及神经组织间的一个调节界面，可保证中枢神经内环境的稳定和平衡。

一般来说，血液中的水、葡萄糖、氧气、二氧化碳、氨基酸及脂溶性物质等容易透过血脑屏障被转运到脑组织中，而青霉素等一些药物、胆盐、H^+、HCO_3^- 及非脂溶性物质则不宜透过屏障。从本质上来讲，血脑屏障控制有利和有害物质进出脑组织，是一道人体对抗外来侵染的天然屏障。但是，当人们使用药物，希望药物靶向脑或者其他神经系统时，血脑屏障也正是一个难以跨越和克服的药物递送障碍。接下来以血脑屏障为例，介绍一下近些年在神经系统物质传递方面得到的一些研究进展。

1. 神经系统物质传递的分子基础

血脑屏障功能的发挥，依赖着机械屏障功能及相关离子通道和膜受体蛋白的作用。内皮细胞之间有紧密连接使内皮层形成一个完整的屏障界面，胶质细胞产生的可溶性分子促进紧密连接的形成，从而限制血脑屏障的通透性；内皮细胞外存在带负电的基底膜，主要对内皮细胞起支撑作用，防止由于静脉压改变导致的毛细血管变形。特殊的结构使脑微血管内皮细胞更具上皮细胞的特点，使血液中的溶质只能由内皮细胞的特异性转运系统进入脑，而不能像机体其他部位那样，可以经由内皮细胞裂隙、细胞内孔道或吞饮作用通过血管（Rubin and Staddon，1999）。

另外，整个血脑屏障也依赖于载体、受体的屏障功能。载体介导的转运系统（CMT）包括有机阴离子转运体系、P-gp、多药耐药蛋白 1～7、核苷转运体和大分子氨基酸转运体等。受体介导的转运系统（RMT）包括转铁蛋白 1、转铁蛋白 2 受体和清道夫受体 SB-AI 和 SB-BI。与此同时，定位于血脑屏障部位的酶起到了维持脑内神经传递及内环境稳定等作用。这些酶包括单胺氧化酶 A 和单胺氧化酶 B（MAOA、MAOB）、儿茶酚—甲基转移酶、芳香胺酸脱羧酶、γ-谷胱苷肽转肽酶（γ-GGTP）等，它们参与了中枢系统内神经递质的降解。例如，内皮细胞胞质中的芳香氨酸脱羧酶和单胺氧化酶系统使正常血循环中的单胺类神经递质及其前体不能通过血脑屏障。由此，脑毛细血管内皮细胞独特的酶系统的存在是脑内神经递质稳定的必要条件。脑内皮细胞膜表面的 Na^+、K^+ 和 ATP 酶活性是外周毛细血管内皮细胞膜上同类酶的 500 倍；同时脑血管内皮细胞内 ATP 酶活性明显高于其他部位的血管内皮细胞，且线粒体含量是其他部位血管内皮细胞的 5 倍或 6 倍，表明其代谢十分活跃，是物质转运的基础。

2. 基于克服血脑屏障的药物递送体系的建立

细胞一直是药物递送研究过程中的较大障碍，而要将药物递送到脑部，更是要穿越人体的天然物质屏障——血脑屏障。为克服血脑屏障，目前主要采取神经外科手术、增加分子脂溶性、通过内源性血脑屏障转运载体等递送策略，但递送效果仍不佳。所以药物递送通过血脑屏障手段的匮乏造成了对于脑和神经类疾病治疗的研究滞后。

近年来，基于纳米颗粒穿透血脑屏障及利用血脑屏障自身膜融合蛋白介导的药物递送方式引起了人们的极大关注。最近，一种基于外来体包被 siRNA 穿越血脑屏障的给药体系被报道。作者通过构建纳米尺度的外来体囊泡结构，将 siRNA 包裹入囊泡内，实现了透过血脑屏障给药的实际效果。该递送体系在疾病的小鼠模型上显示出了良好的治疗效果（Alvarez-Erviti et al.，2011)。老鼠身体内产生的一种分子——腺嘌呤核苷受体也被发现能对大分子进入大脑进行控制,当腺嘌呤核苷受体在组成血脑屏障的细胞上被激活时,就会建立起一个进入血脑屏障的通道 (Carman et al.，2011)。最近研究成果显示,将部分载脂蛋白E与具有治疗功能的溶酶体蛋白相融合,能够制备成为一种载脂蛋白E的衍生物,使用该大分子药物在体外处理黏多糖贮存症Ⅰ型患者的细胞,效果较好;同样的,该递送大分子体系在疾病的小鼠模型中也表现出了良好的治疗效果 (Wang et al.，2013)。

如何克服血脑屏障,实现药物递送的靶向性和治疗效果,一直是生物学家和化学家致力于有所突破的方向。而目前的递送手段一般是基于功能性分子的设计合成及利用血脑屏障自身的融合转运蛋白作为药物的传递方式。今后的研究重点将会集中在对于血脑屏障调控物质进出的分子机制的深入研究,以及自体透过性分子的发现和设计。通过化学生物学手段设计合成示踪性荧光分子、光敏性分子等有助于理解血脑屏障的天然防护机制,并实现可控的小分子进出血脑屏障通路。

三、脑和神经系统疾病

神经系统具有运动、感觉、意识等基本功能。这些功能的改变有多种多样的表现形式,直接影响着人们的生活质量。神经系统疾病不是孤立存在的,传统观念认为神经系统和内分泌系统调节着动物和人体的功能活动。近30年来,生物体内第三个调节系统——免疫系统逐渐引起了研究者的极大兴趣。神经、内分泌和免疫系统之间存在着复杂而密切的相互关系,这些关系共同维持着生物体的正常平衡和稳定状态,而疾病的发生正是因为整个调控网络的失衡 (Nicholls et al.，2001)。

神经退行性疾病是指临床表现、神经病理和病因相关的一组疾病。常见的有:阿尔茨海默病、帕金森病、亨廷顿病。随着人口老龄化的发展,神经退行性疾病特别是阿尔茨海默病的发病率呈现明显上升的趋势。现以阿尔茨海默病为例简要介绍神经退行性疾病的发病机制及目前的治疗手段。

阿尔茨海默病 (Alzheimer's disease, AD) 是一种严重的神经退行性疾病,其病变区域主要是中枢神经系统的基底前脑,由于神经细胞的变性死亡,导致严重的神经精神紊乱和认知障碍。病理学特征是神经系统内的神经元纤维缠结和淀粉样蛋白斑块,免疫学分析能够在患者的血液循环中检测到β淀粉样蛋白抗体和tau蛋白抗体。MRI能够显示出正常人大脑和阿尔茨海默病患者大脑的差异性,在阿尔茨海默病患者的大脑中可以明显发现大部分非正常激活的区域。阿尔茨海默病的病程根据认知能力和身体机能的恶化程度分成 4 个时期，晚期症状的患者表现出严重的认知障碍和行为障碍。阿尔茨海默病早期诊断困难，目前还没有特别有效的药物治疗手段和外科手术手段实现疾病的缓解、改善和治愈。

目前的药物治疗集中在：① 使用影响神经递质的药物，如增强乙酰胆碱作用的胆碱酯酶抑制剂、增强脑内乙酰胆碱作用的烟碱型胆碱受体激动剂，以及增加其他神经递质作用的药物 B 型单胺氧化酶抑制剂等；② 脑血管扩张剂，主要是罂粟碱等舒张血管增加脑血流，可作为阿尔茨海默病的辅助性治疗用药；③ 钙离子通道阻滞剂，大多数阿尔茨海默病患者显示出脑细胞钙离子的代谢失衡，其与老化的关系已经引起了研究者的广泛注意和重视。钙离子通道阻滞剂同时也具有选择性扩张脑血管的辅助性作用。另外，其他类型的正在研究中的药物，包括神经生长因子、神经肽、抗氧化剂、抗炎药、淀粉样蛋白抑制剂等在临床上也表现出了良好的对于疾病进程的抑制和缓解作用（Citron，2010）。

大多数药物治疗的作用仅限于缓解记忆障碍，仅能针对病情不十分严重的患者。要想更加有效地治疗阿尔茨海默病，深入了解其分子机制是疾病诊断和治疗的先决条件（Maruyama et al.，2013）。另外，开发高灵敏性的诊断试剂，开展阿尔茨海默病患者基因谱的绘制（Williams，2013），都将为疾病的尽早诊断确认和治疗的前行性提供机会。而且，正如先前所述，跨越血脑屏障的药物递送方式也限制着疾病的治疗效果。化学生物学手段在以上所述的各个方面都有可以施展的空间，无论是小分子示踪剂或高效 MRI 造影剂的设计，还是深入理解发病机制中的表观遗传特点，都将为阿尔茨海默病的诊断和治疗提供积极的手段和途径。

四、化学生物学研究手段在脑神经生物学研究中的应用前景与展望

近 50 年来，自然科学领域中的生命科学空前发展，而人类的所有生命现象的阐述都离不开对于脑和神经系统机能的理解。分子生物学的兴起，更是将对于生命的认识基础从细胞水平推进到分子水平。同时也促使着既往的脑和神经系统研究各个分支相互渗透且向综合发展的道路迈进。神经科学飞速发展的这 50 年，也正是化学生物学从兴起到繁盛的 50 年。近 3 年，美国化学会旗下期刊 *ACS chemical biology* 发表的文章中近 1/5 与神经科学研究及神经性疾病的诊断和检测技术改进有关。2011 年，美国化学会又增加了 *ACS*

Chemical Neuroscience 期刊，专门刊登与神经科学紧密相关的分子机制和新型技术研究成果，创刊仅一年后其影响因子就跃升至 3.676，在同类杂志中具有较高的影响性。

未来的神经科学研究将主要集中在对于关键发育、信号转导通路的分子机制研究及对于重大疾病治疗手段的研究。化学生物学手段的引入势必带来对于重要生命过程的新的理解方式和研究方式。优势探针分子的设计与合理运用不仅可以探索特定神经系统的发育和信号转导机制，更可以人为调控已知的生命过程，真正实现生命过程的可视、可控、可创造。

化学生物学手段的引入为神经科学的发展提供了一个更为丰富而直接的手段。① 在对于重要神经生物学过程的分子机制的认识方面，探针分子结合高通量筛选和检测平台，对于揭示通路中关键蛋白的结构和功能具有重要意义。②在疾病的预防和治疗方面，神经性疾病一直是难以治愈并且研究进展缓慢的致命性疾病类型。高通量测序和表达谱系的建立，新型诊断试剂分子、基于靶标分子构效关系的新型药物分子，以及具有优秀递送能力的载体分子的设计构建必将大大克服神经性疾病难以早期诊断和治疗的缺陷。③在认知和学习的分子机制的理解方面，目前对于人脑的认知、意识和学习的理解还停留在区域化和心理学分析阶段，如果能深入到细胞和分子水平，探求调控认知和学习能力的关键蛋白质和核酸分子，不仅能够理解认知过程的机制，还能够有目的地去调控和修饰认知过程，使其更加有效。

第三节 化学生物学在细胞衰老机制中的研究展望

细胞随着时间的累积，其增殖能力和生理功能逐步衰减的一系列变化过程称为细胞衰老，其中细胞形态、分子结构与生理代谢均发生显著性变化，如细胞皱缩、染色质固缩、端粒变短、基因表达强度低下等，并伴随着一些病理性过程。细胞衰老是个体衰老的基础，细胞水平上的衰老机制有助于认识整体水平上的衰老，研究细胞水平的衰老机制将为个体衰老预防及衰老相关疾病治疗提供理论基础。

自 Hayflick 在比较成纤维细胞体外传代次数的差异性后提出"Hayflick 极限"以来（Hayflick，1965），关于细胞衰老的机制研究不断发展并取得了不少的重要成果，特别是端粒酶、线粒体氧化性损伤及衰老基因等，这些机制都代表着细胞衰老中的各个层次上的显著性表现。最近多功能诱导干细胞

(iPS细胞)的火热研究,使得人们对细胞重编程与定向分化的研究进入深层次阶段,这揭示着细胞可以在内源性转录因子和外源性小分子化合物的诱导刺激作用下进行细胞内的重编程,同时实现细胞的再更新,延缓细胞衰老的发生,这在多细胞生物中具有实现的可能性。除了已知的端粒假说、长寿基因假说、氧化性损伤假说及遗传性假说等,目前大量研究都基于干细胞调控机制去阐述细胞衰老发生与细胞重编程的问题,进一步的证据需要不断发现与探讨。细胞衰老机制的研究与调控相关,而化学生物学的策略正是借助于其强大的调控力,可以在不同物种不同细胞中发现长寿基因和蛋白质、衰老分子标记、细胞衰老信号通路,并以此建立细胞衰老与个体衰老间的密切联系。

一、长寿蛋白调控

细胞衰老是细胞对遗传和外环境适应性变化的累积性过程,其间结构性蛋白的降解与更新平衡机制偏移,细胞内蛋白质半衰期发生微调,因而结构性蛋白的寿命可能是影响细胞衰老的一个重要因素(Bahar et al., 2006)。长寿蛋白具有重要的生物功能,通过同位素示踪法发现,大鼠大脑中富集一些蛋白质亚群,具有较长的半衰期,受到细胞内的严格调控,这些长寿蛋白中一般与基因表达、神经细胞通信和酶功能维持有关(Toyama et al., 2013)。在大鼠脑组织中发现极长寿命的蛋白质参与染色体和核孔复合物的结构基础,但更新极少,具有损伤累积性,因而表现出一定的衰老相关性(Savas et al., 2012)。关于长寿蛋白的降解机制研究,细胞自噬在细胞衰老中具有重要调节作用。自噬是一种进化上非常古老和保守的代谢途径,调节细胞内物质合成、降解和再利用之间的平衡,与衰老的关系较为密切。目前不少实验室聚焦于分子细胞水平上自噬体系统变化与衰老进程相关性的研究。已经发现细胞自噬在不同半衰期蛋白质中有调控作用,这将为调控细胞内重要蛋白质丰度与功能提供新的平衡机制(Roberts, 2008)。通常细胞更新因子的缺失会造成细胞衰老的加速,果蝇内细胞更新因子 upd 与钙黏素蛋白对干细胞分化活性具有关键性的影响,从而促进果蝇寿命的缩短(Boyle et al., 2007)。

二、染色体行为调控

衰老发生与染色体行为密切相关,染色体特殊的物理结构对于维持期自身的完整性与稳定性具有重要作用,如端粒、姐妹染色单体、着丝粒等复合体。染色体上分布相关结构维持基因,在不同酵母生长周期内发现 7 个端粒结构维持相关基因,这些基因的缺失影响着酵母寿命(Ohtsuka et al.,2013)。染色体结构的不稳定与细胞更新能力降低有关,在细胞衰老过程中,着丝粒的错误定向降低了干细胞分化能力,从而组织更新力有所下降(Cheng et al.,2008)。染色体上的表观遗传谱的变化反映着细胞衰老过程,这揭示出细胞衰老与染色体修饰间的直接联系(Liu et al.,2013)。

三、信号通路调控

细胞衰老与细胞不死具有共同的信号调控通路,但分子开关的启动/关闭状态不同。多种细胞信号因子在促进细胞更新与癌化选择中不断变化着,决定着细胞的再生与永生的平衡性调控方向。基因 $p21^{Waf1/Cip1}$ 参与维持大脑中干细胞活性,该基因沉默会促发干细胞耗竭,影响神经再生,这建立了细胞周期蛋白在细胞更新维持中的重要作用(Porlan et al.,2013)。细胞内源性肿瘤抑制因子也会参与细胞衰老过程的发生,如 p53(Jiang et al.,2013)、SIRT2(Park,2012)和 p16INK4a(Janzen et al.,2006),其中 p16INK4a 抑制癌细胞过量生长,但表现出一定的衰老依赖性的过表达,从而影响正常细胞的再生,这一靶标成为治疗退行性疾病的重要靶标,目前已经筛选到许多相关小分子化合物。

通过一系列酵母生长周期研究,细胞衰老过程逐渐为人类所认识,特别是关于遗传和饮食等环境因子间互作影响癌症或神经退行性疾病等衰老相关疾病的研究成为热门。细胞外信号通路的改变影响着细胞的发展方向,Wnt信号传递会随着衰老增加,这也相应促进了骨骼肌干细胞的成纤维化(Brack et al.,2007)。Wnt5a的过表达直接激活Cdc42,而Cdc42对于干细胞衰老至关重要,通过抑制Cdc42可以逆转血细胞功能衰老发生(Florian et al.,2013)。外环境的刺激还会影响细胞器相关通路的激活,特别是线粒体与自噬小体间的相互作用在器官衰老中的重要作用不断被发现,线粒体、自噬、细胞死亡、炎症与机体衰老之间的相互作用可能形成一条轴线关系(Green et al.,2011)。酵母中液泡的酸度对于衰老和线粒体功能至关重要,这揭示出可能并行存在于人类细胞中的一类新机制,即热量限制与长寿(Hughes and Gottschling,2012)。除了酸度的调节,线粒体作为细胞有氧呼吸的核心,在能量转换过程中会产生一定量活性氧,容易损伤线粒体DNA,实时清除细胞内受损的线粒体对维持细胞正常的状态具有重要的作用,这一般与细胞内自噬信号介导有关,多项研究结果都揭示出有机体多种衰老相关性疾病有可能是细胞自噬及线粒体功能异常共同促进的结果(Green et al.,2011)。

四、免疫调控

免疫系统维持着个体生理平衡,因而个体衰老与细胞衰老间的关系建立在干细胞依赖的免疫系统的更新与衰老间的平衡,受到多种细胞因子和基因的调控,从而在细胞重编程过程中表现出差异性。p53参与细胞周期调控,与细胞衰老发生相关,小鼠造血干细胞更新次数与增殖活力随着p53低丰度表达而增加,而p53过表达会促进细胞早衰发生与器官萎缩,这揭示出造血干细胞在免疫系统参与衰老延缓中的基础性作用(Dumble et al.,2007)。

不仅细胞周期调控因子与细胞衰老发生密切相关,外源性热量的限制对造血干细胞更新也非常关键,这与遗传调控密切相关,特别是p53与苹果酸酶间关系的建立揭示出遗传与环境对细胞衰老作用的共调节机制(Ertl et al.,2008;Jiang et al.,2013)。免疫细胞在个体老化过程最大的变化主要集中于B淋巴细胞和T淋巴细胞增殖下降与长寿B/T淋巴细胞的富集,这些变化降低身体免疫应答反应的敏感性与高效性(Keren et al.,2011;Chou and Effros,2013;Lee et al.,2012)。除了B/T淋巴细胞,个体内环境中天然杀伤细胞、$CD31^+$和$CD4^+$的数量随着个体老化不断减少,其中CD56作为细胞表面免疫调节受体,其表达量的变化与免疫细胞迁移,以及其凋亡易感性和端粒长度调控密切相关(Chiu et al.,2013;Kushner et al.,2010;De Vallejo et al.,2013;Kilpatrick et al.,2008)。随着高通量测序的成熟发展,对T淋巴细胞受体的大规模测序分析表明,细胞表面受体随着细胞衰老不断减少,从而影响个体适应性免疫调节功能,同时发现记忆T淋巴细胞平衡对细胞衰老预防具有重要的平衡调节作用(Robins and Desmarais,2012;Henson and Akbar,2010)。关于细胞衰老与免疫干细胞间的因果关系,仍然存在许多争议,免疫调控对细胞衰老影响的研究将不断深入,特别是体细胞诱导的多功能干细胞,衰老依赖性癌症与染色体表观遗传和代谢调节等交叉性研究的渗透将使得细胞衰老机制得到系统全面的认识,为发展抗早衰、衰老相关复杂疾病甚至肿瘤的药物提供重要理论基础。

五、细胞衰老的化学生物学发展趋势

细胞衰老与细胞更新是两个相对的机制,但具有较为相似的信号调节枢纽,细胞重编程便是其中一个重要节点,其关乎着细胞走向新生或衰老。衰老是必然的,若是在多细胞生物中保持一定的干细胞数量,其细胞群的抗衰老力会增强,这是基于干细胞信号与免疫应答调节的一种群体表现,这与个体衰老的发展密切相关。

基于目前在体细胞诱导多功能干细胞的火热研究中，通过收集相关信号通路分子，表观遗传修饰与长寿蛋白分子的信息，化学生物学可以在这些基础上深入发展基于衰老相关分子靶标的小分子化合物或小RNA，通过外源性调控的方式延缓细胞衰老发生和促进细胞更新，这将是未来治疗衰老相关疾病的重点方向。虽然细胞衰老相关研究在干细胞研究火热的背景下被忽视，但干细胞衰老的问题得到较多的研究，未来仍将有如下几方面问题需要解决：①细胞衰老表现出器官特异性，不仅仅局限于衰老信号的表达丰度，还包括干细胞数量和细胞自噬的变化，通过建立细胞、器官衰老与个体衰老间的相关性分析，能为更好发展靶标特异性药物提供数据基础。②比较干细胞、正常细胞与衰老细胞三者基因表达谱、表观遗传谱与转录谱，为揭示细胞衰老发生时序性提供新的见解。③寻找细胞衰老、更新与癌化间的枢纽，从衰老的角度重新理解细胞癌化机制。④免疫系统与细胞衰老间的关系仍然处于模糊的状态，目前局限于造血干细胞和淋巴细胞间的衰老研究，但集中于现象的发现，从分子深层次上理解得较少，免疫细胞与宿主衰老细胞间的相互作用关系将是一个重要的发展主题，这关乎免疫应答对细胞衰老的识别与处理性问题。⑤在小分子或microRNA能诱导上皮细胞为多功能干细胞的大背景下，小分子或小RNA能否借助细胞重编程机制减缓细胞衰老过程，并促进细胞自我更新而不发生癌化，这将是未来有挑战性的方向，无论成功与否，小分子或小RNA的高通量筛选都能为深入理解细胞衰老机制提供新思想。

第四节　化学生物学在肠道菌群领域的研究展望

微生物在长期的协同进化历程中，不同微生物与动植物生命体相互选择并相互适应，形成统一的共生体，如地衣、虫草、根瘤、内生菌等不同的生命体形式（Heinken et al.，2013）。肠道菌群是其中一大类，自腔肠动物门出现后，原始肠道菌群已开始定殖于不同的动物肠道中，通过与宿主肠道上皮细胞相互作用，构建个体依赖性的肠道菌群微生态环境，其具有一定的宿主特异性和功能多样性。肠道菌群微生态的变化影响着动物体摄食、消化吸收、生长发育、生理调控与机体免疫防御等重要生命过程的正常发展，进而与复杂疾病的发生具有一定的相关性，如肥胖、糖尿病、代谢综合征及更严重的结肠癌等（Lee and Brey，2013）。随着高通量测序与生物信息学的迅速发展,加上多学科间的技术手段和理论方法的相互融合,人类对人类肠道微生物基因组的信息认识更为透彻,许多新型微生物菌种也逐渐为人们所知,进而与之相关的代谢路径、次级代谢产物及微生态功能也在不断的研究中,肠道菌群的深入研究将为人类疾病预防策略、健康理念认识及疾病诊断方法提供较为新颖的思路与理论指导。

微生物与宿主间的互作关系一直是生命科学研究的热点,特别是微生物与宿主细胞表面间的信息交流方式和信息共享模式的发现,如次级代谢产物调控网络、受体介导的物质能量运输、信号转导共享路径等互作网络及最古老的 RNA 干扰机制的系统性研究都将为化学生物学在肠道菌群领域中的渗透性发展提供新方向。最新研究发现,哺乳动物细胞都能利用古老的 RNA 干扰机制启动对病毒的免疫应答机制,同样真菌病原菌也能利用这一机制妨碍植物 RNA 干扰系统的正常运行,这都是不同生命个体相互作用的直接体现 (Li et al., 2013; Maillard et al., 2013; Weiberg et al., 2013)。纵观肠道菌群的相关研究,其主要集中于肠道微生物基因组与微生态结构分析、肠道菌群的代谢和免疫调控网络、肠道菌群的生物功能和肠道菌群依赖性的疾病发展机制,旨在通过对肠道菌群进行系统性的认识和科学利用,为发展肠道菌群介导的靶标药物和实现个体化医疗提供全新的动力。

一、肠道菌群的基因组研究

自胎儿期开始,人肠道便处于无菌状态,而从分娩之后,肠道菌群的定殖过程便开始进行,其后在人体不同生长发育阶段,其肠道菌群的种类、数量及优势菌群比例都将有所更替性变化,这是肠道菌群与宿主相互作用的直接体现。肠道菌群微生态系统的结构性与功能性变化可以调整宿主的营养代谢需求,提高免疫防御系统,促进发育成熟,延缓机体衰老,但反之宿主的年龄、性别、身高和体重指数、生活规律、饮食习惯及环境压力都会对肠道菌群的微生态系统造成结构性或功能性影响。尽管人个体基因组差异仅有 0.1%,但因个体的遗传谱系、生活环境的差异性及肠道菌群获取方式的多样性,最终造成不同个体肠道菌群的微生物基因组差异达 80%~90%,因而肠道菌群表现出一定的种类多样性与个体特异性 (Schloissnig et al., 2013)。

人体肠道菌群是一个复杂的微生态系统,包括细菌、古菌、酵母和纤维状真菌,而其中古菌和纤维状真菌占少数,种类单一,但细菌种类繁多,分布于胃肠道的不同部位。关于肠道菌群的多样性与宿主特异性的原因尚不明确,但近年来人类微生物基因组学计划(HMP)的大力推动,基于肠道微生物基因组数据的菌种分类与代谢路径的研究逐渐得到完善。通过对22份来自4个不同国家的肠道样本进行宏基因组测序，结果表明肠道菌群在肠道中的分布是非连续性的，具有一定的层次结构性，这是一种微生态系统结构的特征表现。该研究样本数量相对较少，而且样本所取的肠道部位不均一，不能鉴定出最大化的肠道菌群种类与分布区域，因而HMP于2012年对242人（129名男性，113名女性）的不同肠道部位进行微生物采样和大规模基因组测序，其16S rDNA和兆基因组分析结果都表明，肠道菌群几乎包括了细菌门的81%~99%（硬壁菌门、放线菌门、拟杆菌门、梭杆菌门、肉膜杆菌门、螺旋菌门、蓝细菌门、疣微菌门），在不同的肠道部位表现不同的丰度，同时不同个体肠道菌群表现出一定的优势菌群特异性。尽管不同个体表现出不同程度的肠道菌群种类和数量差异性，但这并没有影响其肠道生态结构所呈现的基本代谢功能缺失，呈现一定的保守性，如基本碳水化合物代谢、辅酶性维生素合成、寡糖与多糖物质转运、嘌呤嘧啶代谢、ATP合成、碳酸盐与氨基酸转运、氨酰tRNA合成、核糖体与芳香族氨基酸的代谢（Arumugam et al.，2011；Lepage et al.，2013）。

二、肠道菌群的功能研究

相比庞大的肠道菌群基因组而言，许多重要物质合成和调控相关基因在人类基因组缺失，但富集于肠道菌群基因组，两者在物质代谢和能量运输、免疫刺激与宿主防御、脑神经发育及行为生理等重要生命活动的基因互作中共同进化。

1. 肠道菌群的营养代谢调节

肠道菌群在物质代谢和能量运输方面具有先天性的优势，不同菌株具有不同的特异代谢酶系，同时不同菌株保持着共生关系维持着完整代谢路径的正常运行，而人类基因组有限的基因无法提供更丰富的代谢酶系统和物质能量交换系统，以至于对某些重要前体或生物活性物质的合成及毒物的分解无能为力。微生物基因组拥有参与淀粉、果糖、纤维素及阿拉伯糖等碳水化合物的合成相关基因，而人类局限于葡萄糖和果糖等寡聚糖的利用，但借助肠道菌群的物质代谢网络可以获取一些有益健康的活性物质，如维生素、活性肽、必需氨基酸、短链脂肪酸等，因而肠道菌群基因组的存在可以弥补人类某些基因缺陷，调节人代谢系统平衡（Stecher and Hardt，2008）。

根据这些代谢物质的来源、转化与利用方式的差异，可以系统地理解肠道菌群在肠道微环境中的化学交流信息网络。大部分肠道菌群能有效分解食物中的碳水化合物和蛋白质，并转化为宿主细胞所需的物质，如丙酸或乙酸、短链脂肪酸（SCFA），该类物质在肠道的积累量相比其他物质较高，容易被肠分泌细胞表面的 G 蛋白偶联受体 GPR41/GPR43 特异性识别结合，因而具有更宽泛的生理调节作用，肠道菌群的生理功能不断被发现，如能量调节、免疫调节与神经调节等（Samuel et al., 2008）。同时还发现有胺类、硫醇、吲哚、酚类和支链脂肪酸等生理活性物质，这些物质的积累会影响体内一些代谢过程的正常进行，如胆固醇合成、自闭症与节段性肠炎（Blachier et al., 2010；Benassi et al., 2007；Rowan et al., 2009；Bernstein et al., 2009；Yuan et al., 2007）。但有些化合物由特定菌群产生，如产甲烷杆菌（*Methanovibrebacter smithii*）、硫酸盐还原菌（*Desulfovirio* spp.）、牛磺酸降解菌（*Bilophila* spp.）、胆汁酸衍生物合成菌（*Eubacterium* spp.）、雌马酚合成菌（*Adlercreutzia equolifaciens*），这些菌群产生的小分子活性物质的积累会通过血液循环系统进入靶标器官，从而引发人体生理与行为的变化（Hijova and Chmelarova, 2007；Tana et al., 2010；Flint et al., 2008；Pimentel et al., 2006；Maslowski et al., 2009）。肠道菌群除了直接利用饮食中的物质进行直接转化外，还能通过自身独特的代谢途径进行特定化合物的合成，如各类维生素合成。脆弱拟杆菌（*Bacteroides fragilis*）、大肠杆菌（*Escherichia coli*）、丙酸杆菌（*Propionibacterium* spp.）、真细菌（*Eubacterium* spp.）、韦永氏球菌属（*Veillonella*）、乳酸乳球菌（*Lactococcus lactis*）、乳明串珠菌（*Leuconostoc lactis*）这些菌群都被发现具有合成维生素 K_2 的生物功能，参与调节人血液凝集系统和骨组织矿物化的过程（van Summeren et al., 2009）；双歧杆菌（*Bifdobacterium* spp.）能通过合成叶酸，调节细胞周期或增殖过程（Pompei et al., 2007）；除了维生素的合成，短双歧杆菌（*Bifdobacterium breve*）和长双歧杆菌（*Bifdobacterium longum*）都能合成较多的共轭亚麻油酸，调控代谢相关的发育过程与免疫系统的活化过程（Devillard et al., 2007）。这些合成的活性物质对肠道菌群具有较特定的选择性，因而通过特定菌株与专一性代谢产物的对应图谱研究，可以利用小分子调节肠道目的菌群的比例。Thiele 等通过一种肠道代表性的拟杆菌属菌 *Bacteroides*（iAH991）的微生物与宿主的互作模型研究发现，该菌株与宿主共享一套完整的代谢系统促进共同生长和发育，而相比无该菌株定殖的宿主生长较为缓慢，体重较轻，健康程度较为低下。若是通过饮食或药物小分子控制肠道菌群某一代谢通路，可以富集益生菌群而淘汰不利菌群（Thiele et al., 2013)。Vaughan 等通过微生物测序分析发现, 利用含多酚的红茶和红葡萄酒能调整肠道中优势菌群比例变化方向 [厚壁菌门/拟杆菌门 (Firmicutes/Bacteroidetes)], 但红茶和红葡萄酒对特定菌群表现的抗菌活性有所差异, 如红茶能促进克雷伯杆菌、肠球菌和疣微菌 (*Klebsiella*、*Enterococci*、*Akkermansia*) 的增殖而抑制双歧杆菌和食物谷菌 (*Bifidobacteria*、*Victivallis*) (Vaughan et al., 2012)。

2. 肠道菌群的药物分解

肠道菌群复杂的物质交换网络和代谢调控网络为药物小分子的分解与活性物质的合成提供了较强的能源基础, 但不同肠道细菌的代谢能力表现不同程度的差异, 例如, 一个肠道菌株在苏氨酸合成中有 4 种过表达的酶参与, 而在另一个肠道菌株则在生物素合成中也有 4 种过表达酶参与, 从而体现出不同菌株的代谢功能差异性与特异性 (Round and Mazmanian, 2009)。关于肠道菌群的代谢组与基因组间的相关性研究及对药物前体或药物的吸收代谢稳定性影响研究较为火热, 目前主要通过比较无菌和有菌小鼠间的药物吸收代谢图谱和分子标记多态性差异, 特定药物小分子追踪或诱导性研究, 优势菌群富集或淘汰竞争法分析对肠道菌群进行整体的药物吸收代谢影响研究, 其结果都能表明肠道菌群复杂的代谢图谱涵盖了基本的化学反应、如氧化还原反应、水解反应、基团转移反应、裂解反应等, 这些作用都能针对特定的小分子化合物进行特异性降解或修饰, 从而影响了小分子化合物的药效性, 但具体肠道菌群影响相关的机制尚不明确 (Haiser and Turnbaugh, 2013; Mshvildadze et al., 2008)。

通过比较基因组分析、转录组分析及药物动力学测试手段对心脏药物地高辛在人肠道失活的机制进行系统性的研究, 其结果表明, 一种放线菌 (*Eggerthella lenta*) 中的细胞色素操纵子元件为地高辛所诱导表达, 并为精氨酸抑制表达, 同时在无操纵子元件的菌株中地高辛活性不会降低, 这表明肠道菌群能代谢相关药物小分子, 从而抑制或增强药物活性, 影响药物的代谢动力学过程 (Haiser et al., 2013)。对外源性小分子的种类对人肠道菌群的系统性影响的进一步研究表明, 人类肠道菌群中的优势菌群的高活性是外源性物质代谢的主要因素, 如厚壁菌门 Firmicutes 中的大多数菌群对人肠道其他菌群具有一定的抑制性作用, 其基因组中具有抗生素合成相关代谢、药物代谢和环境胁迫抗性等重要的相关基因, 因而在肠道菌群中具有较高的生命力, 但不同个体中优势菌群比例有所偏差, 这也随之促成了药物和抗体等外源性物质在不同临床阶段或治疗结果中出现了较大的偏差，这可能也与肠道菌群的复杂性有一定的关系或者经菌株代谢后的药物分子会产生一定的生理毒性，但尚无相关的直接证据（Maurice et al.，2013）。基于人类基因组和微生物基因组的两个庞大的数据库，药物等外源性物质的微生物代谢调控与优势益生菌群的分离定殖技术将成为未来肠道菌群领域中的重要方向，这将为个性化医疗与更为高效特异稳定的药物设计提供更为精细的思路。

3. 肠道菌群的免疫调节

除了用于营养代谢调节的物质合成外，有些肠道菌群还长期作为免疫刺激源而存在于不同菌群表面，如脆弱拟杆菌（*Bacteroides fragilis*）分泌的 A 多糖（PSA）在宿主细胞抗炎性反应中具有重要调节作用，而革兰阴性菌上的脂多糖（LPS）和革兰氏阳性菌上的磷壁酸，在调控促炎性和抗炎性平衡中具有重要的作用（Hill and Artis，2010）。

除了微生物间的化学物质信息交流外，不同微生物与宿主细胞群间的化学交流，调整着优势菌群的发展方向。肠道菌群种类多样，无论优势菌群还是劣势菌群，都能高密度定殖于胃肠道环境中，从而形成一道病原入侵防御线，因而外源性的病原菌很难竞争性地定殖于肠道上皮中，除非抗生素的使用降低了肠道菌群密度，这将增加病原菌感染概率。除了菌群调节宿主生理代谢外，还存在肠道菌群被调节过程。一般而言，肠道具有先天性免疫系统，能够识别菌群表面 Toll 样受体或 NOD 受体，从而引发肠表皮下先天性免疫细胞的激活与吞噬清除作用，如肠上皮细胞内的 NOD1 蛋白，能特异性识别并结合革兰阴性菌表面的肽聚糖，促发中性粒细胞对肺炎链球菌和金黄色葡萄球菌的吞噬性作用，同时附着于肠黏液层会刺激适应性免疫的活化，如肠相关的 B 淋巴细胞会分泌大量的免疫球蛋白 IgA，从而抑制相关菌群的正常生长（Lacher et al.，2010）。微生物细胞壁上的脂多糖（LPS）或寡聚核苷酸作为免疫刺激源，通常会诱导肠上皮表细胞分泌抗菌肽相关的化学因子，如 mCRAMP，该多肽的过量表达与肠道菌群的微生态结构形成有关，其一般在新生后 2 周内丰度表达，并能抑制一类病原性的共生体的生长，即李斯特单核细胞增生菌（*Listeria monocytogenes*）（Menard et al.，2008）。人肠潘氏细胞分泌的防御素 HD-5/6 或小鼠防御素通常以非活性形式存在黏膜层中，两者活化的方式不同，前者激活于胰蛋白酶，后者激活于基质金属蛋白酶 7（MMP-7），防御素的表达与否不影响其肠道共生菌群总量的变化，但能显著性抑制厚壁菌门和拟杆菌门（Firmicutes/Bacteroides）相关的菌群定殖与生长（Salzman et al., 2010）。也有研究表明，HD-5 的过度表达能影响分支丝状菌群（SFB）对肠上皮细胞的黏附过程，这将影响肠黏膜层内免疫球蛋白 A 的分泌与 T 细胞群的分化调节，从而对重塑肠道菌群生态结构具有重要作用（Massacand et al., 2008）。除了这些分泌性化合物或蛋白质外，肠道相关免疫细胞也参与了肠道菌群微生态结构与功能的维持，如巨噬细胞和淋巴细胞能通过 NADPH 氧化酶和过氧化物酶的作用产生活性氧，在抗菌过程中起到一定的调节作用（Stark，2005）。

肠上皮细胞能通过紧密连接方式，形成一道防御线，并通过分泌促炎性因子、免疫球蛋白和活性氧等物质共同形成一道黏液层，即化学和免疫防御线，从而克制外源性的病原侵染和微生物代谢胁迫压力。肠道菌群如何发挥其生物功能，并与宿主细胞群形成一种动态的协调平衡关系，这决定着肠道菌群的代谢途径与共生互作网络发展方向，而这些相互作用模式，主要取决于微生物和宿主细胞特定合成或分泌的小分子、糖类、氨基酸、蛋白质或核酸间的相互作用。黏液层是肠道菌群与宿主相互作用的核心界面，其中肠道菌群、肠上皮细胞及免疫细胞 3 个体系形成三足鼎立之势，菌群定殖过程，会直接促发抗原呈递细胞和免疫细胞的分化与成熟，如 T 细胞和树突状细胞等，这种诱导性过程涉及模式识别受体和细胞因子间的相互作用（Hooper et al., 2012；Goto and Kiyono，2012）。

比较早期定殖和晚期定殖对免疫系统的功能影响表明，早期定殖的肠道免疫系统更为灵活多变，而晚期定殖的肠道免疫系统则较为固定，相比前者其免疫能力较差，这揭示出肠道菌群对免疫系统的调节能力是不可忽视的一类主要因素（Hansen et al., 2010）。通过研究黏液层的动态过程与肠菌群间的关系，表明黏液层的免疫相关物质的更新速度决定着免疫能力的强弱，其厚度与病原菌抵抗能力相关（McGuckin et al., 2011）。细胞因子的多样性与模式识别受体的复杂性，造成了肠道菌群免疫防御相关研究较为滞后，特别是肠道菌群分泌的次级代谢产物对免疫系统的具体调控机制较为模糊，多数局限于现象观察与特征描述，化学生物学在这方面的贡献还有较大的提升空间。

4. 肠道菌群的神经性行为调节

肠道菌群虽然与肠上皮细胞隔着一层厚厚的黏液层，但是当人体免疫失调后，肠相关免疫力有所下调，而肠道菌群便能深度侵染，这将促进肠道菌群与肠上皮细胞的直接接触，而后者与肠神经中枢具有较为直接的联系，因此肠道菌群与神经性疾病的研究也日渐活跃。近年来，研究表明，肠道菌群能影响器官发育，如肝肾功能，这预示着肠道菌群可能通过营养代谢和免疫机制，对全身进行一系列的生理性调控，特别是神经递质相关的小分子对脑-肠胃神经性调节，这一研究更有深远意义（Foster and Neufeld, 2013; Nicholson et al., 2012）。罗伊氏乳杆菌（Lactobacillus reuteri）通过维生素 B_{12} 的合成调节着神经发育过程（Dror and Allen, 2008）；短乳杆菌（Lactobacillus brevis）和副干酪乳杆菌（Lactobacillus paracasei）调节中枢神经兴奋抑制活动，其可分泌一定量的抑制性神经递质体，如 γ-氨基丁酸（GABA）（Huang et al., 2007）。Faecalibacterium prausnitzii 分泌的一类化合物能通过抑制 NF-κB 转录因子的激活而表现抗炎性作用，同时 Lactobacillus acidophilus 合成的一类物质能通过介导大麻素或阿片受体来调节内脏神经性疼痛，这些化合物的神经调节功能还有待深入研究（Sokol et al., 2008; Rousseaux et al., 2007）。流行病学证据表明，神经性相关疾病如孤独症、精神分裂症等与肠道微生物感染相关，而且在啮齿动物中暴露一定的病原菌，其焦虑行为会发生改变，并伴随一定的认知功能受损。肠道菌群有一类双歧杆菌中色氨酸合成代谢能力较为旺盛，因而可以产生更多神经兴奋或抑制性化学物质如 5-羟色胺，这将在某种程度上会通过改变胃肠神经的兴奋性行为而影响中枢神经元的行为（Desbonnet et al., 2008）。通过比较无菌小鼠（GF）和特定菌株定殖的小鼠（SGF）在肌肉收缩和焦虑类似行为的差异，发现无菌小鼠表现出较为活跃的肌肉收缩和降低的焦虑行为，而定殖特定菌株的小鼠表现相反，其行为与长时程兴奋相关基因的变化密切相关，如 PSD-95 和突出小泡素，定殖菌群能以外源性的刺激，启动肌肉运动和焦虑相关的信号转导通路（Arabadzisz et al., 2010）。相比 SPF 小鼠，GF 小鼠表现出一定程度的抗焦虑行为，其行为伴随着脑杏核中 N-甲基-D-天冬氨酸受体亚基 NR2B 表达量的降低和脑源性神经营养因子表达量的提高，同时海马脑回体中 5-羟色胺受体 1A（5HT1A）的表达量有所提高，这都揭示出肠道菌群对大脑的发育和行为的调节性影响（Neufeld et al., 2011）。肠道菌群能调控神经行为，通过免疫系统和循环系统可以遍布全身，但关于具有神经行为调节性的菌群种类的鉴定，菌群种类与神经性疾病特征的关联机制尚无建立，同时抗生素的过度使用造成的肠道菌群的损失是否也会影响患者的心理活动，特别是孤独症这种复杂的疾病治疗，这都是未来在肠道菌群依赖性的神经性疾病治疗中将深入研究的方向。

三、肠道菌群相关疾病的研究

肠道菌群对宿主表现出重要的生理平衡调节功能，不但在物质交换、代谢调节和能量运输等营养调节上，而且在免疫防御和神经发育及行为调控上具有关键作用。但是，一旦这种三维平衡失去调控，肠道菌群相关的疾病将以不同的形式衍生出，如肥胖、糖尿病、心血管疾病、节段性肠炎、自身免疫病及孤独抑郁症等顽固而复杂的疾病。虽然这些疾病具有遗传依赖性，但环境的重要推手作用不可忽视，因为肠道菌群本身也属于环境中的一类生物性刺激源，但本质上的这些疾病的共同点，来源于免疫自身的平衡失调，但由于免疫系统的复杂性与系统性，所产生的病症也随之复杂化和顽固化（Nicholson et al.，2012）。

关于这些疾病发展史研究，多数集中于肠道菌群的代谢产物的致病性研究，"一种菌致一种病"假说得到较多的认可，但并不能解释很多复杂的疾病。借助人类微生物基因组数据与疾病的关联性分析，一种疾病会与相应特征性肠道菌群的数量和代谢产物的质与量发生关联。例如，典型的肥胖症的发生伴随着拟杆菌属和厚壁菌属细菌间的能源竞争，同时还会通过脂肪积累，改变革兰阴性菌比例，富集肠道内脂多糖（LPS），诱发促炎症因子肿瘤坏死因子-α（TNF-α）和白细胞介素-1β（IL-1β）等，招募肥大细胞、巨噬细胞和T淋巴细胞，从而产生一定的炎症性反应，这些现象揭示出肥胖等代谢性疾病与肠道菌群和免疫系统间的不平衡性具有一定的关联（Clemente et al.，2012）。肠相关免疫系统的失衡常造成代谢综合征的发生，如非酒精性的脂肪肝，其与寡聚核苷酸识别受体（NLR）和Toll样受体间的相互作用，表现出较高的炎症反应。Toll样受体缺陷型小鼠表现出一定的代谢综合征，其Toll样受体的缺失会降低小鼠的先天性免疫力，从而使得肠道菌群侵染力增强，从而表现出血脂过多、胰岛素耐受、脂肪积累等代谢疾病相关症状，这与肠道菌群的组成比例变化直接相关，从而证明肠道菌群与免疫系统相互作用在代谢性疾病发展中的重要性（Vijay-Kumar et al.，2011）。

肠道菌群的深度侵染，释放脂多糖等内毒素，通过血液循环遍布全身，并会继续弱化肠道先天性免疫系统，但同时会增强适应性免疫系统，促炎症因子的大量合成与释放，以至于人全身都处于一种低度炎症状态，代谢器官随之影响更为深远，特别是胰岛素细胞的损伤相对更为严重，最终导致血液中胰岛素含量的显著下降，脂肪积累，这些都是各种肠道相关性疾病的可能性原因，特别是神经性炎症因子的增多将诱发神经系统性的功能紊乱，因此肠道菌群相关的疾病发生过程具有一定的统一性和系统性，简单可以归为菌群比例与相应细胞化学因子调控的失衡，这种平衡机制是一种化学因子间的竞争性对抗，因而可以利用化学生物学的思想，寻找疾病发生过程中的核心分子标记，着手调控肠道菌群、宿主细胞和免疫细胞 3 个体系的相互作用，以此微调肠道相关疾病的发展方向，为个体化医疗和转化医学的发展提供新的手段（Arora et al.，2013；Brown et al.，2012）。

四、肠道菌群研究的化学生物学发展趋势

肠道菌群具有种类丰富，功能多样，易分离培养，基因组信息量大等多重特点，其对人类健康维持与疾病预防方面的调节功能逐渐为人理解，为人类理解疾病发生机制和个体化疾病诊断提供了一个全新的视野与手段。尽管人类微生物基因组计划对人肠道微生物菌群的基因组数据已经逐渐掌握，但如何利用肠道菌群基因组和人类基因组两个数据库的关系去探讨菌群和宿主间的代谢与免疫互作模式将是一个重要的发展方向，从而将特定菌株与相对应疾病模式建立有效的相关性联系，利用肠道菌群调控人类疾病发生方向将成为一种可能。但目前以下几个问题仍需继续研究：① 肠道菌群基因组信息的深度解读，建立微生物代谢酶系网络库；② 优势菌群鉴定与其生物功能的关联研究；③ 肠道优势菌群生长依赖的纳米医学材料发展；④ 基于肠道菌群代谢和信息枢纽的小分子化合物筛选与调控，选择性富集优势菌群和抑制病原菌群；⑤ 肠道黏膜层分子调控网络构建，弄清微生物与免疫细胞间的互作机制；⑥ 开发以肠道菌群为靶标的小分子药物或抗体，增强宿主细胞先天性免疫力。

参考文献

Alvarez-Erviti L, Seow Y, Yin H, et al. 2011. Delivery of siRNA to the mouse brain by systemic injection of targeted exosomes. Nat Biotech, 29: 341-345.

Amiri H, Saeidi K, Borhani P, et al. 2013. Alzheimer's disease: Pathophysiology and applications of magnetic nanoparticles as MRI theranostic agents. ACS Chemical Neuroscience, 4 (11): 1417-1419.

Anokye-Danso F, Trivedi CM, Juhr D, et al. 2011. Highly efficient microRNA-mediated reprogramming of mouse and human somatic cells to pluripotency. Cell stem cell, 8: 376-388.

Arabadzisz D, Diaz-Heijtz R, Knuesel I, et al. 2010. Primate early life stress leads to long-term mild hippocampal decreases in corticosteroid receptor expression. Biological Psychiatry, 67: 1106-1109.

Arguello PA, Gogos JA. 2012. Genetic and cognitive windows into circuit mechanisms of psychiatric disease. Trends in Neurosciences, 35: 3-13.

Arora T, Singh S, Sharma RK. 2013. Probiotics: Interaction with gut microbiome and antiobesity potential. Nutrition, 29: 591-596.

Arpornmaeklong P, Brown SE, Wang Z, et al. 2009. Phenotypic characterization, osteoblastic differentiation, and bone regeneration capacity of human embryonic stem cell-derived mesenchymal stem cells. Stem Cells and Development, 18: 955-968.

Arumugam M, Raes J, Pelletier E, et al. 2011. Enterotypes of the human gut microbiome. Nature, 474: 174-180.

Bahar R, Hartmann CH, Rodriguez KA, et al. 2006. Increased cell-to-cell variation in gene expression in ageing mouse heart. Nature, 441: 1011-1014.

Becker AJ, Mcculloch EA, Till JE. 1963. Cytological demonstration of the clonal nature of spleen colonies derived from transplanted mouse marrow cells. Nature, 197: 452-454.

Ben-Zvi D, Shilo BZ, Fainsod A, et al. 2008. Scaling of the BMP activation gradient in Xenopus embryos. Nature, 453: 1205-1211.

Benassi B, Leleu R, Bird T, et al. 2007. Cytokinesis-block micronucleus cytome assays for the determination of genotoxicity and cytotoxicity of cecal water in rats and fecal water in humans. Cancer Epidemiology Biomarkers & Prevention, 16: 2676-2680.

Bernstein H, Bernstein C, Payne CM, et al. 2009. Bile acids as endogenous etiologic agents in gastrointestinal cancer. World Journal of Gastroenterology, 15: 3329-3340.

Bertrand N, Castro DS, Guillemot F. 2002. Proneural genes and the specification of neural cell types. Nat Rev Neurosci, 3: 517-530.

Bhutani N, Brady JJ, Damian M, et al. 2010. Reprogramming towards pluripotency requires AID-dependent DNA demethylation. Nature, 463: 1042-1047.

Blachier F, Davila AM, Mimoun S, et al. 2010. Luminal sulfide and large intestine mucosa: friend or foe? Amino Acids, 39: 335-347.

Bowie AG. 2012. Innate sensing of bacterial cyclic dinucleotides: more than just STING. Nature Immunology, 13: 1137-1139.

Boyle M, Wong C, Rocha M, et al. 2007. Decline in self-renewal factors contributes to aging of the stem cell niche in the Drosophila testis. Cell Stem Cell, 1: 470-478.

Brack AS, Conboy MJ, Roy S, et al. 2007. Increased Wnt signaling during aging alters muscle stem cell fate and increases fibrosis. Science, 317: 807-810.

Brey DM, Motlekar NA, Diamond SL, et al. 2011. High-throughput screening of a small molecule library for promoters and inhibitors of mesenchymal stem cell osteogenic differentiation. Biotechnology and Bioengineering, 108: 163-174.

Brown K, Decoffe D, Molcan E, et al. 2012. Diet-induced dysbiosis of the intestinal microbiota and the effects on immunity and disease vol 4. Nutrients, 4: 1552-1553.

Carman AJ, Mills JH, Krenz A, et al. 2011. Adenosine receptor signaling modulates permeability of the blood-brain barrier. The Journal of Neuroscience, 31: 13272-13280.

Caro JF, Kolaczynski JW, Nyce MR, et al. 1996. Decreased cerebrospinal-fluid/serum leptin ratio in obesity: a possible mechanism for leptin resistance. The Lancet, 348: 159-161.

Chambers SM, Fasano CA, Papapetrou EP, et al. 2009. Highly efficient neural conversion of human ES and iPS cells by dual inhibition of SMAD signaling. Nat Biotech, 27: 275-280.

Cheng J, Turkel N, Hemati N, et al. 2008. Centrosome misorientation reduces stem cell division during ageing. Nature, 456: 599-540.

Chiu BC, Martin BE, Stolberg VR, et al. 2013. The host environment is responsible for aging-related functional NK cell deficiency. J Immunol, 191: 4688-4698.

Chou J P, Effros RB. 2013. T Cell replicative senescence in human aging. Curr Pharm Des, 19: 1680-1698.

Citron M. 2010. Alzheimer's disease: strategies for disease modification. Nat Rev Drug Discov, 9: 387-398.

Clark AM. 2013. Looking back and looking forward. Trends in Neurosciences, 36: 555-556.

Clemente JC, Ursell LK, Parfrey LW, et al. 2012. The impact of the gut microbiota on human health: An integrative view. Cell, 148: 1258-1270.

Danilchanka O, Mekalanos JJ. 2013. Cyclic dinucleotides and the innate immune response. Cell, 154: 962-970.

De Robertis EM. 2006. Spemann's organizer and self-regulation in amphibian embryos. Nat Rev Mol Cell Biol, 7: 296-302.

De Vallejo A, Griffin P, Montag D, et al. 2013. CD56 is a legitimate immune receptor regulating T cell and NK cell effector function, and its expression level predicts successful aging. Journal of Immunology, 190: 119.

Deng W, Obrocka M, Fischer I, et al. 2001. *In Vitro* differentiation of human marrow stromal cells into early progenitors of neural cells by conditions that increase intracellular cyclic AMP. Biochemical and biophysical research communications, 282: 148-152.

Desbonnet L, Garrett L, Clarke G, et al. 2008. The probiotic Bifidobacteria infantis: An assessment of potential antidepressant properties in the rat. Journal of Psychiatric Research, 43: 164-174.

Devillard E, Mcintosh FM, Duncan SH, et al. 2007. Metabolism of linoleic acid by human gut bacteria: Different routes for biosynthesis of conjugated linoleic acid. J Bacteriol, 189: 2566-2570.

Ding S, Wu TY, Brinker A, et al. 2003. Synthetic small molecules that control stem cell fate. Proc Natl Acad Sci USA, 100: 7632-7637.

Dragunow M. 2008. High-content analysis in neuroscience. Nat Rev Neurosci, 9: 779-788.

Dror DK, Allen LH. 2008. Effect of vitamin B-12 deficiency on neurodevelopment in infants: current knowledge and possible mechanisms. Nutr Rev, 66: 250-255.

Dumble M, Moore L, Chambers SM, et al. 2007. The impact of altered p53 dosage on hematopoietic stem cell dynamics during aging. Blood, 109: 1736-1742.

Ertl RP, Chen J, Astle CM, et al. 2008. Effects of dietary restriction on hematopoietic stem-cell aging are genetically regulated. Blood, 111: 1709-1716.

Esteban MA, Wang T, Qin B, et al. 2010. Vitamin C enhances the generation of mouse and human induced pluripotent stem cells. Cell Stem Cell, 6: 71-79.

Farre C, Sjöberg A, Jardemark K, et al. 2001. Screening of ion channel receptor agonists using capillary electrophoresis-patch clamp detection with resensitized detector cells. Analytical Chemistry, 73: 1228-1233.

Flint HJ, Bayer EA, Rincon MT, et al. 2008. Polysaccharide utilization by gut bacteria: potential for new insights from genomic analysis. Nature Reviews Microbiology, 6: 121-131.

Florian MC, Nattamaia, KJ, et al, 2013. A canonical to non-canonical Wnt signalling switch in haematopoietic stem-cell ageing. Nature: doi: 10.1038/nature12631.

Foster J A, Neufeld K A M. 2013. Gut-brain: how the microbiome influences anxiety and depression. Trends Neurosci, 36: 305-312.

Gao P, Ascano M, Wu Y, et al. 2013. Cyclic [G (2′, 5′) pA (3′, 5′) p] is the metazoan second messenger produced by DNA-activated cyclic GMP-AMP synthase. Cell, 153 (5): 1094-1107.

Goto Y, Kiyono H. 2012. Epithelial barrier: an interface for the cross-communication between gut flora and immune system. Immunol Rev, 245: 147-163.

Grande A, Sumiyoshi K, López-Juárez A, et al. 2013. Environmental impact on direct neuronal reprogramming in vivo in the adult brain. Nat Commun, 4: 2373.

Green DR, Galluzzi L, Kroemer G. 2011. Mitochondria and the autophagy-inflammation-cell death axis in organismal aging. Science, 333: 1109-1112.

Haiser HJ, Gootenberg DB, Chatman K, et al. 2013. Predicting and manipulating cardiac drug inactivation by the human gut bacterium *Eggerthella lenta*. Science, 341: 295-298.

Haiser HJ, Turnbaugh PJ. 2013. Developing a metagenomic view of xenobiotic metabolism. Pharmacological Research, 69: 21-31.

Hansen CH, Sourjik V, Wingreen NS. 2010. A dynamic-signaling-team model for chemotaxis receptors in *Escherichia coli*. Proc Natl Acad Sci USA, 107: 17 170-17 175.

Hao J, Daleo MA, Murphy CK, et al. 2008. Dorsomorphin, a selective small molecule inhibitor of BMP signaling, promotes cardiomyogenesis in embryonic stem cells. PLoS ONE, 3: e2904.

Hao J, Ho JN, Lewis J A, et al. 2009. In vivo structure-activity relationship study of dorsomorphin analogues identifies selective VEGF and BMP inhibitors. ACS Chemical Biology, 5: 245-253.

Hayflick L. 1965. The limited *in vitro* lifetime of human diploid cell strains. Experimental Cell Research, 37: 614-636.

Heinken A, Sahoo S, Fleming RM, et al. 2013. Systems-level characterization of a host-microbe metabolic symbiosis in the mammalian gut. Gut Microbes, 4: 28-40.

Henson SM, Akbar AN. 2010. Memory T-cell homeostasis and senescence during aging. Memory T Cells, 684: 189-197.

Hess GP. 1993. Determination of the chemical mechanism of neurotransmitter receptor-mediated reactions by rapid chemical kinetic techniques. Biochemistry, 32: 989-1000.

Hijova E, Chmelarova A. 2007. Short chain fatty acids and colonic health. Bratislava Medical Journal-Bratislavske Lekarske Listy, 108: 354-358.

Hill DA, Artis D. 2010. Intestinal bacteria and the regulation of immune cell homeostasis. Annual Review of Immunology, 28: 623-667.

Hooper LV, Littman DR, Macpherson AJ. 2012. Interactions between the microbiota and the immune system. Science, 336: 1268-1273.

Hori Y, Rulifson IC, Tsai BC, et al. 2002. Growth inhibitors promote differentiation of insulin-producing tissue from embryonic stem cells. Proc Natl Acad Sci USA, 99: 16 105-16 110.

Hou P, Li Y, Zhang X, et al. 2013. Pluripotent stem cells induced from mouse somatic cells by small-molecule compounds. Science, 341: 651-654.

Huang A H, Motlekar N A, Stein A, et al. 2008. High-throughput screening for modulators of mesenchymal stem cell chondrogenesis. Annals of Biomedical Engineering, 36: 1909-1921.

Huang J, Le HM, Wu H, et al. 2007. Biosynthesis of gamma-aminobutyric acid (GABA) using immobilized whole cells of Lactobacillus brevis. World Journal of Microbiology & Biotechnology, 23: 865-871.

Huang Z, Tang XM, Cambi F. 2002. Down-regulation of the retinoblastoma protein (rb) is associated with rat oligodendrocyte differentiation. Molecular and Cellular Neuroscience, 19: 250-262.

Huangfu D, Maehr R, Guo W, et al. 2008. Induction of pluripotent stem cells by defined factors is greatly improved by small-molecule compounds. Nat Biotech, 26: 795-797.

Hughes AL, Gottschling DE. 2012. An early age increase in vacuolar pH limits mitochondrial function and lifespan in yeast. Nature, 492: 261-265.

Janzen V, Forkert R, Fleming HE, et al. 2006. Stem-cell ageing modified by the cyclin-dependent kinase inhibitor p16 (INK4a). Nature, 443: 421-426.

Jiang P, Du WJ, Mancuso A, et al. 2013. Reciprocal regulation of p53 and malic enzymes modulates metabolism and senescence. Nature, 493: 689-693.

Kanner BI, Zomot E. 2008. Sodium-coupled neurotransmitter transporters. Chemical Reviews, 108: 1654-1668.

Keren Z, Naor S, Nussbaum S, et al. 2011. B-cell depletion reactivates B lymphopoiesis in the BM and rejuvenates the B lineage in aging. Blood, 117: 3104-3112.

Kilpatrick RD, Rickabaugh T, Hultin L E, et al. 2008. Homeostasis of the naive CD4（+）T cell compartment, during aging. Journal of Immunology, 180: 1499-1507.

Klockow JL, Hettie KS, Glass T E. 2013. ExoSensor 517: A dual-analyte fluorescent chemosensor for visualizing neurotransmitter exocytosis. ACS Chemical Neuroscience, 4: 1334-1338.

Knighton DR, Zheng J, Ten ELF, et al. 1991. Crystal structure of the catalytic subunit of cyclic adenosine monophosphate-dependent protein kinase. Science, 253: 407-414.

Kovach C, Dixit R, Li S, et al. 2012. Neurog2 simultaneously activates and represses alternative gene expression programs in the developing neocortex. Cerebral Cortex, 23 (8): 1884-1900.

Kushner EJ, Weil BR, Maceneaney OJ, et al. 2010. Human aging and CD31（+）T-cell number, migration, apoptotic susceptibility, and telomere length. Journal of Applied Physiology, 109: 1756-1761.

Lacher M, Helmbrecht J, Schroepf S, et al. 2010. NOD2 mutations predict the risk for surgery in pediatric-onset Crohn's disease. Journal of Pediatric Surgery, 45: 1591-1597.

Ladewig J, Mertens J, Kesavan J, et al. 2012. Small molecules enable highly efficient neuronal conversion of human fibroblasts. Nat Meth, 9: 575-578.

Lee N, Shin MS, Kang I. 2012. T-cell biology in aging, with a focus on lung disease. J Gerontol A Biol Sci Med Sci, 67: 254-263.

Lee WJ, Brey PT. 2013. How microbiomes influence metazoan development: Insights from history and drosophila modeling of gut-microbe interactions. Annu Rev Cell Dev Biol, 29: 571-592.

Lepage P, Leclerc MC, Joossens M, et al. 2013. A metagenomic insight into our gut's microbiome. Gut, 62: 146-158.

Li X, Klemic KG, Reed MA, et al. 2006. Microfluidic system for planar patch clamp electrode arrays. Nano Letters, 6: 815-819.

Li Y, Lu JF, Han YH, et al. 2013. RNA interference functions as an antiviral immunity mechanism in mammals. Science, 342: 231-234.

Lin T, Ambasudhan R, Yuan X, et al. 2009. A chemical platform for improved induction of human iPSCs. Nat Meth, 6: 805-808.

Liu L, Cheung TH, Charville GW, et al. 2013. Chromatin modifications as determinants of muscle stem cell quiescence and chronological aging. Cell Rep, 4: 189-204.

Maillard PV, Ciaudo C, Marchais A, et al. 2013. Antiviral RNA interference in mammalian cells. Science, 342: 235-238.

Mali P, Chou BK, Yen J, et al. 2010. Butyrate greatly enhances derivation of human induced pluripotent stem cells by promoting epigenetic remodeling and the expression of pluripotency-associated genes. Stem Cells, 28: 713-720.

Mamedov I, Canals S, Henig JR, et al. 2010. In vivo characterization of a smart MRI agent that displays an inverse response to calcium concentration. ACS Chemical Neuroscience, 1: 819-828.

Marson A, Foreman R, Chevalier B, et al. 2008. Wnt signaling promotes reprogramming of somatic cells to pluripotency. Cell stem cell, 3: 132-135.

Maruyama M, Shimada H, Suhara T, et al. 2013. Imaging of tau pathology in a tauopathy mouse model and in alzheimer patients compared to normal controls. Neuron, 79: 1094-1108.

Maslowski KM, Vieira AT, Ng A, et al. 2009. Regulation of inflammatory responses by gut microbiota and chemoattractant receptor GPR43. Nature, 461: 1282-1286.

Massacand JC, Kaiser P, Ernst B, et al. 2008. Intestinal bacteria condition dendritic cells to promote IgA production. PLoS One, 3 (7): e2588.

Maurice CF, Haiser HJ, Turnbaugh PJ. 2013. Xenobiotics shape the physiology and gene expression of the active human gut microbiome. Cell, 152: 39-50.

Mcguckin MA, Linden SK, Sutton P, et al. 2011. Mucin dynamics and enteric pathogens. Nature Reviews Microbiology, 9: 265-278.

Menard S, Forster V, Lotz M, et al. 2008. Developmental switch of intestinal antimicrobial peptide expression. Journal of Experimental Medicine, 205: 183-193.

Mishra A, Schüz A, Engelmann J, et al. 2011. Biocytin-derived MRI contrast agent for longitudinal brain connectivity studies. ACS Chemical Neuroscience, 2: 578-587.

Moscoso I, Centeno A, Lopez E, et al. 2005. Differentiation "in vitro" of primary and immortalized porcine mesenchymal stem cells into cardiomyocytes for cell transplantation. Transplan proc Elsevier, 37 (1): 481-482.

Mshvildadze M, Neu J, Mai V. 2008. Intestinal microbiota development in the premature neonate: Establishment of a lasting commensal relationship? Nutr Rev, 66: 658-663.

Neely MD, Litt MJ, Tidball AM, et al. 2012. DMH1, a highly selective small molecule BMP inhibitor promotes neurogenesis of hiPSCs: Comparison of PAX6 and SOX1 expression during neural induction. ACS Chemical Neuroscience, 3: 482-491.

Neufeld KM, Kang N, Bienenstock J, et al. 2011. Reduced anxiety-like behavior and central neurochemical change in germ-free mice. Neurogastroenterology and Motility, 23 (3): 255-264.

Neugebauer U, Heinemann SH, Schmitt M, et al. 2010. Combination of patch clamp and raman spectroscopy for single-cell analysis. Analytical Chemistry, 83: 344-350.

Nicholls J G, Martin A R, Wallace B G, et al. 2001. From neuron to brain. Sinauer Associates sinawr Asso cates, Inc Sunderland MA.

Nicholson JK, Holmes E, Kinross J, et al. 2012. Host-gut microbiota metabolic interactions. Science, 336: 1262-1267.

Ohtsuka H, Ogawa S, Kawamura H, et al. 2013. Screening for long-lived genes identifies Oga1, a guanine-quadruplex associated protein that affects the chronological lifespan of the fission yeast Schizosaccharomyces pombe. Molecular Genetics and Genomics, 288: 285-295.

Pacary E, Heng J, Azzarelli R, et al. 2011. Proneural transcription factors regulate different steps of cortical neuron migration through rnd-mediated inhibition of RhoA signaling. Neuron, 69: 1069-1084.

Park SH, Zhu Y, et al. 2012. SIRT2 is a tumor suppressor that connects aging, acetylome, cell cycle signaling, and carcinogenesis. Transl Cancer Res, 1: 15-21.

Pimentel M, Lin HC, Enayati P, et al. 2006. Methane, a gas produced by enteric bacteria, slows intestinal transit and augments small intestinal contractile activity. American Journal of Physiology-Gastrointestinal and Liver Physiology, 290: G1089-G1095.

Pompei A, Cordisco L, Amaretti A, et al. 2007. Administration of folate-producing bifidobacteria enhances folate status in Wistar rats. Journal of Nutrition, 137: 2742-2746.

Porlan E, Morante-Redolat J M, et al. 2013. Transcriptional repression of Bmp2 by p21$^{Waf1/Cip1}$ links quiescence to neural stem cell maintenance. Nature Neuroscience, 16: 1567-1575.

Rasmussen H. 1970. Cell communication, calcium ion, and cyclic adenosine monophos phate. Science, 170: 404-412.

Redondo C, López-Toledano MA, Lobo MV, et al. 2007. Kainic acid triggers oligodendrocyte precursor cell proliferation and neuronal differentiation from striatal neural stem cells. Journal of Neuroscience Research, 85: 1170-1182.

Reinhold MI, Kapadia RM, Liao Z, et al. 2006. The Wnt-inducible transcription factor Twist1 inhibits chondrogenesis. Journal of Biological Chemistry, 281: 1381-1388.

Roberts EA, Deretic V. 2008. Autophagic proteolysis of long-lived proteins in nonliver cells. Autophagosome and Phagosome Methods in Molecular Biology^{TW}, 445: 111-117.

Robins H, Desmarais C. 2012. Effects of aging on the human adaptive immune system revealed by high-throughput DNA sequencing of T cell receptors. Journal of Immunology, 188: 47-16.

Round J L, Mazmanian S K. 2009. The gut microbiota shapes intestinal immune responses during health and disease. Nature Reviews Immunology, 9: 313-323.

Rousseaux C, Thuru X, Gelot A, et al. 2007. Lactobacillus acidophilus modulates intestinal pain and induces opioid and cannabinoid receptors. Nature Medicine, 13: 35-37.

Rowan FE, Docherty NG, Coffey JC, et al. 2009. Sulphate-reducing bacteria and hydrogen sulphide in the aetiology of ulcerative colitis. British Journal of Surgery, 96: 151-158.

Rubin LL, Staddon JM. 1999. The cell biology of the blood-brain barrier. Annual Review of Neuroscience, 22: 11-28.

Salzman NH, Hung KC, Haribhai D, et al. 2010. Enteric defensins are essential regulators of intestinal microbial ecology. Nat Immunol, 11: 76-71.

Sames D, Dunn M, Karpowicz JRJ et al. 2013. Visualizing neurotransmitter secretion at individual synapses. ACS Chemical Neuroscience, 4: 648-651.

Samuel BS, Shaito A, Motoike T, et al. 2008. Effects of the gut microbiota on host adiposity are modulated by the short-chain fatty-acid binding G protein-coupled receptor, Gpr41. Proc Natl Acad Sci USA, 105: 16767-16772.

Sato N, Meijer L, Skaltsounis L, et al. 2003. Maintenance of pluripotency in human and mouse embryonic stem cells through activation of Wnt signaling by a pharmacological GSK-3-specific inhibitor. Nature medicine, 10: 55-63.

Savas JN, Toyama BH, Xu T, et al. 2012. Extremely long-lived nuclear pore proteins in the rat brain. Science, 335: 942-942.

Schloissnig S, Arumugam M, Sunagawa S, et al. 2013. Genomic variation landscape of the human gut microbiome. Nature, 493: 45-50.

Schugar R, Robbins P, Deasy B. 2007. Small molecules in stem cell self-renewal and differentiation. Gene Therapy, 15: 126-135.

Sharma VP, Fenwick AL, Brockop MS, et al. 2013. Mutations in TCF12, encoding a basic helix-loop-helix partner of TWIST1, are a frequent cause of coronal craniosynostosis. Nat Genet, 45: 1261-1261.

Shi Y, Desponts C, Do JT, et al. 2008a. Induction of pluripotent stem cells from mouse embryonic fibroblasts by Oct4 and Klf4 with small-molecule compounds. Cell Stem Cell, 3: 568-574.

Shi Y, Tae DJ, Desponts C, et al. 2008b. A combined chemical and genetic approach for the generation of induced pluripotent stem cells. Cell Stem Cell, 2: 525-528.

Shors TJ, Miesegaes G, Beylin A, et al. 2001. Neurogenesis in the adult is involved in the formation of trace memories. Nature, 410: 372-376.

Silva J, Barrandon O, Nichols J, et al. 2008. Promotion of reprogramming to ground state pluripotency by signal inhibition. PLoS Biol, 6: e253.

Siminovitch L, Mcculloch EA, Till J E. 1963. The distribution of colony-forming cells among spleen colonies. Journal of Cellular and Comparative Physiology, 62: 327-336.

Sokol H, Pigneur B, Watterlot L, et al. 2008. Faecalibacterium prausnitzii is an anti-inflammatory commensal bacterium identified by gut microbiota analysis of Crohn disease patients. Proc Natl Acad Sci USA, 105: 16731-16736.

Stark G. 2005. Functional consequences of oxidative membrane damage. Journal of Membrane Biology, 205: 1-16.

Stecher B, Hardt WD. 2008. The role of microbiota in infectious disease. Trends Microbiol, 16: 107-114.

Tana C, Umesaki Y, Imaoka A, et al. 2010. Altered profiles of intestinal microbiota and organic acids may be the origin of symptoms in irritable bowel syndrome. Neurogastroenterology and Motility, 22: 512-+519.

Thiele I, Heinken A, Fleming RMT. 2013. A systems biology approach to studying the role of microbes in human health. Current Opinion in Biotechnology, 24: 4-12.

Toyama BH, Savas JN, Park SK, et al. 2013. Identification of long-lived proteins reveals exceptional stability of essential cellular structures. Cell, 154: 971-982.

Valenstein E S. 2002. The discovery of chemical neurotransmitters. Brain and Cognition, 49: 73-95.

Van Summeren MJH, Braamla JLM, Lilien MR, et al. 2009. The effect of menaquinone-7 (vitamin K-2) supplementation on osteocalcin carboxylation in healthy prepubertal children. British Journal of Nutrition, 102: 1171-1178.

Vaughan EE, Chen XZ, Creane M, et al. 2012. Osteopontin treated circulating angiogenic cells enhance functional recovery in a SCID model of hindlimb Ischemia. Molecular Therapy, 20: S60-S60.

Vijay-Kumar M, Aitken JD, Su YJ, et al. 2011. Gnotobiotic Toll-like receptor 5 deficient Mice lack spontaneous colitis and metabolic syndrome. Gastroenterology, 140: S324-S324.

Wang D, El-Amouri SS, Dai M, et al. 2013. Engineering a lysosomal enzyme with a derivative of receptor-binding domain of apoE enables delivery across the blood-brain barrier. Proc Natl Acad Sci USA, 110: 2999-3004.

Weiberg A, Wang M, Lin FM, et al. 2013. Fungal small RNAs suppress plant immunity by hijacking host RNA interference pathways. Science, 342: 118-123.

Weinstein DC, Hemmati-Brivanlou A. 1999. Neural induction. Annual Review of Cell and Developmental Biology, 15: 411-433.

Williams SCP. 2013. Alzheimer's disease: Mapping the brain's decline. Nature, 502: S84-S85.

Wu X, Ding S, Ding Q, et al. 2004. Small molecules that induce cardiomyogenesis in embryonic stem cells. Journal of the American Chemical Society, 126: 1590-1591.

Yu PB, Hong CC, Sachidanandan C, et al. 2008. Dorsomorphin inhibits BMP signals required for embryogenesis and iron metabolism. Nat Chem Biol, 4: 33-41.

Yuan JP, Wang JH, Liu X. 2007. Metabolism of dietary soy isoflavones to equol by human intestinal microflora-implications for health. Molecular Nutrition & Food Research, 51: 765-781.

Zheng YH, Su K, Jian YT, et al. 2011. Basic fibroblast growth factor enhances osteogenic and chondrogenic differentiation of human bone marrow mesenchymal stem cells in coral scaffold constructs. Journal of tissue engineering and regenerative medicine, 5: 540-550.

Zhu S, Wurdak H, Wang J, et al. 2009. A small molecule primes embryonic stem cells for differentiation. Cell Stem Cell, 4: 416-426.

关键词索引

A

癌症 16，17，25，28，35，83，125，129，136，137，282，296，297，299，301，302，311～313，320，354，355

B

钯催化偶联反应 15，214
靶标预测 29，237
半胱氨酸肽 193，198，200
表达蛋白连接 199，200
表观遗传 8，128，170，171，202，204，291，292，294，299，303，304，311～313，319～321，332，333，351，354～356
捕捉与鉴定 228，246

C

操纵子 113，360
肠道菌群 332，356～365
敞开式离子化技术 63
超分辨成像 39，49，52
纯化学合成法 255，256

磁共振成像 67～71，344

D

DNAzyme 107，111，322
DNA 错配 107
DNA 甲基化 291～297，303，304，319，321，333
代谢性疾病 364
单分子动力学 51，52
单分子检测 45，46，50，51
单分子力谱 28，50，51
单价配体分子 263
单细胞检测 45，52
蛋白酶 13，61，81，94，107，240，245，265，317，361
蛋白质动力学 65
蛋白质反剪接 199，200，202
蛋白质相互作用网络 228～237，239，245，246
蛋白质自剪接 199
蛋白质组学 8，11～14，25，60，88，95，154，159，210，228，229，238～240
第二信使 135，140，346，347

定向分化　331，335，336，338，353
端粒　52，54，55，171，276，352，353，355
多价配体分子　264
多模态分子影像技术　70
多能性干细胞　312
多肽的化学合成　38
多肽固相合成　10，192，256，273
多肽及蛋白质　10，11，102，112

E

二级学科　1，4

F

FRET　103，106，111，113，122，123，144，238，239，261，269，308
翻译后修饰蛋白质　191
非编码 RNA　86，302，303，311，315，319，321
非天然氨基酸　191，203，205，206，211～213，216，243，244，281，284
非天然蛋白质　191，201，284
非天然碱基对　273，276，277
复杂疾病　228，229，234，235，355，356
复杂网络　230，236

G

G4-DNA　107，109，110
干细胞重编程　332，334

高效连接策略　203
功能修饰　112，190，205
寡糖固相合成　253，255，266
寡糖合成　253～256，258，266
寡糖一釜合成　253，254
光交联探针　216，241，243，244

H

合成化学　19～21，23，36，38，125，191，192，202，203，283，285
合成生物学　28，29，84，171，202，272，275，278，280，283，285
核磁共振　61，64，65，174～176，203，238
核酸　8，9，11，28，33，36，38，46，60，88，96，102，106～111，114，116，126，191，206，239，241，252，253，266，272，273，275～278，281，286，291，292，299，303，304，308，316～319，352，362
核酸替代物　272，273，276
化学半合成　198，202，275
化学合成生物学　272～277，279～285
化学酶法　214～216
化学全合成　191，192，204，277，278
化学生物学　1～9，14～39，41，42，45，52，53，56，59，60，67，79～81，83，84，87～89，92，95，96，116，117，124，

126，128，129，132，136，139，140，147～150，165，173，174，177，190，203～207，211，213，215，216，228，237，241，245，246，266，283～285，291，293，294，303～305，307，308，311，313，315，319～321，331，332，335，337，338，350～353，355～357，362，364，365

化学探针 6，12～14，96，149

化学小分子 3，4，6，9，12，13，15，27，29，32，34～37，79～81，86，88，95，96，102～105，116，252，265，321，332，333，335～338

环境 1，4，19，23，33，45，52，53，57，58，63，79，88，94，101，103，112～115，117，125～127，130，139，140，148，162，166，167，169，207，208，212，241，245，255，259，294，317，319，320，335，336，348，349，353～357，359～361，364

活体成像 45，58，64，68～70，267

活体检测 96

活性基团 241～243

J

基因代谢工程 279

基于有机反应 104

交叉学科 2，6，7，15，18，27，37，141，191，216，252

交联底物 245

结构修饰 33，171，264，305

金属蛋白 113～115，125，126，131，216，361

金属基微粒 131

金属离子探针 101～105，107～112，114～117，131，140

金属酶 112，125，126

金属组学 130，131，140，141

M

酶催化切除法 255

免疫系统 350，354～356，359，361～364

N

纳米材料 70，102，110，141

纳米探针 54，70，110，111，114

内稳态 124，126～129，132～136，138～141

R

染色体 49，110，167，169～171，311～313，331，353～355

人造细胞 276，278，279

S

神经递质 52，56，344～346，349，351，363

神经退行性疾病 129，235，259，350，354

神经系统 137，139，155，158，331，338，339，341～344，348，

350～352，364

生命科学　1，3，4，6，8，9，13，15，26，27，29～31，33～37，39，42，45，60，64，71，79，124，126，154，190，202，204，216，228，231，237，246，263，279，281，285，319，331，332，338，345，351，357

生物矿化　132，140

生物无机化学　125，126，132

生物信息学　12，13，30，148，229，235，319，356

生物医药　4，17，27，263，267，272，274

生物正交反应　14，15，79，81，84，88～94，96，198，205～208，210，215，259～261，267

生物正交拉曼标记　261

生物质谱　45，59

施陶丁格反应（Staudinger 反应）14，84，88，89，209，210

实时原位　102，113，114

衰老　94，128，155，159，228，320，331，352～357

四嗪环加成反应　91

羧基硫酯肽　193

T

肽核酸　273，276

糖　11，14～16，28，33，36，38，56，60，62，63，83，84，88，89，127，134，137，139，141，148，150，151，155～162，164，167，172，176，177，191，194，198，203，206，209，210，214～216，235，238，239，252～267，273，274，276，277，280～282，286，294，315，335，336，348，350，356，358，361，362，364

糖代谢工程　259～263，265～267

糖类药物　263，267

糖生物学　15，252，253，259，263，266，267

糖芯片　257～259，262，266

天然产物　28，33，36，84，86，94，96，147～150，159～177，274，275，280～282，285，302

天然产物生物合成　147，163，168，171，174，177，280

铜催化点击化学反应　14

W

Wnt 信号通路　337

外源化学　2，5

网络药理学　235，236

微量物种　140

微量元素　124～129，132～136，138～141

微流控芯片　57，58

微小核糖核酸　86，87

无标记活性分子探针　94

无机药物　129，138

无铜点击化学反应　84，93

X

硒　125，126，128，129，131～

133，135～138，140，141，194，257

系统生物学 126，228，236，280

细胞死亡 85，354

细胞网络 124，128，135，136，139

细胞无机化学 126

细胞周期调控 355

显色反应 110

小分子调控 33，46，228，295，309，311，342

小分子探针 28，35～37，52，79～84，86～88，94～96，114，141，154，204，246，300，305，319

小分子抑制剂 13，47，83，263～265，296，297，311

信号转导 8，13，28，29，33～37，39，46，51～53，56，58～60，64，79，95，96，127，135，139，140，152～154，156，157，331～333，342～344，347，352，357，363

信号分子 2，56，331，333，339，342，347

信号通路 36，47，80，83，85～87，94，96，150～152，156～158，228～230，246，301，309，319，333，334，341，347，353，354，356

血脑屏障 348～351

Y

药物靶点 13，14，94

药物递送 348～351

药物分子 63，83，86，94，96，237，302，352，361

药物合成 280

药物相互作用 67，237

荧光 10，28，46，47，49，51～56，59，70，79～81，86，87，90，91，102～109，111～113，115，116，163，190，192，206，208，210，238，239，244，257，260～262，265，274，293，300，301，308，309，318，344～346，350

荧光标记 59，81，84，91～93，208，209，261，276，309

荧光成像 28，46，50，54，103

荧光探针 28，52，54，81，103～106，112，116，212，346

原子力显微镜 13，50，52，56，57

Z

质谱 28，52，53，59～64，102，174，176，203，230，239～241，245，259，262，299

质谱成像 45，59，62，63

重金属离子 101，110，113～115，198

转录后修饰分析 60

转录因子 29，150，155，170，239，292，299，301，312～314，333，339，341～343，353，363

自然化学连接 191～193，198，200，203，278

组蛋白共价修饰 299

组学 8，11～14，17，27，37，38，60～62，64，126，131，138，154，159，166，167，229～231，240，241，319，357

最小细胞 273，274

彩 图

第一章

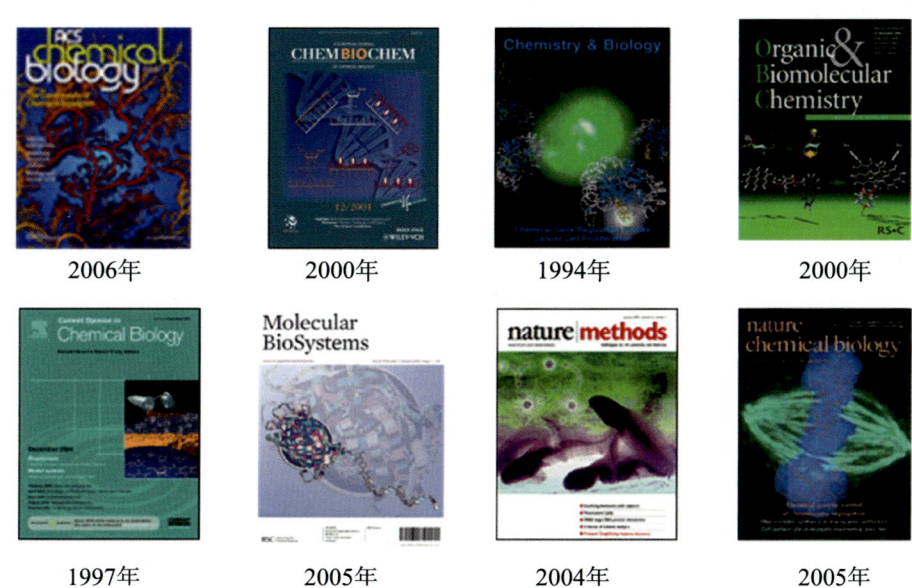

彩图1-2　当今有影响力的部分化学生物学专业期刊一览

彩图1-3　国际著名化学生物学期刊Nature Chemical Biology和ChemBioChem对化学生物学的定义和研究内容的评论

第一章

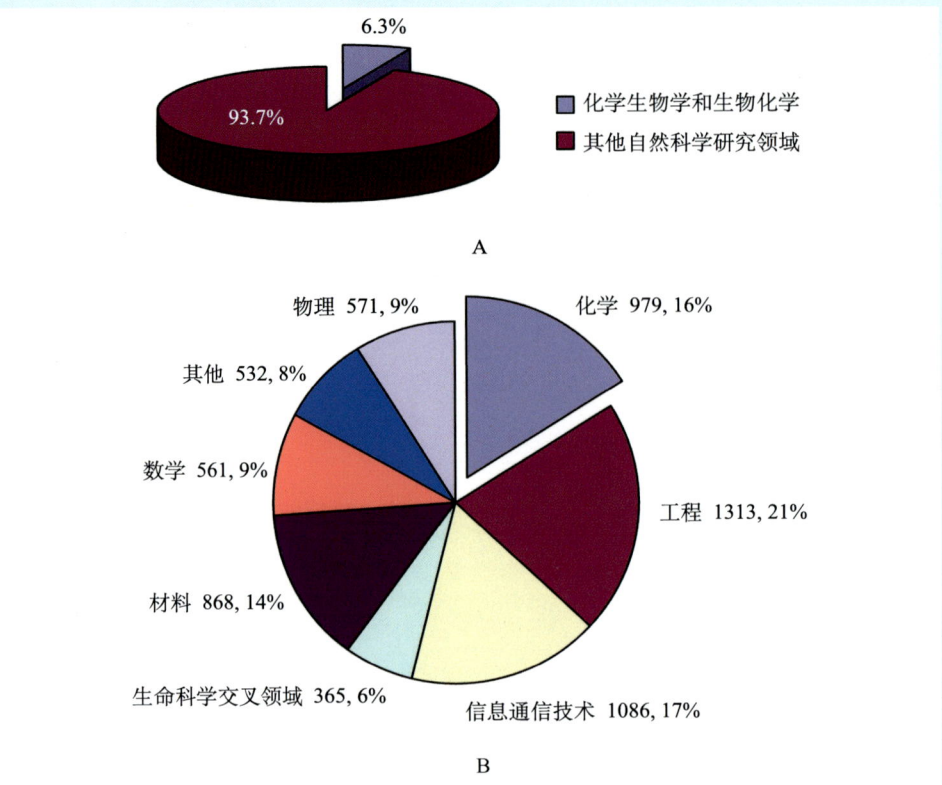

彩图1-7 英国工程和自然科学研究委员会（EPSRC）对化学生物学和生物化学的资助比例（A）和EPSRC资助及同学科的博士研究生人数和比例（B）

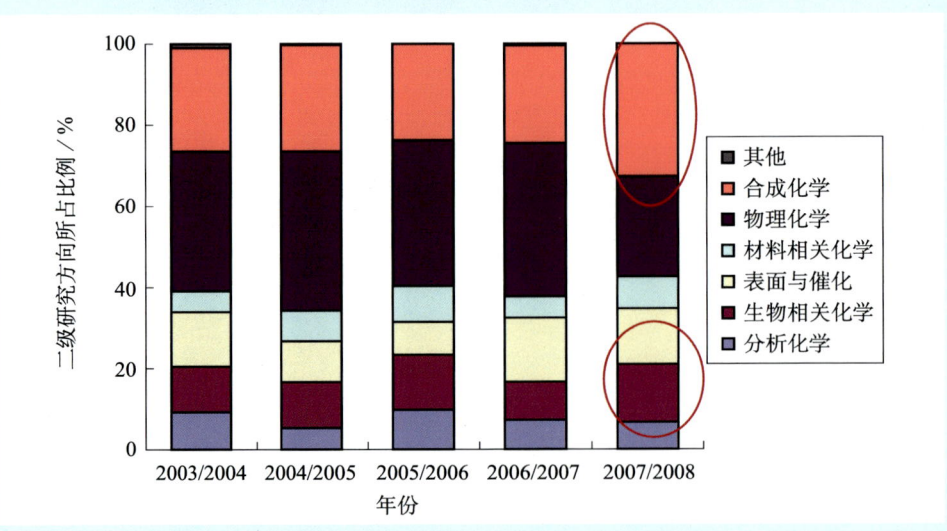

彩图1-8 2003～2008年EPSRC资助的化学学科内部各二级研究方向所占比例及变化一览

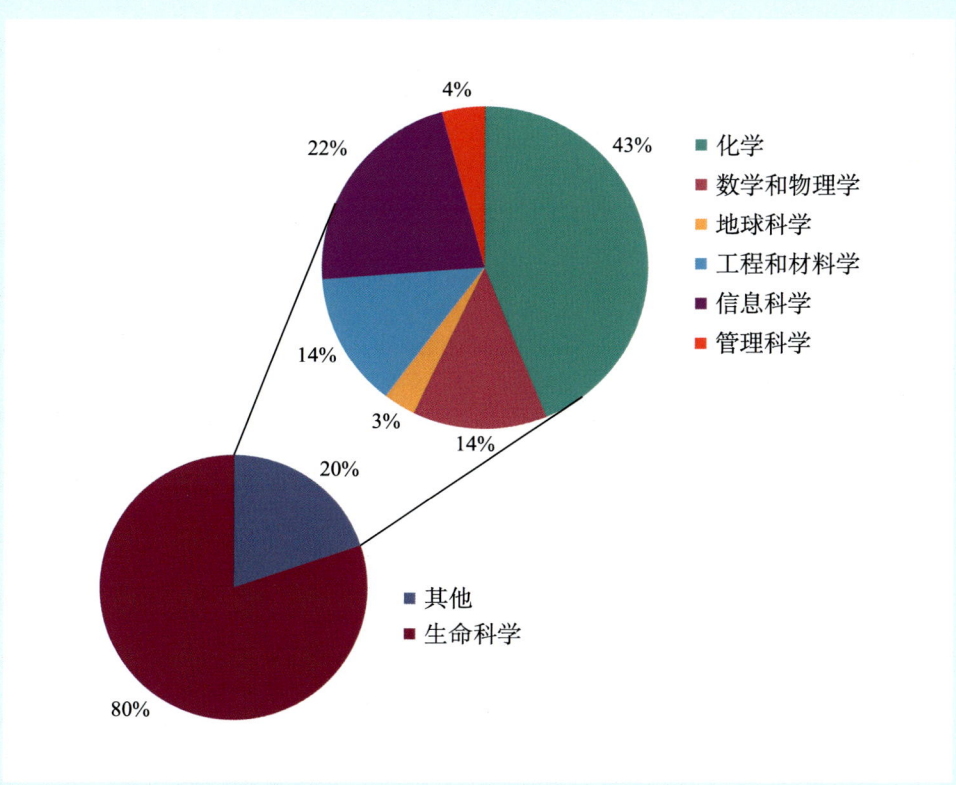

彩图1-11　中国自然科学基金委员会在与人类健康相关领域的经费投入情况（2004~2008年）
资料来源：*Nature Chemical Biology*，2006，4:515-518

第二章

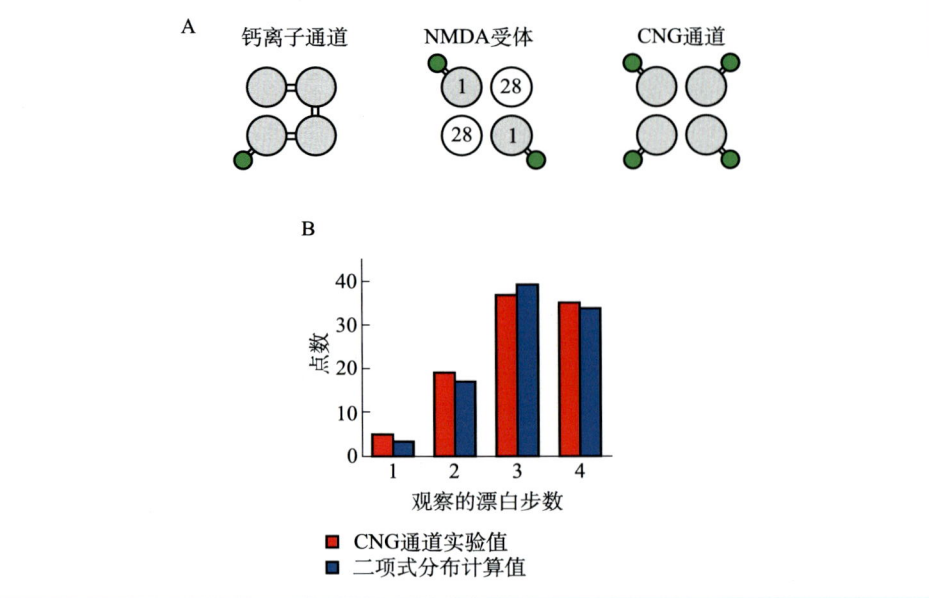

彩图2-1 基于单分子成像的亚基计算
A.三种不同GFP标记的离子通道蛋白复合物；B.假定77.5%的GFP发射荧光，实验得到四聚体的1，2，3和4步漂白曲线比例（红色）与由二项式分布得到的计算值（蓝色）
资料来源：Ulbrich and Isacoff，2007

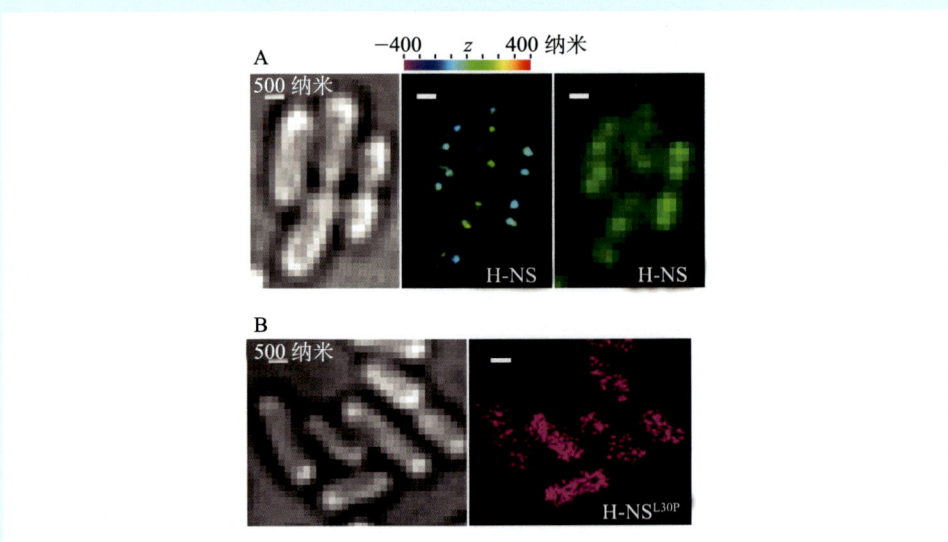

彩图2-4 活大肠杆菌中核质体结合蛋白的超分辨成像
野生型核质体结合蛋白(H-NS)在大肠杆菌中的空间分布成聚集状(A)，突变后的分布呈弥散状(B)
资料来源：Wang et al.，2011a

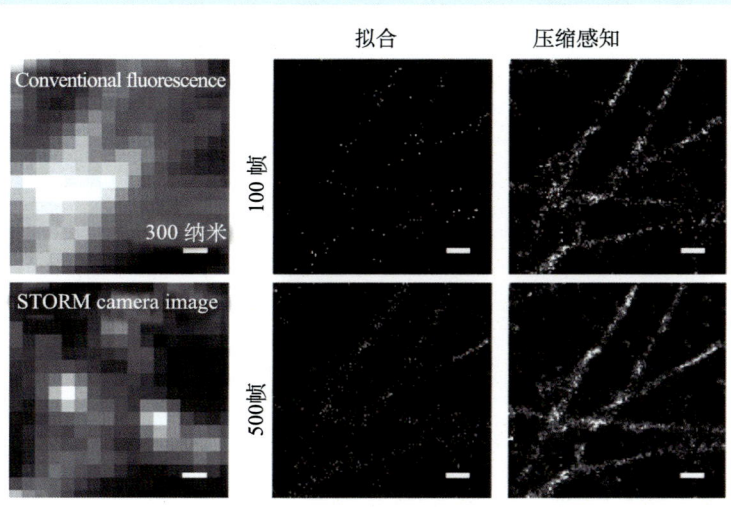

彩图2-9　果蝇S2细胞微管的STORM成像

资料来源：Zhu et al.，2012

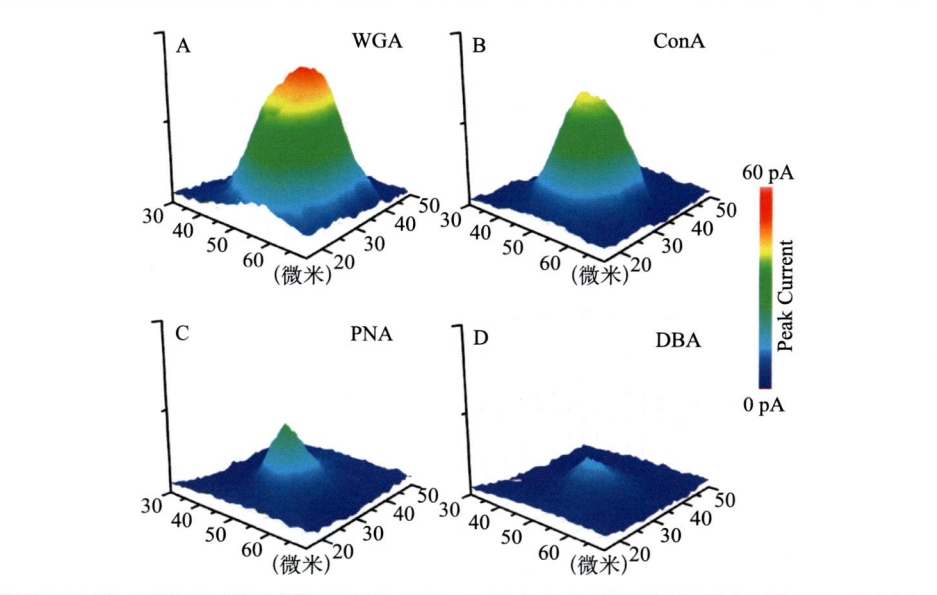

彩图2-10　单个BGC细胞温育辣根过氧化物酶标记的麦胚凝集素（WGA）（A）、伴刀豆球蛋白A（Con A）（B）、花生凝集素（PNA）（C）和双花扁豆凝集素（DBA）（D）后在含过氧化氢和二茂铁甲醇溶液中的SECM图像

资料来源：Xue et al.，2010

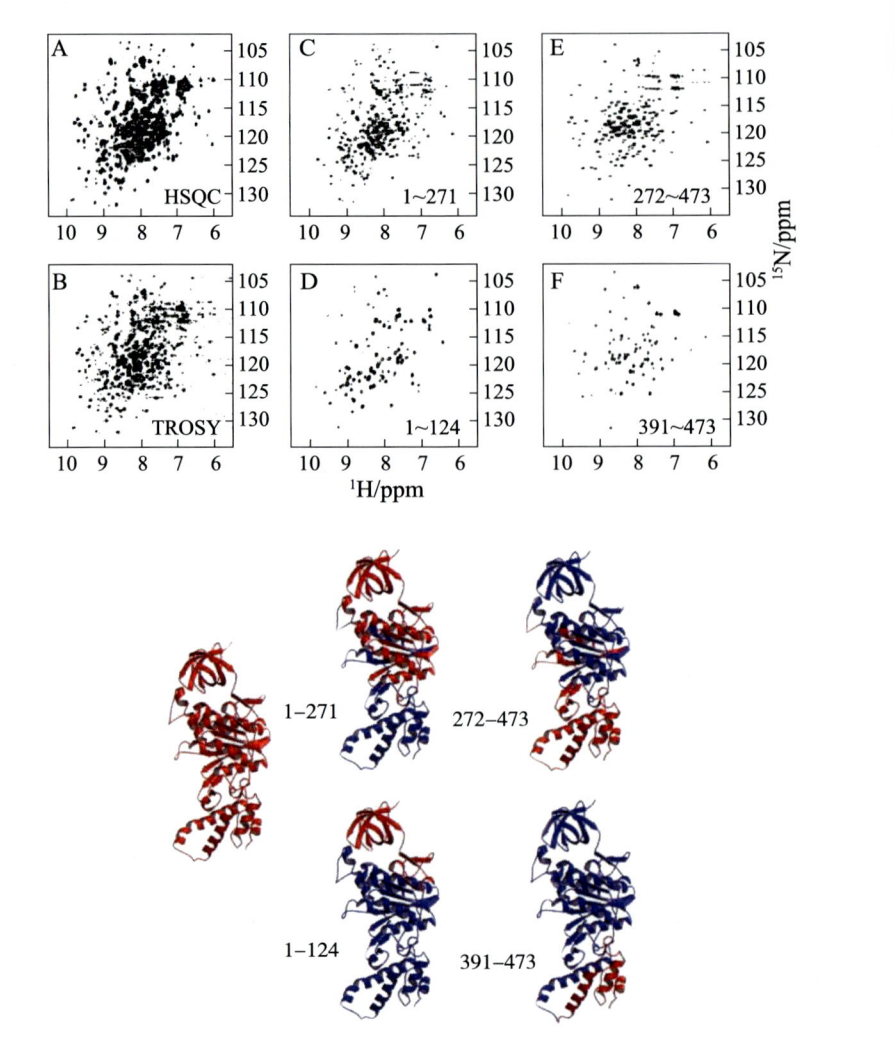

图2-13 全部及局部^{15}N标记的F1-ATPase β亚基样品的NMR谱图

其中A、B为^{15}N全部标记HSQC和TROSY-HSQC谱；C~F分别为对1~271、1~124、272~473和391~473(G图红色区域)部分^{13}C、^{15}N标记的TROSY-HSQC谱

资料来源：Yagi et al.,2004;Kainosho et al.，2006

第二章

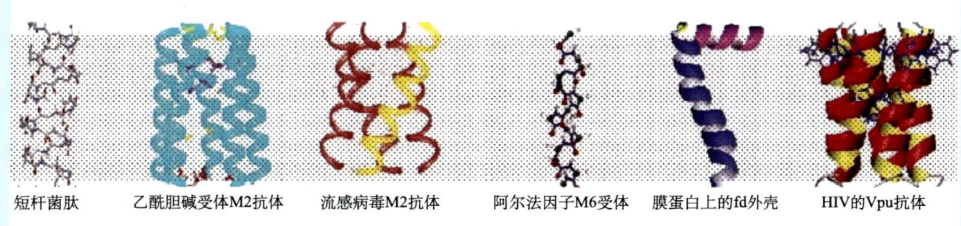

短杆菌肽　　乙酰胆碱受体M2抗体　　流感病毒M2抗体　　阿尔法因子M6受体　　膜蛋白上的fd外壳　　HIV的Vpu抗体

彩图2-15　PDB（蛋白质数据库）中某些使用固体NMR解析的膜蛋白结构

资料来源：Opella and Marassi，2004

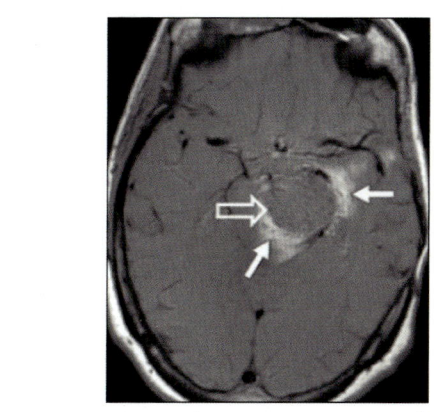
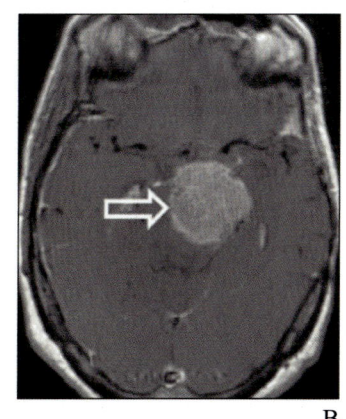

A　　　　　　　　　　　　　　B

彩图2-16　脑部T_1加权核磁成像. A.注射氧化铁造影剂24小时后，获得的轴向T_1加权自旋回波图像，空箭头表示对肿瘤没有信号增强，这可能是由于肿瘤内巨噬细胞和其他吞噬细胞较少，而实箭头表示在局部存在巨噬细胞；B.注射钆造影剂24小时后，获得的轴向T_1加权自旋回波图像, 空间头表示其对肿瘤有信号增强作用，而对周围的细胞没有增强

资料来源：Hamilton et al.，2011

第三章

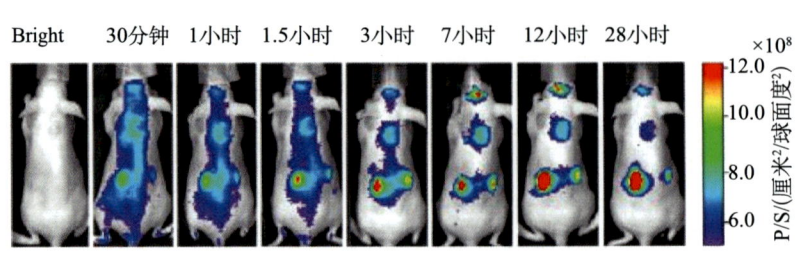

彩图3-3 以2作为小分子探针对小鼠肿瘤的荧光显影
资料来源：Edgington et al., 2013

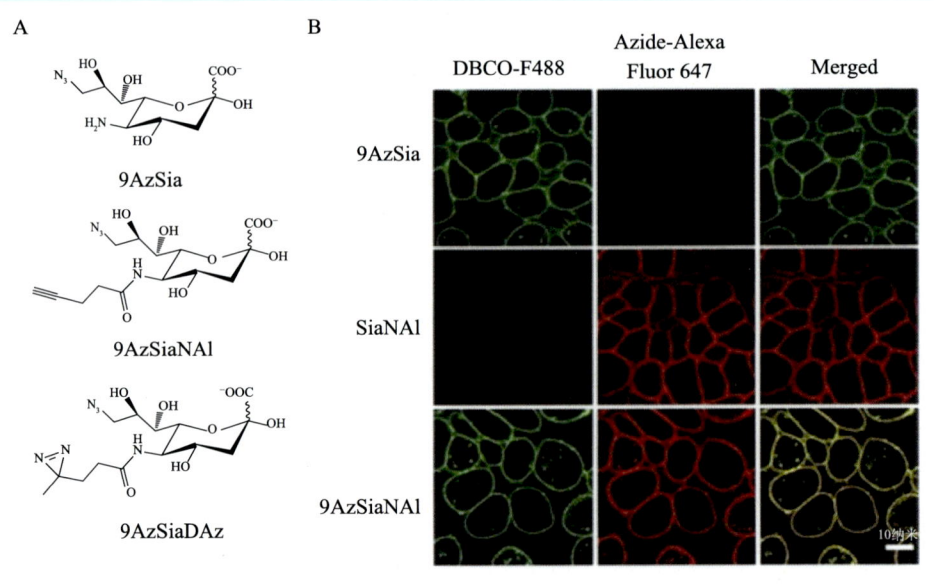

彩图3-6 双功能基团唾液酸小分子探针（A）及其对细胞表面糖蛋白的双荧光标记（B）
资料来源：Feng et al., 2013

第四章

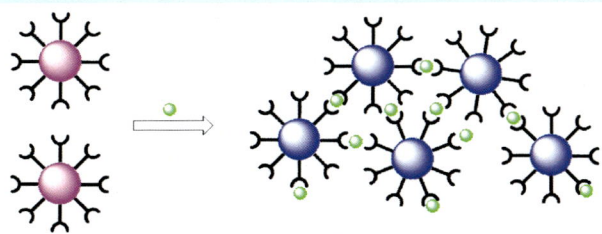

彩图4-5 基于显色反应的纳米金属离子探针设计原理

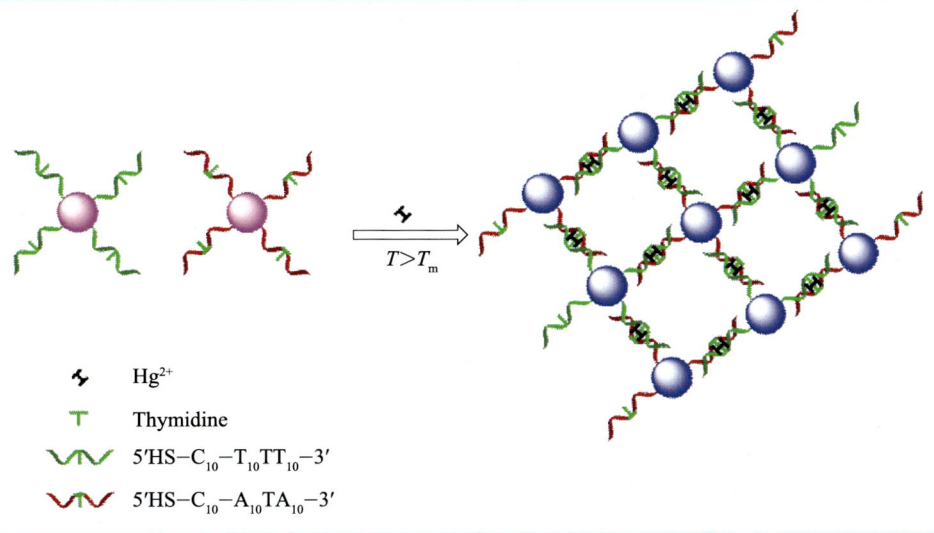

彩图4-6 利用DNA修饰的金纳米颗粒对Hg^{2+}的检测

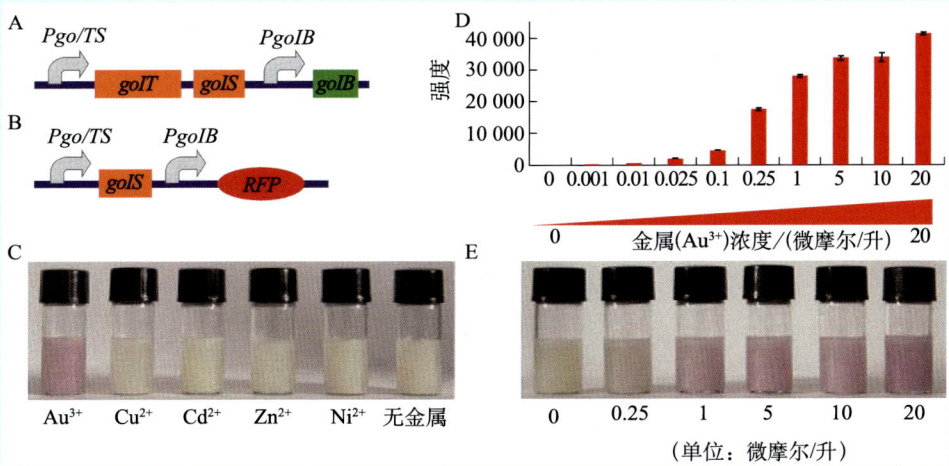

彩图4-8 基于GolS调控系统开发的全细胞金离子探针

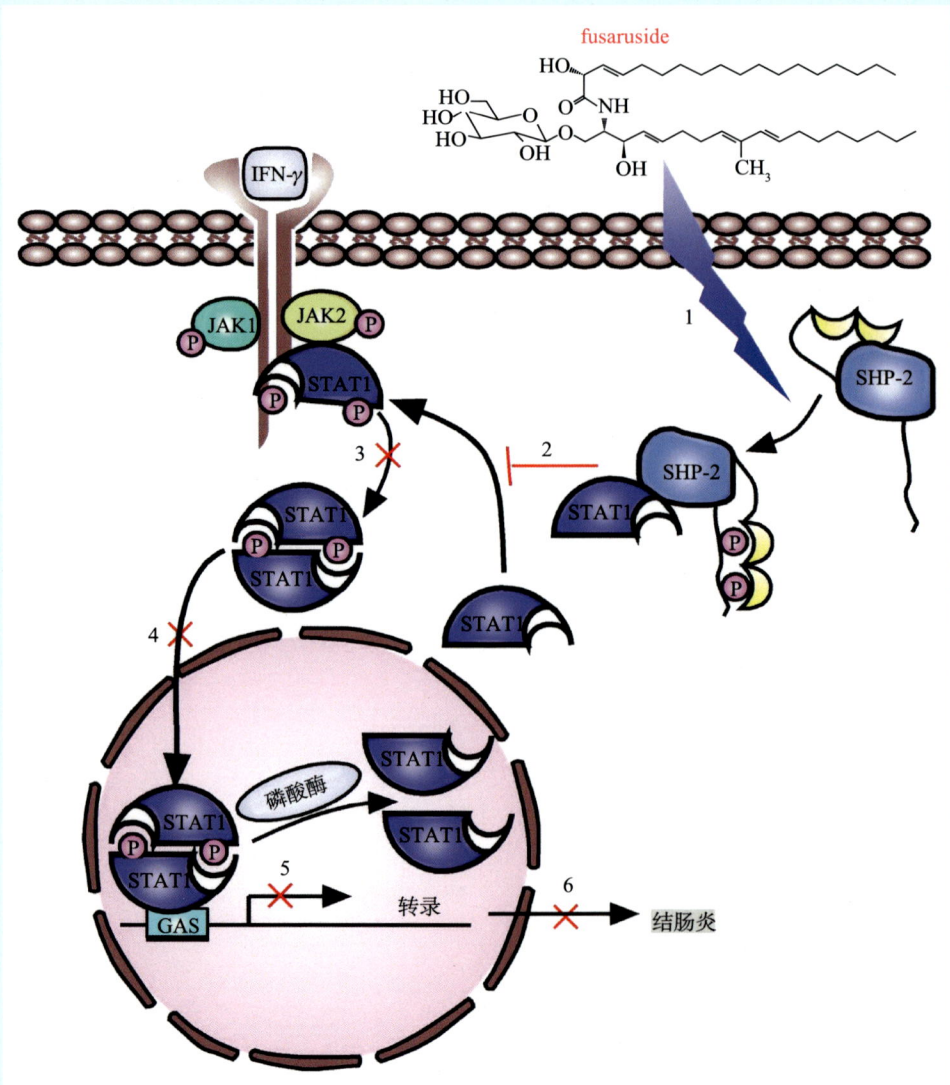

彩图6-2 小分子fusaruside的作用模式图

资料来源：Wu et al., 2012

第六章

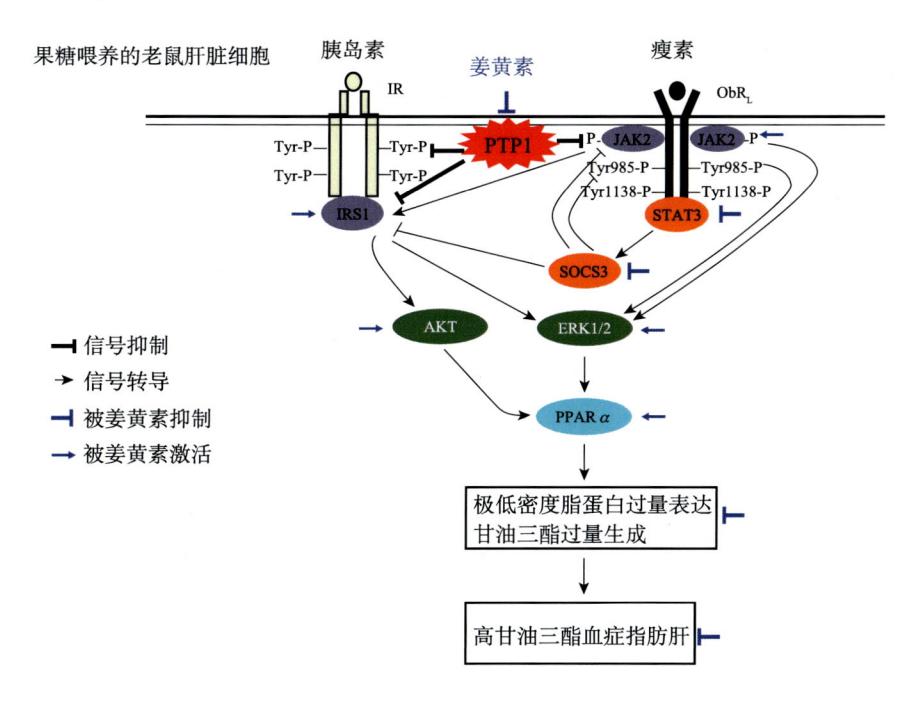

彩图6-3 小分子姜黄素的作用模式图

资料来源：Li et al., 2010

第八章

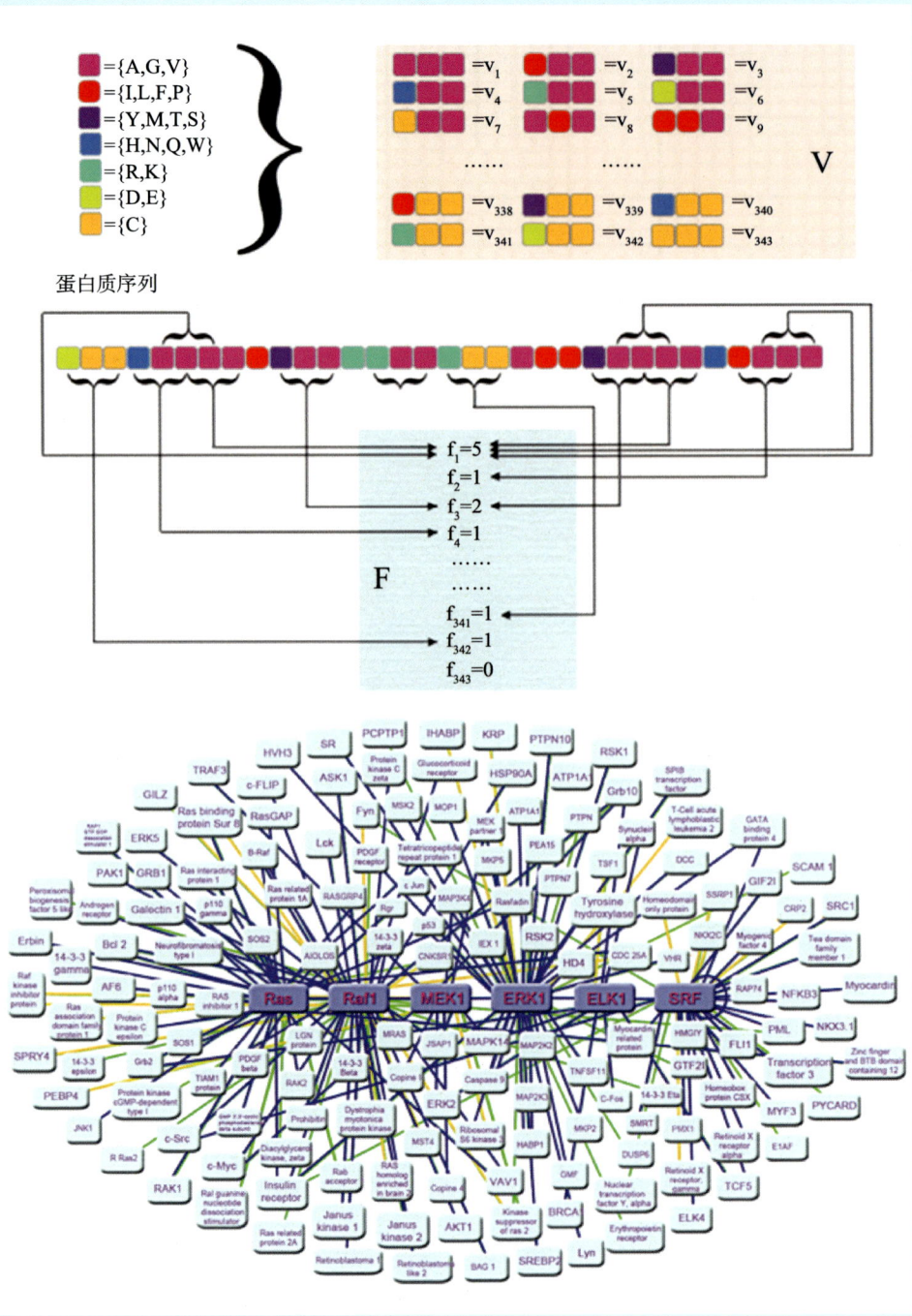

彩图8-2 基于蛋白质序列的蛋白质相互作用网络预测

资料来源：Shen et al., 2007

第八章

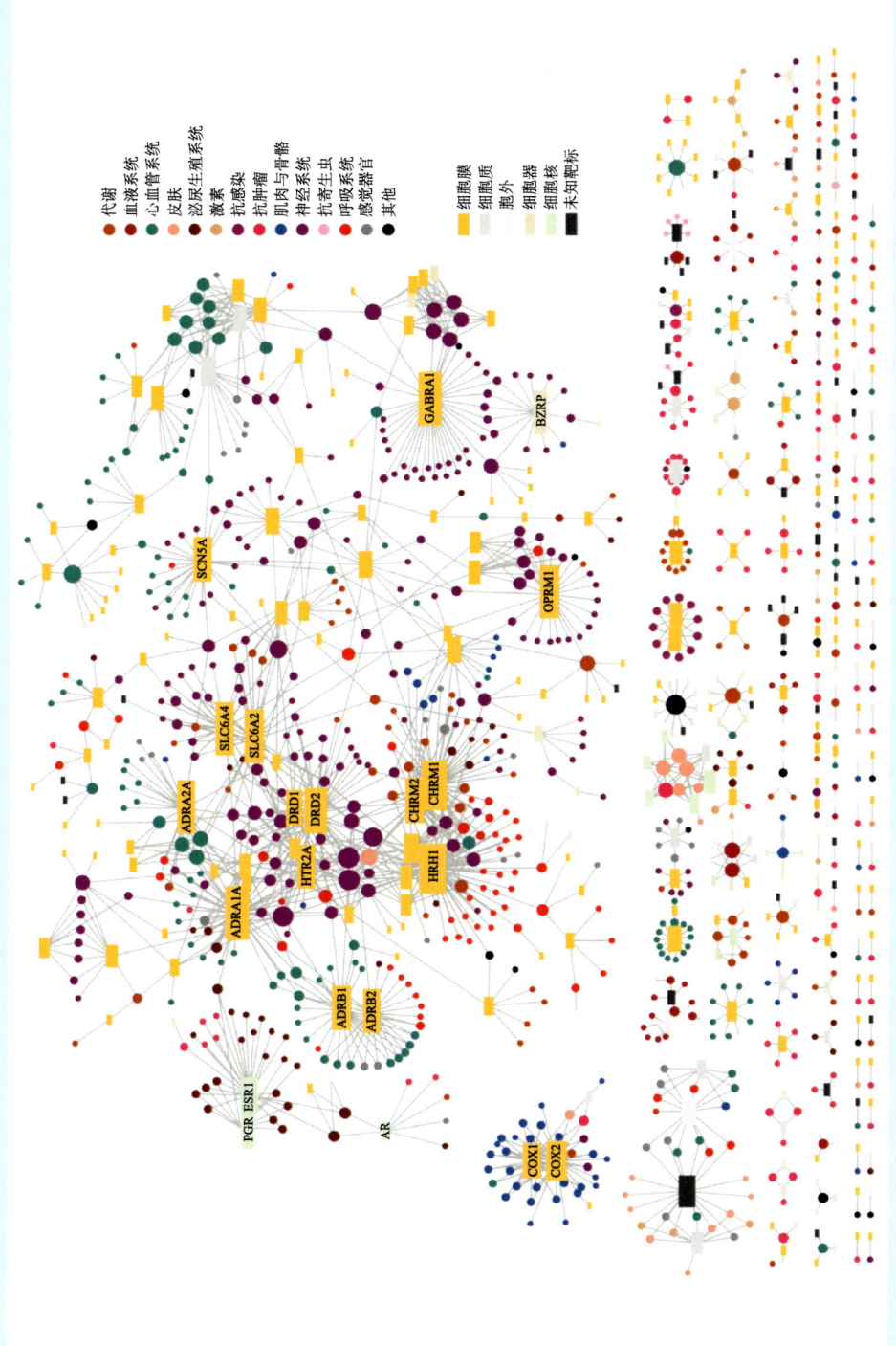

彩图8-4 药物-靶标相互作用网络

资料来源：Yildirim et al., 2007

第八章

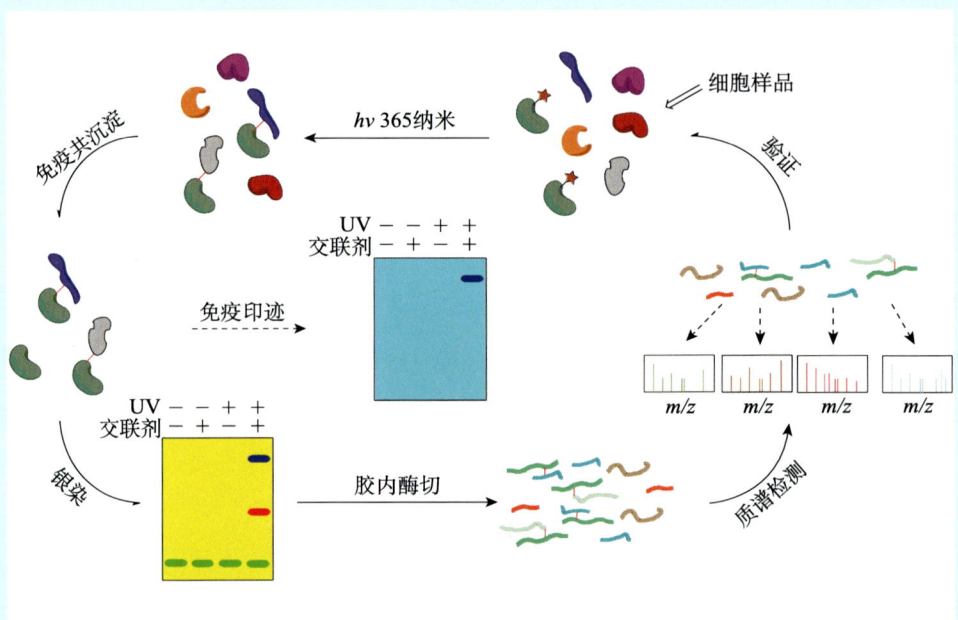

彩图8-9　光交联底物的质谱分析鉴定

第九章

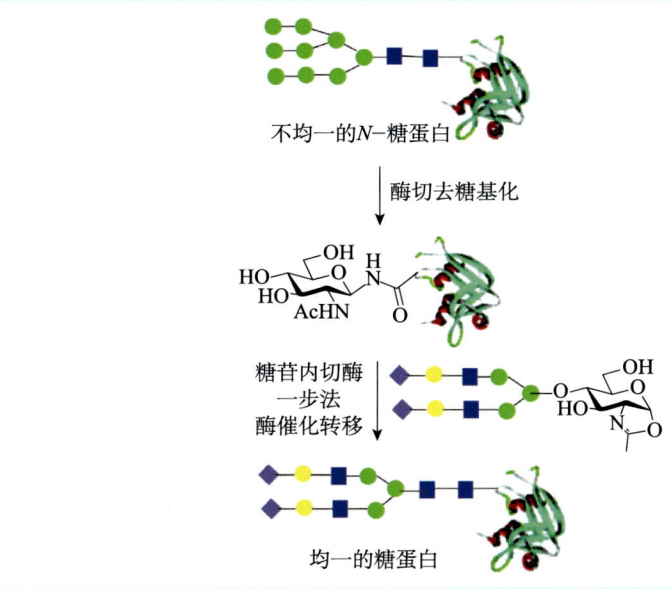

彩图9-2 运用化学-酶促反应策略合成均一糖蛋白

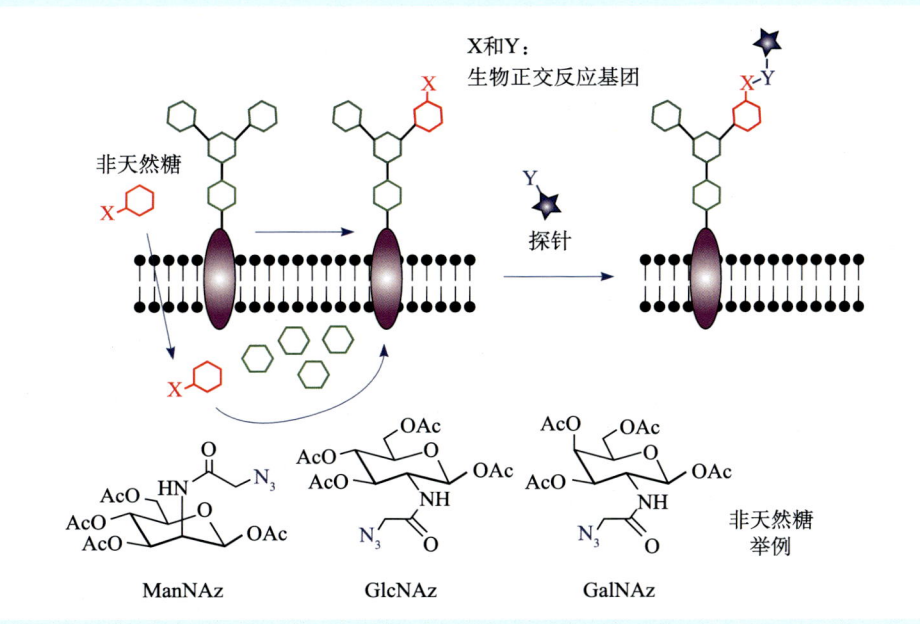

彩图9-4 利用糖代谢工程进行标记的基本原理

第十章

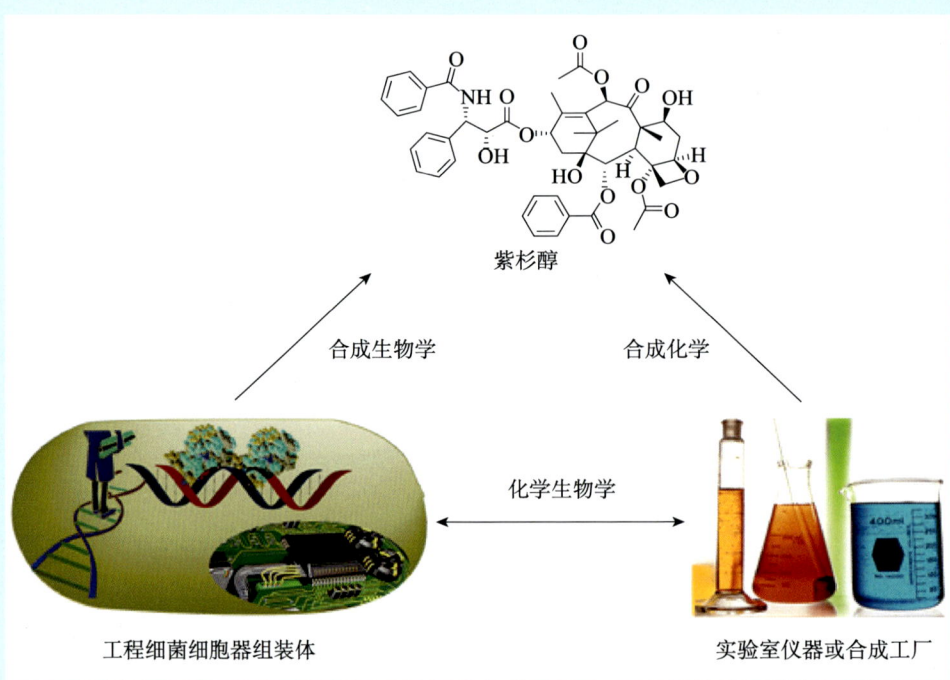

彩图10-4　化学生物学实现了合成化学与向合成生物学的转化

第十一章

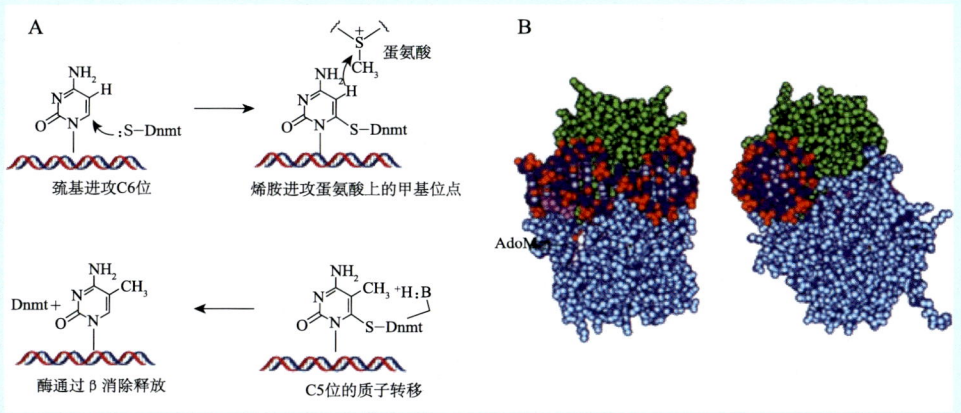

彩图11-1　DNA甲基转移酶（5-胞嘧啶）DNMT的结构及催化机制
资料来源：Bestor, 2000

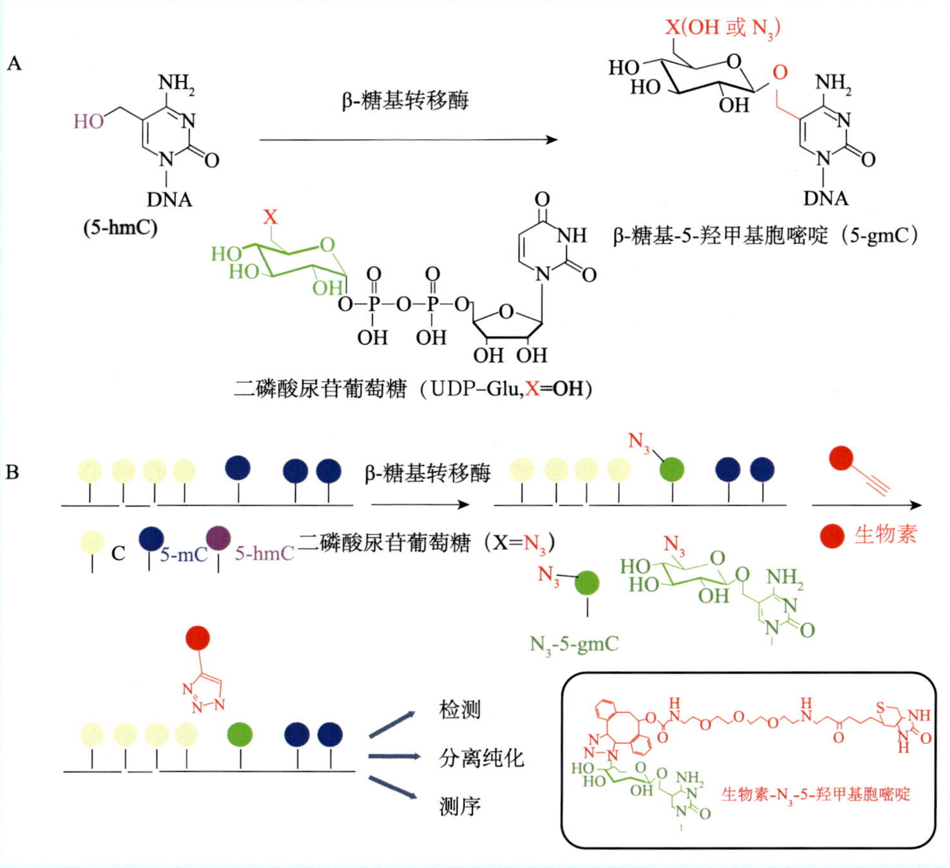

彩图11-2　羟甲基胞嘧啶的化学生物学检测
资料来源：Song et al., 2010

第十一章

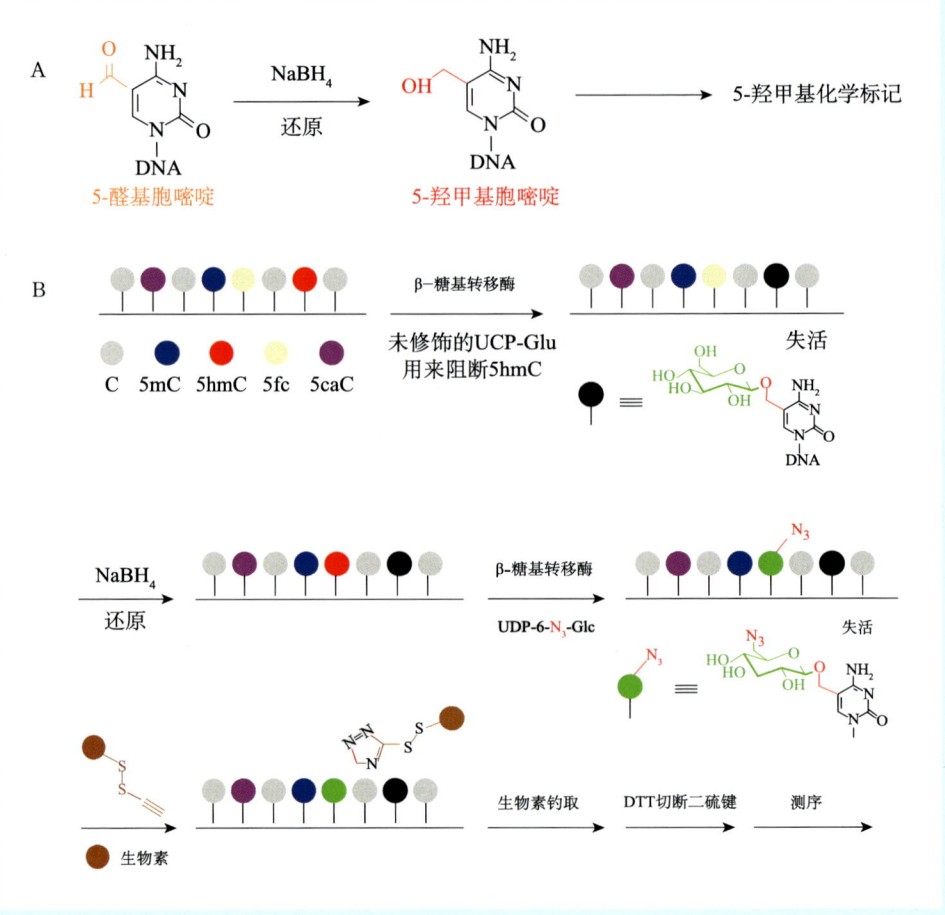

彩图11-3　醛基胞嘧啶的化学生物学检测

资料来源：Song et al., 2010

第十一章

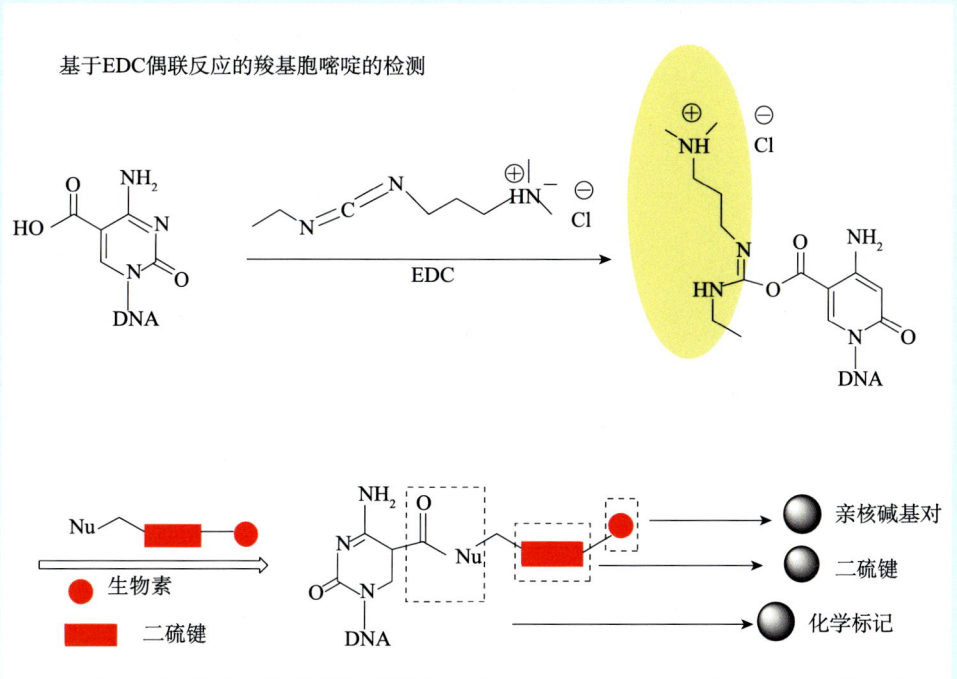

彩图11-4 羧基胞嘧啶的检测

资料来源：Lu et al., 2013

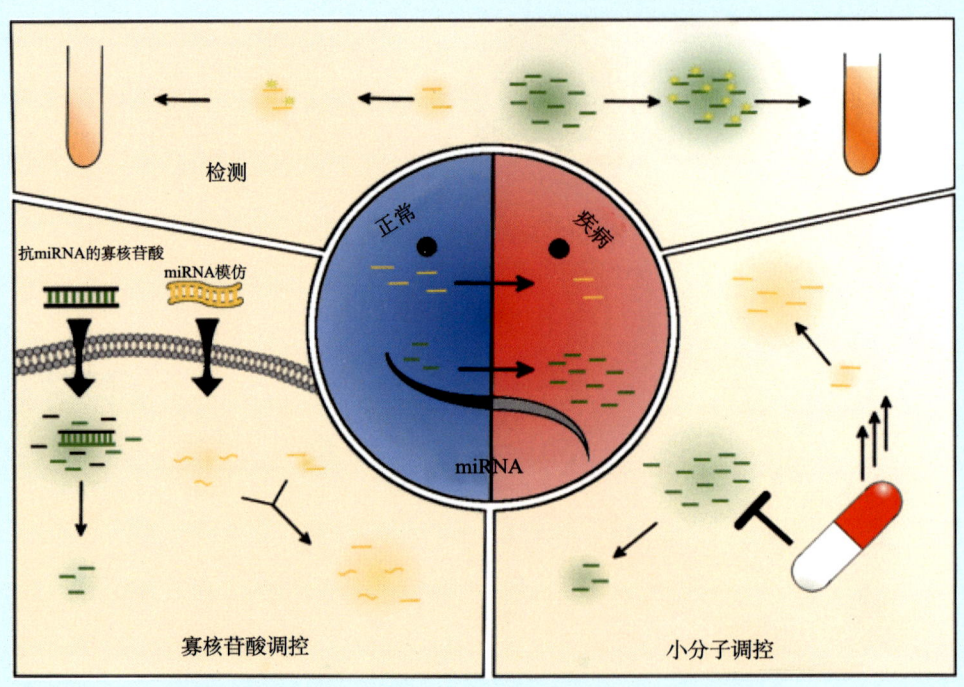

彩图11-10　以microRNA为生物靶标的相关化学生物学研究概览

资料来源：Li et al., 2009

第十一章

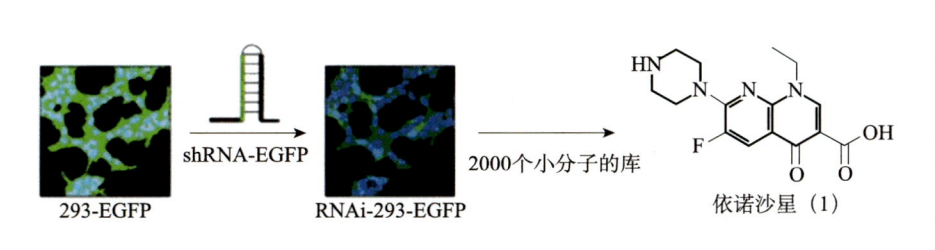

彩图11-12　依诺沙星可以增强siRNA介导的mRNA降解

资料来源：Shan et al., 2008

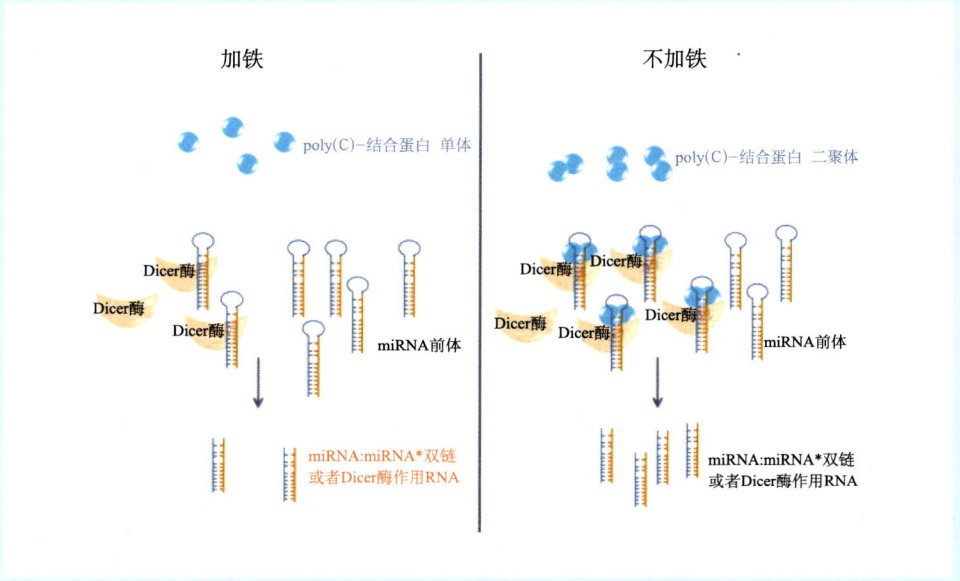

彩图11-13　胞浆铁可以促进microRNA前体的加工

资料来源：Aune et al., 2013

第十一章

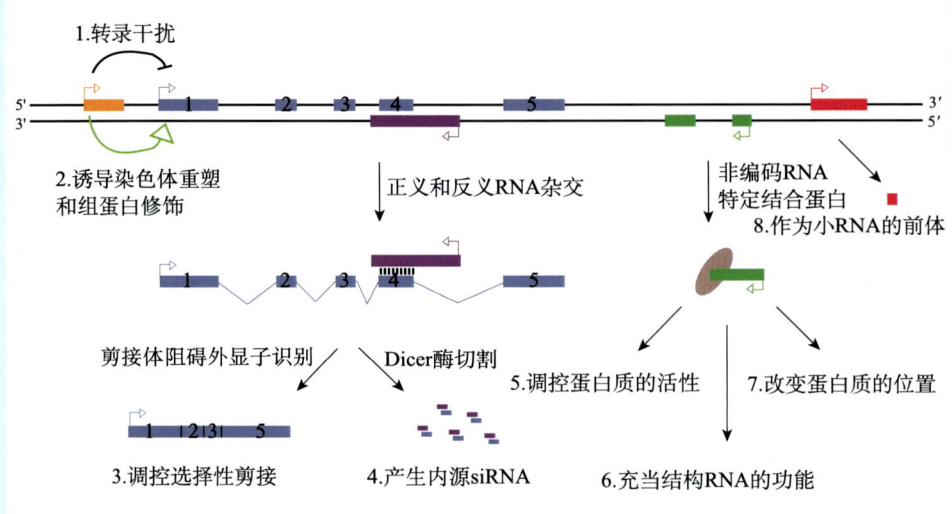

彩图11-14　lncRNA的作用机制总览

资料来源：Beltran et al., 2008; Camblong et al., 2007; Czech et al., 2008; Feng et al., 2006; Hirota et al., 2008; Hirota and Ohta, 2009; Martens et al., 2004; Prasanth et al., 2005; Shamovsky et al., 2006; Yan et al., 2005

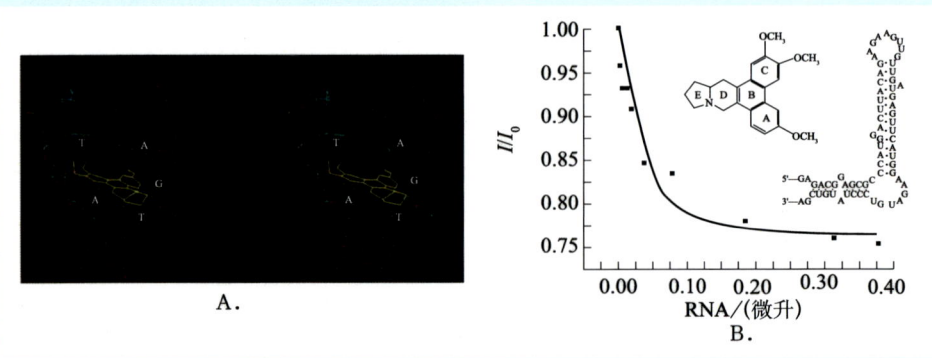

彩图11-15　A.安托芬与bulged DNA结合示意图；B.安托芬与烟草花叶病毒RNA发生结合

资料来源：Xi et al., 2005；2006

第十二章

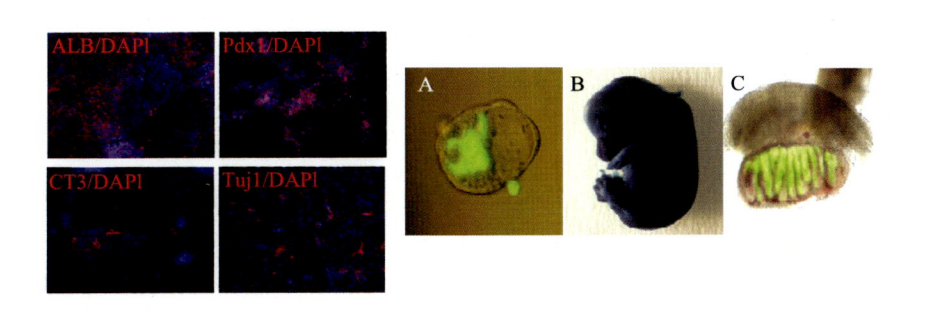

彩图12-1 小分子诱导干细胞的体内和体外生长
资料来源：Shi et al., 2008a

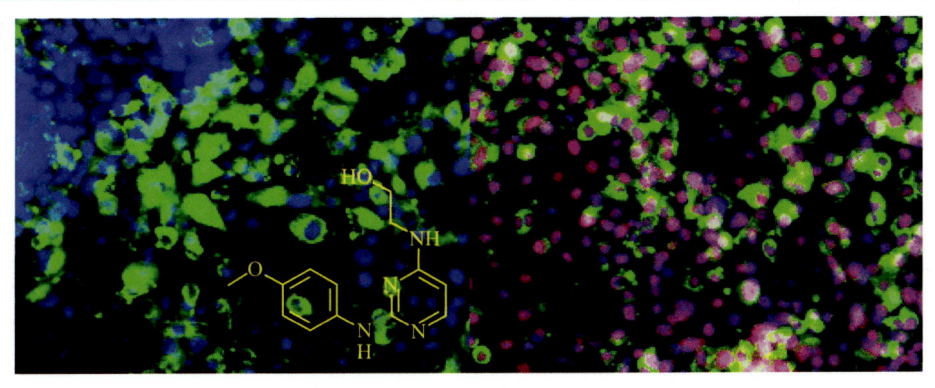

彩图12-3 双氨嘧啶化合物定向诱导鼠胚胎干细胞分化成心肌细胞
资料来源：Wu et al., 2004

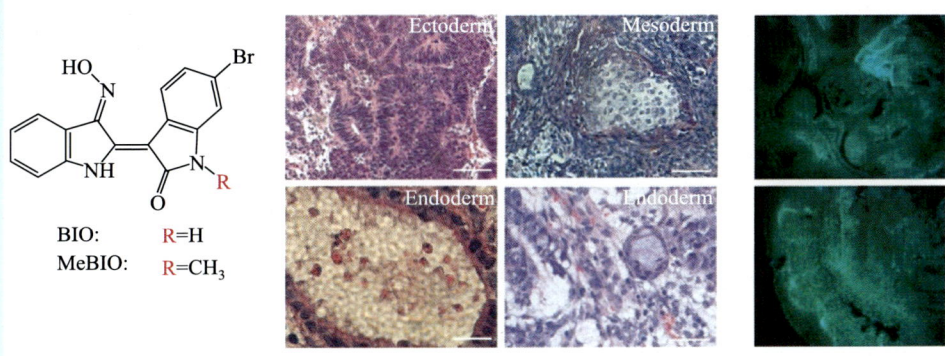

彩图12-4 化合物BIO和MeBIO的结构及Wnt信号激活导致的未分化状态的维持
资料来源：Sato et al., 2003

第十二章

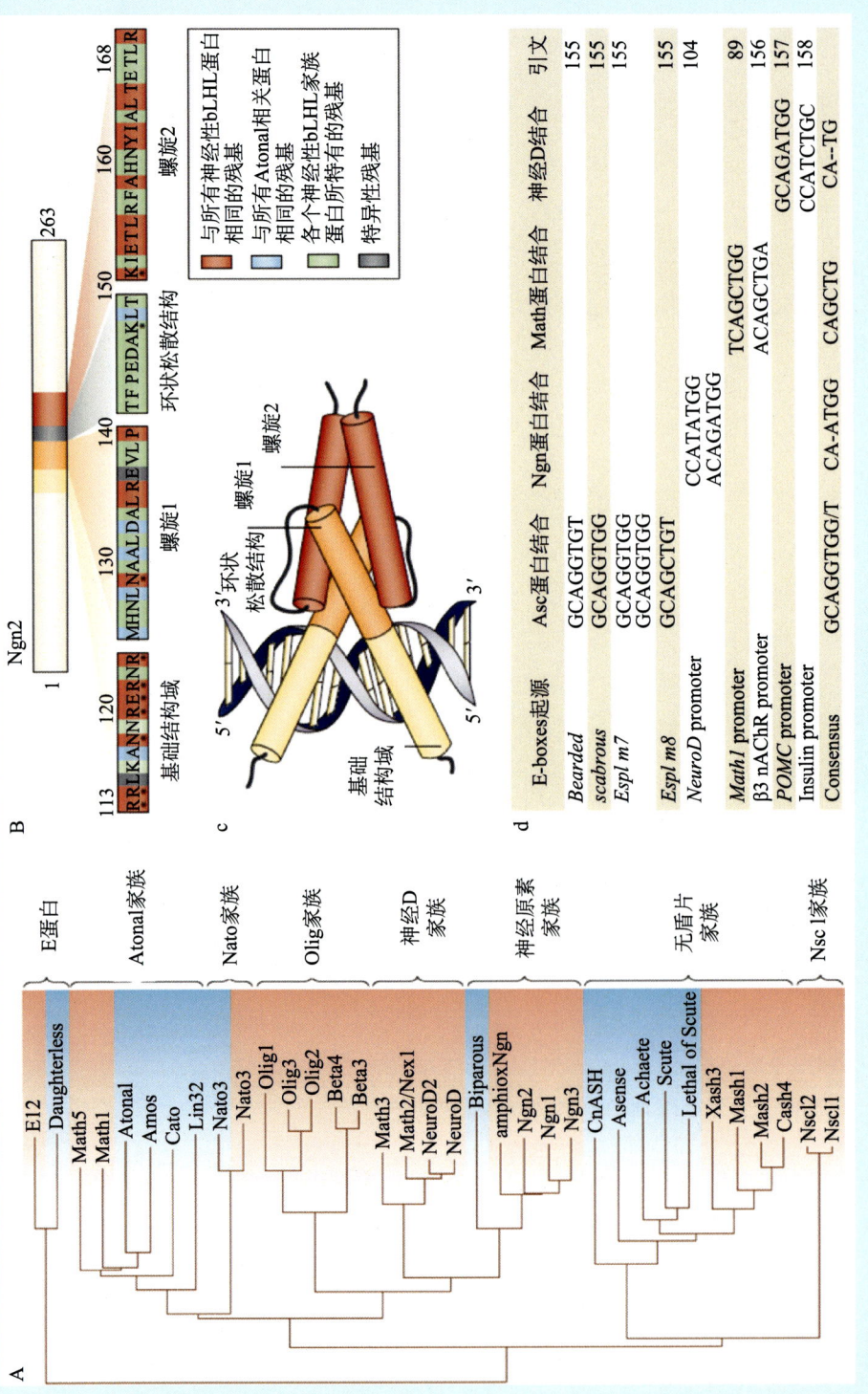

彩图12-5 神经元bHLH家族蛋白的结构和性质

资料来源：De Robertis，2006

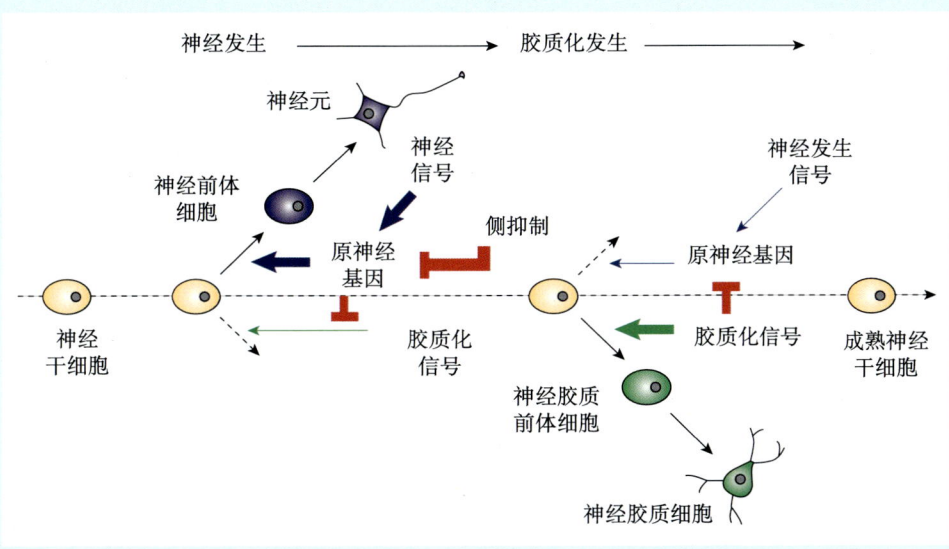

彩图12-6 原神经转录因子在神经细胞分化途径中的功能
资料来源：Sharma et al., 2013

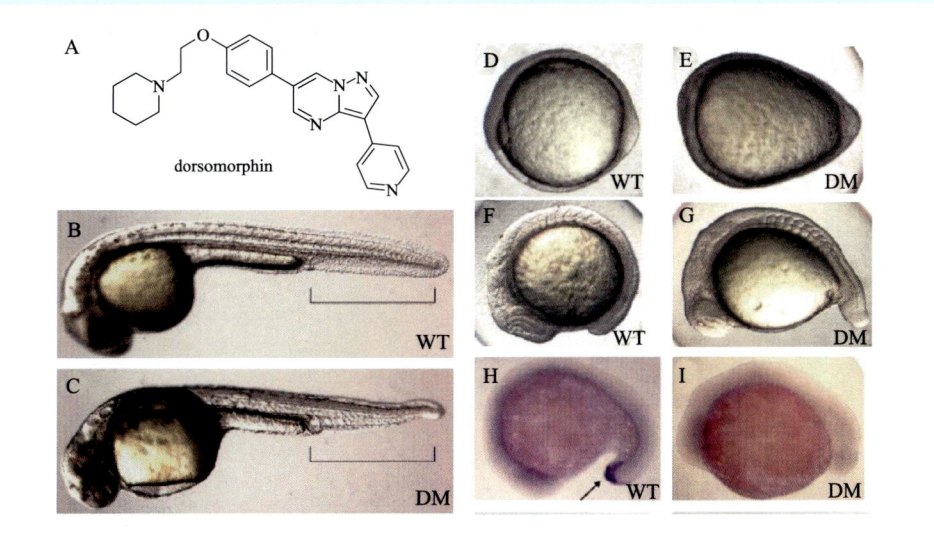

彩图12-7 DM分子诱导斑马鱼胚胎背部的生成和分化
资料来源：Yu et al., 2008

第十二章

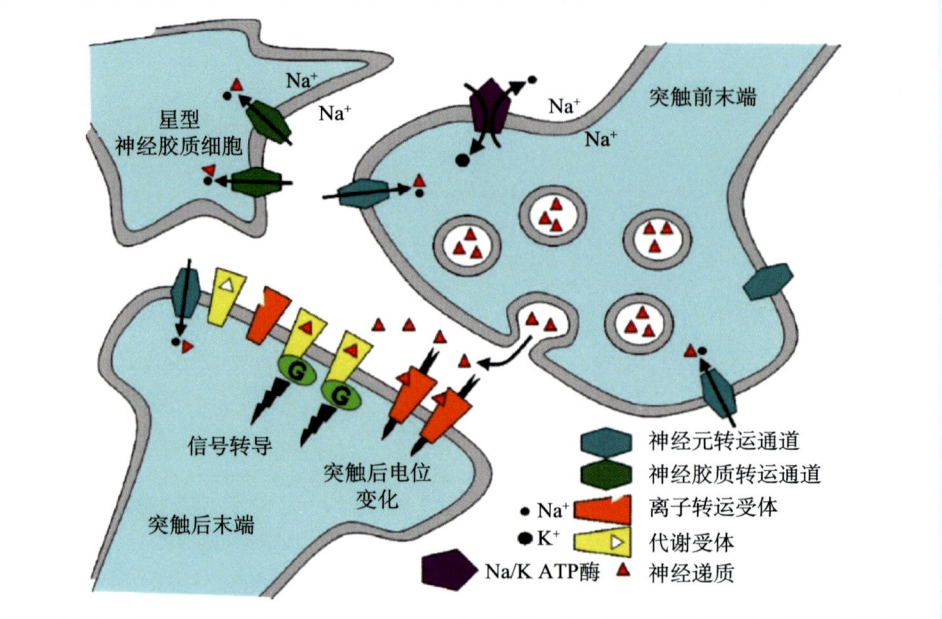

彩图12-8　钠离子介导的神经递质传递途径
资料来源：Kanner and Zomot, 2008

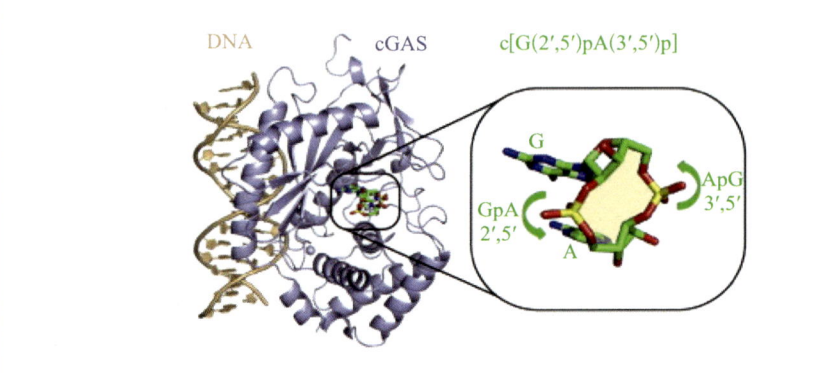

彩图12-9　cGAS的晶体结构及产物（cGAMP）的结合位点
资料来源：Gao et al., 2013